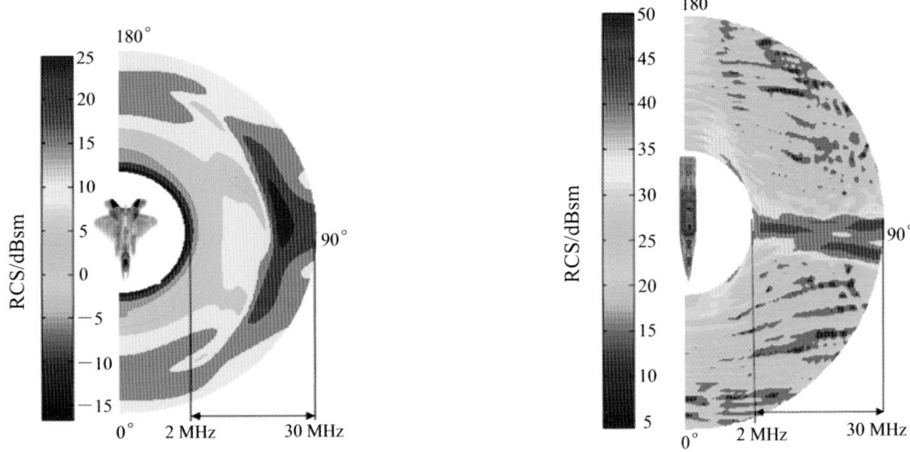

图 2.7　F-22 飞机的目标 RCS 的频率-方位角分布图　图 2.10　"朱姆沃尔特"驱逐舰的 RCS 频率-方位分布图

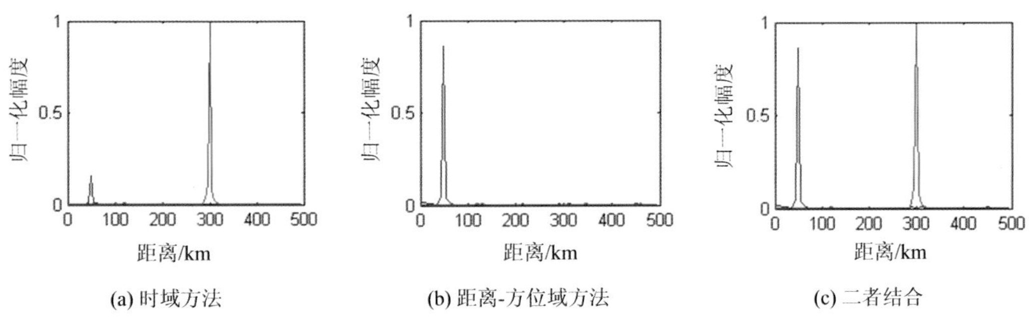

(a) 时域方法　(b) 距离-方位域方法　(c) 二者结合

图 4.21　直达波抑制后距离维切面图

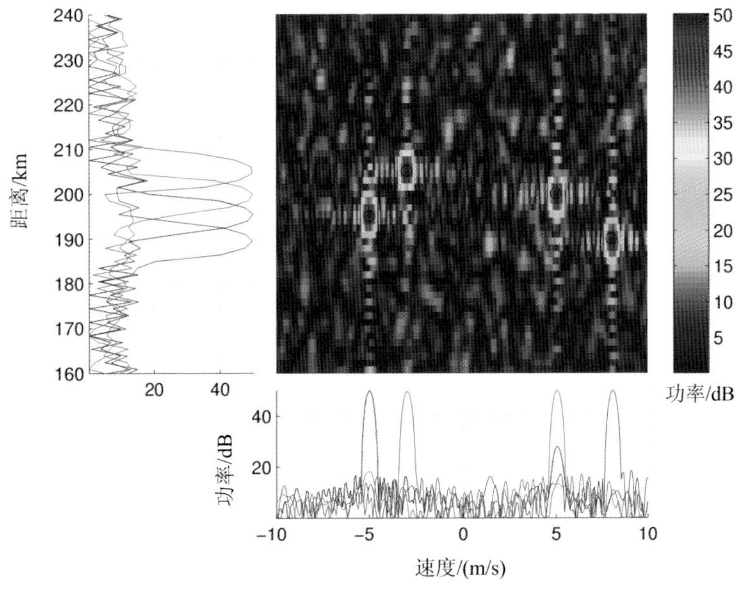

图 3.2　FMCW 雷达信号模拟回波的距离-速度处理结果

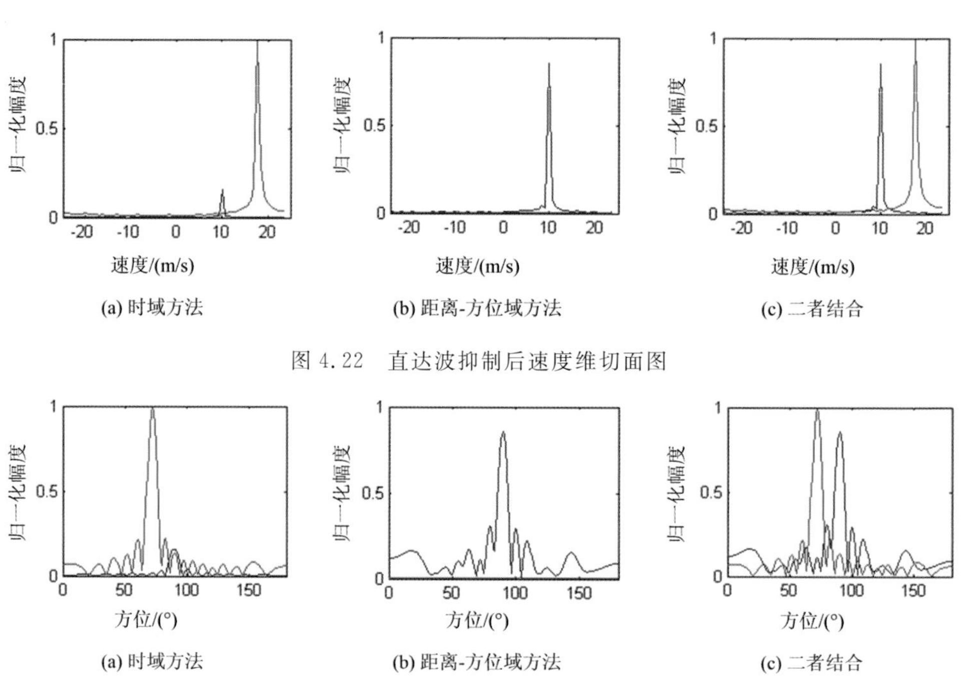

(a) 时域方法　(b) 距离-方位域方法　(c) 二者结合

图 4.22　直达波抑制后速度维切面图

(a) 时域方法　(b) 距离-方位域方法　(c) 二者结合

图 4.23　直达波抑制后方位维切面图

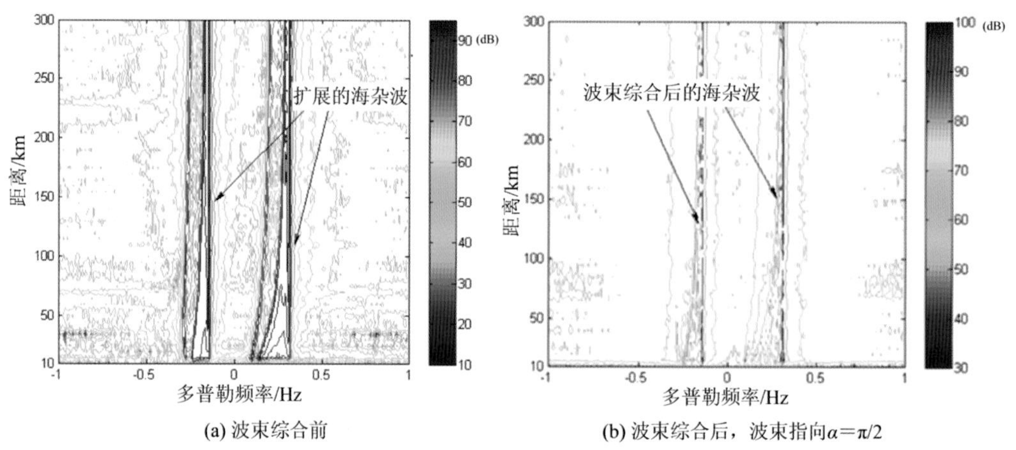

(a) 波束综合前　(b) 波束综合后，波束指向$\alpha=\pi/2$

图 6.10　海杂波的距离-多普勒分布

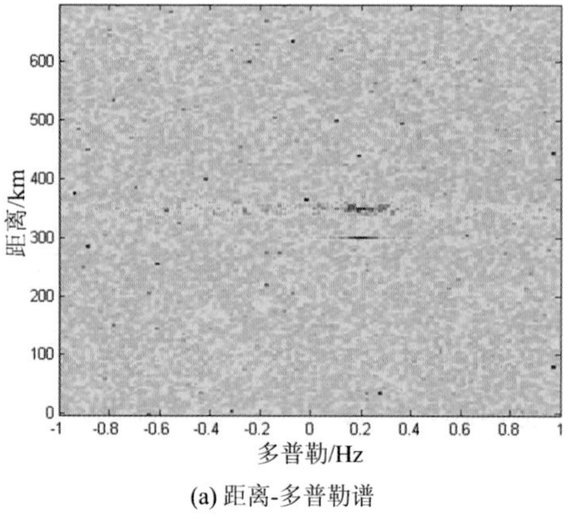

(a) 距离-多普勒谱

图 7.28　采用“快时域”方法抑制杂波后的回波信号的距离-多普勒谱

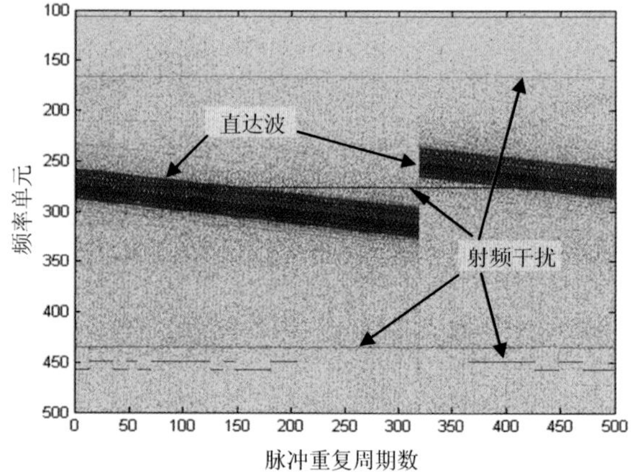

图 8.1　接收信号的时频分布

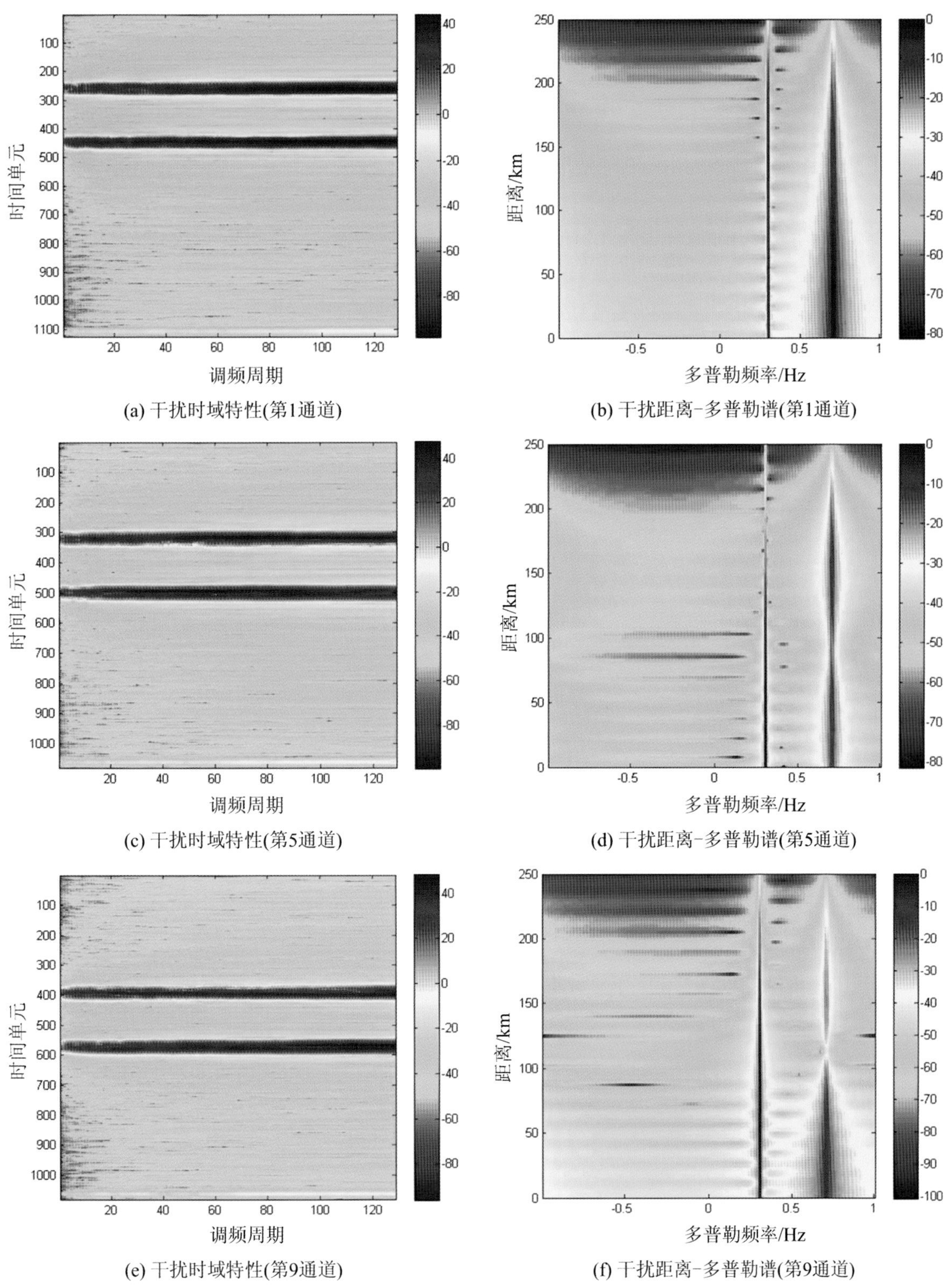

(a) 干扰时域特性(第1通道)

(b) 干扰距离-多普勒谱(第1通道)

(c) 干扰时域特性(第5通道)

(d) 干扰距离-多普勒谱(第5通道)

(e) 干扰时域特性(第9通道)

(f) 干扰距离-多普勒谱(第9通道)

图 8.6　两射频干扰在不同信道的干扰特性

图 9.22　岸-舰双基地地波超视距雷达试验系统发射天线阵

图 9.35　接收站设备

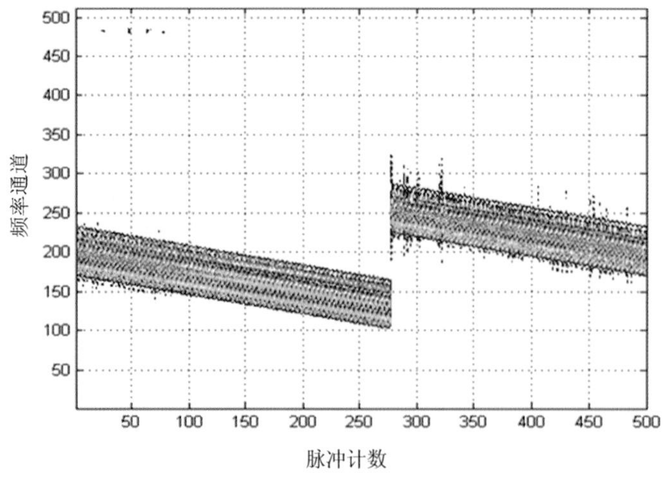

图 9.37　利用直达波信号找调制周期的起点

双一流学科建设　信息技术重点图书·雷达

岸-舰双基地地波超视距雷达

陈伯孝　杨　林　王　赞　著

西安电子科技大学出版社

内容简介

岸-舰双基地地波超视距雷达是一种在岸上发射、舰船上接收的新体制雷达。它综合利用运动平台上的双基地、地波超视距传播、在接收站利用发射阵列孔径综合形成发射方向图等体制或技术的优点，属于一种新型对海超视距探测雷达。本书详细介绍了岸-舰双基地地波超视距雷达的工作原理及其设计方法。

全书共 9 章。第 1 章绪论，介绍了高频地波超视距雷达的发展概况、特点、应用。第 2 章高频地波雷达的性能计算，对该雷达的主要性能进行分析与计算。第 3 章高频雷达的信号波形及其脉冲压缩，介绍了地波超视距雷达的主要信号形式及其脉冲压缩处理方法。第 4 章岸-舰双基地地波雷达信号处理，介绍了该体制雷达相关的信号处理方法。第 5 章岸-舰双基地地波雷达系统同步与通道校准技术，介绍了运动平台上雷达系统的同步与误差校正技术。第 6 章地波雷达海杂波特征及其抑制方法，第 7 章地波雷达的电离层杂波及其抑制方法，第 8 章地波雷达的射频干扰及其抑制方法，分别研究了海杂波、电离层杂波、射频干扰的特征及其抑制方法。第 9 章岸-舰双基地地波雷达试验系统，介绍了这种新体制的地波超视距雷达试验系统的组成及其试验结果。

本书内容新颖，系统性强，理论联系实际，突出技术实现和具体应用。本书既可以作为雷达工程技术人员和高等院校研究生的参考用书，又可以帮助雷达工程技术人员及相关人员掌握一些新体制雷达系统的分析和设计方法。

图书在版编目(CIP)数据

岸-舰双基地地波超视距雷达/陈伯孝，杨林，王赞著. —西安：西安电子科技大学出版社，2020.4
ISBN 978-7-5606-5557-4

Ⅰ. ① 岸… Ⅱ. ① 陈… ② 杨… ③ 王… Ⅲ. ① 超视距雷达 Ⅳ. ① TN958.93

中国版本图书馆 CIP 数据核字(2020)第 004832 号

策划编辑 李惠萍
责任编辑 张 倩
出版发行 西安电子科技大学出版社(西安市太白南路 2 号)
电　　话 (029)88242885 88201467　邮　　编 710071
网　　址 www.xduph.com　电子邮箱 xdupfxb001@163.com
经　　销 新华书店
印刷单位 陕西精工印务有限公司
版　　次 2020 年 4 月第 1 版 2020 年 4 月第 1 次印刷
开　　本 787 毫米×1092 毫米 1/16 印 张 19.5 彩插 2
字　　数 455 千字
印　　数 1～2000 册
定　　价 49.00 元
ISBN 978-7-5606-5557-4/TN
XDUP 5859001-1

序

雷达探测作为一种可以全天时、全天候获取远距离目标信息的探测手段，在过去数十年里得到了持续发展。特别是由于计算机、微电子、新材料等雷达相关技术的迅速发展以及新工艺的不断进步，新的体制和雷达的形态不断更新和发展，雷达技术在军事和民用领域的应用越来越广泛。为反映这些变化，本人主编了“雷达探测前沿技术丛书”，在丛书中有关协议探测体制的专题，收入十册相关的图书中。由于时间关系本书未能进入这套丛书，深感遗憾。本书提出的地波超视距雷达，把庞大的发射系统置于岸上，利用 MIMO 的原理，在船上设置小型宽带接收和处理设备，实现了雷达和侦察的一体化，很有新意，可以认为本书是本人主编的那套前沿丛书的继续。

超视距雷达有多种体制，例如天波超视距、微波超视距、地波超视距。它们各有其优点和局限，可在不同的场合应用。陈伯孝教授所提出的在海边(岸)发射、在舰船上接收(即岸发舰收)的岸-舰双基地地波超视距雷达，是一种综合了多项技术的创新体制。该雷达发射站架设在海边，采用多个弱方向性的天线同时辐射不同载频且相互正交的信号，保证对一定方位区域的各向同性照射，即不形成发射方向图；接收站在运动的舰船平台上，采用一个全向天线接收，通过特殊的信号处理综合发射阵列孔径，在目标方向形成等效的发射方向图，从而在舰船上(特别是在小型舰船上)实现对海面和低空目标的“无源”超视距探测与跟踪。该雷达综合利用运动平台上的双基地、地波超视距传播、在接收站利用发射阵列孔径综合形成发射方向图等体制或技术的优点，属于一种新型对海超视距探测雷达。该雷达兼备高频雷达和双基地雷达的优点，如工作在谐振区，可以获得较大的雷达目标截面积，能够有效探测低空、超低空飞行目标；由于接收站不辐射能量，所以具有良好的抗电子侦察、抗有源定向干扰、抗反辐射导弹(ARM)的能力。本书结合工程实际，系统讨论了该雷达的工作原理、信号处理方法、杂波抑制与抗干扰等，解决了试验系统中的一些实际问题。

陈伯孝教授从事岸-舰双基地地波超视距雷达的研究工作近 20 年，发表有关该雷达方面的学术论文 50 余篇，并研制了原理性试验系统，试验验证了该雷达技术的可行性。本书是陈伯孝教授长期从事这种雷达技术研究的结晶，本书的出版有利于推动雷达技术的创新，在新一代雷达研制过程中也可以借鉴。

本书内容新颖，系统性强，理论联系实际，突出工程实现和应用。相信本书的出版对雷达领域的科研人员和工程技术人员都可以起到很好的指导作用。

中国工程院院士 王小谟

2019 年 10 月

前　言

雷达作为一种可以全天时、全天候获取远距离目标信息的探测装置，在过去数十年里得到了持续发展。但在海域监测方面，由于微波雷达的探测距离受视距的限制，对海面目标探测距离有限，特别是在我国海边很少有高山，即使雷达架设在海拔1000米的高山上，对海面目标探测的视距也只有百余公里，因此，海边的微波雷达难以对200海里专属经济区进行监视、监测。高频地波雷达利用海水的传播特征，可以实现超视距传播，因此，主要涉海国家都建有地波超视距雷达，用于实现对广大海域的监测。但是，过去的地波超视距雷达基本都为单基地(为了收发隔离，发射站与接收站之间的距离只有几公里)。由于地波波长达数十米，中小型舰船的尺寸有限，即使大型舰船其长度也只有一两百米，难以架设大孔径的高频地波雷达。因此，我们提出一种在海边(岸)发射、在舰船上接收(即岸发舰收)的岸-舰双基地地波雷达体制，这种雷达发射站架设在海边，采用多个弱方向性的天线同时辐射不同载频调频中断连续波(FMICW)信号，保证对一定方位区域的各向同性照射，即不形成发射方向图；接收站在运动的舰船平台上，采用一个全向天线接收，在接收信号处理过程中通过特殊的信号处理综合发射阵列孔径，在目标方向形成等效的发射方向图，从而在舰船上(特别是在小型舰船上)实现对海面和低空目标的“无源”超视距探测与跟踪。该雷达综合利用运动平台上的双基地、地波超视距传播、在接收站利用发射阵列孔径综合形成发射方向图等体制或技术的优点，属于一种新型对海超视距探测雷达。该雷达兼备高频雷达和双基地雷达的优点，如工作在谐振区，可以获得较大的雷达目标截面积，能够有效探测低空、超低空飞行目标；由于接收站不辐射能量，所以具有良好的抗电子侦察、抗有源定向干扰、抗反辐射导弹(ARM)的能力。

本书结合工程实际，系统讨论了这类雷达的工作原理、信号处理方法、杂波抑制与抗干扰等，解决试验系统中的一些实际问题。全书共9章。第1章绪论，介绍了高频地波超视距雷达的发展概况、特点、应用。第2章高频地波雷达的性能计算，对该雷达的主要性能进行分析与计算。第3章高频雷达的信号波形及其脉冲压缩，介绍了地波超视距雷达的主要信号形式及其脉冲压缩处理方法。第4章岸-舰双基地地波雷达信号处理，介绍了该体制雷达相关的信号处理方法。第5章岸-舰双基地地波雷达系统同步与通道校准技术，介绍了运动平台上雷达系统的同步与误差校正技术。第6章地波雷达海杂波特征及其抑制方法，第7章地波雷达的电离层杂波及其抑制方法，第8章地波雷达的射频干扰及其抑制方法，分别研究了海杂波、电离层杂波、射频干扰的特征及其抑制方法。第9章岸-舰双基地地波雷达试验系统，介绍了这种新体制的地波超视距雷达试验系统的组成及其试验结果。

撰写本书的目的是为了使读者能系统、全面、深入地了解和掌握岸-舰双基地地波超视距雷达的基本概念和工作原理；掌握该雷达的工作方式、信号处理方法等，以及其与常规地波雷达的不同之处；熟悉这种雷达设计和研制的思路、方法及一些特殊考虑。

本书作者发表了50余篇岸-舰双基地地波超视距雷达方面的学术论文。本书是作者近20年从事岸-舰双基地地波超视距雷达研究工作的总结。作者一直从事雷达系统与雷达信号处理方面的研究，具有相当深厚的专业知识和丰富的实际经验。因此本书的讲解系统、全面，并具有很强的实践指导意义，可供MIMO雷达、数字化雷达及其他新体制雷达相关工程技术人员和科研人员参考。本书对高等院校相关专业师生也有参考价值。

本书第1、2、9章由陈伯孝、杨林撰写，第3、4、5章由陈伯孝撰写，第6、7、8章由王赞、陈伯孝撰写。全书由陈伯孝统稿。在本书的撰写过程中得到了中国工程院王小谟院士，清华大学彭应宁教授，海军装备研究院曲翠萍高工，哈尔滨工业大学权太范教授、于长军教授、李高鹏教授，中国电子科技集团公司第三十八研究所吴剑旗首席科学家，国家海洋局第一海洋研究所张杰研究员，中国兵器工业第二〇六研究所张春荣研究员，国营720厂李建政总工，南京空时频科技有限公司罗斌凤教授，西安电子科技大学张守宏教授、张福顺教授等的指导与帮助，他们给出了宝贵的修改意见与建议，在本书第7章引用了哈尔滨工业大学地波雷达课题组对电离层干扰的一些试验结果，在此一并表示衷心的感谢。另外，本人过去指导的博士刘春波、陈多芳、李锋林、潘孟冠等对本书的出版也做了大量工作，在此一并致谢。

中国工程院王小谟院士、中国电子科技集团公司第三十八研究所吴剑旗首席科学家在百忙中为本书申报国家科技图书出版基金写了推荐意见，在此向他们表示衷心的感谢。

我们编写这部著作的初衷是想推动雷达技术的创新，为我国现代雷达事业的发展贡献一份自己的力量。但鉴于水平有限，难免存在疏漏与不足之处，敬请广大读者批评指正。

本书的出版得到了西安电子科技大学“双一流”建设基金的资助。感谢雷达信号处理国家重点实验室和西安电子科技大学出版社的支持，感谢李惠萍编辑对本书编辑出版付出的辛勤劳动。

陈伯孝

2019年9月

目　　录

第1章 绪 论

1.1 引 言

雷达以其独有的全天时、全气候、作用距离远等优势，在各国军事、民用等众多领域发挥着非常重要的作用。传统微波雷达可以探测到数百千米以外的空中飞行目标，并具有较高的定位精度。但是由于地球曲率的原因，雷达架设高度受到限制，对目标的探测能力一般限制在视距范围内。当目标在低空飞行或者超视距飞行时，目标往往处于传统微波雷达的探测盲区，这会对低空突防或者超视距飞行目标的监测、跟踪和识别造成困难。尤其是对贴近海面的低空飞行目标，或者海面航行目标，较高频率的电磁波传播损耗很大，由于视距的限制，传统微波雷达很难获得较远的作用距离。但是，高频超视距雷达不仅可以探测到视距范围内的目标，而且还可以探测到超视距范围的目标，具有提供早期预警的能力。因此，世界主要军事大国都装备了一些超视距探测的雷达。

高频超视距雷达分为高频天波雷达和高频地波雷达两大类。高频天波雷达工作频率范围一般为 15 MHz～30 MHz，它利用电离层对高频电磁波的反(散)射作用，实现对雷达视距以外范围的预警监测，其作用距离一般为 1000 km～3500 km[1]。虽然高频天波雷达可以探测到数千千米外的海面目标，但是数百千米以内的范围仍是它的探测盲区。而高频地波雷达则利用了海水的波导效应，以及高频电磁波的垂直极化特性(以低损耗沿海平面传播)，其作用距离一般在几百千米，典型值大多在 400 km 左右。高频地波雷达的工作频率一般在 4 MHz～15 MHz，波长为 20 m～75 m。地波雷达也称为表面波雷达，它与海洋表面相互作用而产生 Bragg 绕射现象[2]，可以沿海面绕射传播数百千米，弥补了传统微波雷达和高频天波雷达对海面和低空目标的探测盲区。

1.2 高频地波超视距雷达发展概况

尽管高频地波雷达面临众多问题的挑战，但由于其对海面和低空目标探测的优势，自二战以来，英国、美国、俄罗斯、加拿大、澳大利亚、日本等海洋大国都先后致力于高频地波雷达系统的研发与装备工作，并将其用于国土防御；同时也在全球范围内掀起了利用高频地波雷达测量海洋表面动力学特征的理论和试验研究的热潮。二十世纪五六十年代，Crombie 通过试验研究发现：传播方向平行于雷达发射波束方向、波长等于高频电磁波波长一半的海浪与高频电磁波会发生“谐振”散射现象，进而产生回波。这一研究发现使得利用高频地波雷达超视距测量探测海面状态成为可能。随后，D. E. Barrick 定量解释了海面对电磁波的一阶散射和二阶散射的形成机理，建立了高频雷达探测海洋表面状态的理论基础[3]。

下面简单介绍世界主要国家的高频地波雷达的发展状况。

1. 美国

Barric 和 NOAA 电波传播实验室(EPL)在 20 世纪 70 年代末成功研制了 CODAR (Coastal Ocean Dynamics Application Radar)系统，用于探测海洋表面状态。

1999 年在 CODAR 系统基础上又推出了 SeaSonde 轻便型近程高频地波雷达，其探测距离约为 60 km，覆盖范围为 100 km×60 km，发射平均功率为 100 W，距离分辨率为 0.3 km～3 km。这种雷达采用轻便的 5 m 鞭天线作发射天线，接收天线采用单极子/交叉环。雷达以测量海流为主，其测流精度为±7.0 cm/s。利用多重信号分类法(MUSIC)或 MVM 空间谱估计算法得到的流场角度分辨率可达 2.5°，并可提供局部波浪信息和风场信息。SeaSonde 系统的天线如图 1.1 所示[4]。

(a) CODAR公司的SeaSonde系统结构

(b) SeaSonde系统接收天线

图 1.1 SeaSonde 系统的天线

从 1990 年开始，美国海军致力于研制舰载高频地波相控阵雷达系统，用以装备不同类型的军舰，提高舰艇的反舰导弹作战能力以及对海探测能力。洛克希德公司和桑得斯公司(Lokcheed & Sanders)的舰载试验型 HFSWR 的方位精度达到 1°～2°，距离分辨率约为 1 km，能够满足早期预警的要求。1996 年桑得斯公司开始研制 HFSWR 样机，舰载 HFSWR 对低飞反舰导弹超视距检测、跟踪的最小距离为 37 km，对飞机的最小探测距离为 75 km，对水面目标的探测距离为 150 km。桑得斯公司的舰载 HFSWR 设计图如图 1.2 所示[5]。

2. 英国

英国是地波雷达研究最早、成果最多的国家之一。英国于 20 世纪 70 年代投入使用的地波超视距雷达，可进行海态、舰船和冰山的遥感遥测。1985 年开发的 OSCR 雷达系统，采用垂直八木天线，接收为 16 元线阵，雷达发射信号采用单脉冲调幅信号，工作频率为 27 MHz，发射峰值功率为 2 kW，平均功率为 20 W，探测距离达 400 km，距离分辨率为 1.2 km，方位分辨率为 5°，主要用于探测风浪流。20 世纪 80 年代，英国皇家海军研究所与马可尼公司合作开发了 Overseer 地波超视距系统，用来探测导弹和飞机等低空目标，以及监视欧洲的北海海面。该系统采用对数周期天线发射，采用 600 m 的阵列进行接收，作用距离可达 500 km；能够同时探测舰船目标和对海洋进行遥感遥测，主要包括舰船标图、

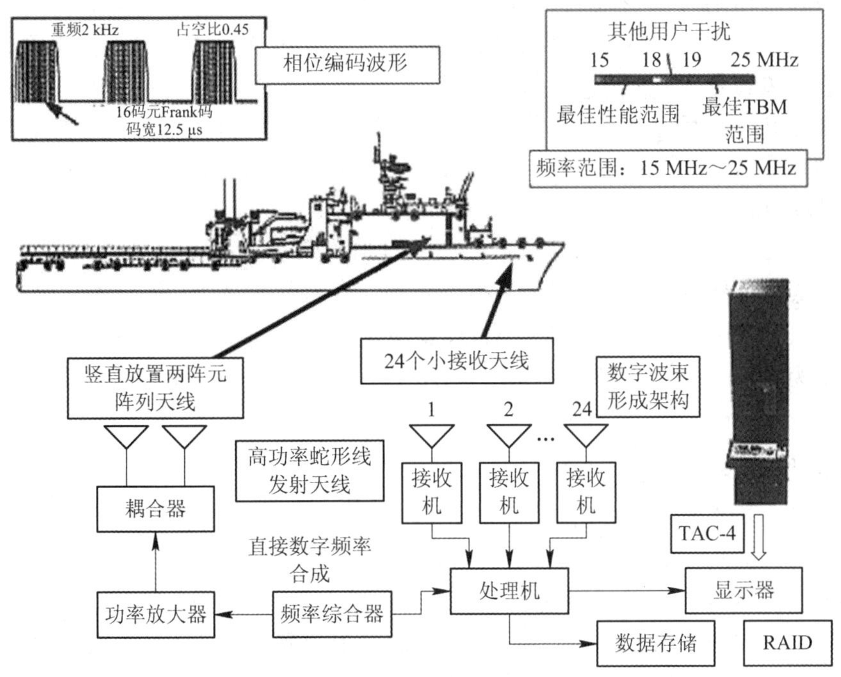

图 1.2 桑得斯公司的舰载 HFSWR 设计图[5]

预测冰山的移动以及浪高、海流遥感。1990 年，马可尼公司推出了舰载地波超视距雷达 S-124，如图 1.3 所示[6]。该雷达对大型舰船的探测距离可以达到350 km，对低空飞机的探测距离也超过 290 km，对巡航导弹的探测距离约为 150 km。

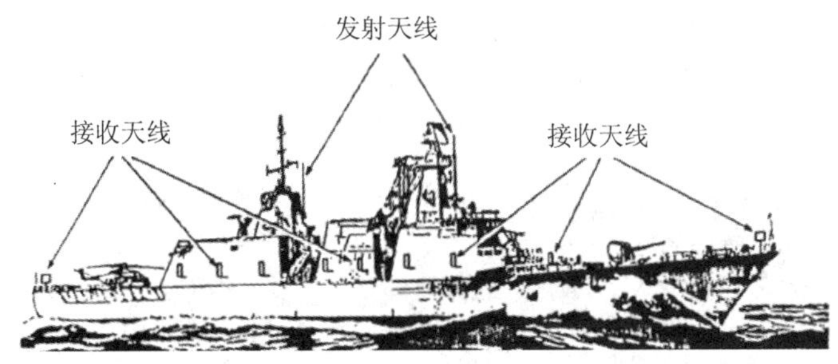

图 1.3 马可尼公司的舰载地波超视距雷达 S-124 示意图

此外，英国还开发了 S-120 和 S-125 高频地波超视距雷达。这两款雷达主要用于海岸监视和飞机预警任务，其中 S-120 系统工作频率为 3 MHz～30 MHz，覆盖方位扇区为 100°，对舰船目标的跟踪距离可达 370km，对飞机的跟踪距离稍微近些；S-125 系统工作频率范围为 5 MHz～10 MHz，发射机输出功率为 40 kW，覆盖方位扇区可达 120°，可跟踪 400 个海面目标或 100 个空中目标。

3. 俄罗斯

TELETS 高频地波雷达系统是由莫斯科远程无线电通信研究所设计并研制的。该雷达接收阵列孔径为 350 m，雷达阵列可分成 16 个子阵，最远探测距离为 150 km，能够同时跟踪 100 个舰船目标，主要用于探测海面移动目标。

俄罗斯在远东建立了多功能海岸试验探测系统。第一代用于探测舰船目标的高频地波雷达在 20 世纪 90 年代初配备给了俄罗斯海军，雷达架设在海参崴，探测距离达到 250 km，方位覆盖角为 60°。改进后的第二代高频地波探测系统分为军用型和民用型，可同时探测舰船和飞行目标。民用型代号为“金牛座”，有对空和对海两台发射机，发射天线采用对数周期天线，发射阵列天线长为 30 m；接收阵列天线长为 450 m，由 32 个接收天线组成，使用数字波束形成(Digital Beam Forming，DBF)技术，最多可形成 32 个波束。DBF 采用自适应信号处理技术，能够同时消除监测空间内的 5 个干扰源。该雷达具有实时电磁环境监测、海空兼容探测和实时系统补偿等功能。军用型代号为“向日葵”，最远探测距离为 300 km，工作频段为 5 MHz～15 MHz，总发射功率达到 60 kW，方位覆盖角达到 90°，距离分辨率为 3 km～4 km，方位分辨率为 3°～5°。“向日葵”雷达的性能要优于“金牛座”雷达 20%～40%。

4. 澳大利亚

20 世纪 70 年代，澳大利亚研制的第一部高频地波雷达系统称为 COSRAD，雷达载频为 27 MHz；1998 年，澳大利亚传感信号处理中心(CSSIP)和国防科技组织(DSTO)联合研制了高频地波雷达 Iluka，并在澳大利亚的北部地区 Darwin 对该雷达进行了现场试验。该雷达主要用于探测与跟踪海上移动目标。雷达的发射信号为线性调频连续波(FMCW)，发射天线采用对数周期天线，接收阵列孔径为 500 m，最远探测距离为 400 km。

2003 年，澳大利亚部署了“金达利”超视距作战雷达网(Jindalee Operational Radar Network，JORN)。JORN 系统包括 JORN 双基地超视距雷达、电离层监视系统(即 FMS 频率管理系统)、部署在爱丁堡空军基地(南澳大利亚州)的控制中心。JORN 双基地超视距雷达包括部署在艾利斯-斯普林斯的 JFAS(Jindalee Facility at Alice Spring)控制中心，两个独立雷达站——一个部署在昆士兰州，发射站位于朗里奇(Longreach)，接收站位于巨石阵(Stonehenge)；另一个部署在西澳大利亚州，方位覆盖 180°，发射站位于拉威尔顿东北，接收站位于拉威尔顿西北。JORN 系统主要用于空中和海面目标的探测，该系统如图 1.4 所示。

(a) JORN系统位于朗里奇的雷达发射站

(b) JORN系统位于拉威尔顿的雷达发射站

图 1.4 JORN 雷达系统

5. 加拿大

加拿大高频地波雷达系统主要有 HF-GWR 和 SWR 两种不同系列的雷达，其中 HF-GWR 系列雷达于 1990 年在纽芬兰东海岸的莱斯角(Cape Race)建立。HF-GWR 系列雷达又分为 HF-GWR 和 GWR 两种，前者工作频率为 5 MHz～30 MHz(通常用 5 MHz～8 MHz)，雷达峰值功率为 10 kW，平均功率为 1 kW，作用距离为 20 km～400 km，距离分辨率为 400 m，方位分辨率为 2.5°～6°，发射采用 40 m 的对数周期天线，方位覆盖 120°，接收阵列为 880 m 的相控阵天线；后者工作频率为 3 MHz～30 MHz，峰值发射功率为 1 MW，最大作用距离为 600 km，方位覆盖角为 110°。加拿大利用该系列雷达系统实时监测大西洋和劳伦斯海湾之间的航行船只，实时探测和跟踪舰船、冰山、飞机，同时还可提供海面海流和浪高等海洋信息。

雷声公司与加拿大国防部于 2000 年联合研制了高频地波雷达 SWR－503，其天线如图 1.5 所示，雷达的工作频率为 3 MHz～10 MHz，峰值功率为 16 kW，平均功率为 3.2 kW，距离分辨率为 7.4 km，方位分辨率为 6°。对于 1 万吨位的舰船目标，SWR－503 的最大作用

图 1.5 加拿大 SWR－503 系统

距离可达 407 km。之后加拿大研制了 SWR－610 地波雷达，相对于 SWR－503，其工作频率更高，并增强了对中程距离范围内的较小尺寸目标的监测与跟踪。

6. 其他国家

德国汉堡大学物理海洋研究所于 1996 年开发出新型高频地波雷达 WERA(WEllen RAdar)，主要用于高分辨率、远距离的海流与海浪的测量。WERA 系统接收天线阵列如图 1.6 所示，其接收阵由 4～16 个独立并排的天线组成，其中 4 元天线阵用于监测海浪，16 元天线阵用于同时监测海流、海浪和风向。WERA 雷达的发射信号采用 FMCW，发射功率为 30 W，工作频率主要有三种：第一种工作频率为 27.65 MHz，此时最大作用距离大于50 km，距离分辨率为 0.25 km～2 km；第二种工作频率为 29.85 MHz，此时最大作用距离大于45 km，距离分辨率为 0.25 km～2 km；第三种工作频率为 16.045 MHz，此时最大作用距离大于 80 km，距离分辨率为 1 km～2 km。WERA 雷达在三种工作频率的方位分辨率均可达到 2°，监测的洋流精度可达 1 cm/s～2 cm/s，流场精度可达 1 cm/s～5 cm/s。

图 1.6　WERA 系统接收天线阵列

日本于 1989 年研制了高频地波雷达系统 HF－OR，该雷达天线阵列为 10 元线阵且收发共用，波束宽度为 15°，采用调频中断连续波作为发射信号，工作频率为 24.5 MHz，发射峰值功率为 200 W，平均功率为 100 W，雷达有效探测距离为 100 km，距离分辨率为 1.5 km。HF－OR 雷达具有可移动性，主要用于海流、海浪和风向探测。

7. 中国

在国内，主要有武汉大学、哈尔滨工业大学和西安电子科技大学等单位开展高频地波雷达的研究工作。

1988 年，武汉大学开始研制监测海洋环境的高频地波雷达，并于 1993 年成功研制出 OSMAR 试验系统，如图 1.7 所示，用于海表面动力学状态监测和分析。1999 年，武汉大学研制出中程高频地波雷达——OSMAR2000[7]，雷达工作频率为 6 MHz～9 MHz，接收阵列天线孔径长为 120 m 左右，采用一发八收且收发共用的工作方式。该雷达能够探测 150 km 以内的风浪场和 200 km 以内的海流。在 2006 年年底，中程高频地波雷达 OSMAR041 成功研制并投入使用，OSMAR041 系统如图 1.8 所示[8]。随后武汉大学与中船重工集团 388 厂、724 所合作，于 2009 年推出了 OSMAR071 型高频地波雷达。该雷达主要用于测量覆盖海域的海流流向、浪高、流速，海面风向，浪周期以及风速等参数。雷达利用 MUSIC 算法和 DBF(数字波束形成)，发射信号采用调频中断连续波(FMICW)。与传统海洋测量仪器不同，它能够实时、大面积地获取海流、海浪、海风的相关参数，对海上救生、海洋灾害预报、海港码头管理、海洋工程、海洋军事活动有着重要的现实作用。

图 1.7　OSMAR 系统

图 1.8　OSMAR041 系统

军用方面，哈尔滨工业大学自 20 世纪 80 年代就开始研究用于探测海上移动目标的高频地波雷达，并于 90 年代在山东威海建立了我国第一个高频地波雷达站，成功对超视距目标进行了探测和跟踪。到了 90 年代末，研制出一套实验型雷达系统 EHFR(Experimental HF surface over-the-horizon Radar)。该系统发射波形采用 FMICW，两套发射系统分别用于飞机和舰船目标的探测；接收系统有 3 套，分别用于飞机、舰船和环境噪声的信号处理，每套有 8 个通道，共用 8 根天线。EHFR 能够检测到 120 km 内的舰船和 100 km 内的飞机目标。在 21 世纪初，我国成功研制了第一部国产某型号的地波雷达。近些年，哈尔滨工业大学开展了舰载高频地波雷达关键技术与试验研究[9, 10]。

2002 年，西安电子科技大学雷达信号处理国家重点实验室提出“岸-舰双基地地波超视距雷达”的研究计划。该雷达是一种新型的地波超视距雷达，结合了双基地与舰载体制的特点，发射采用大孔径阵列天线，建立在海岸上，并采用综合脉冲孔径雷达(Synthetic

Impulse and Aperture Radar，SIAR)技术，即各天线发射相互正交的波形，在接收站通过信号处理而形成发射方向图。接收站安装在舰船上，采用单根全向天线接收。该雷达同时具有双基地雷达和高频雷达的优势。2005 年在青岛建立了该地波雷达试验系统，并进行了原理性实验[11, 12]。课题组已围绕“岸-舰双基地地波超视距雷达”开展了系统设计、目标检测、干扰和杂波等多方面的研究工作。其中，在系统设计方面主要开展了发射阵列设计与校准、信号波形设计与参数选取、系统同步、距离-方位耦合及解耦合信道化接收技术等研究；在目标检测方面探讨了利用时频分析检测海面机动目标的方法等；在抗干扰方面主要开展了射频干扰与瞬时干扰的特性分析，并针对射频干扰提出了时域与距离域抑制方法、反演相消法等，针对瞬时干扰提出了小波分析-矩阵分解抑制方法和海杂波约束条件下的空域抑制方法等；在海杂波特征及其抑制方面完成了接收平台运动时海杂波统计特性分析，并提出了海杂波空-时级联处理、时-空级联处理、空时二维联合处理、时频分析处理和图像域杂波抑制方法。此外，2009 年，国家海洋局海洋第一研究所联合哈尔滨工业大学和西安电子科技大学等单位研究开发“海上非法舰船 SAR 和地波雷达立体监视监测应用技术系统”。

经过数十年的深入研究，世界各国学者在高频地波雷达领域积累了丰富的研究经验和成果，高频地波雷达由以前岸基系统逐渐发展出舰载系统，由单基地雷达逐渐发展出双、多基地雷达，乃至雷达组网系统。高频地波雷达面临的问题也得到了一定程度的解决。例如，在射频干扰方面，国内外学者提出了许多抑制方法，包括自适应空域滤波、相干旁瓣对消、极化滤波、基于特征子空间的正交投影以及时域剔除法等；在瞬态干扰方面，已研究出矩阵分解法和小波分析法这两类抑制方法；在海杂波方面，研究人员在 Bragg 散射模型的基础上，提出了许多杂波抑制方法，包括利用 Hankel 矩阵的基于奇异值(SVD)分解、利用线性预测滤波器、利用空时自适应处理(STAP)、利用图像分割和形态学滤波实现图像域海杂波抑制、基于混沌预测的海杂波对消以及时频分析的非线性杂波抑制方法等。

但时至今日，高频地波雷达仍存在一些问题亟待进一步解决。在工程技术方面，高频地波雷达的阵地大、选址难等问题，使得研究热点集中于如何更科学、合理地设计雷达天线阵列以及对天线本身进行小型化设计等方面；在理论研究方面，如何利用少量阵元得到高精度的空间谱估计、干扰抑制方法的改进、电离层杂波建模及其杂波抑制方法等，仍是研究的重点和难点。

多输入多输出(Multiple-Input Multiple-Output，MIMO)雷达和分布式阵列天线技术的出现，使得高频地波雷达由传统的相控阵雷达向 MIMO 体制雷达发展，由均匀线阵向分布式阵列发展也成为可能，为解决高频地波雷达在工程领域的问题提供了理论依据。而诸如压缩感知(Compressed Sensing，CS)等新的信号处理方法的出现，为解决高频地波雷达在理论方面的相关问题提供了新的思路。

1.3　超视距雷达的电波传播方式

超视距雷达与作用距离在视距以内的微波雷达不同，不受地球曲率影响，它是重点探测以雷达站为基准的水平视线以下目标的特殊雷达体制。一般而言，超视距雷达是指雷达发射和接收的电磁波以向地球表面弯曲的路径、非直线传播的地(海)基雷达。根据地球的曲率半径和雷达的架设高度，将作用距离超过视距的雷达设备称为超视距雷达系统。

超视距雷达的电波传播方式主要有3种，即地(海)面绕射波传播方式、天波返回散射波传播方式和大气波导波传播方式，如图1.9所示。超视距雷达按电波传播方式分为高频天波超视距雷达、高频地波超视距雷达和微波大气波导超视距雷达。高频天波超视距雷达简称天波雷达或OTHR，是利用电磁波经过电离层折射、后向返回散射路径下视传播(由电离层向海平面传播)从而实现超视距探测。高频地波超视距雷达简称地波雷达、表面波雷达，或者HFSWR，是利用电磁波能量沿着地球海洋表面以绕射传播方式探测海面和低空目标。微波大气波导超视距雷达是利用海水与大气之间超折射效应在有限高度沿地球表面曲率传播，实现对海面和低空目标的超视距探测，它与气象条件有关，雷达的工作时效是有限的。

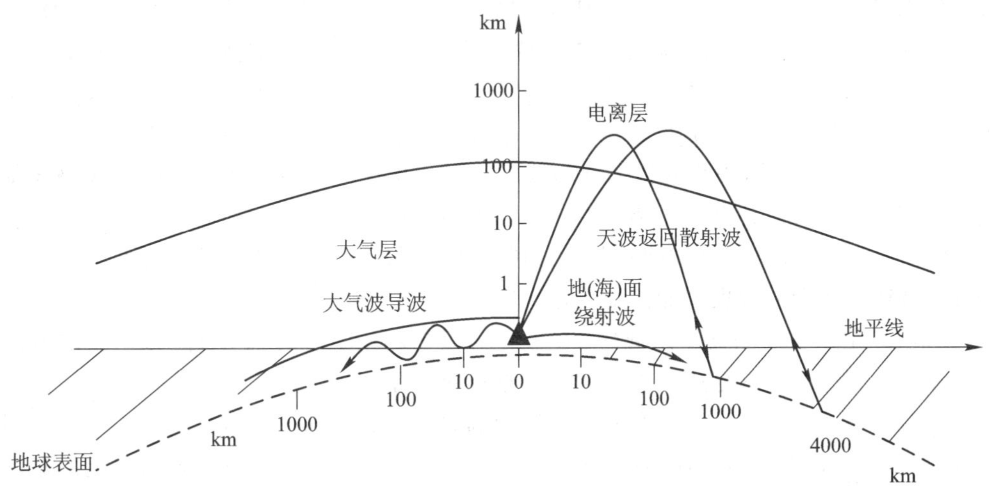

图1.9　超视距雷达电波传播方式

1.3.1　地(海)面绕射波传播

地球表面特性导致电波能沿着地球表面传播，这种表面波的传播特性受地球表面的电气特性影响。采用这种传播方式的地波雷达可对150 km内的地面上空和400 km以内的海面及其上空的目标进行探测。

地(海)面绕射波传播方式受环境的影响，其影响因素有地面、海面、地形地物反射及衰减效应，而电离层直接回波的干扰也是不容忽视的，地波雷达中通常称这种干扰为电离层干扰，或电离层杂波。

1.3.2　天波返回散射波传播

天波返回散射波传播的过程是：无线电波斜向投射到电离层，被折射到远方地(海)面，地(海)面的起伏不平及其电气特性不均匀性使电波向四面八方散射，而有一部分电波将沿着原来的(或其他可能的)路径再次经电离层折射回到发射站，被那里的接收天线接收；也可能出现两次以上如此经地(海)面散射和电离层的多次返回散射波的传播。天波经地(海)面散射时，电波亦可能偏离来时的大圆路径，发生非后向散射波的“侧向”传播，经电离层折射到达偏离发射点的地面站，这样的传播过程称为地侧后向散射波传播[1]。天波返回散射波传播有"跳距"现象，即近距离可能有天波不能到达的区域。在天波雷达中这种区域一般在 800 km 左右，通常称为天波雷达的近距离"盲区"。

采用这种传播方式的天波雷达可实现对 800 km～3500 km 的地(海)面特性、海面目标及地(海)面上空目标的探测。

影响天波返回散射波传播方式的环境因素包括：电离层电子浓度的不均匀性引起的电离层折射效应、法拉第效应和衰减效应，地(海)面的散射及衰减效应等[1]。

1.3.3 大气波导波传播

大气折射率沿大气层高度的分布可以分为若干区段。每一区段折射率梯度与相邻区段可能有较大区别。如果某一区段的折射率梯度远远偏离正常值，则称这一区段为层结。大气负折射率梯度很大的层结即是超折射层或称波导层。所谓大气波导，就是指在低层大气中能使无线电波在某一高度上出现全反射的大气层结。大气波导可以"捕获"在大气层结足够低的仰角区域发出的较高频率的电波，即这样的电波只能在这种波导的上下边界之间传播，而不能逃出波导。这种导向传播称为波导传播。波导的下边界如果是地面或海面则称贴地波导。如果没有其他附加因素的影响，这种传播的损耗可以比在自由空间传播的损耗小些，可以认为波导对电波的"捕获"是折射效应的结果。这时射线将不断返回下垫层或地(海)面，再经反向折射或反射而向前传播[1]。

大气波导是以一定的概率出现的。微波雷达只能利用这种传播方式，以一定的时间概率对 300 km～400 km 的地(海)面上的目标进行超视距探测。

大气波导传播方式受到环境的影响，其影响因素有：大气折射指数的不均匀性所引起的折射效应，衰减效应、地(海)面、地形地物反射及其衰减效应，特别是以一定的概率出现的大气波导的衰减效应。

1.4 高频地波超视距雷达的技术特点

1.4.1 技术特性

高频雷达在电波传播特性、电磁环境、目标散射特性和雷达的部署及威力范围等要求方面，与常规微波雷达相比有许多不同之处[1]。

1. 电波传播特性

地波超视距雷达传播特性是由于地球表面特性导致高频电磁波能够沿海表面传播。与自由空间电磁波传播特性不同，在半空间传播的电磁波受地/海面特性影响，因地/海表面是非理想导体介质，电磁波在两层介质面上传播时，电磁波的场结构发生变化，所以沿地球表面以绕射的形式传播。绕射传播的路径损耗及建模计算是地波雷达设计的理论基础，目前实用的传播介质为海洋表面，由于海水具有高导电性，对高频垂直极化电波的衰减量相对较小，而水平极化的单程衰减量要比垂直极化高出几十分贝。垂直极化电波沿海表面传播时的能量衰减主要包括两个方面：

(1) 电波绕射时能量的衰落。传播能量的衰落随频率的升高而加大，随距离的增大而增加。在 2 MHz～20 MHz 内，当距离小于临界距离(约为 100 km～172 km)时，衰落比较平缓；当距离大于临界距离时，衰落比较急剧。在标准大气海面条件下，若固定传播距离为 300 km，则双程能量的衰落在 2 MHz～4 MHz 范围内为 −10 dB/1.5 倍频程，在 5 MHz～10 MHz 范围内为 −40 dB/1.5 倍频程[1]。

(2) 风浪附加损耗。这一损耗与工作频率、海态、传播距离等因素有关，会随着传播距离的增大而急剧增长。但由于海表面阻抗的电抗性，在低频(2 MHz～5 MHz)、低海态条件下，随着传播距离的增大，风浪附加损耗会呈现负增长。根据试验测试结果，在 6 级海态(风速为 30 kn)海面，300 km 传播距离上的双向风浪附加损耗在 3 MHz 时小于 0.5 dB，在 5 MHz 时小于 6 dB，在 10 MHz 时小于 28 dB[1]。从上述传播能量衰减的两方面考虑，地波雷达探测海面目标时的工作频率宜选在低端，即 2 MHz～8 MHz。

由于地波雷达天线阵设计还不能做到非常理想地使电磁波完全沿地(海)面传播，于是不可避免地会有较高仰角辐射(或接收)性能，来自电离层的无源和有源干扰造成了地波雷达在 100 km～400 km 的距离段最重要观测区的严重干扰，致使在这段距离中的检测目标性能显著下降。目前，消除电离层的干扰成为地波雷达一项非常重要的关键技术。

2. 电磁环境

高频雷达工作中的电磁环境比微波雷达工作的环境恶劣，有源干扰主要表现在外部环境噪声比系统内部噪声高得多，电台干扰频率在空间分布密集、功率较强且随时间变化，高频雷达的瞬时工作带宽有限，一般只有 30 kHz 左右。无源干扰主要包括地/海杂波干扰、电离层杂波干扰和流星余迹干扰，其中杂波干扰和最强的有源干扰幅度常同处一个量级，杂波分辨单元散射截面大，对于采用连续波工作的雷达，杂波在时域上连成一片。

(1) 环境噪声。高频雷达外部环境的噪声主要由大气噪声、人为噪声及宇宙噪声组成，随着雷达工作频率、时间和地理位置的变化各不相同。特别是高频雷达在远区回波主要为环境噪声，在中纬度地区的功率电平通常比雷达接收机热噪声高出 10 dB(30 MHz 处)～50 dB(3 MHz 处)，成为限制高频雷达信号检测灵敏度的主要因素。地波雷达由于处在高频段低端，大气噪声电平比天波雷达的电平要高，在地波雷达探测海面目标的背景中，往往在 300 km 以外，大气噪声电平超过海浪杂波干扰电平。

(2) 电台及工业干扰。电台干扰主要指各种业务通信和广播电台干扰。虽然每个电台占用带宽较窄(100 Hz～12 kHz)，但高频段电台成千上万，通过各种途径传到高频雷达接收站，形成强于环境噪声的有源干扰。高频超视距雷达必须采用自适应选频技术选择无干扰及外部环境噪声小的频段工作，即使如此，各种电台及工业干扰在频率上的密集、可变分布还构成对选择雷达探测信号带宽的主要限制。

(3) 杂波干扰。杂波干扰主要指同一雷达分辨单元的地、海杂波干扰，由于高频超视距雷达主波束均照射在地球表面，HF 雷达的距离和方位分辨率又相当差，因此杂波干扰很强。杂波有效散射截面(RCS)比大、中型飞机目标 RCS 大 40 dB～60 dB，成为高频雷达目标杂波中可见度(SCV)设计要求的主要依据。为了满足比微波视距雷达高得多的 SCV 指标，对高频雷达相参信号源的稳定性指标及杂散分量提出了更严格的要求。

3. 目标散射特性

高频雷达所探测的目标，其 RCS 特性处于谐振区或瑞利区，而微波雷达目标 RCS 特性处于光学区。根据仿真计算，处于谐振或准谐振区的空中飞行目标，其 RCS 比在微波雷达工作时大 1～2 个数量级，但其随工作频率变化幅度起伏较大；进入瑞利散射区的目标，随着频率的降低，RCS 呈四次方关系迅速减小。

对于水平极化电磁波，在高频段谐振区普通飞机目标的 RCS 均值为 7 dBm^2～30 dBm^2；对于垂直极化电磁波，飞机目标的 RCS 比水平极化的 RCS 略小 5 dB～10 dB，在目标特征尺寸接近工作半波长的频率点附近且雷达侧视目标时，会出现 RCS 的峰值。中、大型舰船两种极化形式下的 RCS 值均为 30 dBm^2～60 dBm^2，地波雷达探测海面目标工作频率多为 3 MHz～8 MHz，跟踪这些舰船是不困难的。由于地波雷达只能采用垂直极化方式工作，对于通常在水平方向运动的飞机和导弹目标，构成垂直极化的特征尺寸比水平极化小很多，因此它检测空中目标的效率比较低。地波雷达往往需要采用一个较高的工作频道(如 8 MHz～14 MHz)，才能较有效地检测空中目标。

4. 雷达的部署及威力范围

根据电波传播机理及其特点，高频地波雷达必须依赖海面传播电波，因此，高频地波雷达一般部署在沿海岸边或装备在舰船上。超视距雷达都以一定的方位扇区搜索工作，扇区宽度主要取决于天线方向图特性，一副发射天线在方位上只能覆盖 70°～80°扇区，因此，一般采用两副发射天线在方位上覆盖 120°扇区；作用距离主要取决于雷达的辐射能量及电波传播路径上的损耗。目前，大多岸基高频地波雷达威力覆盖范围为(方位 90°～120°)×(距离 10 km～400 km)，且天线尺寸较大，需要在较大的海边平坦阵地进行架设。舰载高频地波雷达最大超视距探测距离大致为 250 km，可由舰载(高频地波雷达)移动到任何位置。

高频地波雷达需要一个较好的传播环境和电磁环境，因此站址选择很重要。例如，岸基高频地波雷达，其探测性能与天线场区地貌及周边电磁环境密切相关。高频地波雷达选址的主要原则是：

(1) 天线阵地需要一个靠近海水的平坦场地，理想的海岸场地应是天线地平面完全耦合到海洋平面，或铺设金属地网一直延伸到海水下面；

(2) 该频段探测方位扇区内有源干扰较小；

(3) 天线阵地内不能为岩石地，不允许有磁性物质，探测区内不应有遮碍视线的障碍物；

(4) 天线阵地前方雷达覆盖扇区 20 km 范围内不能有大的岛屿或延伸的陆地；

(5) 发/收天线阵地之间应留有足够的距离(1 km 左右)和合适的布局位置，以防相互之间的耦合及干扰。

1.4.2 高频地波雷达技术存在的问题及解决方案

尽管高频地波雷达技术已经成熟，并形成很多装备，但是还存在一些亟待解决的问题或需要改进提高的地方。例如：

(1) 对海上移动目标探测时，由于舰船桅杆等的高度通常为十米量级，与高频地波雷达的工作波长相当，因此被测目标的雷达散射截面位于谐振区。在谐振区，目标的雷达散射截面随雷达工作频率及目标姿态的变化很大，通常会出现数十分贝的起伏，这将导致高频地波雷达的目标探测性能不稳定，会经常出现目标突然消失的情况。

(2) 高频地波雷达对海面低速航行目标探测时，海洋回波的 Bragg 散射部分的强度通常远大于目标回波的强度。当目标的径向速度产生的多普勒频移与一阶Bragg频率相当时，目标回波就会被一阶峰淹没，这时目标处于“速度盲区”，在抑制Bragg峰时目标也被抑制掉了。为了有效抑制海杂波，一般军用地波雷达采用较窄的接收波束，为此雷达接收天线阵非常庞大，若波束宽度达几度，则天线孔径长达1 km，使得雷达的抗打击能力较弱(导弹对固定点目标的打击能力非常强)，且建站和维持费用颇高。

(3) 理想情况下，高频地波雷达辐射电磁波沿地面传播，但是地波雷达天线在仰角维是弱方向性的，实际中天线所辐射的能量总有一部分指向天空，传播到电离层并被反射回来，或者与电离层相互作用后以天波形式传播，然后以各种路径到达雷达接收天线处被接收，对雷达形成严重的干扰，通常把这种干扰叫做电离层“自激干扰”或电离层干扰。

(4) 高频地波雷达系统担任警戒任务时需要长期不间断地工作，并且占用独立频带，且高频地波雷达占有的工作带宽较宽(相对于高频段其他设备来说)，这导致在频率资源接近饱和的高频段，特别在沿海经济发达地区，高频地波雷达的实际应用受限。

目前针对这些问题的解决方案主要有以下几种：

(1) 双/多基地高频雷达技术。双/多基地雷达具有与单基地雷达不同的距离多普勒散射关系，其目标的雷达截面积也与单基地有较大差别。因此，单基地雷达观测不到的目标，双/多基地雷达可能会从不同的视角观察到。在单基地雷达上呈现的“速度盲区”在双/多基地雷达上可能并非盲区。近年来，将双/多基地雷达技术应用到高频地波雷达中的研究逐渐增多。

(2) 多频雷达技术。在谐振区，目标的雷达散射截面随雷达工作频率的变化很大。多频雷达同时工作于多个频点，在一个频率无法探测到的目标，可能会被其他频率探测到。并且，由于一阶峰的位置与雷达工作频率的开方成正比，而目标的多普勒频移与雷达工作频率成正比，如果在某一频率时目标回波与一阶峰重合，则在另一工作频率目标回波会与一阶峰分开。因此，多频雷达具有解决目标探测不稳定、速度盲区等问题的潜在优势。

(3) 多站高频地波雷达频率共用技术。随着海洋观测系统建设的不断发展，高频地波雷达在沿海岸地区的分布将越来越密集。雷达相互之间的干扰是建站时必须考虑的问题。避免相互干扰的一个方法是为每部雷达分配不同的频率范围。然而高频段的频谱资源极为有限，大多数已被分配给了许多不同类型的用户，如无线电广播电台、点对点通信、海上移动通信、标准频率和时间等。高频段的用户通常所使用的信号带宽在5 kHz的量级，而一部较高分辨率的高频地波雷达需要的带宽要高得多，一般在几十至一百千赫兹的量级。因此当雷达数目较多时，这种方法既难以实现又对频谱资源造成了极大的浪费。另一种方法是时分复用，即为每部雷达分配不同的时间片，使多部雷达交替工作。高频地波雷达需要连续采集较长时间的数据，通过长时间的相干积累，提高目标的信噪比，才能达到所需测量的精度。因此，必须采取合适的方法使在同一区域的高频地波雷达系统可以复用频率，并且不降低每部雷达的作用距离和测量精度。为了解决此问题，人们提出了一种调制复用技术，使多部高频地波雷达可以在同一个频率上，同时工作且无相互干扰。这种技术适用于高频地波雷达的组网探测。

(4) 高频地波雷达的组网技术。一部单基地或双基地雷达只能测量目标速度在一个方向的分量，因此，若由两部以上独立工作的高频地波雷达组网探测，将所有雷达获得的信息进行融合，则有利于提高对目标的检测性能。这种组网技术可以较好地解决谐振区目标散射截面不稳定和一阶峰导致的“速度盲区”问题。当然由于实际投入使用的高频地波雷达数量有限，目前尚没有地波雷达组网的应用实例，只是将地波雷达与其他微波雷达的航迹进行融合处理。由于微波雷达受视距的限制，地波雷达为超视距范围内目标的探测提供了有力的补充。

1.5　高频地波超视距雷达的优势及应用

1.5.1　高频地波超视距雷达的主要优势

高频地波雷达工作频率范围大多为 3 MHz～15 MHz，由于该波段电波传播的特殊性，高频地波雷达与常规微波雷达相比有很多显著的特点，其特点具体表现在以下几个方面：

(1) 探测距离远。高频地波超视距雷达工作在短波频带，垂直极化波对地球表面有很好的绕射特性，这使得地波雷达可以实现对视距以外舰船目标的探测。对中、大型舰船的探测距离可达 400 km，飞机的为 200 km～300 km，掠海导弹的为 150 km，同时覆盖角度可以达到 60°的区域范围。

(2) 反隐身。目前美国已装备的 F-22 和 F-35 飞机具有很好的隐身性能。隐身技术主要包括两个方面：一个方面是材料隐身技术；另一个方面是目标的外形结构设计。隐身技术通常针对某些频段和方向。一般隐身的材料主要针对 1 GHz～20 GHz 的微波频段，无法实现全频段全方位的隐身。对于高频波段，一般海上目标的散射特性处于瑞利区的后段或谐振区内，隐身目标的隐身特性降低。因此从频域角度考虑，高频雷达具有很强的反隐身能力，例如某隐形飞机的微波段雷达的 RCS 为 0.1 m 量级，而高频波段的 RCS 比微波雷达的高 2～4 个数量级，“隐身”目标在高频段的 RCS 比微波雷达工作频段下的 RCS 高出 20 dB～40 dB。

(3) 较强的抗干扰性能。高频雷达相对带宽很宽，可达几个倍频程，发射信号带宽很窄。敌方很难在如此宽的频带内实现全频干扰，很容易避开敌方的干扰。

(4) 较高速度分辨率。为了保证高频地波雷达具有较远的探测能力，一般通过较长的相参积累时间来实现，对空中目标的积累时间是 10 s～20 s，而海上目标的积累时间是几分钟。因此对于空中目标的速度分辨率可达 0.75 m/s～1.5 m/s，而海面目标为 0.08 m/s～0.16 m/s。

(5) 对抗反辐射导弹(Anti-Radiation Missile，ARM)。ARM 是利用雷达辐射的电磁波作为制导源来发现、跟踪并摧毁辐射源设施的，是压制敌方防空系统的关键武器。这种导弹采用被动寻找的方式，具有较低的雷达散射截面，因而隐蔽性好，不易被雷达发现。随着反辐射导弹的不断发展，对雷达产生的威胁将越来越大。但是，由于反辐射导弹弹径较小，其天线尺寸不可能做得很大，频率覆盖范围在 0.8 GHz～20 GHz 之间，因此对工作在 3 MHz～30 MHz 的高频地波超视距雷达来说构不成威胁。但是，一般地波雷达的阵地面积较大，位置固定，容易受到定点攻击导弹的打击。

1.5.2　高频地波超视距雷达的应用领域

与传统的监测手段相比，高频地波雷达具有明显的优势，因此在军用和民用方面都具有重要的作用。主要体现在：

1. 海岸工程应用

由于高频地波雷达的探测具有大面积、全天候、高实时性等特点，而且不受台风等恶劣天气的限制，因此，高频地波雷达测量的风、浪、流信息及其应用，具有传统单点或若干个点、线测量的海洋信息所难以匹敌的优点。利用高频地波雷达的海流测量结果进行海岸工程服务，尤其在海上漂移物跟踪预测方面开展了较多工作。海上漂移物包括海上白色垃圾、海上溢油、藻类、落水人员及物品等，其漂移轨迹的主要驱动力是海上风、浪、流等海洋动力学参数，因此利用高频地波雷达探测的风、浪、流数据进行漂移物预测，对于防灾减灾、海上搜救等能起到辅助决策作用。

2. 海洋预报和灾害预警

高频地波雷达能够探测海面风、浪信息，将其与数值模型进行同化能够进一步提高预报精度，尤其在台风等恶劣气候条件下能够起到至关重要的作用。例如，加拿大雷神公司利用高频地波雷达成功研制了海洋监控系统，主要用于监视北极地区以及加拿大东海岸的冰流。在国防研究与发展部(DRDC)的资助下，2012年雷神公司研制的新一代高频地波雷达系统，可以更好地保护海洋环境和渔业资源。2010年，武汉大学就利用高频地波雷达OSMAR071对经过台湾海峡的“狮子山”台风风眼进行了完整的观测。这体现了高频地波雷达在台风观测中的优势。近年来，尤其在2010年日本福岛海啸的监测，美国CODAR公司的多部SeaSonde高频地波雷达和日本沿海部署的多部日产地波雷达观测数据均有明显的海啸特征。Barrick、Lipa等人多次撰文发布了他们在海啸识别、预警方面的最新成果，掀起了地波雷达海啸预警的研究热潮，尤其临海国家都高度重视，加快了高频地波雷达监测网的建设。

3. 海洋科学研究

高频地波雷达对海洋表层海流、海面风场和浪场的长期观测，可以确定研究海域海洋动力过程的基本规律，以及异常事件的变化特征。目前，高频地波雷达在这方面的应用较为广泛，也取得了大量的成果，其主要原因在于高频地波雷达能够提供大面积连续的空时二维数据，具备独特的优点，是其他探测手段无法比拟的。国内国家海洋局第三研究所朱大勇等利用高频地波雷达在2005年—2007年的流场测量结果，发现台湾海峡南部海域表层海流主要由季风导致的顺岸流季节性波动和常年存在的、流速约10 cm/s的东北向背景流共同组成。厦门大学近海海洋环境国家重点实验室李炎利用台湾浅滩的流场数据，结合卫星风场资料，研究了高流速条件下沙波拖曳系数的变化规律。

4. 海面及海上低空警戒

岸基或舰载地波雷达克服了地球曲率所造成的低空及海面监视限制，为探测海面舰船及海上低空飞机、掠海导弹提供了良好的手段。它克服了微波雷达受到的视距限制，扩大了海上作战半径，以满足现代战争对海上情报保障的需求。例如，俄罗斯在海参崴和里海分别部署了高频地波雷达监视系统。其中，位于里海的金牛座高频地波雷达系统具有两组发射机系统，发射天线阵列长度为30 m。一组发射机系统工作在3 MHz～9 MHz，用于探测舰船目标；另一组发射机系统工作在9 MHz～15 MHz，用于探测空中飞行目标。接收天线阵列长度为450 m，由32个阵元组成。

高频地波雷达本身就具有探测低空海面目标及隐身目标的功能。目前，同时探测海面及低空目标的地波超视距雷达工作频率范围为 3 MHz～15 MHz，其中工作频率范围 3 MHz～5 MHz 主要用于探测海面目标，8 MHz～15 MHz 用于探测空中目标，如果仅用于表面海流与波浪场的信息提取，其工作频率范围还可扩展到 25 MHz。

5. 海港及海上交通监控与管理

监控与管理主要包括对船舶的交通服务和管理，海场管理与保护，海面灾害管理，海上救生，跟踪冰山，打击走私、贩毒、海盗和非法移民活动，海港码头监控及水上飞机管理等业务。高频地波雷达为解决舰船导航、防止船只碰撞及失事舰船定位，开辟了新的途径，也是对国家 200 海里专属经济区(EEZ)内大范围海区进行低成本、全天候、实时和超视距监视监测的一种理想选择。

6. 舰载高频地波雷达的应用

一方面，舰载高频地波雷达除具有岸基高频地波雷达的优点外，更突出的优势在于灵活机动。随着现代远程反舰导弹武器的发展，敌我双方交战的空间大大增加。目前，远程反舰导弹的射程已达数百公里，中程反舰导弹的射程也达到 200 km 以上，但是常规舰载微波雷达的直视距离受到地球曲率的限制，只能看到几十公里的范围。水面舰载仅能在视距范围内实施导弹打击，不仅难以发挥导弹射程远的特长，而且可能遭到敌方导弹的先行打击。装备舰载地波雷达的军舰，可以提前发现并锁定视距以外的目标，使得舰上导弹等武器设备可以充分发挥更大的威力。

另一方面，随着反舰导弹武器的发展，海上作战半径越来越大，舰载高频地波雷达作为舰载武器的预警与目标指示任务，为舰载武器提供了更多的预警时间，充分发挥了现有舰载武器的超视距作战能力。因此，军事上舰载高频地波雷达既有海上特定武器系统的超视距预警与目标指示功能，也可作为通用意义上的海上移动预警平台，为执行任务的舰队提供警戒与超视距目标指示，提高舰队的海上自卫与生存能力。同时，也可被派往任何需要的海域去执行巡逻、监视和警戒任务，为现有舰载导弹超视距作战能力的充分发挥提供重要支撑和保证。在民用事业上，它可用于远离海岸线的冰山探测、海区警戒、海上缉私、海上气象服务及海态遥感等，弥补岸基地波雷达系统的缺陷。

1.6 双基地高频地波超视距雷达概述

1.6.1 双基地高频地波超视距雷达简介

单基地雷达由于其成本低、效率高、技术简单等原因，长期居于主流地位，但是随着电子对抗技术、反辐射技术及隐身技术的发展，对作战雷达系统的要求不断提高，单基地雷达已经难以满足现代战争与国防的需要。而双基地雷达在解决"四大威胁"的问题上有明显优势。

美国于 1998 年建立了 MARCOOS(Mid-Atlantic Regional Coastal Ocean Observing System)高频地波雷达组网系统。MARCOOS 高频地波雷达组网系统结构如图 1.10 所示[13]，由 12 个远程高频地波雷达平台和 4 个高分辨率子系统组成。雷达平台由 Cape

Hatteras 至 New York Bight 遍布美国纽约湾，主要用于对大西洋海湾洋流的观测及科学试验。

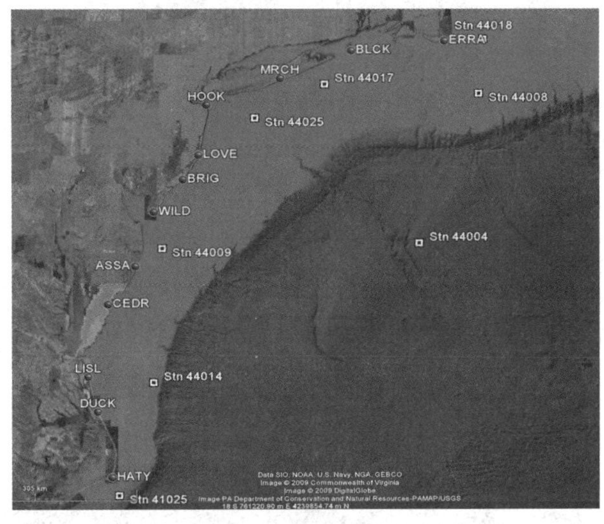

图 1.10 MARCOOS 高频地波雷达组网系统结构

美国于 1999 年在东海岸建立东北观测系统(NEOS)，该系统由一个基线为 50 km 的标准双基地系统和一个基线为 170 km 的远程四基地系统组成。该雷达系统主要用于提供表面洋流和海域防护的实时态势图。

法国从 2010 年起开始研制名为“弦乐器(Stradivarius)”的高频地波雷达[16, 17]。Stradivarius 系统的研制旨在提供一种小型、低成本的陆基方案来解决一个国家 200 海里的专属经济区监视问题。Stradivarius 地波雷达试验系统采用分置的发射天线和接收天线，为了减小天线对环境的要求，发射天线和接收天线采用花格平顶网络结构或者分形结构，如图 1.11 所示；采用分布式的 6 副发射天线(即多个分置的发射天线单元)，各发射(接收)天线之间的间隔大于 400 m，降低了对单个发射天线阵地尺寸的要求，这样可以在不增加阵元的情况下有效增大天线孔径，而收发分置的天线结构能够保证较小的雷达单元区域的面积，并且 6 副发射天线的发射波形具有两两相互正交且与自身正交的特性。网络结构天线的设计与新波形紧密相关，减少了海面对电磁能量的反射，即海杂波的影响会相对减弱。发射站与接收站相距 100 km～200 km，因此，它能像 GPS 一样连续辐射，取代传统雷达采用的高功率脉冲。

Stradivarius 系统将 200 海里的 EEZ 划分成多个 $6\ km^2 \sim 10\ km^2$ 的雷达单元，能够在 200 海里范围内发现雷达截面积不小于 $100\ m^2$ 的目标。

Stradivarius 系统的发射站和接收站固定在海边的陆地上。本书介绍的双基地高频地波超视距雷达是一种在海岸上发射、在舰船上只接收的双基地雷达系统。它综合利用双基地、地波等体制或技术的优点，属于一种新体制的超视距探测雷达。将高频地波雷达用于双基地配置下，一方面可以通过合理布站，扩展高频地波雷达的探测范围，填补其他波段雷达无法探测的区域；另一方面，高频地波雷达本身就具有反隐身、反超低空突防的能力，在双/多基地的配置下，进一步增强了高频地波雷达的探测能力与目标定位的精度。

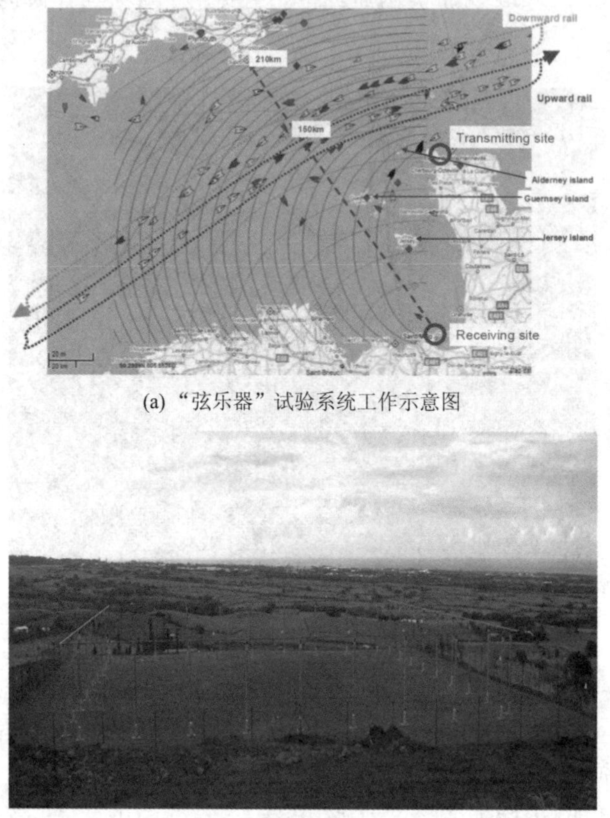

(a) “弦乐器”试验系统工作示意图

(b) “弦乐器”试验系统的发射天线之一

图 1.11　法国“弦乐器”试验系统

1.6.2　双/单基地高频地波超视距雷达的对比

由于接收站不发射信号，且其发射和接收都没有方向性，因此双基地高频地波超视距雷达不需要波束追赶。表 1.1 对岸-舰双基地高频地波雷达和单基地高频地波雷达进行了比较。

岸-舰双基地高频地波雷达的特点和优势具体表现在以下几个方面：

(1) 采用阵列发射正交信号，在功率意义上讲不形成发射方向图，但可以在接收端通过综合处理得到发射方向图。

(2) 集监视和跟踪于一体，可以同时监视全空域或限定的某一区域，适合多目标环境下的检测与跟踪。

(3) 发射和接收均无方向性或弱方向性，不存在物理聚焦和扫描的概念，可对全空域或指定空域进行监视。

(4) 接收站不发射信号，不仅减少了对舰载无线电设备的干扰，而且抗有源定向干扰能力强；接收最少可采用一根天线，可置于小型舰艇上，使接收平台具备机动作战能力。

(5) 具有实现舰载“近海自定位”的潜力。通过对来自发射站的直达波信号进行综合处理，可以得到接收站相对于发射站的方位。因此，如果有两个或多个发射站，且发射站位置已知，就能对接收站进行自定位。

地波雷达的相干积累时间理论上只受系统相干性和目标运动的限制，可实现长时间相干积累，多普勒分辨率高。这是所有地波雷达共有的特点。

表 1.1 双、单基地高频地波雷达的对比

	岸-舰双基地高频地波雷达	单基地高频地波雷达
发射站与接收站的位置	收发分置，发射站与接收站的距离为几十千米至两三百千米	收发共置，发射站与接收站相隔 2～3 km
发射方式	采用阵列发射正交信号，宽波束覆盖 120°	宽波束覆盖 120°方位扇区
接收方式	(1) 接收站为阵列天线时，通过 DBF 处理而形成接收方向图；接收站为单天线时，接收为宽波束。 (2) 对接收的各发射信号分量分离后，利用发射阵列孔径形成等效发射窄波束。	阵列天线接收，通过 DBF 形成窄波束
抗有源定向干扰措施	接收站不发射信号，有利于自身的电磁隐蔽。发射方向综合时也可以抑制有源定向干扰	接收站靠近发射站，容易受到有源定向干扰。需采用自适应 DBF 抑制有源定向干扰

当然，岸-舰双基地雷达由于收发分置，且接收在运动的平台上，需要解决时间和频率的同步问题。这方面的内容将在本书第 5 章介绍。

本章参考文献

[1] 周文瑜，焦培南. 超视距雷达技术[M]. 北京：电子工业出版社，2008.

[2] 焦培南，张忠治. 雷达环境与电波传播特性[M]. 北京：电子工业出版社，2007.

[3] BARRICK D E. First-order Theory and Analysis of MFC-IFNHF Scatter from the Sea [J]. IEEE Trans. on AP., 1972, 20(1): 2-10.

[4] http://www.codar.com/SeaSondes.html.

[5] KOHUT J T, Glenn S M, H J. Roarty. Recent Results from a Nested Multistatic HF Radar Network for the NorthEast Observing System (NEOS) [C]. Teaming Toward the Furture, San Diego, 2002: 23-35.

[6] BARRICK D E. History, present status, and future direction of HF surface-wave radars in the USA [C]. Int. Conf. on Radar, Australia, 2003: 652-655.

[7] 杨子杰，吴世才，侯杰昌，等. 高频地波雷达总体方案及工程实施中的几个主要问题[J]. 武汉大学学报(理学版)，2001，47(5)：513-518.

[8] 文必洋，黄为民，王小华. OSMAR2000 探测海面风浪场原理与实现[J]. 武汉大学学报(理学版)，2001，47(5)：642-644.

[9] 王威. 高频地波超视距雷达目标检测与估值的研究[D]. 哈尔滨工业大学博士论文，1997.

[10] 谢俊好. 舰载高频地波雷达的目标检测与估值的研究[D]. 哈尔滨工业大学博士论文，2001.

[11] 陈伯孝，许辉，张守宏. 舰载无源综合脉冲孔径雷达及其若干关键问题[J]. 电子学报，2003，31(12)：1776 - 1779.

[12] 陈伯孝，张守宏. 岸-舰双基地地波超视距雷达试验系统论证报告[R]. 西安电子科技大学雷达信号处理国家重点实验室，2005.

[13] http：//www. smast. umast. umassd. edu/modeling/RTF/MARCOOS.

[14] KOHUT J T，GLENN S M，ROARTY H J. Recent Results from a Nested Multistatic HF Radar Network for the NorthEast Observing System(NEOS)[C]. Teaming Toward the Furture，San Diego，2002：23 - 35.

[15] TRIZNA D，GORDON J，GRABER H，et al. Results of a Bistatic HF Radar Surface Wave Sea Scatter Experiment [C]. IGARSS'02，Toronto，Australia，2002，3：1902 - 1904.

[16] DIGINEXT F. HF Surface Wave Radar[EB/OL]. [2018 - 04 - 03]. https：//www. diginext. fr/en/offer/critical-operation-support-systems/hf-surface-wave-radar.

[17] GOUTELARD C，JOUNEAU，GOUTELARD M. Stradivarius Long Range HFWR Radar[R]. France：Antheop，2010.

第 2 章　高频地波雷达的性能计算

2.1 引　　言

高频地波雷达的电磁波是沿着海表面进行传播。其传播路径受到实际环境的影响，与海浪的起伏高度、海况等气象条件直接相关，导致实际地波超视距雷达的传播特征与其在光滑的海表面的传播特征存在差异，需要产生附加的传播衰减。因此，作为对海上目标进行超视距探测的高频地波雷达，其作用距离与常规雷达的性能计算存在差异。本章首先分析在高频(HF)波段的目标散射特性，介绍在高频段海面目标和飞机目标的 RCS 计算方法；然后，介绍高频地波雷达的电波传播特性，计算海面爬行波的传播衰减因子，并结合高频地波雷达的雷达方程，分别计算单基地、双基地高频地波雷达的威力覆盖；最后分析双基地地波雷达的定位性能，计算几种主要测量误差对双基地地波雷达定位性能的影响。

2.2　超视距雷达的目标散射特性

2.2.1　RCS 的定义

雷达截面积(Radar Cross Section，RCS)是表征目标对雷达入射波散射能力的物理量。对 RCS 的定义有两种观点：一种是基于雷达探测；另一种是基于电磁散射理论。两者的基本概念是统一的，均定义为单位立体角内目标朝接收方向的散射功率与从给定方向入射到该目标的电磁波功率密度之比的 4π 倍[1]。目标的 RCS 不仅与目标的形状、尺寸、材质有关，而且与雷达入射波的波长及相对目标的入射角和接收站相对目标的观察方向有关。对单基地雷达，发射天线和接收天线处于同一位置，RCS 体现为后向散射截面积。若发射站和接收站位于不同方位，则为双基地散射[2]，RCS 主要体现为不同角度的双站散射截面积。

基于雷达探测观点定义的 RCS 是由雷达方程推导出来的。雷达是通过目标的二次散射功率来发现目标的(雷达发射电磁波到达目标称为一次散射，而由目标将接收的电磁波散射出去称为二次散射)。一般通过后向散射能量的强度来定义目标的 RCS。为了描述目标的后向散射特性，在雷达方程的推导过程中，目标的 RCS 通常用 σ 表示，定义为[3]

$$\sigma = \frac{P_2}{S_1} \tag{2.1}$$

式中，P_2 为目标的散射总功率，S_1 为电磁波到达目标位置的功率密度。注意：这是一个定义式，并不是决定式。也就是说，并不是目标散射的总功率 P_2 变大，σ 就随之变大；也不是照射的功率密度 S_1 变大，σ 也随之变小。RCS 的大小与目标散射总功率和照射的功率密度没有直接对应关系，而是两者的比值。

如图 2.1 所示，由于目标二次散射，在雷达接收方向单位立体角内的散射功率 P_Δ 为

$$P_\Delta = \frac{P_2}{4\pi} = S_1 \cdot \frac{\sigma}{4\pi} \tag{2.2}$$

即

$$\sigma = 4\pi \cdot \frac{P_\Delta}{S_1} \tag{2.3}$$

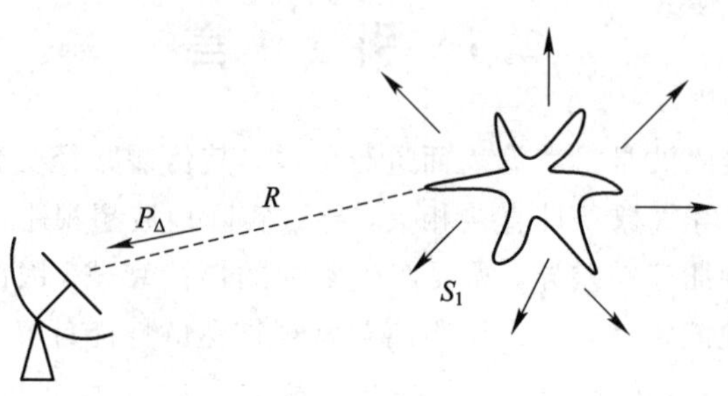

图 2.1　目标的散射特性

为了进一步了解 σ 的意义，考虑一个具有一定截面积 A_1 的虚拟散射体，该散射体可以将照射到其上的入射波能量全部截获。因此，若假设目标处入射功率密度为 S_1，则目标所截获的功率为 S_1A_1。假设该散射体会将截获的能量均匀地向各个方向散射出去，则根据式(2.3)的定义，该目标的 RCS 为

$$\sigma = 4\pi\left[\frac{S_1A_1/(4\pi)}{S_1}\right] = A_1 \tag{2.4}$$

因为实际目标的外形复杂，它的散射场是不同方向各部分散射场的矢量合成，所以在不同的照射方向有不同的散射截面积 σ。

基于电磁散射理论的观点解释为[5]：雷达目标散射的电磁能量可以表示为目标的等效面积与入射概率密度的乘积，它是基于在平面电磁波照射下，目标散射具有各向同性的假设。对于这种平面波，其入射能量密度为

$$\boldsymbol{W}_i = \frac{1}{2}\boldsymbol{E}_i \times \boldsymbol{H}_i^* = \frac{|\boldsymbol{E}_i|^2}{2\eta_0}\hat{\boldsymbol{e}}_i \times \hat{\boldsymbol{h}}_i^*,\ |\boldsymbol{W}_i| = \frac{|\boldsymbol{E}_i|^2}{2\eta_0} \tag{2.5}$$

式中，$\boldsymbol{E}_i$、$\boldsymbol{H}_i$ 分别为入射电场强度和磁场强度，上标“$*$”表示复共轭，$\hat{\boldsymbol{e}}_i = \boldsymbol{E}_i/|\boldsymbol{E}_i|$、$\hat{\boldsymbol{h}}_i = \boldsymbol{H}_i/|\boldsymbol{H}_i|$ 分别为归一化电场强度和归一化磁场强度，$\eta_0 = 377\ \Omega$ 为自由空间波阻抗。

借鉴天线口径有效面积的概念，目标截取的总功率为入射功率密度与目标等效面积 σ 的乘积，即

$$P = \sigma|\boldsymbol{W}_i| = \frac{\sigma}{2\eta_0}|\boldsymbol{E}_i|^2 \tag{2.6}$$

假设功率是均匀、各向同性地向四周立体角散射，则在距离 R 处的目标散射功率密度为

$$|\boldsymbol{W}_s| = \frac{P}{4\pi R^2} = \frac{\sigma|\boldsymbol{E}_i|^2}{8\pi\eta_0 R^2} \tag{2.7}$$

类似于式(2.5)，散射功率密度又可用散射场强 $\boldsymbol{E}_s$ 来表示，即

$$|\boldsymbol{W}_s| = \frac{1}{2\eta_0}|\boldsymbol{E}_s|^2 \tag{2.8}$$

由式(2.7)和式(2.8)可得

$$\sigma = 4\pi R^2 \frac{|\boldsymbol{E}_s|^2}{|\boldsymbol{E}_i|^2} \tag{2.9}$$

式(2.9)符合 RCS 的定义。当距离 R 足够远时，照射目标的入射波近似为平面波，这时 σ 与 R 无关(因为散射场强 $\boldsymbol{E}_s$ 与 R 成反比，与 $\boldsymbol{E}_i$ 成正比)。因此定义远场 RCS 时，R 应趋于无穷大，即要满足远场条件。

根据电场与磁场的储能可互相转换的原理，远场 RCS 的表达式应为

$$\sigma = 4\pi \lim_{R\to\infty} R^2 \frac{\boldsymbol{E}_s \cdot \boldsymbol{E}_s^*}{\boldsymbol{E}_i \cdot \boldsymbol{E}_i^*} = 4\pi \lim_{R\to\infty} R^2 \frac{\boldsymbol{H}_s \cdot \boldsymbol{H}_s^*}{\boldsymbol{H}_i \cdot \boldsymbol{H}_i^*} \tag{2.10}$$

上述两种定义本质是统一的。下面介绍的利用数值计算方法预估 RCS 均以第二种定义为基础。

RCS 是一个标量，单位为 m^2。由于目标 RCS 变化的动态范围很大，所以常以其相对于 1 m^2 的分贝数(符号为 dBm^2 或 dBsm)给出，即

$$\sigma = 10\lg(\sigma_{m^2})\ \ (\mathrm{dBsm}) \tag{2.11}$$

2.2.2　目标 RCS 特性与波长关系

波长对目标 RCS 的影响很大，通常引入一个表征由波长归一化的目标特性尺寸大小的参数，即波数与目标特征尺寸的乘积，称为 κa 值[4]，即

$$\kappa a = \frac{2\pi a}{\lambda} \tag{2.12}$$

式中，$\kappa=2\pi/\lambda=2\pi f/c$，称为波数；$a$ 是目标的特征尺寸，通常取目标垂直于雷达视线横截面中的最大尺寸的一半。按目标电磁后向散射特性的不同，将 κa 分成 3 个区域，即瑞利区、谐振区和光学区。

1. 瑞利区

瑞利区的特点是工作波长大于目标特征尺寸，一般为 $\kappa a<0.5$ 的范围。在这个区域内，RCS 一般与波长的 4 次方成反比。这也是其他电小或电细结构的目标所共有的特征。对于在瑞利区的小球体，其 RCS 与半径的 6 次方成正比，与波长的 4 次方成反比，即

$$\lim_{a/\lambda\to 0}\sigma \approx \frac{9\lambda^2}{4\pi}(\kappa a)^6 = \frac{9\lambda^2}{4\pi}\left(\frac{2\pi}{\lambda}a\right)^6 = 9\pi a^2\left(\frac{2\pi}{\lambda}a\right)^4 \tag{2.13}$$

2. 谐振区

谐振区的 κa 值一般取 $0.5\leqslant\kappa a\leqslant 20$。在这个范围内，由于各散射分量之间的干涉，RCS 随频率变化产生振荡性的起伏，RCS 的近似计算也非常困难。这种谐振现象在物理上可以解释为入射波直接照射目标产生的镜面反射和爬行波之间的干涉。由于 κa 的增大使电路径长度差不断增大，导致两种波的相位同相或反相。因爬行波绕过阴影区的电路径越长，丢失的能量就越多，所以随着 κa 的增大，起伏逐渐减弱。表征镜面波和爬行波干涉特征的中间区域就是谐振区[4]。

谐振区上边界为光学区，两者之间的界限是不明显的。对百米长的舰船目标，地波雷达频率通常为 4 MHz～15 MHz，波长在 20 m～75 m，κa 值基本在 5～20 之间。因此，相对地波雷达，舰船目标一般处于谐振区。

3. 光学区

光学区的 κa 值一般取 $\kappa a>20$。光学区名称的来源是因为当目标尺寸比波长大得多时，如果目标表面光滑，那么可以通过几何光学的原理来确定目标的 RCS。在该区域根据 Mie 级数解的卡蒂-贝塞尔函数大宗量近似，光学区的球体（半径为 a）RCS 为 πa^2。

图 2.2 给出了理想导电球体的 RCS 与波长间的相对关系，纵坐标表示归一化后向散射 RCS，即 RCS 与投影面积（πa^2）的比值。

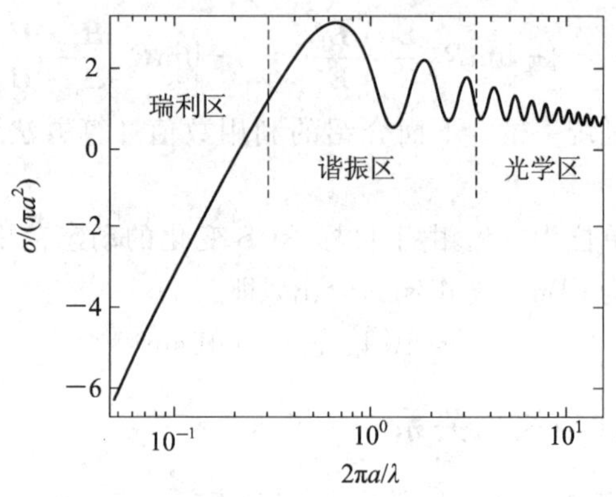

图 2.2　后向散射 RCS 与波长的关系

2.2.3　目标 RCS 预估方法

目标 RCS 的获取有两种方式：一种是基于电磁散射理论进行计算，即目标 RCS 的预估计算；另一种是基于电磁测量，包括在满足测试条件的环境如微波暗室利用目标的实际模型或缩比模型进行测量。目标 RCS 的预估算法有很多，如矩量法（MOM）、有限元法（FEM）、时域有限差分法（FDTD），几何光学法（GO）、物理光学法（PO）、几何绕射理论（GTD）、一致性绕射理论（UTD）等[1]。尽管有多种算法可供使用，但是考虑到计算规模和效率及精度，没有哪一种方法能解决所有的问题。因此，在不同情况下应结合实际选择合适的方法进行 RCS 计算。

基于这些算法，目前常用的 RCS 仿真计算软件有 CST、HFSS、FEKO 等。HFSS 基于有限元方法，适用于模型尺寸不大、结构复杂的情况。CST 基于时域有限积分法，适合时域分析。FEKO 基于矩量法，并集成了包括 PO 等在内的多种高频求解方法，因此 FEKO 可对电大尺寸目标进行有效仿真。为了提高仿真效率，在仿真之前可用某些预处理软件（如 HyperMesh、Ansys 等）进行几何清理、网格划分等预处理。

对一般舰船目标，在 HF 频段，当模型电尺寸约为波长的 1～10 倍，网格数量在 10 万以下时，采用矩量法计算 RCS 效果较好。这里要说明的是在 HF 波段，因为一般飞机与导弹目标处在谐振区，因此目标很多物理特性（如棱边、拐角、凹腔或介质等）已显得不那么重要了，便可对模型进行简化处理。常用的 HF 波段目标 RCS 估计方法是矩量法、时域有限差分法以及经验近似计算方法。其中，矩量法和时域有限差分法均为低频高精度电磁计算方法，利用这两种方法可求解散射场，并以场为基础，根据式（2.9）和式（2.10）计算目标的 RCS。

1. 矩量法

电磁散射问题可用关于未知电磁流的积分方程来描述[1]。矩量法就是建立在积分方程基础上的一种求解散射问题的方法。矩量法的实质是将积分方程转化为一组代数方程，也就是能用标准的矩阵求逆运算求解的矩阵方程。对于实际的电磁散射问题，几何目标上的电流分布可用矩量法求解积分方程来获得，其他近场及远场信息可从该电流分布求得。由于矩量法在很多经典著作[6]中已详细论述，因此本书仅简要介绍其求解思路。

一般非齐次方程可表示为如下形式

$$L(f)=g \tag{2.14}$$

式中，f 为待求解电磁流的未知函数；g 为已知的激励源；L 为线性算子。

首先将 f 展开为

$$f=\sum_{n=1}^{N}\alpha_n f_n \tag{2.15}$$

式中，α_n 是未知复系数，f_n 是已知函数，也称为展开函数或基函数。根据算子 L 的线性性质，将式(2.15)代入式(2.14)得

$$L(f)=L\left(\sum_{n=1}^{N}\alpha_n f_n\right)=\sum_{n=1}^{N}\alpha_n L(f_n)=g \tag{2.16}$$

在算子的值域内选择一组权函数或测试函数集$\{\bar{\omega}_m,\ m=1,2,\cdots,N\}$。用每一个测试函数 $\bar{\omega}_m$ 与式(2.16)作内积可得

$$\sum_{n=1}^{N}\alpha_n\langle\bar{\omega}_m,\ L(f_n)\rangle=\langle\bar{\omega}_m,\ g\rangle\quad(m=1,2,\cdots,N) \tag{2.17}$$

式(2.17)是以 $\alpha_n(n=1,2,\cdots,N)$为未知数的 N 维线性方程组。令：

$$Z_{mn}=\langle\bar{\omega}_m,\ L(f_n)\rangle,\ B_m=\langle\bar{\omega}_m,\ g\rangle \tag{2.18}$$

则式(2.17)表示为矩阵形式

$$\boldsymbol{ZI}=\boldsymbol{B} \tag{2.19}$$

式中，$\boldsymbol{Z}=[Z_{mn}]$，$\boldsymbol{I}=[\alpha_1,\alpha_2,\cdots,\alpha_N]^{\mathrm{T}}$，$\boldsymbol{B}=[B_1,B_2,\cdots,B_N]^{\mathrm{T}}$。假定 $\boldsymbol{Z}$ 是非奇异的，由式(2.19)利用矩阵求逆运算得到 $\alpha_n(n=1,2,\cdots,N)$，即

$$\boldsymbol{I}=\boldsymbol{Z}^{-1}\boldsymbol{B} \tag{2.20}$$

将 α_n 代入式(2.16)确定未知函数 f。

以上为矩量法的基本求解过程。这里介绍利用矩量法求解理想导体 RCS 的基本步骤：

第一步：利用矩量法求解电磁场积分方程，得到散射体表面感应电流 $\boldsymbol{J}_s$；

第二步：计算目标散射电场 $\boldsymbol{E}_s$；

第三步：根据式(2.9)或式(2.10)计算目标近场或远场 RCS。

图 2.3 为散射的几何关系示意图。入射电磁场 $\boldsymbol{E}_i$、$\boldsymbol{H}_i$ 已知，而散射电磁场 $\boldsymbol{E}_s$、$\boldsymbol{H}_s$ 未知。受照射的任意散射体具有封闭表面 S，入射场可以由 S 外的一些局部源产生，也可以是平面电磁波。$P(x,y,z)$和 $P'(x',y',z')$分别是场点和源点。P 点处的电场和磁场分别为

$$\begin{aligned}\boldsymbol{E}(\boldsymbol{r})&=\boldsymbol{E}_i(\boldsymbol{r})+\boldsymbol{E}_s(\boldsymbol{r})\\ \boldsymbol{H}(\boldsymbol{r})&=\boldsymbol{H}_i(\boldsymbol{r})+\boldsymbol{H}_s(\boldsymbol{r})\end{aligned} \tag{2.21}$$

电场积分方程(EFIE)[13]为

$$\hat{\boldsymbol{n}}\times\boldsymbol{E}_i(\boldsymbol{r})=\hat{\boldsymbol{n}}\times\left\{\mathrm{j}\omega\mu\int_S\boldsymbol{J}(\boldsymbol{r}')G(\boldsymbol{r},\boldsymbol{r}')\mathrm{d}S'+\frac{\mathrm{j}}{\omega\varepsilon}\nabla\int_S\nabla'\boldsymbol{J}(\boldsymbol{r}')G(\boldsymbol{r},\boldsymbol{r}')\mathrm{d}S'\right\} \tag{2.22}$$

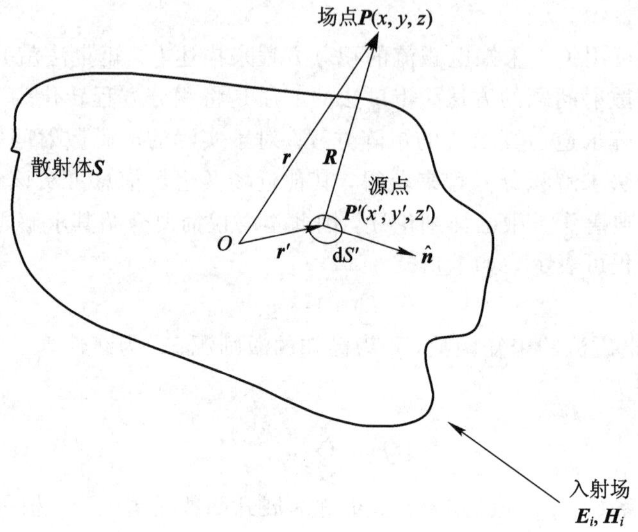

图 2.3　散射的几何关系

式中，$\boldsymbol{J}(\boldsymbol{r}')$为关于位置$\boldsymbol{r}'$的表面感应电流，$G(\boldsymbol{r}, \boldsymbol{r}')=\dfrac{e^{-j\kappa|\boldsymbol{r}-\boldsymbol{r}'|}}{4\pi|\boldsymbol{r}-\boldsymbol{r}'|}$为格林函数，$\omega$为角频率，单位为 rad/s；$\mu$为磁导系数，单位为亨利/米(H/m)；$\varepsilon$为介质介电常数，单位为法拉/米(F/m)；$\nabla$表示求梯度运算，$\nabla'$表示对上标为“ ′ ”的坐标求梯度。

式(2.22)可用线性算子 L 表示为

$$\hat{\boldsymbol{n}}\times\boldsymbol{E}_i(r)=\hat{\boldsymbol{n}}\times L(\boldsymbol{J}(\boldsymbol{r}')) \tag{2.23}$$

$$L(\boldsymbol{J}(\boldsymbol{r}'))=j\omega\mu\int_J(\boldsymbol{r}')G(\boldsymbol{r}, \boldsymbol{r}')dS'+\frac{j}{\omega\varepsilon}\nabla\int_S\nabla'\boldsymbol{J}(\boldsymbol{r}')G(\boldsymbol{r}, \boldsymbol{r}')dS' \tag{2.24}$$

算子方程中待求的量为表面感应电流$\boldsymbol{J}(\boldsymbol{r}')$。定义该算子空间的内积运算为

$$\langle\boldsymbol{f}(\boldsymbol{r}), \boldsymbol{g}(\boldsymbol{r})\rangle=\int_S\boldsymbol{f}(\boldsymbol{r})\cdot\boldsymbol{g}(\boldsymbol{r})dS \tag{2.25}$$

式中积分域 S 为导体表面。

确定线性算子之后，选取合适的基函数和测试函数，常用的基函数包括 RWG 基函数[8]、CRWG 基函数[9][10]、SWG 基函数[11]等。选择测试函数时，可根据对偶配对方法来确定它的具体形式[12]。设基函数为$\boldsymbol{f}_n(\boldsymbol{r}')$，目标表面感应电流可用基函数描述为

$$\boldsymbol{J}(\boldsymbol{r}')=\sum_{n=1}^{N}\alpha_n\boldsymbol{f}_n(\boldsymbol{r}') \tag{2.26}$$

将式(2.26)代入式(2.24)

$$\begin{aligned}\boldsymbol{L}(\boldsymbol{J}(\boldsymbol{r}'))&=\sum_{n=1}^{N}\alpha_nL(f_n(\boldsymbol{r}'))\\&=\sum_{n=1}^{N}\alpha_n\left[j\omega\mu\int_S\boldsymbol{f}_n(\boldsymbol{r}')G(\boldsymbol{r}, \boldsymbol{r}')dS'+\frac{j}{\omega\varepsilon}\nabla\int_S\nabla'\boldsymbol{f}_n(\boldsymbol{r}')G(\boldsymbol{r}, \boldsymbol{r}')dS'\right]\end{aligned} \tag{2.27}$$

按照伽略金方法选择测试函数$\bar{\omega}_m=f_m(\boldsymbol{r})$，根据式(2.17)、式(2.23)和式(2.27)，得到

$$\begin{aligned}\langle \boldsymbol{f}_m(\boldsymbol{r}),\ L(\boldsymbol{J}(\boldsymbol{r}'))\rangle &= \sum_{n=1}^{N}\alpha_n\langle \boldsymbol{f}_m(\boldsymbol{r}),\ L(\boldsymbol{f}_n(\boldsymbol{r}'))\rangle \\ &= \langle \boldsymbol{f}_m(\boldsymbol{r}),\ \boldsymbol{E}_i\rangle \end{aligned} \tag{2.28}$$

则阻抗矩阵为

$$\begin{aligned} Z_{mn} &= \langle \bar{\omega}_m,\ L(\boldsymbol{f}_n(\boldsymbol{r}'))\rangle \\ &= \langle \boldsymbol{f}_m,\ L(\boldsymbol{f}_n(\boldsymbol{r}'))\rangle \\ &= \mathrm{j}\kappa\eta\int_S \boldsymbol{f}_m(\boldsymbol{r})\boldsymbol{f}_n(\boldsymbol{r}')G(\boldsymbol{r},\ \boldsymbol{r}')\mathrm{d}S'\mathrm{d}S \\ &\quad + \frac{\mathrm{j}\eta}{\kappa}\int_S \boldsymbol{f}_m(\boldsymbol{r})\nabla(\nabla'\cdot\boldsymbol{f}_n(\boldsymbol{r}')G(\boldsymbol{r},\ \boldsymbol{r}'))\mathrm{d}S'\mathrm{d}S \end{aligned} \tag{2.29}$$

式中，η 为自由空间波阻抗。

令 $B_m=\langle \boldsymbol{f}_m(\boldsymbol{r}),\ E_i\rangle$，$\boldsymbol{B}=[B_1,\ B_2,\ \cdots,\ B_N]^{\mathrm{T}}$，$\boldsymbol{Z}=[Z_{mn}]$，$\boldsymbol{I}=[\alpha_1,\ \alpha_2,\ \cdots,\ \alpha_N]^{\mathrm{T}}$。$\boldsymbol{Z}$ 和 $\boldsymbol{B}$ 均已知。通过矩阵求逆运算得到 $\boldsymbol{I}=\boldsymbol{Z}^{-1}\boldsymbol{B}$，即电流系数 $\{\alpha_n,\ n=1\sim N\}$。从而由式(2.26)可求得感应表面电流 $\boldsymbol{J}(\boldsymbol{r}')$。

以上为利用矩量法求解电磁场积分方程的基本流程，文献[13][14]已做出详细论述。

在利用矩量法求得感应表面电流 $\boldsymbol{J}(\boldsymbol{r}')$ 的基础上，计算目标的散射电场

$$E_s(\boldsymbol{r})=-\mathrm{j}\omega\boldsymbol{A}(\boldsymbol{r})-\nabla\Phi(\boldsymbol{r}) \tag{2.30}$$

式中，$\boldsymbol{A}(\boldsymbol{r})$ 为磁矢位函数，$\Phi(\boldsymbol{r})$ 为标量电位函数，其表达式分别为

$$A(\boldsymbol{r})=\mu\int_S G\boldsymbol{J}(\boldsymbol{r}')\mathrm{d}S' \tag{2.31}$$

$$\Phi(\boldsymbol{r})=-\frac{1}{\mathrm{j}\omega\varepsilon}\int_S G\nabla'\boldsymbol{J}(\boldsymbol{r}')\mathrm{d}S' \tag{2.32}$$

再根据 $\boldsymbol{E}_i$、$\boldsymbol{E}_s$ 即可按式(2.9)或式(2.10)计算目标的 RCS。

由于矩量法计算涉及矩阵求逆运算，现有的计算机硬件条件严重地限制了其应用场合。一般认为，矩量法最多只能计算尺寸有几个至数十个波长的目标的 RCS。但是在 HF 波段，大多数飞机、舰艇等目标的电尺寸符合矩量法计算条件，应用该方法可获得较为精确的 RCS 值。

2. 经验近似计算方法

(1) 飞机 RCS 的近似算法。对于飞机 RCS 的粗略估计，当以水平极化波从机头方向对飞机照射时(零入射角)，可以利用半波振子的谐振散射公式[4]

$$\sigma_{\max}=0.86\,(2L_K)^2\quad(\mathrm{dBm}^2) \tag{2.33}$$

式中，L_K 为飞机的翼展，单位为 m。

在飞机迎头方向正负 30°的扇区内，水平极化波的 RCS 能按式(2.34)近似[4]

$$\sigma_{\mathrm{HH}}(\varphi)\approx\sigma_{\max}\cos^4\varphi\quad(\mathrm{dBm}^2) \tag{2.34}$$

式中，φ 为以机头方向为零度的方位角。

但是地波雷达采用垂直极化波，目前对于高频地波，还没有较好的公式来估计飞机的 RCS，只是采用矩量法、时域方法估计获得。

(2) 舰船 RCS 的近似算法。

在 20 世纪 70 年代，Skolnik 在 X、L 和 S 波段的舰船目标测量基础上给出了舰船目标在不同方位的平均 RCS 估计经验公式[18]

$$\sigma = 52 f_{\mathrm{MHz}}^{1/2} D^{3/2} \quad (\mathrm{m}^2) \tag{2.35}$$

式中，D 为船以千吨计的满载吨位数，f 为频率(单位：MHz)，σ 表示 RCS(单位：m^2)。若将该经验公式应用于 HF 波段，表 2.1 给出了频率为 10 MHz 时，不同吨位船的平均 RCS。图 2.4 分别给出 1500、5000、15000 吨位的船只在 2～30 MHz 频率的平均 RCS。根据式(2.35)，不同吨位的船只，其 RCS 相差很大；同一吨位的船只，频率在 2 MHz 与 30 MHz 时，其 RCS 相差约为 6 dB，但这并没有考虑入射波方位和极化的影响。实际情况中，RCS 随方位的变化也很大，因此，该式很难反映出高频波段舰船的结构、入射波方位及频率变化对 RCS 造成的细节影响。

表 2.1　不同吨位船的平均 RCS

排水量 D	1500 吨	3000 吨～5000 吨	＞7000 吨
RCS	25 dBm^2	30 dBm^2	40 dBm^2

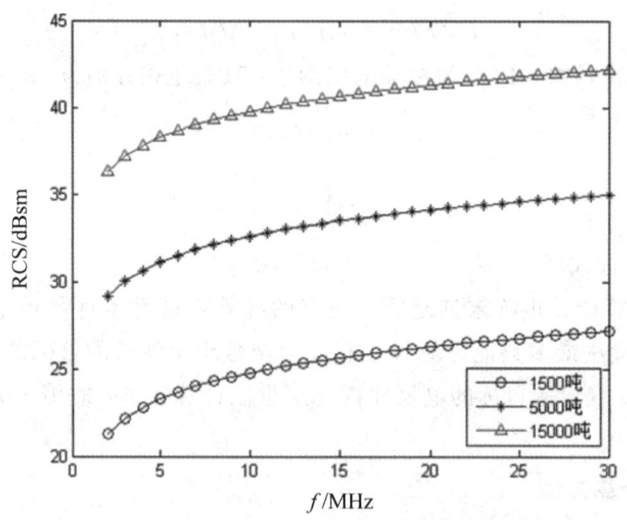

图 2.4　不同吨位船只在 2～30 MHz 频率的平均 RCS

Barnum 通过对多种尺寸的舰船进行了多次测试试验，给出了船体 RCS 估值的半经验公式[19]

$$\sigma = 10\ \lg\left(\frac{4\pi A^2}{\lambda^2}\right) \quad (\mathrm{dBm}^2) \tag{2.36}$$

式中，A 为船身一侧的照射面积，λ 为波长。例如，对于长 200 m、宽 30 m、高 20 m 的船只，按式(2.36)计算，在工作频率为 15 MHz 时，其横向 RCS 为 57 dBm^2，而在船的迎头方向照射时的 RCS 为 40 dBm^2。

比较式(2.35)和式(2.36)，两式均与频率有关，式(2.35)以舰船排水量为基础，式(2.36)侧重于舰船外形。排水量与舰船外形有关，两式在一定程度上均能反映目标 RCS，但这只是粗略估计，如想获得精确的 RCS，需要进行仿真或测量。下一节将给出某型飞机和舰船的 RCS 仿真结果及公式的近似计算结果。

2.2.4　典型目标 RCS 的仿真计算

图 2.5 为 F－22 的模型图，其中图(a)为飞机原始模型图，图(b)为对原始模型进行网格划分之后的模型图，共有 4574 个三角形网格。F－22 的长度、高度和翼展分别为 18.90 m、5.08 m 和 13.56 m。入射波为 HF 频段的垂直极化，俯仰角 θ 为 93°，方位角 ϕ 为 0°～180°。

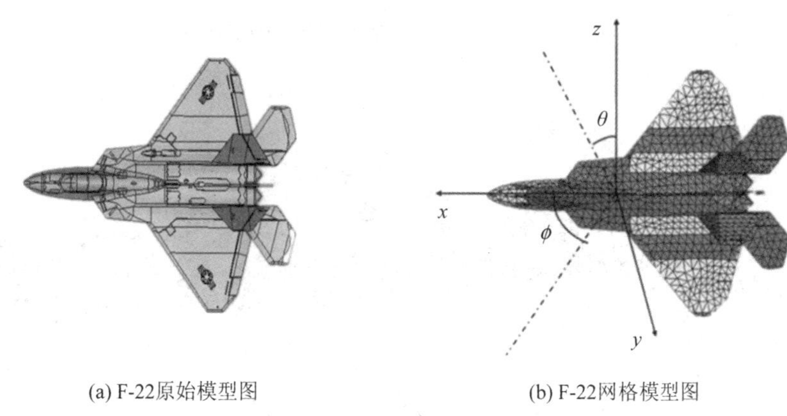

(a) F-22原始模型图　　(b) F-22网格模型图

图 2.5　F－22 的模型图

图 2.6 是入射波方位角为 0°～10°(即机头单侧方向10°内)内的平均 RCS，图 2.7 是目标 RCS 的频率—方位角分布图。从图中可以看出，方位角为90°左右，因为机翼的影响，飞机的 RCS 较大。在飞机的迎头向，频率在 2 MHz～5 MHz 时，RCS 均小于 0 dBm^2，此时 κa 值为 0.28～0.71，飞机处于瑞利区或谐振区，RCS 较小；频率在 5 MHz～30 MHz 时的 RCS 为 0 dBm^2～20 dBm^2，此时 κa 值为 0.71～4.26，飞机处于谐振区。

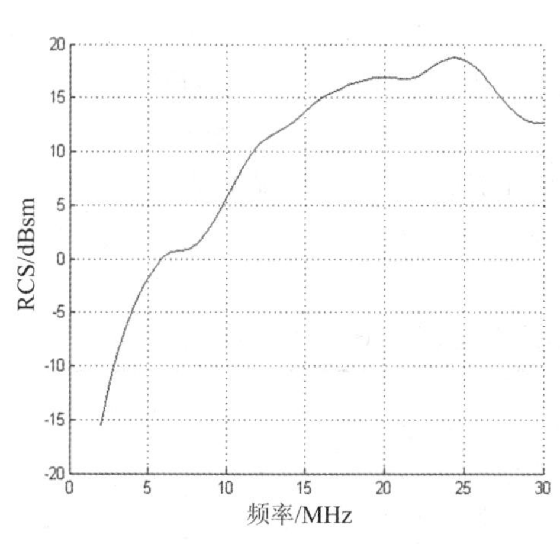

图 2.6　机头方向 0°～10°内平均 RCS

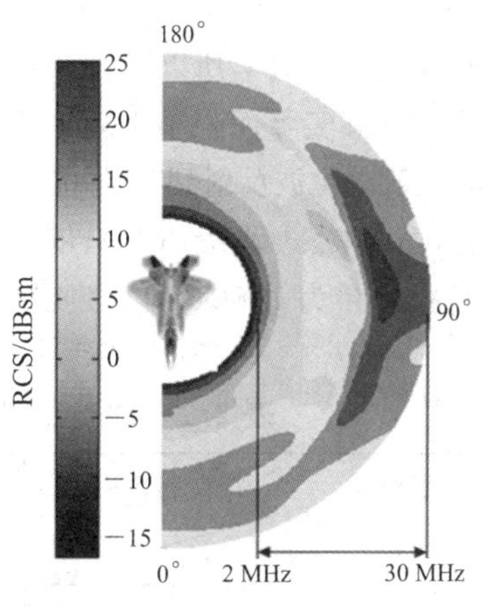

图 2.7　F－22 飞机的目标 RCS 的频率-方位角分布图

图 2.8 是“朱姆沃尔特”级导弹驱逐舰模型图，其中图(a)为该舰原始模型图，图(b)为

对原始模型进行网格划分之后的模型图，共 26668 个三角形网格。该舰的长度、宽度分别为 182.8 m 和 24.1 m，满载排水量 14564 t。入射波为 HF 频段的垂直极化，俯仰角 θ 为 90°，方位角 ϕ 为 0°～180°。

(a) “朱姆沃尔特”级导弹驱逐舰原始模型图

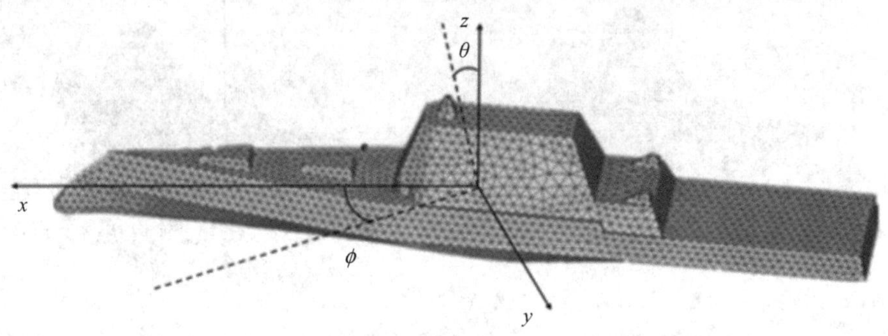

(b) “朱姆沃尔特”级导弹驱逐舰网格模型图

图 2.8 “朱姆沃尔特”级导弹驱逐舰模型图

图 2.9 为“朱姆沃尔特”级导弹驱逐舰单站 RCS 估计值。此图给出四个不同入射波方位角情况下目标 RCS 随频率变换关系，目标 RCS 主要分布在 10 dBm^2～50 dBm^2 范围内。图 2.10 为该驱逐舰 RCS 的频率-方位角分布图。入射波方位角为90°(即从船体侧面入射)时，RCS 明显增大。入射波方位角为 0°(船头向入射)时，RCS 较小，且小于船尾向入射时的 RCS。表 2.2 给出了在频率为 4 MHz～15 MHz 情况下，某些角度的平均 RCS 和由式(2.35)、计算所得结果的对比。因为式(2.36)把船近似为长方体，而实际中，船体并不是一个严格的长方体，所以存在一定的误差，在这三个角度范围内，误差均为 3 dB 左右。在船头方向，其实际面积小于理论公式计算面积，并且船体为流线型，船身侧面并不垂直于入射波，入射电磁波反射到其他方向，所以仿真结果小于理论计算结果。式(2.35)没有考虑入射波角度，该公式计算 RCS 只依赖于入射波频率和船的吨位，计算结果为 39.42 dBm^2；舰船满载排水量为 14564 t，对照表 2.2 中吨位大于 7000 t 时，平均 RCS 为 40 dBm^2，两者也吻合。

表 2.2 RCS 的仿真与理论结果对比(4 MHz～15 MHz)

角度 / RCS	0°～10°	85°～95°	170°～180°
仿真结果/dBm^2	29.68	44.18	30.21
式(2.36)计算结果/dBm^2	33.40	47.38	33.40
式(2.35)计算结果/dBm^2	39.42		

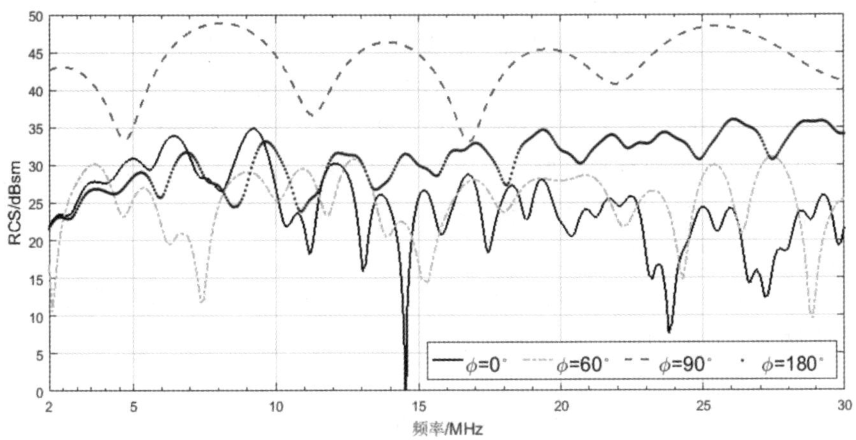

图 2.9　“朱姆沃尔特”级导弹驱逐舰单站 RCS 估计值

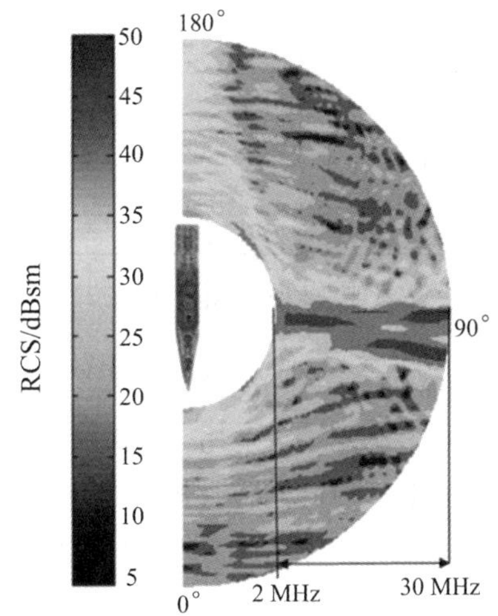

图 2.10　“朱姆沃尔特”驱逐舰的 RCS 频率-方位分布图

2.3　高频地波雷达的电波传播特性

高频地波雷达的天线通常架设在海边，天线辐射的电波是沿着半导电性质的起伏海表面进行传播的，其传播特性受地球表面特性的影响。由于海表面的半导电性质，一方面使电波的场结构不同于自由空间传播的情况而发生变化并引起电波吸收，另一方面使电波不像在均匀媒质中那样以一定的速度沿着直线路径传播，而是由于地球表面呈现球形使电波传播的路径按绕射的方式进行[20]。如何计算高频电磁波在地面上的传播特性，一直是人们关注的问题，它的研究是地波超视距雷达研究的基础[4]。

2.3.1　地球表面特性

地波在紧贴着地表面的区域内传播，因此其传播情况主要取决于地表条件[20]。地面的电性质、地貌地物的情况都对电波传播有很大的影响。其影响主要体现在两个方面：一是地面的不平坦性，二是地面的地质情况。前者对电波传播的影响视无线电波的波长而不同，对于长波，除了高山都可将地面看成平坦的；而对于分米波、厘米波，即使是水面上的小波浪或田野上丛生的植物，也应看成是地面严重不平，对电波传播有不同程度的障碍作用。后者则是从地面土壤的电气性质来研究对电波传播的影响。就地波传播情况而言，传播特性与地面的电参数有着密切的关系。所以在研究地波传播特性时，必须先了解地球表面与电磁现象有关的物理性能。

描述大地电磁性质的主要参数是介电常数 ε（$\varepsilon=\varepsilon_r\varepsilon_0$）、电导率 σ 和磁导率 μ。根据实际测量，绝大多数地质（磁性体除外）的磁导率都近似等于真空中的磁导率 μ_0。表 2.3 给出了几种不同地质的电参数[20]。

表 2.3　几种典型地面的电参数

地面类型	ε_r		$\sigma/(\mathrm{S\cdot m^{-1}})$	
	平均值	变化范围	平均值	变化范围
海水	80	80	4	0.66～6.6
淡水	80	80	10^{-3}	10^{-3}～2.4×10^{-2}
湿土	20	10～30	10^{-2}	3×10^{-3}～3×10^{-2}
干土	4	2～6	10^{-3}	1.1×10^{-5}～2×10^{-3}

为了既反映媒质的介电性 ε_r，又反映媒质的导电性 σ，可采用相对复介电常数：

$$\tilde{\varepsilon}_r=\varepsilon_r-\mathrm{j}\frac{\sigma}{\omega\varepsilon_0}=\varepsilon_r-\mathrm{j}60\lambda\sigma \tag{2.37}$$

其中，ε_0 为空气电介质常数，$\varepsilon_0=1/36\pi\times10^{-9}\,\mathrm{F/m}$；$\lambda$ 是自由空间波长。

在交变电磁场的作用下，大地土壤内既有位移电流又有传导电流，位移电流密度 $J_D=\omega\varepsilon E$，传导电流密度 $J_f=\sigma E$。通常把传导电流密度 J_f 和位移电流密度 J_D 的比值：

$$\frac{J_f}{J_D}=\frac{\sigma E}{\omega\varepsilon E}=\frac{\sigma}{\omega\varepsilon_0\varepsilon_r}=\frac{60\lambda\sigma}{\varepsilon_r} \tag{2.38}$$

看作导体和电介质的分界线。当传导电流比位移电流大得多，即 $60\lambda\sigma/\varepsilon_r\geqslant1$ 时，大地具有良好的导体性质；反之，当位移电流比传导电流大得多，即 $60\lambda\sigma/\varepsilon_r\leqslant1$ 时，可将大地视为电介质；而二者相差不大时，称为半电介质。表 2.4 给出了各种地质中 $60\lambda\sigma/\varepsilon_r$ 随频率的变化情况[21]。

表 2.4　各种地质中，不同频率电波的比值（$60\lambda\sigma/\varepsilon_r$）

频率 / $60\lambda\sigma/\varepsilon_r$ / 地质	300 MHz	30 MHz	3 MHz	300 kHz	30 kHz	3 kHz
海水（$\varepsilon_r=80$，$\sigma=4$）	3	3×10	3×10^2	3×10^3	3×10^4	3×10^5
湿土（$\varepsilon_r=20$，$\sigma=10^{-2}$）	3×10^{-2}	3×10^{-1}	3	3×10	3×10^2	3×10^3
干土（$\varepsilon_r=4$，$\sigma=10^{-3}$）	1.5×10^{-2}	1.5×10^{-1}	1.5	1.5×10	1.5×10^2	1.5×10^3
岩石（$\varepsilon_r=6$，$\sigma=10^{-7}$）	10^{-6}	10^{-5}	10^{-4}	10^{-3}	10^{-2}	10^{-1}

由表可见，对海水来说，在中、长波波段它是良导体，只有到微波波段才呈现介质性质；湿土和干土在长波波段呈良导体性质，在短波以上就呈现介质性质；而岩石几乎在整个无线电波段都呈现介质性质[20]。

2.3.2　地波传播时场的结构

1. 波前倾斜现象

地波传播的重要特点之一是存在波前倾斜现象。波前倾斜是指由于地面损耗造成电场向传播方向倾斜的一种现象，如图 2.11 所示。波前倾斜可作如下解释[21]。

假设有一直立天线沿垂直地面的 x 轴放置，辐射垂直极化波，电波能量沿 z 轴方向(即沿地表面)传播，其辐射电场为 E_{1x}，方向沿 x 轴，辐射磁场为 H_{1y}，方向垂直于纸面向外，如图 2.11(a)所示。当某一瞬间 E_{1x} 位于 A 点时，在地面上必然会感应出电荷。当波向前传播时，便产生了沿 z 轴方向的感应电流，由于大地是半导电媒质，有一定的地电阻，故在 z 方向产生电压降，也即在 z 方向产生新的水平分量 E_{2z}。由于边界电场切向分量连续，即存在 E_{1z}，这样靠近地面的合成场 E_1 就向传播方向倾斜。

从能量的角度看，由于地面是半导电媒质，电波沿地面传播时产生衰减，这就意味着有一部分电磁能量由空气进入大地内。坡印廷矢量 $S_1=\frac{1}{2}\mathrm{Re}(\boldsymbol{E}_1\times\boldsymbol{H}_1^*)$ 的方向不再平行于地面而发生倾斜，如图 2.11(b)所示，出现了垂直于地面向地下传播的功率流密度 S_{1x}，这一部分电磁能量被大地所吸收。由电磁场理论可知，坡印廷矢量是与等相位面即波前垂直的，故当存在地面吸收时，在地面附近的波前将向传播方向倾斜。显然，地面吸收越大，S_{1x} 越大，倾斜将越严重。只有沿地面传播的 S_{1z} 分量才是有用的。

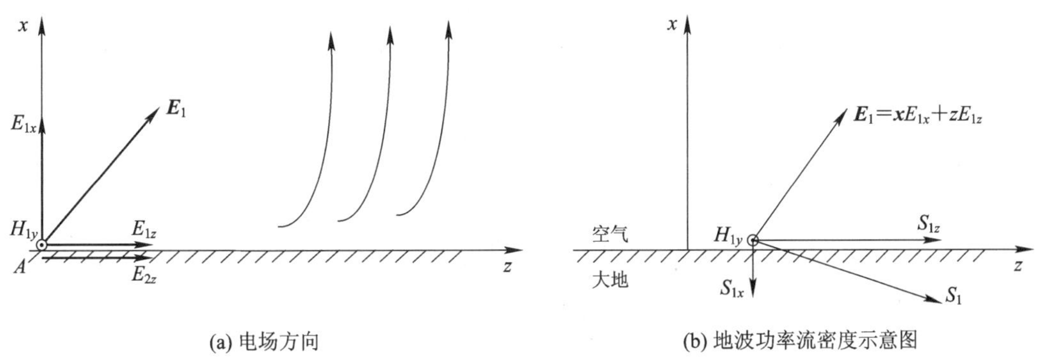

图 2.11　波前倾斜现象

2. 地波传播的场分量

由上面的分析可知，由于地、海面是半导电媒质，低架直立天线的垂直极化波将在传播方向上存在电场分量，各分量如图 2.12 所示，yOz 面为地平面，波沿 z 轴方向传播，下标“1”表示在大气内，下标“2”表示在大地内。利用边界条件，在大气、大地两个坐标系内的电场 E、磁场强度 H、磁通量密度 B 有如下关系，

$$\begin{cases} E_{1z} = E_{2z} \\ H_{1y} = H_{2y} \\ E_{1x} = \tilde{\varepsilon}_r E_{2x} \\ B_{1x} = B_{2x} = 0 \end{cases} \tag{2.39}$$

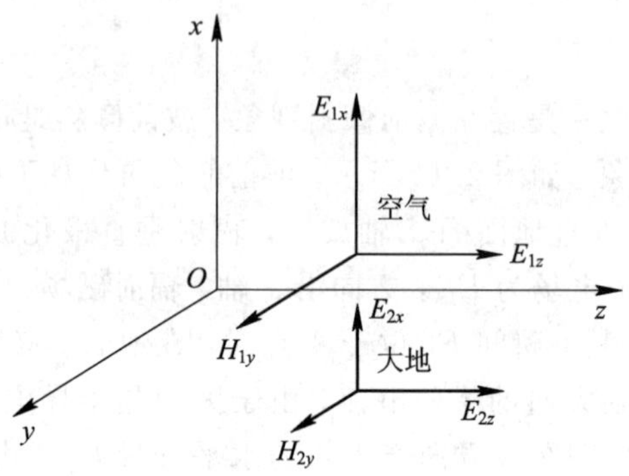

图 2.12　地波的场结构

为简化分析，通常使用 M. A. 列翁托维奇近似边界条件[21]：若半导体媒质相对复介电常数 $\tilde{\varepsilon}_r$ 的绝对值满足下列条件：

$$|\tilde{\varepsilon}_r| = |\varepsilon_r - j60\lambda\sigma| \gg 1 \tag{2.40}$$

式中 ε_r 为相对介电常数，λ 为自由空间波长，σ 为电导率，则在界面大地一侧的电场水平分量与磁场水平分量之间满足

$$\frac{E_{2z}}{H_{2y}} \approx \sqrt{\frac{\mu_0}{\varepsilon_0 \tilde{\varepsilon}_r}} \tag{2.41}$$

式中 ε_0 为真空介电常数，μ_0 为真空磁导率。利用边界条件，式(2.39)可写成

$$\frac{E_{1z}}{H_{1y}} \approx \sqrt{\frac{\mu_0}{\varepsilon_0 \tilde{\varepsilon}_r}} \tag{2.42}$$

因为在大气中有下列关系

$$\frac{E_{1x}}{H_{1y}} \approx \sqrt{\frac{\mu_0}{\varepsilon_0}} \tag{2.43}$$

式(2.42)和式(2.43)相除，可得

$$E_{1z} = \frac{E_{1x}}{\sqrt{\tilde{\varepsilon}_r}} = \frac{E_{1x}}{\sqrt{\varepsilon_r - j60\lambda\sigma}} \tag{2.44}$$

根据边界条件式，得

$$E_{2x} = \frac{E_{1x}}{\tilde{\varepsilon}_r} = \frac{E_{1x}}{\varepsilon_r - j60\lambda\sigma} \tag{2.45}$$

上述各分量亦可写成

$$E_{1z} = E_{2z} = \frac{E_{1x}}{\sqrt[4]{\varepsilon_r^2 + (60\lambda\sigma)^2}} e^{j\frac{\varphi}{2}} \tag{2.46}$$

$$E_{2x} = \frac{E_{1x}}{\sqrt{\varepsilon_r^2 + (60\lambda\sigma)^2}} e^{j\varphi} \tag{2.47}$$

$$H_{1y} = H_{2y} \approx \frac{E_{1x}}{120\pi} \tag{2.48}$$

其中，相角

$$\phi = \arctan \frac{60\lambda\sigma}{\varepsilon_r} \tag{2.49}$$

若已知 E_{1x}，则其余各分量均可由以上各式求出。上述场强是在满足列翁托维奇条件下得出的[21]。对于中波、长波的地面传播情况，沿一般地质传播时满足该条件[21]。

2.3.3 地波传播特性

根据上面的讨论，可以得出地波传播的一些重要特性[22]：

(1) 地波传播采用垂直极化波。地波的传播损耗与波的极化形式有很大关系，计算表明，电波沿一般地质传播时，水平极化波比垂直极化波的传播损耗要高数十分贝。所以地波传播采用垂直极化波，天线则多采用直立的垂直极化天线。

(2) 波前倾斜现象具有很大的实用意义。可以采用相应形式的天线，有效地接收各场强分量。

若地面复介电常数的绝对值$|\tilde{\varepsilon}_r| \gg 1$，则 $E_{1z} = E_{2z} = E_{1x}/\sqrt{\tilde{\varepsilon}_r}$，$E_{2x} = E_{2z}/\sqrt{\tilde{\varepsilon}_r}$，所以在大气中，电场的垂直分量 E_{1x} 远大于水平分量 E_{1z}；在地面下，电场的水平分量 E_{2z} 远大于其垂直分量 E_{2x}。因此，在地/海面接收时，宜采用垂直极化天线，接收天线附近地质宜选用湿地。若受条件限制，也可采用低架或水平铺地天线接收，并且接收天线附近地质宜选用 ε_r 和 σ 较小的干地，还可采用水平埋地天线接收，由于地下波传播随着深度的增加，场强按指数规律衰减，因此，天线的埋地深度不宜过大，浅埋为好，附近地质宜选用干地。

(3) 地面上电场为椭圆极化波，如图 2.13 所示。这是由于紧贴地面大气一侧的电场垂直分量 E_{1x} 远大于水平分量 E_{1z}，且相位不等，合成场 E_1 为一狭长椭圆极化波，沿一般地表面传播时可以近似认为合成场是在椭圆长轴方向上的线极化波。电场的倾角 Ψ 为

$$\Psi = \arctan \sqrt[4]{\varepsilon_r^2 + (60\lambda\sigma)^2} \tag{2.50}$$

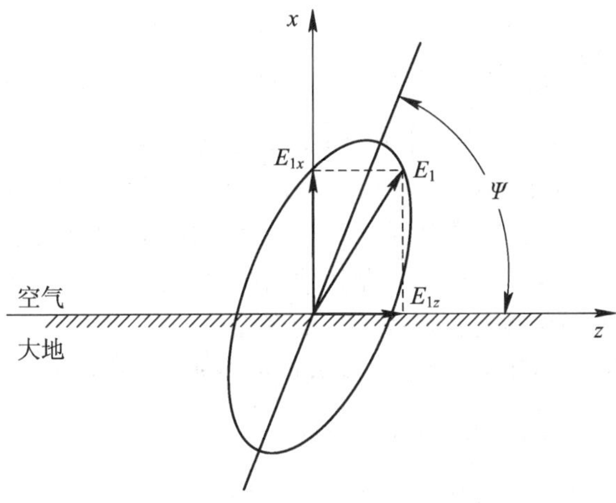

图 2.13　地面上传播椭圆极化波

例如，在我国低纬度海边地区，相对介电常数 ε_r 取 70，电导率 σ 取 5 S/m，σ=60 m，电场的倾角 Ψ 为 89.57°。

(4) 地波在传播过程中有衰减。电波沿地表传播时，由于大地是半导电媒质，对电波能量的吸收产生了电场水平分量 E_{1z}，相应地沿 $-x$ 方向(垂直于地面向下)方向传播的功率流密度 $S_{1x}=\frac{1}{2}\mathrm{Re}(E_{1z}H_{1y}^{*})$表示电波的传输损耗。地面电导率越大，频率越低，地面对地波的吸收越小。

(5) 传播较稳定。这是由于大地的电特性、地貌地物等不会随时改变，并且地波基本上不受气候条件的影响，故地波传播信号相对稳定。

(6) 有绕射损耗。障碍物越高，波长越短，则绕射损耗越大。

2.3.4 地波场强的计算

严格计算地波场强是很复杂的。从工程应用的角度，本节介绍由国际无线电咨询委员会(CCIR)推荐的一簇曲线，如图 2.14、图 2.15 及图 2.16 所示，该簇曲线可作为计算地波场强的一种方法。现摘录其中的部分内容进行说明[21]。这组曲线设定：

(1) 假设地面是光滑的，地质是均匀的；

(2) 发射天线使用短于 $\lambda/4$ 的直立天线(其方向系数 $D\approx3$)，辐射功率 $P_\Sigma=1$ kW；

(3) 计算的是空气一侧的横向电场分量 E_{1x}。

图中纵坐标表示电场强度(有效值)，以 μV/m 计，或以 dB(μV/m)表示。1 μV/m 相当于 0 dB。需要强调的是，若发射天线的辐射功率不是 1 kW，应按照 $\sqrt{P_t}$ 的比例关系进行换算；若天线的方向系数 $D\neq3$，则应按照$\sqrt{D}$的比例关系进行换算。

根据天线理论中 $P_tG_t=P_\Sigma D$ 的关系式，则场强 E_{1x} 可以写成[21]

$$E_{1x}=\frac{173\sqrt{P_\Sigma(\mathrm{kW})D}}{r(\mathrm{km})}A\times10^3\quad(\mu\mathrm{V/m})\tag{2.51}$$

式中，发射功率 P_Σ 的单位为千瓦(kW)，距离 r 的单位为 km。将 $P_\Sigma=1$ kW，$D\approx3$ 代入式(2.51)，有

$$E_{1x}=\frac{173\sqrt{1\times3}}{r(\mathrm{km})}\cdot A\times10^3(\mu\mathrm{V/m})=\frac{3\times10^5}{r(\mathrm{km})}\cdot A(\mu\mathrm{V/m})\tag{2.52}$$

式中，A 为地面的衰减因子；P_t 为发射功率；D 为方向系数；r 为传播距离。衰减因子 A 的计算是非常复杂的，可以近似计算。图 2.14、图 2.15 及图 2.16 中 A 的值已计入大地的吸收损耗及球面地的绕射损耗。从图中可以看出，对于中、长波电波沿地面传播时，距离超过 100 km 后，场强值急剧衰减，这主要是由绕射损失增大所致。图中虚线为不考虑衰减因子 A 时电波在自由空间中传播时接收点 r 处的场强。

如取工作频率 $f_0=10$ MHz，对于平均盐度的海水(电导率 $\sigma=5$ S/m，相对介电常数 $\varepsilon_r=80$)，可从传播曲线查得 $r=400$ km 处的场强为 $E\approx25$ dB(μV/m)；而 $20\times\lg\frac{3\times10^5}{400}=57.5$ dB(μV/m)，可得传播衰减为：$A=57.5-25\approx32.5$ (dB)。

因此，对于频率为 10 MHz 的电磁波，在 400 km 内的平均单程衰减因子为 32.5/400=0.0813 dB/km。图 2.17 与表 2.5 给出了 400 km 与 200 km 内海水传播表面波的平均衰减

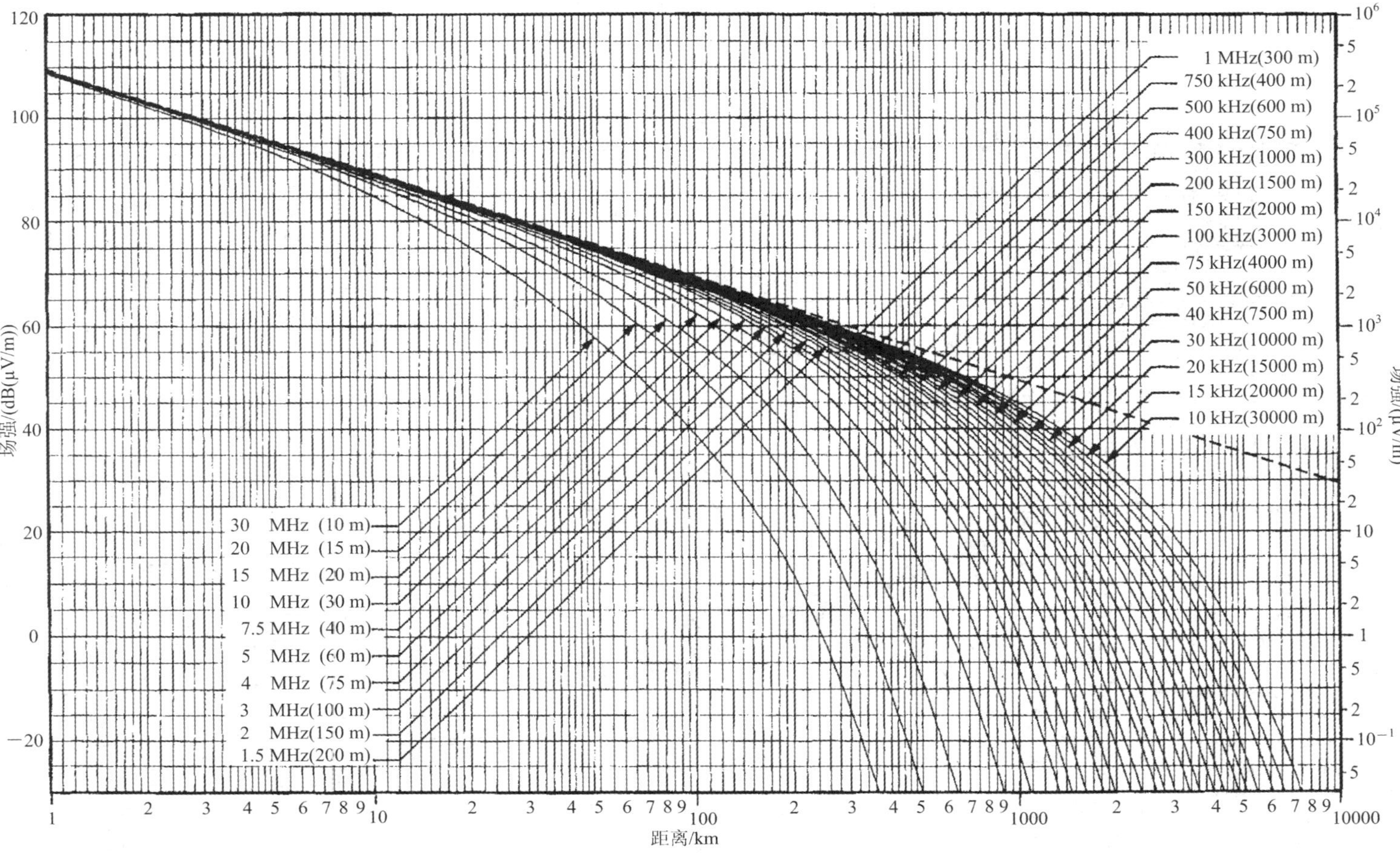

图2.14　地波传播曲线1(海水：$\sigma=5$ s/m，$\varepsilon_r=70$)

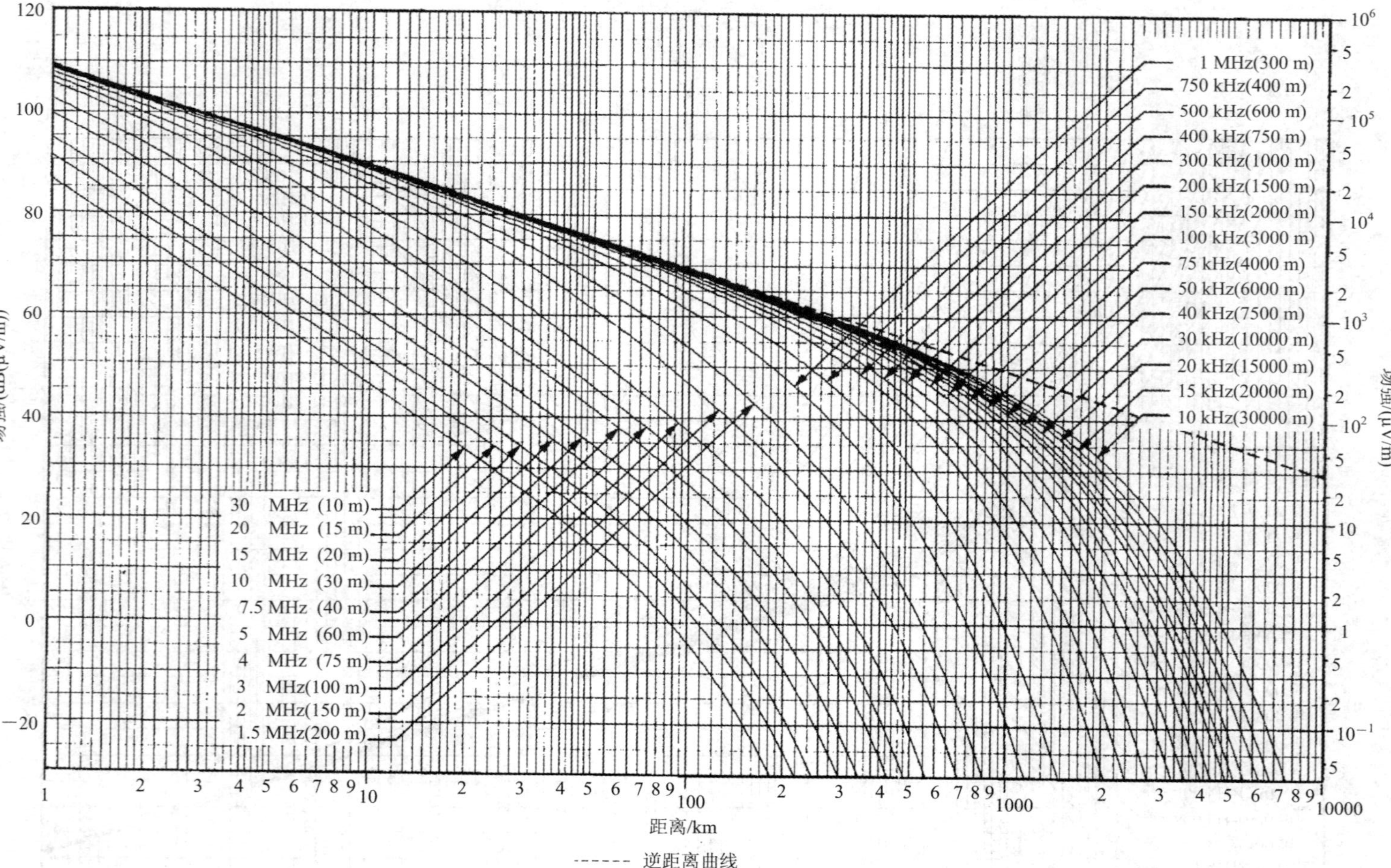

图2.15 地波传播曲线2(陆地：$\sigma=3\times10^{-2}$ s/m，$\varepsilon_r=40$)

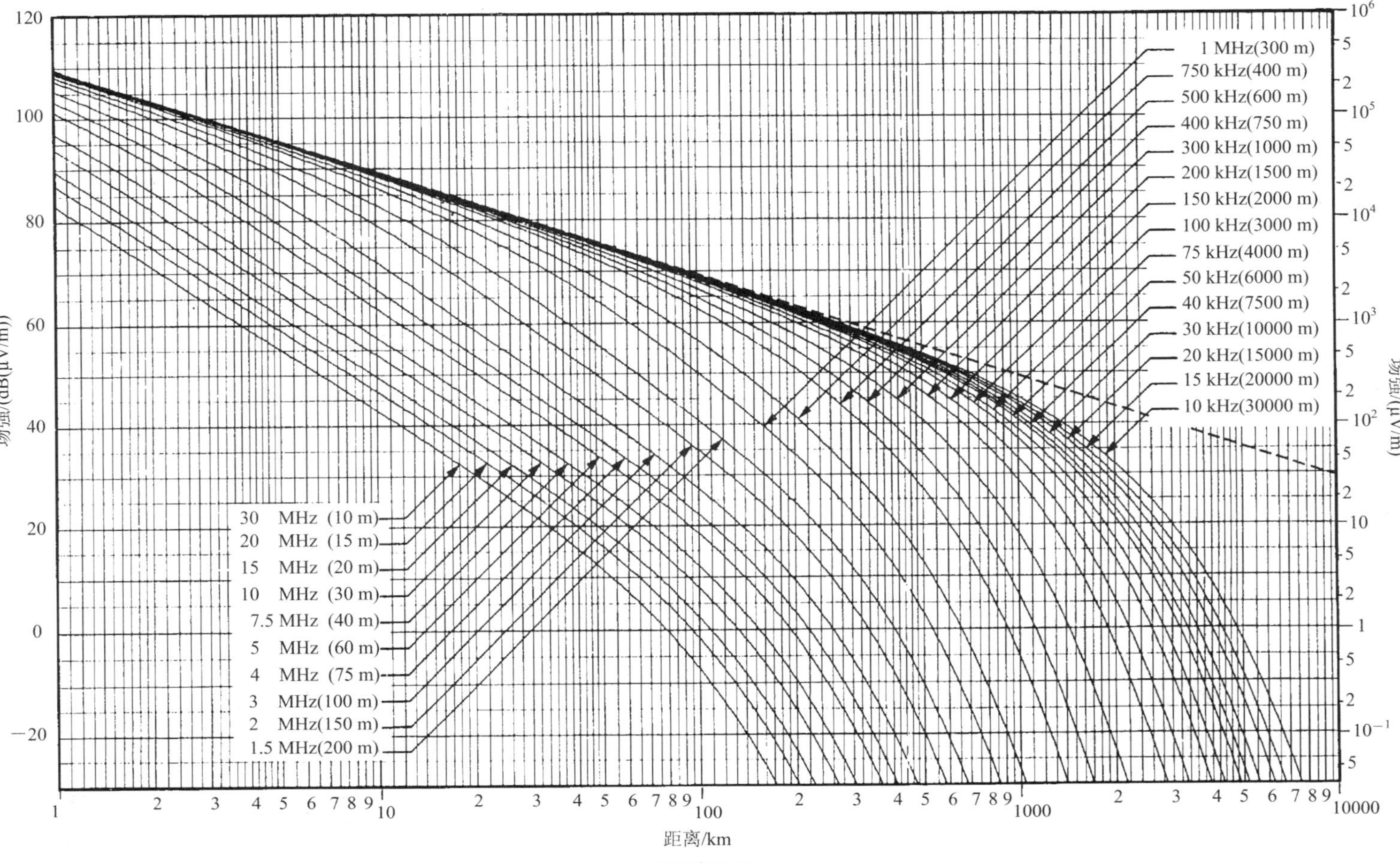

图2.16　地波传播曲线3(湿地：$\sigma=10^{-2}$ s/m，$\varepsilon_r=30$)

因子(dB/km)。这里的地波传播衰减因子已计入海面的吸收损耗和球形地(海)面的绕射损耗。

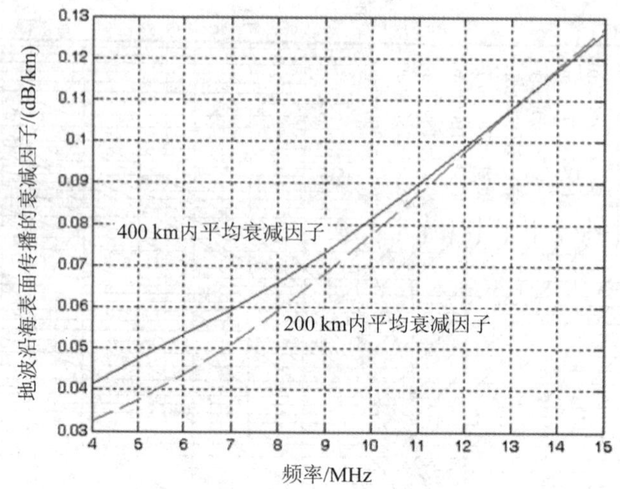

图 2.17　海水传播表面波的衰减因子

表 2.5　平均盐度海水的传播衰减因子(dB/km)

频率/MHz	传播衰减因子/(dB/km)	
	200 km	400 km
5	0.0375	0.0480
10	0.0775	0.0813
15	0.1250	0.1238

2.4　高频地波雷达的威力计算

地波雷达的探测对象是大型海面目标(RCS 为 1000 m^2 甚至 10000 m^2 量级)、低空飞行目标(RCS 为 $2m^2$)和隐身目标(在 HF 波段，由于谐振效应，RCS 大为增强)，在检测概率为 0.5，虚警概率为 10^{-6} 的情况下，要求检测前的信噪比达到 10.5 dB[23]。

在地波雷达中，外部噪声的功率密度为 $N_c=kT_0F_cG_r$，当取 $F_c=45$ dB，$G_r=0$ dB 时，$N_c=-159$ dB。而接收机内部噪声的功率密度为 $N_{nei}=kT_0F$，当取 $F=5$ dB 时，$N_{nei}=-199$ dB。所以，接收机总的噪声功率密度为 $N_0=N_c+N_{nei}\approx N_c$，即接收的噪声主要是外部环境噪声。

2.4.1　单基地地波雷达威力

高频地波雷达方程比常规雷达方程增加了地波传播引起的附加衰减。如果在发射站同时接收信号，即雷达工作在 T/R 模式，则接收的目标回波功率为

$$S_1=\frac{P_tG_tG_r\sigma\lambda^2}{(4\pi)^3R^4A_p(2R)} \tag{2.53}$$

式中，P_t 为单元天线发射功率，G_t 为发射天线增益，G_r 为接收天线增益，σ 为目标RCS，λ

为雷达信号波长，R 为目标距离，$A_p(2R)$为传播路径上的地波衰减[23]。

目标回波信号的功率和检测前的信噪比分别为

$$S = S_1 \cdot (N_e \cdot B \cdot T_i) = \frac{N_e P_t G_t G_r \sigma \lambda^2 B T_i}{(4\pi)^3 R^4 \cdot A_p(2R)} \tag{2.54}$$

$$\frac{S}{N} = \frac{S_1 \cdot (N_r \cdot B \cdot T_i)}{k T_0 F_c G_r B} = \frac{N_e P_t G_t \sigma \lambda^2 N_r T_i}{(4\pi)^3 k T_0 F_c L_s L_d R^4 A_p(2R)} \tag{2.55}$$

式中，N_e 为天线单元数，T_i 为相干积累时间，N_r 为接收采用的磁性天线根数，F_c 为环境噪声系数，L_s 为插损，L_d 为处理损失。

假设单基地工作模式(T/R)下地波雷达采用 32 组三元数字有源相控天线发射，单元天线的发射功率为 2 kW，雷达的威力覆盖如图 2.18 所示，图中三条曲线分别表示接收天线采用 1 根、8 根、16 根接收天线。坐标原点(0，0)为发射站位置，横、纵坐标分别表示在水平直角坐标系(以雷达位置作为坐标原点)的距离。海面目标 RCS 取 30 dBsm。

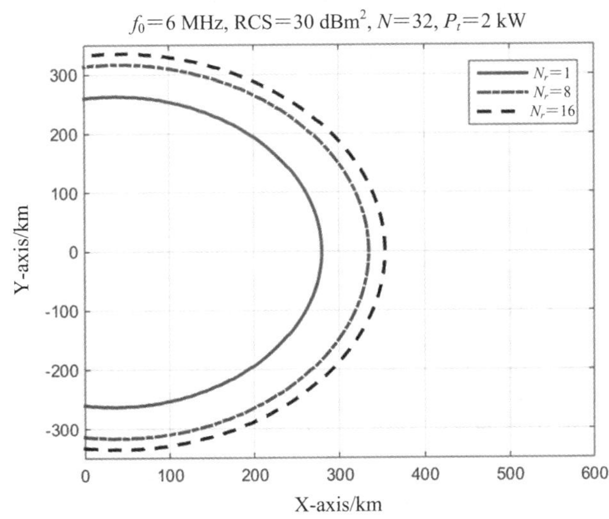

图 2.18　单基地(T/R)工作模式下雷达系统的威力覆盖

由于发射站采用多载频同时发射，单基地工作时每路接收机对所有发射信号均接收，因此，它类似于 MIMO(多输入多输出)体制。

2.4.2　双基地地波雷达威力

岸-舰双基地地波超视距雷达[24][25]利用在海岸上的发射站发射信号，其发射站采用多个天线同时辐射不同载频信号[24]，并保证各向同性照射。也就是说，各天线辐射信号在空间叠加后在功率意义上不形成“方向图”。接收站安装在舰船上，只采用单根接收天线，因此可安装在小型舰船上。接收站可配置一个或多个(都共享一组发射站辐射的信号)，从而提高了机动作战能力，同时该雷达工作在高频地波波段故具备超视距探测能力。

若发射站到目标、目标到舰船(接收站)的距离分别为 R_t、R_r，则接收的目标回波功率为

$$S_1 = \frac{P_t G_t G_r \sigma \lambda^2}{(4\pi)^3 R_t^2 R_r^2 \cdot A_p(R_t) \cdot A_p(R_r)} \tag{2.56}$$

式中，$A_p(R_t)$表示由发射站到目标传播路径上的地波衰减，$A_p(R_r)$表示由目标到接收舰船的传播路径上的地波衰减。

经过信号处理后，目标回波信号的功率和检测前的信噪比分别为

$$S = S_1 \cdot (N_e \cdot B \cdot T_i) = \frac{N_e P_t G_t G_r \sigma \lambda^2 B \cdot T_i}{(4\pi)^3 R_t^2 R_r^2 \cdot A_p(R_t) \cdot A_p(R_r)} \tag{2.57}$$

$$\frac{S}{N} = \frac{S_1 \cdot (N_e \cdot B \cdot T_i)}{kT_0 F_c G_r B} = \frac{N_e P_t G_t \sigma \lambda^2 \cdot T_i}{(4\pi)^3 kT_0 F_c L_s L_d R_t^2 R_r^2 \cdot A_p(R_t) \cdot A_p(R_r)} \tag{2.58}$$

有关参数的选取如表 2.6 所示，其中 $F_c = 70 - 27.5 \cdot \lg(f_{\mathrm{MHz}}) = 53.5 \sim 38$ (dB)。

表 2.6　参 数 选 取

参数的名称	典　型　值
频率范围	4～15 MHz
天线单元数 N_e	32～40
单元天线发射功率 P_t	2 kW
发射天线增益 G_t	3 dB(三根天线组成)
RCS，σ(dBm^2)，(船；飞机)	40，30，25；6
环境噪声系数 F_c	53.5～38 dB
插损 L_s	2 dB
处理损失 L_d	5 dB
相干处理时间 T_i	256 s (对海)或 16 s (对空)
传播因子 A_t，A_r	见图 2.17

双基地(T/R)工作模式下某地波雷达系统对舰船目标的威力覆盖如图 2.19 所示。图中曲线是检测前信杂噪比为 10.5 dB 时雷达的探测距离范围。坐标原点(0，0)为发射站位置，接收站为图中符号“+”的位置，接收站与发射站之间的距离分别为[100，200，300]km。左图为在接收站只装 1 根接收天线的威力覆盖；右图为接收站在大型舰船上，安装 8 根接收天线的威力覆盖。图中自左至右的三条实线依次是这三个位置接收站所对应的威力覆盖，三条虚线分别是这三个位置接收站所对应的探测“近距离盲区”。图(a)中 RCS 为 40 dB，图(b)中 RCS 为 30 dB，图(c)中 RCS 为 25 dB，图(d)为接收站在不同方向时，单根接收天线的威力覆盖。图 2.20 为双基地工作模式下对飞机目标的威力覆盖，这里飞机 RCS 为 6 dBsm。

由图 2.19、图 2.20 可以得出，接收站远离发射站有利于增大对目标的探测范围。当然，增大是有一定范围的，由式(2.59)可以看出，增大范围取决于双基地的距离积，距离积可表示为

$$R_t R_r = \sqrt{\frac{N_e P_t G_t \sigma \lambda^2 \cdot T_i}{(4\pi)^3 kT_0 F_c L_s L_d D_0 A_p(R_t) \cdot A_p(R_r)}} \tag{2.59}$$

由于发射站采用多载频同时发射，在舰船上接收时，它类似于 MISO(多输入单输出)体制。

假设系统采用 32 组三元数字有源相控天线发射，双基地工作时的威力覆盖如图 2.21 所示，这里检测因子 $D_0 = 10.5$ dB。图中发射天线为 32 组，接收天线为 1 根。图(a)中 RCS

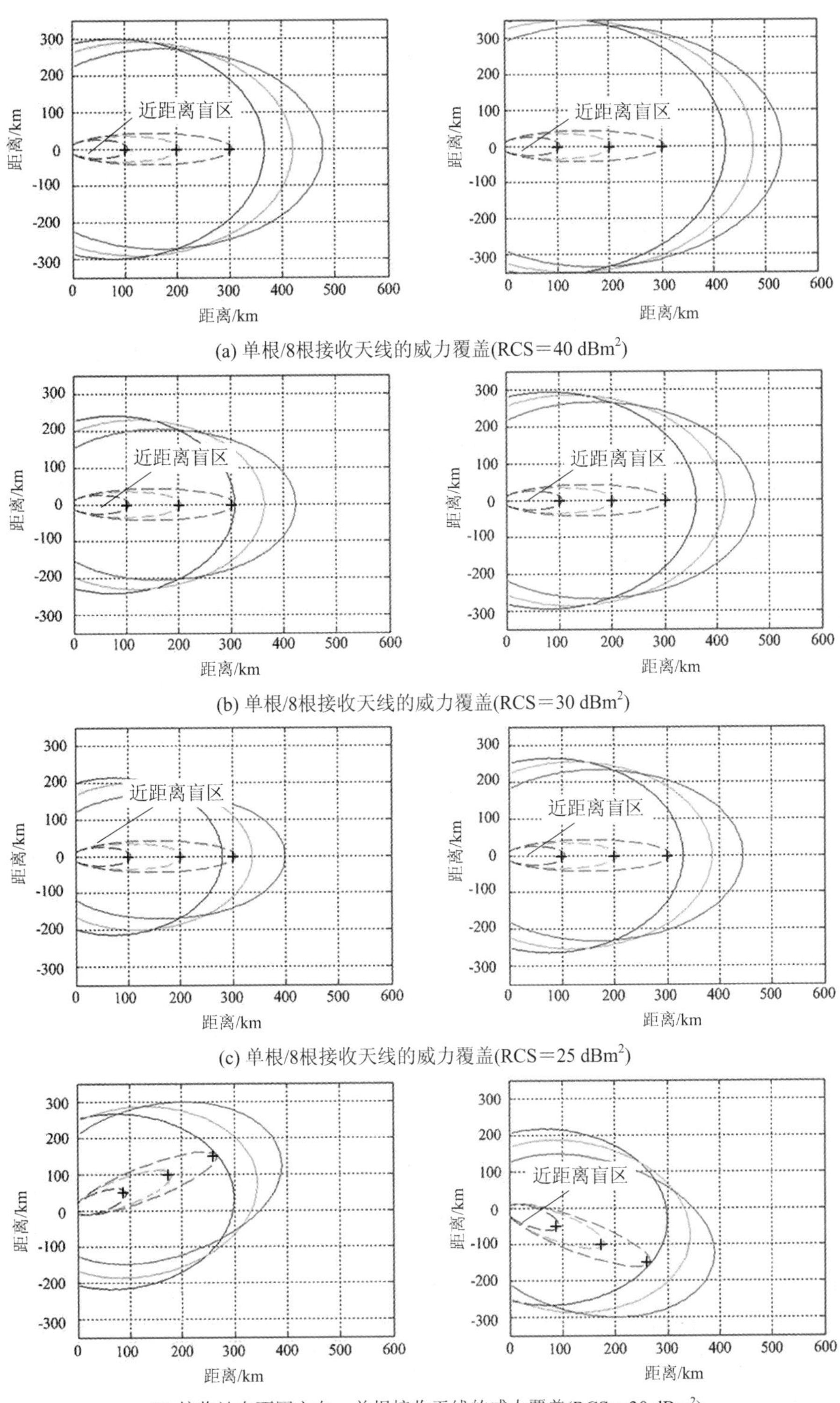

图 2.19　对舰船目标接收站在不同位置时的威力覆盖

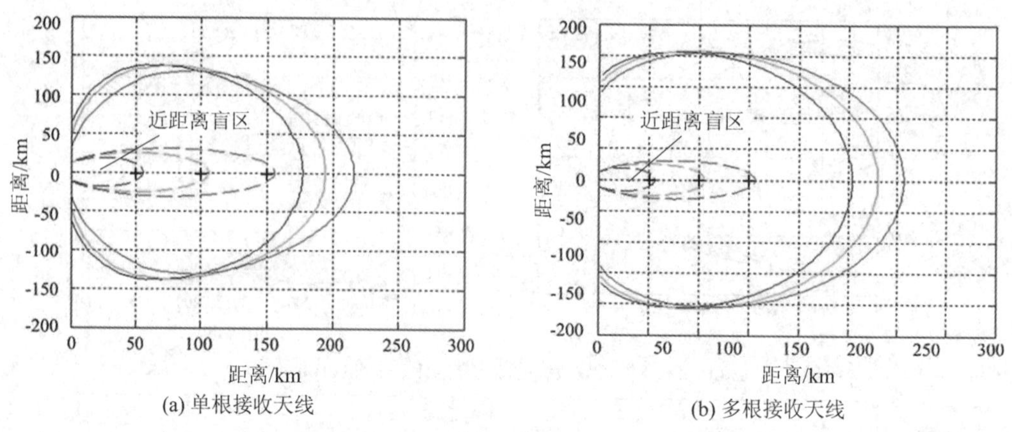

(a) 单根接收天线　(b) 多根接收天线

图 2.20　双基地工作模式下对飞机目标的威力覆盖

为 40 dBsm，图(b)中 RCS 为 30 dBsm。接收站与发射站之间的距离分别为[100，200，300]km，接收站为图中“＋”号的位置。图中自左至右的三条实线依次是这三个位置接收站所对应的威力覆盖，三条虚线分别是这三个位置接收站所对应的探测“近距离盲区”。

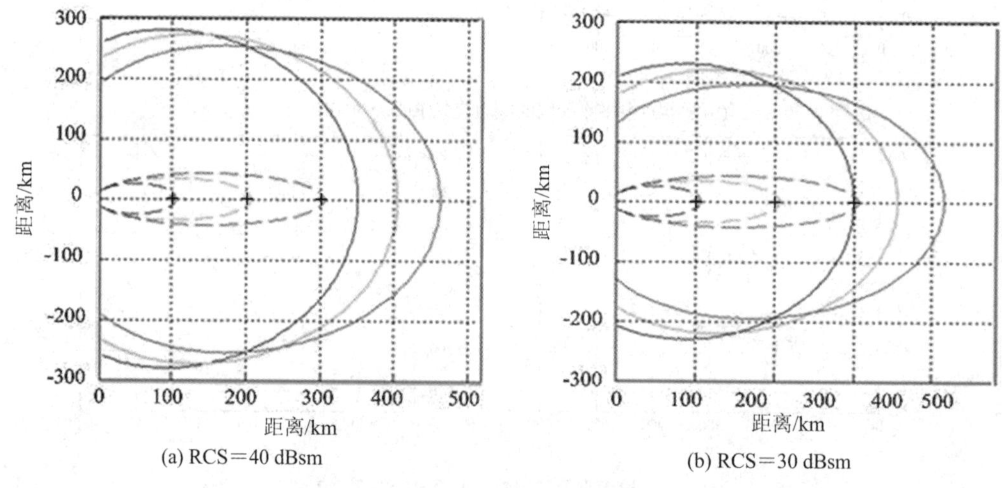

(a) RCS＝40 dBsm　(b) RCS＝30 dBsm

图 2.21　双基地(T/R)工作模式下最终装备的威力覆盖

2.5　双基地高频地波雷达的定位性能

双基地雷达由于收发相距较远，故具备多种优势，但同时也带来了目标定位关系复杂、基线上不具备目标检测能力等问题。双基地地波超视距雷达工作在高频波段，发射带宽窄，在信噪比一定的前提下，精度往往较差，且与目标所处的方位和距离均有关系。

岸-舰双基地地波超视距雷达收发分置，若发射站不接收信号，则我们称之为 T/R 工作模式；若发射站也接收信号，即在发射站和接收站同时对目标进行定位，则我们称之为 T/R－R 工作模式(也称之为单双基地复合高频雷达网[25][26])。即使收发站之间处于超视距范围，也依然能够通过直达波进行同步[27][28]。

本节首先介绍常规双基地雷达的定位方法，然后对 T/R 模式下的影响定位精度的测量值进行描述，同时对双基地雷达目标定位可能的四种测量集合的定位误差进行理论和仿真分析，并介绍 T/R－R 工作模式下的两种定位方法，即三角形几何重心法(Triangle Bary Center method，TBC)和三点加权平均法(Three-points Weighted Mean method，TWM)。

2.5.1 双基地雷达的几何关系

双基地雷达几何配置如图 2.22 所示，发射站 T_x 与接收站 R_x 的间距称为基线距离，记为 L。目标到发射站的距离用 R_T 表示，目标到接收站的距离用 R_R 表示。接收站接收到的回波信号的时延代表目标到接收站和发射站的“距离和”(即 R_T+R_R)，所以对位于以 T_x 和 R_x 为焦点的某一椭圆上的不同目标，接收站得到的回波时延相同，在距离维无法分辨目标，而将这一系列的椭圆称为双基地雷达的距离等值线(也称为卡西尼卵形线，即距离的乘积 R_TR_R 为恒定值的点的集合)，如图 2.22 所示。距离等值线上某一点 T 与发射站和接收站之间的夹角 β 称为双基地角。若雷达可分辨的距离单元对应图中两椭圆长轴之差，则在远场可近似认为目标位于 T' 与目标位于 T 处时，两点之间的连线($T'TB$)即为双基地角 $\beta(\angle T_xTR_x)$的角平分线。

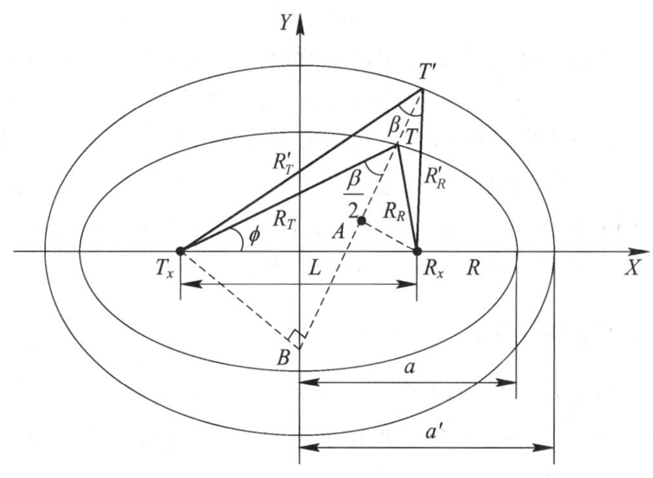

图 2.22　双基地雷达几何位置关系示意图

由几何关系有

$$R_T + R_R = 2a \tag{2.60}$$

$$R'_T + R'_R = 2a' \tag{2.61}$$

其中 $a'>a$。若考虑以上两个“距离和”之差为 $c\tau$，则有

$$a' - a = \frac{c\tau}{2} \tag{2.62}$$

式中 c 为光速；τ 为脉冲压缩后的脉冲宽度。与单站距离单元的概念不同，双基地雷达距离分辨单元大小随目标在距离等值线上的不同位置而变化。由图 2.22 所示几何关系，目标 T 与目标 T' 的间距 TT' 的表达式可由下面隐含式精确表述，

$$R'_T = [(\overline{T_xB})^2 + (\overline{TB} + \overline{TT'})^2]^{1/2}$$
$$= \left[R_T^2\sin^2\left(\frac{\beta}{2}\right)+\left(R_T\cos\left(\frac{\beta}{2}\right)+\overline{TT'}\right)^2\right]^{1/2} \tag{2.63}$$

$$R'_R = [(\overline{R_xA^2}) + (\overline{TA} + \overline{TT'})^2]^{1/2} = \left[R_R^2\sin^2\left(\frac{\beta}{2}\right)+\left(R_R\cos\left(\frac{\beta}{2}\right)+\overline{TT'}\right)^2\right]^{1/2} \tag{2.64}$$

将式(2.61)、式(2.62)代入式(2.59)得

$$\left[R_T^2\sin^2\left(\frac{\beta}{2}\right)+\left(R_T\cos\left(\frac{\beta}{2}\right)+\overline{TT'}\right)2\right]^{1/2} + \left[R_R^2\sin^2\left(\frac{\beta}{2}\right)+\left(R_R\cos\left(\frac{\beta}{2}\right)+\overline{TT'}\right)2\right]^{1/2} = 2a' \tag{2.65}$$

式中，$R_R=\dfrac{R^2+L^2-2R\cdot L\cos\phi}{2(R-L\cos\phi)}$，$R_T=R-R_R=\dfrac{R^2-L^2}{2(R-L\cos\phi)}$，根据余弦定理求得。

显然，当目标处于基线延长线上时，线段 TT' 的长度 $|TT'|$ 最长；当目标位于基线垂直平分线上时，线段 TT' 的长度 $|TT'|$ 最短；而当目标处于其他位置时，TT' 的长度 $|TT'|$ 与双基地角 β 有关。为了简单直观地表示 $|TT'|$ 与 β 的关系，距离分辨单元通常表示为 ΔR[11-14]，

$$\Delta R = |TT'| \approx \frac{a'-a}{\cos(\beta/2)} = \frac{c\tau}{2\cos(\beta/2)} \tag{2.66}$$

由此可知双基地雷达的距离分辨力与目标所处位置紧密相关，而不像单站情况下距离分辨力为定值。当目标位于发射站和接收站之间的连线上时，由于信号经由发射站到目标，再经目标前向反射到接收站所经路径与信号直接由发射站到接收站路径相同，若不考虑目标的前向散射系数，认为此时接收站接收到的目标回波信号与直达波信号的时延相同，双基地雷达无法检测目标，此时 $\beta=180°$，$\Delta R\to\infty$。但是，若目标位于发射站和接收站连线的延长线上，此时 $\beta=0°$，距离分辨率最高，即 $\Delta R=c\tau/2$。

2.5.2 双基地雷达定位方法

双基地雷达的几何配置简化为如图 2.23 所示，图中发射站 A 点记为 T_x；接收站 B 点记为 R_x。角度 θ_T 为以基线为基准，目标相对于发射站的方位；θ_R 为以基线为基准，目标相对于接收站的方位。双基地三角形 ΔABT 中，$\angle ATB$ 为双基地角 β，发射站到目标再到接收站的“距离和”$R=R_T+R_R$。在已知发射站和接收站位置的前提下(即基线长度 L 已知)，由于 R_R 无法获得，因此要求解目标位置 T 点坐标还需额外增加的条件为下列测量集合中

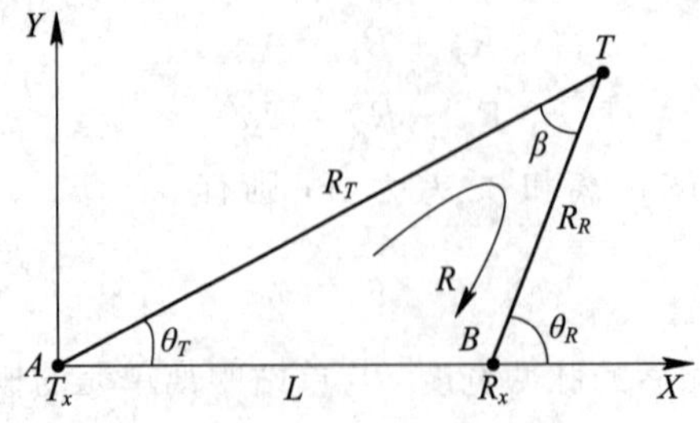

图 2.23 简化的双基地雷达几何关系

的一个或多个[30]：

① (R_T, θ_T)，目标相对于发射站的距离和方位；

② (R, θ_R)，"距离和"$(R=R_T+R_R)$和目标相对于接收站的方位；

③ (R, R_T)，"距离和"$(R=R_T+R_R)$和目标相对于发射站的距离；

④ (R_T, θ_R)，目标相对于发射站的距离和相对于接收站的方位；

⑤ (R, θ_T)，"距离和"$(R=R_T+R_R)$和目标相对于发射站的方位；

⑥ (θ_T, θ_R)，目标相对于发射站和相对于接收站的方位。

将这样一个最小的条件集合称为子集，其中①和②互不相关，其余子集之间均存在相关性；③和④存在定位模糊问题，当附加条件③时，得到的目标位置为关于以发射站 T_x 和接收站 R_x 为两焦点的椭圆上两个关于基线上下对称的点，其中一个点为目标的幻象。但可根据实际雷达的作用范围对幻象加以去除，从而达到去模糊的目的，而④的模糊不易去除，必须根据额外的附加信息加以解决；⑤和②的差别仅在于角度的差别，两者均利用"距离和"与角度定位；①实际上属于单站性质；⑥属于角度一角度定位法，通常定位精度会较差。因此，在岸一舰双基地地波雷达中，可用于目标定位的有 4 种子集，分别是(R_T, θ_T)、(R, L, θ_R)、(R, L, R_T)和(R, L, θ_T)。

2.5.3　定位精度分析

1. 雷达测量量对定位精度的影响

以接收站为参考点，即目标与接收站之间的距离为 R_R，下面分析雷达在 T/R 模式下各测量参数对目标相对于接收站的定位精度的影响。

(1) "距离和"R 的测量误差对定位精度的影响。

由双基地雷达的目标定位关系式可知，目标到发射站的距离精度受目标到发射站与目标到接收站的"距离和"测量精度的影响。下面具体分析：

目标到接收站的距离 R_R 可由式(2.65)表示

$$R_R=\frac{R^2+L^2-2R\cdot L\cos\theta_T}{2(R-L\cos\theta_T)} \tag{2.67}$$

可见，影响 R_R 的测量量有"距离和"R、基线长度 L 和目标相对发射站的方位角 θ_T。根据测量误差理论，距离 R_R 的微分为

$$\mathrm{d}R_R=\left[\left(\frac{\partial R_R}{\partial R}\mathrm{d}R\right)^2+\left(\frac{\partial R_R}{\partial L}\mathrm{d}L\right)^2+\left(\frac{\partial R_R}{\partial \theta_R}\mathrm{d}\theta_R\right)^2\right]^{1/2} \tag{2.68}$$

式(2.67)两边对 R 求偏导得到"距离和"测量对目标距离 R_R 的影响

$$\frac{\partial R_R}{\partial R}=\frac{1}{2}-\frac{L^2\sin^2\theta_T}{2(R-L\cos\theta_T)^2}=\frac{1}{2}-\frac{e^2\sin^2\theta_T}{2(1-e\cos\theta_T)^2} \tag{2.69}$$

式中，$e=\dfrac{L}{R}$ 为等距离线椭圆的离心率，$0<e<1$，且 e 越大椭圆越扁，e 越小椭圆越接近于圆，当 e 取零时椭圆退化为圆。

(2) 方位测量误差对定位精度的影响。

岸-舰双基地地波雷达可直接测量目标相对于发射站的方位角 θ_T，但在接收站仅架设 1 根接收天线的情况下，不能直接测量目标相对于接收站的方位。式(2.67)对方位角 θ_T 求

偏导数得，

$$\frac{\partial R_R}{\partial \theta_T}=\frac{L(R^2-L^2)\sin\theta_T}{2\,(R-L\cos\theta_T)^2}=\frac{L(1-e^2)\sin\theta_T}{2\,(1-e\cos\theta_T)^2} \tag{2.70}$$

(3) 基线测量误差对定位精度的影响。

式(2.67)对基线长度 L 求偏导数得，

$$\frac{\partial R_R}{\partial L}=\frac{2RL-(R^2+L^2)\cos\theta_T}{2\,(R-L\cos\theta_T)^2}=\frac{2e-(1+e^2)\cos\theta_T}{2\,(1-e\cos\theta_T)^2} \tag{2.71}$$

假设目标到收发两站的“距离和”$R=400$ km，基线长度分别取 $L=50$、100、200 km，e 分别为 0.125、0.4、0.5，收站测距误差 d$R=1000$ m，GPS 定位误差 d$L=10$ m，以及目标相对方位维误差 d$\theta_T=1°$，图 2.24(a)、2.24(b)、2.24(c)分别给出了在给定“距离和”R 时，不同离心率情况下目标相对于接收站的距离 R_R 随测量的“距离和”R、目标相对于发射站的方位角 θ_T、基线 L 的变化曲线。这里角度影响因素用基线长度 L 进行了归一化，即考察 $\frac{1}{L}\frac{\partial R_R}{\partial \theta_T}$ 项。

显然，由图 2.24(a)可以得出，等距离线椭圆离心率越小，即椭圆越扁，基线长度越长，“距离和”R 的误差对距离 R_R 估值误差的影响越大；由图 2.24(b)可知，当目标相对发射站视角 θ_T 较小时，等距离线椭圆离心率越大，目标相对接收站视角 θ_T 误差对 R_R 估值误差的影响越大；由图 2.24(c)可知，等距离线椭圆离心率越小，基线长度误差对 R_R 估值误差的影响越大。

图 2.24(d)、图 2.24(e)、图 2.24(f)分别给出了收发两站取不同间距，即 $L=50$、100、200 km 时，R、θ_T、L 这三个物理量的测量误差对定位误差的影响。大体上可以得出，当基线距离 L 较小时，“距离和”R 测量误差是影响 R_R 估值精度的主要因素；当基线距离 L 增大时，θ_T 的测量误差成为影响 R_R 估值精度的主要因素；当基线距离 L 很大时，即离心率 e 接近于 1 时，在 $\theta_T<90°$ 范围内，θ_T 的测量误差是影响 R_R 估值精度的主要因素，当 $\theta_T\geqslant 90°$ 时，“距离和”R 测量误差是影响 R_R 估值精度的主要因素。

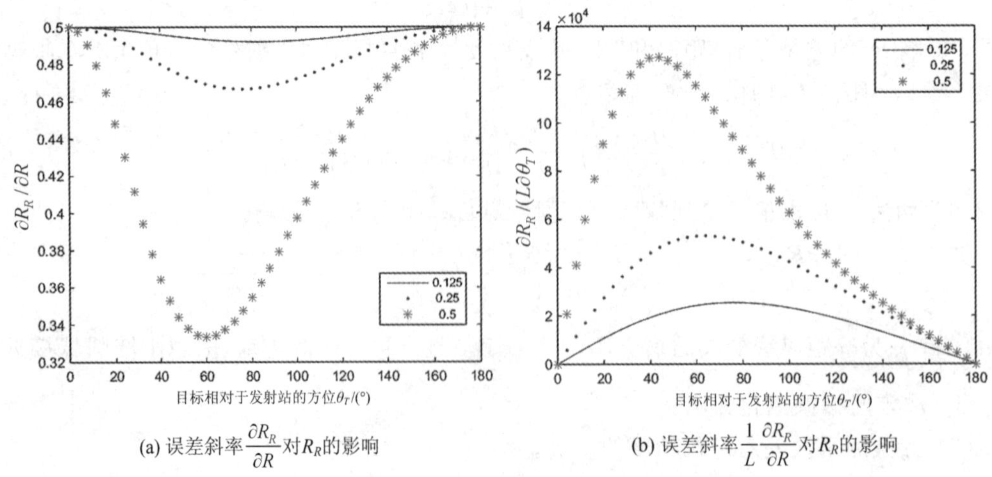

(a) 误差斜率$\frac{\partial R_R}{\partial R}$对$R_R$的影响　　(b) 误差斜率$\frac{1}{L}\frac{\partial R_R}{\partial R}$对$R_R$的影响

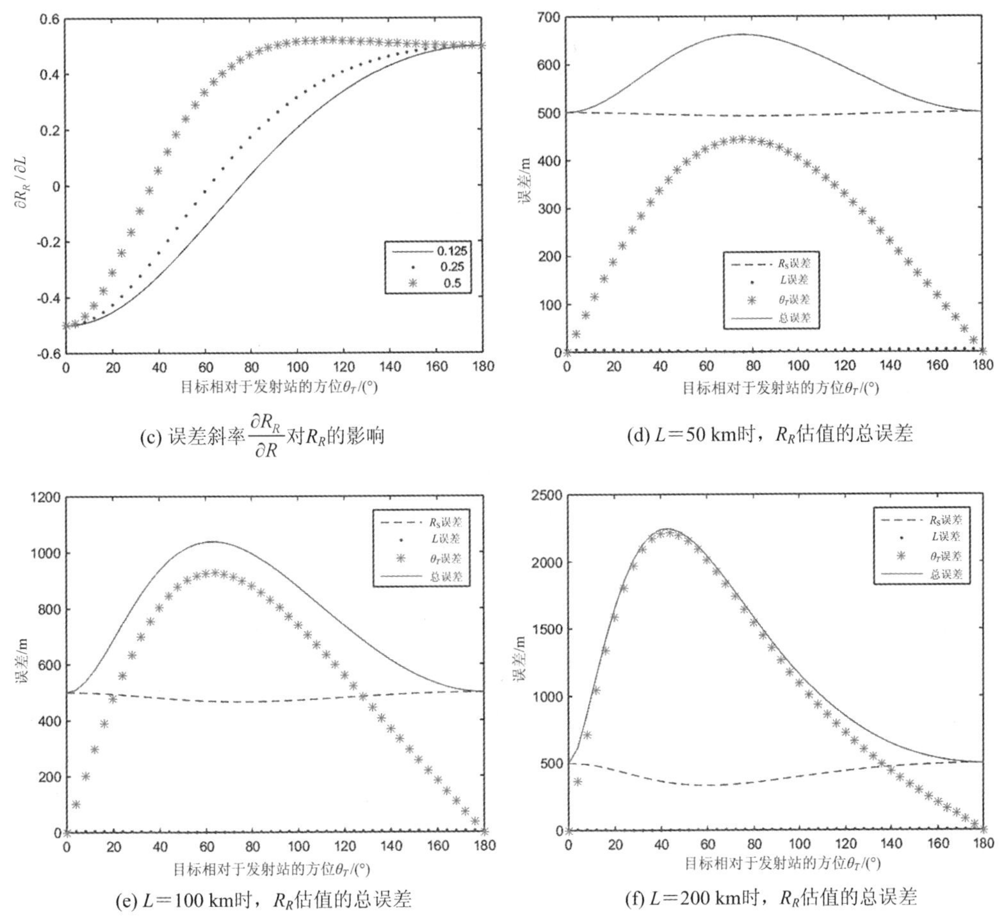

(c) 误差斜率$\frac{\partial R_R}{\partial R}$对$R_R$的影响　(d) $L=50$ km时，R_R估值的总误差

(e) $L=100$ km时，R_R估值的总误差　(f) $L=200$ km时，R_R估值的总误差

图 2.24　目标至接收站距离 R_R 估值的误差曲线图

2. GPS 定位误差对目标定位精度的影响

若采用 GPS 测定发射站和接收站的位置，在运动平台上需要考虑接收站相对于发射站的位置误差对目标定位的影响。GPS 通过同时测量多个卫星发射信号的时间交会测距以确定用户的位置[30][31]。包含钟差，一般需四颗以上卫星才能解算。

假设 GPS 四颗卫星的地心坐标为$(x_i, y_i, z_i)(i=1\sim4)$，GPS 接收机所在位置的地心坐标为$(x, y, z)$，$t$ 表示钟差，第 i 颗卫星到该接收机的伪距为

$$\rho_i = \sqrt{(x_i-x)^2+(y_i-y)^2+(z_i-z)^2}+ct \quad (i=1\sim4) \tag{2.72}$$

通过对四颗卫星到 GPS 接收机的伪距的测量，可以得到由四个方程组成的方程组，就可以求出用户的三维地心坐标(x, y, z)。

1) GPS 系统与目标定位的关系

岸-舰双基地地波雷达的几何位置如图 2.25 所示。假定发射站 O，接收站 P 和目标 T 投影在一个平面上，根据接收站的 GPS 经纬度信息可计算出接收站相对于发射站的距离 R_0 和方位 θ_0。在接收站对接收信号进行信号处理、目标检测等可得到目标“距离和”$R(=R_1+R_2)$和目标相对于发射站的方位角 θ。由于目标的方位角 θ 由发射阵列天线测得，因此它与接

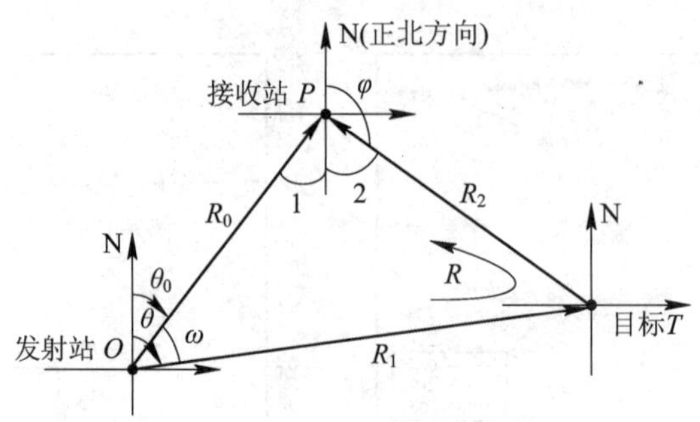

图 2.25　双基地雷达平面示意图

收站位置无关。在三角形 ΔPOT 中，$\angle\omega=\theta-\angle 1=\theta-\theta_0$，$\varphi=\angle N_2PT=180°-\angle 2$。利用几何关系可计算目标相对于接收站的距离 R_2 和方位 φ。

$$R_2=\frac{R^2+R_0^2-2R\cdot R_0\cos\omega}{2(R-R_0\cos\omega)} \tag{2.73}$$

$$\varphi=180°-\arccos\left[\frac{R_0^2+2R_0\cdot R_2-R^2}{2R_0\cdot R_2}\right]+\theta_0 \tag{2.74}$$

因此，接收站(R_0，θ_0)的位置误差，将会影响目标相对于接收站的定位精度。

GPS 获得的经纬度信息是以 NMEA0183 标准语句显示出来的[32]，包含定位诸多信息。其中，经纬度信息以度、分的格式表示，纬度值(ddmm. mmmm)精确到小数点前 4 位、后 3 位；经度值(dddmm. mmmm)精确到小数点前 5 位、后 3 位。地球子午线长是 39940. 67 千米，纬度一度对应 110. 94 千米，一分对应 1. 849 千米，一秒对应 30. 8 米。赤道圈是 40075. 36 千米，即经纬度一秒对应 30. 9 米，但在不同的经纬度上所对应的距离是不一样的。一般在中国，经纬度的一秒约对应 30 米。NMEA 语句经纬度是精确到 0. 001 分，也就是 0. 001×60=0. 06 秒，因此在赤道上为 0. 06 秒×30. 9 米/秒=1. 85 米。

为计算方便，假定 A 点纬度为 a_1，经度为 0(可通过旋转坐标轴实现)，B 点纬度为 a_2，经度为 b，其中 b 为 A、B 两点的实际经度差。向量坐标表示分别为

$$\boldsymbol{N}=(0,0,1)$$
$$\boldsymbol{A}=(\cos a_1,0,\sin a_1)$$
$$\boldsymbol{B}=(\cos a_2\cdot\cos b,\cos a_2\cdot\sin b,\sin a_2)$$

利用数量积公式可得到 $\boldsymbol{A}$、$\boldsymbol{B}$ 之间的夹角为 ϕ：

$$\phi=\arccos[\cos a_1\cdot\cos a_2\cdot\cos b+\sin a_1\cdot\sin a_2] \tag{2.75}$$

因此 A、B 之间的距离为 $D=r_e\cdot\phi$，r_e 表示地球的等效半径，常取 6378 km。

向量 $\boldsymbol{AB}$ 与向量 $\boldsymbol{N}$ 的夹角等效于包含向量 $\boldsymbol{A}$、$\boldsymbol{N}$ 的平面与包含向量 $\boldsymbol{A}$、$\boldsymbol{B}$ 的平面之间的夹角，也等效于正交于这两个平面的向量的夹角。利用向量积的性质可以得到 $\boldsymbol{A}\times\boldsymbol{N}$、$\boldsymbol{A}\times\boldsymbol{B}$ 分别为：

$$\boldsymbol{A}\times\boldsymbol{N}=(0,\cos a_1,0)$$

$$\boldsymbol{A}\times\boldsymbol{B}=(\sin a_1\cdot\cos a_2\cdot\sin b,\cos a_1\cdot\sin a_2-\sin a_1\cdot\cos a_2\cdot\cos b,-\cos a_1\cdot\cos a_2\cdot\sin b)$$

由于向量积 $\boldsymbol{A}\times\boldsymbol{N}$ 平行于 $\boldsymbol{Y}$ 轴，所以所求的夹角 ϑ 的正切可以用 $\boldsymbol{A}\times\boldsymbol{B}$ 在 XZ 平面上的投影和 Y 轴的比值来表示：

$$\tan\vartheta = \text{sqrt}\left[\frac{(\sin a_1 \cdot \cos a_2 \cdot \sin b)^2 + (-\cos a_1 \cdot \cos a_2 \cdot \sin b)^2}{\cos a_1 \cdot \sin a_2 - \sin a_1 \cdot \cos a_2 \cdot \cos b}\right] \tag{2.76}$$

所以

$$\vartheta = \arctan\left(\frac{\cos a_2 \cdot \sin b}{\cos a_1 \cdot \sin a_2 - \sin a_1 \cdot \cos a_2 \cdot \cos b}\right) \tag{2.77}$$

假设发射站的纬度和经度为(α_1，β_1)，测量得到接收站的纬度和经度为(α_2，β_2)。代入式(2.73)、式(2.74)得到接收站相对于发射站的距离、方位为

$$R_0 = r_e \cdot \arccos[\cos\alpha_1 \cdot \cos\alpha_2 \cdot \cos(\beta_1 - \beta_2) + \sin\alpha_1 \cdot \sin\alpha_2] \tag{2.78}$$

$$\theta_0 = \arctan\left[\frac{\cos\alpha_2 \cdot \sin(\beta_1 - \beta_2)}{\cos\alpha_1 \cdot \sin\alpha_2 - \sin\alpha_1 \cdot \cos\alpha_2 \cdot \cos(\beta_1 - \beta_2)}\right] \tag{2.79}$$

其中经纬度是以弧度来表示。根据 R_0、θ_0 再按式(2.73)、式(2.74)即可解算出目标相对于接收站的位置(R_2，φ)。

2) GPS 定位误差对目标定位的影响

GPS 系统误差主要是由卫星、大气以及接收设备所引起[32]，通常的 C/A 码 GPS 定位的圆概率误差在数十米左右。一般情况下，在中国范围内经纬度一秒大约相当于 30 m 的距离。

假设 GPS 给出的经纬度误差为 $\Delta\sigma$，对式(2.75)求偏导数，则 R_0 的均方误差为

$$\delta_{R_0}^2 = r_e \cdot \left[\left(\frac{\partial R_0}{\partial\alpha_1}\right)^2 + \left(\frac{\partial R_0}{\partial\alpha_2}\right)^2 + \left(\frac{\partial R_0}{\partial\beta_1}\right)^2 + \left(\frac{\partial R_0}{\partial\beta_2}\right)^2\right](\Delta\sigma)^2 \tag{2.80}$$

式中，

$$\frac{\partial R_0}{\partial\alpha_1} = \frac{\sin\alpha_1 \cdot \cos\alpha_2 \cdot \cos(\beta_1 - \beta_2) - \cos\alpha_1 \cdot \sin\alpha_2}{\Omega},$$

$$\frac{\partial R_0}{\partial\alpha_2} = \frac{\cos\alpha_1 \cdot \sin\alpha_2 \cdot \cos(\beta_1 - \beta_2) - \sin\alpha_1 \cdot \cos\alpha_2}{\Omega},$$

$$\frac{\partial R_0}{\partial\beta_1} = \frac{\cos\alpha_1 \cdot \cos\alpha_2 \cdot \sin(\beta_1 - \beta_2)}{\Omega},$$

$$\frac{\partial R_0}{\partial\beta_2} = -\frac{\partial R_0}{\partial\beta_1},$$

$$\Omega = \sqrt{1 - [\cos\alpha_1 \cdot \cos\alpha_2 \cdot \cos(\beta_1 - \beta_2) + \sin\alpha_1 \cdot \sin\alpha_2]^2}$$

对于 θ_0 的均方误差 δ_{θ_0} 为

$$\delta_{\theta_0}^2 = \left[\left(\frac{\partial\theta_0}{\partial\alpha_1}\right)^2 + \left(\frac{\partial\theta_0}{\partial\alpha_2}\right)^2 + \left(\frac{\partial\theta_0}{\partial\beta_1}\right)^2 + \left(\frac{\partial\theta_0}{\partial\beta_2}\right)^2\right](\Delta\sigma)^2 \tag{2.81}$$

式中，

$$\frac{\partial\theta_0}{\partial\alpha_1} = \frac{\sin\alpha_1 \cdot \sin\alpha_2 \cdot \cos\alpha_2 \cdot \sin(\beta_1 - \beta_2)}{\Delta} + \frac{\cos^2\alpha_2 \cdot \cos\alpha_1 \cdot \sin(\beta_1 - \beta_2) \cdot \cos(\beta_1 - \beta_2)}{\Delta},$$

$$\frac{\partial\theta_0}{\partial\alpha_2} = \frac{-\cos(\alpha_1) \cdot \sin(\beta_1 - \beta_2)}{\Delta},$$

$$\frac{\partial\theta_0}{\partial\beta_1} = \frac{\cos\alpha_1 \cdot \sin\alpha_2 \cdot \cos\alpha_2 \cdot \cos(\beta_1 - \beta_2) - \cos^2\alpha_2 \cdot \sin\alpha_1}{\Delta},$$

$$\frac{\partial\theta_0}{\partial\beta_2} = -\frac{\partial\theta_0}{\partial\beta_1},$$

$$\Delta = \cos^2\alpha_2 \cdot \sin^2(\beta_1 - \beta_2) + (\cos\alpha_1 \cdot \sin\alpha_2 - \sin\alpha_1 \cdot \cos\alpha_2 \cdot \cos(\beta_1 - \beta_2))^2$$

假设目标的距离 R_0 分别为 15 km、50 km、100 km，对于不同的 $\Delta\sigma$，R_0、θ_0 的测量误差 δ_{R_0}、δ_{θ_0} 如图 2.26 所示，随着距离的增加，经纬度误差对距离和方位角的影响逐渐减小。对于 10 m 的圆概率误差，转化为经纬度的误差为 1/3 s，对应的均方根误差分别为 14.517 m 和 159.42 s；14.434 m 和 49.625 s；13.74 m 和 26.508 s。

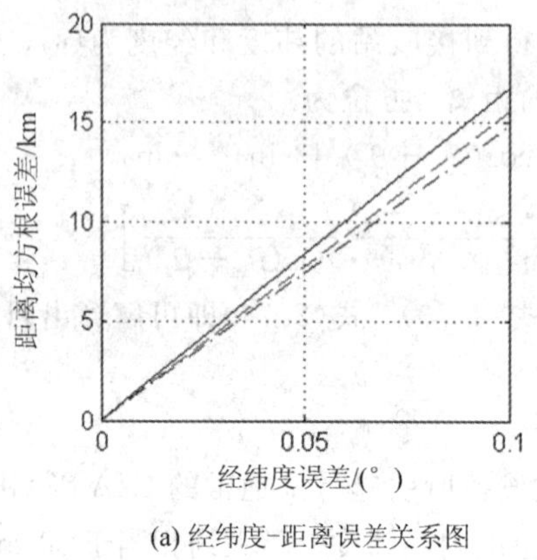

(a) 经纬度-距离误差关系图

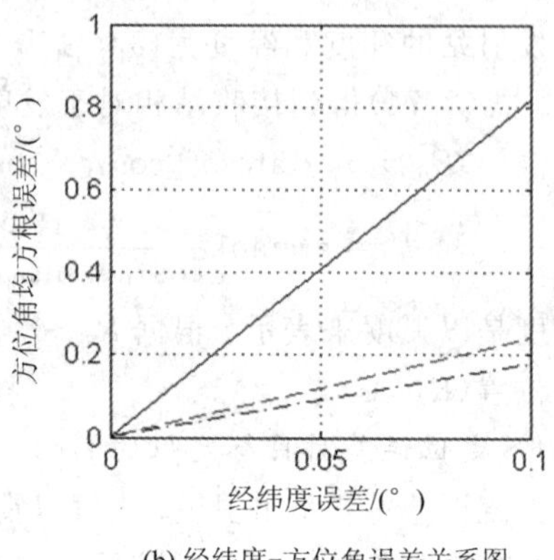

(b) 经纬度-方位角误差关系图

图 2.26　距离和方位角与经纬度的误差关系

由于 R_0 和 θ_0 的误差会对目标的最终定位产生影响，同时也要考虑 R 和 θ 的影响，由式(2.73)可以得到 R_2 的均方误差为

$$\Delta R_2^2 = \left(\frac{\partial R_2}{\partial R}\right)^2 \Delta R^2 + \left(\frac{\partial R_2}{\partial R_0}\right)^2 \Delta R_0^2 + \left(\frac{\partial R_2}{\partial \theta_0}\right)^2 \Delta\theta_0^2 + \left(\frac{\partial R_2}{\partial \theta}\right)^2 \Delta\theta^2 \tag{2.82}$$

式中，

$$\frac{\partial R_2}{\partial R} = \frac{R^2 - R_0^2 - 2[R - R_0\cos(\theta-\theta_0)]\cdot R_0\cos(\theta-\theta_0)}{2[R - R_0\cos(\theta-\theta_0)]^2},$$

$$\frac{\partial R_2}{\partial R_0} = \frac{2R\cdot R_0 - (R^2 + R_0^2)\cos(\theta-\theta_0)}{2[R - R_0\cos(\theta-\theta_0)]^2},$$

$$\frac{\partial R_2}{\partial \theta} = \frac{R_0(R^2 - R_0^2)\sin(\theta-\theta_0)}{2[R - R_0\cos(\theta-\theta_0)]^2},$$

$$\frac{\partial R_2}{\partial \theta_0} = -\frac{\partial R_2}{\partial \theta}。$$

由式(2.74)可以得到 φ 的均方误差为

$$\Delta\varphi^2 = \left(\frac{\partial \varphi}{\partial R}\right)^2 \Delta R^2 + \left(\frac{\partial \varphi}{\partial R_0}\right)^2 \Delta R_0^2 + \left(\frac{\partial \varphi}{\partial \theta}\right)^2 \Delta\theta^2 + \left(\frac{\partial \varphi}{\partial \theta_0}\right)^2 \Delta\theta_0^2 \tag{2.83}$$

式中，

$$\frac{\partial\varphi}{\partial R} = \frac{-R_0R^4 - 4R^2R_0^3 + 4RR_0^4\cos(\theta-\theta_0) + R_0^5}{\Sigma} + \frac{4R^3R_0^2\cos(\theta-\theta_0) - 2R^2R_0^3\cos^2(\theta-\theta_0) - 2R_0^5\cos^2(\theta-\theta_0)}{\Sigma},$$

$$\frac{\partial\varphi}{\partial R_0} = \frac{4R^3R_0^2 + R^5 - R_0^4R - 4R^4R_0\cos(\theta-\theta_0)}{\Sigma} + \frac{2R^3R_0^2\cos^2(\theta-\theta_0) + 2RR_0^4\cos^2(\theta-\theta_0) - 4R^2R_0^3\cos(\theta-\theta_0)}{\Sigma},$$

$$\frac{\partial\varphi}{\partial\theta}=\frac{R_0^6\sin(\theta-\theta_0)+R^4R_0^2\sin(\theta-\theta_0)-2R_0^4R^2\sin(\theta-\theta_0)}{\Sigma},\ \frac{\partial\varphi}{\partial\theta_0}=-\frac{\partial\varphi}{\partial\theta}+1,$$

$$\Sigma=[R_0R^2+R_0^3-2RR_0^2\cos(\theta-\theta_0)]^2$$

$$\cdot\sqrt{1-\left(1+\frac{R_0^2R-R_0^3\cos(\theta-\theta_0)-R^3+R_0R^2\cos(\theta-\theta_0)}{R_0R^2+R_0^3-2RR_0^2\cos(\theta-\theta_0)}\right)}$$

通过计算，表 2.7 给出了不同 ΔR_0、$\Delta\theta_0$ 得到的 ΔR_2、$\Delta\varphi$。因此，由 R_0 和 θ_0 的测量误差对 R_2、φ 产生的误差分别为十米、秒(″)量级，实际应用中基本可以忽略。

表 2.7　不同 ΔR_0、$\Delta\theta_0$ 得到的 ΔR_2、$\Delta\varphi$

$\Delta R_0/m$	$\Delta\theta_0/(″)$	$\Delta R_2/\mathrm{m}$	$\Delta\varphi/(″)$
14.517	159.42	16.826	204.75
14.434	49.625	6.8414	129.63
13.741	26.508	5.1663	116.48

3. 几种测量集合的定位误差

前面分析得出可用于双基地雷达目标定位的最小测量集合有 6 个，其中③(R，L，R_T)、④(R_T，L，θ_R)两集合存在定位模糊。而对于双基地雷达可以得到的测量量有距离和 R，目标到发射站距离 R_T，基线长度 L，目标相对接收站视角 θ_R，目标相对发射站视角 θ_T。考虑到角度测定误差对定位误差的影响较大，所以不考虑用角度一角度定位集合(θ_T，L，θ_R)。再考虑到最小测量集合③(R，L，R_T)的定位模糊易解，所以可用于双基地雷达目标定位的集合有以下四个：(R_T，θ_T)，(R，L，θ_R)，(R，L，R_T)和(R，L，θ_T)。首先假设各测量误差经系统修正后是零均值的，服从高斯分布；且站址误差及观测误差之间互不相关，下面分析各个最小测量集合的定位误差。

(1) 测量集合(R_T，θ_T)的定位误差。

在图 2.23 中，根据获得的测量量 R_T和 θ_T(目标相对于发射站的距离、方位)，发射站的直角坐标为(x_T，y_T)，将目标 T 所处位置直角坐标(x，y)表示为

$$\begin{cases}x=x_T+R_T\cos\theta_T\\y=y_T+R_T\sin\theta_T\end{cases}\tag{2.84}$$

若记 R_T与 θ_T的测量误差分别为 $\mathrm{d}R_T$和 $\mathrm{d}\theta_T$，则目标位置的定位误差的方差可由式(2.85)近似给出

$$\begin{cases}\sigma_x^2=\left(\dfrac{\partial x}{\partial R_T}\right)^2(\mathrm{d}R_T)^2+\left(\dfrac{\partial x}{\partial\theta_T}\right)^2(\mathrm{d}\theta_T)^2\\\sigma_y^2=\left(\dfrac{\partial y}{\partial R_T}\right)^2(\mathrm{d}R_T)^2+\left(\dfrac{\partial y}{\partial\theta_T}\right)^2(\mathrm{d}\theta_T)^2\end{cases}\tag{2.85}$$

式(2.84)中，分别对变量 R_T与 θ_T进行求导得

$$\begin{cases}\dfrac{\partial x}{\partial R_T}=\cos\theta_T\\\dfrac{\partial x}{\partial\theta_T}=-R_T\sin\theta_T\end{cases}\tag{2.86}$$

$$\begin{cases}\dfrac{\partial y}{\partial R_T} = \sin\theta_T \\ \dfrac{\partial y}{\partial \theta_T} = R_T\cos\theta_T\end{cases} \tag{2.87}$$

将式(2.86)和式(2.87)代入式(2.85)得

$$\begin{cases}\sigma_x^2 = \cos^2\theta_T\ (\mathrm{d}R_T)^2 + {R_T}^2\ \sin^2\theta_T\ (\mathrm{d}\theta_T)^2 \\ \sigma_y^2 = \sin^2\theta_T\ (\mathrm{d}R_T)^2 + {R_T}^2\ \cos^2\theta_T\ (\mathrm{d}\theta_T)^2\end{cases} \tag{2.88}$$

人们通常采用误差的几何分布 GDOP(Geometrical Dilution of Precision)来衡量定位误差的大小，其表达式为

$$\mathrm{GDOP} = \sqrt{\sigma_x^2 + \sigma_y^2} \tag{2.89}$$

图 2.27 为当测距误差 $\mathrm{d}R_T$ 取 1000 m，测向误差 $\mathrm{d}\theta_T$ 取 1°时，测量集合(R_T，θ_T)的几何误差分布图。根据该雷达的威力范围，这里只取发射阵前方的部分。图中横坐标、纵坐标分别表示以发射站作为坐标原点的平面直角坐标系下的距离(后边的 GDOP 计算结果图形的坐标意义相同)。显然，该测量集合的定位误差在以发射站为中心的圆上均匀分布，且距圆心越远误差越大，这正是单站雷达定位误差分布的特点。

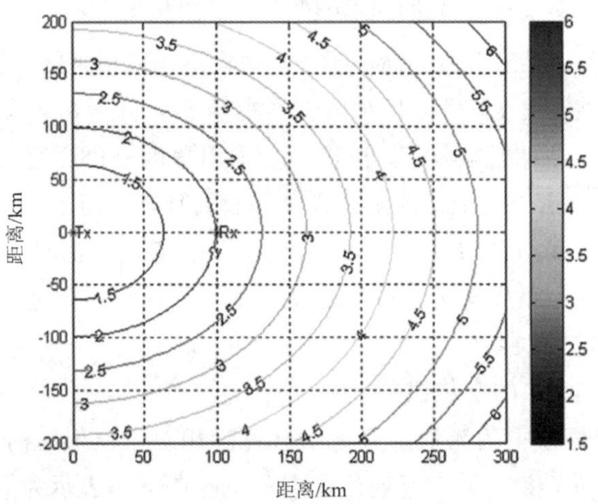

图 2.27　测量集合(R_T，θ_T)的定位误差分布

(2) 测量集合(R，L，θ_R)的定位误差。

同理，可根据获得的测量量 R 和 θ_R，以及接收站的位置坐标(x_R，y_R)，将目标所处位置坐标(x，y)表示为

$$\begin{cases}x = x_R + R_R\cos\theta_R \\ y = y_R + R_R\sin\theta_R\end{cases} \tag{2.90}$$

由图 2.22 中双基地三角形的几何关系有，

$$\begin{cases}R_R = \dfrac{R^2 + L^2 - 2RL\ \cos\theta_T}{2(R - L\cos\theta_T)} \\ R_T = \dfrac{R^2 - L^2}{2(R - L\cos\theta_T)} \\ \theta_R = 180° - \arccos\dfrac{R_R^2 + L^2 - R_T^2}{2R_RL}\end{cases} \tag{2.91}$$

若记 R，L 和 θ_R 的测量误差分别为 $\mathrm{d}R$、$\mathrm{d}L$ 和 $\mathrm{d}\theta_R$，则目标位置的定位误差的方差可由式(2.92)给出

$$\begin{cases}\sigma_x^2 = \left(\dfrac{\partial x}{\partial R}\right)^2 (\mathrm{d}R)^2 + \left(\dfrac{\partial x}{\partial L}\right)^2 (\mathrm{d}L)^2 + \left(\dfrac{\partial x}{\partial \theta_R}\right)^2 (\mathrm{d}\theta_R)^2 \\ \sigma_y^2 = \left(\dfrac{\partial y}{\partial R}\right)^2 (\mathrm{d}R)^2 + \left(\dfrac{\partial y}{\partial L}\right)^2 (\mathrm{d}L)^2 + \left(\dfrac{\partial y}{\partial \theta_R}\right)^2 (\mathrm{d}\theta_R)^2\end{cases} \tag{2.92}$$

式(2.90)对 R、L 及 θ_R 求导得

$$\begin{cases}\dfrac{\partial x}{\partial R} = -\dfrac{R\cos\theta_T}{2(R-L\cos\theta_T)} + \dfrac{L\cos\theta_T(L-R\cos\theta_T)}{2\,(R-L\cos\theta_T)^2} \\ \dfrac{\partial x}{\partial L} = -\dfrac{1}{2} - \dfrac{R^2\sin^2\theta_T}{2\,(R-L\cos\theta_T)^2} \\ \dfrac{\partial x}{\partial \theta_T} = \dfrac{R\sin\theta_T(R^2-L^2)}{2\,(R-L\cos\theta_T)^2}\end{cases} \tag{2.93}$$

$$\begin{cases}\dfrac{\partial y}{\partial R} = \dfrac{[R^2+L^2-2RL\cos\theta_T]\sin\theta_T}{2\,(R-L\cos\theta_T)^2} \\ \dfrac{\partial y}{\partial L} = \dfrac{[R^2\cos\theta_T+L^2\cos\theta_T-2LR]\sin\theta_T}{2\,(R-L\cos\theta_T)^2} \\ \dfrac{\partial y}{\partial \theta_T} = \dfrac{(R\cos\theta_T-L)(R^2-L^2)}{2\,(R-L\cos\theta_T)^2}\end{cases} \tag{2.94}$$

同样，采用误差的几何分布 GDOP 来衡量定位误差的大小。图 2.28 所示为当测距误差 $\mathrm{d}R_R$ 取 1000 m，$\mathrm{d}L$ 取 10 m，基线距离 $L=100$ km，测向误差 $\mathrm{d}\theta_T$ 取 1°时，测量集合(R，L，θ_R)的几何误差分布图，图中数值单位为 km。

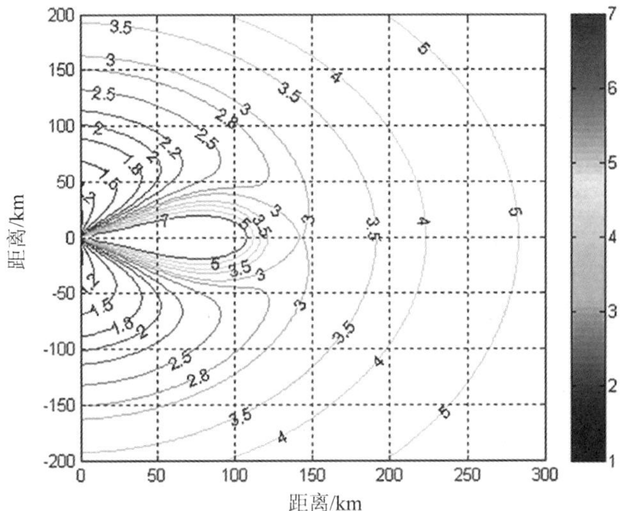

图 2.28　测量集合(R，L，θ_R)的定位误差分布

(3) 测量集合(R，L，R_T)的定位误差。

由图 2.25 可知，“距离和”R 和目标相对于发射站的距离 R_T 可以表示为

$$\begin{cases} R = R_T + \sqrt{(x-x_R)^2 + (y-y_R)^2} \\ R_T = \sqrt{(x-x_T)^2 + (y-y_T)^2} \end{cases} \tag{2.95}$$

由式(2.95)可解得

$$(x_T - x_R)x + (y_T - y_R)y = \frac{1}{2}[R^2 + (x_T^2 + y_T^2) - (x_R^2 + y_R^2) - 2RR_T] = k_0 \tag{2.96}$$

由式(2.96)解得

$$x = \frac{k_0 - (y_T - y_R)y}{x_T - x_R} \tag{2.97}$$

将 x 代入 R_T 的表达式(2.95)，化简并整理得

$$a_1 y^2 - 2b_1 y + c_1 = 0 \tag{2.98}$$

式中

$$\begin{cases} a_1 = (x_R - x_T)^2 + (y_R - y_T)^2 \\ b_1 = (k_0 - x_T^2 + x_T x_R)(y_T - y_R) + y_T(x_R - x_T)^2 \\ c_1 = (k_0 + - x_T x_R)^2 + (x_R - x_T)^2(y_T^2 - R_T^2) \end{cases}$$

这时可解得

$$y = \frac{b_1 \pm \sqrt{b_1^2 - a_1 c_1}}{a_1} \tag{2.99}$$

由于 y 有二值解，即存在定位模糊，故单一的测量集合(R，L，R_T)是不可观测的，还需借助其他信息来消除定位模糊现象。实际的误差方程如下

$$\begin{bmatrix} \mathrm{d}R \\ \mathrm{d}R_T \end{bmatrix} = \begin{bmatrix} c_{R1} + c_{T1} & c_{R2} + c_{T2} \\ c_{T1} & c_{T2} \end{bmatrix} \begin{bmatrix} \mathrm{d}x \\ \mathrm{d}y \end{bmatrix} + \begin{bmatrix} k_T + k_R \\ k_T \end{bmatrix} \tag{2.100}$$

解得

$$\begin{cases} \sigma_x^2 = \dfrac{1}{|\boldsymbol{C}|^2}[c_{T2}^2(\sigma_R^2 + 2\sigma_P^2) - 2c_{T2}(c_{R2} + c_{T2}) \\ \qquad (\eta\sigma_R\sigma_{R_T} + \sigma_P^2) + (c_{R2} + c_{T2})^2(\sigma_{R_T}^2 + \sigma_P^2)] \\ \sigma_y^2 = \dfrac{1}{|\boldsymbol{C}|^2}[c_{T1}^2(\sigma_R^2 + 2\sigma_P^2) - 2c_{T1}(c_{R1} + c_{T1}) \\ \qquad (\eta\sigma_R\sigma_{R_T} + \sigma_P^2) + (c_{R1} + c_{T1})^2(\sigma_{R_T}^2 + \sigma_P^2)] \\ \sigma_{xy}^2 = \dfrac{1}{|\boldsymbol{C}|^2}[-c_{T1}c_{T2}(\sigma_R^2 + 2\sigma_P^2) - [c_{T1}(c_{R2} + c_{T2}) + c_{T2}(c_{R1} + c_{T1})] \\ \qquad (\eta\sigma_R\sigma_{R_T} + \sigma_P^2) - (c_{R1} + c_{T1})(c_{R2} + c_{T2})(\sigma_{R_T}^2 + \sigma_P^2)] \end{cases} \tag{2.101}$$

式中，$\boldsymbol{C} = \begin{bmatrix} c_{R1} + c_{T1} & c_{R2} + c_{T2} \\ c_{T1} & c_{T2} \end{bmatrix}$，$c_{i1} = \dfrac{x - x_i}{R_i} = \cos\theta_i$，$c_{i2} = \dfrac{y - y_i}{R_i} = \sin\theta_i$，($i = R$，$T$)，$|\boldsymbol{C}| = (c_{R1} + c_{T1})c_{T2} - (c_{R2} + c_{T2})c_{T1}$，$\eta$ 是测量误差 $\mathrm{d}R$ 和 $\mathrm{d}R_T$ 之间的相关系数。

图 2.29 所示为当测距误差的标准差 σ_R，$\sigma_{R_T} = 1000$ m，$L = 100$ km，基线距离测量的标准差 $\sigma_P = 10$ m，$\eta = 0.5$ 时，测量集合(R，L，R_T)的几何误差分布图，图中数值单位为 km。

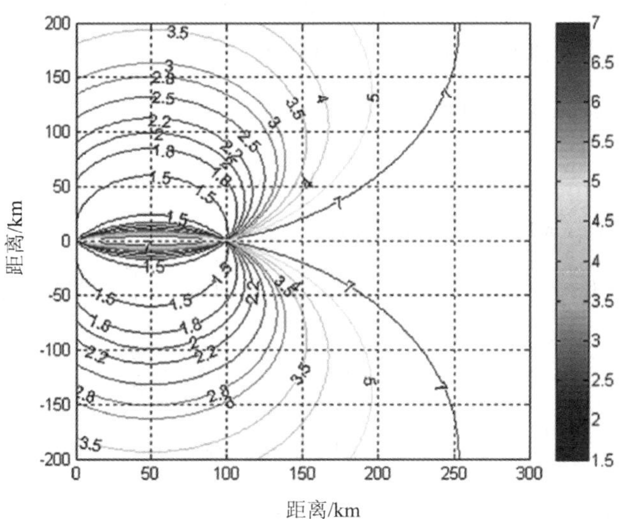

图 2.29　测量集合(R, L, R_T)的定位误差分布

(4) 测量集合(R, L, θ_T)的定位误差。

在图 2.20 的直角坐标系中，发射站、接收站及目标的坐标分别为：$T_x(x_T, y_T)$、$R_x(x_R, y_R)$ 和 $T(x, y)$，则有如下关系式

$$\begin{cases} R = \sqrt{(x-x_T)^2+(y-y_T)^2} + \sqrt{(x-x_R)^2+(y-y_R)^2} \\ \theta_T = \arctan\dfrac{y-y_T}{x-x_T} \end{cases} \tag{2.102}$$

则目标的位置可表示为

$$\begin{cases} x = x_T + R_T\cos\theta_T \\ y = y_T + R_T\cos\theta_T \end{cases} \tag{2.103}$$

式中，

$$R_T = \frac{R^2 - [(x_R-x_T)^2+(y_R-y_T)^2]}{2[R-(x_R-x_T)\cos\theta_T-(y_R-y_T)\sin\theta_T]} \tag{2.104}$$

对式(2.102)求导，可得误差方程如下：

$$\begin{bmatrix} \mathrm{d}R \\ \mathrm{d}\theta_T \end{bmatrix} = \begin{bmatrix} c_{R1}+c_{T1} & c_{R2}+c_{T2} \\ -\dfrac{\sin\theta_T}{R_T} & \dfrac{\cos\theta_T}{R_T} \end{bmatrix} \begin{bmatrix} \mathrm{d}x \\ \mathrm{d}y \end{bmatrix} + \begin{bmatrix} k_T+k_R \\ k_{\theta,T} \end{bmatrix} \tag{2.105}$$

写成矩阵形式：

$$\mathrm{d}\boldsymbol{V} = \boldsymbol{C}\mathrm{d}\boldsymbol{X} + \mathrm{d}\boldsymbol{X}_P \tag{2.106}$$

式中，$\mathrm{d}\boldsymbol{V} = [\mathrm{d}\boldsymbol{R}\ \ \mathrm{d}\boldsymbol{\theta}_T]^{\mathrm{T}}$，$\mathrm{d}\boldsymbol{X} = [\mathrm{d}x\ \ \mathrm{d}y]^{\mathrm{T}}$，$\mathrm{d}\boldsymbol{X}_P = [k_T+k_R\ \ k_{\theta,T}]^{\mathrm{T}}$，$\begin{cases} k_i = -(c_{i1}\mathrm{d}x_i + c_{i2}\mathrm{d}y_i),\ (i=R,\ T) \\ k_{\theta,T} = \dfrac{\sin^2\theta_T}{y-y_T}\mathrm{d}x_T - \dfrac{\cos^2\theta_T}{x-x_T}\mathrm{d}y_T \end{cases}$，$c_{i1} = \dfrac{x-x_i}{R_i} = \cos\theta_i$，$c_{i2} = \dfrac{y-y_i}{R_i} = \sin\theta_i$，而 $\boldsymbol{C} = \begin{bmatrix} c_{R1}+c_{T1} & c_{R2}+c_{T2} \\ -\dfrac{\sin\theta_T}{R_T} & \dfrac{\cos\theta_T}{R_T} \end{bmatrix}$，则由式(2.106)可得

$$\mathrm{d}\boldsymbol{X} = \boldsymbol{C}^{-1}[\mathrm{d}\boldsymbol{V} - \mathrm{d}\boldsymbol{X}_P] \tag{2.107}$$

目标位置的协方差矩阵可写为

$$\mathrm{Cov} = E[\mathrm{d}\boldsymbol{X}\mathrm{d}\boldsymbol{X}^{\mathrm{T}}] = \boldsymbol{C}^{-1}(\boldsymbol{P}_V + \boldsymbol{P}_P)\boldsymbol{C}^{-\mathrm{T}} = \begin{bmatrix} \sigma_x^2 & \sigma_{xy}^2 \\ \sigma_{xy}^2 & \sigma_y^2 \end{bmatrix} \tag{2.108}$$

式中，$P_V = E[\mathrm{d}V\mathrm{d}V^{\mathrm{T}}] = \mathrm{diag}[\sigma_R^2, \sigma_{\theta_T}^2]$，$P_P = E[\mathrm{d}X_P\mathrm{d}X_P^{\mathrm{T}}] = \mathrm{diag}[2\sigma_P^2, \sigma_P^2/R_T^2]$。

所以，目标位置(x, y)测量的均方误差为

$$\begin{cases} \sigma_x^2 = \dfrac{1}{|\boldsymbol{C}|^2}\left\{\dfrac{\cos^2\theta_T}{R_T^2}(\sigma_R^2 + 2\sigma_P^2) + (c_{R2} + c_{T2})^2\left(\sigma_{\theta_T}^2 + \dfrac{\sigma_P^2}{R_T^2}\right)\right\} \\ \sigma_y^2 = \dfrac{1}{|\boldsymbol{C}|^2}\left\{\dfrac{\sin^2\theta_T}{R_T^2}(\sigma_R^2 + 2\sigma_P^2) + (c_{R1} + c_{T1})^2\left(\sigma_{\theta_T}^2 + \dfrac{\sigma_P^2}{R_T^2}\right)\right\} \\ \sigma_{xy}^2 = \dfrac{1}{|\boldsymbol{C}|^2}\left\{\dfrac{\sin\theta_T\cos\theta_T}{R_T^2}(\sigma_R^2 + 2\sigma_P^2) - ?(c_{R1} + c_{T1})(c_{R2} + c_{T2})\left(\sigma_{\theta_T}^2 + \dfrac{\sigma_P^2}{R_T^2}\right)\right\} \end{cases} \tag{2.109}$$

图 2.30 为基线长度 $L=100$ km，接收站的站址误差取 $\sigma_P = 10$ m，雷达测距的标准差为 $\sigma_R = 1000$ m，测向误差 $\sigma_{\theta_T} = 1°$时，测量集合(R, L, θ_T)的几何误差分布图，图中数值单位为 km。

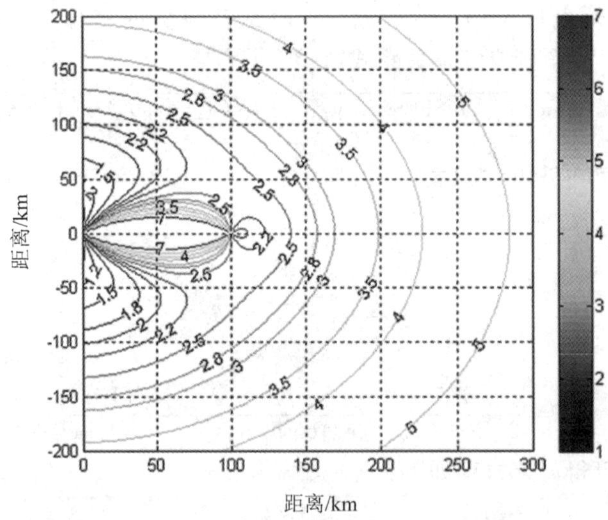

图 2.30　测量集合(R, L, θ_T)的定位误差分布

2.5.4　提高定位精度的方法

高频雷达的发射带宽有限，距离分辨力较差，常常达数千米。文献[23][26]的子集优选法和高精度测量子集分布图根据不同的测量子集预先估算其定位精度，在不同的方位根据最小方差准则使用定位均方误差最小的测量子集，并以地图的形式存储，当接收站移动时及时更新地图，但误差依然较大；文献[34][35]将部分集合的定位信息进行融合提高精度，但需要收发间具备通信，接收站在运动平台上的岸一舰双基地雷达难以做到；文献[36][37]利用两种定位方法的结果进行融合，提出几何中心法和加权平均法，并进行了计算机仿真。本文利用该体制雷达收发具备通信链路，使用在 T－R 和 T/R－R 两种工作模

式下获得的多种定位信息进行融合，提高定位精度。

对于架设在舰船上单个接收天线的接收站，目标相对于接收站的方位角 θ_R 无法直接测量，因此，测量集合(R, L, θ_R)无法获取，同时通过来回双程天线方向图可获得比发射角 θ_T 精度更高的 θ_e，并记其标准差为 σ_e。因此，可用于确定目标位置的测量子集有三个(R, L, θ_e)，(R_T, θ_e)和(R, L, R_T)。下面利用三个测量子集进行信息融合，介绍三角形几何重心法(Triangle Barycenter method，TBC)和三点加权平均法(Three-points Weighted Mean method，TWM)，并将各种方法进行比较。

(1) 三角形几何重心法(TBC)。由测量子集(R, L, θ_e)，可以在接收站得到目标位置的测量结果(x_1, y_1)为

$$\begin{cases} x_1 = x_R - \left[\dfrac{L}{2} + \dfrac{R(L - R\cos\theta_e)}{2(R - L\cos\theta_e)}\right] \\ y_1 = y_R + \dfrac{R^2 - L^2}{2(R - L\cos\theta_e)}\sin\theta_e \end{cases} \tag{2.110}$$

同时，根据测量子集(R_T, θ_e)也可以在发射站得到目标位置的测量结果(x_2, y_2)为

$$\begin{cases} x_2 = x_T + R_T\cos\theta_e \\ y_2 = y_T + R_T\sin\theta_e \end{cases} \tag{2.111}$$

而由测量子集(R, L, R_T)，在发射站得到目标位置的测量结果(x_3, y_3)为

$$\begin{cases} x_3 = \dfrac{k_0 - (y_R - y_T)y}{x_R - x_T} \\ y_3 = \dfrac{b_1 \pm \sqrt{b_1^2 - a_1 c_1}}{a_1} \end{cases} \tag{2.112}$$

式中，$k_0 = \dfrac{1}{2}[R^2 + (x_T^2 + y_T^2) - (x_R^2 + y_R^2) - 2RR_T]$，$a_1$，$b_1$，$c_1$ 同式(2.98)。

由于式(2.110)～式(2.112)中的变量 R、L、R_T、θ_e 及 θ_T 相互独立，故(x_1, y_1)、(x_2, y_2)、(x_3, y_3)的方差可分别由式(2.109)(θ_T 用 θ_e 替代)、式(2.88)和式(2.101)给出。此时可以得到关于目标位置的三个估计值(x_1, y_1)，(x_2, y_2)，(x_3, y_3)，更精确的目标位置估计值可由这三个测量结果进行融合计算得到。若记 x_i 的方差为 $\sigma_{x_i}^2$ ($i=1, 2, 3$)，y_i 的方差 $\sigma_{y_i}^2$ ($i=1, 2, 3$)，可取关于目标位置的 3 个估计值所围成三角形的几何重心($\hat{x}$, $\hat{y}$)作为目标真实位置的估计，如图 2.31 所示。

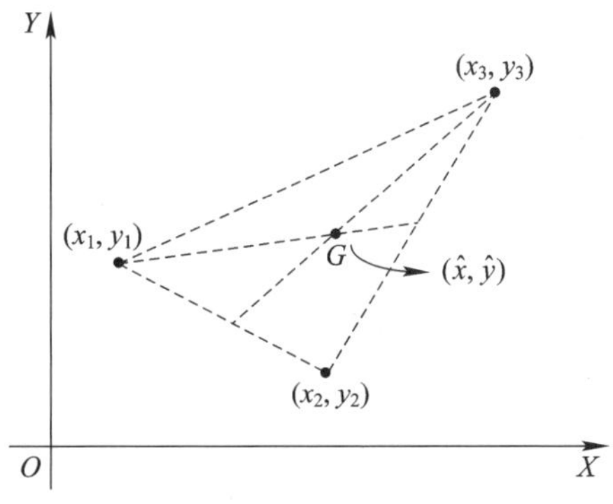

图 2.31　估计三角形的几何重心

假设对(x_1, y_1)，(x_2, y_2)，(x_3, y_3)分别进行n次独立测量，测量结果为x_{ij}和$y_{ij}$$(i=1, 2, 3; j=1, \cdots, n)$。根据估计点的三角形重心(TBC)方法，目标真实位置的估计值为

$$\begin{cases} \hat{x} = \dfrac{\dfrac{1}{n}\sum\limits_{i=1}^{3}\sum\limits_{j=1}^{n}x_{ij}}{3} \\ \hat{y} = \dfrac{\dfrac{1}{n}\sum\limits_{i=1}^{3}\sum\limits_{j=1}^{n}y_{ij}}{3} \end{cases} \tag{2.113}$$

若观测次数n满足各次观测的独立性要求，估计点$(\hat{x}, \hat{y})$的定位方差可表示为

$$\begin{cases} \sigma_{\hat{x}}^2 = \dfrac{1}{9n}(\sigma_{x_1}^2 + \sigma_{x_2}^2 + \sigma_{x_3}^2) \\ \sigma_{\hat{y}}^2 = \dfrac{1}{9n}(\sigma_{y_1}^2 + \sigma_{y_2}^2 + \sigma_{y_3}^2) \end{cases} \tag{2.114}$$

因此，定位误差的几何分布可表示为

$$\mathrm{GDOP_{TBC}} = \sqrt{\frac{1}{9n}(\sigma_{x_1}^2 + \sigma_{x_2}^2 + \sigma_{x_3}^2 + \sigma_{y_1}^2 + \sigma_{y_2}^2 + \sigma_{y_3}^2)} \tag{2.115}$$

显然，若$E(x_{1j})=E(x_{2j})=x(j=1, \cdots, n)$，$E(y_{1j})=E(y_{2j})=y(j=1, \cdots, n)$，则$\hat{E}(x)=x$，$E(\hat{y})=y$，因此$(\hat{x}, \hat{y})$是目标真实位置$(x, y)$的无偏估计量。当$n\to\infty$时，依概率1有$\sigma_{\hat{x}}^2\to 0$，$\sigma_{\hat{y}}^2\to 0$，故$(\hat{x}, \hat{y})\xrightarrow{P=1}(x, y)$，即估计点$(\hat{x}, \hat{y})$也是目标真实位置$(x, y)$的一致估计量。

(2) 三点加权平均估计法(TWM)。

由于三个观测结果(x_1, y_1)、(x_2, y_2)、(x_3, y_3)具有不同的的方差，分别为σ_{xi}^2，$\sigma_{yi}^2(i=1, 2, 3)$，令$\sigma_x^2=\sigma_{x_1}^2+\sigma_{x_2}^2+\sigma_{x_3}^2$，$\sigma_y^2=\sigma_{y_1}^2+\sigma_{y_2}^2+\sigma_{y_3}^2$，因此，可以利用方差对观测值进行加权。假设对$(x_1, y_1)$、$(x_2, y_2)$、$(x_3, y_3)$分别进行$n$次独立测量，测量结果为$x_{ij}$和$y_{ij}$$(i=1, 2, 3; j=1, \cdots, n)$，则目标真实位置的估计值为

$$\begin{cases} \hat{x} = \dfrac{1}{2\sigma_x^2}\left[\dfrac{\sigma_{x_2}^2+\sigma_{x_3}^2}{n}\sum\limits_{j=1}^{n}x_{1j} + \dfrac{\sigma_{x_1}^2+\sigma_{x_3}^2}{n}\sum\limits_{j=1}^{n}x_{2j} + \dfrac{\sigma_{x_1}^2+\sigma_{x_2}^2}{n}\sum\limits_{j=1}^{n}x_{3j}\right] \\ \hat{y} = \dfrac{1}{2\sigma_y^2}\left[\dfrac{\sigma_{y_2}^2+\sigma_{y_3}^2}{n}\sum\limits_{j=1}^{n}y_{1j} + \dfrac{\sigma_{y_1}^2+\sigma_{y_3}^2}{n}\sum\limits_{j=1}^{n}y_{2j} + \dfrac{\sigma_{y_1}^2+\sigma_{y_2}^2}{n}\sum\limits_{j=1}^{n}y_{3j}\right] \end{cases} \tag{2.116}$$

实际应用中可以根据目标的机动性合理调整观测次数n。对于慢速目标可增加观测次数n，对快速目标则减小观测次数n。假设n的取值满足各次观测独立性的要求，则式(2.116)对目标位置测量的均方误差为

$$\begin{cases} \sigma_{\hat{x}}^2 = \dfrac{1}{n}\,\dfrac{\sigma_{x_1}^2\sigma_{x_2}^2+\sigma_{x_1}^2\sigma_{x_3}^2+\sigma_{x_2}^2\sigma_{x_3}^2}{\sigma_{x_1}^2+\sigma_{x_2}^2+\sigma_{x_3}^2} \\ \sigma_{\hat{y}}^2 = \dfrac{1}{n}\,\dfrac{\sigma_{y_1}^2\sigma_{y_2}^2+\sigma_{y_1}^2\sigma_{y_3}^2+\sigma_{y_2}^2\sigma_{y_3}^2}{\sigma_{y_1}^2+\sigma_{y_2}^2+\sigma_{y_3}^2} \end{cases} \tag{2.117}$$

相应的定位误差的几何分布可表示为

$$\mathrm{GDOP_{TWM}} = \sqrt{\frac{1}{n}\left(\frac{\sigma_{x_1}^2\sigma_{x_2}^2+\sigma_{x_1}^2\sigma_{x_3}^2+\sigma_{x_2}^2\sigma_{x_3}^2}{\sigma_{x_1}^2+\sigma_{x_2}^2+\sigma_{x_3}^2} + \frac{\sigma_{y_1}^2\sigma_{y_2}^2+\sigma_{y_1}^2\sigma_{y_3}^2+\sigma_{y_2}^2\sigma_{y_3}^2}{\sigma_{y_1}^2+\sigma_{y_2}^2+\sigma_{y_3}^2}\right)} \tag{2.118}$$

同前面分析估计点的几何中心方法一样，三点加权平均估计法(TWM)也是对于目标真实位置的无偏估计和一致估计。

可以证明，在同样的观测次数下三点加权平均估计法(TWM)的估计方差小于估计点的三角形几何重心法(TBC)的估计方差，即

$$\sqrt{\frac{1}{9n}(\sigma_{x_1}^2+\sigma_{x_2}^2+\sigma_{x_3}^2+\sigma_{y_1}^2+\sigma_{y_2}^2+\sigma_{y_3}^2)} \geqslant \sqrt{\frac{1}{n}\left(\frac{\sigma_{x_1}^2\sigma_{x_2}^2+\sigma_{x_1}^2\sigma_{x_3}^2+\sigma_{x_2}^2\sigma_{x_3}^2}{\sigma_{x_1}^2+\sigma_{x_2}^2+\sigma_{x_3}^2}+\frac{\sigma_{y_1}^2\sigma_{y_2}^2+\sigma_{y_1}^2\sigma_{y_3}^2+\sigma_{y_2}^2\sigma_{y_3}^2}{\sigma_{y_1}^2+\sigma_{y_2}^2+\sigma_{y_3}^2}\right)} \tag{2.119}$$

所以，对于同样的观测次数 n，三点加权平均估计法(TWM)估计较三角形几何重心法(TBC)估计有效。

2.5.5　几种定位方法的性能仿真与分析

假设基线长 $L=100$ km，接收站在发射阵列的正前方，GPS 对接收站的定位误差 $\sigma_P=10$ m，雷达测距标准差为 $\sigma_R=1000$ m、$\sigma_{R_T}=500$ m，测向精度 $\sigma_{\theta_T}=1°$、$\sigma_{\theta_e}=0.5°$，测量误差 $\mathrm{d}R$ 和 $\mathrm{d}R_T$ 的相关系数 $\eta=0.5$。图 2.32(a)～2.32(c)分别为基于常规双基地雷达测量子集(R, L, θ_T)的定位方法、估计点的三角形几何重心法(TBC)及三点加权平均法(TWM)

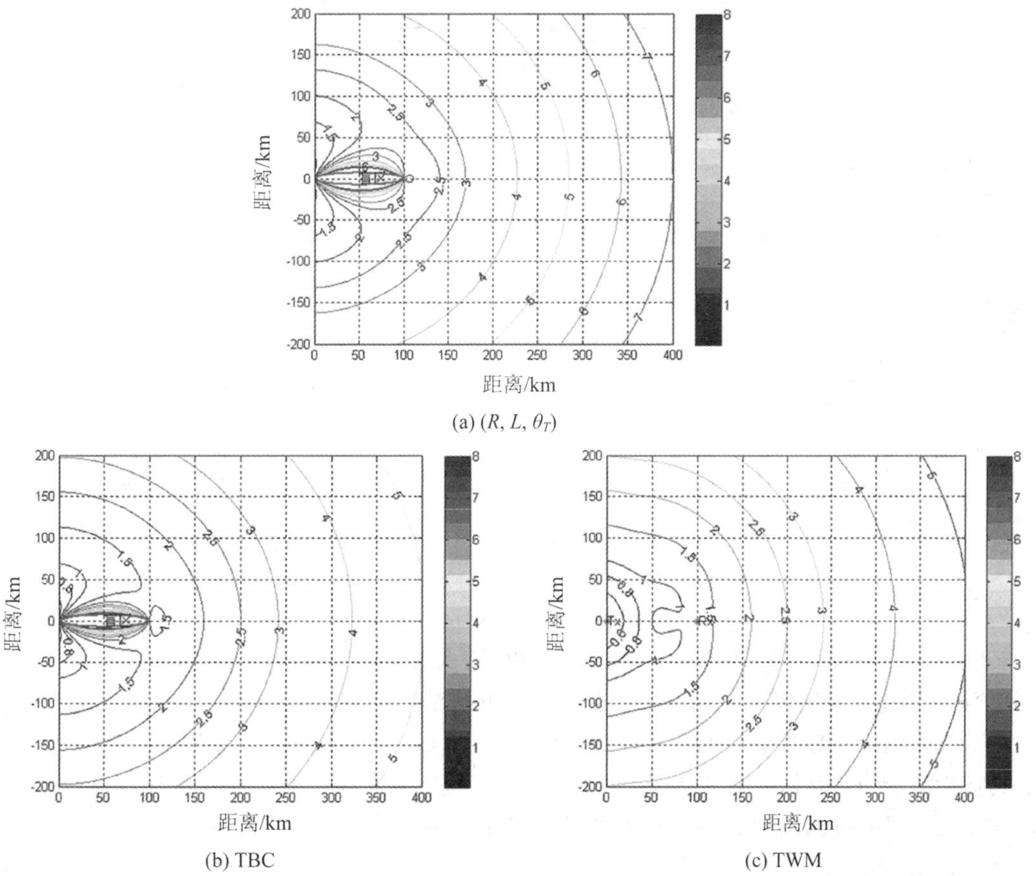

(a) (R, L, θ_T)

(b) TBC

(c) TWM

图 2.32　误差几何分布图(GDOP)

三种方法的误差几何分布(GDOP)结果，图中数值表示的单位为 km(红色粗线内为测量盲区)，原点为发射站，横坐标和纵坐标分别表示相对于发射站的径向距离和横向距离(图 2.32～图 2.38 的坐标类似)。图2.33(a)～2.32(c)为同样条件下，上述三种方法的 2000 次 Monte-Carlo 分析结果。图中字符 T 代表发射站位置，字符 R 代表接收站位置，假设在不同方位有多个目标，各方位中心处星号(＊)代表真实的目标位置，点(·)代表检测结果。图 2.34 为图 2.33 中当目标处于(80，100)km 处时，几种方法的 2000 次检测结果。此时，目标距发射站128 km，距接收站 102 km，对目标位置定位误差的均方根值分别为：(a) 2.482 km，(b) 1.684 km，(c) 1.525 km。

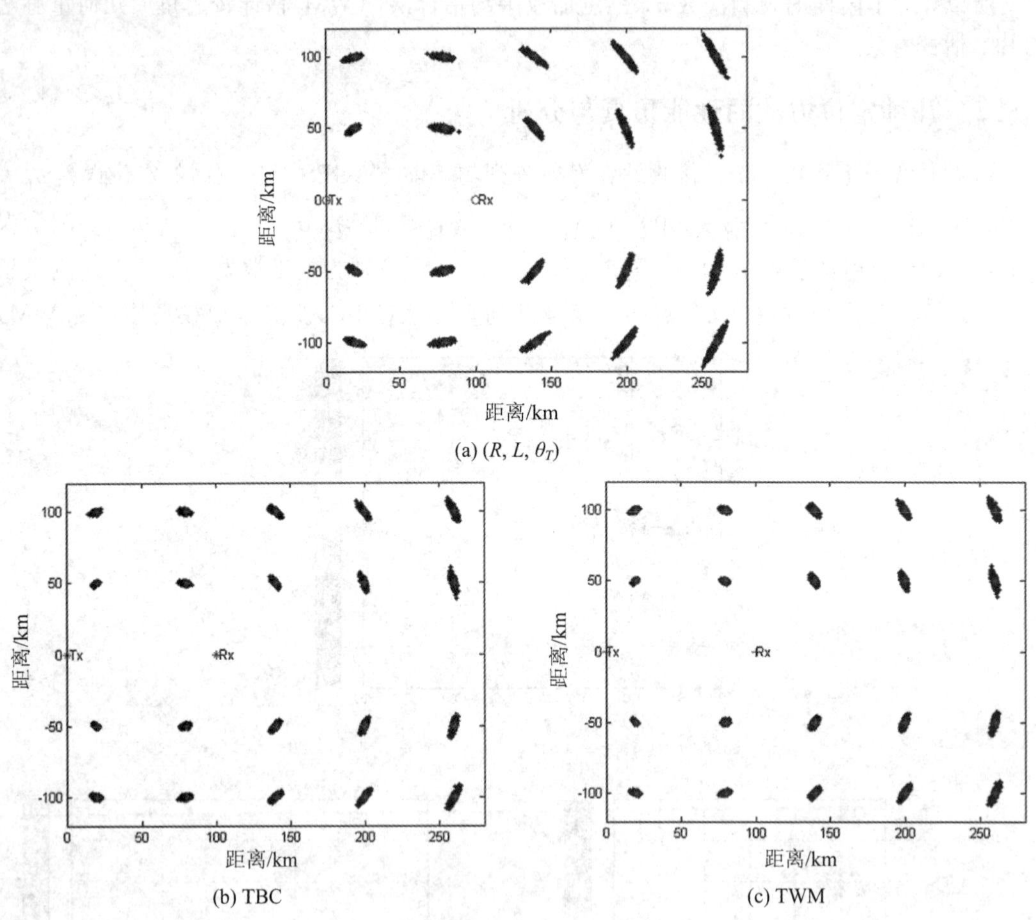

图 2.33　各种方法的 Monte-Carlo 结果

由以上结果可见，图 2.32(a)中每点定位误差要比图 2.32(b)、图 2.32(c)中的要大，TBC 法虽然在定位精度上有所提高，但与现用方法基于测量子集(R，L，θ_T)的定位一样存在在基线附近定位精度差的问题，且当目标位于基线时无检测能力。TWM 法不但在基线上具备检测能力，而且由图 2.33 的 Monte-Carlo 分析结果可看出 TWM 法比 TBC 法定位精度要高。图中检测点构成的面积大致反映出定位精度的大小，且方差与点的分布密度也有关。可以证明，这些带有误差的检测结果构成一个椭圆，称为误差椭圆，在不同位置处时，误差椭圆的面积大小有所不同。在图 2.34 中，TWM 方法和 TBC 方法的误差椭圆面

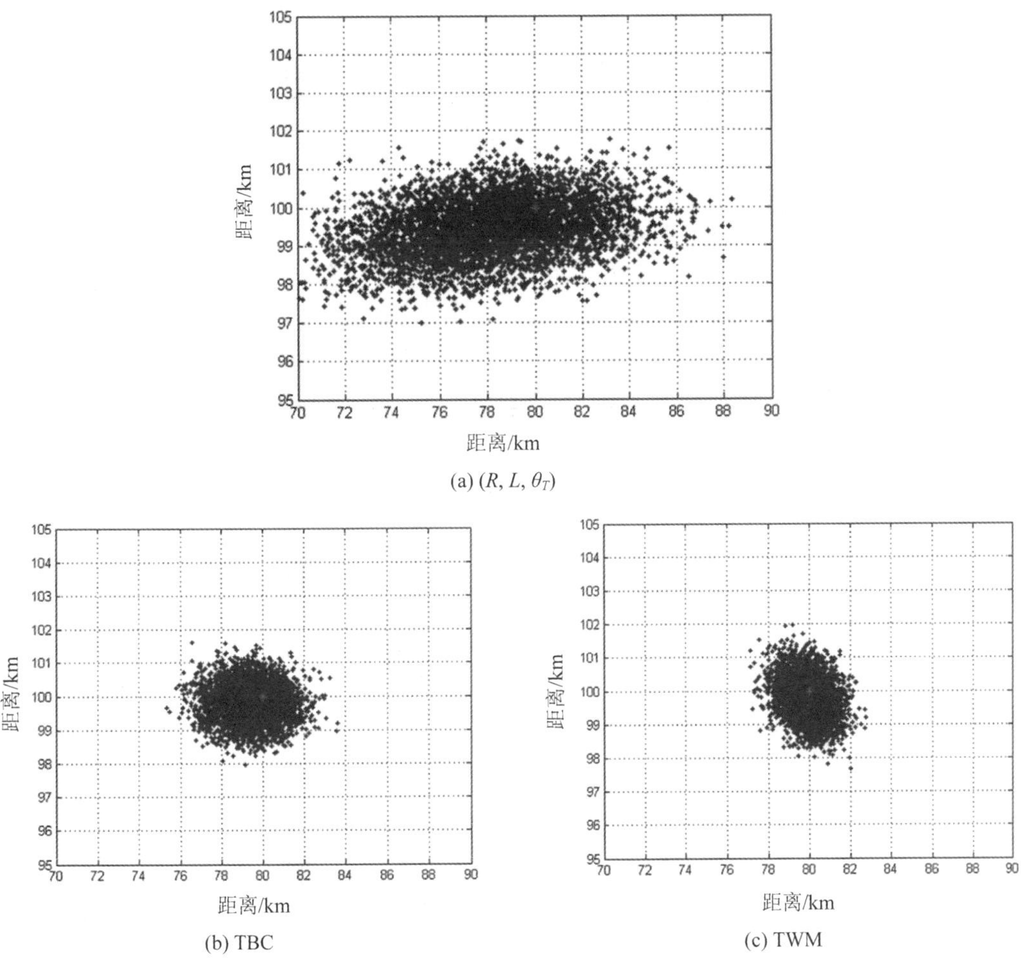

图 2.34　单个目标的 Monte-Carlo 结果

积较小，比其他两种方法性能要好。

下面分别给出基线为 50 km、150 km、200 km、250 km 时，也就是接收站位于不同位置时的误差分布，其余条件与上述一致。

(1) 基线长度 $L=50$ km，如图 2.35 所示。

(2) 基线长度 $L=150$ km，如图 2.36 所示。

(3) 基线长度 $L=200$ km，如图 2.37 所示。

(4) 基线长度 $L=250$ km，如图 2.38 所示。

通过以上理论分析和仿真，本节对影响岸-舰双基地地波雷达目标定位精度的因素进行了分析，结果表明地球曲率及 GPS 定位误差对双基地地波雷达探测的影响极小，可忽略；三角形几何重心法(TBC)和三点加权平均(TWM)法能够有效提高-岸舰双基地地波雷达的目标定位精度，TBC 法在基线附近性能较差，且和常规双基地定位方法一样对基线上的目标不具有检测能力，TWM 法不但提高了定位精度，而且同时具有基线目标的检测能力。

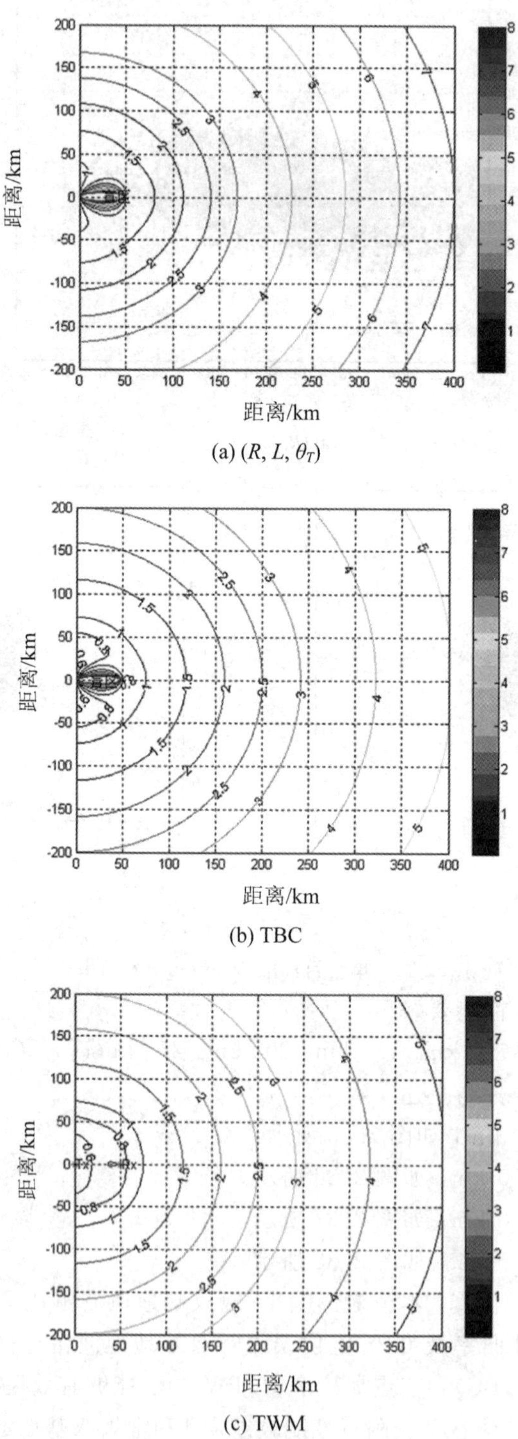

图 2.35　L=50 km 时的误差几何分布图(GDOP)

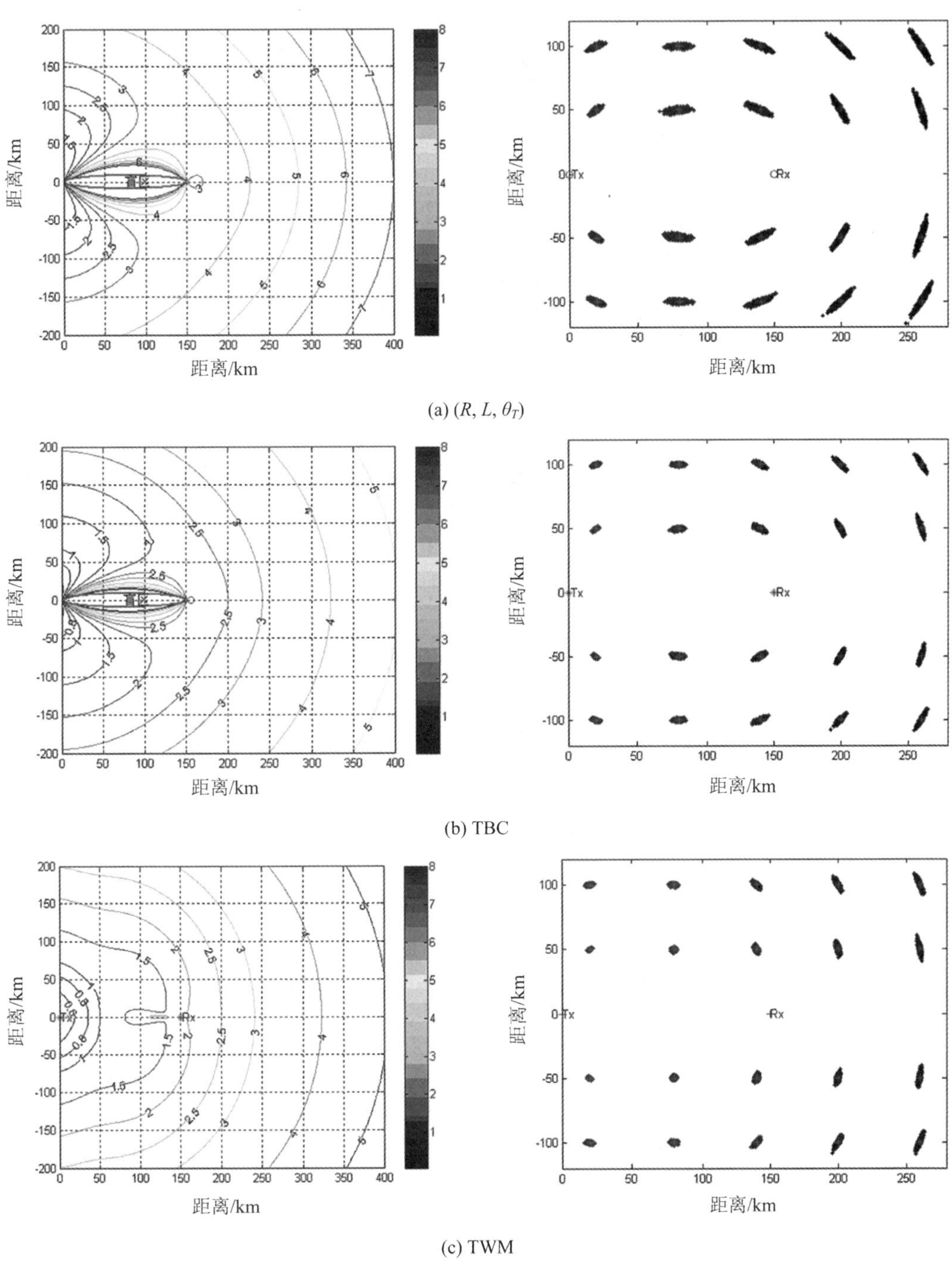

图 2.36　$L=150$ km 时误差几何分布图(GDOP)和 Monte-Carlo 结果

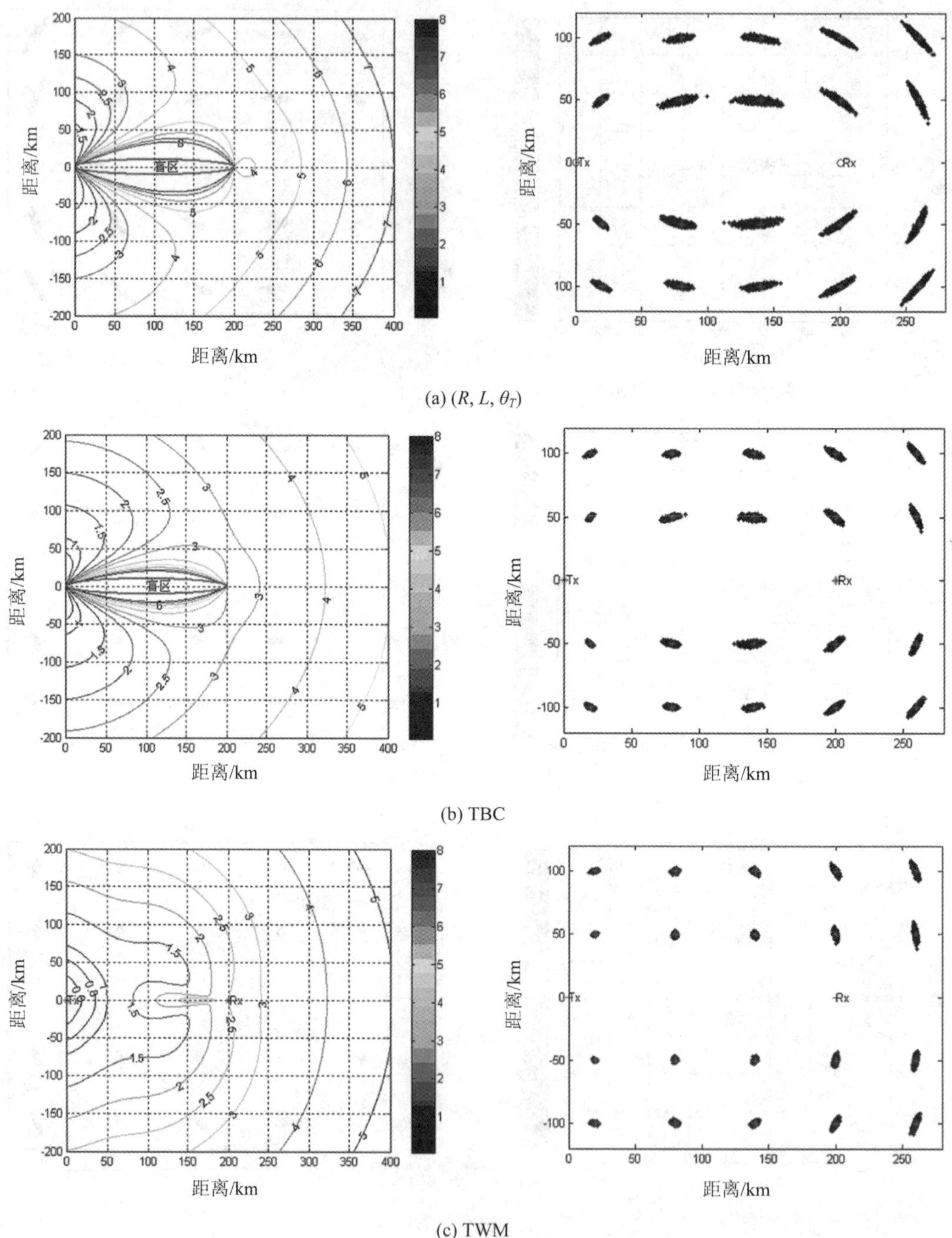

(a) (R, L, θ_T)

(b) TBC

(c) TWM

图 2.37　$L=200$ km 时误差几何分布图(GDOP)和 Monte-Carlo 结果

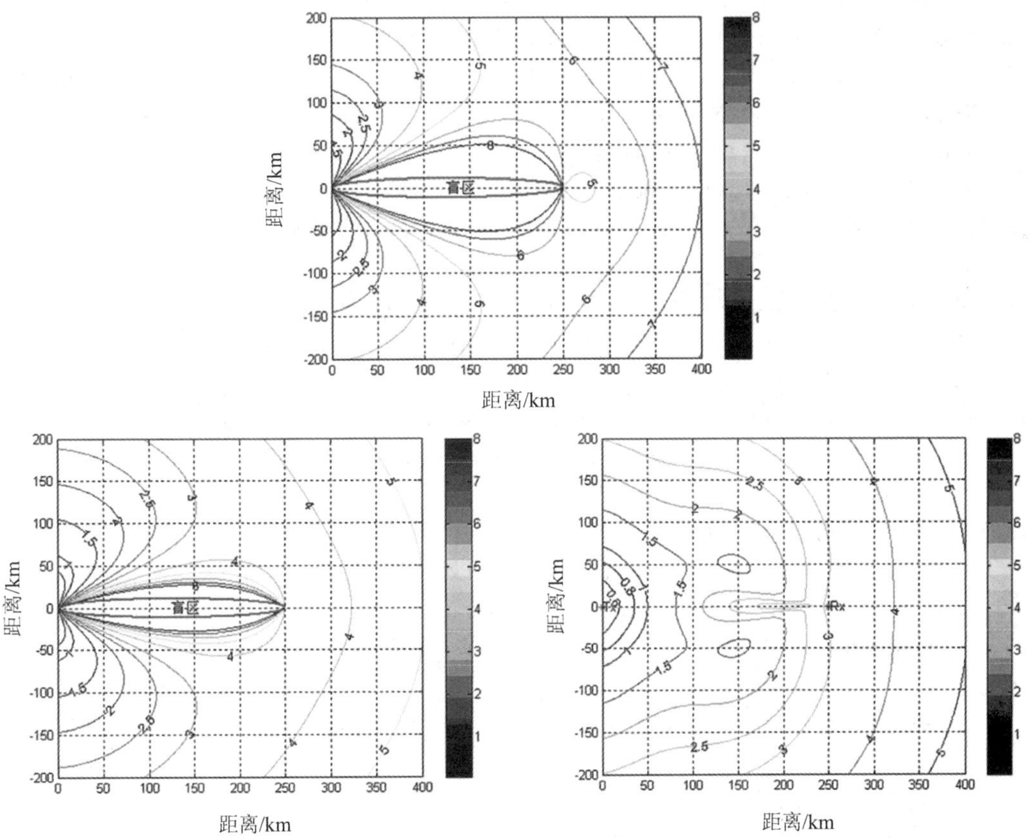

图 2.38　L=250 km 时误差几何分布图(GDOP)

本 章 小 结

本章介绍了海面目标和飞机目标在高频段的 RCS 的几种近似计算方法及其计算结果；分析计算了高频地波雷达的传播衰减因子，并结合高频地波雷达的雷达方程，分别计算单基地、双基地高频地波雷达的威力覆盖；最后分析了双基地地波雷达的定位性能，以及几种主要测量误差对双基地地波雷达定位性能的影响。这些结果为地波雷达设计提供了理论依据。

本章参考文献

[1]　黄培康，殷红成，许小剑. 雷达目标特性[M]. 北京：电子工业出版社，2005.

[2]　史伟强. 电大复杂目标散射时域频域分析及 RCS 统计特性研究[D]. 西安电子科技大学，2014.

[3]　陈伯孝. 现代雷达系统分析与设计[M]. 西安：西安电子科技大学出版社，2012.

[4]　周文瑜，焦培南. 超视距雷达技术[M]. 北京：电子工业出版社，2008.

[5]　BOWMAN J J，SENIOR T B A，USLENGHI P L E. Electromagnetic and Acoustic Scattering by Simple Shapes[J]. New York Hemisphere Publishing Corp P，1987.

[6] HARRINGTON R F . Field computation by moment methods[M]. Macmillan, 1968.

[7] 党永学. 雷达目标散射场计算与识别研究[D]. 西安电子科技大学, 2009.

[8] RAO S M, WILTON D R, GLISSON A W. Electromagnetic scattering by surfaces of arbitrary shape [J]. IEEE Transactions on Antennas & Propagation, 1982, 30(3): 409 - 418.

[9] WILKES D L, CHA C C. Method of moments solution with parametric curved triangular patches [C]//Antennas & Propagation Society International Symposium, 1991.

[10] WANDZURA S. Electric Current Basis Functions for Curved Surfaces[J]. Electromagnetics, 1992, 12(1): 77 - 91.

[11] SCHAUBERT D H, WILTON D R, GLISSON A W. A tetrahedral modeling method for electromagnetic scattering by arbitrarily shaped inhomogeneous dielectric bodies[J]. Antennas & Propagation IEEE Transactions on, 1984, 32(1): 77 - 85.

[12] PENG Z, LIM K H, LEE J F. A Discontinuous Galerkin Surface Integral Equation Method for Electromagnetic Wave Scattering From Nonpenetrable Targets[J]. IEEE Transactions on Antennas & Propagation, 2013, 61(7): 3617 - 3628.

[13] 姜刚. 单站近场散射测量方法研究[D]. 西安电子科技大学, 2014.

[14] 韩奎. 超电大目标电磁散射问题的积分方程区域分解方法研究[D]. 电子科技大学, 2018.

[15] YEE K. Numerical solution of initial boundary value problems involving maxwell's equations in isotropic media[J]. IEEE Transactions on Antennas and Propagation, 1966.

[16] MARTIN T, PETTERSSON L. Dispersion compensation for Huygens sources and far-zone transformation in FDTD[J]. IEEE Transactions on Antennas and Propagation, 2000, 48(4): 494 - 501.

[17] 谢洋. FDTD在舰船RCS计算中的应用研究[D]. 哈尔滨工程大学, 2009.

[18] SKOLNIK M I. An Empirical Formula for the Radar Cross Section of Ships at Grazing Incidence[J]. IEEE Transactions on Aerospace & Electronic Systems, 2007, 10(2): 292 - 292.

[19] BARNUM J. Ship detection with high-resolution HF skywave radar[J]. IEEE Journal of Oceanic Engineering, 1986, 11(2): 196 - 209.

[20] 曹祥玉, 高军, 郑秋荣. 天线与电波传播[M]. 北京: 电子工业出版社, 2015.

[21] 周朝栋, 王元坤, 杨恩耀. 天线与电波[M]. 西安: 西安电子科技大学出版社, 1994.

[22] 王增和, 卢春兰, 钱祖平. 天线与电波传播[M]. 北京: 机械工业出版社, 2003.

[23] 林潇瀚. GPS在运动平台上的双/多基地雷达中的应用[D]. 西安电子科技大学硕士论文, 2007.

[24] 陈伯孝, 张守宏. 舰载无源综合脉冲孔径雷达实验系统与实测数据处理. 内部报告. 2005.

[25] 宗华, 权太范, 宗成阁, 等. 单双基地复合高频地波雷达网定位精度分析[J]. 电子与信息学报, 2009, 31(5): 1008 - 1112.

[26] 杨振起, 张永顺, 骆永军. 双(多)站雷达系统[M]. 北京: 国防工业出版社, 1998.

[27] 陈多芳. 岸舰双基地波超视距雷达若干问题研究[D]. 西安电子科技大学, 2008.

[28] 陈伯孝, 孟佳美, 张守宏. 岸舰多站地波超视距雷达的发射波形及其解调[J]. 西安电子科技大学学报, 2005, 32(1): 7 - 11.

[29] SKOLNIK M I. Radar HandBook[M]. 2版. New York: McGraw-Hill, 1990.

[30] 孙仲康, 周一宇, 何黎星. 单多站有源无源定位技术[M]. 北京: 国防工业出版社, 1996.

[31] 钱天爵, 瞿学林. GPS全球定位系统及其应用[M]. 北京: 北京海潮出版社, 1993.

[32] ELLIOTT D K, 邱郅和. GPS原理与应用[M]. 王万义, 译. 北京: 电子工业出版社, 2002.

[33] 冯锡生, 赵晓琳. GPS及其通信组网[M]. 北京: 中国铁道出版社, 1996.

[34] BUCHNER M R. A Multistatic Track Filter with Optimal measurement Selection[C]. IEE Radar

Conf.，London，1977：72－75.

[35] FARINA A. Tracking function in Bistatic and Multistatic Radar systems[J]. IEE Proceedings F-Communications，Radar and Signal Processing，2008，133(7)：630－637.

[36] 陈曙暄. 双基地地波超视距雷达的信号处理及目标定位研究[D]. 西安电子科技大学硕士论文，2007.

[37] CHEN S X，CHEN B X，ZHANG S H. Study of location based on T-R and TR-R mode in Bistatic radar[C]. CIE International Radar Conference，2006：340－344.

第3章 高频雷达的信号波形及其脉冲压缩

3.1 引 言

在最佳处理的前提下，雷达对距离的测量精度和分辨率主要取决于发射信号的时间和频率结构。为提高测量精度和分辨率，要求信号具有大的时宽和带宽。高频雷达受天线尺寸限制，天线增益比较低。为达到几百千米的探测距离范围，要求发射信号能量较高[1][2]。因此，现有的高频地波雷达多采用调频连续波[1~3]（Frequency Modulated Continuous Wave，FMCW）、调频中断连续波[3][4]（Frequency Modulated Interrupted Continuous Wave，FMICW）以及相位编码等高工作比的信号。FMCW 信号具有 100%的工作比，有利于降低发射信号的峰值功率，适用于收发分置的双基地雷达系统。对于单基地雷达，为有效解决收发隔离并兼顾对发射功率的要求，通常采用 FMICW 信号，其工作比最大可达 50%，相比 FMCW 只有 3 dB 的能量损失。相位编码信号采用相关处理，虽然匹配滤波器对多普勒频移敏感，但是 HF 频段的波长较长，多普勒对相关处理的影响较小，且该信号具有较好的抗干扰和低截获性能，因此，在一些地波雷达中也采用这种信号形式。特别是互补码信号，更有利于降低副瓣电平，并且由于相邻的发射脉冲采用不同的码型，更有利于抗干扰等[15]。

在现代战争环境中为了提高雷达的生存与对抗能力，现代雷达信号的形式多种多样，且日益复杂。高频雷达的工作频率在 3 MHz～30 MHz，一般天波雷达的工作频率在 12 MHz～30 MHz，而高频地波雷达的工作频率在 3 MHz～15 MHz。由于高频段的电磁频谱干扰严重，很难有较宽的连续的频率范围供地波雷达使用，因此，一般地波雷达的瞬时工作带宽有限，距离分辨率很低，距离分辨单元一般在 3 km～5 km。为了提高地波雷达的距离分辨能力，一种可行的方法是采用频谱非连续的信号[6]，即信号带宽跨越一定的频带，且将其中受到干扰的频段错开。

本章首先介绍适合于高频雷达的几种信号波形。3.2 节、3.3 节分别介绍 LFMCW、FMICW 信号及其基于去斜处理的距离维处理方法。与脉冲雷达的脉冲压缩处理不同，FMCW 和 FMICW 的"脉冲压缩"称为距离变换处理，或距离维 FFT。3.4 节介绍相位编码信号和互补码信号，重点介绍互补码在高频地波雷达中的应用。针对高频波段连续可用带宽有限的问题，3.5 节介绍一种适用于高频雷达的非连续谱信号——非连续谱 FMCW 信号及其距离变换方法。前面几节均针对单通道的波形设计与信号处理，适用于单一发射天线或采用相控阵模式的高频地波雷达，3.6 节介绍 MIMO/MISO 体制下地波雷达的发射信号形式，结合双基地雷达特点对该雷达分辨率进行分析，并介绍波形参数的选取准则，分析在不同几何关系下的高频雷达分辨能力。

3.2　调频连续波信号及其距离变换处理

FMCW 雷达不同于脉冲体制雷达基于滑窗相关处理的信号处理方式，在距离维采用去调频处理方式，也称为去斜或拉伸处理方式[3, 4, 6-8]。简化的 FMCW 处理框图如图 3.1 所示，首先使用发射信号的副本与回波信号混频，并进行低通滤波，得到去调频的基带复信号，再依次进行快时间和慢时间的 FFT，即可得到距离—多普勒谱。“快时间 FFT”完成 FMCW 的脉压，也称为距离维傅氏变换；“慢时间 FFT”完成在一个 CPI 期间多个调频周期的相干积累。

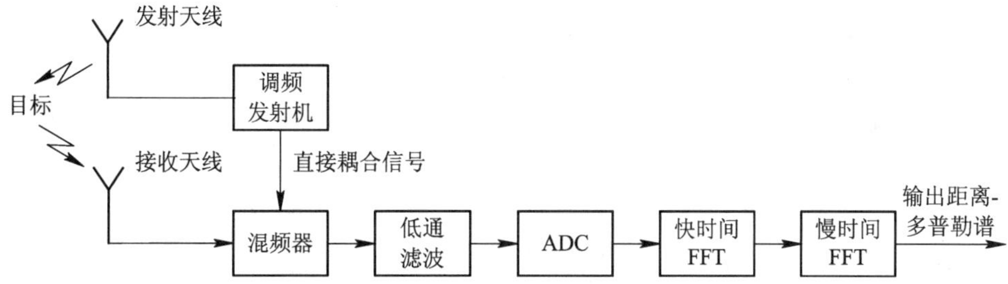

图 3.1　FMCW 雷达距离变换框图

调频连续波(FMCW)雷达发射信号的复信号模型为

$$s(t) = \mathrm{e}^{\mathrm{j}2\pi f_0 t + \mathrm{j}\pi\mu t^2}, \quad 0 \leqslant t < T \tag{3.1}$$

式中，T 为调频周期，$\mu = B/T$ 为调频率，B 为调频带宽。

为简化公式，将正交检波的过程略去，直接以复信号的形式推导。假设一个相干处理间隔(CPI)内有 M 个扫频周期，发射信号模型可表示为

$$s_m(t) = \mathrm{rect}\left(\frac{t - T/2 - mT}{T}\right)\mathrm{e}^{-\mathrm{j}2\pi\mu\tau_0(t-mT)^2} \cdot \mathrm{e}^{\mathrm{j}2\pi f_0(t-mT)} \tag{3.2}$$

则距离为 R_0、径向速度为 v_0、延时为 $\tau(t)$ 处的目标回波信号模型为

$$x_m(t) = \tilde{\sigma}_0 \cdot \mathrm{rect}\left(\frac{t - T/2 - mT - \tau(t)}{T}\right)\mathrm{e}^{-\mathrm{j}2\pi\mu\tau_0(t-mT-\tau(t))^2} \cdot \mathrm{e}^{\mathrm{j}2\pi f_0(t-mT-\tau(t))} \tag{3.3}$$

在高频地波雷达中，扫频周期 T 一般为几百毫秒。雷达威力范围内的最远目标延时 $\tau_{\max}$ 一般远小于扫频周期 T，因此式(3.3)忽略了目标延时对矩形包络的影响。式(3.3)中，$\tilde{\sigma}_0$ 与目标的散射截面积(RCS)成正比，在本书中将不加区分地称其为目标的幅度因子。目标的延时函数为

$$\tau(t) = \frac{2(R_0 - v_0 t)}{c} = \tau_0 - \frac{2v_0 t}{c} \tag{3.4}$$

式中，$\tau_0 = 2R_0/c$，c 为光速。由于 $v_0 \ll c$，在一个调频周期内$[\tau(t)]^2 \approx \tau_0^2$。

使用发射信号的副本和回波信号进行混频、低通滤波，得到基带去调频的结果，这个过程也称为解调频、去斜或拉伸处理。去调频输出为

$$\begin{aligned} y_m(t) &= x_m(t) s_m^*(t) \\ &= \tilde{\sigma}_0\ \mathrm{rect}\left(\frac{t - T/2 - mT}{T}\right)\mathrm{e}^{-\mathrm{j}2\pi\mu\tau_0(t-mT)} \cdot \mathrm{e}^{\mathrm{j}2\pi f_d t} \cdot \mathrm{e}^{-\mathrm{j}(2\pi f_0\tau_0 + \pi\mu\tau_0^2)} \end{aligned} \tag{3.5}$$

式中，* 表示共轭，$f_d = 2v_0/\lambda_0$ 为目标的多普勒频率，λ_0 为波长。式中第三个指数项 $e^{-j(2\pi f_0\tau_0 + j\pi\mu\tau_0^2)}$ 为常数项，对后继处理无影响；第二个指数项 $e^{j2\pi f_d t}$ 为目标的速度(多普勒频率)信息相关项，由于高频段波长较长，海面目标速度慢，目标多普勒频率一般较小，一个调频周期内多普勒效应对相位的影响可以忽略，因此速度信息主要体现在多个调频周期之间，即雷达在一个相干处理间隔(CPI)期间；第一个相位项与目标的时延有关，该时延对应的频率为

$$f_R = \mu\tau(t) \approx \mu\tau_0 = \frac{2\mu R_0}{c} \tag{3.6}$$

f_R 通常称为位置频率，与目标的距离 R_0 成正比。因此，去调频处理将 FMCW 信号的频率调制项去除的同时，得到的是一个频率 f_R 与目标延时(距离)成正比的单频信号。对这种去调频处理后信号的无混叠采样频率仅取决于最大目标延时所对应的位置频率 $f_{R,\max}$，$f_{R,\max} = \mu\tau_{\max}$，$\tau_{\max}$ 为雷达最大作用距离对应的时延。这种去调频处理可以降低对采样率的要求。因此，FMCW 雷达通常对去调频数据进行快时间和慢时间的两次 FFT 处理得到距离-多普勒处理结果。为与脉冲雷达的脉冲压缩过程区分开，一般将 FMCW 信号的距离处理过程称为距离变换。这种变换通过 FFT 实现，也称为距离维 FFT 处理。

下面对 FMCW 的距离-多普勒处理进行仿真实验。

假设信号载频 f_0=5 MHz，扫频周期为 T=100 ms，扫频带宽为 B=50 kHz，去调频后采样率为 F_s=4 kHz。假设有一目标位于 200 km，速度为 5 m/s，SNR 为－10 dB。设一个 CPI 内有 1024 个调频周期进行相干积累，即积累时间为 102.4 s，对应多普勒分辨率为 0.01 Hz，速度分辨率为 0.3 m/s，可见高频地波雷达通过长的相干积累时间获得了很高的速度分辨率。

假设有 4 个目标，距离分别为[190，195，200，205]km，速度分别为[8，－5，5，－3]m/s，信噪比均为－10 dB。模拟目标回波信号经过混频、去调频处理后，分别在快时间域和慢时间域进行 FFT 处理，得到图 3.2 的距离-速度谱图(彩图见附录)。图中黑色圆圈标出了目标在距离-速度平面上的真实位置，左侧和下侧分别用不用颜色的线画出了 4 个目标的距

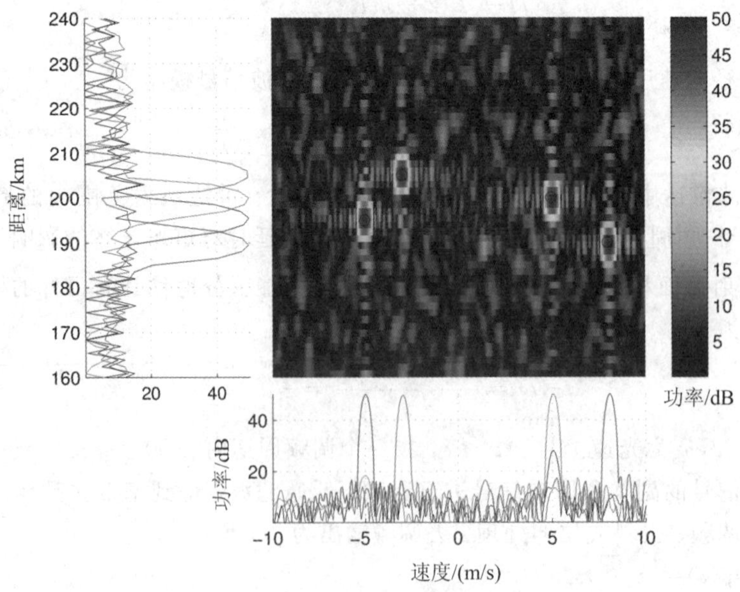

图 3.2　FMCW 雷达信号模拟回波的距离-速度处理结果

离截面和速度截面。可以看出，经距离变换、相干积累处理后，在距离-速度平面上能够准确地确定 4 个目标的距离、速度及其幅度信息。

3.3　调频中断连续波信号及其距离变换处理

3.3.1　FMICW 信号模型

FMCW 信号具有 100％的占空比，能量利用效率高，适用于双基地雷达或者接收站与发射站相距较远的收发分置雷达。对于发射和接收共处一站或相距较近的单基地雷达，连续波信号对发射和接收之间的隔离要求太高，通常难以实现[8]。而调频中断连续波(FMICW)是一种在时域上解决收发隔离的实现方式，能够克服这些困难。它采用一系列门控序列调制 FMCW 信号，就得到了 FMICW 信号。FMICW 信号在发射期间接收机不工作，不发射时接收机才接收回波。其最高工作比为 50％，相比于 FMCW 信号，能量仅损失了 3 dB。例如，美国 SeaSonde 地波雷达系统，既使用 FMCW 信号，又可以使用 FMICW 信号，具体采用何种发射信号取决于发射站和接收站的配置，当收发共站时，使用 FMICW 信号；当收发分开时，使用 FMCW 信号。

地波超视距雷达若辐射 FMICW 信号，发射信号在一个调频周期内的时频关系如图 3.3 所示。图 3.3 中，T_e 为脉冲宽度，T_r 为脉冲重复频率，T_m 为调频周期。假设一个调频周期有 N 个脉冲，则 $T_m = T_r N$。

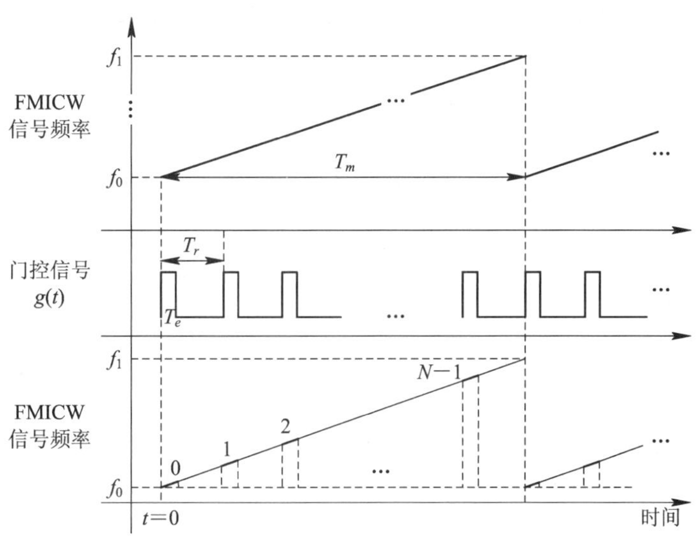

图 3.3　FMICW 信号时频关系图

在一个调频周期内发射信号的频率由 f_0 到 $f_0 - B_m$，B_m 为调频带宽。第 m 个调频周期发射信号的复信号模型可表示为

$$s_0(m, t) = g(t)\mathrm{e}^{\mathrm{j}2\pi[f_0(t+mT_m)-0.5\mu t^2]} \quad (m = 0, \cdots, M-1) \tag{3.7}$$

式中，门控信号 $g(t) = \sum_{p=0}^{P-1} \mathrm{rect}(t - pT_r)$ 即调制脉冲串，矩形函数 $\mathrm{rect}\ (t) =$

$\begin{cases}1, & 0\leqslant t\leqslant T_e \\ 0, & 其他\end{cases}$；$N$ 为一个调频周期内的脉冲数；μ 为线性调频信号的调频率，且 $\mu=B_m/T_m=B_m/(NT_r)$。

若目标的时延为 τ_0，第 m 个调频周期的目标回波的基带信号模型可表示为

$$\begin{aligned} r_0(m,t) &\approx s_0(m,t-\tau_0)\mathrm{e}^{\mathrm{j}2\pi f_{d0}mT_m} \\ &= g(t-\tau_0)\mathrm{e}^{\mathrm{j}2\pi[f_0(t+mT_m-\tau_0)-0.5\mu(t-\tau_0)^2]}\mathrm{e}^{\mathrm{j}2\pi f_{d0}mT_m} \end{aligned} \tag{3.8}$$

式中，f_{d0} 为目标多普勒频率。假设在一次相干处理时间内 M 个调频周期期间目标运动不影响回波包络，回波与发射参考信号的共轭相乘，得到的“去调频”信号模型为

$$r(m,t)=r_0(m,t)s_0^*(t)=g(t-\tau_0)\mathrm{e}^{\mathrm{j}2\pi\mu\tau_0 t}\mathrm{e}^{\mathrm{j}2\pi f_{d0}mT_m}\mathrm{e}^{\mathrm{j}2\pi(-f_0\tau_0-0.5\mu\tau_0^2)} \tag{3.9}$$

式(3.9)中第三个指数项 $\mathrm{e}^{-\mathrm{j}(2\pi f_0\tau_0+\mathrm{j}\pi\mu\tau_0^2)}$ 为常数项，对后继处理无影响；第二个指数项 $\mathrm{e}^{\mathrm{j}2\pi f_{d0}mT_m}$ 为目标的速度(多普勒频率)信息相关项，对一个 CPI 进行相干积累，得到目标的多普勒信息；第一个相位项 $\mathrm{e}^{-\mathrm{j}2\pi\mu\tau_0 t}$ 与目标的时延有关，对每个调频周期信号进行距离维 FFT，得到目标的位置频率 $f_R=\mu\tau_0=2\mu R_0/c$。

3.3.2 FMICW 信号的距离-多普勒处理

由式(3.9)可以看到，目标距离信息 τ_0 与快时间信号项 $\mathrm{e}^{\mathrm{j}2\pi\mu\tau_0 t}$ 有关，而多普勒信息 f_{d0} 与慢时间信号项 $\mathrm{e}^{\mathrm{j}2\pi f_{d0}mT_m}$ 有关。因此，对于高频波段的 LFMICW 雷达的信号处理，可以是在模拟域或数字域利用发射参考信号对回波信号进行去载频和去调频的基础上，先在快时间维进行傅立叶变换(FT)获得目标距离信息(此过程等效于脉冲压缩)；再在慢时间维通过离散傅立叶变换(DFT，通常由 FFT 实现)完成相干积累[10]。对式(3.9)进行如上处理得到

$$\begin{aligned} \hat{r}(l,\tau) &= \sum_{m=0}^{M-1}\left[\int_{-\infty}^{+\infty} r(m,t)\mathrm{e}^{-\mathrm{j}2\pi\mu\tau t}\,\mathrm{d}t\right]\mathrm{e}^{-\mathrm{j}\frac{2\pi}{M}ml} \\ &= \sum_{m=0}^{M-1}\left[\int_{-\infty}^{+\infty}\sum_{n=0}^{N-1}\mathrm{rect}(t-nT_r-\tau_0)\mathrm{e}^{\mathrm{j}2\pi(-f_0\tau_0+\mu\tau_0 t-0.5\mu\tau_0^2)}\mathrm{e}^{\mathrm{j}2\pi f_{d0}mT_m}\mathrm{e}^{-\mathrm{j}2\pi\mu\tau t}\,\mathrm{d}t\right]\mathrm{e}^{-\mathrm{j}\frac{2\pi}{M}ml} \\ &= \mathrm{e}^{\mathrm{j}2\pi(-f_0\tau_0-\mu\tau\tau_0+0.5\mu\tau_0^2)}\sum_{n=0}^{N-1}\int_{nT_r}^{nT_r+T_e}\mathrm{e}^{-\mathrm{j}2\pi(\mu\tau-\mu\tau_0)t}\,\mathrm{d}t\sum_{m=0}^{M-1}\mathrm{e}^{\mathrm{j}2\pi f_{d0}mT_m}\mathrm{e}^{-\mathrm{j}\frac{2\pi}{M}ml} \\ &= \mathrm{e}^{\mathrm{j}2\pi(-f_0\tau_0-\mu\tau\tau_0+0.5\mu\tau_0^2)}\mathrm{e}^{-\mathrm{j}\pi(\mu\tau-\mu\tau_0)[(N-1)T_r+T_e]}\mathrm{e}^{-\mathrm{j}\pi(l/M-f_{d0}T_m)(M-1)}\frac{\sin[\pi(\mu\tau-\mu\tau_0)T_e]}{\pi(\mu\tau-\mu\tau_0)} \\ &\quad\cdot\frac{\sin[\pi(\mu\tau-\mu\tau_0)NT_r]}{\sin[\pi(\mu\tau-\mu\tau_0)T_r]}\frac{\sin[\pi(l/M-f_{d0}T_m)M]}{\sin[\pi(l/M-f_{d0}T_m)]}\quad(l=0,1,\cdots,M-1) \end{aligned} \tag{3.10}$$

式(3.10)取绝对值

$$|\hat{r}(l,\tau)|=\hat{r}_a(\tau)\cdot\hat{r}_b(\tau)\cdot\hat{r}_c(l) \tag{3.11}$$

式中，

$$\hat{r}_a(\tau)=\left|\frac{\sin[\pi(\mu\tau-\mu\tau_0)T_e]}{\pi(\mu\tau-\mu\tau_0)}\right|,$$

$$\hat{r}_b(\tau)=\left|\frac{\sin[\pi(\mu\tau-\mu\tau_0)NT_r]}{\sin[\pi(\mu\tau-\mu\tau_0)T_r]}\right|,$$

$$\hat{r}_c(l)=\left|\frac{\sin[\pi(l/M-f_{d0}T_m)M]}{\sin[\pi(l/M-f_{d0}T_m)]}\right|。$$

可以看到，前两项 $\hat{r}_a(\tau)$ 和 $\hat{r}_b(\tau)$ 均在 $\tau=\tau_0$ 处出现峰值，$\hat{r}_a(\tau)$ 与 $\hat{r}_b(\tau)$ 的乘积反映了 LFMICW 信号的距离分辨能力。但 $\hat{r}_b(\tau)$ 在 $\tau=\tau_0\pm q/(\mu T_r)$，$(q=1, 2, \cdots)$ 处出现栅瓣。由于 $T_e \ll NT_r$，两项乘积主瓣宽度近似为 $1/(\mu NT_r)=1/B_m$，即距离分辨率主要取决于调频带宽；另一方面，距离维傅立叶变换(FT)时会出现栅瓣，$\hat{r}_b(\tau)$ 的栅瓣出现在 $\hat{r}_a(\tau)$ 的主瓣内。因此，在选择 LFMICW 信号参数时，必须保证第一栅瓣出现在有效探测范围之外，再利用低通滤波器将有效探测距离以外的栅瓣滤除。低通滤波器的输出与 LFMCW 信号近似。而对于 LFMCW 信号，由于 $T_e=T_r$，则不存在栅瓣。

式(3.11)中第三项 $\hat{r}_c(l)$ 与普通脉冲雷达相干积累结果一样，即多普勒分辨率取决于相干积累时间。

3.3.3 FMICW 信号的参数选取[3]

FMICW 信号相比于 FMCW 信号，由于门控脉冲的存在，使得其参数选取复杂化。其信号参数主要包括：调频周期 T_m、调频带宽 B_m、脉冲重复周期 T_r、脉冲宽度 T_e 等。下面对这些参数的选取原则进行介绍。

1) 调频周期 T_m

为保证不出现多普勒模糊，调频周期须满足

$$T_m \leqslant \frac{1}{2f_{d\max}} \tag{3.12}$$

式中，$f_{d\max}$ 为双基地条件下的目标最大多普勒频率。接收平台运动时，$f_{d\max}$ 还与接收平台速度有关。对于海面低速目标，T_m 通常取零点几秒。

2) 调频带宽 B_m

调频带宽取决于对系统距离分辨率的要求，同时还要保证各通道的等效目标多普勒频率不会出现跨多普勒通道现象。由于高频波段用户多，频率资源有限，很难找到较宽的寂静频带。为了减少其他用户的干扰，高频地波雷达发射信号的调频带宽通常取几十千赫兹。如果采用大一些的带宽，则需要采取非均匀跳频，即跳开受到干扰的频率。

3) 脉冲重复周期 T_r 和脉冲宽度 T_e

前面提到，LFMICW 信号的距离维 FT 输出在 $\tau=\tau_0\pm q/(\mu T_r)$ $(q=1, 2, \cdots)$ 位置有栅瓣，其对应的位置频率为 $f_R=\mu\tau_0\pm q/T_r$，$q=1, 2, \cdots$。为保证有效探测范围内无栅瓣出现，需满足

$$f_r=\frac{1}{T_r}>\mu\tau_{\max} \tag{3.13}$$

式中，$\mu=B_m/T_m$ 为调频斜率；$\tau_{\max}$ 为目标最大延时。对单基地雷达而言，$\tau_{\max}=2R_{\max}/c$；对双基地雷达而言，$\tau_{\max}=R_{\max}/c$，$R_{\max}$ 为发射站－目标－接收站的最大“距离和”。

对于岸-舰双基地体制，理论上不存在单基地雷达中的距离模糊问题，即脉冲不能在上个重复周期回波到达之前发出去，理论上 T_r 可以大于或等于 T_e。但随着 T_r 的减小，直达波可能与前面重复周期的目标回波重合。在时域抑制直达波的同时会抑制掉这些目标回波，从而产生测距“盲区”。因此，为避免“盲区”，T_r 应满足

$$f_r = \frac{1}{T_r} < \frac{1}{\tau_{\max}} \tag{3.14}$$

结合式(3.13)和(3.14)，有 $\mu\tau_{\max} < 1/\tau_{\max}$，故调频斜率 μ 的取值还应满足

$$\mu < \frac{1}{\tau_{\max}^2} = \frac{c^2}{R_{\max}^2} \tag{3.15}$$

又 $T_m = NT_r$，$\mu = B_m/T_m$，一个调频周期内的重复脉冲数 N 有如下约束

$$\frac{B_m R_{\max}}{c} < N < \frac{cT_m}{R_{\max}} \tag{3.16}$$

确定脉冲重复周期 T_r，选择合适的占空比 D，可得到脉冲宽度 $T_e = D \cdot T_r$。

3.3.4 计算机仿真

若雷达工作中心频率 $f_0 = 6.75$ MHz，在双基地体制下，最大探测"距离和"$R_{\max} =$ 700 km，最大多普勒频率 $f_{d\max} = 1$ Hz，则根据上节所述原则，LFMICW 信号参数可取为：$T_m = 0.45$ s，$T_r = 3$ ms，$T_e = 1$ ms，$B_m = 60$ kHz。下面的仿真实验使用这些参数。

假设有一目标，其"距离和"为 600 km、等效多普勒频率为 0.2 Hz，目标回波信噪比为 −30 dB，积累周期为 128。距离维傅氏变换和相干积累结果如图 3.4 所示(理论脉压增益为一个扫频周期点数，约为 42 dB，理论相干积累增益为积累扫频周期数，约为 21 dB)。可以看到，由于发射 LFMICW 信号，在距离维会出现栅瓣。栅瓣位置为 $R = c[\tau_0 \pm q/(\mu T_r)] =$

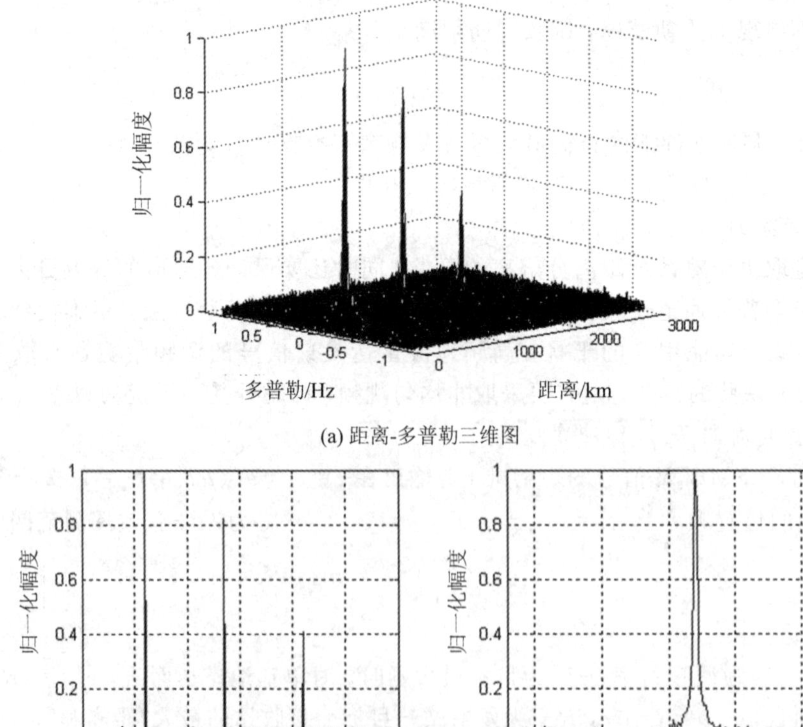

(a) 距离-多普勒三维图

(b) 目标所在多普勒通道的距离截面　　(c) 目标所在距离单元的多普勒截面

图 3.4　单路 LFMICW 信号处理结果

$(600\pm750\cdot q)$km，$q=1, 2, \cdots$，栅瓣最小间隔 750 km，幅度受 sinc 函数调制，仿真结果与 3.3.2 小节理论分析一致。也就是说，当目标的“距离和”不超过750 km 的情况下，就不会出现栅瓣。

3.4　相位编码信号的脉冲压缩处理

相位编码信号属于相位调制信号，它由多个脉冲宽度相等的子脉冲组成[6]，每个子脉冲的相位由一组离散编码序列决定。当子脉冲宽度为 t_p，编码序列长度为 N 时，相位编码信号的等效时宽为 Nt_p，等效带宽 B 取决于子脉冲宽度 t_p，即 $B=1/t_p$，所以相位编码信号的时宽带宽积为 N。因此，当子脉冲宽度一定时，选取长度较长的编码序列可以得到较大的时宽带宽积，也就得到了较大的脉冲压缩比。本节以 Barker 码和 M 序列二相编码信号为例进行分析。

3.4.1　二相编码信号

相位编码信号的表达式可写为

$$x(t)=a(t)\mathrm{e}^{\mathrm{j}(2\pi f_0 t+\varphi(t))} \tag{3.17}$$

信号的复包络为

$$u(t)=a(t)\mathrm{e}^{\mathrm{j}\varphi(t)} \tag{3.18}$$

式中，$\varphi(t)$为相位调制函数。对二相编码信号，$\varphi(t)$只取 0 和 π 两种取值，对应序列常用 $c_k=\{1, -1\}$表示。

如果信号子脉冲采用矩形包络，则编码信号的复包络可写为

$$u(t)=\begin{cases}\dfrac{1}{\sqrt{N}}\cdot\displaystyle\sum_{k=0}^{N-1}c_k v(t-kT), & 0<t<\Delta\\ 0, & \text{其他}\end{cases} \tag{3.19}$$

式中，$v(t)$为子脉冲函数，T 为子脉冲宽度，N 为码长，$\Delta=NT$ 为信号的持续时间。

利用 δ 函数的性质，信号的复包络可改写为

$$u(t)=v(t)\otimes\frac{1}{\sqrt{N}}\sum_{k=0}^{N-1}c_k\delta(t-kT)=u_1(t)\otimes u_2(t) \tag{3.20}$$

式中

$$u_1(t)=v(t)=\begin{cases}\dfrac{1}{\sqrt{T}}, & 0<t<T\\ 0, & \text{其他}\end{cases};\ u_2(t)=\frac{1}{\sqrt{N}}\sum_{k=0}^{N-1}c_k\delta(t-kT) \tag{3.21}$$

应用傅立叶变换对：

$$\mathrm{rect}\left(\frac{t}{T}\right)\xrightarrow{\mathrm{FT}}T\mathrm{sinc}(\pi fT),\ \delta(t-kT)\xrightarrow{\mathrm{FT}}\mathrm{e}^{-\mathrm{j}2\pi fkT} \tag{3.22}$$

得到二相编码信号的频谱为

$$U(f)=\sqrt{\frac{T}{N}}\mathrm{sinc}(\pi fT)\mathrm{e}^{-\mathrm{j}\pi fT}\left[\sum_{k=0}^{N-1}c_k\mathrm{e}^{-\mathrm{j}2\pi fkT}\right] \tag{3.23}$$

其能量谱为

$$|U(f)|^2 = |U_1(f)|^2 \, |U_2(f)|^2 \tag{3.24}$$

式中，

$$\begin{aligned}|U_2(f)|^2 &= \frac{1}{N}\Big[\sum_{k=0}^{N-1} c_k \mathrm{e}^{-\mathrm{j}2\pi fkT}\Big]\Big[\sum_{k=0}^{N-1} c_k \mathrm{e}^{\mathrm{j}2\pi fkT}\Big] = \frac{1}{N}\Big[\sum_{k=0}^{N-1} c_k^2 - \sum_{\substack{i \\ i\neq k}}\sum_{k} c_i c_k \mathrm{e}^{\mathrm{j}2\pi f(i-k)T}\Big] \\ &= \frac{1}{N}\Big[N + 2\sum_{i=1}^{N-1}\sum_{k=0}^{N-1-i} c_k c_{k+i}\cos 2\pi f i T\Big] = \frac{1}{N}\Big[N + 2\sum_{i=1}^{N-1} x_b(i)\cos 2\pi f\cdot i\cdot T\Big]\end{aligned} \tag{3.25}$$

这里 $x_b(i) = \sum_{k=0}^{N-1-i} c_k c_{k+i}$ 表示二相编码序列的非周期自相关函数。

通常，伪随机序列具有性质

$$x_b(i) = \begin{cases} N(i=0) \\ a \ll N(i=1,2,\cdots,N-1)\end{cases} \tag{3.26}$$

因此有

$$|U(f)|^2 \approx |U_1(f)|^2 \tag{3.27}$$

上式说明，二相编码信号的频谱主要由其子脉冲信号的频谱决定。当采用的编码序列具有理想的非周期自相关特性时，得到的二相编码信号的频谱与子脉冲频谱基本相同。

利用模糊函数的卷积性质，将二相编码信号的模糊函数表示为

$$\chi(\tau, f_d) = \chi_1(\tau, f_d) \otimes \chi_2(\tau, f_d) = \sum_{m=1-N}^{N} \chi_1(\tau - mT, f_d)\chi_2(mT, f_d) \tag{3.28}$$

式中 $\chi_1(\tau, f_d)$ 为子脉冲(矩形脉冲)的模糊函数。而 $\chi_2(\tau, f_d)$ 可按式(3.29)计算

$$\chi_2(mT, f_d) = \begin{cases} \dfrac{1}{N}\sum_{i=0}^{N-1-m} c_i c_{i+m} \mathrm{e}^{\mathrm{j}2\pi f_d iT} (0 \leqslant m \leqslant N-1) \\ \dfrac{1}{N}\sum_{i=-m}^{N-1} c_i c_{i+m} \mathrm{e}^{\mathrm{j}2\pi f_d iT},\ 1-N \leqslant m \leqslant 0\end{cases} \tag{3.29}$$

利用式(3.28)和式(3.29)，便可得到二相编码信号的模糊函数。

常用的二相编码信号有 Barker 码、M 序列等。巴克码是由 R. H. Barker 研究设计的一种具有理想非周期自相关函数特性的优选二元随机序列，最大长度仅为 13，这使得巴克码在实际应用中并不多见。长度为 13，子脉冲宽度为 1 μs 的巴克码信号模糊函数如图 3.5 所示。

从图中可以看出，巴克码的模糊函数图呈“图钉型”，值越大模糊函数越逼近“图钉型”。模糊函数只能在较小的多普勒频移范围内才能取得较大的幅值，这说明巴克码信号的多普勒容限度低。

M 序列码是最大长度序列(Maximum Length Sequence，MLS)的简称[6]，为一种可以通过线性逻辑反馈移位寄存器来产生的二元随机序列。对移位寄存器设置不同的初始值，便可产生长度相同但码元不同的 M 序列。初始值可以全为“1”或是“0”与“1”的不同组合，但不能全为“0”。表 3.1 给出了产生不同长度的 M 序列的反馈连接[6]，这里只给出其中一种反馈连接方式。

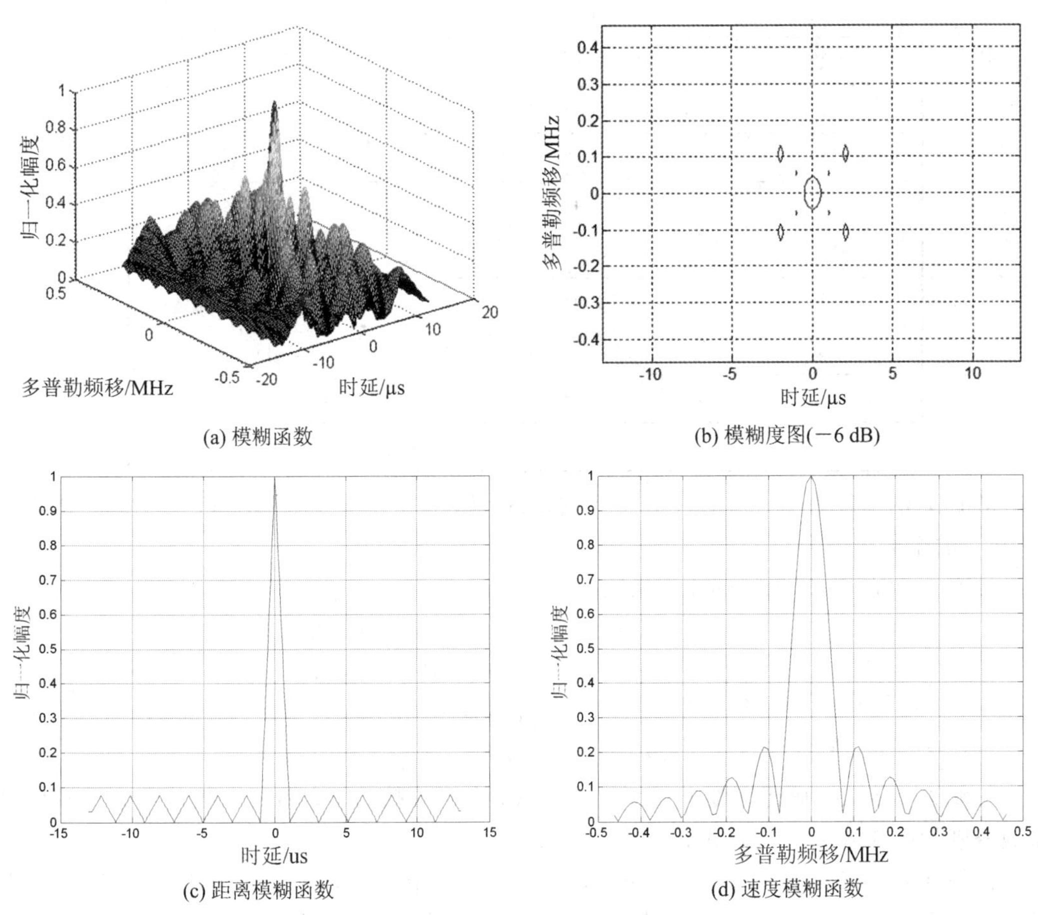

图 3.5 巴克码模糊函数

表 3.1 M 序列反馈连接

级数	M 序列长度	级间反馈连接
2	3	2，1
3	7	3，2
4	15	4，3
5	31	5，3
6	63	6，5
7	127	7，6
8	255	8，6，5，4
9	511	9，5
10	1023	10，7
11	2047	11，9
12	4095	12，11，8，6

续表

级数	M序列长度	级间反馈连接
13	8191	13，12，10，9
14	16383	14，13，8，4
15	32767	15，14
16	65535	16，15，13，4
17	131071	17，14
18	262143	18，11，
19	524287	19，18，17，14
20	1048575	20，17

M序列的长度为$N=2^n-1$，在一个周期内，码元为"+1"的个数为$(N-1)/2$，比码元为"−1"的个数少一个。

长度为N的M序列码的模糊函数为

$$\chi_{ks}=b_{ks}^2=\left|\sum_n x_n x_{n+k}^* \mathrm{e}^{\mathrm{j}\frac{2\pi}{N}ns^2}\right|^2=\begin{cases}N^2(k,\ s=0(\mathrm{mod}N))\\0(k=0(\mathrm{mod}\ N);\ s\neq 0(\mathrm{mod}\ N))\\1(k\neq 0(\mathrm{mod}\ N);\ s=0(\mathrm{mod}\ N))\\N+1,\ (k,\ s\neq 0(\mathrm{mod}\ N))\end{cases}\tag{3.30}$$

长度为$N=15$、码元宽度为$T_c=1\ \mu\mathrm{s}$的M序列的频谱、非周期自相关函数及其模糊函数分别如图3.6和图3.7所示。

由图3.6可以看出，M序列的频谱与sinc函数形状相近，带有不光滑的毛刺，信号能量主要集中在带宽为$1/T_c$的范围内，归一化后的峰值副瓣电平约为−17.5 dB。

由图3.7可看出，M序列的非周期自相关函数副瓣较高，所以其脉压输出信号有较高的旁瓣。模糊函数只能在较小的多普勒频移范围内才能取得较大的幅值，说明M序列的多普勒容限度低。

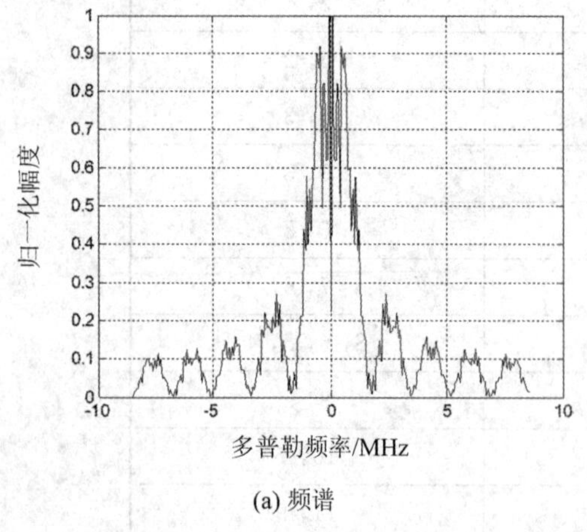

(a) 频谱

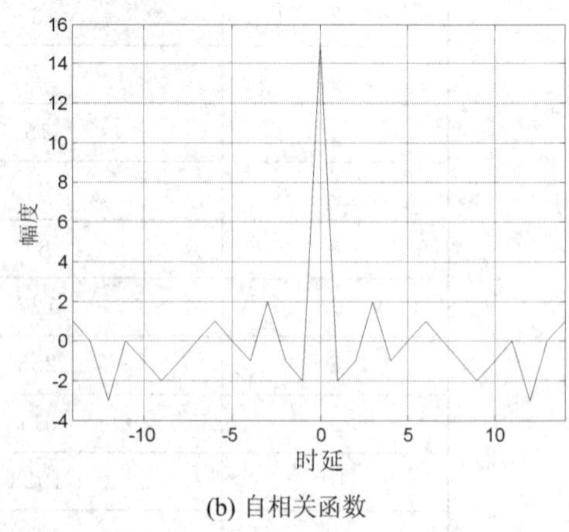

(b) 自相关函数

图3.6　M序列频谱及其自相关函数

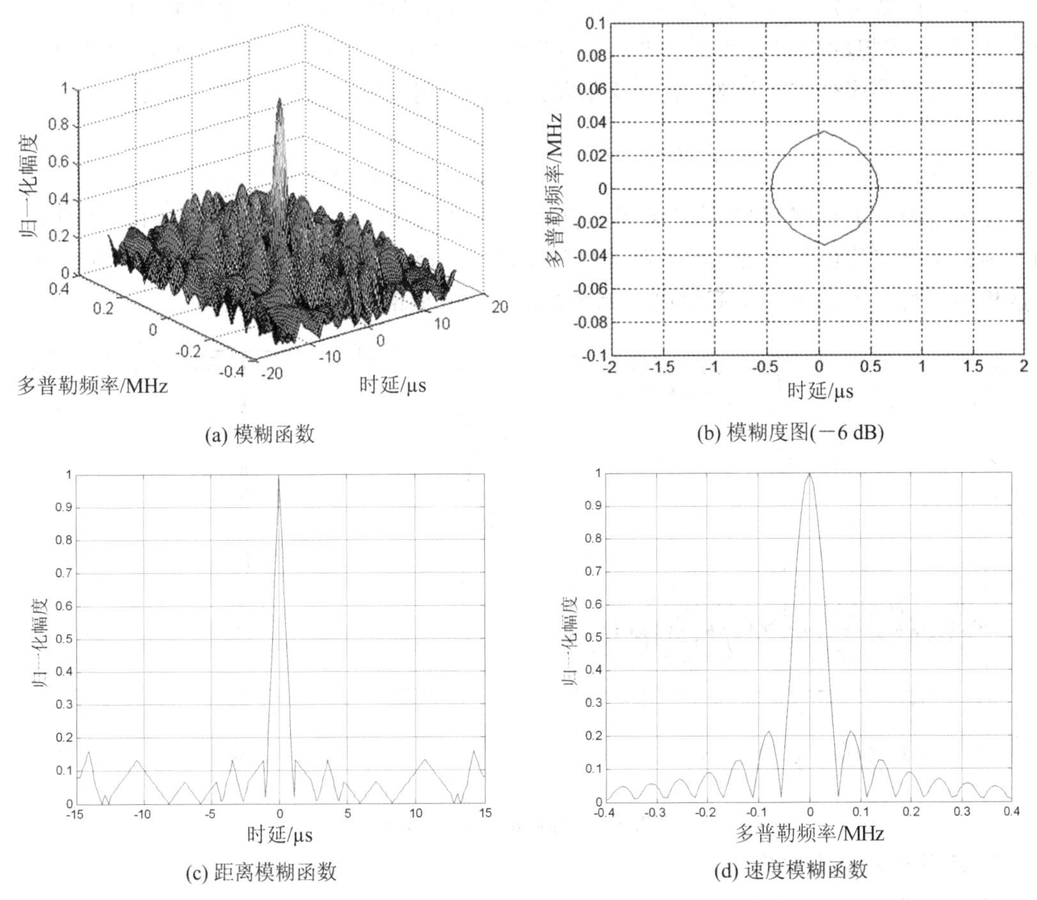

图 3.7　*M* 序列模糊函数

当序列长度 $N \gg 1$ 时，M 序列的主副瓣比约为 $\sqrt{N}$。比较图 3.5 和图 3.7 易知，二相编码序列在长度接近(巴克码长度为 $N=13$，M 序列长度为 $N=15$)时，M 序列的模糊函数图更逼近理想“图钉型”。

二相编码序列的码元长度相同时，巴克码相比较于 M 序列具有更低的峰值副瓣电平，但巴克码的长度最大为 13，而 M 序列长度可以无限大，所以，当 M 序列码长度取 255 及更大值时就可以得到比巴克码更低的峰值副瓣。

3.4.2　互补码信号

降低脉压输出信号的距离副瓣，有两种思路：一种是从信号处理的角度，如 3.4 节对非连续谱信号高副瓣的处理；另一种是从波形设计的角度，寻找具有更理想副瓣特性的信号。一直以来，寻找具有理想旁瓣电平的编码序列都是序列设计问题的研究重点。互补码就是一种降低距离副瓣的解决方案。下面对互补码的特性、互补码的产生方法、互补码的模糊函数以及互补码作为脉冲压缩波形在高频地波雷达中的应用进行介绍。

1）互补码的特性

互补码信号属于一种相位编码信号[5, 12]，由两个长度均为 N 的二相编码序列$\{A, B\}$

构成，其自相关函数 $R_A(\tau)$ 和 $R_B(\tau)$ 满足条件式，即互补码的自相关函数在任何非零移位均为 0，具有理想的自相关旁瓣电平；自相关函数的峰值为 $2N$，即码序列长度的 2 倍。互补码也称为互补序列或互补对，在下文的叙述中将采用其中任意一种进行表述。

$$R_A(\tau)+R_B(\tau)=\begin{cases}2N, & \tau=0\\ 0, & \tau\neq 0\end{cases} \tag{3.31}$$

图 3.8 为一组长度为 32 的互补码的自相关函数，从图 3.8(a)可以看出两个序列的自相关函数在非零移位处幅度相等，符号相反，而其自相关峰值相同；将两个序列的自相关函数相加就得到图 3.8(b)，旁瓣电平完全抵消，峰值加倍。

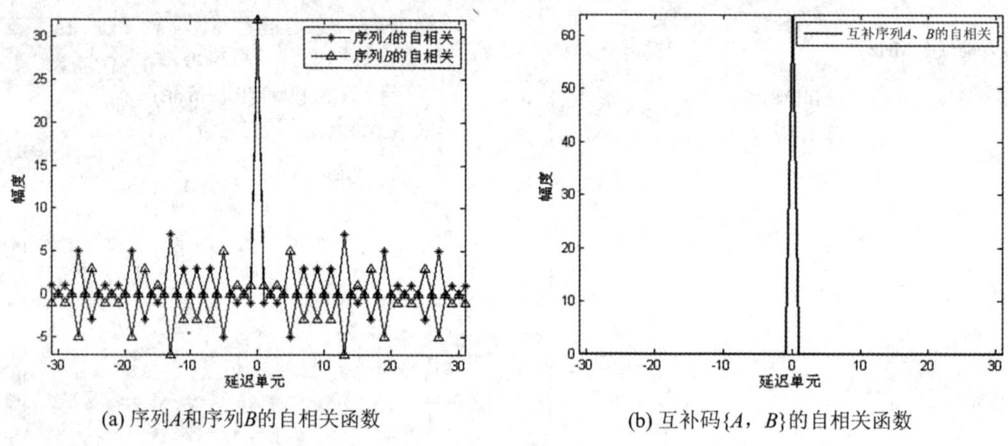

(a) 序列A和序列B的自相关函数　　(b) 互补码{A，B}的自相关函数

图 3.8　互补码的自相关函数

2）互补码的产生方法

目前发现的互补码基础码组只有四对（G_1、G_2、G_3、G_4），如表 3.2 所示。这些基础码组也称为互补码的核[12]，长度分别为 2、10、26。长度较长的互补码一般是用长度较短的已知互补码码组，按照一定的构造方法得到的。目前，构造互补码的方法有五种，选取一种互补码的核，任意挑选一种构造方法，就可以得到不同长度的互补码。

表 3.2　二相互补码的核

G_1	$A_2=[1, 1]$ $B_2=[1, -1]$
G_2	$A_{10}=[1, -1, -1, 1, -1, 1, -1, -1, -1, 1]$ $B_{10}=[1, -1, -1, -1, -1, -1, -1, 1, 1, -1]$
G_3	$A'_{10}=[-1, 1, -1, 1, -1, -1, -1, -1, 1, 1]$ $B'_{10}=[-1, -1, -1, -1, 1, -1, -1, 1, 1, -1]$
G_4	$A_{26}=[-1, 1, -1, -1, 1, 1, -1, 1, 1, 1, 1, -1, 1, -1, 1, 1, 1, 1, -1, -1, 1, 1, 1, -1, 1, -1]$ $B_{26}=[1, -1, 1, 1, -1, -1, 1, -1, -1, -1, -1, 1, 1, 1, 1, 1, 1, 1, -1, -1, 1, 1, 1, -1, 1, -1]$

为了描述互补码的构造方法，一般引入互补码的多项式表示。序列 $A_N=[a_0, a_1, \cdots, a_{N-2}, a_{N-1}]$和序列 $B_N=[b_0, b_1, \cdots, b_{N-2}, b_{N-1}]$构成一对长度为 N 的互补码，其多项式分别表示为

$$A_N(x) = a_0 + a_1 x + \cdots + a_{N-2} x^{N-2} + a_{N-1} x^{N-1} \tag{3.32}$$

$$B_N(x) = b_0 + b_1 x + \cdots + b_{N-2} x^{N-2} + b_{N-1} x^{N-1} \tag{3.33}$$

其中，互补码的特性使得 $A(x)A(x^{-1})+B(x)B(x^{-1})=2N$，$N$ 为序列 A 和序列 B 的长度。

如果序列 $A_N=[a_0, a_1, \cdots, a_{N-2}, a_{N-1}]$和序列 $B_N=[b_0, b_1, \cdots, b_{N-2}, b_{N-1}]$构成一对长度为 N 的互补码，序列 $C_M=[c_0, c_1, \cdots, c_{M-2}, c_{M-1}]$和序列 $D_M=[d_0, d_1, \cdots, d_{M-2}, d_{M-1}]$构成另一对长度为 M 互补码，相应的多项式表示为：

$$A_N(x) = a_0 + a_1 x + \cdots + a_{N-2} x^{N-2} + a_{N-1} x^{N-1};$$

$$B_N(x) = b_0 + b_1 x + \cdots + b_{N-2} x^{N-2} + b_{N-1} x^{N-1}$$

$$C_M(x) = c_0 + c_1 x + \cdots + c_{M-2} x^{M-2} + c_{M-1} x^{M-1};$$

$$D_M(x) = d_0 + d_1 x + \cdots + d_{M-2} x^{M-2} + d_{M-1} x^{M-1}$$

式中，$\widetilde{C}_M$ 表示序列 C_M 的倒序，即 $\widetilde{C}_M=[c_{M-1}, c_{M-2}, \cdots, c_1, c_0]$；$\widetilde{D}_M$ 与之类似，为序列 D_M 的倒序。

为了描述方便，下面将由互补码 1 构成的新互补码 2 称为子互补码，而互补码 1 称为母互补码，由母互补码得到子互补码。不同长度互补码的构造方法主要有以下五种[12]：

方法 1：若 $E_1(x)=A_N(x)+x^N B_N(x)$；$E_2(x)=A_N(x)-x^N B_N(x)$，则序列 E_1 和序列 E_2 构成一对长度为 $2N$ 的互补码。因为新生成的子互补码是由母互补码的两个序列串联拼接而成，所以该方法又称为串接法。新生成的长度为 $2N$ 的互补码写成序列形式

$$\begin{aligned} E_1 &= [a_0 \quad a_1 \quad \cdots \quad a_{N-1} \quad b_0 \quad b_1 \quad \cdots \quad b_{N-1}] \\ E_2 &= [a_0 \quad a_1 \quad \cdots \quad a_{N-1} \quad -b_0 \quad -b_1 \quad \cdots \quad -b_{N-1}] \end{aligned} \tag{3.34}$$

例如，以第(G_2)组长度为 10 的互补码核为母互补码，采用串接法产生的长度为 $2N=20$ 的互补码序列为

$$E_1 = [1, -1, -1, 1, -1, 1, -1, -1, -1, 1, 1, -1, -1, -1, -1, -1, -1, 1, 1, -1]$$

$$E_2 = [1, -1, -1, 1, -1, 1, -1, -1, -1, 1, -1, 1, 1, 1, 1, 1, 1, -1, -1, 1]$$

其自相关函数如图 3.9 所示。

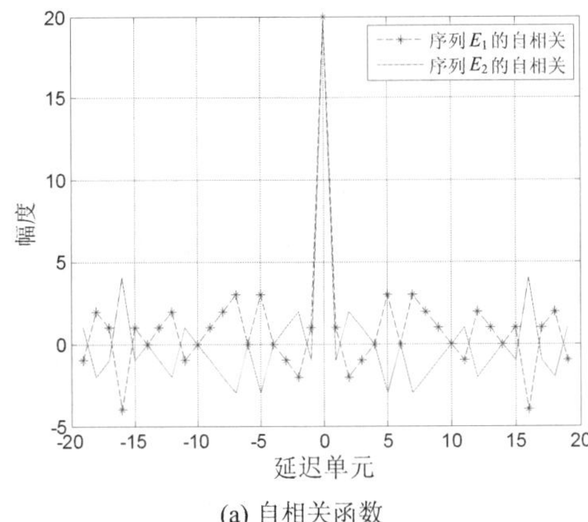

(a) 自相关函数

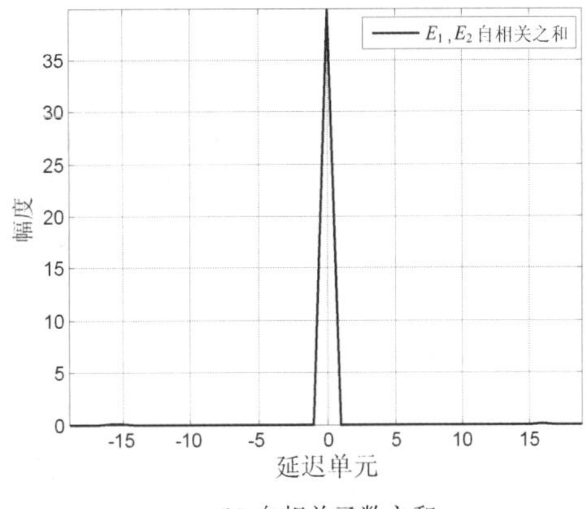

(b) 自相关函数之和

图 3.9　方法 1 构造的互补码自相关函数

由图 3.9 可看出，由方法 1 构造出的长度为 20 的互补码的两个单一序列的非周期自相关函数主瓣峰值都是 20，即互补码码长，最大旁瓣峰值为 4，主旁瓣比均为 13.98 dB。而自相关函数之和具有理想的零旁瓣。互补码可以通过多级串接生成不同长度的互补码。

方法 2：若 $F_1(x)=A_N(x^2)+xB_N(x^2)$，$F_2(x)=A_N(x^2)-xB_N(x^2)$，则序列 F_1 和序列 F_2 构成一对长度为 $2N$ 的互补码。新生成的子互补码是由母互补码的其中一个序列内插到另一序列中，所以该方法又称为内插法。新生成的长度为 $2N$ 的互补码写成序列形式为

$$F_1=[a_0 \quad b_0 \quad a_1 \quad b_1 \quad \cdots \quad a_{N-1} \quad b_{N-1}]$$
$$F_2=[a_0 \quad -b_0 \quad a_1 \quad -b_1 \quad \cdots \quad a_{N-1} \quad -b_{N-1}] \tag{3.35}$$

以第(G_2)组长度为 10 的互补码核为母互补码，产生的长度为 $2N=20$ 的互补码序列为

$F_1=[1,1,-1,-1,-1,-1,1,-1,-1,-1,1,-1,-1,-1,-1,1,-1,1,1,-1]$

$F_2=[1,-1,-1,1,-1,1,1,1,-1,1,1,1,-1,1,-1,-1,-1,-1,1,1]$

其自相关函数如图 3.10 所示。

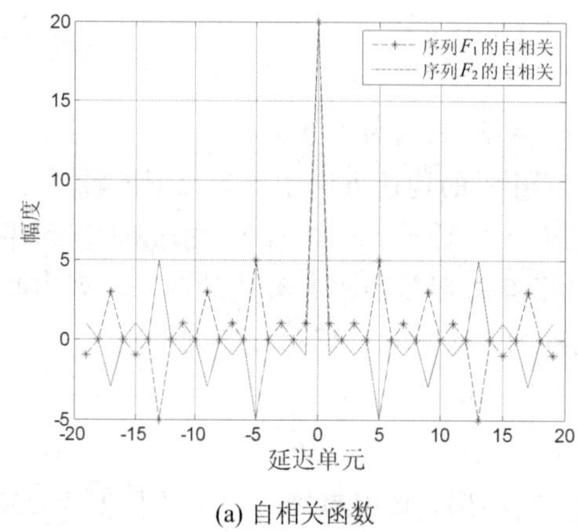

(a) 自相关函数

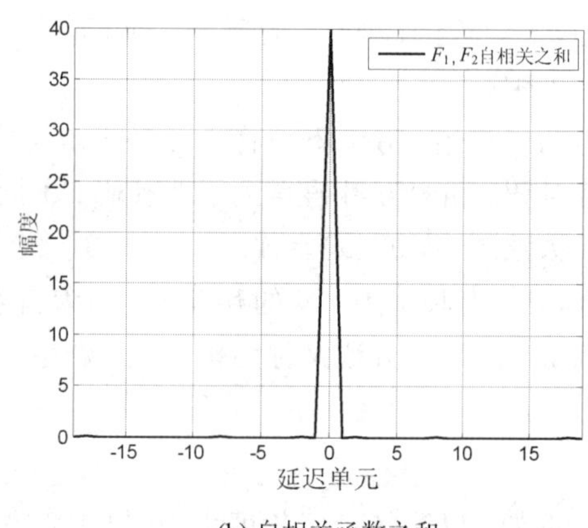

(b) 自相关函数之和

图 3.10　方法 2 构造的互补码自相关函数

由图 3.10 可看出，由方法 2 构造出的长度为 20 的互补码的两个单一序列的非周期自相关函数主瓣峰值都是 20，即为互补码码长，最大旁瓣峰值为 5，主旁瓣比为 12.04 dB，且自相关函数之和具有理想的零旁瓣。

方法 3：若 $U_1(x)=A_N(x)C_M(x^N)+x^{NM}B_N(x)D_M(x^N)$，$U_2(x)=A_N(x)\widetilde{D}_M(x^N)-x^{NM}B_N(x)\widetilde{C}_M(x^N)$，则序列 U_1 与序列 U_2 构成一对长度为 $2NM$ 的互补码。该方法是将构成母互补码 1 的两个序列拼接，构成母互补码 2 的两序列分别顺序拼接和倒序拼接，再将母互补码 1 的拼接结果分别与两组母互补码 2 的拼接结果做 Kronecker 乘积，得到一对新的子互补码序列。将新生成的长度为 $2NM$ 的互补码写成序列形式

$$\begin{aligned}U_1=[&c_0(a_0 \quad a_1 \quad \cdots \quad a_{N-1}) \quad c_1(a_0 \quad a_1 \quad \cdots \quad a_{N-1}) \quad \cdots \quad c_{M-1}(a_0 \quad a_1 \quad \cdots \quad a_{N-1})\\ &d_0(b_0 \quad b_1 \quad \cdots \quad b_{N-1}) \quad d_1(b_0 \quad b_1 \quad \cdots \quad b_{N-1}) \quad \cdots \quad d_{M-1}(b_0 \quad b_1 \quad \cdots \quad b_{N-1})]\\ U_2=[&d_{M-1}(a_0 \quad a_1 \quad \cdots \quad a_{N-1}) \quad d_{M-2}(a_0 \quad a_1 \quad \cdots \quad a_{N-1}) \quad \cdots \quad d_0(a_0 \quad a_1 \quad \cdots \quad a_{N-1})\\ &-c_{M-1}(b_0 \quad b_1 \quad \cdots \quad b_{N-1}) \quad -c_{M-2}(b_0 \quad b_1 \quad \cdots \quad b_{N-1}) \quad \cdots \quad -c_0(b_0 \quad b_1 \quad \cdots \quad b_{N-1})]\end{aligned} \tag{3.36}$$

例如，以第(G_1)组长度为 2 的互补码核和第(G_2)组长度为 10 的互补码核为母互补码，使用方法 3 构造的长度为 $2NM=40$ 互补码为

U_1=[1, 1, −1, −1, −1, −1, 1, 1, −1, −1, 1, 1, −1, −1, −1, −1, −1, −1, 1, 1, 1, −1, −1, 1, −1, 1, −1, 1, −1, 1, −1, 1, −1, 1, 1, −1, 1, −1, −1, 1]

U_2=[−1, −1, 1, 1, 1, 1, −1, −1, −1, −1, −1, −1, −1, −1, −1, −1, −1, −1, 1, 1, −1, 1, 1, −1, 1, −1, 1, −1, −1, 1, 1, −1, −1, 1, 1, −1, 1, −1, −1, 1]

其自相关函数如图 3.11 所示。

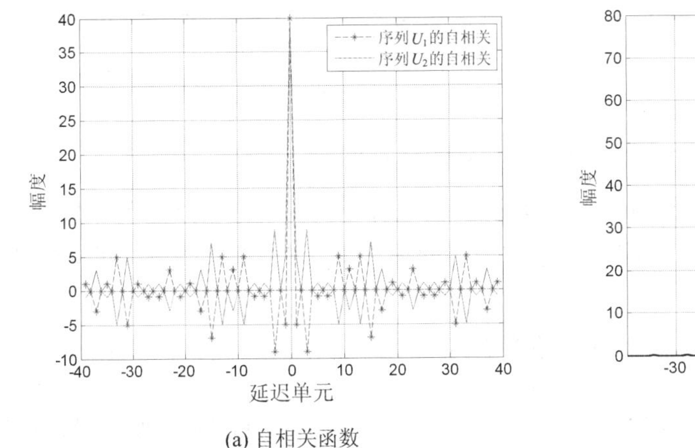

(a) 自相关函数

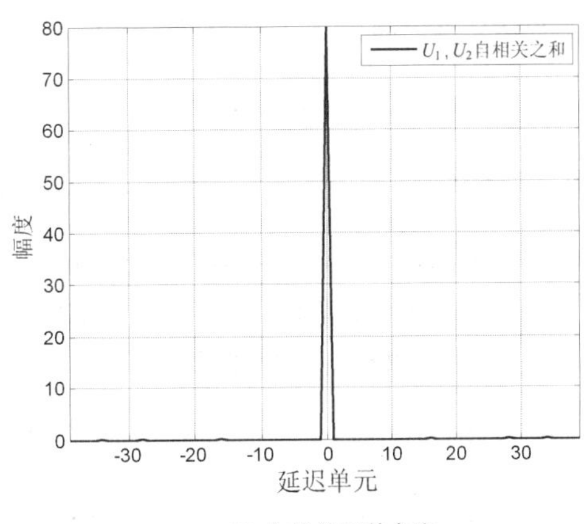

(b) 自相关函数之和

图 3.11　方法 3 构造的互补码自相关函数

由图 3.11 可看出，由方法 3 构造出的长度为 40 的互补码的两个单一序列的非周期自相关函数主瓣峰值都是 40，即为互补码码长，最大旁瓣峰值为 9，主旁瓣比为 12.96 dB。且自相关函数之和具有理想的零旁瓣。

方法 4：若 $V_1(x)=A_N(x)C_M(x^{2N})+x^N B_N(x)D_M(x^{2N})$，$V_2(x)=A_N(x)\widetilde{D}_M(x^{2N})-x^N B_N(x)\widetilde{C}_M(x^{2N})$，则序列 V_1 和序列 V_2 构成一对长度为 $2NM$ 的互补码。新生成的长度为 $2NM$ 的互补码写成序列形式为

$$\begin{aligned}V_1&=[c_0(a_0\cdots a_{N-1})\quad d_0(b_0\cdots b_{N-1})\quad\cdots\quad c_{M-1}(a_0\cdots a_{N-1})\quad d_{M-1}(b_0\cdots b_{N-1})]\\V_2&=[d_{M-1}(a_0\cdots a_{N-1})\quad -c_{M-1}(b_0\cdots b_{N-1})\quad\cdots\quad d_0(a_0\cdots a_{N-1})\quad -c_0(b_0\cdots b_{N-1})]\end{aligned}\tag{3.37}$$

例如，以第(G_1)组长度为 2 的互补码核和第(G_2)组长度为 10 的互补码核为母互补码，由方法 4 构成的长度为 $2NM=40$ 的互补码为

V_1=[1, 1, 1, −1, −1, −1, −1, 1, −1, −1, −1, 1, 1, 1, −1, 1, −1, −1, −1, 1, 1, 1, −1, 1, −1, −1, −1, 1, −1, −1, 1, −1, −1, −1, 1, −1, 1, 1, −1, 1];

V_2=[1, 1, 1, −1, −1, −1, −1, 1, −1, −1, −1, 1, 1, 1, −1, 1, −1, −1, −1, 1, 1, 1, −1, 1, −1, −1, −1, 1, −1, −1, 1, −1, −1, −1, 1, −1, 1, 1, −1, 1];

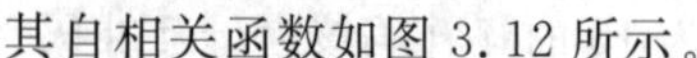

其自相关函数如图 3.12 所示。

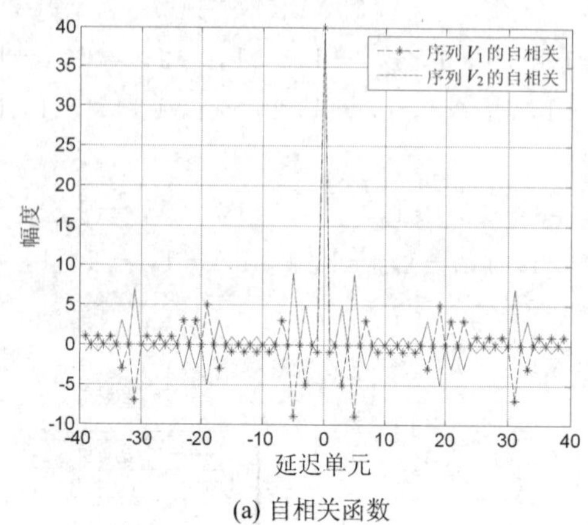

(a) 自相关函数

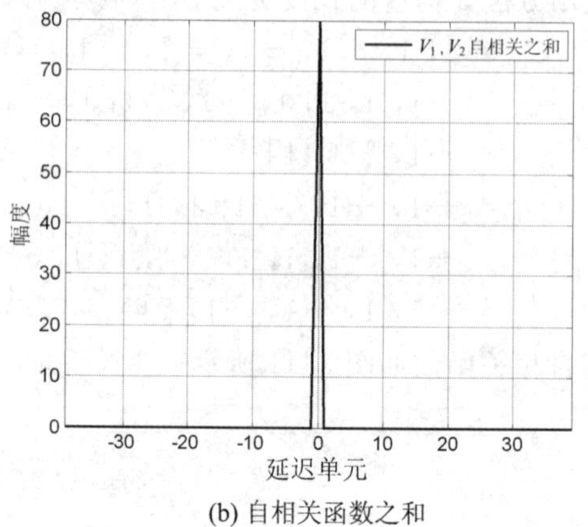

(b) 自相关函数之和

图 3.12　方法 4 构造互补码的自相关

由图 3.12 可看出，由方法 4 构造出的长度为 40 的互补码的两个单一序列的非周期自相关函数主瓣峰都是 40，即为互补码码长，最大旁瓣峰值为 9，主旁瓣比为 12.96 dB，但自相关函数之和具有理想的零旁瓣。

方法 5：若 $W_1(x)=\frac{1}{2}[A_N(x)+B_N(x)]C_M(x^N)+\frac{1}{2}[A_N(x)-B_N(x)]\widetilde{D}_M(x^N)$，$W_2(x)=\frac{1}{2}[A_N(x)+B_N(x)]D_M(x^N)-\frac{1}{2}[A_N(x)-B_N(x)]\widetilde{C}_M(x^N)$，则序列 W_1 和序列 W_2 构成一对长度为 MN 的互补码。新生成的长度为 NM 的互补码写成序列形式如下

$$\begin{aligned} W_1 &= \frac{1}{2}[c_0(a_0+b_0 \quad \cdots \quad a_{N-1}+b_{N-1}) \quad \cdots \quad c_{M-1}(a_0+b_0 \quad \cdots \quad a_{N-1}+b_{N-1})] \\ &\quad +\frac{1}{2}[d_{M-1}(a_0-b_0 \quad \cdots \quad a_{N-1}-b_{N-1}) \quad \cdots \quad d_0(a_0-b_0 \quad \cdots \quad a_{N-1}-b_{N-1})] \\ W_2 &= \frac{1}{2}[d_0(a_0+b_0 \quad \cdots \quad a_{N-1}+b_{N-1}) \quad \cdots \quad d_{M-1}(a_0+b_0 \quad \cdots \quad a_{N-1}+b_{N-1})] \\ &\quad +\frac{1}{2}[c_{M-1}(a_0-b_0 \quad \cdots \quad a_{N-1}-b_{N-1}) \quad \cdots \quad c_0(a_0-b_0 \quad \cdots \quad a_{N-1}-b_{N-1})] \end{aligned} \tag{3.38}$$

例如，以第(G_1)组长度为 2 的互补码核和第(G_2)组长度为 10 的互补码核为母互补码，由方法 5 构成的长度为 $NM=20$ 的互补码为

$W_1=[1,-1,-1,1,-1,1,1,-1,-1,-1,1,-1,-1,-1,-1,-1,-1,-1,1,1]$

$W_2=[1,-1,-1,1,-1,1,-1,1,-1,-1,-1,1,-1,-1,1,1,1,1,-1,-1]$

其自相关函数如图 3.13 所示。

由图 3.13 可看出，由方法 5 构造出的长度为 20 的互补码的两个单一序列的非周期自相关函数主瓣峰值都是 20，即互补码码长，最大旁瓣峰值为 3，主旁瓣比为 16.48 dB，但自相关函数之和具有理想的零旁瓣。

不同长度的互补码可以通过多级级联的方式构成，其子码也都是互补码。例如，某地波雷达采用长度为 2×64 的互补码{$\boldsymbol{C}_1$, $\boldsymbol{C}_2$}如下所示，其长度为 2、4、8、16、32 的子码均为互补码。

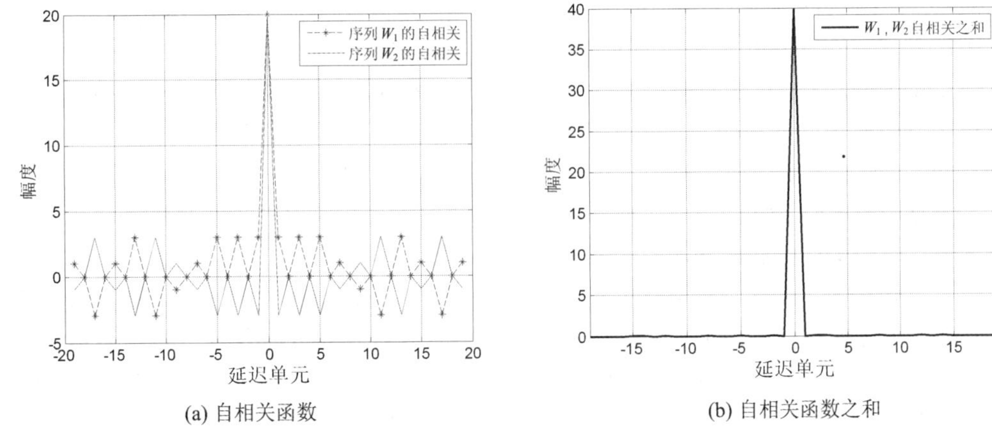

(a) 自相关函数　　(b) 自相关函数之和

图 3.13　方法 5 构造互补码的自相关

C_1 =[1, −1, 1, 1, 1, −1, −1, −1, 1, −1, 1, 1, −1, 1, 1, 1, 1, −1, 1, 1, 1, −1, −1, −1, −1, 1, −1, −1, 1, −1, −1, −1, 1, −1, 1, 1, 1, −1, −1, −1, 1, −1, 1, 1, −1, 1, 1, 1, −1, 1, −1, −1, −1, 1, 1, 1, 1, −1, 1, 1, −1, 1, 1, 1]

C_2 =[1, 1, 1, −1, 1, 1, −1, 1, 1, 1, 1, −1, −1, −1, 1, −1, 1, 1, 1, −1, 1, 1, −1, 1, −1, −1, −1, 1, 1, 1, −1, 1, 1, 1, 1, −1, 1, 1, −1, 1, 1, 1, 1, −1, −1, −1, 1, −1, −1, −1, −1, 1, −1, −1, 1, −1, 1, 1, 1, −1, −1, −1, 1, −1]

综上所述，构成互补码的两个序列(序列 1 和序列 2)的非周期自相关函数在主瓣位置幅度相等，副瓣幅度绝对值相等，符号相反。单一序列的非周期自相关函数主副瓣比并不理想，而且与互补码的码长没有明显关系，不像巴克码或者 M 序列，随着码长的增长，主副瓣比逐渐增大。然而将两序列的非周期自相关函数直接相加，可得到主瓣幅值增倍、副瓣相互抵消的理想的非周期自相关函数。

图 3.14(a)和图 3.14(b)分别给出了不同 SNR 下 63 码元的 M 序列码和 64 码元的互补码脉压结果。可见，在相同 SNR 下互补码的脉压副瓣电平低于 M 序列码的副瓣。

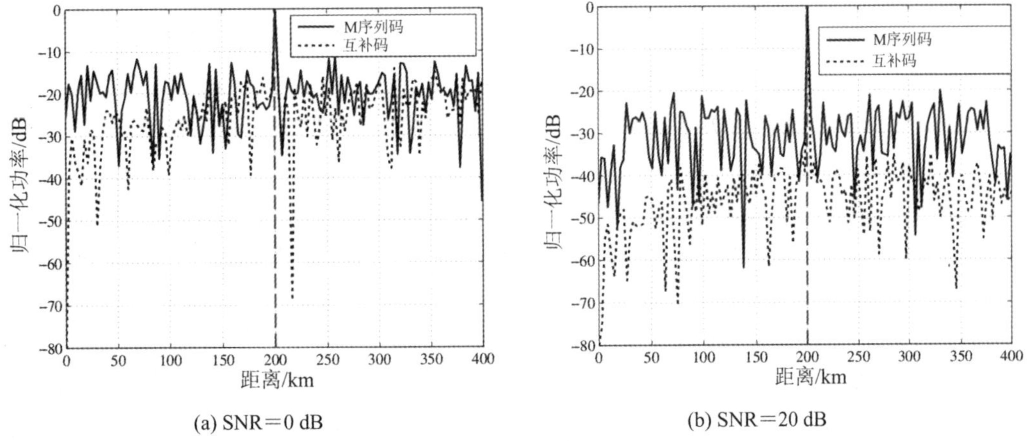

(a) SNR=0 dB　　(b) SNR=20 dB

图 3.14　M 序列码和互补码的脉压结果

3）互补码在高频地波雷达中的应用

考虑到构成互补码的两序列的非周期自相关函数之和使其主瓣幅值增加一倍，副瓣相互抵消全部为 0。使用互补码作为雷达发射信号，再将相邻两脉冲的脉压输出结果两两相加便可得到旁瓣为 0 的理想脉压输出信号。实际系统中，可采用滑窗的方式，如脉冲 1 和脉冲 2 相加，脉冲 2 和脉冲 3 相加，依次下去。

一方面，互补码良好的自相关特性使其特别适用于高频地波雷达在强海杂波和环境干扰背景下，对信噪比较低的弱小目标进行检测。

另一方面，互补码具有图钉型的模糊函数，一般认为其对多普勒敏感，即多普勒失谐时，不能脉压或脉压性能降低。但是由于高频地波雷达的波长达数十米，海面目标的速度低，多普勒频率也较低。例如，对波长 $\lambda=20$ m，对径向速度为 1 Ma($v=340$ m/s)的飞机目标，在发射脉冲宽度 $T_e=1.28$ ms 内所产生的相位变化量为

$$\Delta\phi = 2\pi \frac{2v}{\lambda} T_e \approx 0.087\pi \ll \pi/2 \tag{3.39}$$

由于海面目标的速度要低得多，因此，该相位变化量更微小，不会导致回波信号的编码规律发生变化，多普勒影响可以忽略，即多普勒敏感性问题在地波雷达应用中可以不考虑。若 $\lambda=1$ m，上述相位变化量为 $\Delta\varphi\approx 1.74\pi$，这将导致回波信号中的相位码发生变化，不能与发射码本相匹配，因此在米波段或微波段雷达系统中需要考虑多普勒敏感性问题。

综上两点，互补码既可获得低副瓣，且多普勒敏感性忽略不计，非常适合于高频地波雷达。在实际系统中，可在相邻脉冲交替采用互补码的 A 码和 B 码，并将两个脉冲各自的脉压结果相加得到最终的脉压结果，如图 3.15 所示。且可采用滑窗的方式，如脉冲 1 和脉冲 2 相加，脉冲 2 和脉冲 3 相加，以增加积累脉冲数。

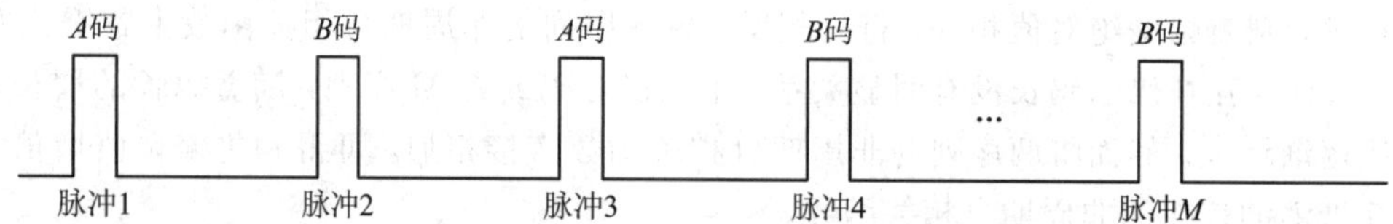

图 3.15　互补码发射脉冲示意图

下面对互补码脉压过程进行仿真实验。仿真条件：假设有两个目标，信噪比分别为[20，0] dB，距离为[50，70]km，目标速度均为 0。利用互补码产生方法产生长度为 520 的互补码序列，交替发射构成一组互补码序列的序列 A 和序列 B，以各自的脉压系数做脉冲压缩处理，然后采取滑窗的方式将相邻两个脉冲的脉压结果相加，得到脉冲压缩输出信号。仿真结果如图 3.16(b)所示。

图 3.16(a)为相邻两脉冲的回波信号的时域波形，图 3.16(b)为第一个脉冲的脉压结果，图 3.16(c) 为第二个脉冲的脉压结果，图 3.15(d)为第一个脉冲与第二个脉冲的脉压结果之和。

由图 3.16 可以看出，对构成一组互补码的两个序列分别脉压，得到的匹配滤波输出存在−20 dB 左右的副瓣，而将互补序列相邻两脉冲的脉压结果两两相加，在有噪声的情况下，由于噪声的影响，相邻两脉冲的副瓣虽然不能完全抵消，但能降低到与噪声相当。由此可见，当雷达发射互补码信号时，将相邻两脉冲的脉压结果两两相加，可以非常有效地

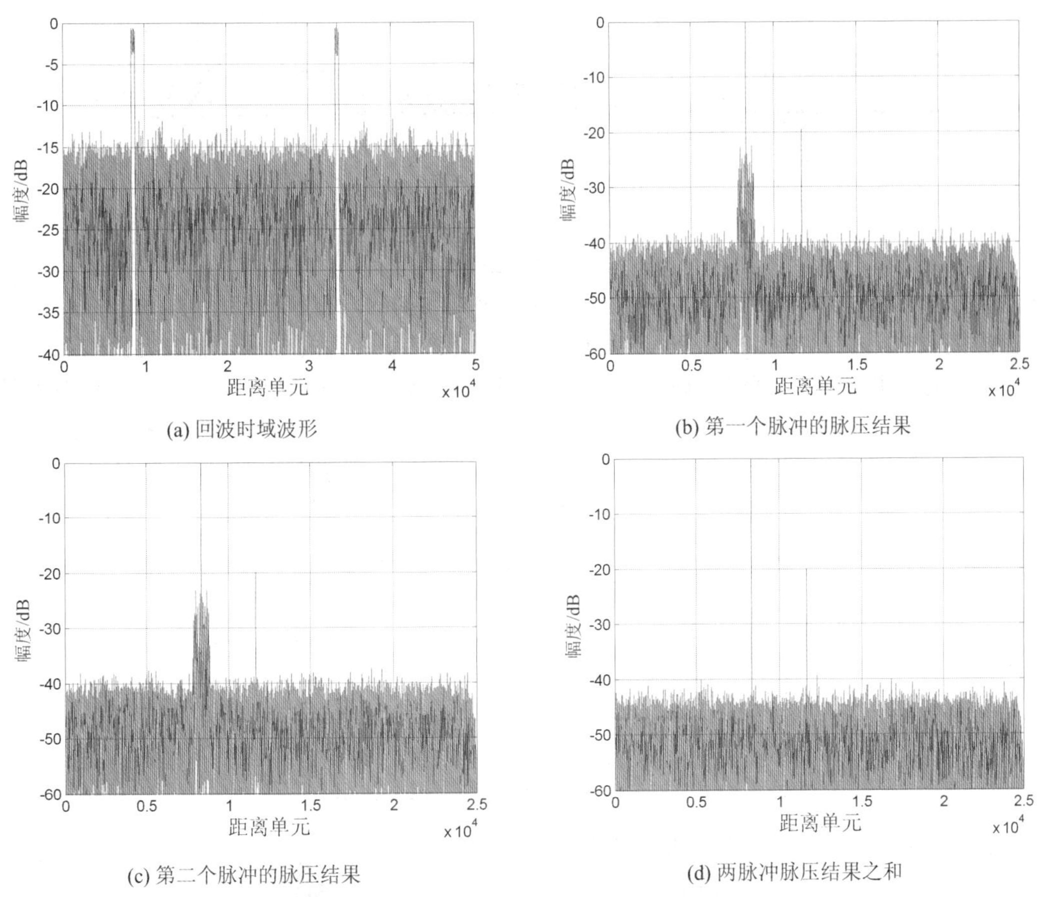

(a) 回波时域波形　　(b) 第一个脉冲的脉压结果

(c) 第二个脉冲的脉压结果　　(d) 两脉冲脉压结果之和

图 3.16　互补码脉压结果

降低信号的脉压副瓣。

3.4.3　基于分段匹配的互补码分段脉压处理

高频地波雷达对探测距离的要求使其一般要使用大时宽的脉冲信号，由于发射期间，接收机关闭，当目标延时小于发射脉冲宽度时，接收机不能接收到回波的前部分，这个现象称为遮蔽现象。存在遮蔽时，完整的互补码序列和存在遮挡的互补码序列是失配的，导致匹配滤波效果变差[5]。

作为单基地高频地波雷达的发射脉冲宽度宽，在一定距离范围内的目标回波均存在不同程度的遮挡，如图 3.17 所示。假设目标的距离 R_0 对应的时延为 $2R_0/c$，c 为光速。单基地雷达通常发射期间不接收信号，遮挡时间为 $T_b=T_e-\tau$，非遮挡期间为 $T_c=T_e-T_b$。根据式(3.17)，目标回波信号的基带模型可描述为

$$s_{r,k}(t)=\tilde{a}(t-\tau)\exp[\mathrm{j}\varphi_k(t-\tau)]\exp(-\mathrm{j}2\pi f_0\tau) \tag{3.40}$$

在存在遮挡，即 $\tau<T_e$ 的情况下，调制包络 $\tilde{a}(t-\tau)=\begin{cases}1, & T_b<t-\tau<T_c\\ 0, & 其他\end{cases}$。

例如，当使用长度为 64、每个码元的时宽为 20 μs 的互补码时，发射脉冲宽度为 $T_e=$ 1.28 ms，对应遮挡区的距离为 192 km，图 3.18 以距离在 125 km 的目标为例，给出了距

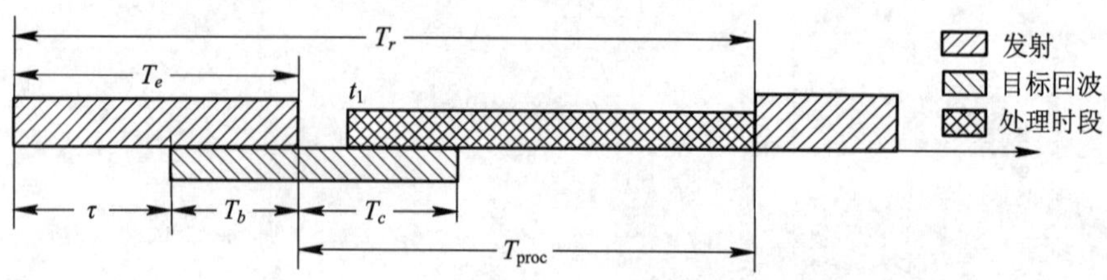

图 3.17　回波遮挡示意图

离遮挡的示意图。其中，图 3.18(a)为两个脉冲重复周期的发射机门控脉冲，图 3.18(b)为相应的接收机门控脉冲，图 3.18(c)中实线为接收机实际收到的信号，虚线为被遮挡的目标回波信号。可以看到，此时目标有近一半的码元被遮挡，此时若仍采用完整的发射互补码序列进行脉压，得到的结果如图 3.19 所示，图中模拟的回波信号未加噪声。可以看到，此时完整互补码序列和回波中的未遮挡的码元序列不再构成互补码，旁瓣性能较差。

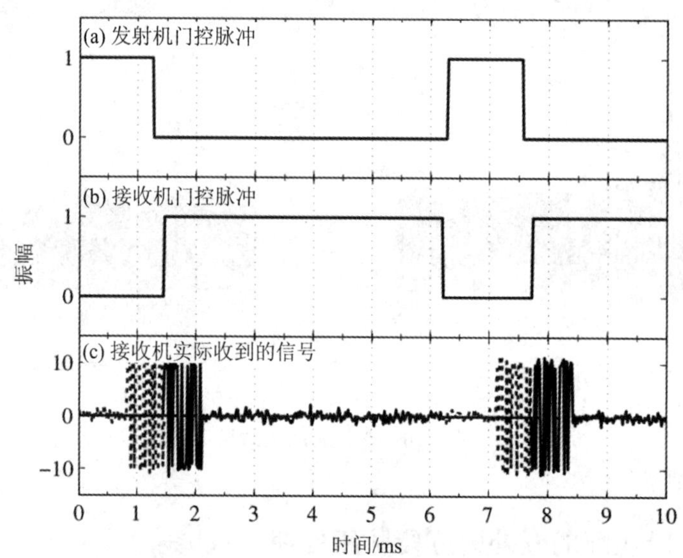

图 3.18　门控脉冲与回波信号波形

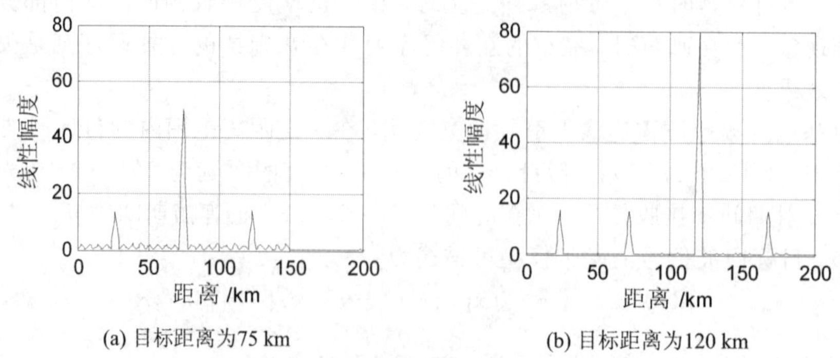

(a) 目标距离为75 km　　(b) 目标距离为120 km

图 3.19　存在遮挡时的脉压结果

脉冲压缩处理时，通常是对整个接收期 T_{proc} 的信号进行。图 3.19(a)和 3.19(b)分别给出了目标距离为 75 km、120 km 回波信号的脉压结果，SNR 为 10 dB。从图中可以看出，存在比较高的距离副瓣，将影响对目标的检测。这种现象产生的根源是由于目标回波信号所包含的部分码元不能构成互补码，从而破坏了互补码的特性，因此，产生了高副瓣的现象。

为了解决这一实际问题，我们提出距离分段匹配滤波的概念[5]。所谓距离分段匹配滤波，是按距离延时进行分段，每段采用不同的匹配滤波系数，分别进行脉冲压缩处理；再根据距离段对脉压结果进行拼接。而传统雷达在脉冲压缩处理时，是采用一种匹配滤波系数对整个接收期 T_{proc} 的信号进行处理。这里假设雷达的最小观测距离为 12 km，即非遮挡期至少包括 4 个码元，$T_c \geqslant 4T_1$。对长度为 64 的互补码，分段脉压处理分 5 种情况，如表 3.3 所示。

表 3.3　距离分段匹配滤波(以序列 A 为例)

遮挡情况	分段脉压数据的截取起始时间(t_1-t_0)	匹配滤波函数 $h(k)$	脉压后距离段拼接(km)
$4T_1 \leqslant T_c < 8T_1$	$4T_1$	$A(N-k)$，$k=0\sim3$	12—24
$8T_1 \leqslant T_c < 16T_1$	$8T_1$	$A(N-k)$，$k=0\sim7$	24—48
$16T_1 \leqslant T_c < 32T_1$	$16T_1$	$A(N-k)$，$k=0\sim15$	48—96
$32T_1 \leqslant T_c < 64T_1$	$32T_1$	$A(N-k)$，$k=0\sim31$	96—192
$T_c > 64T_1$，没有遮挡	$64T_1=T_e$	$A(N-k)$，$k=0\sim63$	≥192

表 3.3 中分段脉压数据的截取起始时间(t_1-t_0)见图 3.20，例如：目标距离在 96 km $\leqslant R <$ 192 km 范围时，非遮挡期 T_c 目标回波包括 32～63 个码元，这时用于脉压数据均只截取最后的 32 个码元，其他类似。常规脉压处理相当于目标回波包括多少个码元，脉压处理时就取多少个码元。图 3.20 给出了图 3.19 目标的分段脉压结果。可以看出，这种分段脉压对峰值而言至多带来 3 dB 损失，但克服了图 3.19 中的高副瓣现象。

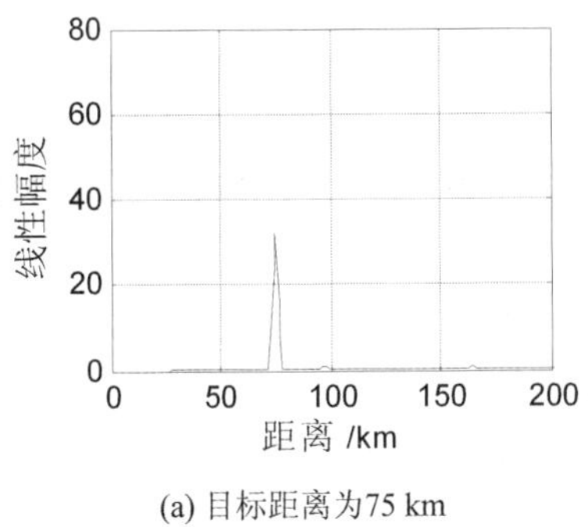

(a) 目标距离为75 km

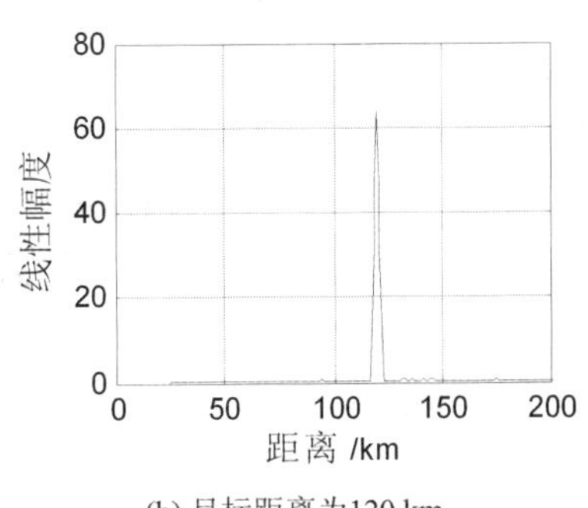

(b) 目标距离为120 km

图 3.20　分段脉压结果

假设目标距离为 120 km，输入信噪比 SNR＝－20 dB，相干积累脉冲数为 256，对模拟信号进行分段脉压、相干积累处理。图 3.21 给出了距离-多普勒三维图，图 3.22 为目标所在多普勒通道的时域信号。输出信噪比为 19.2 dB，与理论相符。

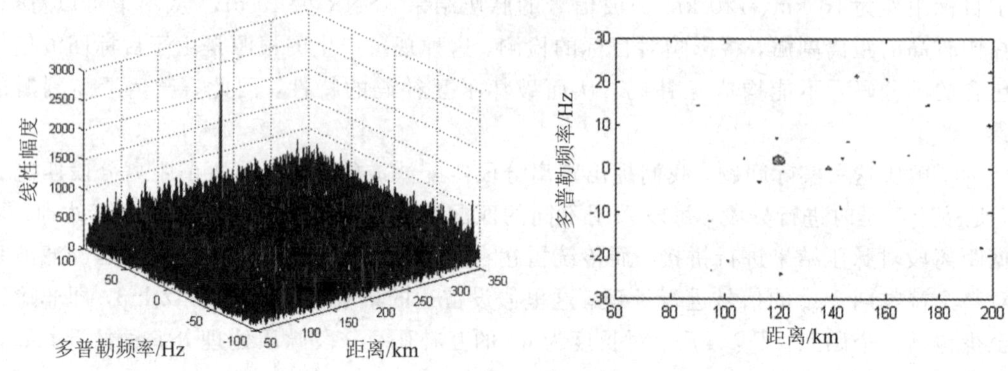

图 3.21　距离-多普勒三维图

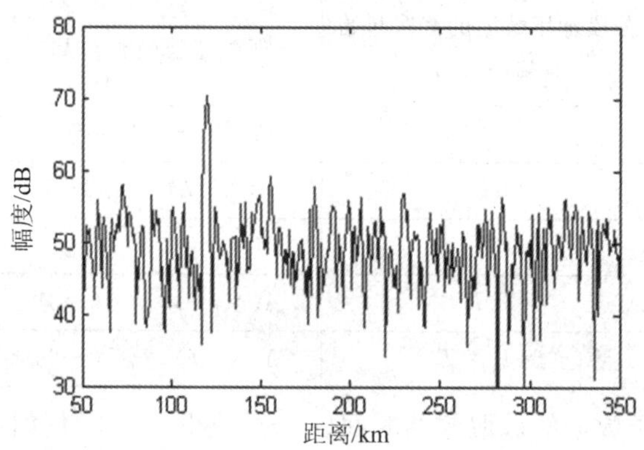

图 3.22　目标所在多普勒通道的时域信号

3.4.4　基于 CLEAN 思想的分段脉压处理

CLEAN 算法最早在射电天文学领域被提出，用于改善射电天文测成图的质量[14]，随后被广泛应用于信号处理的旁瓣抑制等。其基本思想是通过逐步抽取最强信号来消除强信号旁瓣对其他信号的影响。该算法的关键在于对目标位置、幅度以及相位的精确估计，并由此构造出理论输入信号，这个过程一般也称为反卷积。每次从实际输入信号中减去构造的理论输入信号，即完成了该信号分量的抽取。

设互补码的 A 码和 B 码接收到的回波信号分别为 $x_A(t)$和 $x_B(t)$，假设有 L 个目标，幅度、延时分别为 σ_l和 l_l，$l=0$，…，$L-1$。在不考虑噪声的情况下，有

$$x_A(t) = \sum_{t=0}^{L-1} \sigma_l s_A(t-\tau_l)$$

$$x_B(t) = \sum_{t=0}^{L-1} \sigma_l s_B(t-\tau_l) \tag{3.41}$$

式中，$s_A(t)$和 $s_B(t)$为归一化的互补码发射信号波形，即

$$\int_0^{T_e} |s_A(t)|^2 \mathrm{d}t = \int_0^{T_e} |s_B(t)|^2 \mathrm{d}t = 1 \tag{3.42}$$

当使用完整互补码序列作为匹配滤波系数时，设第 l 个目标的 A、B 码脉压输出分

别为

$$z_{l,A}(\tau)=\int_{t=0}^{T_r}\sigma_l s_A(t-\tau_l)s_A^*(t-\tau)\mathrm{d}t$$

$$z_{l,B}(\tau)=\int_{t=0}^{T_r}\sigma_l s_B(t-\tau_l)s_B^*(t-\tau)\mathrm{d}t \tag{3.43}$$

则在 τ_l处，有 $z_{l,A}=\sigma_l$，$z_{l,B}(\tau_l)=\sigma_l$，则互补码的脉压结果在 τ_l处有 $z_l(\tau_l)=[z_{l,A}(\tau_l)+z_{l,B}(\tau_l)]/2=\sigma_l$，即在目标位置处的脉压结果 $z_l(\tau_l)$能够作为目标幅度 σ_l 的估计值。

在进行分段脉压时，设当前距离段脉压使用的匹配滤波系数长度为 P，幅度因子为 a，当 $P=N$ 时，目标所在距离单元的峰值幅度可作为目标幅度的估计值，幅度因子 $a=1$。P 每缩小一半，a 需增大一倍，将当前距离段脉压结果乘以 a 还原出目标的真实幅度。表 3.4 给出了基于 CLEAN 思想的互补码分段脉压算法流程[15]。对每个距离段的 CLEAN 操作如下：根据当前段的脉压结果进行目标判决，从中估计目标的幅度、相位以及延时。再根据式(3.41)构造出目标对应的理想原始 A、B 码回波信号，并将当前段的目标分量从输入数据中减去。对当前距离段所有判决为目标的点均需进行这样的 CLEAN 操作。由于每一段使用的 A、B 子码均为互补的，每一段的脉压结果均具有较好的旁瓣电平，因此有利于对目标的检测。

表 3.4　基于 CLEAN 思想的互补码分段脉压算法流程

初始化：$P=N$，幅度因子初始值 $n=1$，$N_{\min}$，$N_{\max}$	
迭代：从最远的距离段开始，由远到近依次进行脉压和 CLEAN 的过程	
Step 1	根据 P 的取值决定这一段对应的输入数据段、脉压系数，以及输出距离： 输入数据段下标：$\begin{cases}N+1:N_{\max} & (P=N)\\ N+1:2N-1 & (P<N)\end{cases}$ 脉压系数：$s_A[N-P+1:N]$和 $s_B[P-P+1:N]$ 输出距离：$\begin{cases}(P+1)\Delta R\sim R_{\max} & (P=N)\\ (P+1)\Delta R\sim(2P)\Delta R & (P<N)\end{cases}$
Step 2	根据输入数据段下标提取数据，分别进行 A、B 码回波的脉压，得到 $z_A(\tau)$和 $z_B(\tau)$
Step 3	计算互补脉压结果 $z(\tau)=(z_A(\tau)+z_B(\tau))/2$，其和 Step 1 中的输出距离相对应
Step 4	根据脉压结果 $z(\tau)$进行目标判决，并估计目标参数$\{\sigma_l,\tau_l\}$
Step 5	使用目标参数$\{a\sigma_l,\tau_l\}$构造这一距离段的 A、B 码理论回波信号
Step 6	CLEAN 操作：从当前输入数据减去理论输入信号，结果作为下一距离段输入数据
Step 7	$P\leftarrow P/2$，$a\leftarrow 2a$，若 $P\leqslant N_{\min}$，终止；否则，返回 Step 1 进行下一距离段的运算
输出：将所有距离段的结果拼接，得到最终脉压结果	

表中，$N_{\min}$为最小作用距离对应的单元数，$N_{\max}$为最大作用距离对应单元数。

设置有 12 个目标距离在[20，30，55，60，75，84，91，100，150，160，180，200]km 处，所有目标 SNR 均为 10 dB。图 3.23 为基于 CLEAN 思想的分段脉压算法得到的结果，可以看到，脉压结果在所有目标位置处均有峰值，且无任何伪峰出现。图中虚线表示目标的实际位置，由于输入目标的 SNR 相同，所以远距离目标脉压时增益最高，输出信号的 SNR 比近距离目标的 SNR 高。

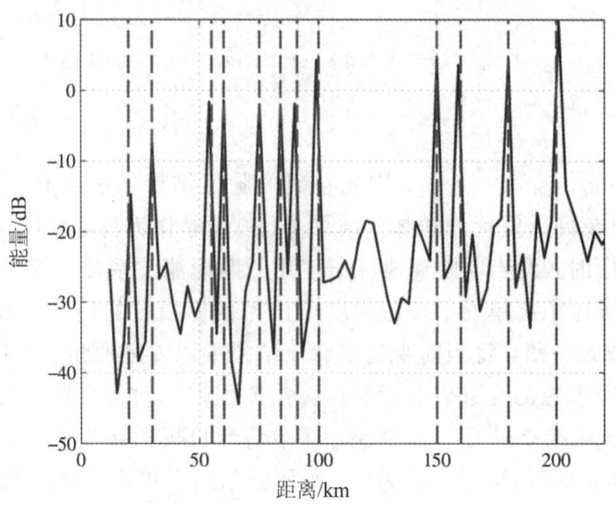

图 3.23　多目标使用 CLEAN 思想的互补码分段脉压的仿真结果

3.5　稀疏谱调频连续波信号及其距离变换处理

3.5.1　稀疏谱调频连续波雷达信号模型

高频段频谱资源紧张，各种通信、广播电台的频带占用率非常高，雷达难以找到一段带宽较大的连续带宽。因此高频地波雷达的瞬时工作带宽一般较小，对应距离分辨率较低。文献[16]根据长达 22 个月的高频频谱监测结果，认为 20 kHz 的空闲频带容易找到，但是，100 kHz 的寂静频带则找不到。因此，一般情况下，高频地波雷达的信号带宽在几十千赫兹，对应距离单元的大小为几公里。

针对这种情况，英国学者 Green S D 和俄罗斯学者 Kutuzov V M 先后从波形设计的角度提出一种解决方案[17, 18]，其思路是利用多个非连续的带宽较小的子带来合成所需带宽。这种信号一般称为非连续谱信号或者稀疏频谱信号。信号频谱的不连续导致匹配滤波输出有很高的旁瓣，且旁瓣不能通过常规的加窗技术来抑制。因此很多文献重点关注的是匹配滤波输出的旁瓣抑制技术。本节主要介绍稀疏谱 FMCW (Sparse Spectrum FMCW, SS-FMCW)信号及其处理方法。

由于电磁干扰的随机性，可用于高频地波雷达工作的寂静频带分布是不均匀的。采用 SS-FMCW 信号的高频雷达的工作频带，需根据当前频谱监测的结果确定。假定在频率区间 f_0 到 $f_0+\Delta F$ 内能找到 I 段相对寂静频带，如图 3.24 所示，每一段的起始频率和起始时刻分别为 f_i 和 t_i，$i=0, \cdots, I-1$，且 ΔF 远小于中心载频 f_0，从而每一段的持续时间为 $T_i=t_{i+1}-t_i$，$i=0, 1, \cdots, I-1$。发射和接收信号的频率-时间特性如图 3.25 所示。从图中可以看到，SS-FMCW 信号在时域上是连续的，而在频谱上非连续。扫频周期 $T=\sum_{i=0}^{I-1} T_i$，雷达信号占据的带宽，即扫频带宽为 B，每一段发射信号的调频斜率相等，固定为 $\mu=B/T$。这里定义雷达信号占据的带宽 B 与信号跨越的带宽 ΔF 之比为频带占用比

(OFR, Occupied Frequency Ratio)。

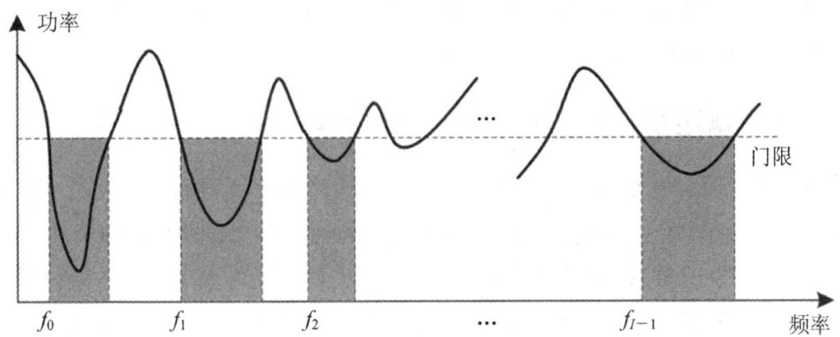

图 3.24　高频段频谱干扰示意图

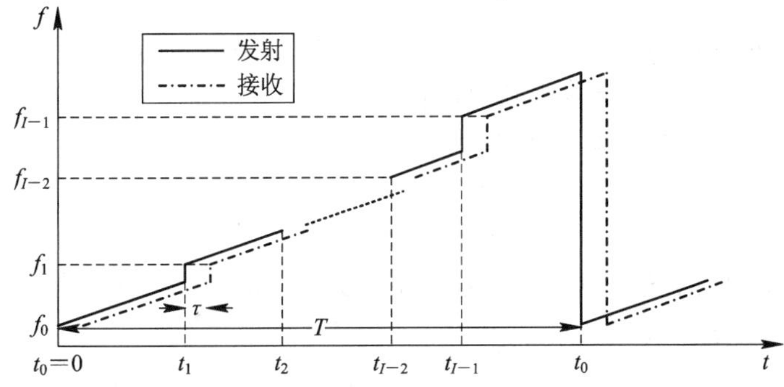

图 3.25　SS-FMCW 信号频率—时间关系

假设一个相干处理间隔内有 M 个扫频周期，发射信号的复信号模型可表示为

$$s(t)=\sum_{m=0}^{M-1}\sum_{i=0}^{I-1}\text{rect}\left(\frac{t-T_i/2-t_i-mT}{T_i}\right)\cdot e^{(j\pi\mu(t-t_i-mT)^2)}\cdot e^{(j2\pi f_i(t-t_i-mT))}\tag{3.44}$$

单个运动目标的回波可表示为

$$x(t)=\tilde{\sigma}_0\sum_{m=0}^{M-1}\sum_{i=0}^{I-1}\text{rect}\left(\frac{t-T_i/2-t_i-mT}{T_i}\right)\cdot e^{(j\pi\mu(t-t_i-mT-\tilde{\tau}(t))^2)}\cdot e^{(j2\pi f_i(t-t_i-mT-\tilde{\tau}(t)))}\tag{3.45}$$

由于高频地波雷达的扫频周期 T 一般在几百毫秒的量级，考虑的最远目标延时 $\tau_{\max}$ 一般要远小于扫频周期 T，因此，式(3.45)忽略了目标延时对矩形包络的影响。目标的延时函数 $\tilde{\tau}(t)$ 为

$$\tilde{\tau}(t)=\frac{2(R_0-v_0t)}{c}=\tau_0-\frac{2v_0t}{c}\tag{3.46}$$

式中，R_0 为目标的初始距离，τ_0 为对应的延时，v_0 为目标相对于雷达站的径向速度。将回波信号和发射信号的副本进行混频后，得到的去调频输出信号为

$$\begin{aligned}y(t)&=x(t)s^*(t)\\&=\tilde{\sigma}_0\sum_{m=0}^{M-1}\sum_{i=0}^{I-1}\text{rect}\left(\frac{t-T_i/2-t_i-mT}{T_i}\right)\cdot e^{[-j2\pi(f_i-\mu t_i)\tilde{\tau}(t)-j2\pi\mu\tilde{\tau}(t)(t-mT)+j\pi\mu\tilde{\tau}^2(t)]}\end{aligned}\tag{3.47}$$

式中第 m 个扫频周期、第 i 个频段对应的相位项记为 $\phi_{m,i}(t)$，有

$$\phi_{m,i}(t) = -2\pi(f_i - \mu t_i)\tilde{\tau}(t) - 2\pi\mu\tilde{\tau}(t)(t - mT) + \pi\mu\tilde{\tau}^2(t) \tag{3.48}$$

式(3.48)中前两项包含了目标的速度和距离信息；最后一项为延时函数 $\tilde{\tau}(t)$的二次项，在一个 CPI 内可认为是一个常数相位项，记为 Φ_c。

3.5.2 稀疏谱调频连续波信号的距离变换处理

式(3.48)中第二项和连续谱 FMCW 信号去调频后的信号相位形式类似，和目标延时成正比。连续谱 FMCW 雷达可通过对每个调频周期去调频处理后作 FFT 处理，得到目标距离信息。然而对 SS-FMCW 信号而言，存在一个非连续性谱带来的相位跳变项，即式(3.48)中的第一项。该相位跳变量和目标延时有关，为未知量。因此 SS-FMCW 信号不能通过 FFT 直接得到距离信息。但对式(3.48)进行变换，可得到

$$\phi_{m,i}(t) = -2\pi\mu\tilde{\tau}(t)\left(t - mT + \frac{f_i}{\mu} - t_i\right) + \Phi_c \tag{3.49}$$

因此，原未知的相位跳变转化为由波形参数所决定的已知的时间平移，每一段的平移量为 $f_i/\mu - t_i$。因此，通过对每一段的时间向量进行一个平移，或者说对采样时刻进行一个重排操作，可将未知的相位跳变消除。设重排后的时间变量为 t'，有

$$t' = t + \frac{f_i}{\mu} - t_i \quad (t_i \leqslant t < t_{i+1}) \tag{3.50}$$

对于频谱分成 I 段的 SS-FMCW 信号，每一段的时间变量经过重排后分别变为

$$\begin{array}{lcl}
t \in [t_0, t_1) & \rightarrow & t' \in [t_0, t_1) \\
t \in [t_1, t_2) & \rightarrow & t' \in \left[\dfrac{1_1}{\mu}, t_2 - t_1 + \dfrac{f_1}{u}\right) \\
\vdots & \vdots & \vdots \\
t \in [t_{I-1}, t_I) & \rightarrow & t' \in \left[\dfrac{f_{I-1}}{\mu}, t_I - t_{I-1} + \dfrac{f_{I-1}}{\mu}\right)
\end{array}$$

将式(3.50)的等式两边同时乘以 μ，可得

$$\mu t' = f_i + \mu(t - t_i) \quad (t_i \leqslant t < t_{i+1}) \tag{3.51}$$

式(3.51)表明，时间重排后的时间变量各段之间的间隔和 SS-FMCW 信号各段频谱的间隔是成比例的，即信号频谱分段越多，时间变量 t'的分段也越多；信号频谱两段的间隔越大，时间变量 t'相应两段的间隔也越大。也就是说，SS-FMCW 信号频谱的分段导致了其时间重排后的采样序列也是分段的，且两者的稀疏性一致。

对去调频信号以均匀间隔 T_s 进行采样，得到采样序列 $y[n]$。原采样时间序列和经过重排后的采样时间序列分别记为 $t[n]$和 $t'[n]$，$0 \leqslant n < N$，N 为一个调频周期内的采样点数。时间重排的过程如图 3.26 所示，这里是以三段信号为例，对一正弦波重排前、后进行比较，其中图 3.26(b)是对图 3.26(a)的重排结果。可以看到，原均匀采样序列经过时间重排后为非均匀序列，或者说是分段均匀的。

对于静止目标，单个调频周期内去调频后的采样序列 $y[n]$可表示为

$$y[n] = \tilde{\sigma}_0' \exp(-\mathrm{j}2\pi\mu\tilde{\tau}_0(t'[n])) \ (0 \leqslant n < N) \tag{3.52}$$

式中，$\tilde{\sigma}_0' = \tilde{\sigma}_0 \exp(\mathrm{j}\Phi_c)$。将式(3.52)写成向量形式，且考虑 L 个目标，与一般谱估计模型类似，接收信号向量模型为

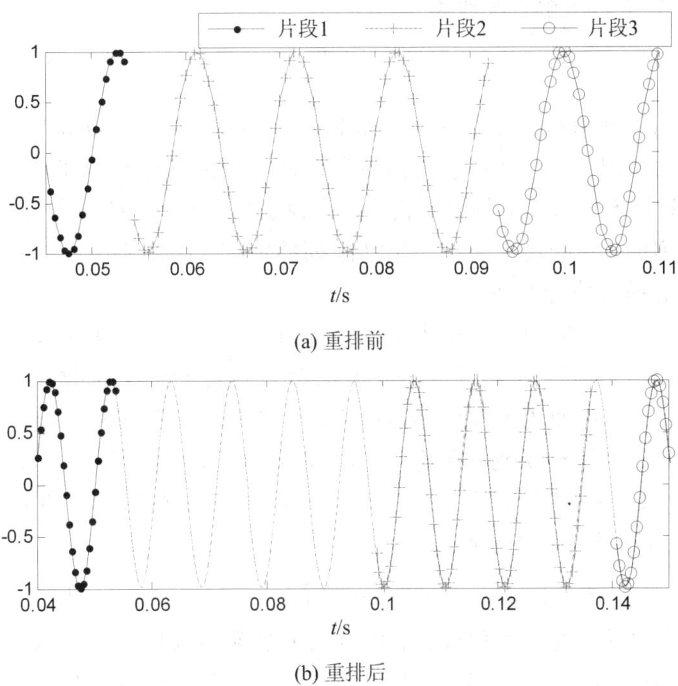

(a) 重排前

(b) 重排后

图 3.26　时间重排过程示意

$$y = \sum_{l=1}^{L} a_\tau(\tilde{\tau}_l)\tilde{\sigma}'_l + n \tag{3.53}$$

式中，$\{\tilde{\tau}_l\}_{l=1}^{L}$ 和 $\{\tilde{\sigma}_l\}_{l=1}^{L}$ 分别为所有目标的延时和复散射系数的集合，$\boldsymbol{y}$ 为 N 维观测向量，$\boldsymbol{n}$ 为 N 维噪声向量，$\boldsymbol{a}_\tau(\cdot)$ 为延时域的匹配矢量函数。匹配矢量 $\boldsymbol{a}_\tau$ 的结构由 SS-FMCW 的波形参数所决定。因此 SS－FMCW 信号的距离变换转化为非均匀采样序列的谱估计问题。

为便于对谱估计算法的说明，这里对式(3.53)模型进行扩展。假设考虑的目标最大延时为 $\tau_{\max}$，将区间$[0, \tau_{\max}]$均匀划分成 K 个栅格，即 $\{\tau_k\}_{k=1}^{K}$，且假设栅格划分足够细(实际中栅格的大小应小于一个距离分辨单元)，使得可近似认为目标落在某个栅格上，即存在 $k_1, \cdots, k_L$ 使得 $\tilde{\tau}_k = \tau_{k_l}$，$(l=1, \cdots, L)$。将匹配矢量简记为

$$a_k = a_\tau(\tau_k) \quad (k = 1, \cdots, K) \tag{3.54}$$

且记

$$\sigma_k = \begin{cases} \tilde{\sigma}'_l & (k = k_l, (l = 1, \cdots, L)) \\ 0 & (\text{其他}) \end{cases} \tag{3.55}$$

式(3.53)中的谱估计模型可表示为

$$y = \sum_{k=1}^{K} a_k \sigma_k + n \tag{3.56}$$

求解式(3.56)最经典的方法是基于傅立叶变换的周期图(FP)法，也称为单点最小二乘(SFLS)法或匹配滤波(MF)法。其使用与接收信号结构相匹配的滤波器系数，使得在输出端得到最优的信噪比(SNR)。其最小二乘解为

$$\hat{\sigma}(\tau) = \arg\min_{\sigma(\tau)} \| y - \sigma(\tau) a_\tau(\tau) \|^2 \tag{3.57}$$

在每一个 τ_k 处进行求解，得到解为

$$\hat{\sigma}_k = \frac{\boldsymbol{a}_k^{\mathrm{H}} \boldsymbol{y}}{\| \boldsymbol{a}_k \|^2} \tag{3.58}$$

匹配滤波法由于其对噪声不敏感以及高的计算效率，在实际系统中广泛使用，但是在采样序列非均匀的情况下，存在严重的谱泄漏问题，导致其存在分辨能力差、精度低以及旁瓣高的问题。且经典窗函数，如汉明窗、汉宁窗、泰勒窗、切比雪夫窗等，都是在均匀采样序列下计算得到的，不能用于非均匀采样序列的加权。因此必须在 SS-FMCW 信号的距离处理中使用其他的谱估计算法。

迭代自适应算法(IAA)是一种非参数谱估计方法[20, 21]，为一种自适应滤波器组类谱估计算法。IAA 的思路是通过白化预处理以消除信号附近的强干扰效应，从而提高分辨能力，改善旁瓣性能。IAA 使用干扰加噪声协方差矩阵逆加权的最小二乘(WLS)准则来取代 MF 法采用的最小二乘(LS)准则，在均匀采样序列、间断采样序列、非均匀采样序列情况下均能获得较好的谱估计性能。其通过迭代求解 WLS 解来抑制 MF 的旁瓣并锐化谱峰。

IAA 使用的加权最小二乘准则为

$$\hat{\sigma}_k = \arg\min_{\sigma_k} \| \boldsymbol{y} - \sigma_k \boldsymbol{a}_k \|^2_{\boldsymbol{R}^{-1}_{i+n,\,k}} \quad (k = 1,\ \cdots,\ K) \tag{3.59}$$

式中 $\boldsymbol{R}_{i+n,\,k}$ 是干扰加噪声协方差矩阵。干扰由除了当前的栅格位置 k 以外的其他信号分量构成，即 $\boldsymbol{R}_{i+n,\,k} = \boldsymbol{R} - |\sigma_k|^2 \boldsymbol{a}_k \boldsymbol{a}_k^{\mathrm{H}}$，矩阵 $\boldsymbol{R}$ 为所有信号分量的协方差阵。向量 $\boldsymbol{x}$ 的加权 l_2 范数定义为 $\| \boldsymbol{x} \|^2_{\boldsymbol{W}} \triangleq \boldsymbol{x}^{\mathrm{H}} \boldsymbol{W} \boldsymbol{x}$，$\boldsymbol{W}$ 为加权矢量。式(3.59)的解为

$$\hat{\sigma}_k = \frac{\boldsymbol{a}_k^{\mathrm{H}} \boldsymbol{R}^{-1}_{i+n,\,k} \boldsymbol{x}}{\boldsymbol{a}_k^{\mathrm{H}} \boldsymbol{R}^{-1}_{i+n,\,k} \boldsymbol{a}_k} \quad (k = 1,\ \cdots,\ K) \tag{3.60}$$

根据矩阵求逆引理，式(3.60)表示的加权最小二乘解可化简为

$$\hat{\sigma}_k = \frac{\boldsymbol{a}_k^{\mathrm{H}} \boldsymbol{R}^{-1} \boldsymbol{x}}{\boldsymbol{a}_k^{\mathrm{H}} \boldsymbol{R}^{-1} \boldsymbol{a}_k} \quad (k = 1,\ \cdots,\ K) \tag{3.61}$$

从而避免了对每个采样点 k 都需计算一次协方差矩阵。

在谐波模型的假设下利用 IAA 对矩阵 $\boldsymbol{R}$ 进行计算：

$$\boldsymbol{R} = \sum_{k=1}^{K} |\sigma_k|^2 \boldsymbol{a}_k \boldsymbol{a}_k^{\mathrm{H}} \tag{3.62}$$

对式(3.61)和式(3.62)，利用 IAA 算法交替迭代估计 σ_k 和 $\boldsymbol{R}$，获得此加权最小二乘的解，且用匹配滤波解作为初值，其过程如表 3.5 所示。

表 3.5　IAA 距离谱估计算法

初始化： $i=0,\ \sigma_k(0) = \dfrac{\boldsymbol{a}_k^{\mathrm{H}} \boldsymbol{y}}{\| \boldsymbol{a}_k \|^2} \quad (k=1,\ \cdots,\ K+N)$
重复以下步骤直到算法收敛： $\boldsymbol{R}(i) = \boldsymbol{A}\boldsymbol{P}(i)\boldsymbol{A}^{\mathrm{H}}$ $\sigma_k(i+1) = \dfrac{\boldsymbol{a}_k^{\mathrm{H}} \boldsymbol{R}^{-1}(i) \boldsymbol{y}}{\boldsymbol{a}_k^{\mathrm{H}} \boldsymbol{R}^{-1}(i) \boldsymbol{a}_k} \quad (k=1,\ \cdots,\ K+N)$ $i \leftarrow i+1$

一般认为相邻两次迭代的距离谱无明显变化时就停止迭代。一般将迭代上限设置为 10～15 次，算法就已经收敛了。

3.5.3　设计实例

表 3.6 列出了加拿大 1999 年夏季高频段空闲频段监测结果[16]。从表 3.6 中可知，在 5.11 MHz 到 5.80 MHz 的区间内，跨越带宽有 $\Delta F=690$ kHz，空闲带宽有 $B=220$ kHz。根据表 3.6 中的空闲带宽情况设计 SS-FMCW 信号，使其带宽覆盖 ΔF 内的空闲频带，且不占用其余频带。发射信号时频关系如图 3.27 所示，这几段发射信号的调频率相同，但每段信号的时长、带宽不等。仿真中调频周期均设置为 100 ms。波形的频带利用率为 $\mathrm{OFR}=B/\Delta F=31.9\%$。

表 3.6　加拿大 1999 年夏季高频段空闲频段

通道	频率区间/MHz	带宽/kHz
1	5.11～5.14	30
2	5.26～5.27	10
3	5.29～5.31	20
4	5.37～5.39	20
5	5.46～5.48	20
6	5.51～5.52	10
7	5.54～5.59	50
8	5.64～5.66	20
9	5.72～5.73	10
10	5.77～5.80	30

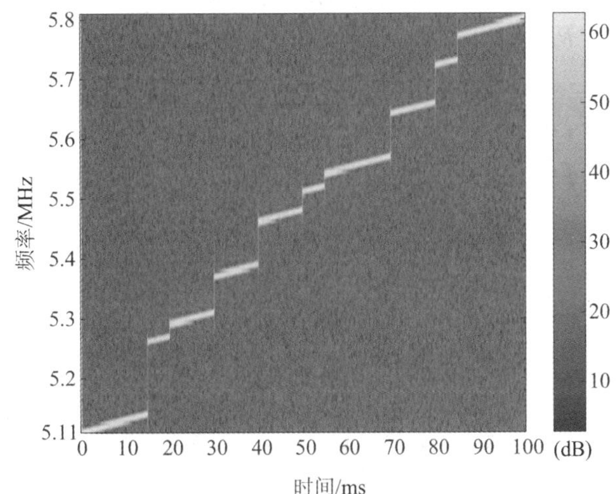

图 3.27　发射信号时频关系

使用上述波形参数，由跨越带宽 $\Delta F=690$ kHz 可得波形的瑞利距离分辨率为 $\Delta R=\frac{c}{2\Delta F}=217$ m。设置相距 300 m 的两个目标，信噪比分别为 0 dB 和 −5 dB。图 3.28 为用匹配滤波法和 IAA 法处理结果。可以看到，匹配滤波结果的旁瓣较高，而使用 IAA 算法的距离谱的旁瓣降到了噪声电平，且对两个相距很近的目标具有更好的分辨能力。

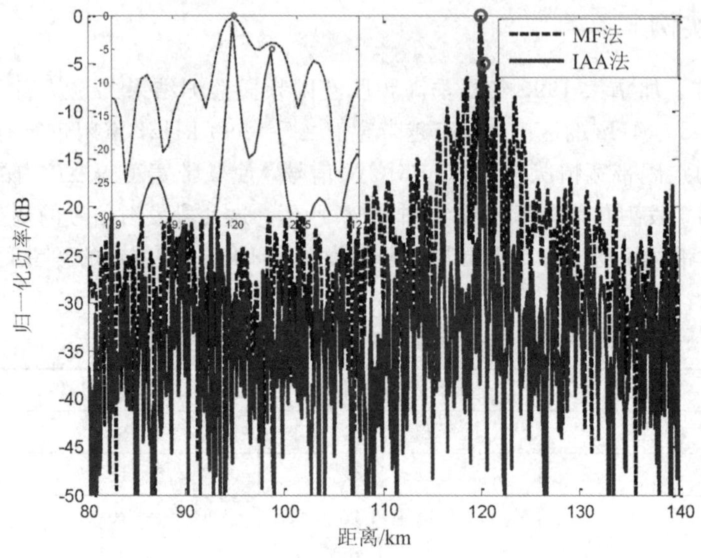

图 3.28　MF 法和 IAA 法处理结果

3.6　地波 MIMO/MISO 雷达的发射信号

3.6.1　多载频 LFMICW 信号

为便于描述，这里再给出岸-舰双基地地波超视距雷达与目标的几何关系如图 3.29 所示，T_x 为发射阵中心，R_x 为接收站，T 为目标；L 为基线长度，R_a 和 R_b 分别为目标到发射站和接收站的距离，β 为双基地角；以发射阵切线方向为参考，θ 和 θ_r 分别为目标和接收站相对发射阵的方位角；v、v_r 分别为目标和接收平台速度，φ、φ_r 分别为目标和接收平台速度方向。若已知距离 $R=R_a+R_b$(也称为"距离和")、L、θ 和 θ_r 中的任意三者，则可根据三角形的性质得到发射站、接收站和目标之间的几何关系。实际中，L 和 θ_r 可由接收站的

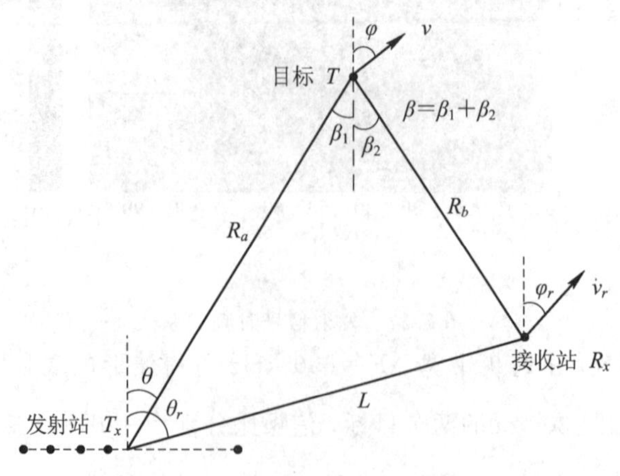

图 3.29　发射站、接收站及目标几何位置示意图

定位系统测量得到；R 和 θ 可由信号处理得到。根据几何关系，有

$$R_a = \frac{R^2 - L^2}{2[R - L\cos(\theta - \theta_r)]} \tag{3.63}$$

$$R_b = R - R_a = \frac{R^2 - 2RL\cos(\theta - \theta_r) + L^2}{2[R - L\cos(\theta - \theta_r)]} \tag{3.64}$$

在分析信号之前，先对双基体制下、运动平台接收到的目标回波多普勒频率进行介绍。根据双基地多普勒频率定义，目标回波多普勒频率为

$$\begin{aligned} f_d &= \frac{2\tilde{v}_0}{\lambda_0} = -\frac{1}{\lambda_0}\frac{\mathrm{d}(R_a + R_b)}{\mathrm{d}t} \\ &= -\frac{2v}{\lambda_0}\cos\left(\frac{\beta}{2} + \theta - \varphi\right)\cos\frac{\beta}{2} + \frac{v_r}{\lambda_0}\cos(\beta + \theta - \varphi_r) \end{aligned} \tag{3.65}$$

式中，λ_0 为工作波长，$\tilde{v}_0$ 为双基地雷达的目标等效速度，包括目标运动速度 v_r 和接收平台速度 v 对回波多普勒频率的贡献。为了便于解释，图 3.32 中方位角 θ、θ_r、φ_r、φ 是以阵列天线的切方向为基准，而实际中一般以正北方向为基准。

岸-舰双基地地波超视距雷达各发射天线同时辐射 LFMICW 信号，载频各不相同。下面主要对多载频 LFMICW 信号处理进行讨论。

3.6.2　多载频 LFMICW 信号处理

岸-舰双基地地波超视距雷达各发射阵元同时辐射不同载频的 LFMICW 信号时，信号处理必须先进行各发射信号分量的通道分离，分离后各通道处理与单路信号处理相类似。图 3.30 为该雷达目标回波处理的基本流程。先对接收信号进行带通滤波，低噪声放大，再中频正交采样得到同相分量(I)和正交分量(Q)，复解析信号与各发射参考共轭相乘，所得结果经过低通滤波器实现通道分离，然后进行快时域 FFT 得到距离信息，最后通过发射综合、相干积累等处理得到方位、速度信息。因为发射综合和相干积累为线性运算，所以二者先后顺序可置换。需要注意的是，低通滤波器不仅实现通道分离，而且要保证滤除栅瓣。因此，低通滤波器的通带(截止频率)宽度最大取载频差 Δf 和脉冲重复频率 $f_r = 1/T_r$ 中的最小值。下面推导该雷达信号处理过程并对其特点进行介绍。

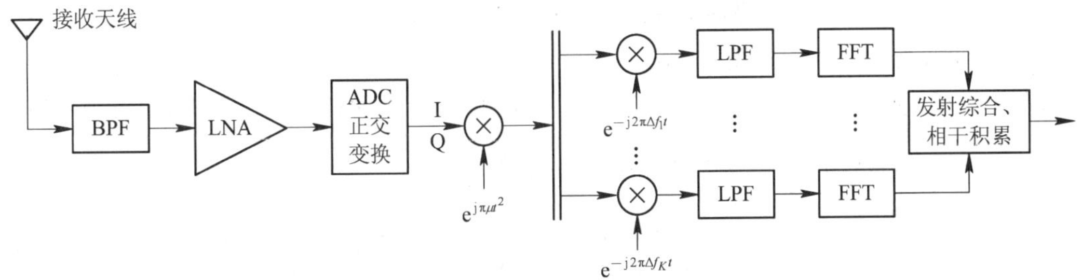

图 3.30　目标回波处理的基本流程

假设各阵元发射信号幅度为 1，目标相对于发射阵列法线的方位、初始“距离和”及等效速度(等效速度定义见式(3.65))分别为 θ_0、R_0 和 $\tilde{v}_0$，不考虑幅度衰减及噪声，第 m 个调频周期的目标回波基带复信号模型可表示为

$$r(m,t)\approx\sum_{k=1}^{K}s_k(m,t-\tau_k)\mathrm{e}^{\mathrm{j}2\pi f_{dk}mT_m}$$
$$=\sum_{k=1}^{K}g(t-\tau_k)\mathrm{e}^{\mathrm{j}2\pi[f_k(t+mT_m-\tau_k)-0.5\mu(t-\tau_k)^2]}\mathrm{e}^{\mathrm{j}2\pi f_{dk}mT_m} \tag{3.66}$$

式中，$\tau_k=\tau_0+\Delta\tau_k$，$\tau_0=R_0/c$，$c$ 为光速，$\Delta\tau_k$ 为目标回波到达第 k 个阵元相对于目标回波到达参考点的时延。对于以阵列中心为参考点、阵元间距为 d_0 的均匀线阵，有 $\Delta\tau_k=-d_k\sin\theta_0/c$，$d_k=[k-(K+1)/2]d_0$。$f_{dk}=2f_k\tilde{v}_0/c$ 是目标等效速度为 $\tilde{v}_0$ 时第 k 个载频对应的多普勒频率。基线长度远大于阵列有效孔径时，有 $g(t-\tau_k)\approx g(t-\tau_0)$。经低通滤波器滤除栅瓣后，可等效为发射 LFMCW 信号(不考虑能量损失)。考虑到本雷达为窄带系统，有 $f_0\gg K\cdot\Delta f$，故 $f_{dk}\approx f_{d0}=2f_0\tilde{v}_0/c=2\tilde{v}_0/\lambda_0$。第 k 路低通滤波器输出(为分析方便，仍以模拟信号形式给出)可表示为

$$r_k(m,t)=\mathrm{e}^{\mathrm{j}2\pi(-f_k\tau_k+\mu\tau_k t-0.5\mu\tau_k^2)}\mathrm{e}^{\mathrm{j}2\pi f_{d0}mT_m}\quad(\tau_k\leqslant t\leqslant\tau_k+T_m) \tag{3.67}$$

对式(3.67)进行 FT，得到

$$\hat{r}_k(m,\tau)\approx\mathrm{e}^{\mathrm{j}2\pi f_{d0}mT_m}\mathrm{e}^{\mathrm{j}2\pi(-f_k\tau_k-\mu\tau\tau_k+0.5\mu\tau_k^2)}\mathrm{e}^{-\mathrm{j}\pi(\mu\tau-\mu\tau_k)T_m}\frac{\sin[\pi(\tau-\tau_k)B_m]}{\pi\mu(\tau-\tau_k)} \tag{3.68}$$

高频雷达的工作带宽 B_m 一般为几十千赫兹量级，$B_m\ll f_0$，距离分辨率为千米量级；又 $\tilde{v}_0\ll c$，忽略小量，式(3.68)可近似为

$$\hat{r}_k(m,\tau)\approx\mathrm{e}^{\mathrm{j}2\pi f_{d0}mT_m}\mathrm{e}^{\mathrm{j}2\pi(-f_k\tau_k-\mu\tau\tau_0+0.5\mu\tau_0^2)}\mathrm{e}^{-\mathrm{j}\pi(\mu\tau-\mu\tau_0)T_m}\frac{\sin[\pi(\tau-\tau_0)B_m]}{\pi\mu(\tau-\tau_0)} \tag{3.69}$$

由式(3.69)知，分离后各通道 FT 输出信号，在目标位置即 $\tau=\tau_0$ 处的差异表现在相位项 $\mathrm{e}^{-\mathrm{j}2\pi f_k\tau_k}$，该项与目标方位、距离及各路发射信号的载频有关。所谓发射综合，就是针对接收信号中各发射分量分离以后，通过搜索补偿各发射天线到目标的延时相对应的相位，再求和，即等效的发射 DBF，从而得到目标位置信息。发射综合输出可表示为

$$y(m,\tau,\theta)=\boldsymbol{w}^{\mathrm{H}}(\tau,\theta)\hat{\boldsymbol{r}}(m,\tau) \tag{3.70}$$

式中，$\hat{\boldsymbol{r}}(m,\tau)=[\hat{r}_1(m,\tau),\hat{r}_2(m,\tau),\cdots,\hat{r}_K(m,\tau)]^{\mathrm{T}}$ 为各路发射信号分量组成的向量，上标 T 表示转置；$\boldsymbol{w}(\tau,\theta)=[w_1(\tau,\theta),\cdots,w_K(\tau,\theta)]^{\mathrm{T}}=[\mathrm{e}^{-\mathrm{j}2\pi f_1(\tau-d_1\sin\theta/c)},\cdots,\mathrm{e}^{-\mathrm{j}2\pi f_K(\tau-d_K\sin\theta/c)}]^{\mathrm{T}}$ 为二维搜索导向矢量，上标 H 表示共轭转置。

对于间隔为 d_0 的均匀线阵，$d_k=[k-(K+1)/2]d_0$，假设载频顺序分配，即 $c_k=k-(K+1)/2$，$f_k=f_0+[k-(K+1)/2]\Delta f$。忽略与 m 无关的相位项，式(3.70)可表示为

$$y(m,\tau,\theta)\approx\mathrm{e}^{\mathrm{j}2\pi f_{d0}mT_m}\frac{\sin[\pi(\tau-\tau_0)B_m]}{\pi\mu(\tau-\tau_0)}\cdot\frac{\sin[\pi K\Delta f(\tau-\tau_0)-\pi Kd_0(\sin\theta-\sin\theta_0)/\lambda_0]}{\sin[\pi\Delta f(\tau-\tau_0)-\pi d_0(\sin\theta-\sin\theta_0)/\lambda_0]} \tag{3.71}$$

式中，$\lambda_0=c/f_0$ 为中心频率对应的波长。

对式(3.71)沿慢时间维进行 DFT，得到发射综合后的相干积累结果，取绝对值，并以最大值进行归一化，有

$$|\hat{y}(l,\tau,\theta)|=\hat{y}_1(\tau)\cdot\hat{y}_2(\tau,\theta)\cdot\hat{y}_3(l)\quad(l=0,1,\ldots,M-1) \tag{3.72}$$

式中，

$$\hat{y}_1(\tau)=\left|\frac{\sin[\pi(\tau-\tau_0)B_m]}{\pi(\tau-\tau_0)B_m}\right|$$

$$\hat{y}_2(\tau,\theta)=\left|\frac{\sin[\pi K\Delta f(\tau-\tau_0)-\pi Kd_0(\sin\theta-\sin\theta_0)/\lambda_0]}{K\sin[\pi\Delta f(\tau-\tau_0)-\pi d_0(\sin\theta-\sin\theta_0)/\lambda_0]}\right|$$

$$\hat{y}_3(l)=\left|\frac{\sin[\pi(l/M-f_{d0}T_m)M]}{M\sin[\pi(l/M-f_{d0}T_m)]}\right|$$

令 $f_d=l/(MT_m)$，对 $\hat{y}_3(l)$进行变量代换，得到

$$\hat{y}_3(f_d)=\left|\frac{\sin[\pi MT_m(f_d-f_{d0})]}{M\sin[\pi T_m(f_d-f_{d0})]}\right| \tag{3.73}$$

式(3.73)反映了雷达对目标的分辨能力。由 $\hat{y}_2(\tau,\theta)$可以看到，距离方位之间存在耦合，任一参量的测量误差均会造成另一参量的测量误差，对该耦合的分析讨论及解耦方法研究将在第4章予以介绍。若仅考虑一维参数，则在目标$(\tau_0, \theta_0, f_{d0})$处，有

$$|\hat{y}(\tau)|_{\theta=\theta_0,\,f_d=f_{d0}}=\left|\frac{\sin[\pi(\tau-\tau_0)B_m]}{\pi B_m(\tau-\tau_0)}\,\frac{\sin[\pi K\Delta f(\tau-\tau_0)]}{K\sin[\pi\Delta f(\tau-\tau_0)]}\right| \tag{3.74}$$

$$|\hat{y}(\theta)|_{\tau=\tau_0,\,f_d=f_{d0}}=\left|\frac{\sin[\pi Kd_0(\sin\theta-\sin\theta_0)/\lambda_0]}{K\sin[\pi d_0(\sin\theta-\sin\theta_0)/\lambda_0]}\right| \tag{3.75}$$

$$|\hat{y}(f_d)|_{\tau=\tau_0,\,\theta=\theta_0}=\left|\frac{\sin[\pi(f_d-f_{d0})T_mM]}{M\sin[\pi(f_d-f_{d0})T_m]}\right| \tag{3.76}$$

由式(3.74)知，与发射综合前相比，发射综合后距离旁瓣降低。“距离和”分辨率与两个带宽有关，即调频带宽 B_m 和载频不同引起的带宽 $B_c=K\Delta f$。两带宽相差较大时，取决于两者之中的大值；两带宽接近时，“距离和”分辨率可近似由$\sqrt{2}B_m$ 或$\sqrt{2}B_c$ 决定[71]。当 $\Delta f>B_m$ 时，出现距离栅瓣。由式(3.75)和式(3.76)知，方位分辨率取决于发射阵孔径，而多普勒分辨率取决于相干处理时间。

式(3.72)所示分辨函数也可看成雷达对两个目标(设为参考目标和待分辨目标，参数分别为$(\tau_0, \theta_0, f_{d0})$和$(\tau, \theta, f_d)$)分辨能力的一个衡量标准。给定参考目标$(\tau_0, \theta_0, f_{d0})$，若$|\hat{y}(\tau, \theta, f_d)|\leqslant\Omega_0$($\Omega_0$ 为一阈值，如-3 dB)，则可认为两目标可分辨。该分辨能力不随$(\tau_0, \theta_0, f_{d0})$的变化而变化，即与系统几何位置无关。事实上，双基地雷达分辨能力与目标及雷达几何位置有关。下面以目标到发射站距离 R_a(或目标到接收站距离 R_b)为参数，讨论双基地情况下的分辨函数。根据几何关系，有

$$R_0=R_{a0}+\sqrt{R_{a0}^2+L^2-2R_{a0}L\sin(\theta_0-\theta_r)} \tag{3.77}$$

$$R=R_a+\sqrt{R_a^2+L^2-2R_aL\sin(\theta-\theta_r)} \tag{3.78}$$

将 $\tau=R/c$，$\tau_0=R_0/c$，$f_d=2v/\lambda_0$ 以及 $f_{d0}=2v_0/\lambda_0$ 代入式(3.72)可得

$$|\hat{y}_{bi}(R_a,\theta,v)|=\left|\frac{\sin(\pi K\Delta f\xi-\pi Kd_0\rho/\lambda_0)}{K\sin(\pi\Delta f\xi-\pi d_0\rho/\lambda_0)}\,\frac{\sin(\pi B_m\xi)}{\pi B_m\xi}\,\frac{\sin(\pi\eta MT_m)}{\sin(\pi\eta MT_m)}\right| \tag{3.79}$$

式中，

$$\rho=\sin\theta-\sin\theta_0$$

$$\xi=\frac{R-R_0}{c}=\frac{R_a-R_{a0}+\sqrt{R_a^2+L^2-2R_aL\sin(\theta-\theta_r)}-\sqrt{R_{a0}^2+L^2-2R_{a0}L\sin(\theta_0-\theta_r)}}{c}$$

$$\eta=f_d-f_{d0}=\frac{2(v-v_0)}{\lambda_0}$$

式(3.79)反映了一定几何关系下双基地雷达关于目标到发射站距离(简称为发射距离)R_a、目标相对发射站方位θ以及等效速度$\tilde{v}$的分辨能力。当$\theta=\theta_0$、$v=v_0$时，即在目标方向和目标所在多普勒通道，有

$$\left|\hat{y}(R_a,\ \theta,\ v)\right|_{\substack{\theta=\theta_0\\ v=v_0}}=\left|\frac{\sin(\pi K\Delta f\xi_1)}{K\ \sin(\pi\Delta f\xi_1)}\ \frac{\sin(\pi B_m\xi_1)}{\pi B_m\xi_1}\right| \tag{3.80}$$

式中，$\xi_1=\left[R_a-R_{a0}+\sqrt{R_a^2+L^2-2R_aL\sin(\theta_0-\theta_r)}-\sqrt{R_{a0}^2+L^2-2R_{a0}L\sin(\theta_0-\theta_r)}\right]/c$。

由式(3.80)知，与“距离和”R分辨率不同，发射距离R_a分辨率与带宽不再是简单的反比关系，且与目标方位θ_0以及接收平台方位θ_r有关，即跟雷达与目标的几何位置有关。在岸-舰双基地地波雷达中，由于接收天线的无方向性，故采用发射距离分辨率更直观。若两目标位于基线上，则$\theta=\theta_0=\theta_r$，$\xi_1=0$，$\left|\hat{y}(R_a)\right|=1$，此时两目标不能分辨；若目标位于基线延长线上，则$\theta=\theta_0=\theta_r$，可以分辨；当$L=0$时，退化为单基地情况。几种典型几何关系下的分辨性能见3.6.4节的计算机仿真。

3.6.3　参数选取

多载频FMICW的每一路信号需要满足3.3.3节单路FMICW信号的参数选取要求，同时多路信号的载频间隔Δf在选取时也需要满足可通道分离以及多路之间正交的要求。

信号处理时，需要利用低通滤波器进行通道分离，故Δf的选择应保证在有效探测范围(滤波器通带)内不出现通道混叠，即

$$\Delta f>\mu\tau_{\max} \tag{3.81}$$

为保证能量几乎全向辐射，要求各阵元发射信号在空间任意点相互正交，即各发射信号到达空间任意点互相关积分为零或足够小。根据文献[11]，需取发射脉冲的宽度T_e与各频率之间的间隔Δf的乘积($T_e\cdot\Delta f$)为整数。此外，Δf的选择应尽量保证目标在由载频不同引起的带宽$B_c=K\Delta f$内不会出现跨多普勒通道现象，即$\frac{f_{d\max}}{f_0}B_c<\Delta f_d$，$\Delta f_d$为多普勒分辨率，从而

$$\Delta f<\frac{f_0\Delta f_d}{Kf_{d\max}}$$

综上，信号参数的选择主要取决于系统性能，如作用距离、距离分辨率、探测目标速度、速度分辨率等；某些参数之间相互制约，实际选取时需折衷，尽量达到整体最优。

3.6.4　计算机仿真

每一路的波形参数与3.3.4节类似，LFMICW信号参数选取为：$T_m=0.45$ s，$T_r=3$ ms，$T_e=1$ ms，$B_m=60$ kHz。雷达工作中心频率$f_0=6.75$ MHz，在双基地体制下，最大探测“距离和”$R_{\max}=700$ km，最大等效多普勒频率$f_{d\max}=1$ Hz，发射阵元数$K=16$，发射阵元间距$d_0=22$ m，且各阵元发射载频差为$\Delta f=1$ kHz。

1. 多载频LFMICW信号处理

采用阵列发射多路不同载频的LFMICW信号时，在接收端通过综合处理可获得目标相对于发射站的方位信息。设有一目标，其距离为600 km、目标回波多普勒频率为0.2 Hz、方位为80°，目标回波信噪比为−30 dB，相干积累周期为128。仿真结果如图3.31所示(图中仅

给出有效探测范围的处理结果，理论上脉压和相干积累的信噪比分别提高 42 dB 和 21 dB)。可以看到，与综合前相比，综合后在距离维和速度维副瓣降低，信噪比提高。

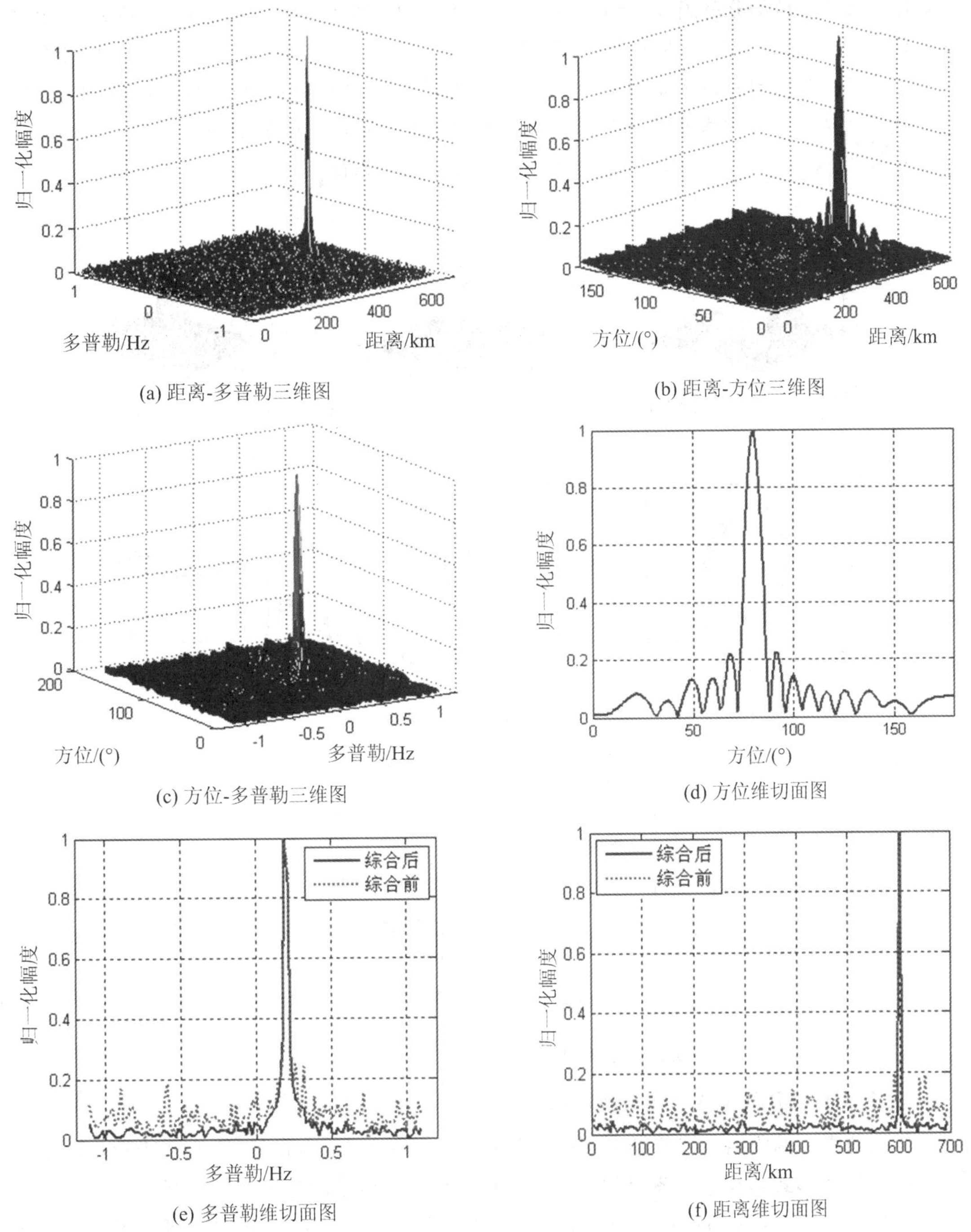

(a) 距离-多普勒三维图　(b) 距离-方位三维图

(c) 方位-多普勒三维图　(d) 方位维切面图

(e) 多普勒维切面图　(f) 距离维切面图

图 3.31　多路不同载频 LFMICW 信号处理结果

2. 双基地雷达关于"距离和"、等效速度以及方位的分辨函数

取发射阵元间距 $d_0=22$ m，阵元数 $K=16$，积累周期 $M=128$。图 3.32 为关于距离和、等效速度以及方位的分辨函数，等高线图为 −3 dB 切割。图 3.32 中，基线 $L=200$ km，接收站方位 $\theta_r=90°$；参考目标参数取："距离和"$R_0=200$ km，方位 $\theta_0=\theta_r=90°$，等效速度 $\tilde{v}_0=12$ m/s，此时目标位于基线上。由图 3.32 可以看到，"距离和"与方位之间有耦合；分辨函数沿距离和、等效速度以及方位维切面图主瓣第一零点宽度分别为 10 km、0.8 m/s，以及16°，与式(3.74)、式(3.75)以及式(3.76)计算结果相符。

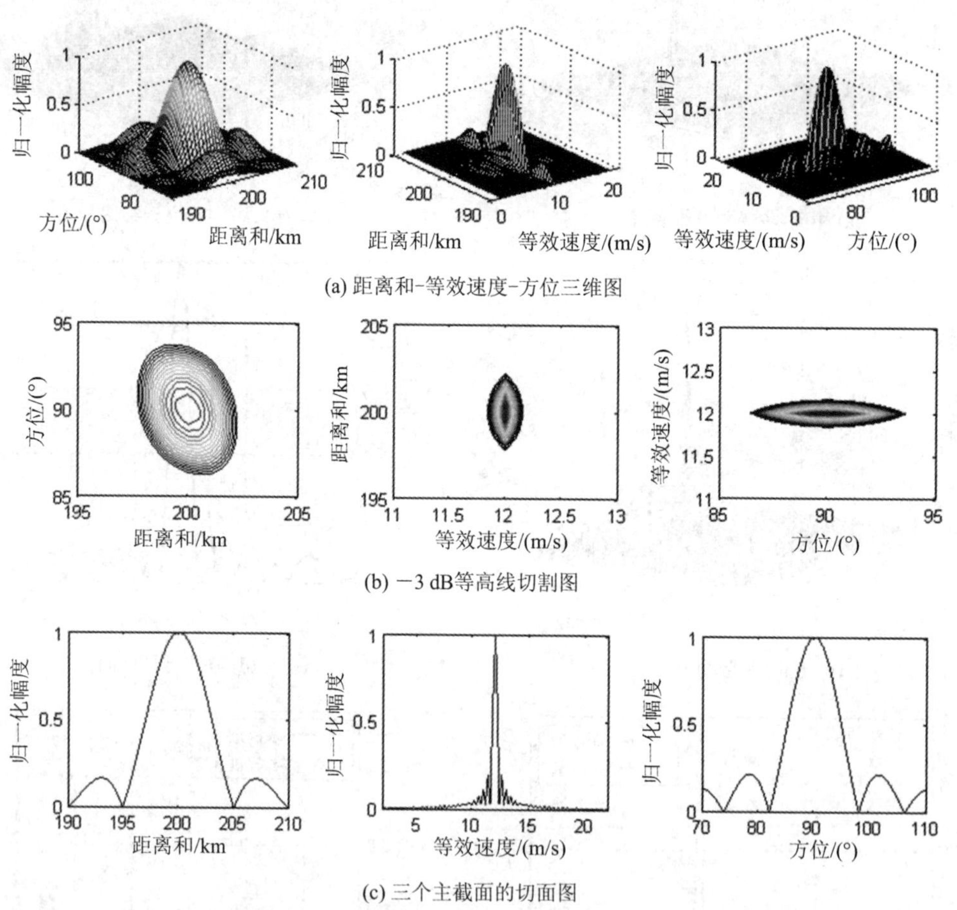

(a) 距离和-等效速度-方位三维图

(b) −3 dB等高线切割图

(c) 三个主截面的切面图

图 3.32　距离和、等效速度以及方位的分辨函数

3. 几种特殊几何位置下的分辨函数

前面仿真中的距离与多普勒分别指的是双基体制下的"距离和"与等效多普勒，其分辨率取决于信号形式与相干积累时间。双基体制下相对发射站的分辨率更直观，该分辨率不仅与信号形式有关，还与雷达几何关系即发射站、目标和接收站之间的几何位置有关。下面仿真几种典型位置处关于目标到发射站距离 R_a(简称为发射距离)、目标相对发射线阵切向方位 θ 以及目标等效速度 $\tilde{v}$ 的分辨函数。选取参考目标的参数：与发射站的距离 $R_{a0}=200$ km，方位 $\theta_0=90°$(目标在发射阵列天线的法线方向)，相对发射站的径向速度

$\tilde{v}_0=12$ m/s，向着发射站运动。为直观起见，各种情况均给出发射站 T_x、参考目标 T 和接收站 R_x 之间的几何关系。图中等高线图为 −3 dB 切割。

(1) 基线长度 $L=100$ km，接收站 R_x 相对于发射天线切线方向的夹角 $\theta_r=60°$，双基地几何关系示意图如图 3.33 所示，这时的三维分辨函数如图 3.34 所示(为方便，以两维显示)。可以看到，发射距离与方位之间有耦合。该几何关系下，待分辨目标(R_a，θ，$\tilde{v}$)与参考目标(R_{a0}，θ_0，$\tilde{v}_0$)对应的一个或多个参数(距离、速度、方位)的差异大于一定值时，两目标可以分辨。

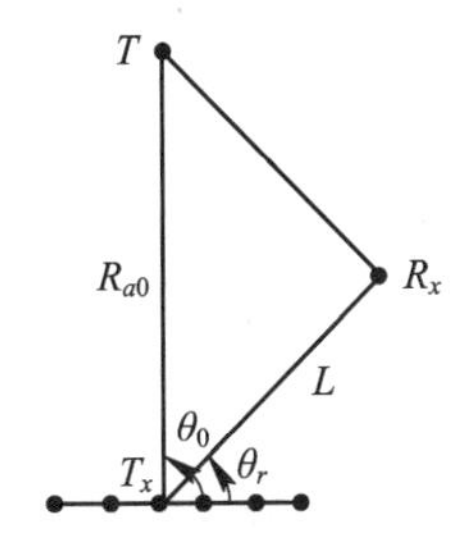

图 3.33　双基地几何关系示意图

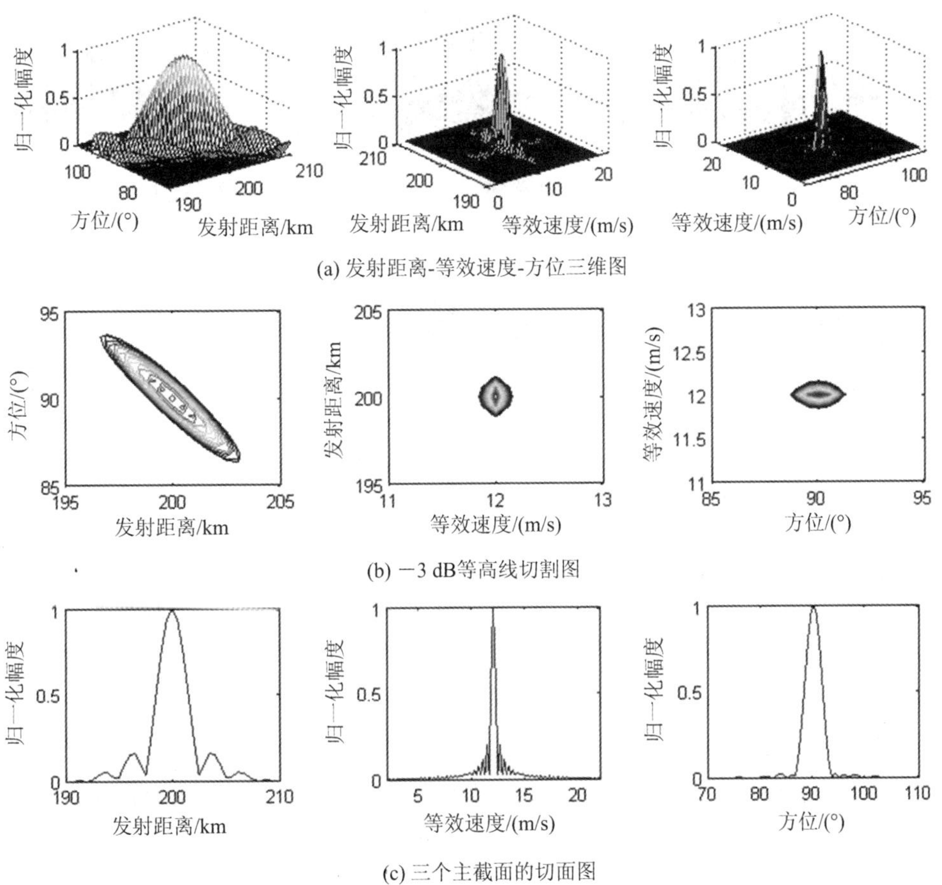

图 3.34　双基地某几何关系下的三维分辨函数

(2) 基线长度 $L=240$ km，$\theta_r=\theta_0=90°$时，参考目标位于基线上，几何关系示意图如图3.35所示，三维分辨函数如图3.36所示。可以看到，若两目标均位于基线上(此时两目标方位相同)，且等效速度相同，则即使发射距离不同，两目标也无法分辨。事实上，由于基线上目标的距离和等于基线长度，基线上不同位置处的目标回波同时到达接收站，故雷达无法在距离维分辨。若两目标发射距离相同，方位或等效速度不同，则可以从方位维或等效速度维进行分辨。

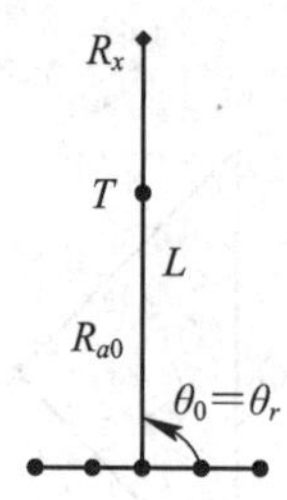

图 3.35　几何关系示意图

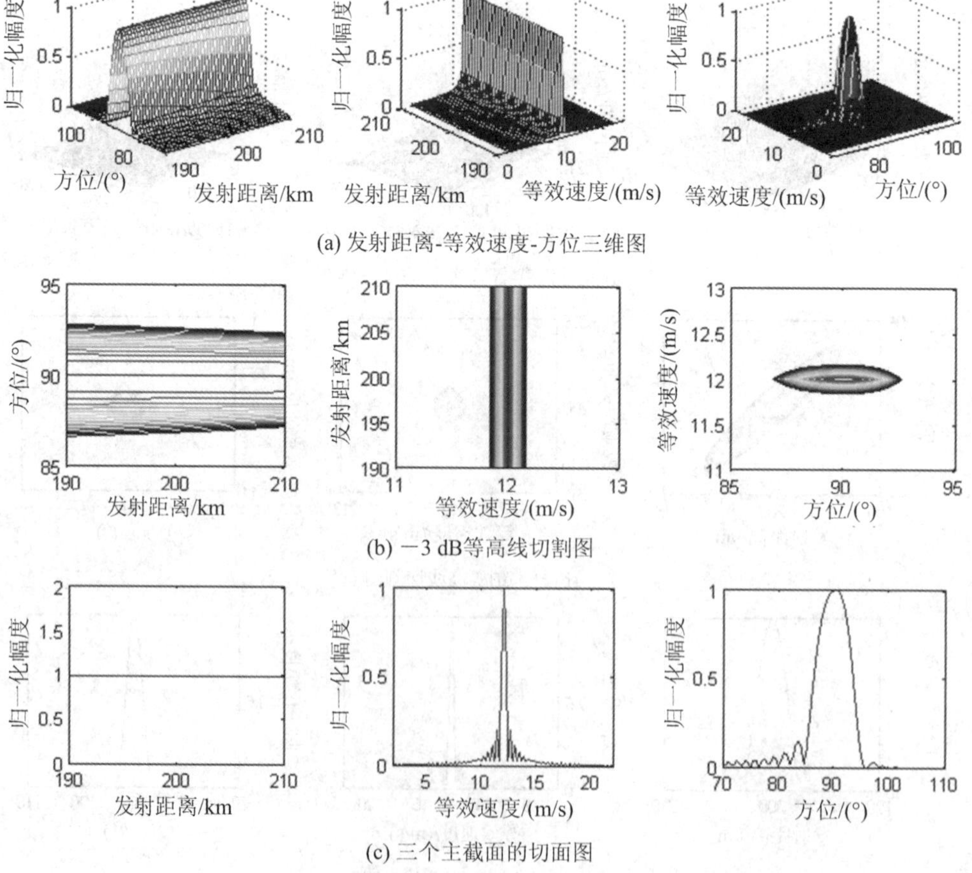

图 3.36　基线上的分辨函数

（3）基线长度 $L=100$ km，$\theta_r=\theta_0=90°$时，参考目标位于基线延长线上，几何关系示意图如图 3.37 所示，分辨函数如图 3.38 所示。可以看到，该几何关系下，若两目标对应参数中的一个或多个差异大于一定值，则可以分辨。

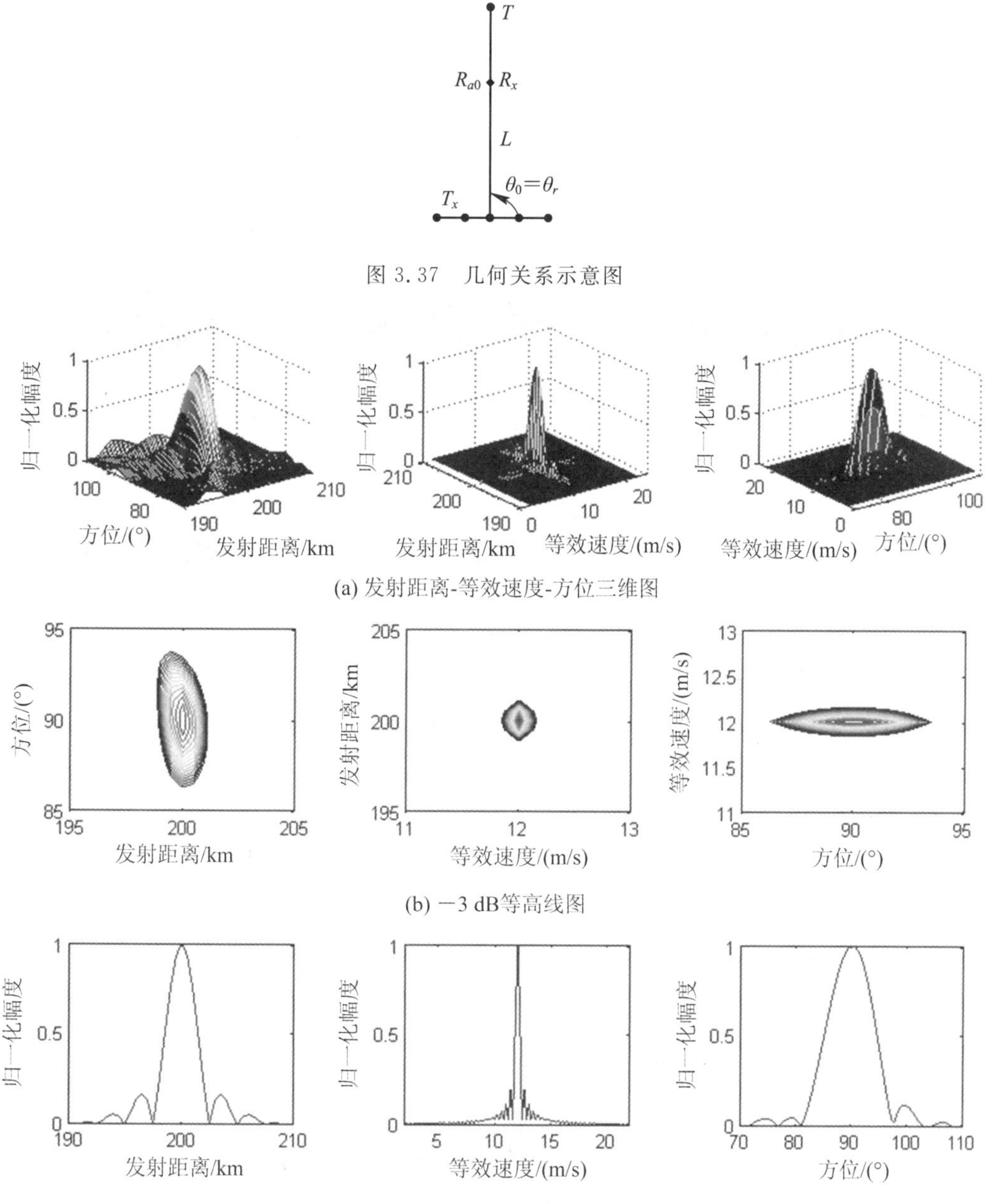

图 3.37　几何关系示意图

图 3.38　基线延长线上的分辨函数

（4）基线长度 $L=0$ km，$R_{a0}=200$ km，$\theta_0=90°$，$\tilde{v}_0=12$ m/s 时，几何关系示意图如图 3.39 所示，退化为单基地情况，分辨函数如图 3.40 所示。可以看到，若两目标对应参数中的一个或多个差异大于一定值，则可以分辨。

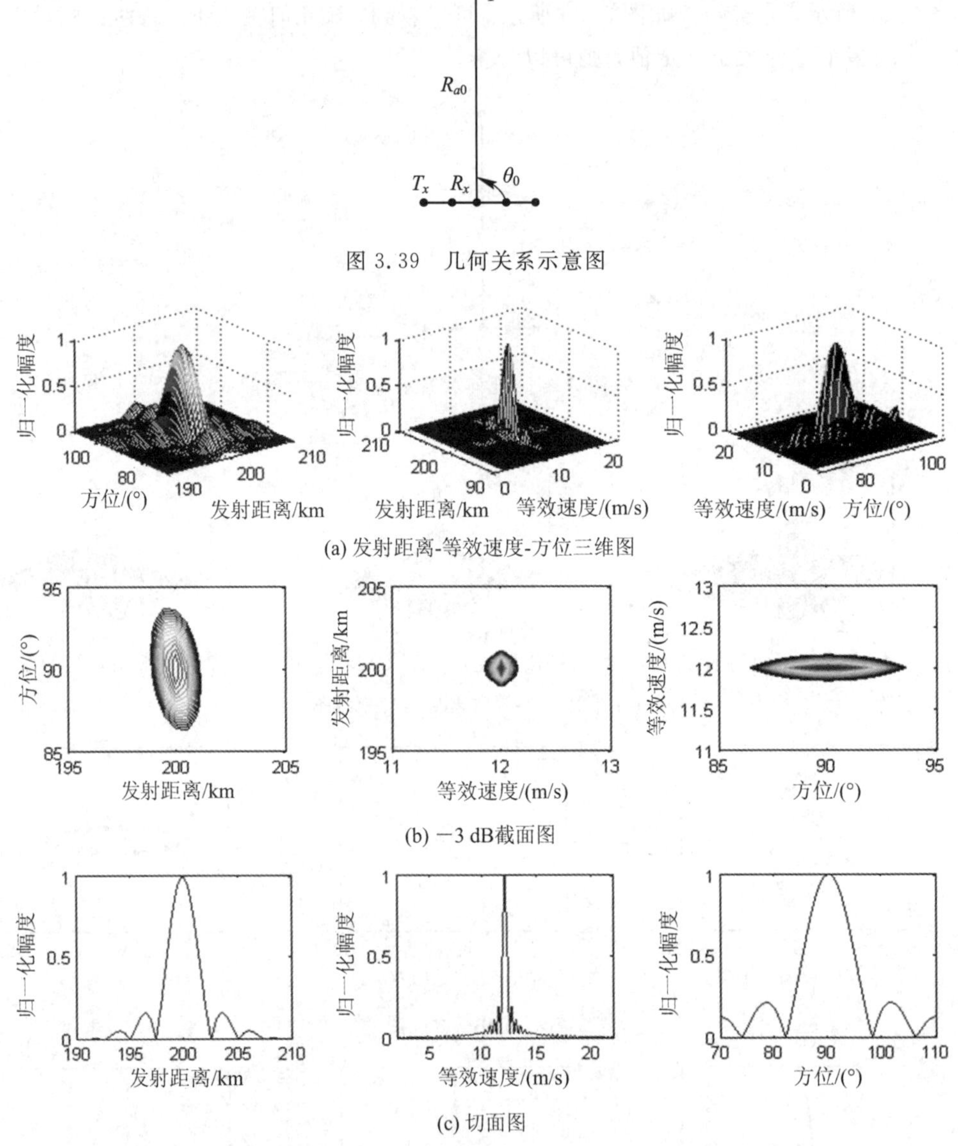

图 3.39　几何关系示意图

图 3.40　单基地分辨函数($L=0$ km，$\theta_0=90°$)

本 章 小 结

本章介绍了高频地波雷达常用的信号波形，主要包括调频连续波类和相位编码脉冲信号类。调频中断连续波可以较好地解决单基地收发共站情况下连续波的发射泄漏问题，本章介绍了其参数选取准则。二相或多相互补码具有理想的自相关旁瓣，适用于高频地波雷达强杂波和干扰的环境，这里重点介绍了互补码的构造方法及其在地波雷达中的应用。最后本章讨论了适用于地波 MIMO/MISO 雷达的发射信号，主要以多载频 FMICW 为例，给出其发射综合、距离-多普勒处理流程。结合双基地雷达特点，对发射距离、方位以及等效速度分辨率进行了简要分析，对几种典型几何关系下雷达分辨能力给出了计算机仿真结果。

本章参考文献

[1] 周文瑜. 超视距雷达技术[M]. 北京：电子工业出版社，2008.

[2] KHAN R, GAMBERG B, POWER D, et al. Target Detection and Tracking with a High Frequency Ground Wave Radar[J]. IEEE Journal of Oceanic Engineering, 1994, 19(4): 540-548.

[3] KHAN R H, MITCHELL D K. Waveform Analysis for High-Frequency FMICW Radar[J]. IEE Proceedings F-Radar and Signal Processing, 1991, 138(5): 411-419.

[4] CHAN H C. Evaluation of the FMICW Waveform in HF Surface Radar Applications[R]. Ottawa: Defence Research Establishment Ottawa, 1994.

[5] 毛滔，夏卫民，王希勤，等. 互补码在高频地波雷达中的应用研究[J]. 电波科学学报，2010(03)：485-490.

[6] 陈伯孝. 现代雷达系统分析与设计[M]. 西安：西安电子科技大学出版社，2012.

[7] ZHANG D, LIU X. Range Sidelobes Suppression for Wideband Randomly Discontinuous Spectra OTH-HF Radar Signal[C]. Proceedings of the IEEE Radar Conference, 2004: 577-581.

[8] 刘国岁，孙光民，顾红，等. 连续波雷达及其信号处理技术[J]. 现代雷达，1995(06)：20-36.

[9] OPPENHEIM A V, SCHAFER R W, BUCK J R. Discrete-time signal processing [M]. Upper Saddle River, New Jersey : Pearson Prentice Hall, 1999.

[10] 陈多芳. 岸-舰双基地地波雷达若干问题研究[D]. 西安电子科技大学博士学位论文. 2009.

[11] 陈伯孝，孟佳美，张守宏. 岸-舰多基地地波超视距雷达的发射波形及其解调[J]. 西安电子科技大学学报，2005，32(1)：7-11.

[12] 张成，赵晓群. 二元互补序列的特征序列[J]. 电子学报，2004(05)：819-824.

[13] 曲海山. 互补码设计及其在地波雷达中的应用[D]. 西安电子科技大学硕士学位论文，2010

[14] SCHWARZ U J. Mathematical-Statistical Description of the Iterative (Method CLEAN) [J]. Astronomy & Astrophysics, 1978, 65: 345.

[15] 潘孟冠. 稀疏谱高频地波雷达信号处理技术研究[D]. 西安电子科技大学博士学位论文. 2018.

[16] LEONG H W, DAWE B. Channel Availability for East Coast High Frequency Surface Wave Radar Systems[R]. Ottawa: Defence Research Establishment Ottawa, 2001.

[17] GREEN S D, KINGSLEY S P. Improving the Range Time Sidelobes of Large Bandwidth Discontinuous Spectra HF Radar Waveforms[C]. Seventh International Conference on HF Radio Systems and Techniques (Conf. Publ. No. 441), 1997: 246-250.

[18] KUTUZOV V M. Synthesis of Non-Regular Multitone Signals and Algorithms of Their Processing [C]. 3rd International Conference on Signal Processing, 1996(1): 813-816.

[19] DENG H. Effective CLEAN Algorithms for Performance-Enhanced Detection of Binary Coding Radar Signals[J]. IEEE Transactions on Signal Processing, 2004, 52(1): 72-78.

[20] STOICA P, LI J, LING J. Missing Data Recovery via a Nonparametric Iterative Adaptive Approach [J]. IEEE Signal Processing Letters, 2009, 16(4): 241-244.

[21] YARDIBI T, LI J, STOICA P, et al. Source Localization and Sensing: A Nonparametric Iterative Adaptive Approach Based on Weighted Least Squares[J]. IEEE Transactions on Aerospace and Electronic Systems, 2010, 46(1): 425-443.

第 4 章 岸-舰双基地地波雷达信号处理

4.1 引 言

岸-舰双基地地波超视距雷达的发射站架设在海边，采用多根天线组成的阵列天线，且同时辐射相互正交的多载频信号，不形成发射方向图；接收天线为小型磁介天线，在接收站需要利用发射站的孔径经综合处理得到发射方向图，才能实现对目标的探测与定位。因此，该雷达的信号处理与一般地波雷达的信号处理有很大差异。首先，在接收站综合形成发射方向图之前需要对各发射信号分量进行分离。尽管采用数字混频和低通滤波器组可以对各发射分量进行分离，但当发射通道较多时，该运算量较大，难以实时实现。为此需要采用基于多相滤波器组的信道化接收技术[1]。

其次，在双基地地波雷达中存在的一个重要问题是直达波信号功率远强于目标回波，给目标尤其是弱目标检测带来困难。因此，该雷达在利用直达波进行同步和发射阵校准后，在对目标检测时需要对直达波进行抑制。传统的直达波抑制方法有通过自适应天线在直达波方向"置零"，以及设置参考通道进行旁瓣对消等。然而，由于岸-舰双基地地波超视距雷达发射站采用多个天线同时辐射不同载频 LFMICW 信号，舰载接收站运动且采用一个全向天线接收，接收端分离后的各路发射信号分量对应的空域导向矢量与距离、目标相对于发射站的方位等有关，所以不能直接采用发射波束"置零"、旁瓣对消等技术来抑制直达波。由于直达波中包含接收站相对于发射站的距离、方位和多普勒信息，因此，根据直达波特点，可以分别从时域、距离-方位域以及多普勒域对直达波进行抑制。

岸-舰双基地地波超视距雷达由于在发射站采用阵列天线同时发射不同频率信号，接收站对各发射信号分量分离后，在对各个分量进行综合处理的过程中存在距离与角度的耦合现象，导致在参数估计时存在距离-角度测不准(即耦合)问题，即任一量的测量误差将给另一量带来测量误差，所以距离-角度的解耦方法是这种双基地地波雷达中需要解决的另一关键问题。

本章主要介绍岸-舰双基地地波超视距雷达中关键的信号处理问题，介绍该雷达的信号处理方法，主要包括信道化接收、直达波抑制、距离-角度解耦等技术。在介绍信号处理方法之前，首先对信号处理分系统的组成进行简要介绍。

4.2 信号处理分系统组成

岸-舰双基地地波超视距雷达在舰船上的接收信号处理流程如图 4.1 所示。接收信号处理大致分为二路：一路是目标处理支路，另一路是同步处理支路。目标处理支路首先对目标信号进行信道化接收。在岸-舰双基地雷达系统中，接收信号中包含目标反射信号、直达波信号、射频干扰、电离层杂波等，为了实现对目标的检测、跟踪，在信号处理时首先需要对直达波信号进行抑制。为了实现对目标参数的高精度估计，且避免距离-角度测不准问题，需要设计发射阵列的频率间隔，使得目标导向矢量中距离-角度解耦，然后采用距离-方位二维超分辨算法，对目标的角度和距离进行估计。同步处理支路，目的是接收来自发射台的直达波信号作为同步基准信号，完成同步信号的提取等处理。同步技术将在第 5 章进行介绍，下面简单介绍目标处理支路的组成及其功能。

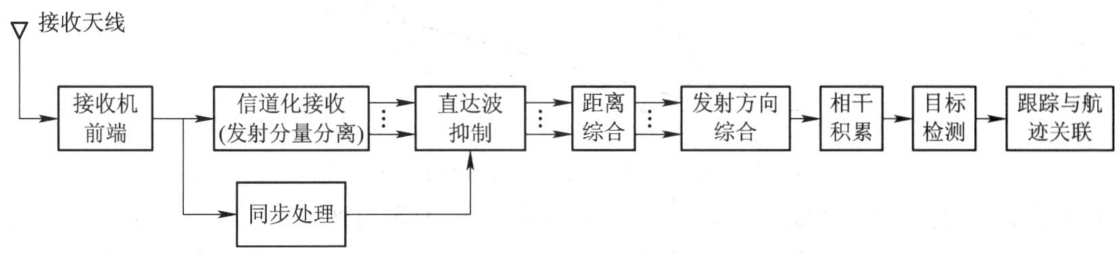

图 4.1　接收站信号处理流程图

(1) 接收机前端：对天线接收信号进行带通滤波、低噪声放大、ADC、数字混频、数字解调频，再通过中频正交采样得到同相分量(I)和正交分量(Q)。

(2) 信道化接收：实现对各发射信号分量的分离与滤波。接收信号与各发射参考信号共轭相乘(混频)，再分别经过低通滤波器实现通道分离，即各发射信号分量的分离，得到各路发射信号分量的基带复解析信号。一般选用低通滤波器的信道化接收技术，或者选用多相滤波器信道化接收技术。

(3) 直达波抑制：根据同步信号对接收的直达波“置零”或进行其他处理。

(4) 距离综合：对每个调频周期内各发射信号分量对应的接收信号分别进行 FFT(也称快时间维 FFT)，实现距离维综合。

(5) 发射方向综合：根据发射阵列天线的相对位置及其工作频率，对每个距离单元在阵列法向的$\pm 60°$方位范围内进行发射数字波束综合，得到发射方向图。

(6)相干积累：对于每个发射波束，分别对每个距离单元进行相干积累，地波雷达的相干积累时间较长，对海面目标的积累时间达百秒量级。相干积累的调频周期数为数百个，多普勒分辨率高。

(7) 目标检测：根据设置的检测概率和虚警概率确定 CFAR 门限，对每个发射波束，在每个多普勒通道依次进行 CFAR。同时对 Bragg 峰所在多普勒通道进行海杂波抑制。

(8) 目标跟踪与航迹关联：完成对目标航迹关联，对目标的点迹进行目标跟踪与航迹滤波，提取目标的航迹信息。

假设海岸上有 K 个天线阵元组成的发射线阵，发射站 T_x、接收站 R_x 及目标 T 的几何位置如图 4.2 所示。

假设雷达的发射波形为 FMICW，第 k 个阵元发射的复信号模型为

$$s_k(t) = g(t)A\exp\left(\mathrm{j}2\pi\left(f_k t - \frac{1}{2}\mu t^2\right)\right) \tag{4.1}$$

式中，$g(t)$为门控函数，用于截断调频连续波信号；A 为发射信号幅度；f_k 为第 k 个阵元发射信号的中心载频，$f_k = f_0 + c_k\Delta f$，f_0为雷达工作频率，Δf 为不同阵元发射信号频率之

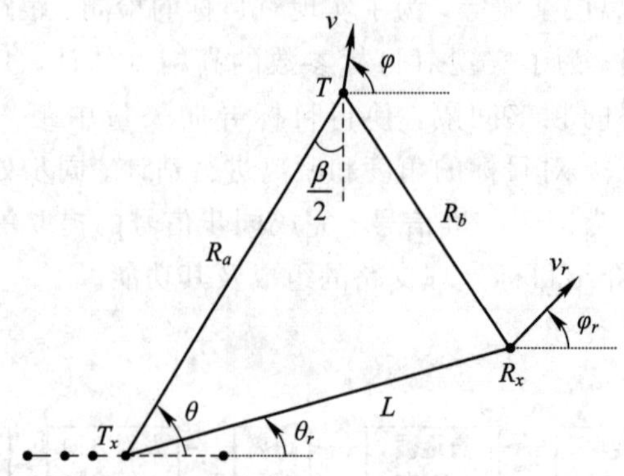

图 4.2 发射站、接收站及目标几何位置示意图

间的间隔，c_k 为发射载频编码，$c_k \in \{1, 2, \cdots, K\}$，$K$ 为发射通道数。由于高频地波雷达调频带宽较窄，而各发射阵元的发射载频各不相同，因此各发射天线辐射的信号在空间不形成发射方向图。

根据第 3 章的式(3.1)，不考虑幅度衰减及噪声，第 m 个调频周期的目标回波复信号模型可表示为

$$
\begin{aligned}
r(m, t) &\approx \sum_{k=1}^{K} s_k(m, t-\tau_k) \mathrm{e}^{\mathrm{j}2\pi f_{dk} m T_m} \\
&= \sum_{k=1}^{K} g(t-\tau_k) \mathrm{e}^{\mathrm{j}2\pi [f_k(t+mT_m-\tau_k)-0.5\mu(t-\tau_k)^2]} \mathrm{e}^{\mathrm{j}2\pi f_{dk} m T_m}
\end{aligned} \tag{4.2}
$$

式中，$\tau_k = \tau_0 + \Delta\tau_k$ 为第 k 个阵元到达目标的延时，$\tau_0 = R_0/c$ 为目标与参考点(通常取发射阵列天线的几何中心)的延时，c 为光速，$\Delta\tau_k$ 为目标与第 k 个阵元相对于参考点的时延差。对于以阵列中心为参考点、阵元间距为 d_0 的均匀线阵，有 $\Delta\tau_k = -d_k \cos\theta_0/c$，$d_k = [k-(K+1)/2]d_0$。$f_{dk} = 2f_k \tilde{v}_0/c$ 是目标等效速度为 $\tilde{v}_0$ 时第 k 个载频对应的多普勒频率。一般基线长度远大于阵列有效孔径，有 $g(t-\tau_k) \approx g(t-\tau_0)$。经低通滤波器滤除栅瓣后，可等效为发射 LFMCW 信号(不考虑能量损失)。考虑到雷达为窄带系统，有 $f_0 \gg K \cdot \Delta f$，故 $f_{dk} \approx f_{d0} = 2f_0 \tilde{v}_0/c$。在对各路发射信号分量分离后，第 k 路发射信号对应的输出信号(为分析方便，仍以模拟信号形式给出)可表示为

$$
r_k(m, t) = \mathrm{e}^{\mathrm{j}2\pi(-f_k\tau_k + \mu\tau_k t - 0.5\mu\tau_k^2)} \mathrm{e}^{\mathrm{j}2\pi f_{d0} m T_m} \quad (\tau_k \leqslant t \leqslant \tau_k + T_m) \tag{4.3}
$$

对式(4.3)进行 FT，得到

$$
\hat{r}_k(m, \tau) \approx \mathrm{e}^{\mathrm{j}2\pi f_{d0} m T_m} \mathrm{e}^{\mathrm{j}2\pi(-f_k\tau_k - \mu\tau\tau_k + 0.5\mu\tau_k^2)} \mathrm{e}^{-\mathrm{j}\pi(\mu\tau - \mu\tau_k) T_m} \frac{\sin[\pi B_m(\tau-\tau_k)]}{\pi\mu(\tau-\tau_k)} \tag{4.4}
$$

高频波段 B_m 一般为几十千赫兹量级，$B_m \ll f_0$；又 $\tilde{v}_0 \ll c$，忽略小量，式(4.4)可近似为

$$
\hat{r}_k(m, \tau) \approx \mathrm{e}^{\mathrm{j}2\pi f_{d0} m T_m} \mathrm{e}^{\mathrm{j}2\pi(-f_k\tau_k - \mu\tau\tau_0 + 0.5\mu\tau_0^2)} \mathrm{e}^{-\mathrm{j}\pi(\mu\tau - \mu\tau_0) T_m} \frac{\sin[\pi B_m(\tau-\tau_0)]}{\pi\mu(\tau-\tau_0)} \tag{4.5}
$$

由式(4.5)知，分离后各通道 FT 输出在目标位置即 $\tau=\tau_0$ 处的差异表现在相位项 $\mathrm{e}^{-\mathrm{j}2\pi f_k \tau_k}$，该项与目标方位、距离及载频有关。所谓发射综合，就是补偿对各路发射信号分量分离后所有通道中的该相位项，再求和，即等效的发射 DBF，从而得到目标的方位信息。在某时延-方位(τ, θ)进行发射综合处理，输出信号可表示为

$$y(m, \tau, \theta) = \boldsymbol{w}^{\mathrm{H}}(\tau, \theta)\hat{\boldsymbol{r}}(m, \tau) \tag{4.6}$$

式中，$\boldsymbol{w}(\tau, \theta) = [w_1(\tau, \theta), \cdots, w_K(\tau, \theta)]^{\mathrm{T}} = [\mathrm{e}^{-\mathrm{j}2\pi f_1(\tau - d_1\cos\theta/c)}, \cdots, \mathrm{e}^{-\mathrm{j}2\pi f_K(\tau - d_K\cos\theta/c)}]^{\mathrm{T}}$ 为二维搜索导向矢量；$\hat{\boldsymbol{r}}(m, \tau) = [\hat{r}_1(m, \tau), \hat{r}_2(m, \tau), \cdots, \hat{r}_K(m, \tau)]^{\mathrm{T}}$，上标“T”表示转置，“H”表示共轭转置。

假设各天线发射信号的载频按顺序分配，即 $c_k = k - (K+1)/2$，$f_k = f_0 + [k-(K+1)/2]\Delta f$，$k=1\sim K$。忽略与 m 无关的相位项，在 θ 方向发射波束综合的输出结果为

$$y(m, \tau, \theta) \approx \mathrm{e}^{\mathrm{j}2\pi f_{d0} m T_m} \frac{\sin[\pi(\tau - \tau_0)B_m]}{\pi\mu(\tau - \tau_0)} \cdot \frac{\sin[\pi K\Delta f(\tau - \tau_0) - \pi K d_0(\cos\theta - \cos\theta_0)/\lambda_0]}{\sin[\pi\Delta f(\tau - \tau_0) - \pi d_0(\cos\theta - \cos\theta_0)/\lambda_0]} \tag{4.7}$$

式中，$\lambda_0 = c/f_0$ 为中心频率对应的波长。

再针对每个波位、每个距离单元，对式(4.7)沿慢时间维进行 DFT/FFT，得到相干积累后的输出信号模型为

$$|\hat{y}(l, \tau, \theta)| = \hat{y}_1(\tau) \cdot \hat{y}_2(\tau, \theta) \cdot \hat{y}_3(l) \quad (l = 0, 1, \cdots, M-1) \tag{4.8}$$

式中，$\hat{y}_1(\tau) = \left|\dfrac{\sin[\pi B_m(\tau - \tau_0)]}{\pi B_m(\tau - \tau_0)}\right|$ 为距离维 FFT 得到的调制包络，其峰值位置为目标的距离；

$$\hat{y}_2(\tau, \theta) = \left|\frac{\sin[\pi K\Delta f(\tau - \tau_0) - \pi K d_0(\cos\theta - \cos\theta_0)/\lambda_0]}{K\sin[\pi\Delta f(\tau - \tau_0) - \pi d_0(\cos\theta - \cos\theta_0)/\lambda_0]}\right| \tag{4.9a}$$

为发射方向综合得到的调制包络，其峰值位置为目标相对于发射站的方位；

$$\hat{y}_3(l) = \left|\frac{\sin[\pi(l/M - f_{d_0}T_m)M]}{M\sin[\pi(l/M - f_{d_0}T_m)]}\right| \tag{4.9b}$$

为相干积累得到的调制包络，其峰值位置对应为目标的多普勒通道。

令 $f_d = l/(MT_m)$，对 $\hat{y}_3(l)$ 进行变量代换，得到

$$\hat{y}_3(f_d) = \left|\frac{\sin[\pi M T_m(f_d - f_{d0})]}{M\sin[\pi T_m(f_d - f_{d0})]}\right| \tag{4.9c}$$

式(4.8)反映了雷达对目标的多维分辨能力，只有在 $\tau = \tau_0$，$\theta = \theta_0$，$f_d = f_{d0}$ 时，式(4.8)才出现最大峰值。由 $\hat{y}_2(\tau, \theta)$ 可以看到，其在距离与方位之间存在耦合，任一参量的测量误差均会造成另一参量的测量误差，对该耦合的分析讨论及解耦方法研究将在第 4.5 节予以介绍。若仅考虑一维参数，则在目标 $(\tau_0, \theta_0, f_{d0})$ 处，时延 τ、方位 θ、多普勒 f_d 三个主截面分别有

$$|\hat{y}(\tau)|_{\theta=\theta_0,\, f_d=f_{d0}} = \left|\frac{\sin[\pi B_m(\tau - \tau_0)]}{\pi B_m(\tau - \tau_0)} \frac{\sin[\pi K\Delta f(\tau - \tau_0)]}{K\sin[\pi\Delta f(\tau - \tau_0)]}\right| \tag{4.10}$$

$$|\hat{y}(\theta)|_{\tau=\tau_0,\, f_d=f_{d0}} = \left|\frac{\sin[\pi K d_0(\cos\theta - \cos\theta_0)/\lambda_0]}{K\sin[\pi d_0(\cos\theta - \cos\theta_0)/\lambda_0]}\right| \tag{4.11}$$

$$|\hat{y}(f_d)|_{\tau=\tau_0,\, \theta=\theta_0} = \left|\frac{\sin[\pi(f_d - f_{d0})T_m M]}{M\sin[\pi(f_d - f_{d0})T_m]}\right| \tag{4.12}$$

由式(4.10)知，与发射综合前相比，发射综合后距离旁瓣降低。“距离和”分辨率与两个带宽有关，即调频带宽 B_m 和载频不同引起的带宽 $B_c = K\Delta f$。两带宽相差较大时，取决

于两者之中的大值；两带宽接近时，“距离和”分辨率可近似由$\sqrt{2}B_m$或$\sqrt{2}B_c$决定。当$\Delta f>B_m$时，出现距离栅瓣，实际使用时要避免。由式(4.11)和式(4.12)知，方位分辨率取决于发射阵孔径，而多普勒分辨率取决于相干处理时间。

4.3 信道化接收技术

信道化接收机就是将整个工作频带平均划分成若干个并行的信道输出，使得信号无论何时何地(信道)出现，均能加以截获，并进行解调分析[2-4]。通常这种接收机用于非合作(或被动性)的接收条件下，以获得全概率信号截获。利用这一思想，可以对具有一定频差的不同载频的合成接收信号进行分离。也就是说，对于同时接收到的K个不同载频信号(相邻载频间的频差相同且频谱互不重叠)，将其平均划分为K个并行的信道，从而将K个不同载频信号分离出来。信道化接收机由于有瞬时带宽大、灵敏度高、动态范围大等优点，故常用于多载频系统，如通信中的OFDM系统。

采用低通滤波器组信道化接收处理时，先进行低通滤波，再对滤波输出进行抽取，降低数据率。采用多相滤波器组信道化接收技术时，先抽取，再滤波，滤波操作在低数据率下完成。因此，该技术与低通滤波器组信道化接收技术相比，大大减少了运算量和系统的复杂度。下面介绍两种信道化接收技术在岸-舰双基地地波雷达中的应用，并分析其运算量。

4.3.1 信道化接收的基本原理

基于数字滤波器组的信道化接收技术，其中数字滤波器组是指具有一个共同输入，若干个输出端的一组滤波器，如图4.3所示。若发射信号包括K个分量，则滤波器的个数也为K个。图中$h_k(n)$($k=0, 1, \cdots, K-1$)为K个滤波器的冲击响应，$S(n)$为公共输入端，$y_k(n)$($k=0, 1, \cdots, K-1$)为K个输出信号。如果这K个滤波器的作用是把宽带信号$S(n)$平均分成K个子频带信号输出，那么$h_k(n)$即为第k个信道化滤波器的冲击响应。

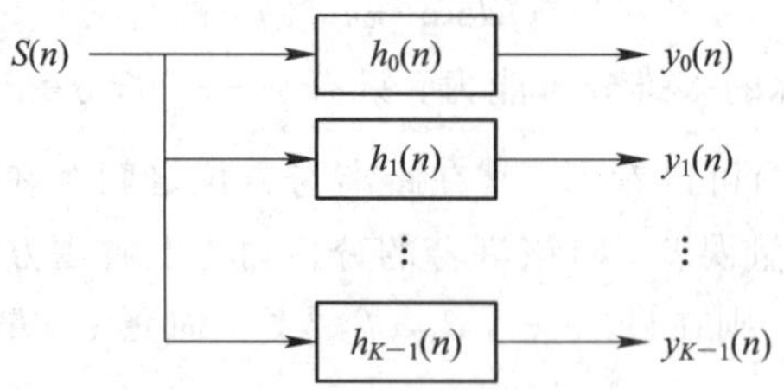

图4.3　滤波器组

图4.4给出了复信号$s(n)$的信道划分示意图。其中图4.4(a)是K为奇数时的信道划分，图4.4(b)是K为偶数时的信道划分，两种情况下的信道间隔均为$2\pi/K$(注意实信号的信道间隔为π/K，由于后面的应用中只用到复信号，因此这里只给出复信号的划分)。

由于复信号$s(n)$通过滤波器组后每个输出信号的带宽为$2\pi/K$，所以可对其进行K倍抽取，并不会影响输出信号的频谱结构。这种抽取属于“整带”抽取，抽取后可以直接获得所需的低通信号。但是这K个滤波器为其滤波带宽完全相同但载频不同的滤波器，工程实

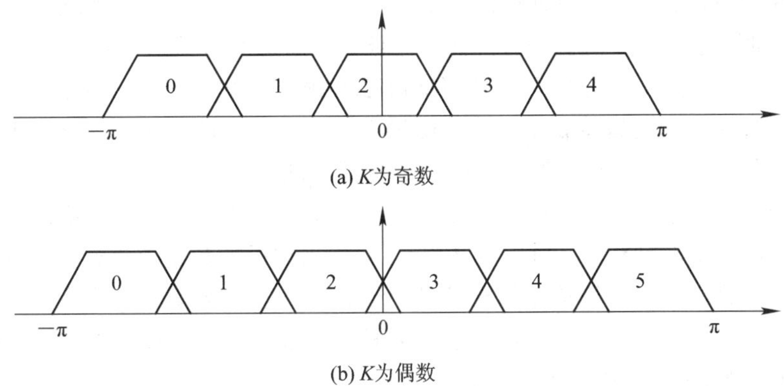

(a) K为奇数

(b) K为偶数

图 4.4　复信号的信道划分示意图

现时是对上述滤波器组的改进。把信号 $s(n)$ 均匀分成 K 个子频带，通过与本振信号 $e^{j\omega_k n}$（ω_k 为数字频率）混频，将第 k 个子频带（信道）移至基带（零中频），然后分别通过低通滤波器 $h_{LP}(n)$，滤出对应的子频带信号。由于滤波后的信号带宽为 $2\pi/K$，故可对其进行 K 倍抽取，以获得低采样率的信号。这种通过混频、低通滤波将信道分离的方法就是低通滤波器组信道化接收方法，其数学模型如图 4.5 所示。

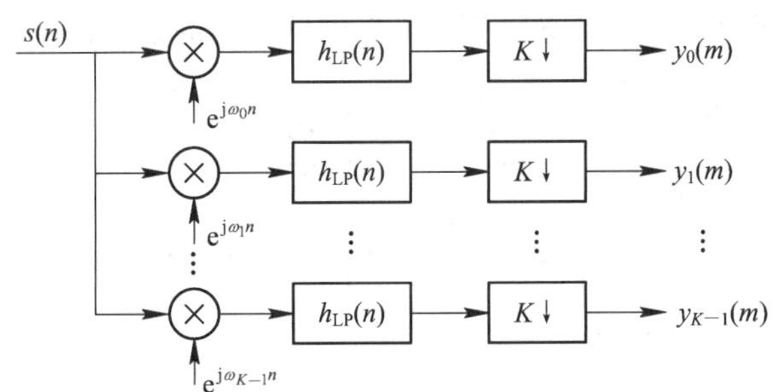

图 4.5　低通滤波器组信道化接收的数学模型（复信号）

图 4.5 中原型低通滤波器 $h_{LP}(n)$ 必须满足信道均匀划分，其频率响应为

$$H_{LP}(e^{j\omega}) = \begin{cases} 1 & (|\omega| \leqslant \pi/K) \\ 0 & (\text{其他}) \end{cases} \tag{4.13}$$

无论 K 为奇数还是偶数，式(4.13)均成立。

第 k 个本振信号的数字角频率 ω_k 由式(4.14)决定：

$$\omega_k = \left(k - \frac{K-1}{2}\right) \cdot \frac{2\pi}{K} \quad (k = 0, 1, \cdots, K-1) \tag{4.14}$$

式中，ω_k 为第 k 信道的归一化中心角频率，K 为数据抽取率。

图 4.5 低通滤波器组信道化接收的数学模型中，低通滤波器位于抽取之前，也就是说低通滤波是在降速之前进行的，这样滤波就要在高采样率的情况下进行，信号实时处理的运算量大。这种低通滤波器组的信道化接收技术实现起来比较困难，尤其是当通道数多时，图中低通滤波器所需的阶数可能会变得非常大，而且每一个信道要配一个这样的滤波器，实现效率非常低。在此基础上，实际中可以采用一种高效的实现方法，即多相滤波器组实现方法[4-6]。

在信号处理中，抽取是一种常用的降低运算量并提高运算速度的处理方式。为了避免频谱混叠，在抽取之前一般需要进行抗混叠滤波。但以这种方式实现时，滤波在抽取之前完成，运算量较大，不易高速实现。采用多相滤波结构后，滤波器被分解成多个支路，每一支路的数据经过抽取后可以降低数据率，便于后续的处理，同时也适合用硬件来实现并行处理。下面给出多相滤波信道化数字接收机的基本原理和高效结构。

采样率的提高使采样后的数据流速率很高，导致后续的数据处理速度跟不上，数据吞吐率太高很难满足实时性要求，所以有必要对A/D采样后的数据流进行降速处理。低通滤波器组信道化接收方法对运算速度的要求是相当高的，这主要表现在低通滤波器组信道化接收数学模型中的低通滤波器 $h_{\mathrm{LP}}(n)$ 是在信号抽取之前完成的。假设图4.6所示的数字滤波器的冲击响应为 $h(n)$，则其 Z 变换 $h(z)$ 为

$$H(z)=\sum_{n=-\infty}^{\infty}h(n)\cdot z^{-n} \tag{4.15}$$

将式(4.15)展开并按一定的方式重新组合，可得：

$$H(z)=\sum_{k=0}^{K-1}z^{-k}\cdot\sum_{n=-\infty}^{+\infty}h(nK+k)\,(z^{K})^{-n}=\sum_{k=0}^{K-1}z^{-k}E_k(z^K) \tag{4.16}$$

式中 $E_k(z)=\sum\limits_{n=-\infty}^{\infty}h(nK+k)\cdot z^{-n}$，$K$ 为多相滤波器的总信道数。式(4.16)即为多相滤波器结构的表示形式。根据抽取器的等效关系，可得到抽取器的多相滤波结构如图4.6所示。

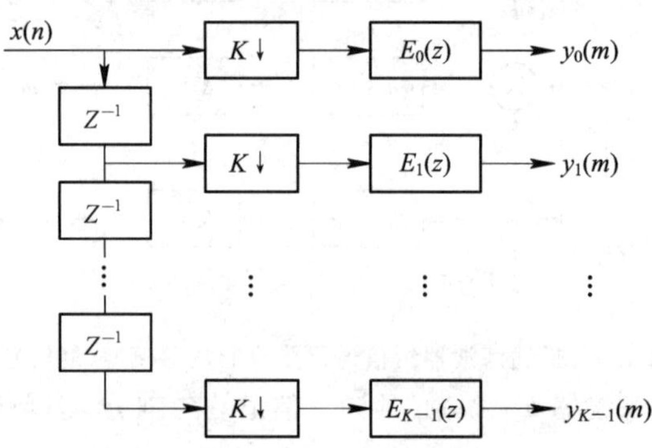

图4.6　抽取器的多相滤波结构

由图4.6可见数字滤波器位于抽取之后，即滤波是在降速之后进行的，这就有利于降低处理速度，提高实时处理的能力，而且每一支路滤波器系数的个数由 N 减少到 N/K，可以减小滤波运算的积累误差，提高运算精度。

根据多相滤波的结构，由图4.6可得第 k 路信道的输出为(方便起见用 $h(n)$ 代替 $h_{\mathrm{LP}}(n)$)：

$$\begin{aligned}y_k(m)&=\{[S(n)\mathrm{e}^{\mathrm{j}\omega_k n}]*h(n)\}\big|_{n=mK}=\Big\{\sum_{i=-\infty}^{+\infty}s(n-i)\mathrm{e}^{\mathrm{j}\omega_k(n-i)}\cdot h(i)\Big\}\Big|_{n=mK}\\&=\sum_{i=-\infty}^{+\infty}s(mK-i)\mathrm{e}^{\mathrm{j}\omega_k(mK-i)}\cdot h(i)\\&=\sum_{p=0}^{D-1}\sum_{i=-\infty}^{+\infty}s(mK-iK-p)\mathrm{e}^{\mathrm{j}\omega_k(mK-iK-p)}\cdot h(iK+p)\end{aligned} \tag{4.17}$$

定义 $S_p(m)=S(mK-p)$，$h_p(m)=h(mK+p)$，则有

$$\begin{aligned} y_k(m) &= \sum_{p=0}^{K-1}\sum_{i=-\infty}^{+\infty} S_p(m-i)h_p(i)\mathrm{e}^{\mathrm{j}\omega_k(mK-iK-p)} \\ &= \sum_{p=0}^{K-1}\Big[\sum_{i=-\infty}^{+\infty}(S_p(m-i)\mathrm{e}^{\mathrm{j}\omega_k(m-i)K})\cdot h_p(i)\Big]\mathrm{e}^{-\mathrm{j}\omega_k p} \end{aligned} \tag{4.18}$$

定义

$$x_p(m) = \sum_{i=-\infty}^{+\infty}[S_p(m-i)\mathrm{e}^{\mathrm{j}\omega_k(m-i)K}\cdot h_p(i)] = [S_p(m)\mathrm{e}^{\mathrm{j}\omega_k mK}] * h_p(m) \tag{4.19}$$

将式(4.19)代入式(4.18)，并化简得

$$y_k(m) = \sum_{p=0}^{K-1} x_p(m)\mathrm{e}^{-\mathrm{j}\omega_k p} \tag{4.20}$$

把 $\omega_k=\left(k-\dfrac{K-1}{2}\right)\cdot\dfrac{2\pi}{K}$代入式(4.19)，得到

$$\begin{aligned} x_p(m) &= [S_p(m)\mathrm{e}^{\mathrm{j}(k-\frac{K-1}{2})2\pi m}] * h_p(m) = [S_p(m)\ (-1)^{(K-1)m}] * h_p(m) \\ &= \begin{cases} [S_p(m)\ (-1)^m] * h_p(m) & (K\ 为偶数) \\ S_p(m) * h_p(m) & (K\ 为奇数) \end{cases} \end{aligned} \tag{4.21}$$

$$\begin{aligned} y_k(m) &= \sum_{p=0}^{K-1}[x_p(m)\ (-1)^p\cdot\mathrm{e}^{-\mathrm{j}\frac{\pi}{K}p}]\mathrm{e}^{-\mathrm{j}\frac{2\pi}{K}kp} \\ &= \sum_{p=0}^{K-1} x'_p(m)\mathrm{e}^{-\mathrm{j}\frac{2\pi}{K}kp} = \mathrm{DFT}[x'_p(m)] \end{aligned} \tag{4.22}$$

式中，$x'_p(m) \triangleq x_p(m)(-1)^p\mathrm{e}^{-\mathrm{j}\frac{\pi}{K}p}$，DFT(·)表示离散傅里叶变换，可用 FFT 实现。

根据上述推导过程，基于多相滤波结构的信道化接收机数学模型如图 4.7 所示。由图 4.7 可见，不仅 K 倍抽取器位于滤波器之前，而且每个信道的抽取滤波器不是原型低通滤波器 $h(n)$，而是该滤波器的多相分量 $h_p(n)$，其运算量降至原来的 $1/K$，提高了这种信道化接收机的实时处理能力。另外，图中 DFT 通常采用其高效算法 FFT 来实现，运算速度可以大大加快。

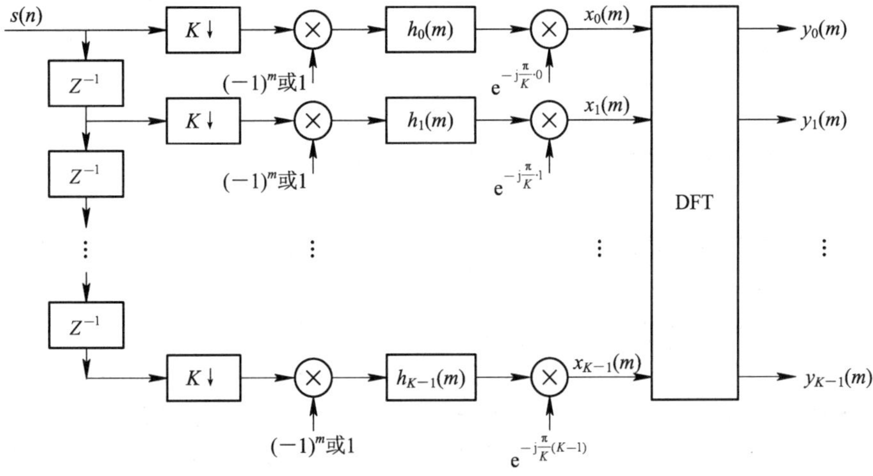

图 4.7　多相滤波器组信道化接收机数学模型(复信号)

4.3.2 低通滤波器组信道化接收技术

由 4.2 节可知，基于 LFMICW 的岸-舰双基地地波雷达对接收信号的基本处理流程为：混频、去调频、低通滤波、分离、距离维 FT、发射综合及相干积累等。为了分析表述方便，前面的介绍均以复解析形式表示信号，去载频与解调处理亦以模拟混频的方式进行介绍。实际中发射、接收均为实信号，且由于雷达收发分置，在发射站和接收站之间没有通信链路，在接收站不能采用传统模拟混频的方法进行去载频与解调处理。在一个调频周期内第 k 个阵元发射的实信号可表示为

$$s_k(t)=g(t)\cos(2\pi f_k t-0.5\pi\mu t^2)\quad (k=1,2,\cdots,K) \tag{4.23}$$

式中，$f_k=f_0+c_k\Delta f$，f_0 为中心频率，Δf 为频率间隔，c_k 为频率编码；调频斜率 $\mu=B_m/T_m$，B_m 为调频带宽；K 为阵元数。

以单目标为例，先不考虑目标速度，则某调频周期内目标回波信号可表示为

$$r(t)=\sum_{k=1}^{K}g(t-\tau_k)\cos\{2\pi[f_k(t-\tau_k)-0.5\mu(t-\tau_k)^2]\} \tag{4.24}$$

式中，$\tau_k=\tau_0+\Delta\tau_k$，$\tau_0=R_0/c$，$\Delta\tau_k=-d_k\cos\theta_0/c$，$R_0$ 为目标“距离和”，θ_0 为目标方位角，c 为光速。当阵列不是太大，距离分辨率大于天线孔径的情况下，有 $g(t-\tau_k)\approx g(t-\tau_0)$。

由于地波雷达的工作频率低，可以直接对射频信号进行采样，再经过数字正交变换，得到的基带复解析信号为

$$\begin{aligned}s(t)&\approx g(t-\tau_0)\sum_{k=1}^{K}e^{j2\pi[\Delta f_k t-f_k\tau_k-0.5\mu(t-\tau_k)^2]}\\&=g(t-\tau_0)e^{-j\pi\mu t^2}\sum_{k=0}^{K-1}e^{j2\pi\Delta f_k t}e^{j2\pi\mu\tau_k t}e^{-j2\pi f_k\tau_k}e^{-j\pi\mu\tau_k^2}\end{aligned} \tag{4.25}$$

式中，调频项 $e^{-j\pi\mu t^2}$ 需要与其相匹配的线性调频信号进行数字混频，以实现“去调频”；$e^{-j\pi\mu\tau_k^2}\approx e^{-j\pi\mu\tau_0^2}$；求和项中与时间 t 相关项有 $e^{j2\pi\Delta f_k(t-\tau_0)}$ 和 $e^{j2\pi\mu\tau_k t}$，对因子 $e^{j2\pi\mu\tau_k t}$ 而言，$\mu\tau_k\approx\mu\tau_0=\mu R_0/c=f_R$，$f_R$ 为目标距离 R_0 对应的频率。当 $f_R\leqslant\Delta f/2$ 时(实际参数选取时 $f_R\ll\Delta f$)，分别利用频率为 Δf_k 的信号 $e^{-j2\pi\Delta f_k t}$ 进行数字混频，再低通滤波，以实现对各路发射信号分量的分离。经低通滤波分离后，第 k 个发射信号分量对应的目标回波近似为连续波信号，可表示为

$$y_k(t)\approx e^{j2\pi\mu\tau_0 t}e^{-j2\pi f_k\tau_k}e^{-j\pi\mu\tau_0^2}e^{-j\pi\mu t^2} \tag{4.26}$$

假定数字正交采样周期为 T_s，其离散化表达式为

$$y_k(n)\approx e^{j2\pi\mu\tau_0 nT_s}e^{-j2\pi f_k\tau_k}e^{-j\pi\mu\tau_0^2}e^{-j\pi\mu(nT_s)^2} \tag{4.27}$$

对分离后的信号进行谱分析，根据频率 $f_R=\mu\tau_0$ 可以计算出目标的距离。因子 $e^{-j2\pi f_k\tau_k}$ 与各个阵元发射信号的频率和目标距离方向有关，在进行发射综合处理时得以补偿。因子 $e^{-j\pi\mu\tau_0^2}$ 为常数项，检波后可以不考虑，在后面的表达式中将不列出。

综上所述，该雷达基于低通滤波器组信道化接收技术的信号处理流程如图 4.8 所示。图中第一级混频器的作用为“去斜率(即去调频)”，并与 FFT 一起完成脉冲压缩，从而得到距离信息；第二级混频由 K 个混频器和 LPF 组成，完成各发射信号分量的分离。“去斜率”后信号的总带宽小于 $K\Delta f$，分离后各路信号带宽小于 Δf，故可对分离后信号进行 K 倍抽取，降低后续处理复杂度并减少数据存储空间。再对分离抽取后的信号进行发射综合，得

到目标相对于发射阵的方位信息。

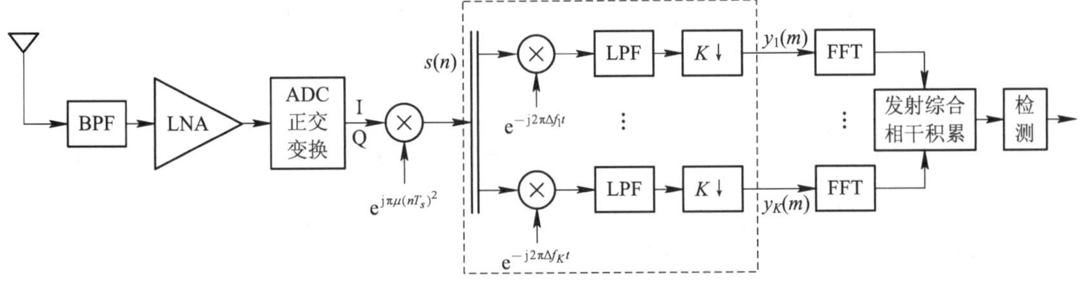

图 4.8　基于低通滤波器组信道化接收技术的信号处理流程

这种信号分离的方法采用了低通型数字滤波器组，采用该技术的接收机称为低通滤波器组信道化接收机。由于滤波是在信号抽取前高数据率下进行的，当滤波器阶数较高、通道数较多时，运算量大。

4.3.3　多相滤波器组信道化接收技术

采用低通数字滤波器组实现的信道化接收机，是在高数据率的情况下进行高阶低通滤波的。每一个信道要有一个这样的滤波器，实时实现较困难。信道化接收机的一种高效实现方法是采用多相滤波方法，即多相滤波器组信道化接收机[1]。

去斜率后复解析信号总带宽小于 $K\Delta f$，正交变换输出 $s(n)$的数据率可取作 $f_{s1}=K\Delta f$。此时，因子 $\mathrm{e}^{-\mathrm{j}2\pi\Delta f_k t}=\mathrm{e}^{-\mathrm{j}2\pi\Delta f_k' n}$，$\Delta f_k'=\Delta f_k/f_{s1}$ 为归一化数字频率，则 K 倍信号抽取后第 k 个信道的输出为

$$\begin{aligned}y_k(m)&=\{[s(n)\mathrm{e}^{-\mathrm{j}2\pi\Delta f_n' n}]*h(n)\}_{n=mK}\\&=\left\{\sum_{i=-\infty}^{+\infty}s(n-i)\mathrm{e}^{-\mathrm{j}2\pi\Delta f_k'(n-i)}\cdot h(i)\right\}_{n=mK}\\&=\sum_{i=-\infty}^{+\infty}s(mK-i)\mathrm{e}^{-\mathrm{j}2\pi\Delta f_k'(mK-i)}\cdot h(i)\\&=\sum_{p=1}^{K}\sum_{i=-\infty}^{+\infty}s(mK-iK+p-1)\mathrm{e}^{-\mathrm{j}2\pi\Delta f_k'(mK-iK+p-1)}\cdot h(iK-p+1)\end{aligned}\tag{4.28}$$

式中“$*$”表示卷积。设 $s_p(m)=s(mK+p-1)$和 $h_p(m)=h(mK-p+1)$分别为原序列 $s(n)$和原型低通滤波器 $h(n)$的多相分量，则

$$\begin{aligned}y_k(m)&=\sum_{p=1}^{K}\sum_{i=-\infty}^{+\infty}s_p(m-i)h_p(i)\mathrm{e}^{-\mathrm{j}2\pi\Delta f_k'(mK-iK+p-1)}\\&=\sum_{p=1}^{K}\left[\sum_{i=-\infty}^{+\infty}(s_p(m-i)\mathrm{e}^{-\mathrm{j}2\pi\Delta f_k'(m-i)K})\cdot h_p(i)\right]\mathrm{e}^{-\mathrm{j}2\pi\Delta f_k'(p-1)}\\&=\sum_{p=1}^{K}x_p(m)\mathrm{e}^{-\mathrm{j}2\pi\Delta f_k'(p-1)}\end{aligned}\tag{4.29}$$

式中，

$$x_p(m)=\sum_{i=-\infty}^{+\infty}[s_p(m-i)\mathrm{e}^{-\mathrm{j}2\pi\Delta f_k'(m-i)K}\cdot h_p(i)]=[s_p(m)\mathrm{e}^{-\mathrm{j}2\pi\Delta f_k' mK}]*h_p(m)\tag{4.30}$$

由于 $\Delta f_k = c_k \Delta f$，$c_k = k-(K+1)/2$，将 $\Delta f'_k = \Delta f_k / f_{s1}$ 代入式(4.29)可得

$$\begin{aligned} y_k(m) &= \sum_{p=1}^{K} \left[x_p(m)\,(-1)^{p-1} \cdot \mathrm{e}^{-\mathrm{j}\frac{\pi}{K}(p-1)} \right] \mathrm{e}^{-\mathrm{j}\frac{2\pi}{K}(k-1)(p-1)} \\ &= \sum_{p=1}^{K} x'_p(m)\,\mathrm{e}^{-\mathrm{j}\frac{2\pi}{K}(k-1)(p-1)} \\ &= \mathrm{DFT}[x'_p(m)] \quad (k=1,\cdots,K) \end{aligned} \tag{4.31}$$

式中，$x'_p(m) = x_p(m)(-1)^p \mathrm{e}^{-\mathrm{j}\frac{\pi}{K}p}$。

将 $\Delta f'_k = \Delta f_k / f_{s1}$ 代入式(4.30)可得

$$\begin{aligned} x_p(m) &= \left[s_p(m)\,\mathrm{e}^{-\mathrm{j}\left(k-\frac{K-1}{2}\right)2\pi m} \right] * h_p(m) \\ &= \left[s_p(m)\,(-1)^{(K-1)m} \right] * h_p(m) \\ &= \begin{cases} \left[s_p(m)\,(-1)^m \right] * h_p(m) & (K\text{ 为偶数}) \\ s_p(m) * h_p(m) & (K\text{ 为奇数}) \end{cases} \end{aligned} \tag{4.32}$$

综上所述，采用多相滤波结构的信道化接收机的信号处理流程如图 4.9 所示。其中虚线框内就是其基于多相滤波器组的信道化接收部分，包括对信号的延迟、抽取、滤波、DFT 等处理。图中虚线框内第一级乘法器(实际为符号变换器)系数选取如下：当 K 为偶数时取 $(-1)^m$，K 为奇数时取 1。由图可见，不仅 K 倍抽取器已位于滤波器之前，而且每

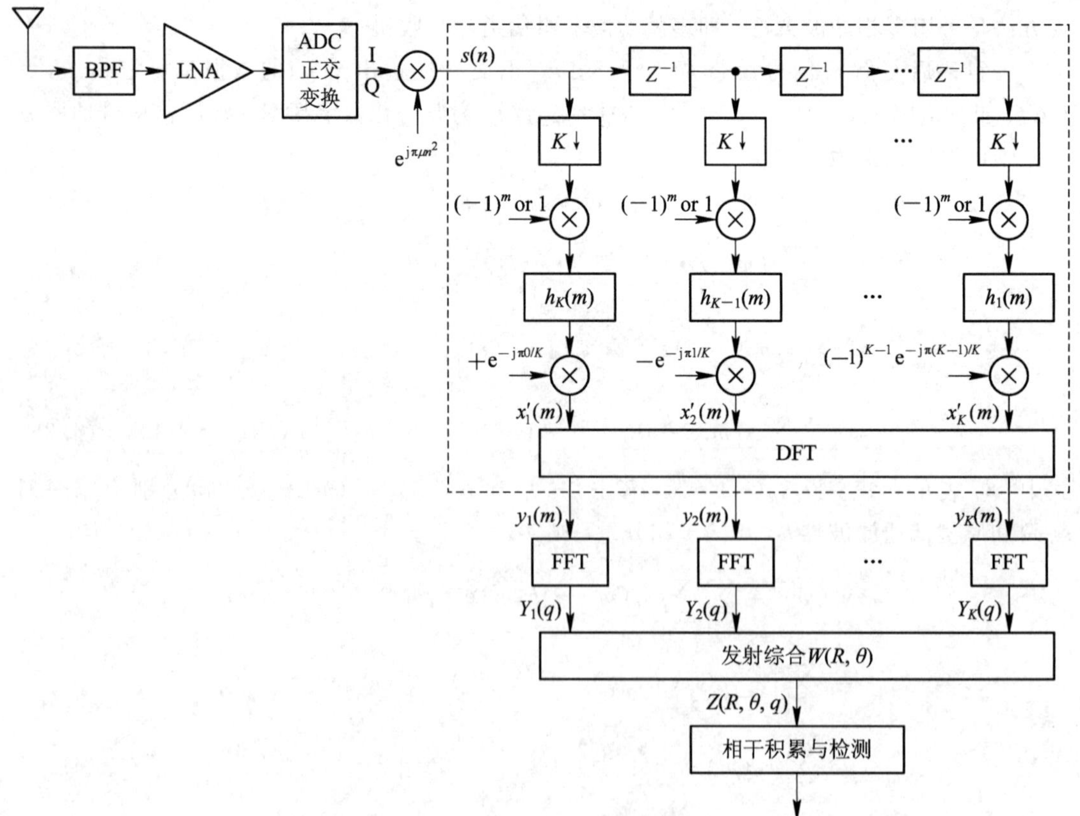

图 4.9　基于多相滤波器组信道化接收技术的信号处理流程

个信道的抽取滤波器 $h_p(n)$ 的阶数也是原型低通滤波器 $h(n)$ 的 $1/K$，极大地提高了这种信道化接收机的实时处理能力。对式(4.31)分离后的各路信号分别进行 FFT，有

$$\begin{aligned} Y_k(q) &= \sum_{m=0}^{Q-1} y_k(m) \cdot \mathrm{e}^{-\mathrm{j}\frac{2\pi}{Q}q\cdot m} \\ &= \mathrm{e}^{\mathrm{j}2\pi f_k \tau_k} \sum_{m=0}^{Q-1} \mathrm{e}^{\mathrm{j}2\pi f_R m T_s} \cdot \mathrm{e}^{-\mathrm{j}\frac{2\pi}{Q}q\cdot m} \\ &= \mathrm{e}^{\mathrm{j}2\pi f_k \tau_k} \mathrm{e}^{\mathrm{j}\pi\frac{Q-1}{Q}(f_R Q T_s - q)} \frac{\sin[\pi(f_R Q T_s - q)]}{\sin[\pi(f_R Q T_s - q)/Q]} \quad (k=1, \cdots, K) \end{aligned} \tag{4.33}$$

式中，$T_s = 1/f_s$ 为 $y_k(m)$ 的量化间隔，即对 $s(n)$ 进行 K 倍抽取后的数据率，Q 为 FFT 点数。再对各路信号进行发射综合处理，输出信号为

$$Z(R, \theta, q) = \sum_{k=1}^{K} W_k^{\mathrm{H}}(R, \theta) \cdot Y_k(q) \tag{4.34}$$

式中，加权系数为 $W_k(R, \theta) = \mathrm{e}^{-\mathrm{j}2\pi f_k \tau_k'} = \mathrm{e}^{-\mathrm{j}2\pi f_k (R - d_{k_1}\cos\theta)/c}$（$d_{k_1}$ 为载频 f_k 对应的发射阵元位置，具体取值见 4.5 节），代入式(4.34)有

$$Z(R, \theta, q) = \mathrm{e}^{\mathrm{j}\pi\frac{Q-1}{Q}(f_R Q T_s - q)} \left[\sum_{k=1}^{K} \mathrm{e}^{\mathrm{j}2\pi f_k(\tau_k' - \tau_k)}\right] \frac{\sin[\pi(f_R Q T_s - q)]}{\sin[\pi(f_R Q T_s - q)/Q]} \tag{4.35}$$

当 $\tau_k' = \tau_k$ 且 $q = f_R Q T_s$ 时，即在目标所在距离单元和多普勒通道处，输出信号幅度 $|Z(R, \theta, q)|$ 出现最大值，从而确定目标距离和方位。

由于地波雷达接收目标回波信号弱，在进行目标检测之前需要对每个波位、每个距离单元的信号进行长时间的相干积累。尽管雷达多载频同时工作，但其总带宽较小，载频偏差带来的多普勒频率差小于多普勒通道带宽。因此，可以对每个波位、每个距离单元的信号进行长时间的相干积累。在对海面目标检测时，由于海面目标的运动速度慢，相干积累时间可以达到百秒量级。

在信道化接收过程中，要解决的主要问题之一是图 4.9 中原型低通滤波器的设计。发射信号分量分离后，若信道输出含有其他信号分量，则会影响后续发射方向综合等处理流程。为了避免通道间的串扰，要求滤波器的矩形系数较高。FIR 滤波器设计的经典方法主要分为两大类：窗函数方法和 Parks-McClellan 方法[7]。窗函数方法以矩形窗下的 MSE 最小为优化准则，在使用其他窗时是次优的。Parks-McClellan 方法以最小化 Chebyshev 误差范数(Chebyshev error norm)为准则，得到最优的等波纹滤波器。在选择 Parks-McClellan 方法设计滤波器时，其阶数由式(4.36)确定[7]

$$N_{\mathrm{LPF}} = \frac{-10\lg(\delta_p \delta_s) - 13}{14.6 B_{\mathrm{tr}}} + 1 \tag{4.36}$$

式中，δ_p 和 δ_s 分别为带内波动因子和阻带衰减；B_{tr} 为过渡带的归一化带宽，即过渡带带宽与采样率的比值。

假设原型低通滤波器参数为 $\delta_p = 0.001$，$\delta_s = 0.001$，$B_{\mathrm{tr}} = 0.0025$，根据式(4.35)可计算得到 $N_{\mathrm{LPF}} = 1289$。该原型滤波器的冲激响应函数 $h(n)$ 及幅频响应如图 4.10 所示。

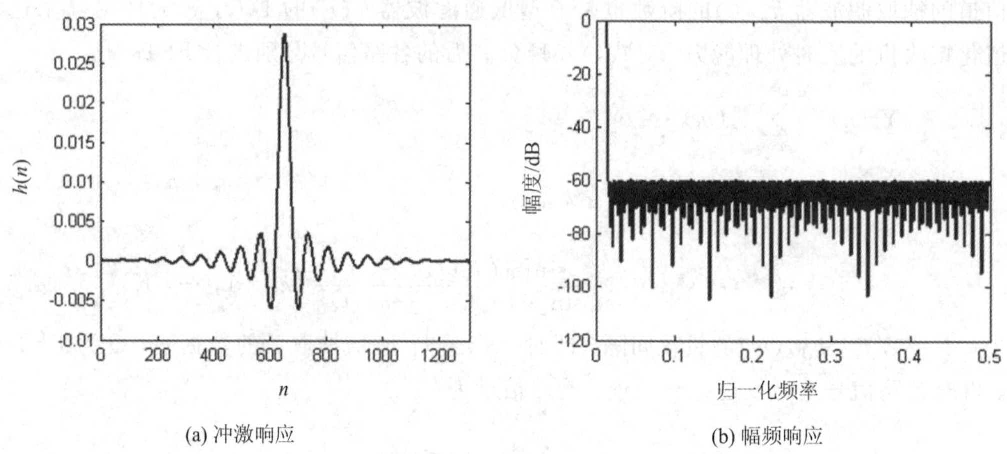

(a) 冲激响应 (b) 幅频响应

图 4.10 原型低通滤波器的冲激响应及幅频响应

4.3.4 信道化接收的计算机仿真

下面给出岸-舰双基地地波雷达信道化接收的一些仿真结果。假设雷达的中心频率 $f_0=6.75$ MHz，发射阵元数 $K=16$，$B_m=60$ kHz，$\Delta f=1$ kHz。正交分解后数据率为 $f_{s1}=K\Delta f=16$ kHz，再通过滤波器组进行后续处理。设某目标距离为 300 km，等效速度为10 m/s，方位为 90°，目标回波信噪比为 −5 dB。

采用多相滤波器组信道化接收处理，数字"去调频"后采样率为 $f_{s1}=K\Delta f=16$ kHz，信号频谱如图 4.11(a)所示，整个频带内有 16 根谱线，即包括 16 个发射信号频率分量，相邻谱线间隔 $\Delta f=1$ kHz。16 个信道分离后，数据率降为 $\Delta f=1$ kHz。图 4.11(b)为分离后 16 个信道分别进行距离维 FFT 的输出信号频谱，由于噪声影响，谱线幅度有起伏，但 16 个发射分量的谱线位置相同，该谱线位置主要取决于目标距离。

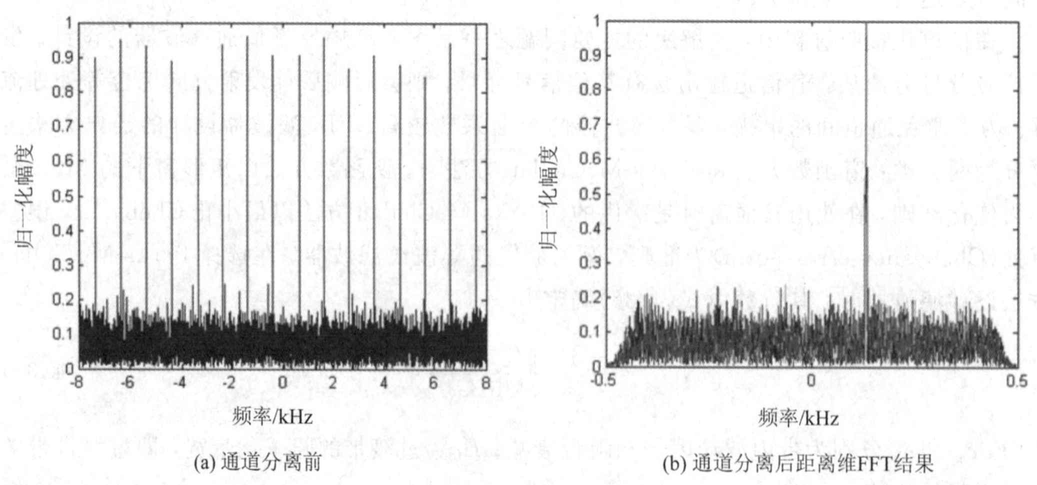

(a) 通道分离前 (b) 通道分离后距离维FFT结果

图 4.11 信号频谱

在多相滤波器组信道化处理基础上，通过距离维傅氏变换、相干积累、发射方向综合等处理，结果如图 4.12 所示。处理结果为距离-多普勒-方位的多维联合，图 4.12 只给出了两个主截面，即图 4.12(a)为目标所在波位的距离-速度三维图，相干积累的调频周期数为 64；图 4.12(b)为目标所在多普勒通道的距离-方位三维图。

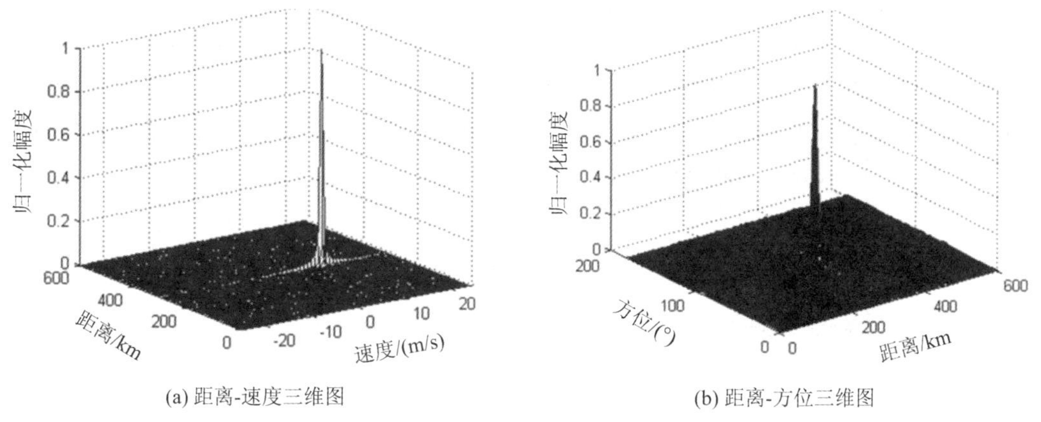

(a) 距离-速度三维图　(b) 距离-方位三维图

图 4.12　基于多相滤波器组信道化接收技术的目标回波处理结果

图 4.13 为低通滤波器组和多相滤波器组处理结果沿目标所在距离、速度、方位的三个主切面图。可以看到，两种方法处理结果差异很小，采用多相滤波器组信道化接收技术在降低运算量的同时没有带来性能损失。

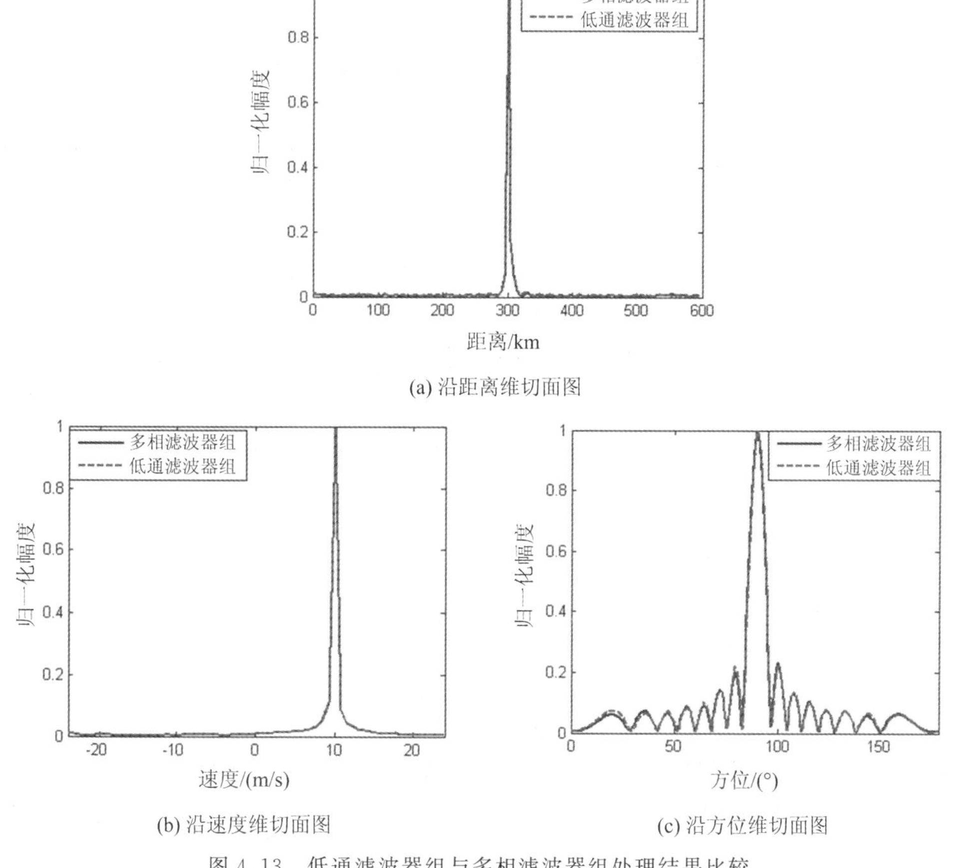

(a) 沿距离维切面图

(b) 沿速度维切面图　(c) 沿方位维切面图

图 4.13　低通滤波器组与多相滤波器组处理结果比较

4.3.5 运算量分析

多相滤波器组和低通滤波器组信道化接收技术在功能上是等效的，但在具体实现上有很大的差别。低通滤波器组需要多个混频器和高阶滤波，并在高数据率下进行，滤波后再进行抽取；而多相滤波器组处理方法是先抽取，降低数据率，再进行相对低阶的滤波和DFT处理。假定在一个调频周期内接收信号的采样点数为 N_m，原型低通滤波器的阶数为 N_{LPF}，则图 4.8 所示低通滤波器组信道化接收机的 K 个信道复乘法运算量为

$$K_1 = K \cdot N_m + K \cdot N_m \cdot N_{\text{LPF}} = K \cdot N_m \cdot (1 + N_{\text{LPF}}) \tag{4.37}$$

而 K 点 FFT 的复数乘法运算量为$\frac{K}{2}\text{lb}K$（lb 即 $\log_2$）。图 4.9 所示基于多相滤波器组信道化接收机的 K 个信道复数乘法运算量为

$$\begin{aligned} K_2 &= 2K \cdot \frac{N_m}{K} + K \cdot \frac{N_m}{K} \cdot \frac{N_{\text{LPF}}}{K} + \frac{N_m}{K} \cdot \frac{K}{2}\text{lb}\, K \\ &= \frac{N_m}{K} \cdot \left(N_{\text{LPF}} + 2K + \frac{K}{2}\,\text{lb}K\right) \end{aligned} \tag{4.38}$$

在发射通道数 K 不是太大的情况下，由于 $N_{\text{LPF}} \gg 2K + \frac{K}{2}\text{lb}K$，$K_2 \approx \frac{1}{K}N_m N_{\text{LPF}}$，可得采用多相滤波器组处理的运算量比低通滤波器组的运算量少很多，几乎为 $1/K^2$。另外，采用多相滤波器组还有利于减少计算积累误差。

4.4 直达波抑制方法

岸-舰双基地地波超视距雷达发射站采用多个天线同时辐射不同载频 LFMICW 信号以保证其各向同性照射，舰载接收站采用一个或多个全向天线接收。考虑到岸-舰双基地地波超视距雷达系统结构特点以及直达波信噪比较高，可以利用直达波进行同步和发射阵校准，这些将在第 5 章进行详细介绍。但是，由于直达波远远强于目标回波，这就给目标尤其是弱目标检测带来困难。接收端分离后的各路发射信号分量对应的空域导向矢量与距离和角度有关。由于接收天线的弱方向性并且接收平台运动，且直达波中包含接收站相对发射站的距离、方位和多普勒信息，不能直接采用已有的发射“置零”、旁瓣对消等技术来抑制直达波。下面分别从时域、距离-方位域、多普勒域介绍直达波抑制方法，并给出其抑制性能。

4.4.1 直达波功率计算

假设发射天线单元数为 N_e，每个天线发射的峰值功率为 P_t，若发射站与接收站之间的距离为 R_0，则直达波信号的功率为

$$P_{R0} = \frac{(N_e P_t) G_t G_r \lambda^2}{(4\pi)^2 R_0^2 \cdot L_s \cdot A_p(R_0)} \tag{4.39}$$

式中，A_p 是发射站到接收舰船传播路径上的单程地波衰减因子，根据第 2 章内容，若接收站与发射站的距离在 200 km 范围内，A_p 平均可按 0.03 dB/km 计算。而环境干扰和接收机内部噪声的平均功率为

$$N_r = kT_0 B \cdot F_n \cdot F_c \tag{4.40}$$

当 $B=30$ kHz、$F_n=5$ dB、$F_c=50$ dB 时，有 $N_r=-104.2$ dB。取 $N_e=32$，$P_t=3$ kW，各参数取值如表 4.1 所示，则直达波的信干噪比 SCNR 为

$$\text{SCNR} = 163.48 - 20 \cdot \lg R_0 - 0.06 \cdot R_0 (\text{dB}) \tag{4.41}$$

表 4.1　参 数 取 值

参数	G_t	G_r	λ^2	P_t	$(4\pi)^2$	kT_0	B	F	F_c	L_s
[dB]	6	3	37.5	34.77	22.98	−203.98	44.77	5	50	15

图 4.14 给出了 32 个发射天线总的直达波和单个发射天线直达波的信干噪比 SCNR。从图 4.14 中可看出，接收站与发射站距离 R_0 为 300 km 时，单个发射天线信号的 SCNR 也有 30 dB，可以满足同步对 SCNR 的要求。但是直达波功率太强，影响目标的检测，所以需要对直达波进行抑制。

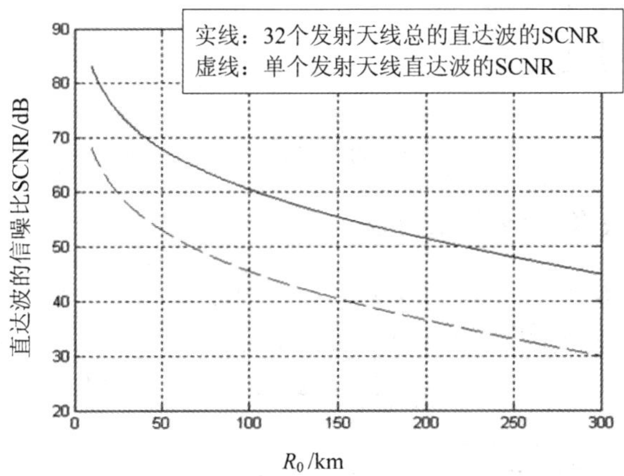

图 4.14　直达波的信干噪比 SCNR

4.4.2　时域直达波抑制方法

以单个目标为例，假设目标回波幅度为 1，则利用直达波进行同步后的接收信号(包括直达波和目标回波)可近似表示为

$$\begin{aligned} r(m,t) &\approx \sum_{k=1}^{K} \underbrace{\beta_r s_k(t-\tau_{rk}) e^{j2\pi f_{dr} m T_m}}_{\text{直达波}} + \underbrace{s_k(t-\tau_{tk}) e^{j2\pi f_{dt} m T_m}}_{\text{目标回波}} \\ &= g(t) \sum_{k=1}^{K} \beta_r e^{j2\pi[f_k(t+mT_m-\Delta\tau_{rk})-0.5\mu(t-\Delta\tau_{rk})^2]} e^{j2\pi f_{dr} m T_m} \\ &\quad + g(t-\tau_t) \sum_{k=1}^{K} e^{j2\pi[f_k(t+mT_m-\tau_{tk})-0.5\mu(t-\tau_{tk})^2]} e^{j2\pi f_{dt} m T_m} \quad (m=0,\cdots,M-1) \end{aligned} \tag{4.42}$$

式中，$\Delta\tau_{rk}=-d_k\cos\theta_r/c$，$\theta_r$ 为接收站相对于发射阵的方位角，c 为光速；f_{dr} 为接收站相对发射站的等效多普勒频率，即直达波信号的多普勒频率；$\tau_{tk}=\tau_t+\Delta\tau_{tk}$，$\tau_t=R_t/c$，$\Delta\tau_{tk}=-d_k\cos\theta_t/c$，$R_t$ 为以基线长度作参考目标的“距离和”(即目标“距离和”减去基线长度)，θ_t 为目标相对发射阵的方位角，f_{dt} 为目标的等效多普勒频率。

通常 $R_0 > L$，直达波与目标回波时延不同。对每个发射脉冲，直达波与目标回波时域包络示意图如图 4.15 所示。由于发射信号参数精确已知，故可直接在时域对直达波置零，对直达波进行抑制。抑制直达波后的接收信号可表示为

$$\begin{aligned}\tilde{r}(m, t) &= [1 - g(t)]r(m, t) \\ &= [1 - g(t)]g(t - \tau_t)\sum_{k=1}^{K} e^{j2\pi[f_k(t+mT_m-\tau_{tk})-0.5\mu(t-\tau_{tk})^2]} e^{j2\pi f_{dt} mT_m}\end{aligned} \tag{4.43}$$

式中，$[1-g(t)]$表示在对接收的目标回波信号处理支路，在时域将接收直达波期间的接收信号置零。该方法简单易行，但当目标回波与直达波有部分重合时，在对直达波置零的同时，也对部分目标回波置零，从而造成目标回波能量的部分损失。

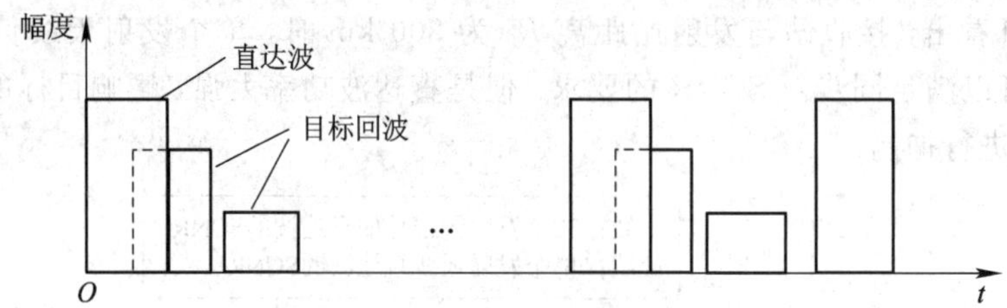

图 4.15　直达波与目标回波时域包络

4.4.3　距离-方位域直达波抑制方法

参照图 4.2，在考虑噪声的情况下，对式(4.42)的接收信号进行混频、发射信道分离、低通滤波，再进行距离维 FT，K 个发射分量分别进行 FT，输出信号矢量表示为

$$\boldsymbol{x}_1(m, R) = \underbrace{\boldsymbol{a}(0, \theta_r)s_r(m, L)}_{\text{直达波}} + \underbrace{\boldsymbol{a}(R_t, \theta_t)s_t(m, R)}_{\text{目标回波}} + \underbrace{\boldsymbol{n}_1(m, R)}_{\text{噪声}} \tag{4.44}$$

式中，$\boldsymbol{a}(0, \theta_r) = [e^{-j2\pi f_1 \Delta\tau_{r1}}, \cdots, e^{-j2\pi f_K \Delta\tau_{rK}}]^T$ 为直达波相对于发射天线阵列的空域导向矢量；

$\boldsymbol{a}(R_t, \theta_t) = [e^{-j2\pi f_1(\tau_t + \Delta\tau_{t1})}, \cdots, e^{-j2\pi f_K(\tau_t + \Delta\tau_{tK})}]^T$ 为目标回波相对于发射天线阵列的空域导向矢量；

$s_r(m, L) = \beta_r'(L)e^{j2\pi f_{dr} mT_m}$ 为直达波的复包络，$\beta_r'(L)$为与直达波参数有关的处理增益；

$s_t(m, R) = \beta_t'(R)e^{j2\pi f_{dt} mT_m}$ 为目标回波的复包络，$\beta_t'(R)$为与目标参数有关的处理增益。

由式(4.44)知，直达波可看成来自特定方向、特定距离上的干扰，若直达波相对于发射站的方位与目标相对于发射站的方位不同，可以利用自适应干扰置零技术抑制直达波干扰。

自适应波束形成中，最小范数特征相消器(Minimum Norm Eigencanceler，MNE)[8]的权值位于噪声子空间，且满足

$$\begin{aligned}&\min\ \boldsymbol{w}^H\boldsymbol{w} \\ &\text{s.t.}\ \boldsymbol{Q}_i^H\boldsymbol{w} = \boldsymbol{0} \\ &\qquad \boldsymbol{C}^H\boldsymbol{w} = K\end{aligned} \tag{4.45}$$

则最优权值为

$$\begin{aligned}\boldsymbol{w}_{\text{opt}} &= (\boldsymbol{I}-\boldsymbol{Q}_i\boldsymbol{Q}_i^{\text{H}})\boldsymbol{C}\left[\boldsymbol{C}^{\text{H}}(\boldsymbol{I}-\boldsymbol{Q}_i\boldsymbol{Q}_i^{\text{H}})\boldsymbol{C}\right]^{-1}K \\ &= \boldsymbol{Q}_n\boldsymbol{Q}_n^{\text{H}}\boldsymbol{C}\left[\boldsymbol{C}^{\text{H}}\boldsymbol{Q}_n\boldsymbol{Q}_n^{\text{H}}\boldsymbol{C}\right]^{-1}K\end{aligned} \tag{4.46}$$

式中，$\boldsymbol{C}$ 由期望信号导向矢量构成；K 为对期望信号处理的增益；$\boldsymbol{Q}_n$ 为噪声子空间；$\boldsymbol{Q}_i$ 为干扰子空间。由于

$$\boldsymbol{Q}_n\boldsymbol{Q}_n^{\text{H}}+\boldsymbol{Q}_i\boldsymbol{Q}_i^{\text{H}}=\boldsymbol{I} \tag{4.47}$$

记非期望信号(即直达波干扰加噪声)的协方差矩阵为 $\boldsymbol{R}_u$，则

$$\boldsymbol{R}_u=E[\boldsymbol{x}_u\boldsymbol{x}_u^{\text{H}}]=\boldsymbol{Q}_i\boldsymbol{\Lambda}_i\boldsymbol{Q}_i^{\text{H}}+\boldsymbol{Q}_n\boldsymbol{\Lambda}_n\boldsymbol{Q}_n^{\text{H}} \tag{4.48}$$

式中，E 表示期望；$\boldsymbol{x}_u$ 为非期望信号矢量；$\boldsymbol{\Lambda}_i$ 为 $\boldsymbol{R}_u$ 的大特征值构成的对角阵，其对应的特征向量构成干扰子空间 $\boldsymbol{Q}_i$；$\boldsymbol{\Lambda}_n$ 为小特征值构成的对角阵，其对应的特征向量构成噪声子空间 $\boldsymbol{Q}_n$。

若 $\boldsymbol{C}=\boldsymbol{a}(R_t,\theta_t)$，$K=1$，则

$$\boldsymbol{w}_{\text{opt}}=\xi\boldsymbol{Q}_n\boldsymbol{Q}_n^{\text{H}}\boldsymbol{a}(R_t,\theta_t)=\xi(\boldsymbol{I}-\boldsymbol{Q}_i\boldsymbol{Q}_i^{\text{H}})\boldsymbol{a}(R_t,\theta_t) \tag{4.49}$$

式中，$\xi=[\boldsymbol{a}^{\text{H}}(R_t,\theta_t)\boldsymbol{Q}_n\boldsymbol{Q}_n^{\text{H}}\boldsymbol{a}(R_t,\theta_t)]^{-1}=[\boldsymbol{a}^{\text{H}}(R_t,\theta_t)(\boldsymbol{I}-\boldsymbol{Q}_i\boldsymbol{Q}_i^{\text{H}})\boldsymbol{a}(R_t,\theta_t)]^{-1}$为常数。

$K\times K$ 维矩阵 $\boldsymbol{P}_1=\boldsymbol{Q}_n\boldsymbol{Q}_n^{\text{H}}=\boldsymbol{I}-\boldsymbol{Q}_i\boldsymbol{Q}_i^{\text{H}}$ 为噪声子空间投影矩阵，也即直达波子空间的正交投影矩阵。将接收信号投影到直达波正交子空间，可抑制直达波。直达波抑制的关键是获取协方差矩阵 $\boldsymbol{R}_u$，以不同调频周期的零距离通道数据作为快拍，可得到 $\boldsymbol{R}_u$ 的最大似然估计

$$\hat{\boldsymbol{R}}_u=\frac{1}{M}\sum_{m=0}^{M-1}\boldsymbol{x}_1(m,0)\boldsymbol{x}_1^{\text{H}}(m,0) \tag{4.50}$$

对 $\hat{\boldsymbol{R}}_u$ 进行特征值分解，取最大特征值对应的特征向量 $\hat{\boldsymbol{e}}_u$，则直达波子空间的正交投影矩阵为

$$\hat{\boldsymbol{P}}_1=\boldsymbol{I}-\hat{\boldsymbol{e}}_u\hat{\boldsymbol{e}}_u^{\text{H}} \tag{4.51}$$

投影到直达波正交子空间的接收信号可表示为

$$\boldsymbol{y}_1(m,R)=\hat{\boldsymbol{P}}_1\cdot\boldsymbol{x}_1(m,R) \tag{4.52}$$

对投影后的信号进行相干积累、发射综合等处理，可获得目标等效速度、方位等信息。

4.4.4　多普勒域直达波抑制方法

由式(4.43)可以看到，若一个相干积累间隔(CPI)内接收平台运动速度近似不变，则零距离通道的直达波信号为一单频信号。滤除此频率信号，则直达波被抑制。与距离-方位域抑制直达波相似，在多普勒域抑制直达波亦采用正交投影方法。

将每个发射分量通道分别进行距离维 FT 后，在一个 CPI 内第 k 个发射信号分量对应的接收信号以矢量表示为

$$\boldsymbol{x}_2(k,R)=\underbrace{\boldsymbol{b}(f_{dr})z_r(k,R)}_{\text{直达波}}+\underbrace{\boldsymbol{b}(f_{dt})z_t(k,R)}_{\text{目标回波}}+\underbrace{\boldsymbol{n}_2(k,R)}_{\text{噪声}}\quad(1\leqslant k\leqslant K) \tag{4.53}$$

式中，$\boldsymbol{b}(f_{dr})=[1,\mathrm{e}^{\mathrm{j}2\pi f_{dr}T_m},\cdots,\mathrm{e}^{\mathrm{j}2\pi f_{dr}(M-1)T_m}]^{\text{T}}$ 为直达波时域导向矢量；目标回波时域导向矢量为 $\boldsymbol{b}(f_{dt})=[1,\mathrm{e}^{\mathrm{j}2\pi f_{dt}T_m},\cdots,\mathrm{e}^{\mathrm{j}2\pi f_{dt}(M-1)T_m}]^{\text{T}}$；$z_r(k,R)=\beta_r'(R)\mathrm{e}^{-\mathrm{j}2\pi f_k\Delta\tau_{rk}}$ 可看作直达

波复包络；$z_t(k, R) = \beta_t'(R)\mathrm{e}^{-\mathrm{j}2\pi f_k(\tau_t+\Delta\tau_{tk})}$ 可看作目标回波复包络。非期望信号协方差矩阵为

$$\boldsymbol{R}_u = \mathrm{E}[\boldsymbol{x}_u\boldsymbol{x}_u^{\mathrm{H}}] = \boldsymbol{Q}_n\boldsymbol{\Lambda}_n\boldsymbol{Q}_n^{\mathrm{H}} + \boldsymbol{Q}_i\boldsymbol{\Lambda}_i\boldsymbol{Q}_i^{\mathrm{H}} \tag{4.54}$$

与 4.4.3 小节类似，可解得 $M\times M$ 维直达波子空间正交投影矩阵为 $\boldsymbol{P}_2 = \boldsymbol{Q}_n\boldsymbol{Q}_n^{\mathrm{H}} = \boldsymbol{I} - \boldsymbol{Q}_i\boldsymbol{Q}_i^{\mathrm{H}}$。实际中 $\boldsymbol{R}_u$ 未知，下面介绍 $\boldsymbol{R}_u$ 的估计方法。

以零距离单元的不同发射分量通道数据作为快拍，则非期望信号数据协方差矩阵为

$$\hat{\boldsymbol{R}}_u = \frac{1}{K}\sum_{k=1}^{K}\boldsymbol{x}_2(k, 0)\boldsymbol{x}_2^{\mathrm{H}}(k, 0) \tag{4.55}$$

通常情况下，K 较小且 $K<M$。考虑到直达波信噪比高，脉压(即距离维 FT)后副瓣值较大，可取 2 到 3 个距离单元作为快拍，式(4.55)修正为

$$\hat{\boldsymbol{R}}_u = \frac{1}{KL}\sum_{k=1}^{K}\sum_{l=0}^{L-1}\boldsymbol{x}_2(k, R_l)\boldsymbol{x}_2^{\mathrm{H}}(k, R_l) \tag{4.56}$$

式中，L 为所取距离单元数；R_l 为第 l 个距离单元对应的距离，且 $l=0$ 为直达波所在距离单元即零距离位置。

$\boldsymbol{R}_u$ 也可由式(4.57)估计得到

$$\hat{\boldsymbol{R}}_u = \begin{bmatrix} \hat{R}_u(0) & \hat{R}_u(1) & \cdots & \hat{R}_u(M-1) \\ \hat{R}_u^*(1) & \hat{R}_u(0) & \cdots & \hat{R}_u(M-2) \\ \vdots & \vdots & & \vdots \\ \hat{R}_u^*(M-1) & \hat{R}_u^*(M-2) & \cdots & \hat{R}_u(0) \end{bmatrix}_{M\times M} \tag{4.57}$$

$$\hat{R}_u(m) = \frac{1}{IK}\sum_{i=0}^{I-1}\sum_{k=0}^{K-1}x_{2,i}(k, 0)x_{2,i+m}^*(k, 0) \tag{4.58}$$

式中，$x_{2,i}(k, 0)$为矢量 $\boldsymbol{x}_2(k, 0)$的第 i 个元素。需要注意的是，利用式(4.57)估计 $\boldsymbol{R}_u$ 所需样本数为$M+I-1(I>1)$，它大于一个相干积累间隔内的样本数 M。

对$\hat{\boldsymbol{R}}_u$ 进行特征值分解，取最大特征值对应的特征向量$\hat{\boldsymbol{e}}_u$，可得到多普勒域的直达波子空间正交投影矩阵$\hat{\boldsymbol{P}}_2 = \boldsymbol{I} - \hat{\boldsymbol{e}}_u\hat{\boldsymbol{e}}_{uu}^{\mathrm{H}}$。将式(4.53)的数据矢量投影到直达波正交子空间，从而抑制直达波。投影到直达波正交子空间的接收信号可表示为

$$\boldsymbol{y}_2(k, R) = \hat{\boldsymbol{P}}_2\cdot\boldsymbol{x}_2(k, R) \tag{4.59}$$

同样对投影后的信号进行相干积累、发射综合等处理，可获得目标等效速度、方位等信息。

4.4.5 直达波抑制方法性能分析

前面介绍了三种直达波抑制方法，下面分别从时域、距离-方位域以及多普勒域分析抑制直达波干扰的运算量[14]。

时域抑制直达波可通过对原始接收信号乘以一窗函数来实现，该窗函数在直达波位置为 0，其余位置取 1。因此，一个调频周期内的乘法次数为 $N_m = f_s\cdot T_m$，即一个调频周期内的采样点数，f_s 为采样率。若一个相干积累间隔内有 M 个调频周期，则所需乘法次数为

$$q_1 = MN_m \tag{4.60}$$

距离-方位域抑制直达波涉及的运算包括求解数据协方差矩阵、特征值分解和投影。考

虑到 $K\times K$ 维数据协方差矩阵具有共轭对称性，只需估计该矩阵的上三角元素，元素个数为 $K(K+1)/2$，则快拍数为 M 时需要 $MK(K+1)/2$ 次复乘运算和 $(M-1)K(K+1)/2$ 次复加运算；特征值分解运算量为 $O(K^3)$；投影需要 MN_RK^2 次复乘运算和 $MN_RK(K-1)$ 次复加运算，N_R 为距离单元数。因此，总运算量为

$$q_2=\frac{(2M-1)K(K+1)}{2}+MN_RK^2+MN_RK(K-1)+O(K^3) \tag{4.61}$$

多普勒域抑制直达波运算量计算与距离-方位域抑制直达波计算类似。若根据式(4.56)求数据协方差矩阵，则运算量为

$$q_3=\frac{(2KL-1)M(M+1)}{2}+KN_RM^2+KN_RM(M-1)+O(M^3) \tag{4.62}$$

若根据式(4.54)和式(4.55)求数据协方差矩阵，则运算量为

$$q_4=\frac{(2IK-1)M(M+1)}{2}+KN_RM^2+KN_RM(M-1)+O(M^3) \tag{4.63}$$

通常情况下，$K<M$ 且 $N_m<N_RK^2$，故三种方法运算量有如下关系

$$q_1<q_2<q_3(\text{或 } q_4) \tag{4.64}$$

4.4.6　计算机仿真及实测数据结果

假设岸-舰双基地地波雷达的发射阵元个数 $K=16$，雷达工作中心频率 $f_0=6.75$ MHz，$T_m=0.45$ s，$T_r=3$ ms，$T_e=1$ ms，$B_m=60$ kHz。阵元位置 $d_k=22(k-8.5)$m，$k=1,\cdots,K$。接收平台相对发射站的径向速度为 10 m/s，方位为 72°，直达波信噪比也即干噪比取 30 dB。为表述方便，在多普勒域抑制直达波时，若按式(4.55)估计 $\boldsymbol{R}_u$ 则称为多普勒域方法 1，若按式(4.58)估计 $\boldsymbol{R}_u$ 则称为多普勒域方法 2。

1. 直达波抑制前后处理结果

假设有一目标，距离(若无特别说明，仿真中所指距离均以基线长度作参考)为 50 km，等效速度为 −10 m/s，方位为 90°，目标回波信噪比为 −20 dB。直达波抑制前距离-速度和距离-方位三维图分别如图 4.16(a)和 4.16(b)所示，由于直达波太强，目标被淹没在直达波的旁瓣中，因此无法检测到目标。图 4.17～图 4.18 为采用各种方法抑制直达波后的结果。可以看到，各种方法均能有效抑制直达波。

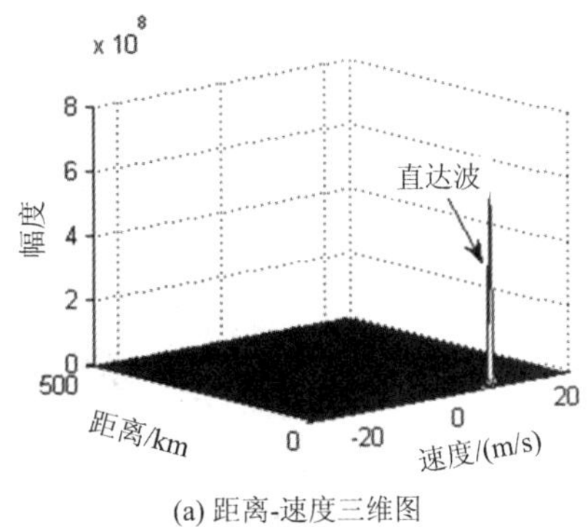

(a) 距离-速度三维图

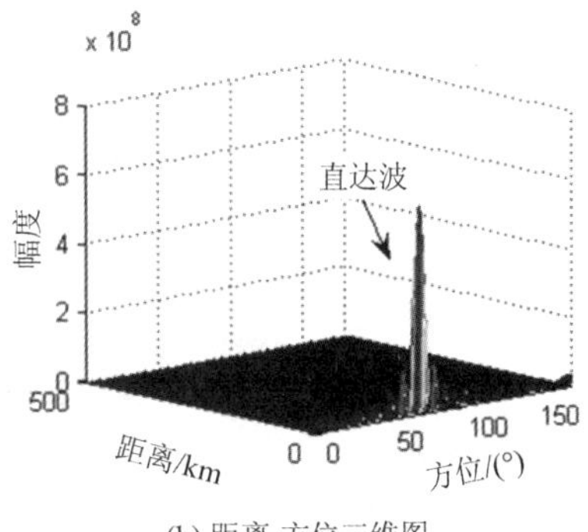

(b) 距离-方位三维图

图 4.16　直达波抑制前的处理结果

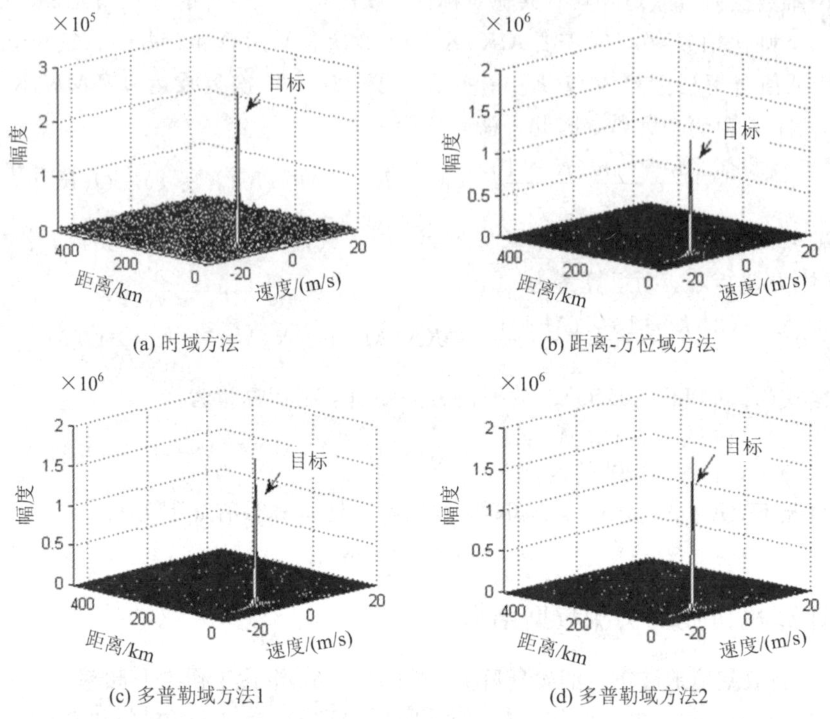

(a) 时域方法　(b) 距离-方位域方法

(c) 多普勒域方法1　(d) 多普勒域方法2

图 4.17　直达波抑制后处理结果的距离-速度三维图

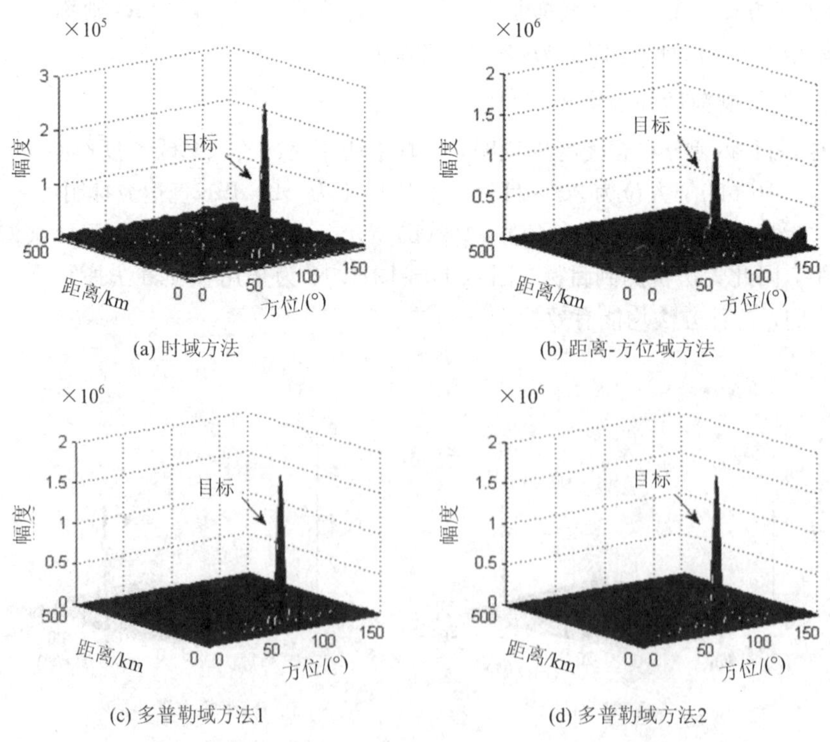

(a) 时域方法　(b) 距离-方位域方法

(c) 多普勒域方法1　(d) 多普勒域方法2

图 4.18　直达波抑制后处理结果的距离-方位三维图

为比较各种方法的性能，给出直达波抑制后目标所在位置切面图($\tau < T_e$)，如图 4.19 所示。图中结果均以理论值进行归一化，理论值为接收信号中没有直达波时的处理结果。由于目标回波时延 $\tau = 0.17$ ms $< T_e$，时域方法抑制了部分目标回波，幅度约为理论值的 0.17(−14.15 dB)，与式(4.65)计算结果相符。采用距离-方位域抑制直达波时，等效发射方向图发生变化。采用多普勒域方法抑制直达波时，由于目标等效速度与接收平台等效速度相差较大，目标回波基本没有损失。假设在 400 km 处有一目标，图 4.20 为直达波抑制后目标所在位置切面图，目标回波时延 $\tau = 0.33$ ms $> T_e$。可以看到，由于目标回波与直达波在时域、距离-方位域以及多普勒域相差较大，各种直达波抑制方法对目标回波基本没有损失。

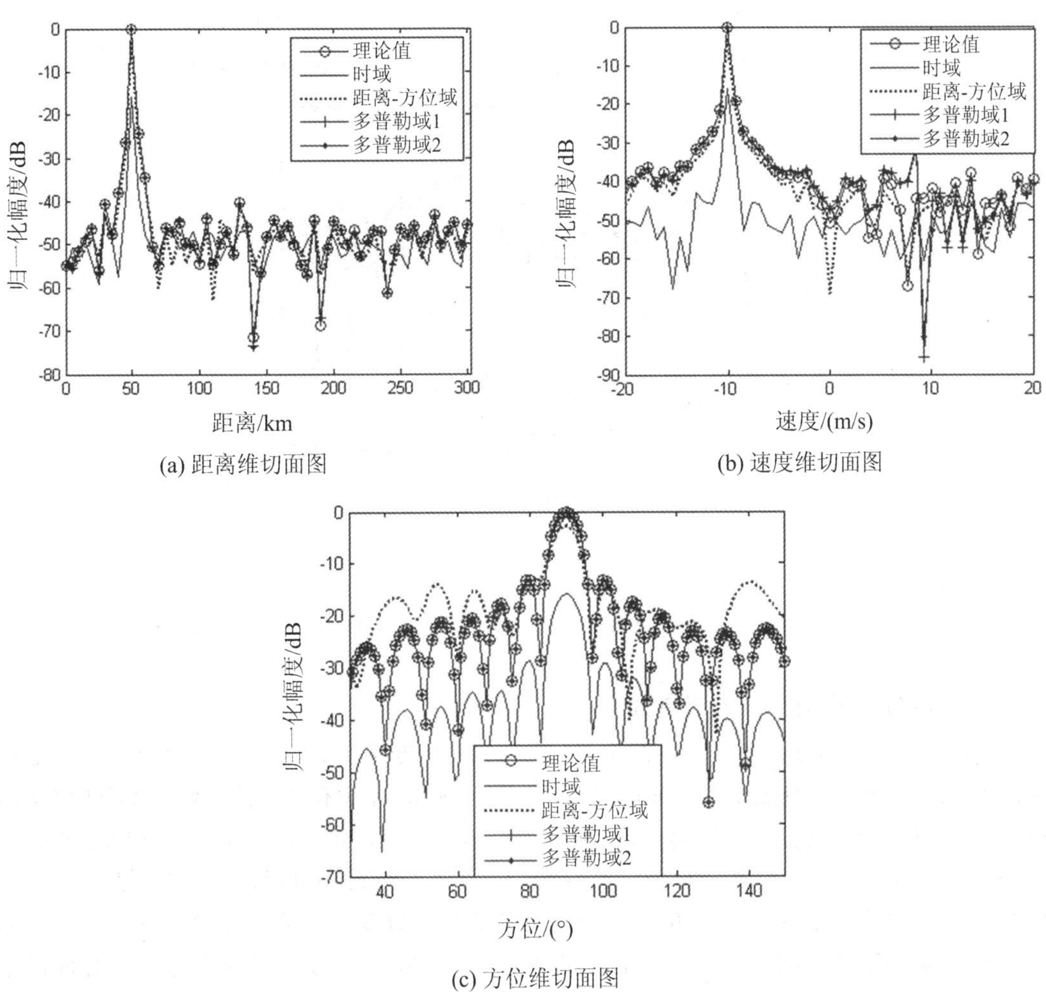

(a) 距离维切面图　(b) 速度维切面图

(c) 方位维切面图

图 4.19　直达波抑制后目标所在位置切面图($\tau < T_e$)

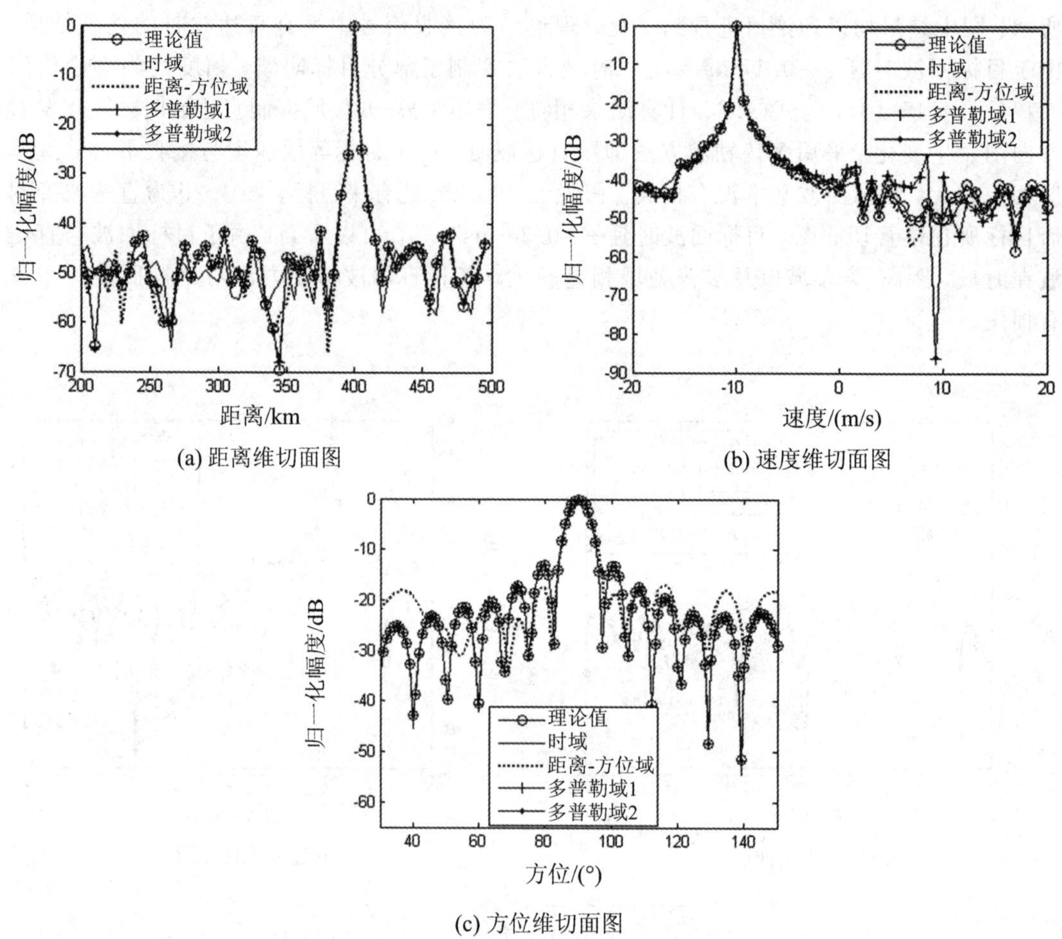

(a) 距离维切面图

(b) 速度维切面图

(c) 方位维切面图

图 4.20 直达波抑制后目标所在位置切面图($\tau > T_e$)

2. 时域与距离-方位域方法结合

接收平台参数同上。假设存在两个目标，目标 1 的距离为 50 km，等效速度为 10 m/s，方位为 90°；目标 2 的距离为 300 km，等效速度为 18 m/s，方位为 72°，两目标回波信噪比均为−20 dB。将时域方法与距离-方位域方法结合，远距离区($R_t \geqslant cT_e = 300$ km)采用时域方法抑制直达波，近距离区($R_t < cT_e = 300$ km)采用距离-方位域方法抑制直达波。图 4.21～图 4.23 所示为采用时域方法、距离-方位域方法以及二者结合抑制直达波后在目标位置处的切面图。可以看到，由于目标 1 距离较近，采用时域方法抑制直达波将对该目标回波造成部分损失。而目标 2 方位同接收平台，距离等于 $c/\Delta f = cT_e$，故距离-方位域方法在抑制直达波的同时也将抑制目标 2。将时域与距离-方位域方法结合，两目标回波基本无损失。

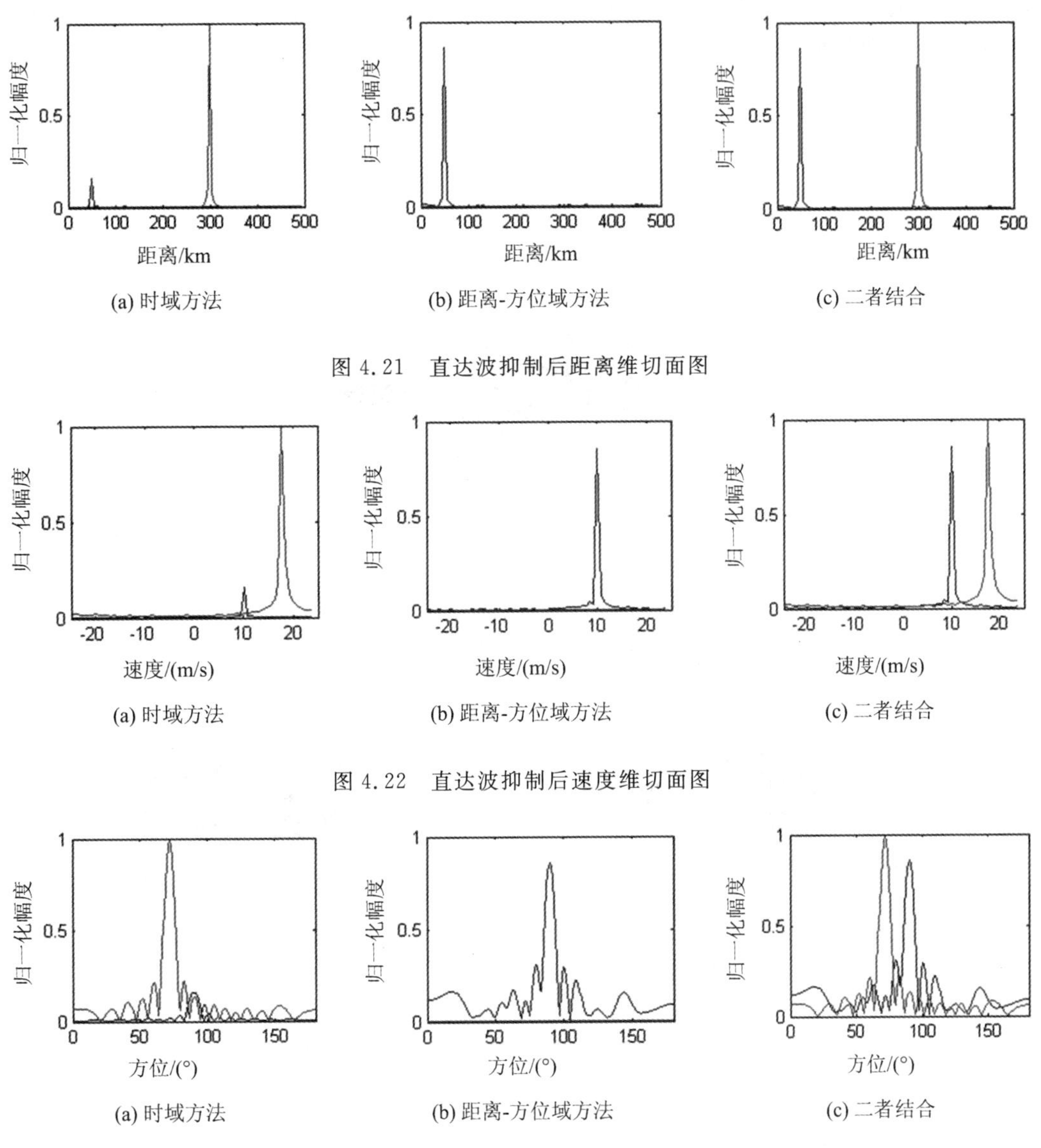

图 4.21　直达波抑制后距离维切面图

图 4.22　直达波抑制后速度维切面图

图 4.23　直达波抑制后方位维切面图

3. 实测数据结果

图 4.24～图 4.26 所示是在第 9 章介绍的地波雷达实测数据基础上叠加两个仿真目标回波的处理结果。仿真目标 1 位于第 6 距离通道、第 82 多普勒通道，仿真目标 2 位于第 30 距离通道、第 191 多普勒通道。当目标距离大于等于第 18 距离通道时，目标回波与直达波在时域上无重叠区域。

图 4.24 所示为直达波抑制前的处理结果，直达波很强，难以看到目标。图 4.25(a)～4.25(d)分别为采用时域方法、距离-方位域方法以及多普勒域方法 1、多普勒域方法 2 对直达波抑制后的相干积累结果。从图 4.25 可以看出位于第 100 至 170 个多普勒通道之间存在多个连续距离单元的海杂波。从图 4.25(a)可以看出，由于目标 1 的距离较近，利用时域“置零”方法抑制直达波的同时，目标 1 回波在与直达波时域重叠的部分也被“置零”了，

因此目标回波损失较大，难以检测到目标。但从这些图可以看到，这些方法均可以对直达波干扰进行有效的抑制。

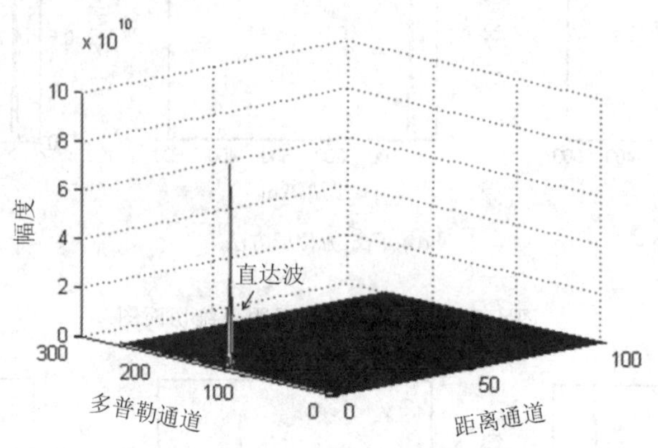

图 4.24　直达波抑制前的处理结果

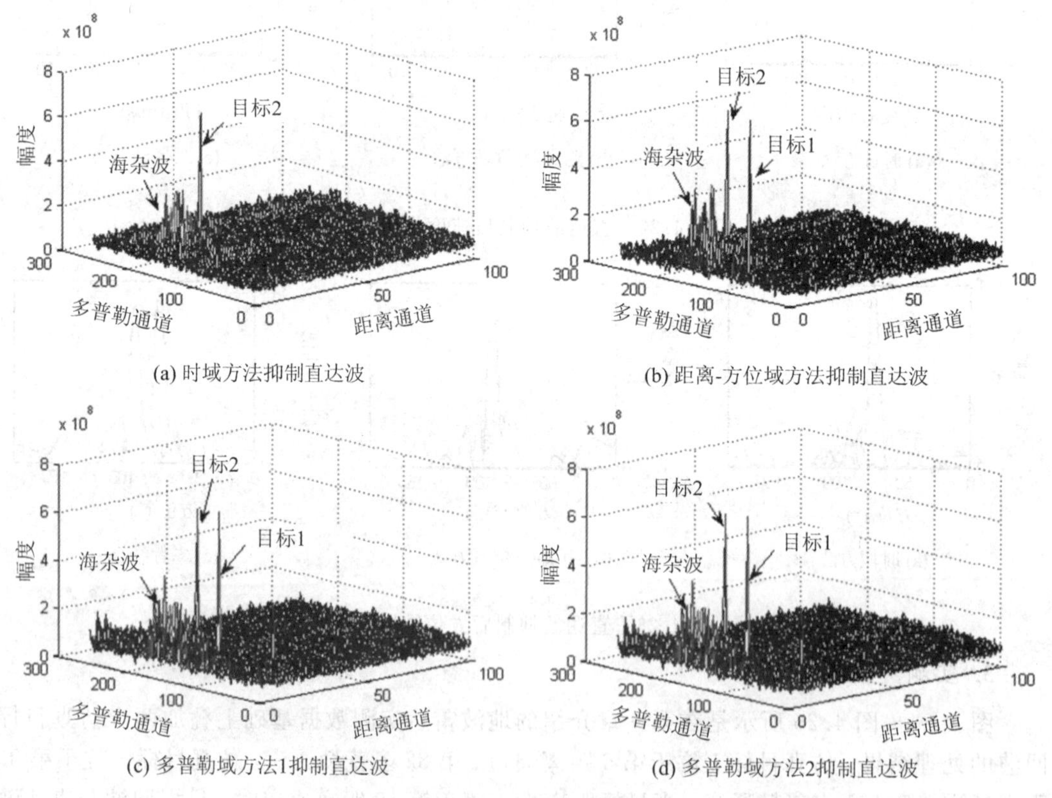

图 4.25　直达波抑制后的处理结果

图 4.26(a)和图 4.26(b)分别为这些方法抑制直达波后两目标所在多普勒通道的距离维切面图。由于目标 1 距离较近，部分目标回波与直达波重合，时域直达波抑制方法给目标回波带来损失，采用其余方法对目标 1 回波基本无损失。由图 4.26(a)可以看到，回波幅度约为抑制前的 32%(理论值为 0.33)。而对于目标 2，各种方法处理结果差异较小。这是由于目标 2 回波与直达波在时域、距离-方位域以及多普勒域相差较大，各种直达波抑制方

法对目标回波基本没有损失。

由此可见，仿真数据和实测数据结果表明，这些方法可以有效抑制直达波。

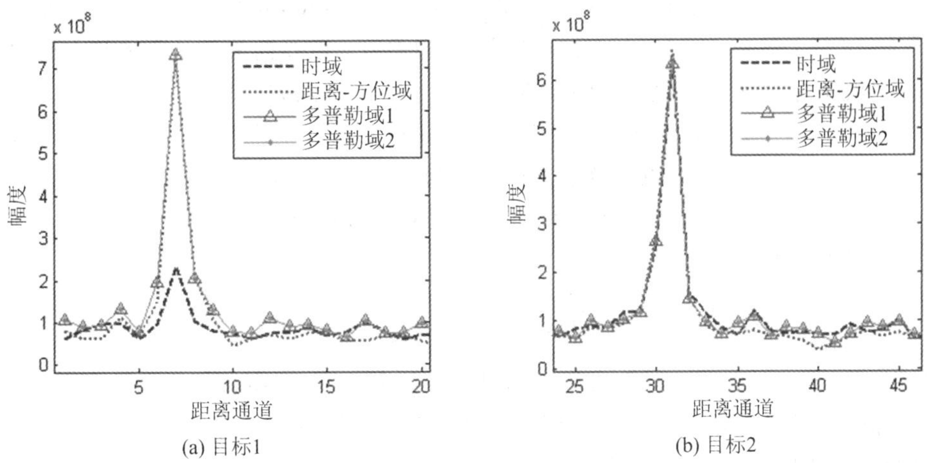

图 4.26　直达波抑制后目标所在多普勒通道的距离维切面图

4.5　距离-方位耦合及解耦方法

岸-舰双基地地波超视距雷达由于在发射站采用异频发射，接收端对各发射分量分离后的各路输出信号在发射波束综合过程中存在距离与角度的耦合，任一量的测量误差将给另一量带来测量误差。耦合严重时，二维 MUSIC(多重信号分类)超分辨算法失效。本节分别从比幅单脉冲测角思想及 Fisher 信息矩阵出发，推导距离与方位之间的耦合关系，得到耦合系数以及影响该系数的因素，即阵元发射信号载频与阵元位置。对于给定的载频及阵元位置，某个阵元该发射哪个载频，即阵元位置与发射载频的配对，将影响距离与方位之间的耦合[9, 10]。实际中阵元位置固定，则需要给发射阵元选择合适的载频，尽量减少距离与方位之间的耦合影响。

遗传算法(GA)是一种基于生物界自然选择和进化机制发展起来的高度并行、随机的自适应搜索方法[11, 12]。由于其特别适合于传统算法不能解决的复杂非线性问题，而且对搜索空间也没有特殊要求，因此受到广泛关注并用于诸多领域。利用遗传算法优化载频分配方案，可尽量减少距离与方位之间的耦合甚至解耦，以提高测距测角精度。由于发射阵同时辐射多载频信号，分离后各发射通道分量对应不同距离、不同方位的目标回波有不同的相移，根据此相移通过发射综合处理，可同时获得目标距离和方位。本节分别给出顺序载频排列和优化载频排列时的二维 MUSIC 算法及性能，推导距离、方位估计的克拉美罗界(CRB)，并给出计算机仿真结果。

4.5.1　距离误差对发射波束综合测角影响分析

对于参数(距离和、方位、多普勒频率)为(R_0，θ_0，f_{d0})的目标回波信号(不考虑噪声)，经信道分离、距离维 FFT 后在第 k 通道、目标位置处的输出可表示为

$$x_k(m, R_0) = e^{-j2\pi f_k \tau_k} e^{j2\pi f_{d0} m T_m} \quad (k = 1, \cdots, K; m = 0, \cdots, M-1) \tag{4.65}$$

由 K 个参考发射通道构成的接收数据矩阵可表示为

$$\boldsymbol{x}(m, R_0) = \boldsymbol{a}(R_0, \theta_0)s(m) \quad (m = 0, \cdots, M-1) \tag{4.66}$$

式中，$s(m) = \mathrm{e}^{\mathrm{j}2\pi f_{d0} m T_m}$ 可看作目标回波复包络；$\boldsymbol{a}(R_0, \theta_0) = [\mathrm{e}^{-\mathrm{j}2\pi f_1 (R_0 - d_1\cos\theta_0)/c}, \cdots, \mathrm{e}^{-\mathrm{j}2\pi f_K (R_0 - d_K\cos\theta_0)/c}]^{\mathrm{T}}$，表示目标回波导向矢量。可以看到，该导向矢量是距离和方位的函数。因此，发射波束综合搜索权值也是距离 R 和方位 θ 的二维函数，即

$$\boldsymbol{w}(R, \theta) = [\mathrm{e}^{-\mathrm{j}2\pi f_1 (R - d_1\cos\theta)/c}, \cdots, \mathrm{e}^{-\mathrm{j}2\pi f_K (R - d_K\cos\theta)/c}]^{\mathrm{T}} \tag{4.67}$$

则第 m 个调频周期的发射波束综合输出可表示为

$$z(R, \theta, m) = \boldsymbol{w}^{\mathrm{H}}(R, \theta)\boldsymbol{x}(m) \tag{4.68}$$

对式(4.68)求模，有

$$|z(R, \theta)| = |\boldsymbol{w}^{\mathrm{H}}(R, \theta)\boldsymbol{x}(m)| = \left|\sum_{k=1}^{K} \mathrm{e}^{\mathrm{j}2\pi[\Delta f_k (R - R_0) - f_k d_k(\cos\theta - \cos\theta_0)]/c}\right| \tag{4.69}$$

令 $R = R_0 + \Delta R$，$\theta = \theta_0 + \Delta\theta$，$\Delta R$ 表示目标实际距离 R_0 偏离目标所在距离单元中心 R 的程度，即距离量化误差；$\Delta\theta$ 表示目标实际方位 θ_0 偏离目标所在方位单元中心 θ(发射波束指向）的程度，则在目标附近，式(4.73)可近似为

$$|z(R, \theta)| \approx \left|\sum_{k=1}^{K} \mathrm{e}^{\mathrm{j}2\pi(\Delta f_k \Delta R + f_k d_k \Delta\theta\sin\theta_0)/c}\right| \tag{4.70}$$

可以看到，在满足式(4.70)求和项中各项相位相同或相差 $2q\pi$(q 为任意整数)的(R, θ)处，$|z(R, \theta)|$有最大值。考虑到在目标附近，ΔR 和 $\Delta\theta$ 较小，有 $2\pi(\Delta f_k \Delta R + f_k d_k \Delta\theta\sin\theta_0)/c \leqslant 2\pi$，则在$|z(R, \theta)|$最大值处，有

$$\phi_k = \frac{2\pi(\Delta f_k \Delta R + f_k d_k \Delta\theta\sin\theta_0)}{c} = 常数\ (k = 1, \cdots, K) \tag{4.71}$$

不妨令该常数为 0，即

$$\phi_k = \frac{2\pi(\Delta f_k \Delta \mathrm{R} + f_k d_k \Delta\theta\sin\theta_0)}{c} = 0 \tag{4.72}$$

则可解得

$$\Delta\theta = -\frac{\Delta f_k}{f_k d_k \sin\theta_0}\Delta R = -\frac{\Delta f_k / f_0}{(1 + \Delta f_k / f_0) d_k \sin\theta_0}\Delta R \approx -\frac{\Delta f_k}{f_0 d_k \sin\theta_0}\Delta R \tag{4.73}$$

若载频按顺序排列，有 $\Delta f_k = c_k \Delta f = (k-1)\cdot\Delta f (k = 1, \cdots, K)$，$d_k = (k-1)d_0 (k = 1, \cdots, K)$，式(4.73)可写为

$$\Delta\theta = -\frac{\Delta f}{f_0 d_0 \sin\theta_0}\Delta R = \gamma\Delta R \tag{4.74}$$

式中，$\gamma = -\dfrac{\Delta f}{f_0 d_0 \sin\theta_0}$定义为距离量化对角度耦合影响的误差系数，单位为 rad/m。

可以看出，若采用顺序载频，则在目标真实位置附近，发射波束综合测角误差与距离量化误差呈线性关系。误差系数与目标真实方位有关，目标偏离线阵法向角度越大，误差系数越大，测角误差受距离误差影响越严重[13]。

4.5.2 采用顺序载频时的距离-方位耦合分析

由 4.5.1 节的分析可知，回波导向矢量是距离和方位的函数。下面从比幅单脉冲测角方法和 Fisher 信息矩阵出发，介绍距离与方位之间的耦合关系及影响耦合系数的因素，并

给出解耦方法。

1. 基于比幅单脉冲测角的距离-方位耦合分析

比幅单脉冲测角的基本原理如图 4.27 所示，设 θ_0 为来波方向，$F(\theta+\delta)$和$F(\theta-\delta)$为θ_0附近两个部分重叠的波束。仅当 $\theta=\theta_0$ 时，两波束响应才相同，即 $\Delta(\theta)=F(\theta+\delta)-F(\theta-\delta)=F(\theta_0+\delta)-F(\theta_0-\delta)=0$；若 $\theta\neq\theta_0$，则产生误差信号，可根据该误差信号测量来波方向 θ_0。我们知道目标回波导向矢量为距离和方位的函数。利用比幅测角原理，令 $\theta=\theta_0+\Delta\theta$，$R=R_0+\Delta R$，设式(4.66)中目标回波复包络为常数 1，则在$(R,\theta+\delta)$和$(R,\theta-\delta)$方向上的波束输出为

$$\begin{aligned}F(R,\theta\pm\delta)&=\boldsymbol{w}^{\mathrm{H}}(R,\theta\pm\delta)\cdot\boldsymbol{a}(R_0,\theta_0)\\&=\boldsymbol{w}^{\mathrm{H}}(R_0+\Delta R,\theta_0+\Delta\theta\pm\delta)\cdot\boldsymbol{a}(R_0,\theta_0)\\&\approx\sum_{k=1}^{K}\exp\left\{\mathrm{j}2\pi f_k\frac{\Delta R+(\Delta\theta\pm\delta)d_k\sin\theta_0}{c}\right\}\end{aligned}\tag{4.75}$$

式(4.75)假设 $\Delta\theta$ 和 δ 为小量，并利用 Taylor 级数展开，取二阶近似。

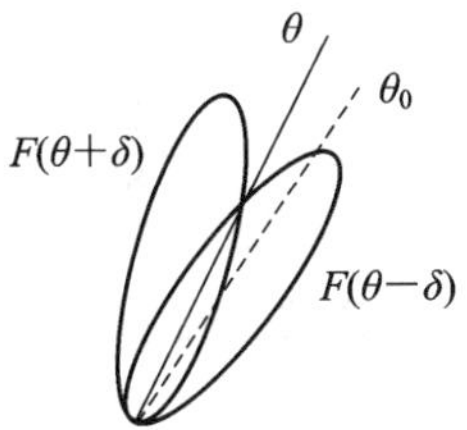

图 4.27　比幅单脉冲测角的基本原理示意图

由式(4.75)，方位和、差波束分别化简为

$$\Sigma_\theta=F(R,\theta+\delta)+F(R,\theta-\delta)=2\sum_{k=1}^{K}\cos(\alpha_k\delta)\left[1+\mathrm{j}\left(\frac{2\pi f_k\Delta R}{c}+\alpha_k\Delta\theta\right)\right]\tag{4.76}$$

$$\Delta_\theta=F(R,\theta+\delta)-F(R,\theta-\delta)=2\sum_{k=1}^{K}\sin(\alpha_k\delta)\left[-\left(\frac{2\pi f_k\Delta R}{c}+\alpha_k\Delta\theta\right)+j\right]\tag{4.77}$$

式中，$\alpha_k=2\pi f_k d_k\sin\theta_0/c$。

定义归一化误差信号为

$$E(\Delta\theta)=\frac{\Sigma_\theta\Delta_\theta^*+\Sigma_\theta^*\Delta_\theta}{|\Sigma_\theta|^2}\tag{4.78}$$

将式(4.76)和式(4.77)代入式(4.78)，化简可得

$$E(\Delta\theta)=\frac{8\delta}{|\Sigma_\theta|^2}(\varepsilon_\theta\Delta\theta+\varepsilon_R\Delta R)$$

式中，

$$\varepsilon_R=K\sum_{k=1}^{K}\alpha_k\frac{2\pi f_k}{c}+\sum_{k=1}^{K}\sum_{m=1}^{K}\alpha_k\frac{2\pi f_m}{c}=\sin\theta_0\left(\frac{2\pi}{c}\right)^2\left(-K\sum_{k=1}^{K}f_k^2d_k+\sum_{k=1}^{K}f_kd_k\sum_{m=1}^{K}f_m\right)\tag{4.79}$$

$$\varepsilon_\theta=K\sum_{k=1}^{K}\alpha_k^2+\left(\sum_{k=1}^{K}\alpha_k\right)^2=\left(\frac{2\pi\sin\theta_0}{c}\right)^2\left[-K\sum_{k=1}^{K}f_k^2+\left(\sum_{k=1}^{K}f_k\right)^2\right]\tag{4.80}$$

式中，ΔR 项为距离误差耦合到方位误差信号中，系数 $\varepsilon_R\neq0$ 时，测距误差带来的测角误

差。可以看到，耦合系数 ε_R 与阵元位置和阵元采用载频有关。通过载频和位置的合理配对，有可能使 ε_R 为零或足够小，达到对距离和方位之间的解耦。

由式(4.79)知，若式(4.81)成立

$$-K\sum_{k=1}^{K}f_k^2 d_k+\sum_{k=1}^{K}f_k d_k\sum_{m=1}^{K}f_m=0 \tag{4.81}$$

则 $\varepsilon_R=0$，即距离与方位之间无耦合。将 $f_k=f_0+c_k\Delta f$ 代入式(4.81)得

$$-K\sum_{k=1}^{K}(f_0+c_k\Delta f)^2 d_k+\sum_{k=1}^{K}(f_0+c_k\Delta f)d_k\sum_{m=1}^{K}(f_0+c_m\Delta f)=0 \tag{4.82}$$

对于均匀线阵，取线阵中心为参考点，则阵列关于参考点对称，故 $\sum_{k=1}^{K}d_k=0$。频率编码 $c_k\in\{-(K-1)/2,\ \cdots,\ (K-1)/2\}$，故 $\sum_{k=1}^{K}c_k=0$。化简式(4.82)得：

$$K(\Delta f)^2\sum_{k=1}^{K}c_k^2 d_k+Kf_0\Delta f\sum_{k=1}^{K}c_k d_k=0 \tag{4.83}$$

若 $\sum_{k=1}^{K}c_k^2 d_k=0$ 且 $\sum_{k=1}^{K}c_k d_k=0$，则式(4.83)成立。此时有

$$\Omega=\left|\sum_{k=1}^{K}c_k^2 d_k\right|+\left|\sum_{k=1}^{K}c_k d_k\right|=0 \tag{4.84}$$

2. 基于 Fisher 信息矩阵的距离-方位耦合分析

若同一距离单元内有 P 个目标，考虑噪声，目标所在距离单元输出信号为

$$\boldsymbol{x}(m,\ R_0)=\boldsymbol{A}\boldsymbol{s}(m)+\boldsymbol{n}(m) \tag{4.85}$$

式中，R_0 为目标所在距离单元；$\boldsymbol{A}=[\boldsymbol{a}(R_1,\ \theta_1),\ \cdots,\ \boldsymbol{a}(R_P,\ \theta_P)]$为同一距离单元内目标导向矢量矩阵；$\boldsymbol{s}(m)=[\mathrm{e}^{\mathrm{j}2\pi f_{d1}mT_m},\ \cdots,\mathrm{e}^{\mathrm{j}2\pi f_{dP}mT_m}]^{\mathrm{T}}$；$\boldsymbol{n}(m)$为高斯白噪声矢量；$P$ 为信源数，即目标个数。

式(4.85)所示接收信号的似然函数为

$$\begin{aligned}&L(\boldsymbol{x}(1,\ R_0),\ \cdots,\ \boldsymbol{x}(N,\ R_0))\\&=\frac{1}{(2\pi)^{KM}(\sigma_n^2/2)^{KM}}\cdot\exp\left\{-\frac{1}{\sigma_n^2}\sum_{m=0}^{M-1}[\boldsymbol{x}(m)-\boldsymbol{A}\boldsymbol{s}(m)]^{\mathrm{H}}[\boldsymbol{x}(m)-\boldsymbol{A}\boldsymbol{s}(m)]\right\}\end{aligned} \tag{4.86}$$

其中 σ_n^2 为噪声功率，其对数似然函数可表示为

$$\ln L=\mathrm{const}-KM\ln\sigma_n^2-\frac{1}{\sigma_n^2}\sum_{m=0}^{M-1}[\boldsymbol{x}(m)-\boldsymbol{A}\boldsymbol{s}(m)]^{\mathrm{H}}[\boldsymbol{x}(m)-\boldsymbol{A}\boldsymbol{s}(m)] \tag{4.87}$$

式(4.87)的似然函数 $\ln L$ 为 σ_n^2、$\bar{\boldsymbol{s}}(m)\triangleq\mathrm{Re}[\boldsymbol{s}(m)]$、$\tilde{\boldsymbol{s}}(m)\triangleq\mathrm{Im}[\boldsymbol{s}(m)]$、$\boldsymbol{R}=[R_1,R_2,\cdots,R_P]^{\mathrm{T}}$ 和 $\theta=[\theta_1,\theta_2,\cdots,\theta_P]^{\mathrm{T}}$ 的函数。记 $\boldsymbol{\rho}=[\sigma_n^2,\ \bar{\boldsymbol{s}}(0),\ \bar{\boldsymbol{s}}(1),\ \cdots,\ \bar{\boldsymbol{s}}(M-1),\ \tilde{\boldsymbol{s}}(0),\ \tilde{\boldsymbol{s}}(1),\ \cdots,\ \tilde{\boldsymbol{s}}(M-1),\ \boldsymbol{\theta}^{\mathrm{T}},\ \boldsymbol{R}^{\mathrm{T}}]^{\mathrm{T}}$，则 Fisher 信息矩阵为

$$\boldsymbol{F}=E\left[\left|\frac{\partial\ln L}{\partial\boldsymbol{\rho}}\right|\left|\frac{\partial\ln L}{\partial\boldsymbol{\rho}}\right|^{\mathrm{T}}\right] \tag{4.88}$$

其中 E 表示期望。

若 Fisher 信息矩阵 $\boldsymbol{F}$ 中，$\boldsymbol{\theta}$ 和 $\boldsymbol{R}$ 的交叉项满足

$$\boldsymbol{\Lambda}_2=\boldsymbol{E}\left[\left|\frac{\partial\ln L}{\partial\boldsymbol{\theta}}\right|\left|\frac{\partial\ln L}{\partial\boldsymbol{R}}\right|^{\mathrm{T}}\right]=\frac{2}{\sigma_n^2}\sum_{m=0}^{M-1}\mathrm{Re}[\boldsymbol{S}^{\mathrm{H}}(m)\boldsymbol{D}_\theta^{\mathrm{H}}\boldsymbol{D}_R\boldsymbol{S}(m)]=\boldsymbol{0} \tag{4.89}$$

则距离与方位之间无耦合。式中，Re表示取实部，Im表示取虚部；

$$\boldsymbol{S}(m)=\mathrm{diag}[\boldsymbol{s}(m)]=\mathrm{diag}[\mathrm{e}^{\mathrm{j}2\pi f_{d1}mT_m},\cdots,\mathrm{e}^{\mathrm{j}2\pi f_{dP}mT_m}] \tag{4.90}$$

$$\boldsymbol{D}_R=[\boldsymbol{d}_{R_1}(R_1,\theta_1),\cdots,\boldsymbol{d}_{R_P}(R_P,\theta_P)],\ \boldsymbol{d}_{R_p}(R_p,\theta_p)=\frac{\partial\boldsymbol{a}(R_p,\theta_p)}{\partial R_p} \tag{4.91}$$

$$\boldsymbol{D}_\theta=[\boldsymbol{d}_{\theta_1}(R_1,\theta_1),\cdots,\boldsymbol{d}_{\theta_P}(R_P,\theta_P)],\ \boldsymbol{d}_{\theta_p}(R_p,\theta_p)=\frac{\partial\boldsymbol{a}(R_p,\theta_p)}{\partial\theta_p} \tag{4.92}$$

具体推导见附录。

对于单个目标，Λ_2为标量。若$\Lambda_2=0$，则距离与方位之间无耦合。此时有

$$\Lambda_2=-\frac{2}{\sigma_n^2}\sum_{m=0}^{M-1}|s(m)|^2\sum_{k=1}^{K}(2\pi f_k/c)^2 d_k\sin\theta=0 \tag{4.93}$$

式(4.93)等价于

$$\sum_{k=1}^{K}\left(\frac{2\pi f_k}{c}\right)^2 d_k=0 \tag{4.94}$$

对于取阵列中心为参考点的均匀线阵，有$\sum\limits_{k=1}^{K}d_k=0$，故式(4.94)写为

$$\sum_{k=1}^{K}c_k^2 d_k+2\sum_{k=1}^{K}c_k d_k=0 \tag{4.95}$$

可以看到，由Fisher信息矩阵可得到与式(4.84)相同的结论。

4.5.3 距离-方位解耦

由前述可知，为使距离-方位完全解耦，需寻找合适的载频排列方案(为方便起见，本书称这种合适的载频排列为优化载频)，使得

$$\Omega=\left|\sum_{k=1}^{K}c_k^2 d_k\right|+\left|\sum_{k=1}^{K}c_k d_k\right|=0 \tag{4.96}$$

阵元位置给定，对于K组发射天线，有K个载频同时发射，每个天线发射的载频共有$K!$种分配方案。K较大时，遍历搜索运算量很大。遗传算法是一种基于生物界自然选择和进化机制发展起来的高度并行、随机的自适应搜索方法。由于其特别适合于处理传统算法解决不好的复杂和非线性问题，而且对搜索空间也没有特殊要求，因此受到广泛关注并用于诸多领域。采用遗传算法解方程的基本步骤如下：

(1) 参数选取及染色体初始化。本节采用十进制编码，每个染色体代表载频的一种分配方案，染色体的每个基因代表各阵元载频。

(2) 计算各染色体的适应度。Ω值越小，适应度越大。判断是否满足$\Omega=0$(实际中是判断小于某个小量ε)，若满足，则结束计算；若$\Omega>0$，则继续计算。

(3) 对染色体进行遗传操作，包括选择、交叉和变异。首先利用轮盘赌原则按照适应度复制染色体。由于各阵元载频互异，即每个染色体中的每个基因互异，故采用两点交叉算子，且变异位置也为两个。具体操作为：以交叉概率选中两个参与交叉的染色体，产生一个$1\sim K$之间的随机整数，即第一个交叉位置。第二个交叉位置由第一个决定，第一个染色体的第二个交叉位置为第二个染色体中第一个交叉位置的基因在第一个染色体中出现的位置；第二个染色体的第二个交叉位置为第一个染色体中第一个交叉位置的基因在第二个染色体中出现的位置。变异操作时，对每个染色体根据变异概率判断是否变异，若变异，

则产生两个 1～K 之间的随机整数，交换染色体在这两个位置的基因。

(4) 重复步骤(2)。

经过若干次迭代，可以得到最优解。

4.5.4 距离-方位二维超分辨处理

与传统阵列相比，采用异频发射时导向矢量不仅与方位有关，还与距离有关，而且同一距离在不同阵元上引起的相移不同。因此，可以利用二维 MUSIC 算法获得目标距离和方位的超分辨估计。式(4.85)接收数据协方差矩阵的最大似然估计为

$$\hat{\boldsymbol{R}}_x = \frac{1}{M}\sum_{m=0}^{M-1}\boldsymbol{x}(m)\boldsymbol{x}^{\mathrm{H}}(m) \tag{4.97}$$

对其进行特征值分解

$$\hat{\boldsymbol{R}}_x = \sum_{i=1}^{P}\lambda_i\,\hat{\boldsymbol{e}}_i\,\hat{\boldsymbol{e}}_i^{\mathrm{H}} + \sum_{i=P+1}^{K}\lambda_i\,\hat{\boldsymbol{e}}_i\,\hat{\boldsymbol{e}}_i^{\mathrm{H}} = \hat{\boldsymbol{E}}_s\hat{\boldsymbol{\Lambda}}_s\,\hat{\boldsymbol{E}}_s^{\mathrm{H}} + \hat{\boldsymbol{E}}_n\hat{\boldsymbol{\Lambda}}_n\,\hat{\boldsymbol{E}}_n^{\mathrm{H}} \tag{4.98}$$

式中，$\hat{\boldsymbol{\Lambda}}_s$ 为由 P 个大特征值构成的对角阵，$\hat{\boldsymbol{E}}_s$ 为由 P 个大特征值对应的特征向量构成的矩阵；$\hat{\boldsymbol{\Lambda}}_n$ 为由 $K-P$ 个小特征值构成的对角阵，$\hat{\boldsymbol{E}}_n$ 为由小特征值对应的特征向量构成的矩阵。则二维 MUSIC 算法的距离-方位二维谱[9]可表示为

$$P_{\mathrm{MUSIC}}(R,\theta) = \frac{1}{\boldsymbol{a}^{\mathrm{H}}(R,\theta)\hat{\boldsymbol{E}}_n\,\hat{\boldsymbol{E}}_n^{\mathrm{H}}\boldsymbol{a}(R,\theta)} \tag{4.99}$$

距离、方位估计的克拉-美罗界(CRB)分别为

$$\mathrm{CRB}(R) = \frac{c^2}{8M\pi^2\,\mathrm{SNR}_i}\,\frac{p_1}{p_1p_3 - p_2^2} \tag{4.100}$$

$$\mathrm{CRB}(\theta) = \frac{c^2}{8M\pi^2\,\mathrm{SNR}_i\,\sin^2\theta}\,\frac{p_3}{p_1p_3 - p_2^2} \tag{4.101}$$

式中，$\mathrm{SNR}_i = \frac{\sigma_s^2}{\sigma_n^2}$为输入信噪比；$p_1 = \sum_{k=1}^{K}(f_kd_k)^2 - \frac{1}{K}\left(\sum_{k=1}^{K}f_kd_k\right)^2$；$p_2 = -\sum_{k=1}^{K}f_k^2d_k + \frac{1}{K}\left(\sum_{k=1}^{K}f_k\sum_{l=1}^{K}f_ld_l\right)$；$p_3 = \sum_{k=1}^{K}f_k^2 - \frac{1}{K}\left(\sum_{k=1}^{K}f_k\right)^2$。

具体推导见本章后面的附录。可以看到，距离、方位估计的 CRB 随着快拍数 M 和信噪比 $\mathrm{SNR_i}$ 的增加而减小。

4.5.5 仿真与分析

假设均匀发射线阵由 16 个阵元组成，即 $K=16$，雷达工作中心频率 $f_0=6.75$ MHz，$T_m=0.45$ s，$T_r=3$ ms，$T_e=1$ ms，$B_m=60$ kHz，$\Delta f=1$ kHz。阵元位置 $d_k=22(k-7.5)$m，频率编码 $c_k\in\{-7.5, -6.5, \cdots, 6.5, 7.5\}$，$k=1, \cdots, K$。若采用顺序频率编码，有 $c_k=k-(K+1)/2=k-8.5$。

1. 遗传算法性能仿真

遗传算法参数设定是：初始种群数为 40；交叉概率为 0.8，变异概率为 0.1。算法收敛曲线如图 4.28 所示。可以看到，算法收敛很快，迭代 43 次后得到最优解，最优频率编码为 {−2.5, 0.5, 6.5, −0.5, 4.5, 3.5, −7.5, −5.5, −6.5, 5.5, −4.5, −3.5, 7.5,

1.5，2.5，－1.5}。在仿真中发现，最优解有多个。

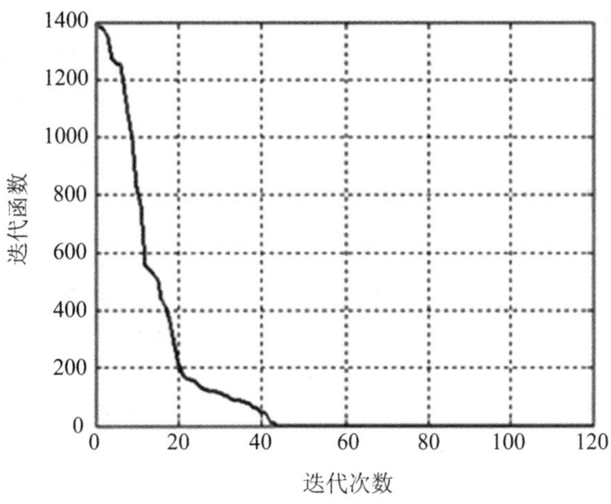

图 4.28　遗传算法收敛曲线

2. 距离误差对发射波束综合测角的影响

调频带宽 $B_m=60$ kHz 时，双基地情况下的距离分辨率为 $c/B_m=5$ km。假设某目标距离为 100 km，距离测量误差取－2.5 km 到 2.5 km。目标方位为 90°和 45°时无噪声情况下的发射波束综合测角结果分别如图 4.29(a)和图 4.29(b)所示，图中"o"为目标真实位置，点线为采用顺序载频时的结果，实线为采用优化载频时的结果。可以看到，采用顺序载频时，测角受测距误差影响，距离误差越大，测角性能越差。采用顺序载频时，在 $\Delta R=-2.5$ km 处，若 $\theta_0=90°$，测角误差为 90.96°－90°＝0.96°，而由式(4.78)计算得到的误差为 $\Delta\theta=\gamma\Delta R=0.965°$；若 $\theta_0=45°$，则测角误差为 46.35°－45°＝1.35°，由式(4.78)计算得到的误差为 $\Delta\theta=\gamma\Delta R=1.364°$，仿真结果与理论值很接近。而采用优化载频时，测距误差在正负半个距离分辨单元内对测角基本无影响。若测距误差继续增大，则将带来测角误差。

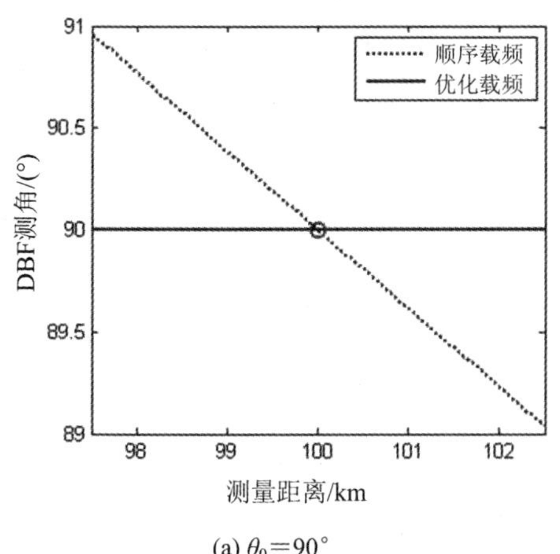

(a) $\theta_0=90°$

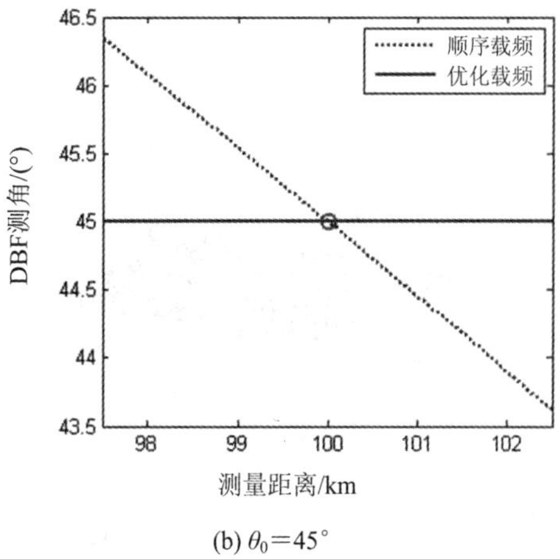

(b) $\theta_0=45°$

图 4.29　不同距离误差下的发射波束综合测角结果

3. 不同载频编码下的距离-方位二维 MUSIC 超分辨仿真

假设同一距离单元内有两个目标，其距离、方位、等效速度分别为(19 km、72.1°、5 m/s)和(16 km、77.1°、−1 m/s)，快拍数为 32。接收信号信噪比为 −20 dB，考虑脉压增益，脉压后信噪比约为 20 dB。图 4.30 为载频按阵元位置顺序排列，即频率编码依次取 $f_k=(k-1)\Delta f(k=1, 2, \cdots, K)$ 时的距离-方位谱三维图及等高线图。可以看到，距离与方位严重耦合，谱峰分布在两条斜线上，两斜线分别经过两目标所在位置；由于距离与方位之间的耦合影响，无法得到目标的距离和方位信息。图 4.31 为采用优化分配载频时的距离-方位谱三维图及等高线图。此时，在目标真实位置处出现峰值，可以得到目标距离和方位信息。由此可见，优化分配每个发射天线的频率编码时可以消除距离与方位之间的耦合影响。

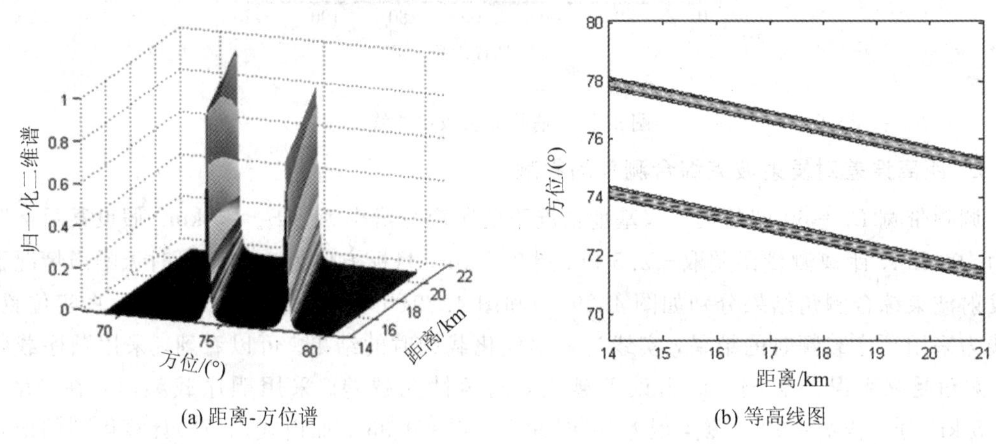

(a) 距离-方位谱　　(b) 等高线图

图 4.30 顺序载频时距离-方位谱三维图及等高线图

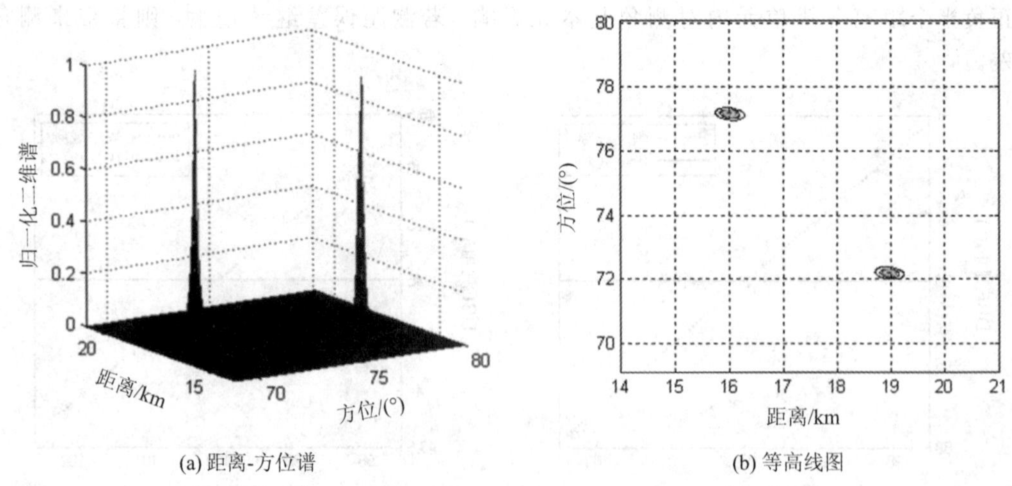

(a) 距离-方位谱　　(b) 等高线图

图 4.31 优化分配载频时距离-方位谱三维图及等高线图

假设两个目标距离均为 17 km，其余参数同上。图 4.32 为先粗测目标距离，补偿导向矢量中与距离有关的相位项，再在方位维利用二维 MUSIC 算法得到归一化谱估计结果的示意图。其中，图 4.32(a)采用顺序载频，图 4.32(b)采用优化载频编码。图 4.32 中虚线为无测距误差结果，实线为存在 2 km 距离量化误差时的结果(距离分辨率为 5 km)。可以看到，存在距离量化误差时，采用优化载频排序一维超分辨方法能获得正确的目标方位，但噪声谱尖锐程度大幅降低；而采用顺序载频不影响噪声谱的尖锐程度，但谱峰偏离真实位置。

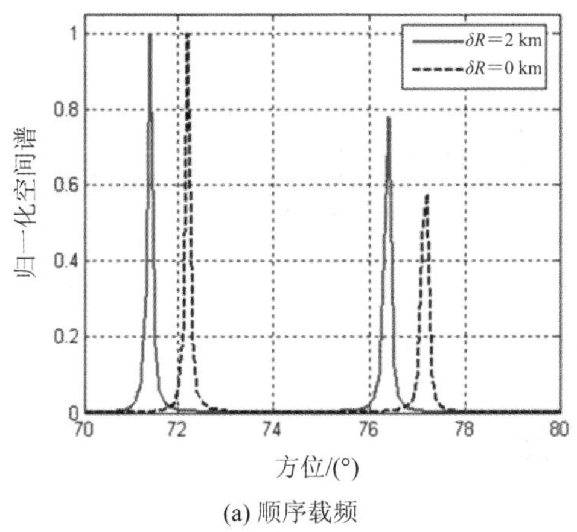

(a) 顺序载频

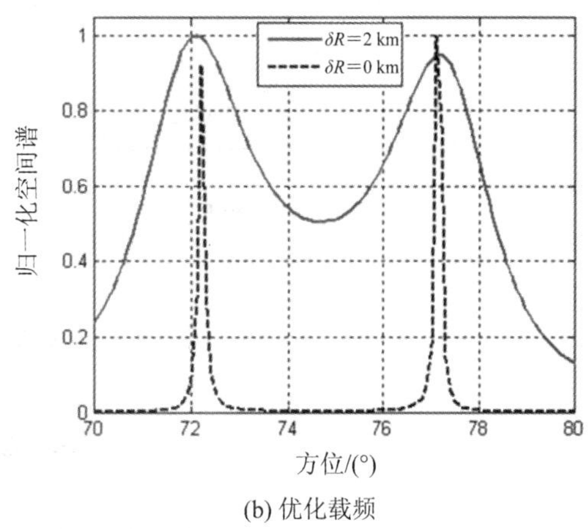

(b) 优化载频

图 4.32　距离补偿后方位维空间谱

4. 距离-方位二维 MUSIC 算法性能仿真

假设目标距离为 100 km，方位为 90°，积累周期取 64，进行 400 次 Monte-Carlo 实验。采用优化载频时不同信噪比下距离、方位估计的 CRB 及二维 MUSIC 测距、测角结果如图 4.33 所示。其中，图 4.33(a)为测角均方根误差；图 4.33(b)为测距均方根误差。采用顺序载频时在不同信噪比下距离和方位估计 CRB 如图 4.34 所示(由于此时二维 MUSIC 算法失效，故仅给出 CRB)。可以看到，与采用顺序载频相比，采用优化载频时的距离、方位估计误差大大减小。

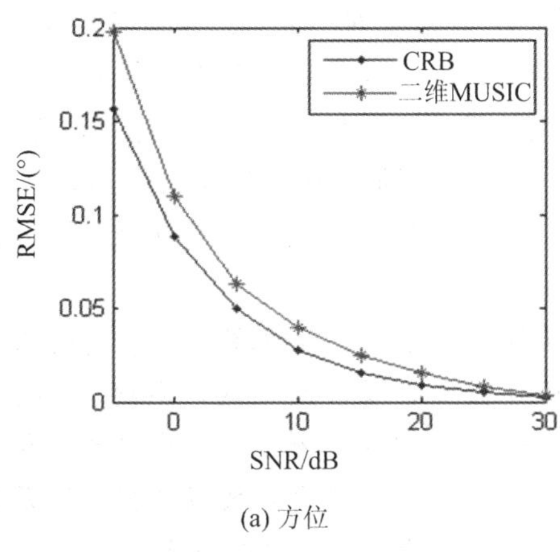

(a) 方位

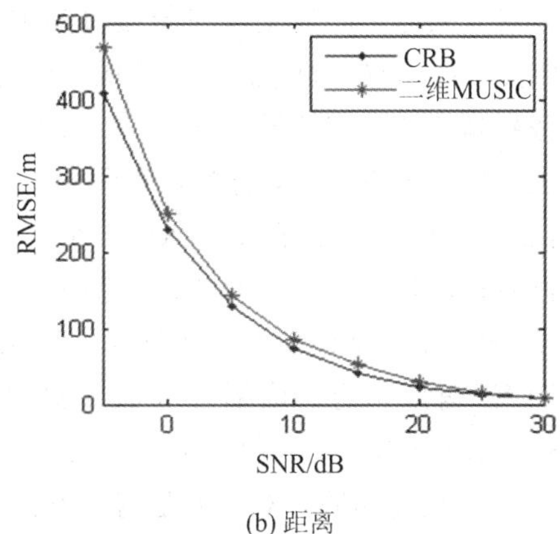

(b) 距离

图 4.33　优化载频编码时方位和距离的估计结果

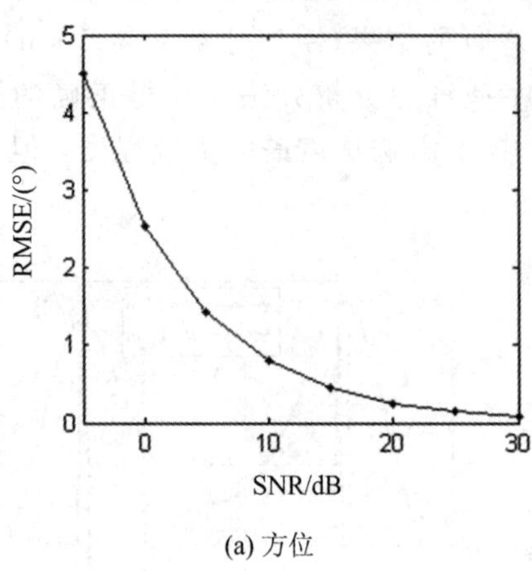

(a) 方位

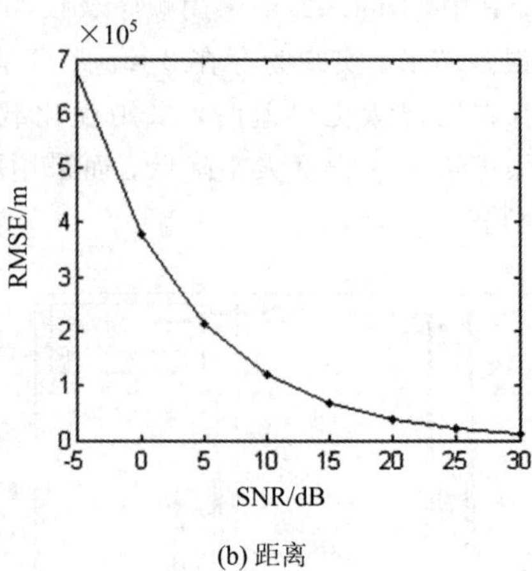

(b) 距离

图 4.34　顺序载频编码时方位和距离的估计结果

本章小结

本章主要介绍了岸-舰双基地地波超视距雷达的信号处理问题。在发射站通过多个天线同时辐射不同载频的信号，在接收站需要根据载频不同对各发射信号分量进行分离。常规采用低通滤波器组信道化接收技术，由于这种方式下滤波在高数据率下完成，运算量较大。所以采用基于多相滤波器组的信道化接收技术在低数据率下完成滤波操作。与低通滤波器组信道化接收技术相比，这种多相滤波器组信道化接收机运算量可以减少近 K^2（K 为信道数）倍。

岸-舰双基地地波超视距雷达可以从时域、距离-方位域以及多普勒域对直达波干扰进行有效的抑制。时域方法直接对原始接收信号中的直达波置零，该方法简单易行，运算量最小，但对近距离目标回波有抑制；距离-方位域和多普勒域方法则是构造直达波子空间的正交投影矩阵，对数据进行投影，从而抑制直达波。其中距离-方位域方法运算量较大，等效发射方向图可能畸变且在与接收站方位相同、距离相差 $R_t=nc/\Delta f$（$n=1, 2, \cdots$）处形成零点，目标被抑制。而多普勒域方法运算量最大，若目标回波的多普勒频率与直达波的多普勒频率有一定差异，则目标回波与理论值相差很小，基本没有损失。针对距离-方位域方法产生多零点情况，将时域和距离-方位域方法结合，即在距离 $R\geqslant c/\Delta f$ 区域采用时域方法抑制直达波，而在距离 $R<c/\Delta f$ 区域采用距离-方位域方法抑制直达波，尽量避免由抑制直达波造成的目标回波信号损失。

岸-舰双基地地波超视距雷达由于在发射站采用异频发射，接收端通道分离后的信号存在距离-角度耦合。该耦合导致单脉冲测角存在误差，耦合严重时，距离-方位二维 MUSIC 谱峰分布在两条斜线上，二维 MUSIC 超分辨算法失效。本章分别借鉴比幅测角思想和 Fisher 信息矩阵，推导了距离与方位间的耦合关系，得到耦合系数以及影响该系数的因素，即阵元发射信号载频与阵元位置。采用遗传算法优化载频的分配方案，从而对距离-方位解耦以减少距离误差对测角精度的影响。通过优化分配各阵元发射信号的载频，可以有效去耦，提高参数估计精度。

本章参考文献

[1] 陈伯孝，陈多芳，张红梅，等. 双/多基地综合脉冲孔径地波雷达的信道化接收技术研究[J]. 电子学报，2006，34(9)：1566－1570.

[2] MITOLA J. The Software radio architecture [J]. IEEE Communication Magazine，1995，33(5)：26－38.

[3] VAIDYANATHAN P P. Multirate digital filters，filter banks，polyphase networks and application：A tutorial[J]. Proceedings of the IEEE，1990，78(1)：56－93.

[4] 杨小牛，楼才义，徐建良. 软件无线电原理与应用[M]. 北京：电子工业出版社，2001：68－73.

[5] PATEL M，DARWAZEH I. A software radio OFDM band-pass sampling receiver and the effects of aperture jitter on performance[C]. Proceedings of International Conference on Radio and Wireless，2003：10－13.

[6] SIOHAN P，SICLET C，LACAILLE N. Analysis and design of OFDM/OQAM systems based on filterbank theory[J]. IEEE Trans. on SP，2002，50：1170－1183.

[7] MADISETTI V K，WILLIAMS D B. Digital Signal Processing Handbook[M]. CRC Press LCC，1999.

[8] 王永良，陈辉，彭应宁，等. 空间谱估计理论与算法[M]. 北京：清华大学出版社，2005.

[9] 陈多芳. 岸-舰双基地地波雷达若干问题研究[D]. 西安电子科技大学博士学位论文. 2009.

[10] 陈伯孝. SIAR 四维跟踪及其长相干积累等技术研究[D]. 西安电子科技大学博士论文，1997.

[11] 王小平，曹立明. 遗传算法：理论、应用与软件实现[M]. 西安：西安交通大学出版社，2002：1－10.

[12] 李敏强，寇纪淞，林丹，等. 遗传算法的基本理论与应用[M]. 北京，科学出版社，2003.

[13] 陈多芳，陈伯孝，秦国栋，等. 双基 MISO 地波雷达中的距离-方位耦合及解耦研究[J]. 系统工程与电子技术，2009，31(6)：1319－1323.

[14] 陈多芳，陈伯孝，刘春波，等. 基于子空间投影的双基地地波超视距雷达直达波抑制方法[J]. 电子与信息学报，2008，30(11)：2702－2705.

附　　录

式(4.91)接收信号的对数似然函数可表示为

$$\ln L = \text{const} - KM\ln\sigma_n^2 - \frac{1}{\sigma_n^2}\sum_{m=0}^{M-1}[\boldsymbol{x}(m)-\boldsymbol{A}\boldsymbol{s}(m)]^{\mathrm{H}}[\boldsymbol{x}(m)-\boldsymbol{A}\boldsymbol{s}(m)] \tag{A1}$$

式(A1)为 σ_n^2、$\bar{\boldsymbol{s}}(m)\triangleq\mathrm{Re}[\boldsymbol{s}(m)]$、$\tilde{\boldsymbol{s}}(m)\triangleq\mathrm{Im}[\boldsymbol{s}(m)]$、$\boldsymbol{R}=[R_1, R_2, \cdots, R_P]^{\mathrm{T}}$ 和 $\boldsymbol{\theta}=[\theta_1, \theta_2, \cdots, \theta_P]^{\mathrm{T}}$ 的函数。对数似然函数对各变量求导，有

$$\frac{\partial \ln L}{\partial \sigma_n^2} = -\frac{KM}{\sigma_n^2} + \frac{1}{\sigma_n^4}\sum_{m=0}^{M-1}\boldsymbol{n}^{\mathrm{H}}(m)\boldsymbol{n}(m) \tag{A2}$$

$$\frac{\partial \ln L}{\partial \bar{\boldsymbol{s}}(m)} = \frac{1}{\sigma_n^2}[\boldsymbol{A}^{\mathrm{H}}\boldsymbol{n}(m)+\boldsymbol{A}^{\mathrm{T}}\boldsymbol{n}^*(m)] = \frac{2}{\sigma_n^2}\mathrm{Re}[\boldsymbol{A}^{\mathrm{H}}\boldsymbol{n}(m)]\quad(m=0, \cdots, M-1) \tag{A3}$$

$$\frac{\partial \ln L}{\partial \tilde{\boldsymbol{s}}(m)} = \frac{1}{\sigma_n^2}[-\mathrm{j}\boldsymbol{A}^{\mathrm{H}}\boldsymbol{n}(m)+\mathrm{j}\boldsymbol{A}^{\mathrm{T}}\boldsymbol{n}^*(m)] = \frac{2}{\sigma_n^2}\mathrm{Im}[\boldsymbol{A}^{\mathrm{H}}\boldsymbol{n}(m)]\quad(m=0, \cdots, M-1) \tag{A4}$$

$$\frac{\partial \ln L}{\partial \boldsymbol{R}}=\frac{2}{\sigma_n^2}\sum_{m=0}^{M-1}\mathrm{Re}[\boldsymbol{S}^{\mathrm{H}}(m)\boldsymbol{D}_R^{\mathrm{H}}e(m)] \tag{A5}$$

$$\frac{\partial \ln L}{\partial \boldsymbol{\theta}}=\frac{2}{\sigma_n^2}\sum_{m=0}^{M-1}\mathrm{Re}[\boldsymbol{S}^{\mathrm{H}}(m)\boldsymbol{D}_\theta^{\mathrm{H}}e(m)] \tag{A6}$$

式中，Re 表示取实部；Im 表示取虚部。

$$\boldsymbol{S}(m)=\mathrm{diag}[\boldsymbol{s}(m)]=\mathrm{diag}[\mathrm{e}^{\mathrm{j}2\pi f_{d1}mT_m},\cdots,\mathrm{e}^{\mathrm{j}2\pi f_{dP}mT_m}] \tag{A7}$$

$$\boldsymbol{D}_R=[\boldsymbol{d}_{R_1}(R_1,\theta_1),\cdots,\boldsymbol{d}_{R_P}(R_P,\theta_P)],\ \boldsymbol{d}_{R_p}(R_p,\theta_p)=\frac{\partial a(R_p,\theta_p)}{\partial R_p} \tag{A8}$$

$$\boldsymbol{D}_\theta=[\boldsymbol{d}_{\theta_1}(R_1,\theta_1),\cdots,\boldsymbol{d}_{\theta_P}(R_P,\theta_P)] \tag{A9}$$

设 $\mathrm{var}_{\mathrm{CR}}(\sigma_n^2)=\sigma_n^4/(KM)$，$\boldsymbol{H}=\frac{2}{\sigma_n^2}\mathbf{A}^{\mathrm{H}}\mathbf{A}$，$\boldsymbol{G}=\boldsymbol{H}^{-1}$，$\boldsymbol{\Phi}_m=\frac{2}{\sigma_n^2}\mathbf{A}^{\mathrm{H}}\boldsymbol{D}_\theta\boldsymbol{S}(m)$ 以及 $\boldsymbol{\Psi}_m=\frac{2}{\sigma_n^2}\mathbf{A}^{\mathrm{H}}\boldsymbol{D}_R\boldsymbol{S}(m)$。记 $\boldsymbol{\rho}=[\sigma^2,\bar{\boldsymbol{s}}(0),\bar{\boldsymbol{s}}(1),\cdots,\bar{\boldsymbol{s}}(M-1),\tilde{\boldsymbol{s}}(0),\tilde{\boldsymbol{s}}(1),\cdots,\tilde{\boldsymbol{s}}(M-1),\boldsymbol{\theta}^{\mathrm{T}},\boldsymbol{R}^{\mathrm{T}}]^{\mathrm{T}}$，则 Fisher 信息矩阵为

$$\boldsymbol{d}_{\theta_p}(R_p,\theta_p)=\frac{\partial \boldsymbol{a}(R_p,\theta_p)}{\partial\theta_p} \tag{A10}$$

$$\boldsymbol{F}=E\left[\left|\frac{\partial \ln L}{\partial\boldsymbol{\rho}}\right|\left|\frac{\partial \ln L}{\partial\boldsymbol{\rho}}\right|^{\mathrm{T}}\right]=\begin{bmatrix}\mathrm{var}_{\mathrm{CR}}^{-1}(\sigma_n^2) & & & \mathbf{0} & & & & \\ & \bar{\boldsymbol{H}} & -\bar{\boldsymbol{H}} & & & & \bar{\boldsymbol{\varphi}}_1 & \bar{\boldsymbol{\psi}}_1 \\ & \bar{\boldsymbol{H}} & \bar{\boldsymbol{H}} & & & & \tilde{\boldsymbol{\varphi}}_1 & \tilde{\boldsymbol{\psi}}_1 \\ & & & \ddots & & & & \\ & & & & \bar{\boldsymbol{H}} & -\bar{\boldsymbol{H}} & \bar{\boldsymbol{\varphi}}_M & \bar{\boldsymbol{\psi}}_M \\ \mathbf{0} & \mathbf{0} & & & \bar{\boldsymbol{H}} & \bar{\boldsymbol{H}} & \tilde{\boldsymbol{\varphi}}_M & \tilde{\boldsymbol{\psi}}_M \\ & \bar{\boldsymbol{\varphi}}_1^{\mathrm{T}} & \tilde{\boldsymbol{\varphi}}_1^{\mathrm{T}} & \cdots & \bar{\boldsymbol{\varphi}}_M^{\mathrm{T}} & \tilde{\boldsymbol{\varphi}}_M^{\mathrm{T}} & \boldsymbol{\Lambda}_1 & \boldsymbol{\Lambda}_2 \\ & \bar{\boldsymbol{\psi}}_1^{\mathrm{T}} & \tilde{\boldsymbol{\psi}}_1^{\mathrm{T}} & \cdots & \bar{\boldsymbol{\psi}}_M^{\mathrm{T}} & \tilde{\boldsymbol{\psi}}_M^{\mathrm{T}} & \boldsymbol{\Lambda}_2^{\mathrm{T}} & \boldsymbol{\Lambda}_3\end{bmatrix} \tag{A11}$$

对 Fisher 矩阵求逆，其对角线元素就是各变量估计的 CRB。因此，方位、距离估计的 CRB 满足

$$\begin{aligned}\mathrm{CRB}^{-1}(\boldsymbol{\theta},\boldsymbol{R})&=\begin{bmatrix}\boldsymbol{\Lambda}_1 & \boldsymbol{\Lambda}_2\\ \boldsymbol{\Lambda}_2^{\mathrm{T}} & \boldsymbol{\Lambda}_3\end{bmatrix}-\begin{bmatrix}\bar{\boldsymbol{\varphi}}_1^{\mathrm{T}} & \tilde{\boldsymbol{\varphi}}_1^{\mathrm{T}} & \cdots & \bar{\boldsymbol{\varphi}}_M^{\mathrm{T}} & \tilde{\boldsymbol{\varphi}}_M^{\mathrm{T}}\\ \bar{\boldsymbol{\psi}}_1^{\mathrm{T}} & \tilde{\boldsymbol{\psi}}_1^{\mathrm{T}} & \cdots & \bar{\boldsymbol{\psi}}_M^{\mathrm{T}} & \tilde{\boldsymbol{\psi}}_M^{\mathrm{T}}\end{bmatrix}\begin{bmatrix}\bar{\boldsymbol{G}} & -\bar{\boldsymbol{G}} & & & \mathbf{0}\\ \bar{\boldsymbol{G}} & \bar{\boldsymbol{G}} & & & \\ & & \ddots & & \\ & & & \bar{\boldsymbol{G}} & -\bar{\boldsymbol{G}}\\ & \mathbf{0} & & \bar{\boldsymbol{G}} & \bar{\boldsymbol{G}}\end{bmatrix}\begin{bmatrix}\bar{\boldsymbol{\varphi}}_1 & \bar{\boldsymbol{\psi}}_1\\ \tilde{\boldsymbol{\varphi}}_1 & \tilde{\boldsymbol{\psi}}_1\\ \vdots & \vdots\\ \bar{\boldsymbol{\varphi}}_M & \bar{\boldsymbol{\psi}}_M\\ \tilde{\boldsymbol{\varphi}}_M & \tilde{\boldsymbol{\psi}}_M\end{bmatrix}\\ &=\begin{bmatrix}\boldsymbol{\Lambda}_1 & \boldsymbol{\Lambda}_2\\ \boldsymbol{\Lambda}_2^{\mathrm{T}} & \boldsymbol{\Lambda}_3\end{bmatrix}-\begin{bmatrix}\sum_{m=0}^{M-1}\mathrm{Re}[\boldsymbol{\varphi}_m^{\mathrm{H}}\boldsymbol{G}\varphi_m] & \sum_{m=0}^{M-1}\mathrm{Re}[\boldsymbol{\varphi}_m^{\mathrm{H}}\boldsymbol{G}\boldsymbol{\psi}_m]\\ \sum_{m=0}^{M-1}\mathrm{Re}[\boldsymbol{\psi}_m^{\mathrm{H}}\boldsymbol{G}\boldsymbol{\varphi}_m] & \sum_{m=0}^{M-1}\mathrm{Re}[\boldsymbol{\psi}_m^{\mathrm{H}}\boldsymbol{G}\boldsymbol{\psi}_m]\end{bmatrix}\end{aligned} \tag{A12}$$

式中，

$$\boldsymbol{\Lambda}_1=\frac{2}{\sigma_n^2}\sum_{m=0}^{M-1}\mathrm{Re}[\boldsymbol{S}^{\mathrm{H}}(m)\boldsymbol{D}_\theta^{\mathrm{H}}\boldsymbol{D}_\theta\boldsymbol{S}(m)] \tag{A13}$$

$$\boldsymbol{\Lambda}_2 = \frac{2}{\sigma_n^2}\sum_{m=0}^{M-1}\mathrm{Re}[\boldsymbol{S}^{\mathrm{H}}(m)\boldsymbol{D}_{\theta}^{\mathrm{H}}\boldsymbol{D}_R\boldsymbol{S}(m)] \tag{A14}$$

$$\boldsymbol{\Lambda}_3 = \frac{2}{\sigma_n^2}\sum_{m=0}^{M-1}\mathrm{Re}[\boldsymbol{S}^{\mathrm{H}}(m)\boldsymbol{D}_R^{\mathrm{H}}\boldsymbol{D}_R\boldsymbol{S}(m)] \tag{A15}$$

$$\boldsymbol{\Delta}_1 = \frac{2}{\sigma_n^2}\sum_{m=0}^{M-1}\mathrm{Re}\{\boldsymbol{S}^{\mathrm{H}}(m)\boldsymbol{D}_{\theta}^{\mathrm{H}}[\boldsymbol{I}-\boldsymbol{A}(\boldsymbol{A}^{\mathrm{H}}\boldsymbol{A})^{-1}\boldsymbol{A}^{\mathrm{H}}]\boldsymbol{D}_{\theta}\boldsymbol{S}(m)\} \tag{A16}$$

$$\boldsymbol{\Delta}_2 = \frac{2}{\sigma_n^2}\sum_{m=0}^{M-1}\mathrm{Re}\{\boldsymbol{S}^{\mathrm{H}}(m)\boldsymbol{D}_{\theta}^{\mathrm{H}}[\boldsymbol{I}-\boldsymbol{A}(\boldsymbol{A}^{\mathrm{H}}\boldsymbol{A})^{-1}\boldsymbol{A}^{\mathrm{H}}]\boldsymbol{D}_R\boldsymbol{S}(m)\} \tag{A17}$$

$$\boldsymbol{\Delta}_3 = \frac{2}{\sigma_n^2}\sum_{m=0}^{M-1}\mathrm{Re}\{\boldsymbol{S}^{\mathrm{H}}(m)\boldsymbol{D}_R^{\mathrm{H}}[\boldsymbol{I}-\boldsymbol{A}(\boldsymbol{A}^{\mathrm{H}}\boldsymbol{A})^{-1}\boldsymbol{A}^{\mathrm{H}}]\boldsymbol{D}_{\theta}\boldsymbol{S}(m)\} \tag{A18}$$

$$\boldsymbol{\Delta}_4 = \frac{2}{\sigma_n^2}\sum_{m=0}^{M-1}\mathrm{Re}\{\boldsymbol{S}^{\mathrm{H}}(m)\boldsymbol{D}_R^{\mathrm{H}}[\boldsymbol{I}-\boldsymbol{A}(\boldsymbol{A}^{\mathrm{H}}\boldsymbol{A})^{-1}\boldsymbol{A}^{\mathrm{H}}]\boldsymbol{D}_R\boldsymbol{S}(m)\} \tag{A19}$$

从而有

$$\mathrm{CRB}(\boldsymbol{\theta}) = (\boldsymbol{\Delta}_1 - \boldsymbol{\Delta}_2\boldsymbol{\Delta}_4^{-1}\boldsymbol{\Delta}_3)^{-1} \tag{A20}$$

$$\mathrm{CRB}(\boldsymbol{R}) = (\boldsymbol{\Delta}_4 - \boldsymbol{\Delta}_3\boldsymbol{\Delta}_1^{-1}\boldsymbol{\Delta}_2)^{-1} \tag{A21}$$

对于单目标情况，有

$$\boldsymbol{\Delta}_1 = \frac{2M\sigma_s^2}{\sigma_n^2}\left(\frac{2\pi\sin\theta}{c}\right)^2\left[\sum_{k=1}^{K}(f_k d_k)^2 - \frac{1}{K}\left(\sum_{k=1}^{K}f_k d_k\right)^2\right] \tag{A22}$$

$$\boldsymbol{\Delta}_2 = \boldsymbol{\Delta}_3 = \frac{2M\sigma_s^2\sin\theta}{\sigma_n^2}\left(\frac{2\pi}{c}\right)^2\left[-\sum_{k=1}^{K}f_k^2 d_k + \frac{1}{K}\left(\sum_{k=1}^{K}f_k\sum_{k=1}^{K}f_k d_k\right)\right] \tag{A23}$$

$$\boldsymbol{\Delta}_4 = \frac{2M\sigma_s^2}{\sigma_n^2}\left(\frac{2\pi}{c}\right)^2\left[\sum_{k=1}^{K}f_k^2 - \frac{1}{K}\left(\sum_{k=1}^{K}f_k\right)^2\right] \tag{A24}$$

因此

$$\mathrm{CRB}(\theta) = \frac{c^2}{8M\pi^2\mathrm{SNR}_i\sin^2\theta}\frac{p_3}{p_1p_3 - p_2^2} \tag{A25}$$

$$\mathrm{CRB}(R) = \frac{c^2}{8M\pi^2\mathrm{SNR}_i}\frac{p_1}{p_1p_3 - p_2^2} \tag{A26}$$

式中，$\mathrm{SNR}_i = \frac{\sigma_s^2}{\sigma_n^2}$为信噪比

$$p_1 = \sum_{k=1}^{K}(f_k d_k)^2 - \frac{1}{K}\left(\sum_{k=1}^{K}f_k d_k\right)^2 \tag{A27}$$

$$p_2 = -\sum_{k=1}^{K}f_k^2 d_k + \frac{1}{K}\left(\sum_{k=1}^{K}f_k\sum_{l=1}^{K}f_l d_l\right) \tag{A28}$$

$$p_3 = \sum_{k=1}^{K}f_k^2 - \frac{1}{K}\left(\sum_{k=1}^{K}f_k\right)^2 \tag{A29}$$

第5章 岸-舰双基地地波雷达系统同步与通道校准技术

5.1 引　　言

双/多基地雷达信号处理需要解决的首要问题之一就是同步。一般双基地雷达的同步包括空间、时间和频率的同步[1,2]。常规双/多基地雷达的发射站和接收站位置固定，发射站和接收站之间可以直接采用光纤、微波中继等物理链路进行时间同步与频率同步处理。而在岸-舰双基地地波超视距雷达系统中，接收站架设在舰船一类的运动平台上，接收站和发射站之间无法架设物理通信链路，因此，不能以通信的方式直接传输同步信号。

岸-舰双基地地波超视距雷达的发射阵列为弱方向性天线，单元天线的辐射能量同时覆盖以阵列天线的法线方向为中心的±60°范围，且各路发射信号相互正交，在空间不形成发射方向图。接收站采用单根全向天线接收，因此，该雷达系统中无需考虑空间同步的问题。由于直达波幅度按距离的平方衰减，在接收站和发射站相距不远(如200 km)的情况下，直达波的功率很强，故可利用直达波获取同步信号，进行时间和频率同步。

岸-舰双基地地波超视距雷达采用阵列天线同时发射多个相互正交的信号，在接收站对各发射信号分量分离以后，再通过综合处理形成发射方向图。若各个发射通道的幅相特征不一致，将影响对目标的发射综合，导致在对发射综合处理过程中不能得到目标的方向信息。实际中由于各种通道误差不可避免，阵列流型与理想阵列会出现一定程度的偏差或扰动。而常规的测角方法对阵列误差敏感，因此，必须进行阵列误差校准。关于阵列校准，已有不少研究成果和方法。早期的阵列校准是通过对阵列流型直接进行离散测量、内插、存储来实现的，此类方法实现代价较大且效果不太明显。20世纪90年代，人们通过对阵列扰动进行建模，将阵列误差校准转化为参数估计问题。参数类校准方法通常可分为有源校准和自校准两类。有源校准通过在空间设置方位精确已知的辅助信源来对阵列扰动参数进行离线估计。此类方法，无需对信源方位进行估计，运算量较小，但对辅助信源有较高的精确方位信息的要求。自校准类方法通常将空间信源的方位与阵列的扰动参数根据某种优化函数进行联合估计。这类方法不需要方位已知的辅助信源，而且可以在线完成实际方位估计，精度较高。但由于误差参数与信源方位之间的耦合，以及某些病态的阵列结构，参数估计的唯一辨识性往往无法保证。

岸-舰双基地地波超视距雷达采用阵列发射，其误差主要来源于发射通道的不一致性与阵元位置误差。特别在雷达系统工作于不同载频时，各发射通道对不同载频信号的相移不同，导致各路信号的初始相位不一致。在发射孔径综合处理过程中，只有补偿了这些初始相位，才能得到发射方向图。

因此，本章主要介绍利用直达波进行同步和发射通道的校正问题。首先介绍常规双/多基地系统的时间与频率同步方法；然后重点针对岸-舰双基地地波雷达系统，介绍基于时间鉴别法的时间同步方法与基于鉴频电路的载频补偿技术；分析阵列误差信号模型，介绍相应的误差参数求解方法；给出计算机仿真和实测数据处理结果。

5.2　时间与频率同步

5.2.1　时间同步

双/多基地雷达系统的三大同步中，时间同步最为关键。接收站通过时间同步获得发射脉冲的起始时刻，并以此作为测距的基础。时间同步精度直接关系到雷达整机性能，且空间同步也必须以时间同步为前提。

1. 时间同步的基本方法

在双基地地波雷达系统中，由于接收站在舰船一类的运动平台上，接收站与发射站的频率源难免存在频率上的差异，这会造成发射站与接收站之间时间上的差异，影响雷达测距效果，因此，发射站和接收站之间要保持严格的时间同步。常用的时间同步方法主要有三种：直接同步法、间接同步法以及独立式同步法。下面分别介绍这三种方法。

1）直接同步法

一般的双基地雷达在发射站和接收站之间有通信链路，发射站的触发脉冲经数据传输通道直接送至接收站，进行时间同步，此方法称为直接同步法。触发脉冲经编码调制后由数据传输通道传送到接收站(数据传输通道要求满足高数据率和低误码率的特性)，接收站收到时间同步码后再进行解调、放大和整形处理，或者直接用作定时信号，或者用作基准来同步接收机产生的时序信号。直接同步法既适用于固定的脉冲发射周期，也适用于脉冲重复周期捷变的情况。

数据传输通道主要是指微波中继、卫星通信、有线传输以及短波通信等数据传输方式。不同数据传输通道各有特点，应用场合也不相同。微波通信的频带宽、容量大、自然干扰和邻台干扰小，具有较低的误码率，而且可以采用窄波束的定向天线，保密性较强。但微波通信受视距限制，站间距离通常较近，采用中继转发可增加通信距离，但会导致其设备成本过高。故微波通信一般适用于中、短基线的双/多基地雷达，在长基线双/多基地雷达应用中受到限制。卫星通信虽然也工作于微波波段，但是其作用范围大，并不受视距限制。然而，卫星通信在空间链路上的固定时延大约为 500 ms，不能满足雷达实时同步的要求。有线通信主要是光纤通信，它具有容量大、码速高、抗干扰、误码率低、保密性好的优点，但架设工程量大、机动性差。光纤通信适用于固定阵地的双基地雷达，对于岸-舰双基地雷达的应用场景并不适用。短波通信利用电离层散射，可实现较远距离通信，且其发射功率要求不高，设备相对简易。但短波通信频带窄、容量小、码速低，由于电离层的扰动使得通道参数不稳定，导致误码率较高；短波通信的另一缺点是易受各种民用电台干扰。近年来，随着通信技术的发展，短波通信在抗干扰、误码率和稳定性方面已有很大改进。因此，短波通信在对数据率和误码率要求不高的长基线双/多基地雷达中也有应用。

采用直接同步法实现时间同步的同步精度主要取决于数据传输信道引入的误差，光纤和微波信道的时间误差可实现小于 0.1 μs，而短波通信误差大于 1 μs。

2）间接同步法

在发射站和接收站各设置一个完全相同的高稳定度的时钟，以时钟作为时间基准实现双/多基地雷达的时间同步，这种同步方法称为间接同步法。作为时间基准的时钟要求精度和稳定度均很高，可以是原子钟或高稳定石英晶体振荡器。为了确保基准的稳定性，对接收、发射两地的时钟要定期用同一时间基准进行校准，用以校准的时间基准的精度要更高一些，通常可以选取 GPS(Global Position System，全球定位系统)、罗兰 C(远程精密双曲线)导航系统或我国北斗定位系统等提供的时间基准信号。

间接同步法的时间同步精度取决于所用基准时钟的稳定度，以及收、发站校准时钟的校准周期。该方法要求时钟既具有很高的短期频率稳定度，又具有很高的长期频率稳定度。若要求定时精度为 $\Delta\tau=0.1\ \mu s$，则时钟的短期频率稳定度应优于 10^{-8}/ms，而长期频率稳定度应优于 10^{-12}/h。通常，原子钟和高稳定石英晶体振荡器均可满足条件。

3）独立式同步法

直接同步法和间接同步法通常必须在双/多基地雷达使用配合式(专用或非专用)发射站才能实现时间同步。当双/多基地雷达接收站利用非配合式照射源工作时，必须独立解决同步问题，这就是独立式同步方法。当发射站和接收站有直视距离(即不存在遮挡)，且发射天线副瓣电平较高(例如－20 dB)或匀速圆周扫描时，双基地雷达接收站可采用辅助接收通道截获发射站的直达波信号，从中提取同步信息。独立式双基地接收站也可从固定地物的散射杂波中提取所需的同步信息。一般情况下，独立式同步方法很难获得高的同步精度，因而独立式双基地雷达接收站一般只用作告警和粗测。

表 5.1 给出了现有部分定位、定时方案概况供作参考。

表 5.1　现有定位、定时方案概况表

方案	定位、定时精度	覆盖区域	稳定性及成本
短波束	1 ms～5 ms	较广	不稳定，设备费用少
有、无源电视同步	1 ms～5 ms	有限	较稳定，设备费用少
罗兰 C 导航系统	0.2 海里～0.5 海里 1 μs～3 μs	局部	稳定，定位精度低，但现在使用较少
子午仪系统	0.1 海里～0.5 海里、20 μs	全球	较稳定
GPS	10 m～100 m、0.1 μs	全球	稳定，全天候连续三维定位
北斗定位系统	5 m～10 m、50 ns	局部	稳定，定位与授时精度高，全天候

从现有的同步方案中可以发现：标准短波同步信号受电离层(E 层、F 层)的反射产生的多普勒效应和多路径传输影响，使得接收到的同步信号精度下降；采用电视同步脉冲实现定时，对信噪比要求较高；微波中继站信号传输时延难以测定，且精度差，性能一般。

罗兰 C 导航系统是工作频率为 100 kHz 的脉冲相位双曲线定位系统。一个导航台组的工作区域约为 2000 km，为了覆盖全球，需设置 120 多个庞大的地区导航台，而且其定位精度受电波传播条件限制，一般为 200 m～300 m。定位精度还与导航器、导航台组的相对位置有关，离导航台组越远，误差越大。因此，这种导航系统现在使用较少。

GPS 是全球、全天候、高精度的新型导航系统。相对于其他定位系统，它具有更高的全球定位精度，且可连续、定时地导航定位。GPS 不仅能为用户提供高精度的三维坐标和速度分量，还能提供精确的同步时间，故采用 GPS 进行定位与时间同步具有精度高、性能好、覆盖面积广和设备费用较低的优点。因此，从技术性能角度分析，采用 GPS 时间同步方案是双/多基地雷达时间同步方案的最优选择。然而，GPS 时间同步技术虽然具有很多性能优势且非常成熟地被广泛应用于各类定位定时系统，但采用该技术方案也存在两大问题：第一，GPS 受美国军方控制，其 P 码仅对美国军方和授权用户开放，其安全性无法保障；第二，GPS 信号通过无线方式传输，易受外界干扰。因此，GPS 时间同步方法需视实际情况选择使用。

北斗定位系统是中国着眼于国家安全和经济社会发展需要，自主建设、独立运行的卫星导航系统，是为全球用户提供全天候、全天时、高精度的定位、导航和授时服务的国家重要空间基础设施。北斗定位系统具有以下特点：一是北斗定位系统空间段采用三种轨道卫星组成的混合星座，与其他卫星导航系统相比，高轨卫星更多，抗遮挡能力强，尤其低纬度地区性能特点更为明显；二是北斗定位系统提供多个频点的导航信号，能够通过多频信号组合使用等方式提高服务精度；三是北斗定位系统创新融合了导航与通信能力，具有实时导航、快速定位、精确授时、位置报告和短报文通信服务五大功能。因此，相较于其他卫星导航系统，北斗定位系统性能更优且具有更高的安全性，是岸-舰双/多基地雷达系统时间同步的最佳选择。

对于岸-舰双基地体制的地波雷达，其本身具有超视距功能，且发射站和接收站相距不太远(不超过 300 km)，由于直达波是按距离的平方衰减，因此，在接收站接收直达波信号的功率强，信噪比较高(一般大于 30 dB)。在接收站采用一根天线，接收直达波和目标回波信号。接收的直达波信号只经过低增益的接收机进行滤波和放大后，便可实现时间同步和频率同步。因此，通过对接收到的直达波信号进行综合处理和跟踪，即可获得时间同步信号，实现收发站时间同步。

2. 岸-舰双基地地波雷达的时间同步

在岸-舰双基地地波雷达系统中，接收站位于舰载运动平台上，因此无法采用直接同步法进行时间同步。该体制雷达系统一般采用线性调频中断连续波(LFMICW)信号，由发射站和接收站的恒温晶振分别为发射站和接收站提供时间、频率和相位的基准信号，并从接收站分离的直达波信号中提取时间同步脉冲信号，从而完成同步处理并测出接收的目标回波信号与直达波信号的时间延迟，实现目标测距。因此，实现时间同步[16-18](包括脉冲前沿同步和调制周期同步)是该体制雷达必须解决的关键问题之一。

雷达的时间同步处理是指在接收站提取频率调制周期的起点和脉冲调制信号。当接收站与发射站之间的距离不是特别远时，接收站可以接收到直达波信号，且直达波信号又远强于目标回波信号和环境干扰信号，因此直达波信号易于从回波信号中分离出来，对其进行综合处理和直达波跟踪，就可以获得时间同步信号。

时间同步处理需要获取离散采样信号的脉冲起始点和调制周期起始点。若接收到的直达波信号的时频关系如图 5.1 所示，时间同步即确定为 t_1 时刻和 t_2 时刻。由图 5.1 可以看到，t_1 位于脉冲上升沿，t_2 则位于频率最大突跳点处。

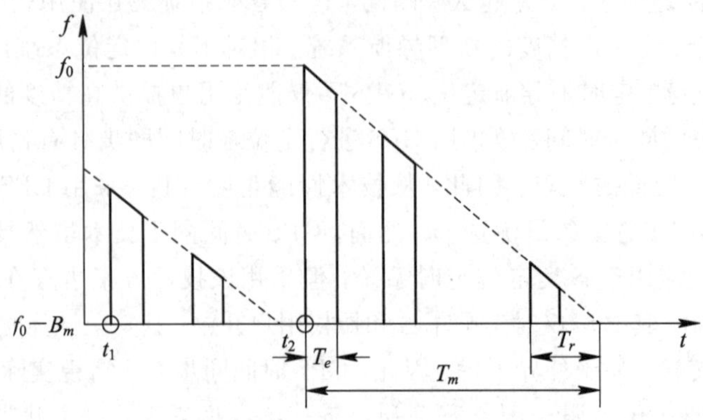

图 5.1　直达波信号的时频关系

时间同步处理框图如图 5.2 所示。接收信号经带通滤波器(BPF)、低噪声放大器(LNA)、ADC(A/D 变换器)，再经包络检波、非相干积累，然后通过滑窗处理、最大值检测，就可以得到脉冲同步信号。这里需要说明的是，雷达工作时，有关参数(如中心载频、发射脉冲宽度、调制周期)对己方接收站来说是已知的。因此，每个重复周期的采样点数均已知，即为 $N_r = T_r/T_s$，T_s 为采样周期。假设非相干积累脉冲数为 M_0(通常可取一个调制周期内的脉冲进行非相干积累)，则可以将采样数据形成一个 $M_0 \times N_r$ 的矩阵，再沿矩阵的行求模相加，即进行 M_0 点的非相干积累，其目的是为了改善信杂噪比。对非相干积累结果进行滑窗处理，寻找最大点位置，即脉冲起始点，从而可以确定每个发射脉冲的起始时刻。滑窗时可选取时宽为 T_e 的矩形窗，即当矩形窗与脉冲重合时，有最大输出。

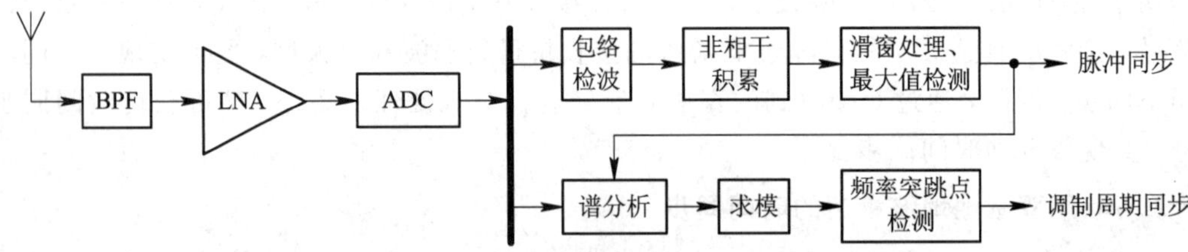

图 5.2　时间同步处理框图

由于每个发射脉冲的中心频率都有一定差别，特别是在频率调制的终点与起点处，差别最大。因此，可以对接收到的每个发射脉冲进行谱分析，再寻找频率跳变对应的发射脉冲，由此得到 LFMICW 信号的调制周期起始点。

直达波在第 m 个发射脉冲、第 n 个采样点的调制频率为

$$f(m, n) = \begin{cases} \mu[(N_2 - m)T_r - nT_s], & 0 \leqslant m \leqslant N_2 \\ \mu[(N + N_2 - m)T_r - nT_s], & N_2 < m \leqslant N \end{cases} \tag{5.1}$$

式中，$N_2 = (t_2 - t_1)/T_r$，$N = T_m/T_r$。中心频率为 $f_0 - f(m, N_e/2)$，$N_e = T_e/T_s$ 为每个脉冲对应的采样点数，m 不同时，中心频率也不同。因此，对每个发射脉冲的直达波信号进行谱分析，再对每个周期的发射中心频率进行检测，寻找频率最大突跳点即 N_2。找到 N_2，再结合 t_1，就可得到频率调制起点位置，完成频率调制同步。经过上述时间同步后，后续处理均以直达波到达接收站时刻作为时间参考起始点。接收站得到的目标距离是相对于直达波的时延得到的。

在工程实际中，由于A/D采样精度、多径效应、杂波等影响，导致时间同步存在一定的误差，这些因素对岸-舰双基地地波雷达时间同步的精度也有影响。下面分析时间同步误差及其精度。

1) 量化误差对同步精度的影响

A/D变换器的工作过程包括采样与量化。采样实现时域上的离散化，量化是将模拟信号变换成有限位数的数字信号。量化对每个取样值的尾数进行截尾或舍入处理，不可避免地要产生量化误差。随着电子信息技术的迅速发展，A/D变换器的采样位数逐渐增加，其采样精度越来越高，这使得量化误差大幅度降低。因此，对于一般数字信号处理的实现，采用采样位数高的A/D变换器时可忽略量化效应。与此同时，增加A/D变换器的位数，可有效改善输出端信噪比。因此，应根据实际需要，合理选择A/D变换器的位数。

在岸-舰双基地地波雷达试验系统中，我们取量化间隔 $T_s=1\ \mu s$，对发射脉宽 $T_e=300\ \mu s$ 而言，时间量化误差约为发射脉宽的0.3%，它对时间同步精度的影响可以忽略不计。

2) 多径效应对同步精度的影响

接收天线接收到的信号不仅有雷达发射的直达波信号，还有发射信号经其他物体表面反射来的信号，由于二者传播路径不同，使得接收到的叠加信号发生变形，由此产生的同步误差称为多径效应误差。

在双/多基地雷达中，这些多径对波长短的微波雷达的同步影响较大，而对波长长的地波雷达的同步影响小。在工作环境中，由岛礁、建筑物等形成的散射信号在幅度上要远低于直达波信号，并不影响时域滑窗滤波峰值检波的结果。因此，多径现象虽然存在但对脉冲同步的影响较小。与此同时，多径效应使得多路信号的谱混叠，但是由于频率单元跳变点的脉冲序号没有发生变化，所以对频率调制周期同步信号影响也不大。所以，多径效应误差对岸-舰双基地雷达的时间同步信号的提取精度影响较小，可近似忽略。

3) 信杂噪比对时间同步的影响

直达波是按收发站之间距离的平方衰减，在接收站与发射站的距离不是太远(不超过200 km左右)的情况下，直达波信号是较强的，再通过对调制周期内的 M 个脉冲进行非相干积累，可以达到同步处理对信杂噪比的要求。

参照常用的时间鉴别误差性能分析，其前沿定位误差为

$$\sigma_\tau = \frac{\tau}{\sqrt{2(S/N)n_e}} \tag{5.2}$$

式中，$\tau=1/B_s$ 为等效脉冲宽度，B_s 为信号带宽，S/N 为输入直达波的信噪比，n_e 为有效积累脉冲数。

4) 运动补偿对同步精度的影响

在岸-舰双基地地波雷达系统中，由于接收站位于舰船运动平台上，接收站与发射站之间的相对运动产生的多普勒频率会造成时间同步误差，因此需要对接收信号进行运动补偿，以提高时间同步精度。由于运动补偿无法完全精确补偿，故补偿不完整也会引起脉冲前沿测量误差。假设平台运动的估计相对随机误差为百分之一，例如，设接收站的最大运动速度为15 m/s，其运动补偿误差约为0.15 m/s，当载频小于10 MHz时，有 $\Delta f_d \approx 0.00225$ Hz，则由此引起的前沿测定随机误差为 $\Delta\tau_f=18.75$ ns，可近似忽略。因此，当运动补偿精度较

高(小于百分之一)时，其引入的同步误差较小，可忽略不计。

5) 脉冲同步误差对同步精度的影响

假设调频周期起始时间测量的随机误差为 σ_τ，正交分解去载频，得到调频周期起始时间后截取的信号为

$$
\begin{aligned}
S_{rk}(t) &= g(t-\sigma_\tau)\cdot e^{j(-2\pi f_k\sigma_\tau-\pi\mu(t-\sigma)^2)} \\
&= g(t-\sigma_\tau)\cdot e^{j(-2\pi\mu\sigma_\tau t+\pi\mu t^2)}\cdot e^{j(\pi\mu\sigma_\tau^2-2\pi f_k\sigma_\tau)} \\
&\approx g(t)\cdot e^{j(-2\pi\sigma_f t+\pi\mu t^2)}\cdot e^{j\varphi}
\end{aligned}
$$

式中，$\sigma_f=\mu\sigma_\tau$，$\varphi=\pi\mu\sigma_\tau^2-2\pi f_k\sigma_\tau$。

假设信号的调频斜率为 $\mu=120$ kHz/s，采样率为 $f_s=1$ MHz，脉冲同步确定调频周期起始点时，若偏离一个采样点就相当于 $\sigma_\tau=1$ μs，则有 $\sigma_f=\mu\sigma_\tau\approx0.12$ Hz，$\pi\mu\sigma_\tau{}^2\approx3.77\times10^{-7}(rad)\approx2.16\times10^{-5}$(度)。显然，$\pi\mu\sigma_\tau^2$ 可忽略不计。若系统载频小于 10 MHz，因此有 $2\pi f_k\sigma_\tau<56.5487(rad)\approx3.24\times10^3$(度)，因此，该项是不能忽略的。可以看出，时间同步的准确性对后续的测距、测速和测角等都有很大的影响。如图 5.3 所示，实线为调频周期起始点，即精确同步后的直达波信号在脉冲压缩后的结果，可以看出其峰值对应的是零频。当调频周期起始点的确定不准确时，脉冲压缩的结果如图 5.3 中的虚线所示，可以看出这将会造成 −0.12 Hz 的频差，对此可以利用时间鉴别法进一步精确同步处理。

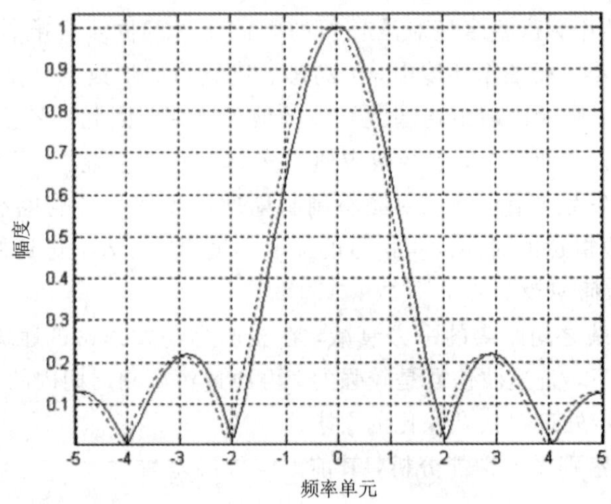

图 5.3 时间同步误差对测距的影响

5.2.2 频率同步

雷达系统收发分置，且发射站与接收站之间无物理链路连接，它们分别使用两个相互独立的高稳定恒温晶振作为频率源的时钟基准。即使两个时钟基准的批次、性能相同，输出频率也可能存在微小差异，从而导致发射站和接收站的频率基准有微小偏差，这种偏差一般为几十毫赫兹，此处假设该频率偏差为固定值。

理想情况下，不考虑传播衰减，忽略不同载频对应的多普勒频率差异，接收站在时间同步后的第 m 个调频周期的直达波信号可表示为

$$r(m,\ t)=\sum_{k=1}^{K}s_k(t-\tau_{rk})=\sum_{k=1}^{K}g(t-\tau_{rk})\mathrm{e}^{\mathrm{j}2\pi[f_k(t+mT_m-\tau_{rk})-0.5\mu(t-\tau_{rk})^2]}\mathrm{e}^{\mathrm{j}2\pi f_{dr}mT_m} \tag{5.3}$$

式中，$\tau_{rk}=\tau_r+\Delta\tau_{rk}$，$\tau_r=L/c$，$\Delta\tau_{rk}=-d_k\cos\theta_r/c$，$L$ 为基线长度，c 为光速，K 为发射阵元个数；θ_r 为基线与阵列切向夹角，即接收站相对于发射站的方位角；$f_{dr}=2f_0\bar{v}_r/c$ 是接收站相对于发射站切向速度为 $\bar{v}_r$ 时中心载频对应的多普勒频率。

经时间同步处理后获得的发射参考信号为

$$s_{\mathrm{ref}}(t)=\mathrm{e}^{\mathrm{j}2\pi[\tilde{f}_k(t+mT_m-\tau_r)-0.5\mu(t-\tau_r)^2]} \tag{5.4}$$

式中，δ_f 为发射信号中心频率与接收站数字混频参考信号的频率偏差，$\tilde{f}_k=f_k+\delta_f$。

由第 4 章知，经复混频、低通滤波完成各发射通道信号分离，得到的第 k 路发射信号分量的输出为

$$r_k(m,\ t)\approx\mathrm{e}^{\mathrm{j}2\pi[-f_k\Delta\tau_{rk}-0.5\mu\Delta\tau_{rk}^2+(\mu\Delta\tau_{rk}+\delta_f)t+(\delta_f+f_{dr})mT_m]} \tag{5.5}$$

由式(5.5)可看出，频率偏差 δ_f 不仅影响快时间项，也影响慢时间项。对于快时间项，频率偏差引入的距离误差为 $R_{\delta_f}=c\delta_f/\mu$；对于慢时间项，引入的多普勒误差为 $f_{d\delta_f}=\delta_f$。根据第 3 章所选波形参数，若 $\delta_f=20$ mHz，则 $R_{\delta_f}=45$ m，远小于距离分辨率(通常为 1.5～5 km)。若一次相干处理时间取 128 个调频周期，则 $f_{d\delta_f}$ 大于多普勒频率分辨率(约为 17 mHz)，这会引入较大的测速误差。

为了完成频率同步，需要对其频率误差进行校正。事实上，经通道分离后得到的输出信号可看作多普勒频率为 δ_f+f_{dr} 的目标回波信号，可采用与目标信号处理类似的方法处理，即两维 FT，求解该多普勒频率。在接收平台静止时，理论上可得到任意多个调制周期直达波，直达波相干积累时间可以无限长，从而可得到 δ_f 的高精度估计。当接收平台运动时，平台自身运动速度已知，可先求得接收平台运动产生的多普勒频偏，补偿后得到 δ_f 的高精度估计，再修正接收站数字混频参考信号的频率。图 5.4 给出了频率同步处理框图。

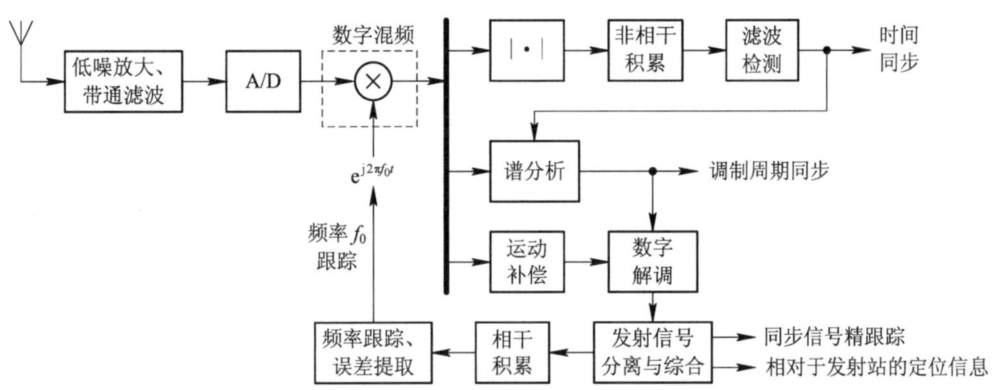

图 5.4　频率同步处理框图

5.3　发射阵列的幅相校准

在实际系统中，阵列存在各种误差，包括阵元幅相误差、阵元互耦及阵元位置误差等，这些都会影响阵列信号处理算法的性能。岸-舰双基地地波超视距雷达同样存在阵列误差

问题。虽然在双基地地波超视距雷达中发射综合是在接收站进行，但阵列的误差却是由各发射通道的不一致性引入的。

岸-舰双基地地波超视距雷达利用沿海岸布置的天线阵列发射信号，接收站采用综合脉冲孔径技术得到直达波的发射方向图。在进行接收信号的综合发射方向图之前，必须对各发射通道的幅相误差或扰动进行校准。由于直达波信噪比较高，且接收站位置可通过接收站定位系统(如我国的北斗定位系统、美国的GPS等)获取，故可利用接收站在多个不同方位接收到的直达波信号估计发射通道误差，从而对其进行校准。

本节主要介绍发射通道幅度、相位不一致及发射阵元位置误差的校准。考虑到接收平台运动且方位可测量，不同位置接收到的直达波有所不同，本节将介绍在接收站利用直达波信号估计发射通道误差参数的校准方法。该方法利用接收平台在三个不同方位接收到的直达波信号，对发射阵增益、相位误差以及阵元位置扰动参数进行估计，并给出计算机仿真结果。

5.3.1　理想信号模型

发射阵列无误差时，根据式(5.5)，时间同步、频率同步后的第 k 个发射通道的直达波输出为

$$r_k(m, t) = \mathrm{e}^{\mathrm{j}2\pi(-f_k\Delta\tau_{rk} - 0.5\mu\Delta\tau_{rk}^2 + \mu\Delta\tau_{rk}t + f_{dr}mT_m)} \tag{5.6}$$

对其进行FT，得到

$$\hat{r}_k(m, \tau) = \mathrm{e}^{\mathrm{j}2\pi f_{dr}mT_m}\mathrm{e}^{\mathrm{j}2\pi(-f_k\Delta\tau_{rk} - \mu\tau\Delta\tau_{rk} + 0.5\mu\Delta\tau_{rk}^2)}\mathrm{e}^{-\mathrm{j}\pi(\mu\tau - \mu\Delta\tau_{rk})T_m}\frac{\sin[\pi(\mu\tau - \mu\Delta\tau_{rk})T_m]}{\pi(\mu\tau - \mu\Delta\tau_{rk})} \tag{5.7}$$

不考虑幅度影响，当 $\tau = \Delta\tau_{rk}$ 时输出峰值 $x_k(m)$ 为

$$x_k(m) = \hat{r}_k(m, \tau)\Big|_{\tau=\Delta\tau_{rk}} \approx \mathrm{e}^{-\mathrm{j}2\pi f_k\Delta\tau_{rk}}\mathrm{e}^{\mathrm{j}2\pi f_{dr}mT_m} \tag{5.8}$$

考虑噪声影响，将式(5.7)用矩阵表示，得

$$\boldsymbol{x}(m) = \boldsymbol{a}s(m) + \boldsymbol{n}(m) \tag{5.9}$$

式中，$\boldsymbol{x}(m) = [x_1(m), x_2(m), \cdots, x_K(m)]^{\mathrm{T}}$ 为经过通道分离后得到的接收信号矢量，T表示转置；$\boldsymbol{a} = [\mathrm{e}^{-\mathrm{j}2\pi f_1\Delta\tau_{r1}}, \mathrm{e}^{-\mathrm{j}2\pi f_2\Delta\tau_{r2}}, \cdots, \mathrm{e}^{-\mathrm{j}2\pi f_K\Delta\tau_{rK}}]^{\mathrm{T}}$ 表示直达波空域导向矢量，与接收站所在方位有关；$s(m) = \mathrm{e}^{\mathrm{j}2\pi f_{dr}mT_m}$ 为接收信号的多普勒频率相关项，与接收平台运动速度有关；$\boldsymbol{n}(m) = [n_1(m), n_2(m), \cdots, n_K(m)]^{\mathrm{T}}$ 为各分量相互独立的零均值高斯白噪声矢量。

根据式(5.9)，可得接收直达波信号的协方差矩阵为

$$\boldsymbol{R}_x = \sigma_s^2\boldsymbol{a}\boldsymbol{a}^{\mathrm{H}} + \sigma_n^2\boldsymbol{I} \tag{5.10}$$

式中，σ_s^2 为信号功率，σ_n^2 为噪声功率，H表示共轭转置，$\boldsymbol{I}$ 为单位阵。

5.3.2　误差信号模型

工程实际中，由于各种误差不可避免，阵列流型存在偏差，无法直接采用理想的模型来建模，需要将各类误差加入阵列模型进行校正。

在岸-舰双基地地波超视距雷达中需要考虑的发射阵列误差主要有以下四类：第一类是发射阵元方向图误差，在对阵列导向矢量建模时，通常假设构成阵列的阵元为复增益相同的全向天线，然而由于天线加工精度的误差，各个阵元的方向图无法保证完全相同，从

而导致各个阵元间的方向图存在一定的偏差。第二类是各发射通道幅相误差，它是由各发射通道的放大器、滤波器的增益不一致所造成的，此类误差虽与接收站或目标的方位无关，但是对发射方向综合产生影响。第三类是阵元互耦误差，通常对阵列建模时均假设各阵元相对于其他阵元独立工作，然而阵元间的互耦效应在阵列天线实际工作中常常无法避免，特别是对工作于高频的阵列天线，当阵元互耦存在时，由于各阵元入射开路电压的二次反射，阵元的输出电压变为各阵元开路电压以相应互耦系数为权系数的线性叠加。由于地波雷达的工作频率一般覆盖 4 MHz～15 MHz，在较高的频段阵元间距可能大于半波长，而在较低的频率，阵元间距可能小于半波长，天线之间的互耦效应更加明显。第四类为阵元位置误差，通常是由天线生产加工时不可避免地存在误差所造成的。下面针对这四类误差，对岸-舰双基地地波雷达进行误差信号建模分析。

对于发射线阵，理想阵元位置已知，位置坐标为$[(d_1, 0), (d_2, 0), \cdots, (d_K, 0)]$。假设选取第一个阵元为基准点(即其位置无误差)，建立如图 5.5 所示直角坐标系。图中，“＋”表示实际发射阵元位置，“×”表示理想阵元位置。各阵元位置误差可表示为$[(0, 0), (\delta_{x_2}, \delta_{y_2}), \cdots, (\delta_{x_K}, \delta_{y_K})]$，则阵元实际分布位置可表示为$[(d_1, 0), (d_2+\delta_{x_2}, \delta_{y_2}), \cdots, (d_K+\delta_{x_K}, \delta_{y_K})]$。

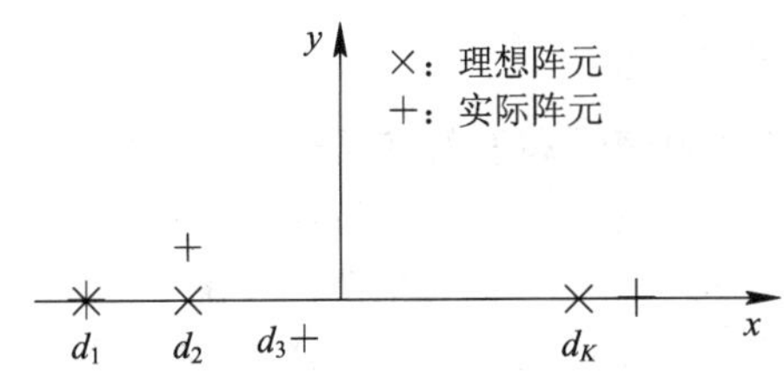

图 5.5　阵元位置示意图

考虑发射通道幅相不一致性(以第一发射通道增益及相位进行归一化)以及阵元位置误差，忽略发射阵元间的互耦影响，则接收信号为

$$\boldsymbol{x}(m)=\boldsymbol{Pa}s(m)+\boldsymbol{n}(m) \tag{5.11}$$

式中，$\boldsymbol{P}=\boldsymbol{\Gamma}_1\boldsymbol{\Gamma}_2\boldsymbol{\Gamma}_3$ 为总误差矩阵；$\boldsymbol{\Gamma}_1=\mathrm{diag}[1, \rho_2, \cdots, \rho_k, \cdots, \rho_K]$为发射通道增益误差矩阵，$\rho_k$ 为第 k 个发射通道的幅度误差；$\boldsymbol{\Gamma}_2=\mathrm{diag}[1, \mathrm{e}^{\mathrm{j}\varphi_2}, \cdots, \mathrm{e}^{\mathrm{j}\varphi_K}]$为发射通道相位误差矩阵，$\varphi_k$ 为第 k 个发射通道的相位误差；$\boldsymbol{\Gamma}_3=\mathrm{diag}[1, \mathrm{e}^{-\mathrm{j}2\pi f_2\delta\tau_2}, \cdots, \mathrm{e}^{-\mathrm{j}2\pi f_k\delta\tau_k}, \cdots, \mathrm{e}^{-\mathrm{j}2\pi f_K\delta\tau_K}]$为由阵元位置误差(或阵元位置扰动)导致的相位误差矩阵，其中，$\delta\tau_k=-(\delta_{x_k}\cos\theta_r+\delta_{y_k}\sin\theta_r)/c$。

此时的数据协方差矩阵为

$$\boldsymbol{R}_x=\sigma_s^2\boldsymbol{Pa}\ (\boldsymbol{Pa})^{\mathrm{H}}+\sigma_n^2\boldsymbol{I}=\boldsymbol{M}\odot(\sigma_s^2\boldsymbol{aa}^{\mathrm{H}})+\sigma_n^2\boldsymbol{I} \tag{5.12}$$

式中，$\odot$ 为 Hadmard 积，$K\times K$ 维矩阵 $\boldsymbol{M}$ 的元素为$(\boldsymbol{M})_{k,l}=\boldsymbol{P}_{k,k}\boldsymbol{P}_{l,l}^{*}=\rho_k\rho_l\mathrm{e}^{\mathrm{j}(\varphi_k-\varphi_l)}\cdot\mathrm{e}^{-\mathrm{j}2\pi(f_k\delta\tau_k-f_l\delta\tau_l)}$，$k, l=1, 2, \cdots, K$。由式(5.11)和式(5.12)可以看到，误差矩阵 $\boldsymbol{M}$ 影响数据协方差矩阵，$\boldsymbol{P}$ 影响信号导向矢量。定义 $\boldsymbol{P}$ 为导向矢量误差，称 $\boldsymbol{M}$ 为相关矩阵误差。若 $\boldsymbol{M}$ 或 $\boldsymbol{P}$ 可以估计，则发射阵误差可以校准。我们将通过求解 $\boldsymbol{M}$ 进行发射阵误差校准的方法称为数据协方差矩阵拟合(Covariance Matrix Fitting，CMF)方法，将通过求解 $\boldsymbol{P}$ 进行发射阵误差校准的方法称为子空间拟合(Subspace Fitting，SF)方法。下面对这两种方法分别

进行介绍。

5.3.3 发射通道误差估计

通常，参数类的阵列误差校正方法可分为两大类，一类是通过设置方位精确已知的辅助信源，对阵列误差参数进行离线校正，此类方法称为有源校正法；另一类是通过设计合适的优化函数，对空间信源的方位与阵列的误差参数进行联合估计，这类方法称为自校正法。这两类校正算法各有优缺点：对于有源校正法而言，其算法无需对信号源方位进行估计，所以其运算量较小，便于工程实现，但此类算法对辅助信号源有较高的方位精度要求，所以当辅助信源的方位存在误差(特别是当阵列误差与方位有关)时，这类校正算法具有较大的偏差。阵列自校正算法可以不需要方位已知的辅助信源，且能在线完成实际方位估计，所以其自校正估计精度较高。但是由于阵列误差参数(阵元相位、幅度和位置)与方位参数之间的耦合以及某些病态的阵列结构，参数估计的唯一辨识往往无法保证，且对参数采用联合估计涉及的高维、多模非线性优化问题运算量较大，参数估计的全局收敛性无法保证。

考虑到岸-舰双基地地波雷达的工程实践，运算量较大的自校正类算法工程实现难度大，试验系统没有采用，而是采用有源校正的方法。下面介绍三种有源校正类的发射通道误差参数求解方法[6, 12, 13]。

1. CMF 方法估计发射通道误差

岸-舰双基地地波雷达的发射信号和发射阵元理想位置已知，接收平台位置可以由 GPS 等测得，从而解算出接收站相对于发射站的方位和距离。根据该方位信息可构造出无噪声情况下理想的直达波协方差矩阵 $\boldsymbol{R}_0=\boldsymbol{a}_0\boldsymbol{a}_0^{\mathrm{H}}$，则发射阵的校准变为求解以下无约束优化问题：

$$\boldsymbol{M}=\operatorname{argmin}\|\boldsymbol{R}_x-\boldsymbol{M}\odot\sigma_s^2\boldsymbol{R}_0\|_{\mathrm{F}}^2 \tag{5.13}$$

式中，$\|\cdot\|_{\mathrm{F}}$ 表示 Frobenius 范数。

由式(5.13)可解得矩阵 $\boldsymbol{M}$ 的第 k 行、第 l 列元素为

$$\boldsymbol{M}_{k,l}=\frac{(\boldsymbol{R}_{nx})_{k,l}}{(\boldsymbol{R}_{n0})_{k,l}},\ k,\ l=2,\ 3,\ \cdots,\ K \tag{5.14}$$

式中，$(\boldsymbol{R}_{nx})_{k,l}$ 和 $(\boldsymbol{R}_{n0})_{k,l}$ 分别表示矩阵 $\boldsymbol{R}_{nx}$ 和 $\boldsymbol{R}_{n0}$ 的第 k 行、第 l 列元素，$\boldsymbol{R}_{nx}=\boldsymbol{R}_x/(\boldsymbol{R}_x)_{1,1}$ 和 $\boldsymbol{R}_{n0}=\boldsymbol{R}_0/(\boldsymbol{R}_0)_{1,1}$ 则是 $\boldsymbol{R}_x$ 和 $\boldsymbol{R}_0$ 分别以各自第 1 行、第 1 列元素进行归一化的数据协方差矩阵。

由式(5.14)解得 $\boldsymbol{M}$ 后，可以得到幅度、相位及阵元位置误差。其中，幅度误差为

$$\rho_k=|\boldsymbol{M}_{k,1}|,\ k=2,\ 3,\ \cdots,\ K \tag{5.15}$$

式中，$|\cdot|$ 表示取幅值。

相位误差与位置误差满足如下关系式：

$$\varphi_k-2\pi f_k\delta\tau_k=\operatorname{ang}[\boldsymbol{M}_{k,1}],\ k=2,\ 3,\ \cdots,\ K \tag{5.16}$$

式中，$\operatorname{ang}[\cdot]$ 表示取相位。若发射阵元位置无误差，则只需接收站在一个方位的直达波信号，且满足 $\varphi_k=\operatorname{ang}[\boldsymbol{M}_{k,1}]$。

考虑 k 的所有取值情况，并用矩阵表示

$$[\cos\theta_r\quad \sin\theta_r\quad 1]\begin{bmatrix}\dfrac{2\pi\delta_{x_2}}{\lambda_2} & \cdots & \dfrac{2\pi\delta_{x_K}}{\lambda_K}\\ \dfrac{2\pi\delta_{y_2}}{\lambda_2} & \cdots & \dfrac{2\pi\delta_{y_K}}{\lambda_K}\\ \varphi_2 & \cdots & \varphi_K\end{bmatrix}=\operatorname{ang}[\boldsymbol{M}_{2,1}\quad\cdots\quad\boldsymbol{M}_{K,1}] \tag{5.17}$$

式中，$\lambda_k=c/f_k$，即载频 f_k 对应的波长。可以看到，若要同时得到位置误差和相位误差的唯一解，则需要三个不同的 θ_r 值，即接收站分别在三个不同的方位。对于运动的接收站，可以取三个不同时刻的位置，此时，

$$\begin{bmatrix} \delta_{x_2} & \cdots & \delta_{x_K} \\ \delta_{y_2} & \cdots & \delta_{y_K} \\ \varphi_2 & \cdots & \varphi_K \end{bmatrix} = \boldsymbol{B}^{-1}(\text{ang}[\boldsymbol{C}]) \odot \boldsymbol{D} \tag{5.18}$$

式中，

$$\boldsymbol{B} = \begin{bmatrix} \cos\theta_{r1} & \sin\theta_{r1} & 1 \\ \cos\theta_{r2} & \sin\theta_{r2} & 1 \\ \cos\theta_{r3} & \sin\theta_{r3} & 1 \end{bmatrix}$$

$$\boldsymbol{C} = \begin{bmatrix} (\boldsymbol{M}_1)_{2,1} & \cdots & (\boldsymbol{M}_1)_{K,1} \\ (\boldsymbol{M}_2)_{2,1} & \cdots & (\boldsymbol{M}_2)_{K,1} \\ (\boldsymbol{M}_3)_{2,1} & \cdots & (\boldsymbol{M}_3)_{K,1} \end{bmatrix}$$

$$\boldsymbol{D} = \begin{bmatrix} \lambda_2/2\pi & \ldots & \lambda_K/2\pi \\ \lambda_2/2\pi & \cdots & \lambda_K/2\pi \\ 1 & \cdots & 1 \end{bmatrix}$$

矩阵 $\boldsymbol{C}$ 中 $\boldsymbol{M}_1$、$\boldsymbol{M}_2$ 和 $\boldsymbol{M}_3$ 分别为与接收站在三个位置的方位 θ_{r1}、θ_{r2} 和 θ_{r3} 相对应的相关误差矩阵。

由式(5.18)可看出，当矩阵 $\boldsymbol{B}$ 满秩即 $\boldsymbol{B}$ 的行(或列)矢量线性无关时，该式有唯一解。下面对 $\boldsymbol{B}$ 满秩时 θ_{r1}、θ_{r2} 和 θ_{r3} 所需满足的条件进行讨论。若 $\boldsymbol{B}$ 的行矢量线性相关，即存在不全为零的常数 c_1 和 c_2，使得

$$[\cos\theta_{r1} \quad \sin\theta_{r1} \quad 1] = c_1[\cos\theta_{r2} \quad \sin\theta_{r2} \quad 1] + c_2[\cos\theta_{r3} \quad \sin\theta_{r3} \quad 1] \tag{5.19}$$

假设 $\theta_{r2}-\theta_{r1}=\Delta_2\neq 0$，$\theta_{r3}-\theta_{r1}=\Delta_3\neq 0$，且 $\Delta_2\neq\Delta_3+2k\pi$，$k$ 为整数，将其代入式(5.19)，由等式两边元素对应相等，可化简得到

$$\cos\theta_{r1}(c_1\cos\Delta_2+c_2\cos\Delta_3-1)=\sin\theta_{r1}(c_1\sin\Delta_2+c_2\sin\Delta_3) \tag{5.20}$$

$$\sin\theta_{r1}(c_1\cos\Delta_2+c_2\cos\Delta_3-1)=-\cos\theta_{r1}(c_1\sin\Delta_2+c_2\sin\Delta_3) \tag{5.21}$$

且满足 $c_1+c_2=1$。

如果式(5.20)和式(5.21)等号两边均不为零，则 $\tan^2\theta_{r1}=-1$，此时方程无解，矩阵 $\boldsymbol{B}$ 满秩。

如果式(5.20)和式(5.21)等号两边均为零，此时存在四种情况：① $\cos\theta_{r1}=0$；② $\sin\theta_{r1}=0$；③ $c_1\cos\Delta_2+c_2\cos\Delta_3-1=0$；④ $c_1\sin\Delta_2+c_2\sin\Delta_3=0$。在这四种情况下均解得 $\Delta_2=\Delta_3+2k\pi$，与假设 $\Delta_2\neq\Delta_3+2k\pi$ 不符，因此方程无解，即矩阵 $\boldsymbol{B}$ 满秩。

由以上讨论知，只要满足假设条件 $\Delta_2\neq 0$、$\Delta_3\neq 0$ 和 $\Delta_2\neq\Delta_3+2k\pi$，$k$ 为整数，式(5.19)不成立，矩阵 $\boldsymbol{B}$ 满秩，方程(5.18)有唯一解。实际中，由于计算机的有限字长效应，计算精度有限。当 θ_{r1}、θ_{r2} 和 θ_{r3} 相差较小时，$\boldsymbol{B}$ 条件数很大，趋于奇异。通过大量仿真实验，我们发现，θ_{r1}、θ_{r2} 和 θ_{r3} 依次间隔大于等于 5°，即 $\Delta_2\geqslant 5°$ 且 $\Delta_3\geqslant 10°$，才能获得满意的校准结果。

需要注意的是，作为高频雷达，阵元位置误差远小于波长，故式(5.17)一般不会出现

相位模糊。式中只利用了矩阵 $\boldsymbol{M}$ 中的第一行元素，存在模糊时，可以利用 $\boldsymbol{M}$ 的其他元素进行解模糊。

综上，CMF 方法估计发射通道幅度误差、相位误差以及阵元位置误差的步骤如下：

(1) 计算接收平台在三个不同方位接收到的直达波信号的数据协方差矩阵，并构造这三个方位的无噪声情况下的理想数据协方差矩阵；

(2) 根据式(5.14)计算三个不同方位对应的误差矩阵 $\boldsymbol{M}_1$、$\boldsymbol{M}_2$ 和 $\boldsymbol{M}_3$；

(3) 根据式(5.15)估计幅度误差；

(4) 根据式(5.18)估计相位误差和阵元位置误差。

2. 子空间拟合(SF)方法估计发射通道误差

上一部分通过求解 $\boldsymbol{M}$ 即采用 CMF 方法获得发射通道误差参数，本部分通过 SF(子空间拟合)方法来求解误差参数矩阵 $\boldsymbol{P}$。对数据协方差矩阵 $\boldsymbol{R}_x$ 进行特征值分解，则最大特征值对应的特征向量与实际导向矢量满足：

$$\boldsymbol{P} = \operatorname{argmin} \| \boldsymbol{P}\boldsymbol{a}_0 - \varepsilon \boldsymbol{e}_1 \|_F^2 \tag{5.22}$$

式中，$\boldsymbol{a}_0 = [a_1, a_2, \cdots, a_K]^T = [e^{-j2\pi f_1 \Delta\tau_{r1}}, e^{-j2\pi f_2 \Delta\tau_{r2}}, \cdots, e^{-j2\pi f_K \Delta\tau_{rK}}]^T$ 为根据接收站方位构造的发射阵列的导向矢量；$\boldsymbol{e}_1 = [e_{11}, e_{12}, \cdots, e_{1K}]^T$ 为 $\boldsymbol{R}_x$ 最大特征值对应的特征向量；ε 为一未知常数。以第一发射通道为参考的阵列误差为

$$\boldsymbol{P}_{k,k} = \frac{e_{1k}/e_{11}}{a_k/a_1}, \quad k = 2, 3, \cdots, K \tag{5.23}$$

根据 $\boldsymbol{P}$，可得幅度误差为

$$\rho_k = |P_{k,k}|, \quad k = 2, 3, \cdots, K \tag{5.24}$$

相位误差与阵元位置误差满足关系式：

$$\varphi_k - 2\pi f_k \delta\tau_k = \operatorname{ang}[\boldsymbol{P}_{k,k}], \quad k = 2, 3, \cdots, K \tag{5.25}$$

根据式(5.25)，采用与 CMF(数据协方差矩阵拟合)方法相似的方式求相位误差和阵元位置误差，有

$$\begin{bmatrix} \delta_{x_2} & \cdots & \delta_{x_K} \\ \delta_{y_2} & \cdots & \delta_{y_K} \\ \varphi_2 & \cdots & \varphi_K \end{bmatrix} = \boldsymbol{B}^{-1}(\operatorname{ang}[\boldsymbol{C}_1]) \odot \boldsymbol{D} \tag{5.26}$$

式中，矩阵 $\boldsymbol{B}$ 和矩阵 $\boldsymbol{D}$ 与式(5.18)相同，$\boldsymbol{C}_1 = \begin{bmatrix} (\boldsymbol{P}_1)_{2,2} & \cdots & (\boldsymbol{P}_1)_{K,K} \\ (\boldsymbol{P}_2)_{2,2} & \cdots & (\boldsymbol{P}_2)_{K,K} \\ (\boldsymbol{P}_3)_{2,2} & \cdots & (\boldsymbol{P}_3)_{K,K} \end{bmatrix}_{3\times(K-1)}$，$\boldsymbol{P}_1$、$\boldsymbol{P}_2$ 和 $\boldsymbol{P}_3$ 分别为与接收站三个方位 θ_{r1}、θ_{r2} 和 θ_{r3} 相对应的导向矢量误差矩阵。

综上，通过 SF 方法估计发射通道幅度误差、相位误差以及阵元位置误差的步骤可以归纳如下：

(1) 计算接收平台在三个不同方位接收到的直达波信号的数据协方差矩阵，并进行特征值分解得到直达波对应的特征向量，构造这三个方位直达波信号的理想导向矢量；

(2) 根据式(5.23)计算三个不同方位对应的误差矩阵 $\boldsymbol{P}_1$、$\boldsymbol{P}_2$ 和 $\boldsymbol{P}_3$；

(3) 根据式(5.24)估计幅度误差；

(4) 根据式(5.26)估计相位误差和阵元位置误差。

3. 估计误差分析

实际中由于各种因素的影响，发射通道误差参数不可能精确估计。由于接收数据长度有限，无法得到理想数据协方差矩阵，其最大似然估计为

$$\widetilde{\boldsymbol{R}}_x = \frac{1}{M}\sum_{m=0}^{M-1}\boldsymbol{x}(m)\boldsymbol{x}^{\mathrm{H}}(m) \tag{5.27}$$

考虑到快拍数较多且信噪比较高，可认为$\widetilde{\boldsymbol{R}}_x$ 接近理论值。

在上述两种校准方法中，频率量化效应和接收站方位不准可能引入估计误差。它们主要表现在接收信号的相位项中，对幅度基本没影响，故不影响发射通道幅度不一致性估计。下面分析其对发射通道相位不一致和阵元位置误差估计的影响。

式(5.7)是关于 τ 的连续信号，理论上，发射通道相位不一致及阵元位置误差仅与最大谱峰处的相位有关。但实际中，FT 由 DFT 代替，得到的是对 τ 进行量化后的离散信号。由于分辨率有限，离散信号的最大值位置可能不是真实谱峰位置，最大值处的相位亦不是真实相位，从而导致估计误差。

为分析方便，根据式(5.7)，同步后的直达波信号为

$$\hat{r}_k(m,\tau) = \mathrm{e}^{\mathrm{j}2\pi f_{dr} mT_m}\,\mathrm{e}^{\mathrm{j}2\pi(-f_k\Delta\tau_{rk} - \mu\tau\Delta\tau_{rk} + 0.5\mu\Delta\tau_{rk}^2)}\,\mathrm{e}^{-\mathrm{j}\pi(\mu\tau - \mu\Delta\tau_{rk})T_m}\,\frac{\sin[\pi(\mu\tau - \mu\Delta\tau_{rk})T_m]}{\pi(\mu\tau - \mu\Delta\tau_{rk})} \tag{5.28}$$

式(5.28)在 $\tau=\Delta\tau_{rk}$ 处出现峰值。高频地波雷达距离分辨率通常为千米级，速度在一个相干处理时间内没有跨距离分辨单元，则对直达波离散化处理结果的最大值将出现在 $\tau=0$ 处。式(5.28)中 $\tau=0$ 处的相位相关项为

$$x_{ek} = \mathrm{e}^{\mathrm{j}2\pi f_{dr} mT_m}\,\mathrm{e}^{\mathrm{j}2\pi(-f_k\Delta\tau_{rk} + 0.5\mu\Delta\tau_{rk}^2)}\,\mathrm{e}^{\mathrm{j}\pi\mu\Delta\tau_{rk}T_m} \tag{5.29}$$

忽略小量，式(5.29)可近似为

$$x_{ek} \approx \mathrm{e}^{\mathrm{j}2\pi f_{dr} mT_m}\,\mathrm{e}^{-\mathrm{j}2\pi f_k\Delta\tau_{rk}}\,\mathrm{e}^{\mathrm{j}\pi\mu\Delta\tau_{rk}T_m} \tag{5.30}$$

与理论值相比，差异在于指数项 $\mathrm{e}^{\mathrm{j}\pi\mu\Delta\tau_{rk}T_m}$。此时式(5.11)中的误差矩阵为

$$\widetilde{\boldsymbol{P}} = \boldsymbol{\Gamma}_e\boldsymbol{P} = \boldsymbol{\Gamma}_e\boldsymbol{\Gamma}_1\boldsymbol{\Gamma}_2\boldsymbol{\Gamma}_3 \tag{5.31}$$

式中，$\boldsymbol{\Gamma}_e=\mathrm{diag}[\mathrm{e}^{\mathrm{j}\pi\mu\Delta\tau_{r1}T_m},\ \mathrm{e}^{\mathrm{j}\pi\mu\Delta\tau_{r2}T_m},\ \cdots,\ \mathrm{e}^{\mathrm{j}\pi\mu\Delta\tau_{rK}T_m}]$。根据接收站方位，$\boldsymbol{\Gamma}_e$ 可补偿。

当定位系统测量的接收站方位不准时，构造的导向矢量和相关矩阵均有误差，分别记为$\widetilde{\boldsymbol{a}}_0$ 和$\widetilde{\boldsymbol{R}}_0=\widetilde{\boldsymbol{a}}_0\widetilde{\boldsymbol{a}}_0^{\mathrm{H}}$。因此式(5.18)和式(5.26)中的矩阵 $\boldsymbol{B}$、$\boldsymbol{C}$ 和 $\boldsymbol{C}_1$ 均与理论值有偏差，最终引入估计误差。假设方位误差为 Δ_θ，即相对于真实方位角 θ_r，测量值为 $\widetilde{\theta}_r=\theta_r+\Delta_\theta$，则根据测量值构造的导向矢量为

$$\widetilde{\boldsymbol{a}}_0 = [\mathrm{e}^{\mathrm{j}2\pi d_1\cos\widetilde{\theta}_r/\lambda_1},\ \mathrm{e}^{\mathrm{j}2\pi d_2\cos\widetilde{\theta}_r/\lambda_2},\ \cdots,\ \mathrm{e}^{\mathrm{j}2\pi d_K\cos\widetilde{\theta}_r/\lambda_K}]^{\mathrm{T}} \tag{5.32}$$

利用二阶泰勒级数近似，$\cos\widetilde{\theta}_r=\cos(\theta_r+\Delta_\theta)\approx\cos\theta_r-\Delta_\theta\sin\theta_r$，上式与真实导向矢量 $\boldsymbol{a}_0$ 相比，有

$$\boldsymbol{a}_0 = \boldsymbol{\Gamma}_\Delta\widetilde{\boldsymbol{a}}_0 \tag{5.33}$$

式中，$\boldsymbol{\Gamma}_\Delta=\mathrm{diag}[\mathrm{e}^{\mathrm{j}\frac{2\pi}{\lambda_1}\Delta_\theta d_1\sin\theta_r},\ \mathrm{e}^{\mathrm{j}\frac{2\pi}{\lambda_2}\Delta_\theta d_2\sin\theta_r},\ \cdots,\ \mathrm{e}^{\mathrm{j}\frac{2\pi}{\lambda_K}\Delta_\theta d_K\sin\theta_r}]$。此时发射通道误差矩阵可写为

$$\widetilde{\boldsymbol{P}} = \boldsymbol{\Gamma}_\Delta\boldsymbol{\Gamma}_1\boldsymbol{\Gamma}_2\boldsymbol{\Gamma}_3 \tag{5.34}$$

式中，$\boldsymbol{\Gamma}_1$、$\boldsymbol{\Gamma}_2$ 和 $\boldsymbol{\Gamma}_3$ 分别为幅度误差、相位误差和阵元位置误差矩阵。重写式(5.34)，有

$$\widetilde{\boldsymbol{P}} = \boldsymbol{\Gamma}_1\boldsymbol{\Gamma}_2\widetilde{\boldsymbol{\Gamma}}_3 \tag{5.35}$$

式中，

$$\widetilde{\boldsymbol{\Gamma}}_3 = \boldsymbol{\Gamma}_\Delta \boldsymbol{\Gamma}_3 = \mathrm{diag}\left[\mathrm{e}^{\mathrm{j}\frac{2\pi}{\lambda_1}[\delta_{x_1}\cos\theta_r + (\delta_{y_1} + \Delta_\theta d_1)\sin\theta_r]}, \cdots, \mathrm{e}^{\mathrm{j}\frac{2\pi}{\lambda_K}[\delta_{x_K}\cos\theta_r + (\delta_{y_K} + \Delta_\theta d_K)\sin\theta_r]} \right] \tag{5.36}$$

式中，$\delta_{x_1}=\delta_{y_1}=0$。由式(5.36)可以看到，若不考虑对矩阵 $\boldsymbol{B}$ 的影响，方位误差主要影响阵元位置扰动估计，而且主要影响阵元 y 轴扰动。

事实上，若考虑到方位误差对矩阵 $\boldsymbol{B}$ 的影响，根据式(5.17)或(5.26)可解得以第 1 发射通道为参考的发射阵误差参数为

$$\begin{bmatrix} \widetilde{\delta}_{x_k} \\ \widetilde{\delta}_{y_k} \\ \widetilde{\varphi}_k \end{bmatrix} = \begin{bmatrix} \delta_{x_k} - \Delta_\theta[\delta_{y_k} + (k-1)d_0\Delta_\theta] \\ \delta_{y_k} + \Delta_\theta[(k-1)d_0 + \delta_{x_k}] \\ \varphi_k \end{bmatrix}, \ k = 2, \cdots, K \tag{5.37}$$

忽略包含 Δ_θ^2 的二阶小量，式(5.37)可近似为

$$\begin{bmatrix} \widetilde{\delta}_{x_k} \\ \widetilde{\delta}_{y_k} \\ \widetilde{\varphi}_k \end{bmatrix} \approx \begin{bmatrix} \delta_{x_k} \\ \delta_{y_k} + (k-1)d_0\Delta_\theta \\ \varphi_k \end{bmatrix}, \ k = 2, \cdots, K \tag{5.38}$$

即接收平台方位测量误差主要影响阵元位置的 y 轴扰动估计。

5.4 计算机仿真与实测数据处理

本节先对前面所述同步与发射阵校准方法进行计算机仿真，以验证其正确性。仿真时，雷达基本工作参数为：雷达工作中心频率 $f_0=6.75$ MHz，发射阵元数 $K=16$，$T_m=0.45$ s，$T_r=3$ ms，$T_e=1$ ms，$B_m=60$ kHz，$\Delta f=1$ kHz。然后针对雷达试验系统，给出时间同步、频率同步的部分实测数据处理结果。

5.4.1 时间频率同步仿真及实测数据结果

1. 时间同步

假设接收到的直达波信号脉冲起始时刻 $t_1=0.6$ ms，调制周期起始点 $t_2=180.6$ ms，则调制起始点 N_2 在第 60 个脉冲处，采样频率 $f_s=1$ MHz，直达波信噪比取 30 dB。时间同步处理仿真结果如图 5.6 所示。其中图 5.6(a)为多个脉冲的包络检波输出时域信号；图 5.6(b)为多个脉冲非相干积累结果；图 5.6(c)为图 5.6(b)的时域信号滑窗处理结果，图中在第 600 个时间单元处有最大值，即脉冲起始点位于第 600 个时间单元；图 5.6(d)为每个发射脉冲的直达波进行频谱分析结果，图中频率突跳点为第 60 个脉冲，即为调制起始点的位置。

图 5.7 为该雷达试验系统于 2005 年 7 月采集实测数据的同步处理结果，其中图 5.7(a)为时域采样信号，幅度大的信号为直达波；图 5.7(b)为对该采样信号进行非相干积累的结果，由此可以确定每个调制脉冲的起始时刻；图 5.7(c)为对图 5.7(b)进行滑窗滤波处理的结果；图 5.7(d)为对每个直达波脉冲分别作谱分析的结果，从而可以得到正确的脉冲起始点和调制起始脉冲数。

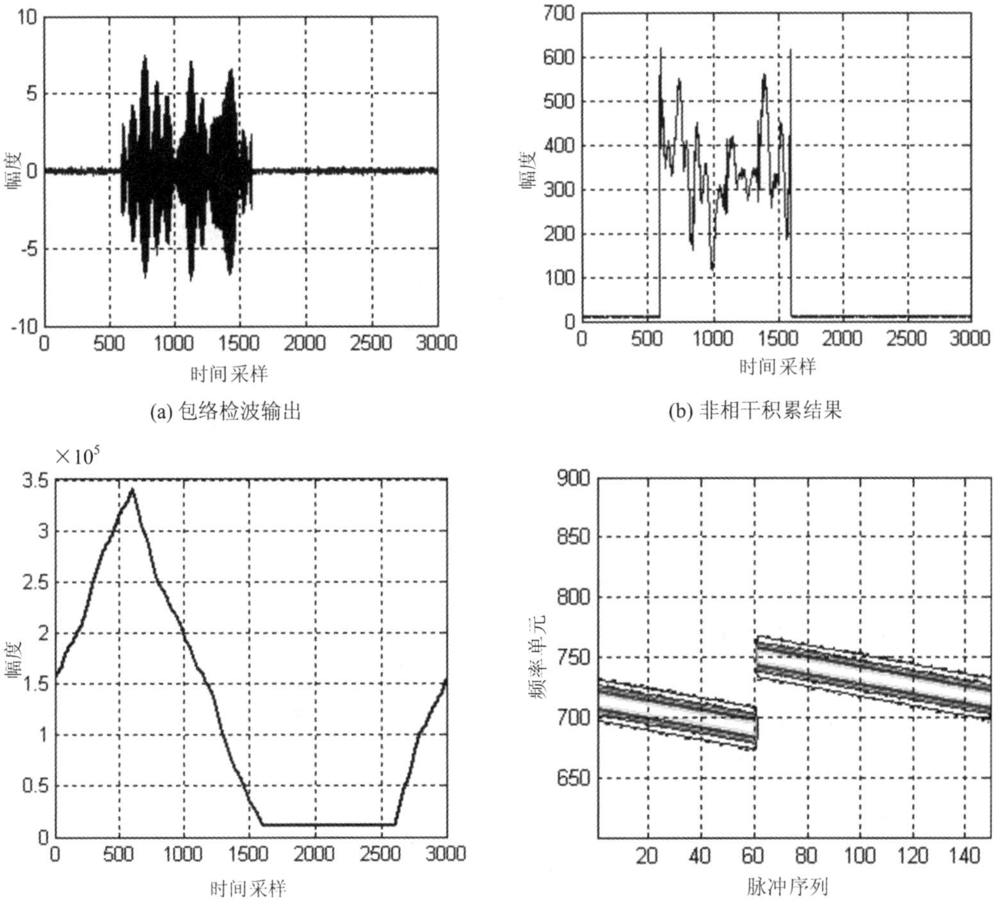

(a) 包络检波输出　　(b) 非相干积累结果

(c) 滑窗输出　　(d) 谱分析结果

图 5.6　时间同步仿真结果

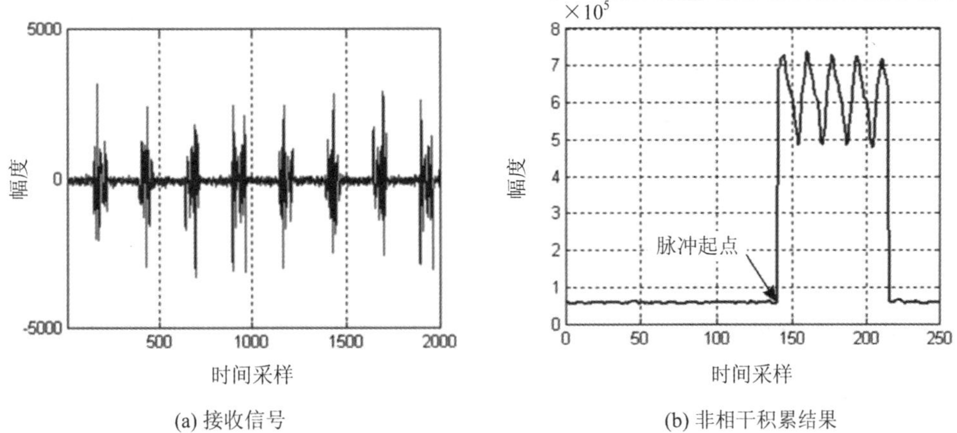

(a) 接收信号　　(b) 非相干积累结果

图 5.7　时间同步实测数据结果

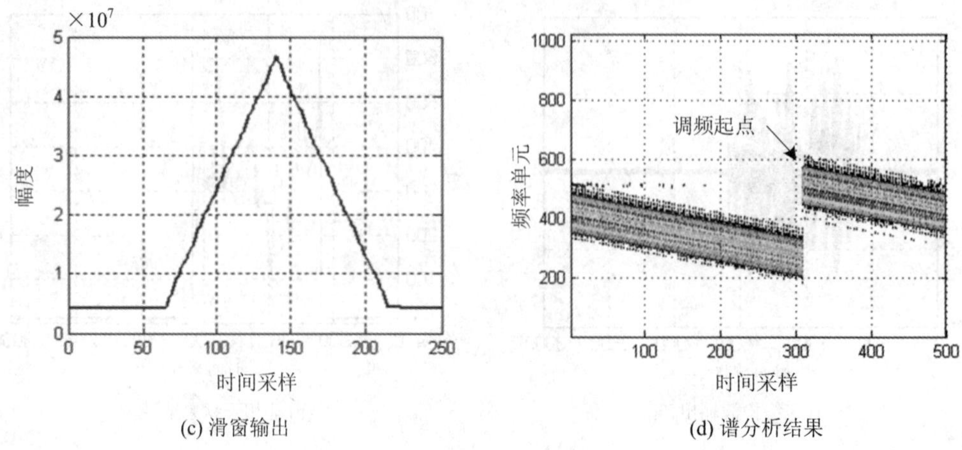

(c) 滑窗输出　　(d) 谱分析结果

图 5.7　时间同步实测数据结果

2. 频率同步

设频率偏差 $\delta_f=26$ mHz，积累周期 $M=256$，直达波信噪比取 30 dB。先对接收到的直达波进行时间同步，再对各发射通道进行通道分离，分离后其中某一路的相干积累结果如图 5.8(a)所示。从图中可以清楚地看到，经上述方法所提取出的频率偏差与真实值基本一致。图 5.8(b)给出了某地波雷达实测数据的处理结果，由图可得到其频率偏差大约为 −16 mHz。这表明接收站与发射站的中心载频偏差只有 16 mHz。

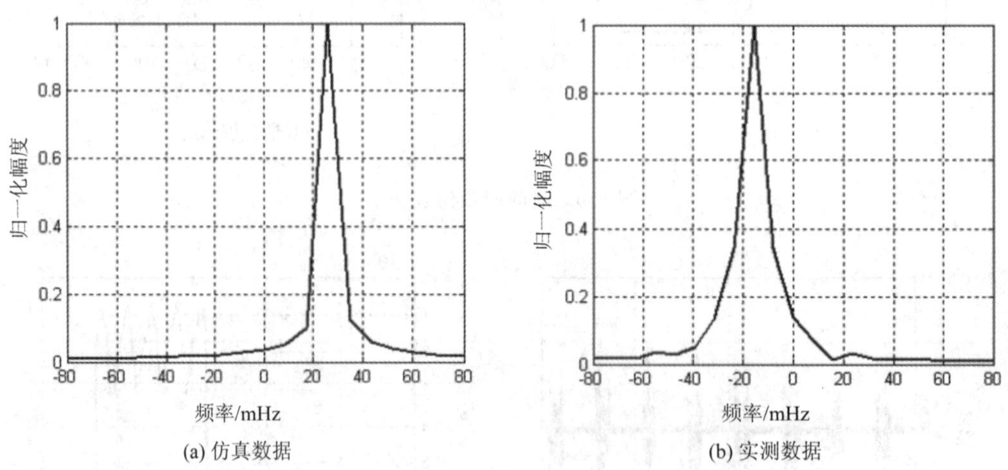

(a) 仿真数据　　(b) 实测数据

图 5.8　频率同步处理结果

5.4.2　发射阵校准仿真

1. 发射阵校准

假设发射线阵由 16 个阵元组成，阵元间距为 22 m。阵元归一化增益在[0.9, 1.1]范围内随机起伏，即幅度相对误差为 10%；相位在[−10°, 10°]内随机选取，各阵元在 x 轴和 y 轴方向的位置误差在[−20 cm, 20 cm]内均匀分布。直达波信噪比为 30 dB，接收站的三个位置的方位分别为 40°、50°和 60°。对估计发射通道误差的两种方法(CMF 和 SF)进行 200 次 Monte Carlo 仿真。仿真结果表明，这两种估计方法得到的幅相估计误差很小。图 5.9 为发射通道误差估计结果，由图可以看到，由于信噪比较高，且仿真中接收站三个位置的方位精确已知，估计精度很高。

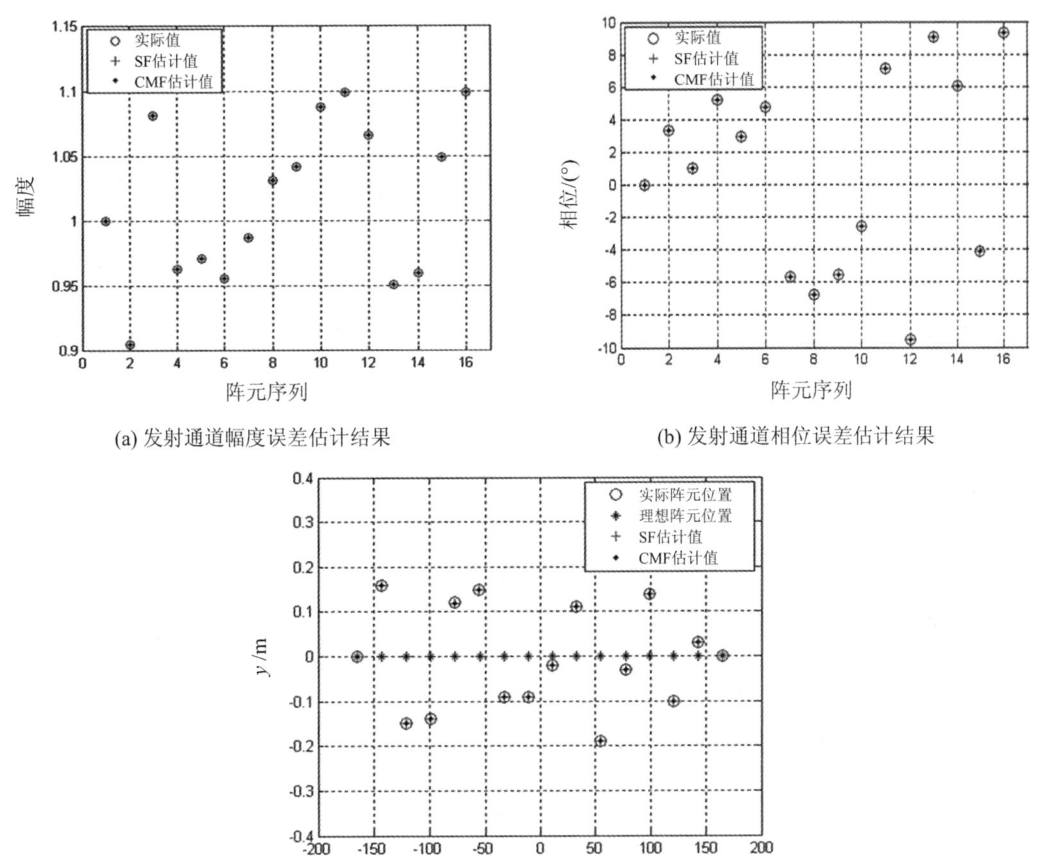

(a) 发射通道幅度误差估计结果　　(b) 发射通道相位误差估计结果

(c) 发射阵元位置估计结果

图 5.9　发射通道误差估计结果

2. 不同信噪比下的发射阵校准

定义幅度、相位和位置扰动估计的均方根误差分别为 $\bar{\sigma}_\rho = \frac{1}{K}\sum_{k=1}^{K}\sigma_{\rho k}$、$\bar{\sigma}_\varphi = \frac{1}{K}\sum_{k=1}^{K}\sigma_{\varphi k}$ 和 $\bar{\sigma}_x = \frac{1}{K}\sum_{k=1}^{K}\sigma_{xk}$、$\bar{\sigma}_y = \frac{1}{K}\sum_{k=1}^{K}\sigma_{yk}$，其中 $\sigma_{\rho k}$、$\sigma_{\varphi k}$、σ_{xk} 和 σ_{yk} 分别为第 k 发射通道的幅度 ρ_k、相位 φ_k 和位置 δ_{x_k}、δ_{y_k} 的均方根误差。直达波信噪比由 0 dB 变化到 30 dB，进行 200 次 Monte Carlo 实验。图 5.10 为估计平均均方根误差随信噪比变化曲线。从图中可以看到，两种估计方法得到的结果相差很小；幅度估计平均均方根误差最小，估计精度最高。

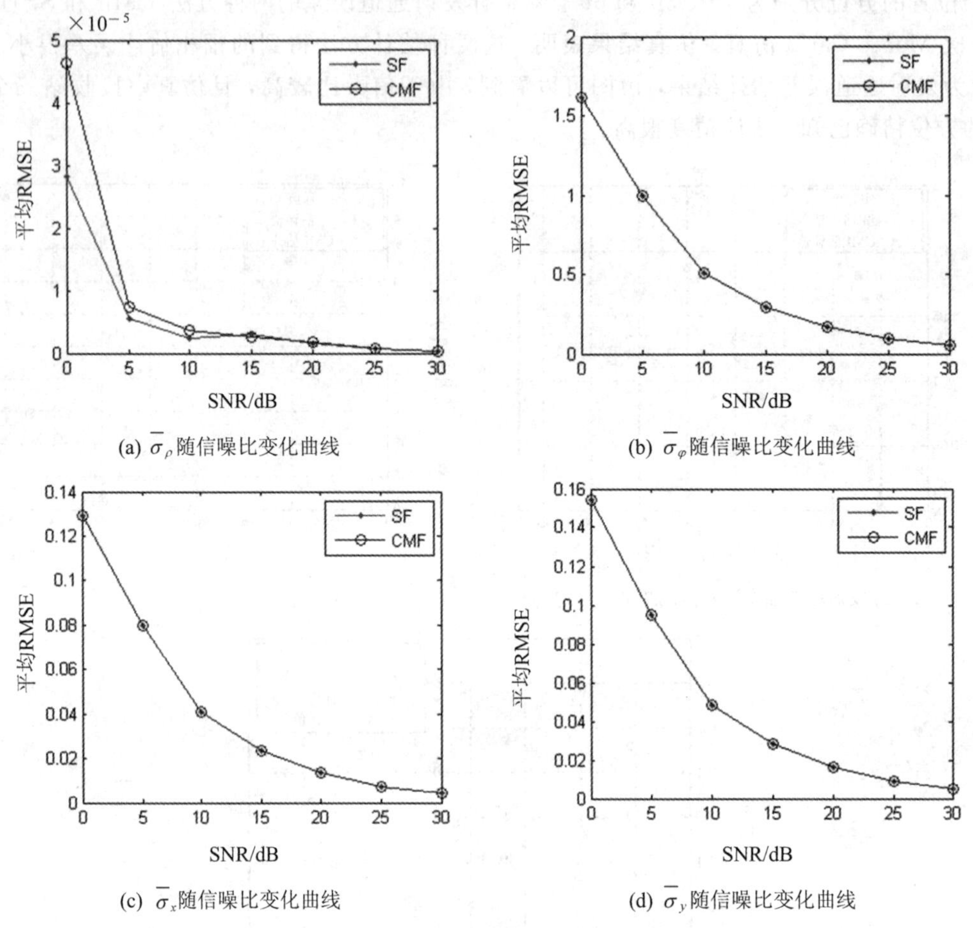

图 5.10　估计平均均方根误差随信噪比变化曲线

3. 接收平台方位误差对发射阵校准的影响

发射阵校准时，需要已知接收站的方位。若该方位有误差，则必然影响阵列校准精度。仿真参数同前，直达波信噪比为 30 dB，假设角度定位误差为 0°到 0.1°，间隔 0.02°，进行 200 次 Monte Carlo 仿真实验。图 5.11(a)～图 5.11(d)分别为幅度、相位和阵元位置的均方根误差随接收站定位误差的变化曲线。在该雷达试验系统中，接收站的位置是由 GPS 给出的经纬度信息确定，定位误差为±10 m，即接收站位置的 x 轴、y 轴定位误差为±10 m。可以看到，$\bar{\sigma}_\rho$、$\bar{\sigma}_\varphi$、$\bar{\sigma}_x$ 和 $\bar{\sigma}_y$ 随接收站定位的角误差的变化都很小。图中横坐标接收站的角误差是根据 GPS 定位误差换算得到的接收站自身方位角误差(均方根误差)。由上节理论分析可知，接收站方位误差引起的第 k 个阵元 y 轴扰动估计的均方根误差理论值为 $\sigma_{yk}=(k-1)d_0\Delta\theta$，故 $\bar{\sigma}_y=\dfrac{1}{K}\sum_{k=1}^{K}\sigma_{yk}=7.5d_0\Delta\theta$，仿真时取 $d_0=22$ m，$\Delta\theta=0.1°$，可计算得到 $\bar{\sigma}_y=0.288$ m，仿真结果与理论分析一致。该雷达试验系统中，由 GPS 测量得到的是经纬度信息，定位误差为 10 m。为简单起见，假设接收站位置 x 轴、y 轴的定位误差为±10 m，则基线距离为100 km 时，接收平台方位误差为 0.01°，因此，GPS 测量误差对校准系统影响较小。

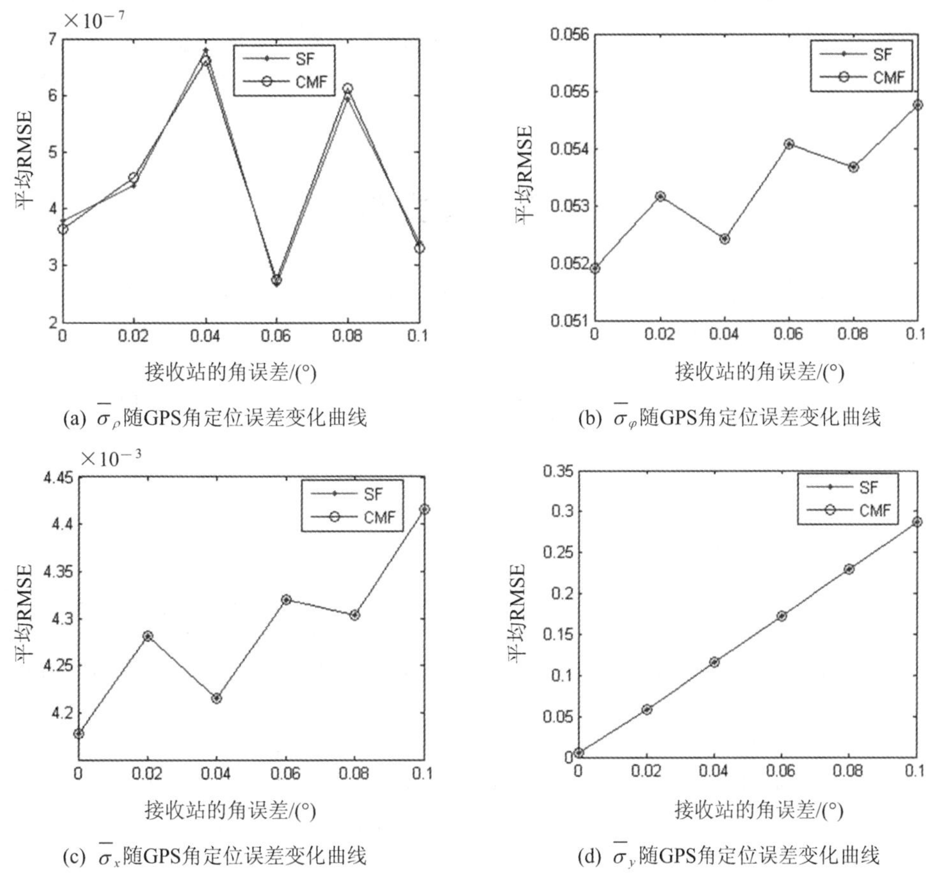

图 5.11　估计平均均方根误差随 GPS 角定位误差变化曲线

本章小结

岸-舰双基地地波超视距雷达由于舰载接收平台运动，接收站和发射站之间无法架设通信链路而不能直接通信并传输同步信号。在接收站和发射站距离不是太远的情况下，由于直达波是按距离的平方衰减的，直达波的信噪比较高，达 20 dB～30 dB，可以用来提取同步信号，进行时间同步和频率同步。本章介绍了利用直达波进行时间同步和频率同步的处理方法，并给出计算机仿真和实测数据结果。

采用阵列可以获取目标方向信息，而常规的测角方法对阵列误差敏感。因此，必须进行阵列误差校准。本章介绍在接收站利用直达波进行发射通道校准的方法，其中包括发射通道幅度、相位不一致性以及阵元位置误差校准。本章给出了两种误差矩阵求解方法：数据协方差矩阵拟合(CMF)方法和子空间拟合(SF)方法。第一种方法通过直接比较接收数据协方差矩阵与理想数据协方差矩阵来求解误差矩阵；第二种方法则是通过对数据协方差进行特征值分解，比较最大特征值对应的特征向量与理想导向矢量之间的差异来求解误差矩阵。这两种方法所得结果基本一致，而 SF 方法需要特征值分解，运算量较大。本章分析了频率量化效应和接收平台方位误差对校准的影响，其分析表明，频率量化效应带来的误差(无其他误差)可以补偿，而定位误差(无其他误差)主要影响阵元位置 y 坐标的估计。

本章最后进行了计算机仿真，给出了不同信噪比下以及不同角定位误差下的发射阵校准结果。仿真结果与理论分析一致，利用直达波进行同步和发射阵校准，精度较高，实现简单。

本章参考文献

[1] 杨振起，张永顺，骆永军. 双(多)基地雷达系统[M]. 北京：国防工业出版社，1998.

[2] 朱敏，游志胜，聂健荪. 双(多)基地雷达系统中的若干关键技术研究[J]. 现代雷达，2002，24(6)：1-5.

[3] 付银娟. 岸-舰双(多)基地雷达中同步技术及精度分析[D]. 西安：西安电子科技大学硕士论文，2005.

[4] 陈伯孝，朱旭花，张守宏. 运动平台上多基地雷达时间同步技术[J]. 系统工程与电子技术，2005，27(10)：1734-173.

[5] SKOLNIK M I. 雷达手册[M]. 2 版. 王军，等译. 北京：电子工业出版社，2003.

[6] 陈多芳. 岸舰双基地波超视距雷达若干问题研究[D]. 西安：西安电子科技大学博士论文，2009.

[7] STAVROPOULOS K, MANIKAS A. Array calibration in the presence of unknown sensor characteristics and mutual coupling [C]. Proceedings of the EUSIPCO 2000. Finland: IEEE Press, 2000: 1417-1420.

[8] WEISS A J, FRIEDLANDER B. Eigenstructure methods for direction finding with sensor gain and phase uncertainties[J]. Circuits, System Signal processing, 1990, 9(3): 271-300.

[9] FLANAGAN B P, BELL K L. Improved array self-calibration with large sensor position errors for closed space sources[J]. Proceeding of IEEE Sensor Array and Multichannel Workshop 2000: 484-488.

[10] 王布宏，王永良，陈辉，等. 方位依赖阵元幅相误差校正的辅助阵元法[J]. 中国科学 E 辑(信息科学)，2004，34(8)：906-918.

[11] 王永良，陈辉，彭应宁，等. 空间谱估计理论与算法[M]. 北京：清华大学出版社，2005.

[12] 陈多芳，陈伯孝，刘春波，等. 岸-舰双基地综合脉冲孔径雷达的初始相位校准及误差分析[J]. 电子与信息学报，2008，30(2)：302-305.

[13] 陈多芳，陈伯孝，刘春波，等. 基于 FFT 的双基地综合脉冲孔径雷达发射阵校准[J]. 电子学报，2008，36(3)：551-555.

第 6 章　地波雷达海杂波特性及其抑制方法

6.1 引　言

高频地波雷达系统在实际应用过程中所面临的检测背景十分复杂。雷达回波信号中不仅包含目标回波，还存在大量的干扰与杂波等非期望信号，如海杂波、电离层杂波、射频干扰，以及雷电干扰等。根据干扰信号的来源，可以简单地将其划分为自源干扰和外部干扰两类[9]。自源干扰是指雷达的发射信号经由某些介质的反射或散射作用形成的干扰，这类干扰主要有电离层杂波和海杂波；而外部干扰则独立于高频地波雷达客观存在，当雷达工作时便进入雷达接收机形成干扰，此类干扰包括短波电台和短波通信等射频干扰、各种瞬态干扰等。而在这些干扰与杂波信号中，以海杂波、电离层杂波和射频干扰最为常见。这些干扰和杂波信号常常严重限制高频地波雷达对舰船、飞机、导弹等海面或超低空目标的检测能力，甚至导致雷达无法正常工作。因此，深入了解这些干扰与杂波信号的相关特性，探索有效的抑制方法，对于提高高频地波雷达的目标探测能力具有重要的实际意义。本书将在第 6、7、8 章分别介绍海杂波、电离层杂波和射频干扰的产生机理、相关特性，以及在岸-舰双基地雷达体制下针对这些非期望信号的抑制方法。

本章向读者详细介绍高频地波雷达海杂波的相关知识。首先在 6.2 节介绍高频地波雷达海杂波的产生机理——Bragg 谐振散射，并运用这一原理分别对单基地和双基地(尤其是岸-舰双基地)高频地波雷达海杂波的生成机理进行详细介绍；其次在 6.3 节给出高频地波雷达海杂波的统计模型，并详细分析单双基地体制下的海杂波空时统计特性；在6.4 节、6.5 节详细阐述岸-舰双基地体制下空时域海杂波抑制方法和图像域海杂波抑制方法。

6.2 高频地波雷达海杂波产生机理

6.2.1 Bragg 谐振散射

人类对高频雷达海杂波的研究最早可追溯到 20 世纪中期。1955 年，Crombie 首次研究了频率为 13.56 MHz 的高频海浪回波谱，提出海杂波的形成是海浪对雷达电波的散射作用导致，并用 Bragg 谐振散射机理来解释高频电波与海浪的一阶相互作用[1]。20 世纪 60 年代中期，J. Wait 计算了高频电磁波沿海面的传播，证实了 Bragg 谐振散射解释海杂波的理论。

Bragg 谐振散射是指雷达波在海面传播过程中，与近似正弦波形式的海浪相互作用而产生的一阶反射，如图 6.1 所示。这里提到的“一阶反射”是指雷达波与海浪只发生过一次作用便反射到雷达接收端。这种一阶反射回波就是通常所说的一阶海杂波。当然，并不是所有的雷达波都能与正弦波形式的海浪发生 Bragg 谐振散射。Bragg 谐振散射理论指出，当雷达波的波长满足式(6.1)的谐振条件时才会发生 Bragg 谐振。

$$l \cdot \cos\psi = \frac{\lambda}{2} \tag{6.1}$$

式中，l 表示海表面运动正弦波的波长；ψ 表示入射雷达波与海表面的夹角，也称作擦地角，对地波雷达，$\psi \approx 0°$；λ 表示雷达的波长。

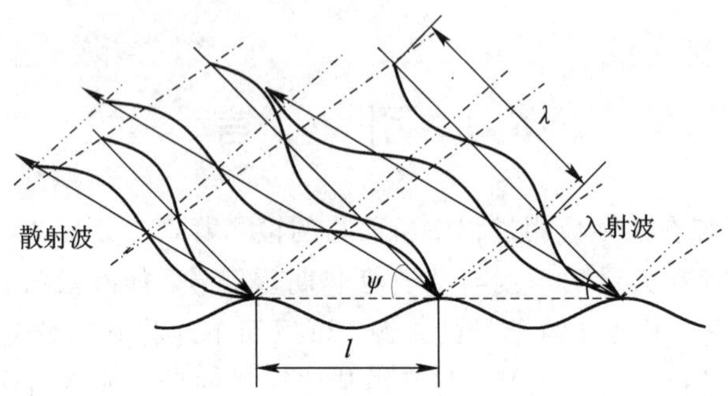

图 6.1　海杂波回波示意图

除了一阶海杂波之外，还存在二阶和高阶海杂波。1972 年，美国学者 D. E. Barrick 利用边界微绕法定量解释了海面一阶及二阶散射的形成机理并指出：除一阶作用外，高频电波与海浪还存在二阶作用，一阶 Bragg 峰两侧的连续谱即是二阶作用的结果。J. R. Walsh 发现海杂波谱中还包含高阶成分，并导出了计算三阶海杂波的雷达截面积的数学模型[5]。不过在实际中，一阶海杂波的功率通常比二阶和高阶要高出 20 dB～30 dB，一阶海杂波对高频地波雷达的探测性能影响也最大。因此，本章重点讨论一阶海杂波。按照雷达体制分类，海杂波包括单基地高频地波雷达海杂波和双基地高频地波雷达海杂波。

6.2.2　单基地高频地波雷达海杂波

单基地高频地波雷达可分为岸基单站和舰载单站两种雷达。前者将雷达的收发天线建于海岸，属于陆基雷达；后者将雷达收发天线安装在同一艘大型舰船上，属于舰载雷达。无论哪种工作模式，由于高频地波雷达发射的垂直极化电波是沿海表面传播的，因此，对单基地高频地波雷达而言，雷达波是以“零”擦地角入射，式(6.1)的谐振条件可以改写为

$$l = \frac{\lambda}{2} \tag{6.2}$$

由深水重力波的相关理论可知，海浪的特征速度 v_B 与海浪正弦波的波长 l 有如下的色散关系[2]：

$$v_B = \sqrt{\frac{gl}{2\pi}} \tag{6.3}$$

式中，g 表示重力加速度。对于岸基单站高频地波雷达而言，由式(6.3)可知，一阶海杂波相对雷达发射信号产生的多普勒频率为[2]

$$f_d = \frac{2v_B}{\lambda} = \sqrt{\frac{g}{\pi\lambda}} \tag{6.4}$$

不考虑潮汐、海风、海流等因素的影响，可以认为海浪的传播是多方向的，既存在朝雷达方向的，也有远离雷达方向的。因此，实际中观测到的一阶海杂波的多普勒谱会同时

存在正负两个对称的谱峰，称为 Bragg 峰。满足谐振的朝向和远离雷达传播的海浪对应的 Bragg 频率为

$$f_{BM}=\pm\sqrt{\frac{g}{\pi\lambda}}=\pm 0.102\sqrt{f_c}\quad (\text{MHz}) \tag{6.5}$$

式中，$f_c=c/\lambda$ 为雷达载频，单位为 MHz，c 为光速，f_{BM}的单位为 Hz。

图 6.2 所示为典型的岸基单站高频地波雷达海杂波的多普勒谱。图中两个尖峰表示一阶 Bragg 峰(深色部分)，在其周围还存在幅度低得多的连续谱，这是由高阶(主要是二阶)散射(浅色区域)形成的。

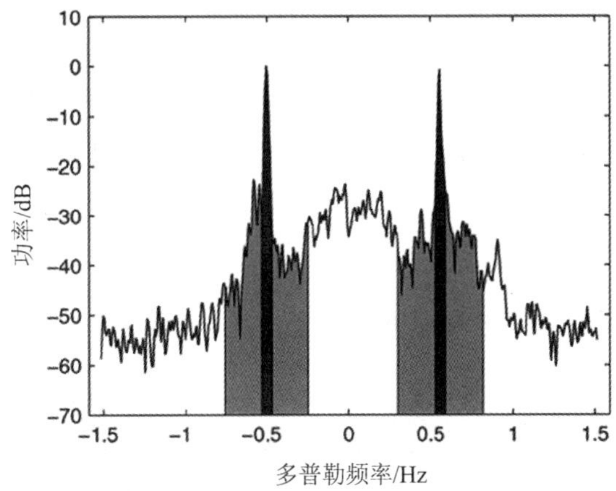

图 6.2　典型的岸基单站高频地波雷达海杂波的多普勒谱[3]

对于岸基单站高频地波雷达，高频电波与海浪的二阶作用有以下三种情况[4]：

第一种情况，波长为 λ 的雷达波不仅可以与波长为 $\lambda/2$ 的海浪基波产生 Bragg 谐振，还可以与波长为 λ、$3\lambda/2$、2λ 等的高次谐波产生 Bragg 谐振，形成高阶海杂波，其中波长 $l=\lambda$ 对应二阶谱分量，其多普勒频率为$\sqrt{2}f_{BM}$。

第二种情况，雷达波在一定的入射角度下，传播方向互相垂直的两列海浪对电波产生“镜面反射”，两列海浪实际上构成了“角反射器”，不同方向上的“角反射器”产生频率连续变化的后向散射。

第三种情况，根据海洋动力学理论，海面上存在两列交叉传播的海浪相互耦合将产生一列新的海浪。大量耦合产生的海浪沿雷达波束方向与电波作用，若满足 Bragg 散射条件，则会形成连续的二阶谱。

对于舰载单站高频地波雷达而言，其收发天线可随载舰运动，因此舰载单站高频地波雷达一阶海杂波的多普勒频率除了海表面波自身的 Bragg 频率之外，还应考虑雷达因运动而产生的多普勒频率。图 6.3 为散射单元 P_s 相对于舰载单站高频地波雷达的几何示意图。图中假设舰载雷达天线 T_x/R_x 为等距线阵，舰船的运动方向设为参考方向(横轴)，平行于天线阵，运动速度为 v_r，等距圆环表示距离为 R 的待检测单元，P_s 表示在该距离单元上某一海面散射单元，该散射单元重力波运动方向与雷达收发阵列天线的夹角为 α，该单元对应的海杂波的一阶多普勒频率为

$$f_d=f_{BM}+f_{dr}\cos\alpha \tag{6.6}$$

式中，$f_{dr}=v_r\lambda^{-1}$为载舰运动产生的多普勒频率。

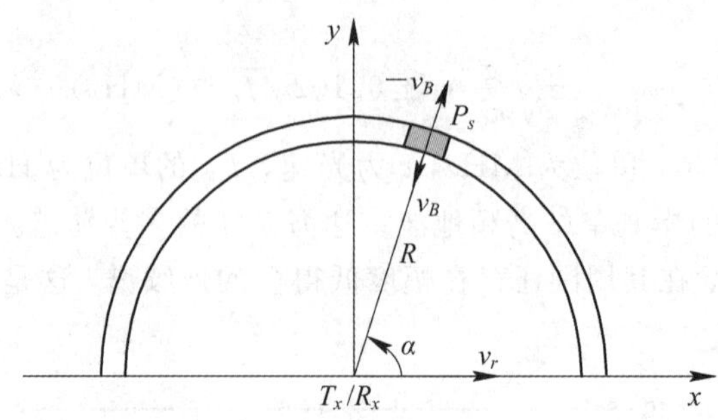

图 6.3　散射单元 P_s 相对于舰载单站高频地波雷达的几何示意图

根据式(6.6)可知，载舰的运动会导致海杂波一阶峰有明显扩展，其可能的最大多普勒频率覆盖范围为

$$[-f_d-f_{dr},-f_d+f_{dr}],[f_d-f_{dr},f_d+f_{dr}] \tag{6.7}$$

6.2.3　双基地高频地波雷达海杂波

双基地高频地波雷达也可分为双站固定雷达与双站非固定雷达。双站固定雷达收发分置，而且发射站与接收站的位置均固定，通常架设于陆地；而双站非固定雷达的发射站与接收站至少有一个建立在可移动平台上，比如本书的岸-舰双基地高频地波超视距雷达，其接收站就是建立在可移动的舰船上。双站固定雷达也可以说是双站非固定雷达的特殊情况。下面以岸-舰双基地高频地波超视距雷达为例进行具体分析。

岸-舰双基地高频地波超视距雷达的几何关系如图 6.4 所示。T_x 代表发射站、R_x 代表接收站，P_s 表示某一海面散射单元，它们确定的平面称为双基地平面。以发射站为原点、发射线阵天线的切线方向为 x 轴建立图 6.4 所示的坐标系。α 为海面散射单元相对于发射站的方位角，β 称为双基地角，其平分线称为双基地平分线；发射站与接收站间的距离 L 称为基线距离；R_a 与 R_b 分别为发射站和接收站到散射单元 P_s 的距离，$R_a+R_b=R$ 称为“距离和”或全距离；接收站相对于发射站的方位角为 θ_r，接收站的运动速度大小为 v_r，方向与

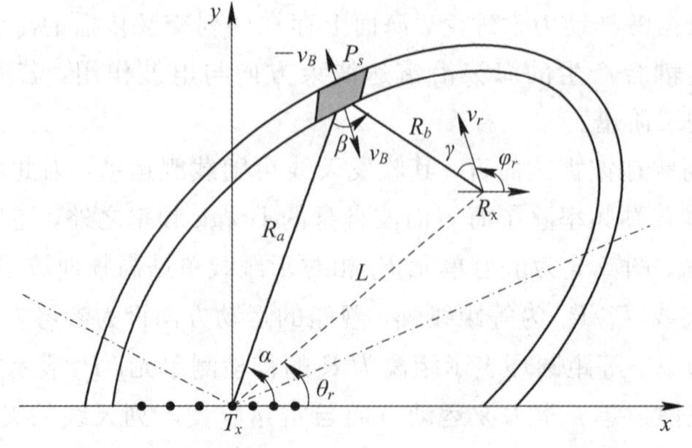

图 6.4　岸-舰双基地高频地波超视距雷达的几何关系

参考方向的夹角为 φ_r。对于给定双基地角的散射单元，接收站的运动方向与目标-接收站连线方向的夹角为 γ。由几何关系可知，回波同时到达接收站的海面散射单元处在同一个以发射站和接收站为焦点的椭圆上，该椭圆称为等距离椭圆，散射波的传播距离等于该椭圆的长轴，散射的海浪传播方向垂直于散射单元位置处距离椭圆的切线，即该单元处的双基地平分线方向。

由于岸发、舰收，该雷达的海杂波 Bragg 峰的多普勒频率不仅与雷达工作频率有关，还受“距离和”和双基地角的影响，而且接收平台的运动也会导致多普勒频率扩展。

由图 6.4 可知，等距离椭圆上任意一散射单元 P_s，对应双基地角为 β，由 Bragg 散射谐振条件可知，海杂波一阶峰对应的海浪波长 l 与雷达工作波长 λ 满足如下关系：

$$l = \frac{\lambda}{2\cos(\beta/2)} \tag{6.8}$$

由双基地雷达多普勒频率的定义：

$$f_{Bd} = \frac{1}{\lambda}\frac{\mathrm{d}}{\mathrm{d}t}(R_a + R_b) \tag{6.9}$$

以及式(6.3)、式(6.8)和式(6.9)，可得该散射单元回波的多普勒频率(即 Bragg 频率)为[5]

$$f_{BB} = f_{BM}\sqrt{\cos\left(\frac{\beta}{2}\right)} = \pm 0.102\sqrt{f_c \cos\left(\frac{\beta}{2}\right)} \tag{6.10}$$

式中，正号和负号分别对应朝向和背离雷达运动的海浪，f_c 的单位为 MHz。

在同一距离椭圆上，不同散射单元对应的双基地角不同，双基地角越大则对应的正 Bragg 频率越小，因此会造成海杂波一阶 Bragg 峰向“零频”方向扩展，展宽的程度与椭圆离心率有关。

“距离和”为 R、基线距离为 L 的椭圆的最大双基地角为

$$\beta_{\max} = 2\arcsin\left(\frac{L}{R}\right) = 2\arcsin(e) \tag{6.11}$$

式中，$e=L/R$ 为椭圆的离心率。

此时的双基地角对应的正 Bragg 频率 $|f_{BB}|$ 为最小频率；当 $\beta=0$ 时，$|f_{BB}|$ 达到最大值 $|f_{BM}|$。所以，该“距离和”单元海杂波一阶谱的多普勒覆盖范围为

$$[-f_d,\ -f_d(1-e^2)^{0.25}],\ [f_d(1-e^2)^{0.25},\ f_d] \tag{6.12}$$

由式(6.11)不难看出，只有离心率很大的那些距离单元(即近距离和单元)对应的海杂波一阶 Bragg 峰的展宽才会相对比较明显。设雷达工作频率 $f_0=7$ MHz，当 $e=0.6$ 时，向零频方向扩展仅约为 0.03 Hz；而当 $e=0.95$ 时，谱展宽则约为 0.12 Hz，且随着工作频率的提高，展宽效应也会越明显。当距离单元由近到远变化时，最大双基地角逐渐减小即离心率逐渐减小，海杂波谱将变窄。不过，离心率越大，最大双基地角处海面回波强度越弱[5]。理论上这些距离单元上的一阶谱应该是最宽的。因此，在接收平台静止时，收发分置带来的谱展宽影响是很小的。

再来分析接收平台运动时的情况。由图 6.4 可知，对于给定双基地角的散射单元，接收平台运动方向与接收路径方向的夹角为 γ，则对应的海杂波一阶峰的多普勒频率为

$$f_d = f_{BB} + f_{dr}\cos\gamma \tag{6.13}$$

式中，$f_{dr}=v_r/\lambda$ 为接收平台运动对应的多普勒频率。根据图 6.4 所示发射站、接收站和杂

波散射单元之间的几何关系，可以得到如下关系：

$$\gamma = \alpha + \beta - \varphi_r,\ \cos\gamma = \cos(\alpha + \beta - \varphi_r)$$

$$R_a = \frac{R^2 - L^2}{2[R - L\cos(\alpha - \theta_r)]},\ R_b = R - R_a = \frac{R^2 - 2RL\cos(\alpha - \theta_r) + L^2}{2[R - L\cos(\alpha - \theta_r)]}$$

$$\cos\beta = \frac{R_a^2 + R_b^2 - L^2}{2R_aR_b} = 1 - \frac{2L^2\sin^2(\alpha - \theta_r)}{R^2 + L^2 - 2RL\cos(\alpha - \theta_r)},\ \cos\frac{\beta}{2} = \sqrt{\frac{1 + \cos\beta}{2}}$$

因此，式(6.13)海杂波一阶谱峰的多普勒频率可写成

$$f_d(\alpha;R,L,\theta_r,\varphi_r) = f_B(\alpha;R,L,\theta_r) + f_{dr}(\alpha;R,L,\theta_r,\varphi_r)$$

$$= \pm 0.102\sqrt{f_c\cos\frac{\beta}{2}} + \frac{v_r}{\lambda_0}\cos(\alpha + \beta - \varphi_r) \tag{6.14}$$

比较图6.3和图6.4可知，当双基地角β和接收平台运动方向φ_r均为0时，岸-舰双基地高频地波超视距雷达变为单基地雷达。

对于单根全向接收天线，不同方向的海杂波都被接收，即多普勒与空间角产生耦合，导致海杂波一阶峰产生明显的扩展，根据式(6.13)可知其可能的最大频率覆盖范围(这是因为速度投影和Bragg频率f_{BB}通常不会同时达到最大值)为

$$[-f_d - f_{dr},\ -f_d + f_{dr}]、[f_d - f_{dr},\ f_d + f_{dr}] \tag{6.15}$$

取接收平台速度$v_r = 10$ m/s、雷达中心载频$f_c = 7$ MHz时，接收平台运动造成的谱展宽最大约为0.46 Hz，即使是对于$e = 0.95$的距离和单元，由双基地工作方式造成的谱展宽最大为0.12 Hz。因此，接收平台的运动将是造成岸-舰双基地高频地波超视距雷达一阶海杂波谱展宽的主要因素。

6.3　高频地波雷达海杂波统计模型及空时特性

6.3.1　高频地波雷达海杂波统计模型

海洋波动是一种复杂的自然现象，常见的有海流、潮汐、海浪等形式。大多数学者将海洋视为一个随机的动态系统，把海洋表面的雷达回波(即海杂波)看作是复杂的随机过程，利用统计模型对其加以描述，形成了较完善的理论体系，其结论在实际中已得到了广泛证实。本节将介绍高频地波雷达接收到的海浪回波信号即海杂波的统计模型。

通过大量的理论和实验分析，人们已经获得了关于高频海杂波的一些统计特性[4,6,7]：

(1) 海浪可以看作是具有各态历经性的正态平稳随机过程，研究时一般要选取合理的观测时间，以保证满足统计的代表性和过程的平稳性。

(2) HFSWR(高频地波雷达)中海浪回波的一阶、二阶谱服从高斯分布，经窄带接收系统和DFT变换后仍服从高斯分布；不同多普勒频率上的杂波幅度遵循瑞利分布，功率谱服从χ^2分布。

(3) 海杂波一阶谱的标准偏差与距离、分辨单元尺寸、雷达工作频率以及海态没有明显的关联。

(4) 海杂波一阶谱和时间的自相关函数与海态、分辨单元尺寸无关。当HFSWR工作在7 MHz以下时，自相关函数与工作频率有关，相关时间可达数十或上百秒；而当工作在

7 MHz 以上时，相关时间不超过 25 s。

(5) 由于高频雷达的距离分辨率低，可认为不同距离单元上的海杂波彼此不相关。

这些统计特性常作为仿真一阶海杂波的重要依据。事实上，海杂波可以看作是雷达分辨单元内的大量散射体的散射回波的矢量叠加。由于高频地波雷达的分辨率低，散射单元的面积较大，根据中心极限定理，各分辨单元合成的海杂波信号应服从正态分布。因此，海杂波是服从正态分布的随机信号。

根据海杂波的上述统计特性，可以把同一个距离单元的海面看作是许多“点”散射体的组合。海杂波就是由这些不同幅度、不同相位的“点”散射体回波叠加合成，而“点”散射体的大小可以根据分辨率来确定。由于海浪可看作正态平稳随机过程，不妨设“点”散射体回波幅度服从正态分布，而回波相位则服从[0, 2π]上的均匀分布。因此，海杂波的具体仿真过程简述如下：

对于给定的距离单元，将感兴趣的海面按方位均匀划分为 W 份，将每一份看作是一个“点”散射体，不同方位“点”散射体回波的多普勒频率可由式(6.13)确定，散射体的幅度和相位为所有“点”散射体叠加形成的高斯随机序列 $\{A_i\}$，则该距离单元某个调频周期总的回波由 W 个“点目标”回波叠加而成。

设第 i 个“点”散射体的正、负 Bragg 频率分别记为 f_{Bpi} 和 f_{Bni}，相对发射阵列相位中心的相位差为 φ_{mi}，则经该距离单元第 n 个调频周期、第 m 个空域处理通道处理后的海杂波信号可以表示为

$$
\begin{aligned}
C_s(n, m) = & \sum_{i=1}^{W} A_i(n, m)\exp(\mathrm{j}2\pi f_{Bpi} n T_m)\exp(\mathrm{j}\phi_{mi}) \\
& + \sum_{i=1}^{W} A_i'(n, m)\exp(\mathrm{j}2\pi f_{Bni} n T_m)\exp(\mathrm{j}\phi_{mi})
\end{aligned} \tag{6.16}
$$

式中，序列 $\{A_i(n, m)\}$ 和 $\{A_i'(n, m)\}$ 由随机幅度和随机相位组成，为“点”散射体的两个频率分量对应的“随机幅相序列”，两者相互独立。由海杂波统计特性(4)可知，海杂波一阶谱在时间上具有自相关性，因此这就要求 $\{A_i(n, m)\}$ 和 $\{A_i'(n, m)\}$ 为具有自相关性的高斯序列。这种高斯序列采用重叠相加的方法获得，具体如下：

以序列 $\{A_i(n, m)\}$ 为例，首先产生足够数量的在[−0.5, 0.5]上满足正态分布的随机幅度序列 $\{a_\infty\}$ 和在[0, 2π]上均匀分布的随机相位序列 $\{\varphi_\infty\}$，并依次取各自序列中第 1 个到第 K 个元素(K 取值小于序列长度)分别组成新序列 $\{a_k\}$ 和 $\{\varphi_k\}$，并通过如式(6.17)所示的叠加方式构造第 n 个调频周期的海杂波随机幅相：

$$
A_i(n, m) = \mu \cdot \sum_{k=1}^{K} a_k \exp(\mathrm{j}\varphi_k) + \sigma \tag{6.17}
$$

式中，$\{a_k\}$ 和 $\{\varphi_k\}$ 分别为服从正态分布和均匀分布的随机序列；μ、σ 为随机序列 $\{A_i(n, m)\}$ 的方差和均值，二者的取值直接影响 Bragg 频率对应的海杂波一阶谱的波动以及对应的强度[4]。当构造第 $n+1$ 个调频周期的海杂波随机幅相因子 $A_i(n+1, m)$ 时，同样利用式(6.17)构造，但序列 $\{a_k\}$ 和序列 $\{\varphi_k\}$ 变为分别从序列 $\{a_\infty\}$ 和序列 $\{\varphi_\infty\}$ 中依次取第 2 个到第 $K+1$ 个元素组合而成的。由于 $A_i(n, m)$ 和 $A_i(n+1, m)$ 的随机序列 $\{a_k\}$ 与 $\{\varphi_k\}$ 有 $K-1$ 个元素相同，因此保证了 $A_i(n, m)$ 和 $A_i(n+1, m)$ 具有相关性。K 值越大，序列 $\{A_i(n, m)\}$ 中相邻两元素的相关性就越强。

图 6.5 和图 6.6 给出了岸-舰双基地高频地波超视距雷达接收平台静止(岸基单站)和运动(舰载单站，载舰速度为 5 m/s)时仿真的海杂波时间采样和多普勒谱。由图 6.5 可以看出：对于单基地高频地波雷达，若平台静止，则时域海杂波信号为“包状”回波(称为波包)，波包的长度近似为一阶谱的相关时间[7]；若平台运动，则不再有明显的“波包”。由于平台运动，一阶海杂波发生了扩展，且峰值也明显下降(约 20 dB)。

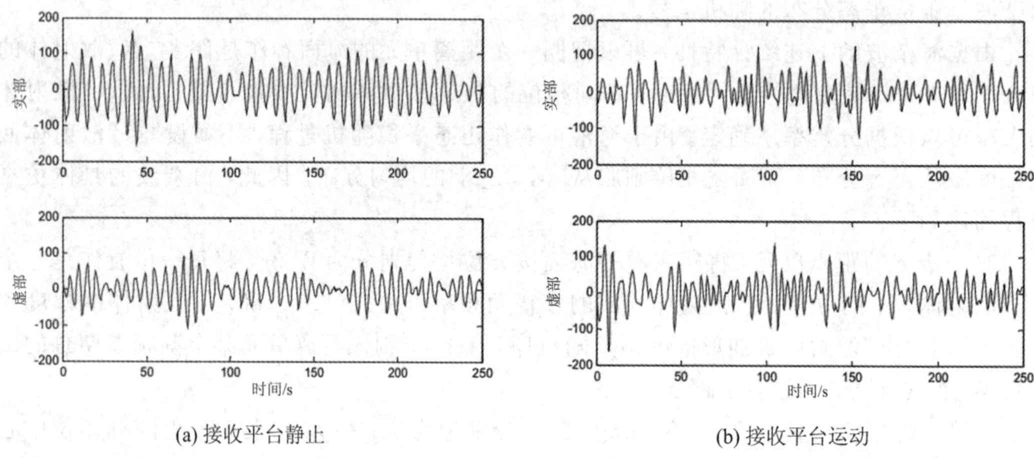

(a) 接收平台静止　　(b) 接收平台运动

图 6.5　海杂波的时域信号

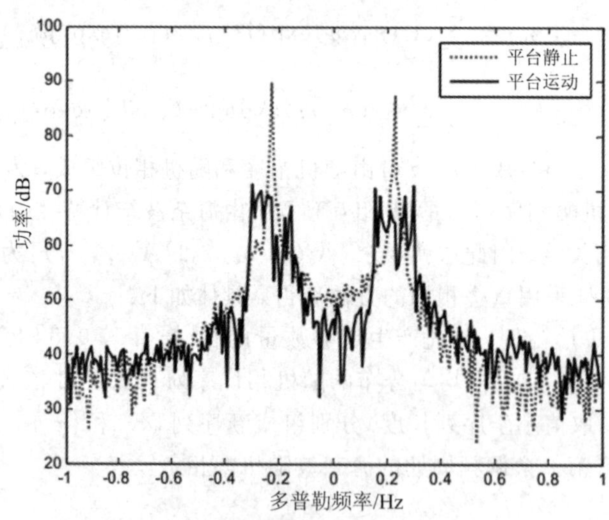

图 6.6　单基 HFSWR 的海杂波的频谱

根据图 6.4 岸-舰双基地高频地波超视距雷达的几何关系，仿真参数设置如下：中心载频 $f_0=5$ MHz，发射阵列为半波长的等距线阵，阵元数 $M=16$，基线距离 $L=50$ km，接收平台方位角 $\theta_r=\pi/2$，速度大小 $v_r=5$ m/s，运动方向 $\varphi_r=\pi/3$，距离分辨率 $\Delta R=5$ km，接收平台静止和运动时仿真的海杂波多普勒谱分别如图 6.7～图 6.10 所示。

图 6.7(a)给出了接收平台静止且离心率 $e=5/6(R=80$ km)和 $e=1/3(R=150$ km)时两个距离单元上海杂波的多普勒谱。显然 $e=5/6$ 时，因离心率大，一阶谱向“零频”方向稍

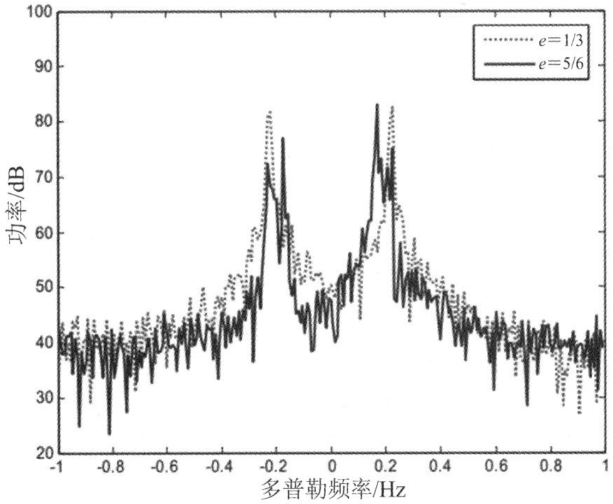

(a) 平台静止

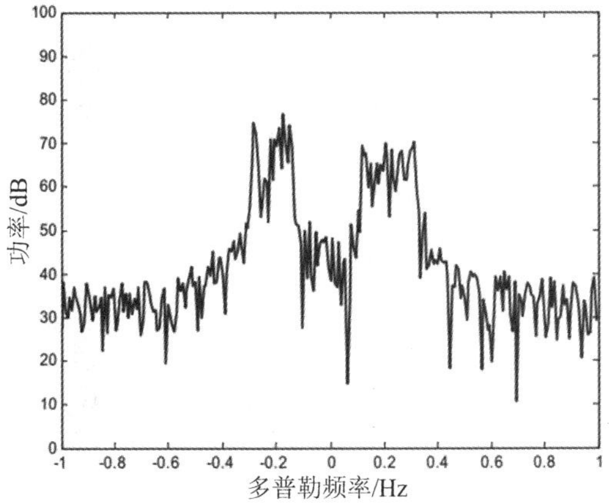

(b) 距离R=80 km 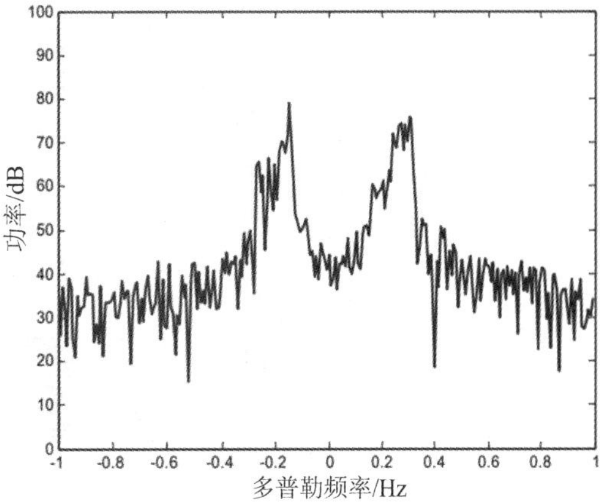　　(c) 距离R=150 km

图 6.7　平台速度 v=5 m/s 时的海杂波的频谱

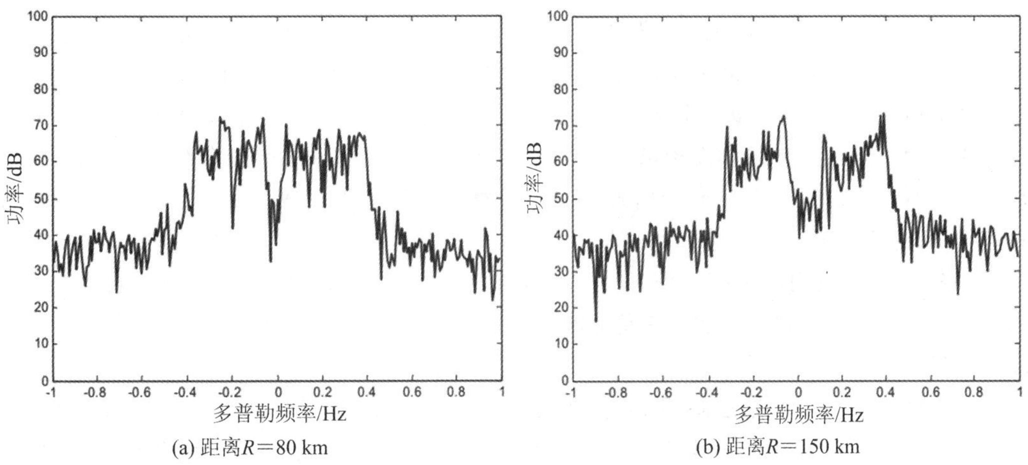

(a) 距离R=80 km　　(b) 距离R=150 km

图 6.8　平台速度 v=10 m/s 时的海杂波的多普勒谱

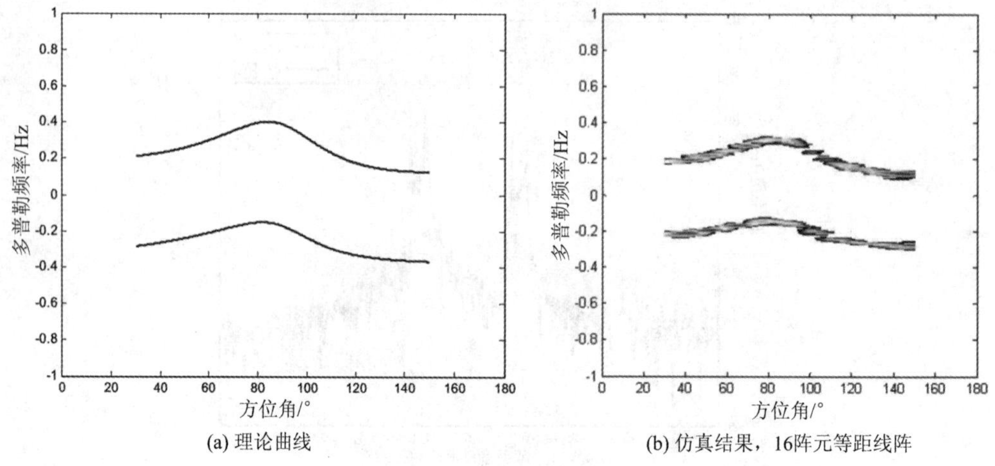

(a) 理论曲线　　(b) 仿真结果，16阵元等距线阵

图 6.9　海杂波的空时分布

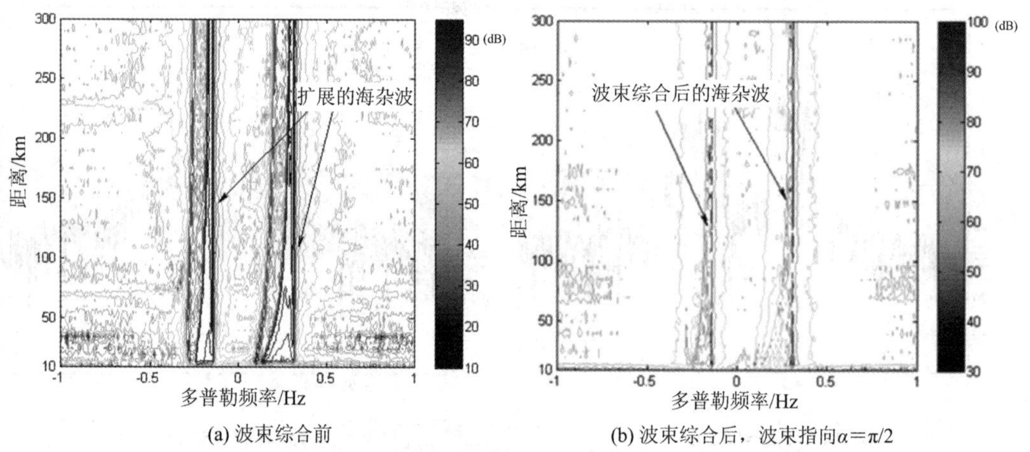

(a) 波束综合前　　(b) 波束综合后，波束指向$\alpha=\pi/2$

图 6.10　海杂波的距离-多普勒分布

微展宽，而$e=1/3$对应的一阶谱已与单基地情况近似；图 6.7(b)、图 6.7(c)和图 6.8 给出不同平台运动速度时的海杂波多普勒谱，由于平台运动导致海杂波一阶谱明显展宽：平台速度越大，则一阶谱展宽越明显；而且对不同的距离单元，正负一阶谱占有的多普勒通道不同且不再左右对称；较远的距离单元的一阶谱的展宽要稍小于近距离单元的谱宽。

通过相干积累(FFT)和发射波束综合级联处理，图 6.7(b)的一阶海杂波的空时二维谱如图 6.9 所示，其中图 6.9(a)为由式(6.14)计算得到的理论曲线。可以看出：仿真海杂波的空时“轨迹”和理论结果是大致相同的，但由于实际波束有一定宽度，所以空时谱线较“宽”。图 6.10 为发射波束综合前、后一阶海杂波的距离-多普勒分布的等高线图，图中纵轴距离已减去基线长度。显然，在发射波束综合后，扩展的海杂波一阶谱被“窄化”在相对较少的多普勒单元上。

除了用统计模型描述高频海杂波之外，近年来，也有学者利用“混沌”(Chaotic Dynamics)、分形(Fractal)等非线性理论对海杂波进行了研究。混沌理论认为海杂波具有有限的相关维数和正的最大 Lyapunov 指数，属于某个内在的确定性混沌动力系统，可以采用确定性的方法进行研究[8, 9]；而分形理论则利用海杂波单一或多重分维数的变化对目标信号敏感和稳定的特点进行目标检测[10, 11]。为了简化分析，通常把海洋波动简单看作是许多振幅不同、周期不等、相位随机的正弦波动的叠加，力图通过简单的波动方程来描述海洋的波动特性。为了满足统计代表性及过程平稳性，在一定的观测时间内，海浪可以视为具有各态历经的正态平稳随机过程。

6.3.2 单基地高频地波雷达海杂波空时特性

由于岸基单站高频地波雷达可看作是舰载单站高频地波雷达的静止状态，因此本小节着重对舰载单站高频地波雷达的海杂波空时特性进行详细分析。

舰载高频地波雷达的几何关系如图 6.3 所示。结合式(6.6)可知，假设雷达载频 f_0 分别为 3 MHz、6 MHz、10 MHz 和 12 MHz，图 6.11 给出载舰处于静止和运动状态下的一阶海杂波多普勒频率的空时分布曲线。

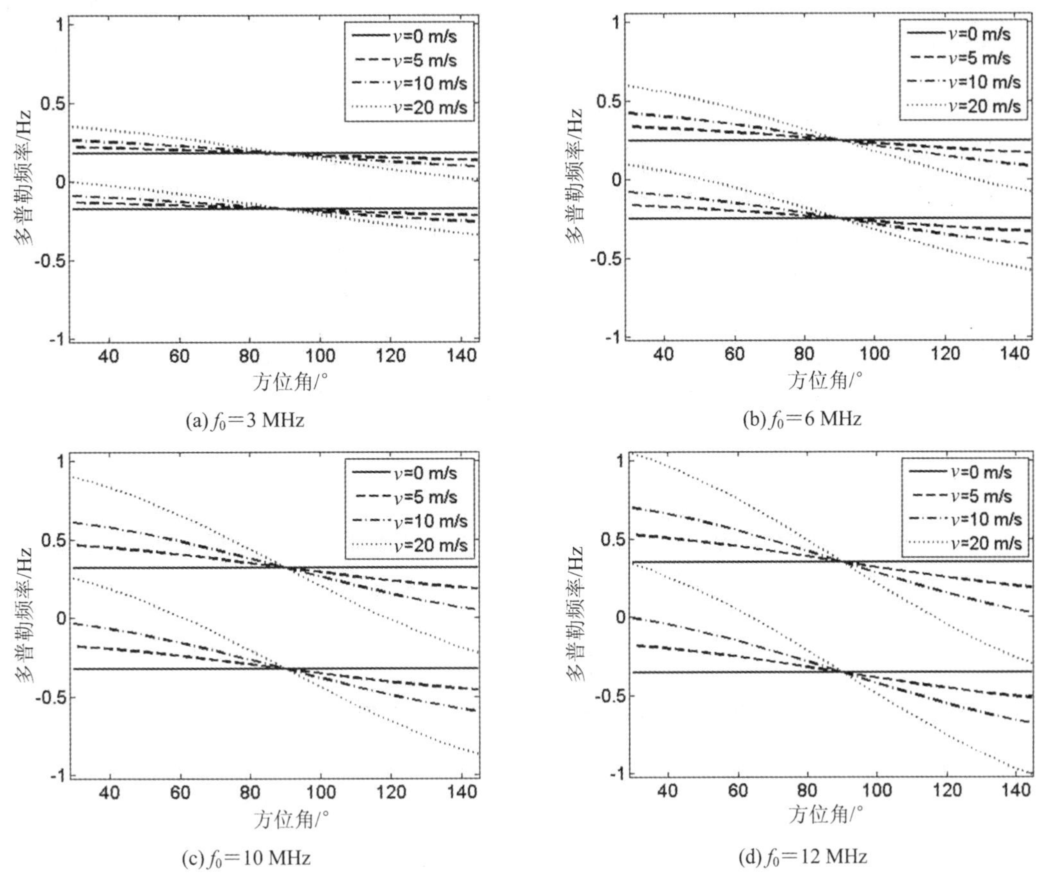

图 6.11　舰载高频地波雷达一阶 Bragg 峰的空时分布

从图 6.11 中可以看出，随着雷达发射信号载频的增大，两条海杂波一阶峰相距也越来越远。图中实线是载舰速度为 0(相当于岸基单站)时的海杂波一阶峰，当发射信号载频分别为 3 MHz、6 MHz、10 MHz 和 12 MHz 时，对应的海杂波一阶峰的多普勒频率分别为 ±0.1767 Hz、±0.2498 Hz、±0.3226 Hz 和±0.3533 Hz。此外，当载舰速度增大时，海杂波一阶峰扩展范围也越来越大，而且相同速度下，发射信号载频越大，海杂波一阶峰扩展范围也越大。

6.3.3 双基地高频地波雷达海杂波空时特性

从 6.2.3 节可知，双基地体制下海杂波产生机理比单基地体制下更为复杂，涉及的因素也更多。双基地体制下海杂波 Bragg 频率除了与工作频率有关，还与发射站、接收站和散射单元相互间的几何位置有关系。即使是同一方向的不同距离单元，其 Bragg 频率也不相同。若接收平台运动，则一阶海杂波多普勒频率还与接收平台运动速度有关。下面通过仿真实验具体分析这些因素对一阶海杂波多普勒频率造成的影响。

假设岸-舰双基地高频地波超视距雷达中心载频 $f_0=6.75$ MHz，基线距离 $L=100$ km，接收站相对于发射站的方位 $\theta_r=\pi/2$，当接收平台静止时，图 6.12 给出了在不同距离环上海杂波多普勒频率的空时分布，图 6.13 给出了两个方位单元的海杂波的距离-多普勒谱分布。可以看出：当接收平台静止时，海杂波扩展仅局限于近距离单元，收发分置带来的不利影响较小，可以不予考虑。

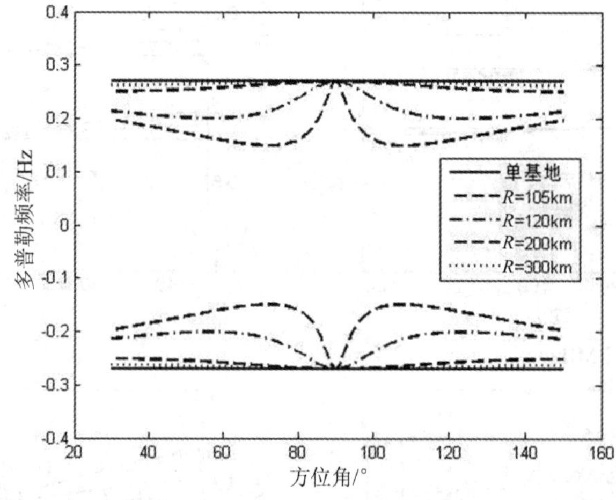

图 6.12　平台静止时空时二维谱图

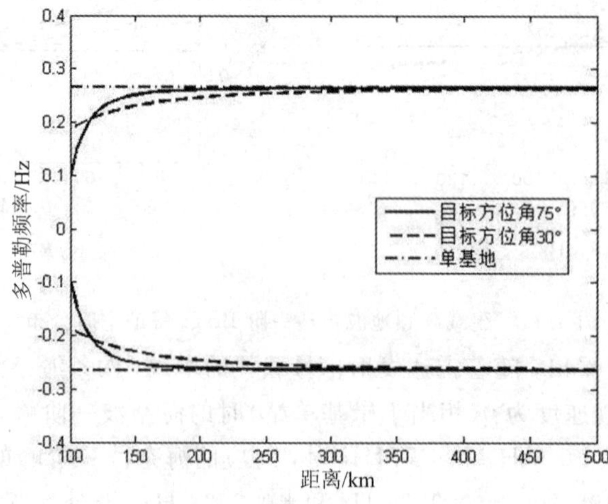

图 6.13　平台静止时距离-多普勒谱

图 6.14 给出了接收平台运动时海杂波多普勒频率的空时分布，这里接收站相对于发射站的方位 θ_r 分别为 $\pi/2$、$2\pi/3$，接收站的运动方向 φ_r 为 $\pi/3$。可以明显看到，无论接收平台在任何位置，当平台运动速度越大时，海杂波扩展越严重。

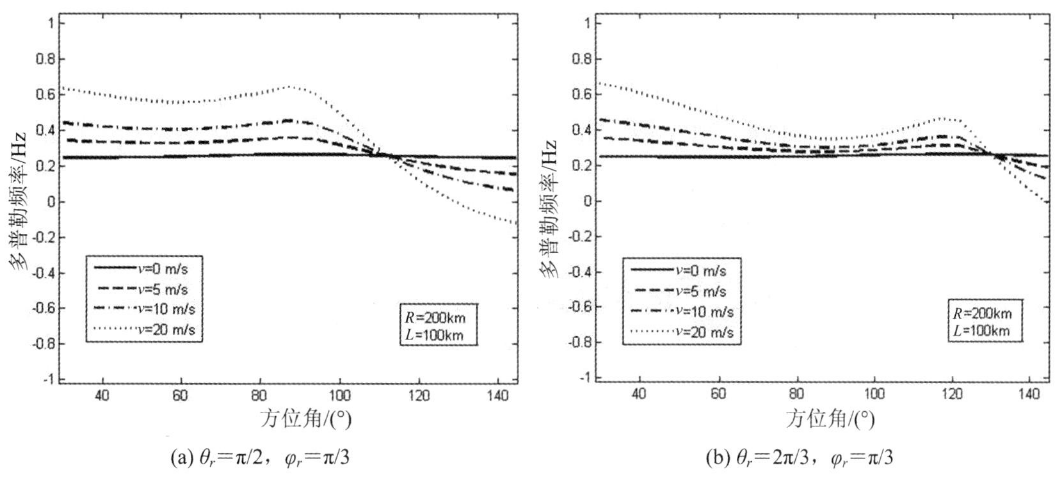

(a) $\theta_r=\pi/2$，$\varphi_r=\pi/3$　　(b) $\theta_r=2\pi/3$，$\varphi_r=\pi/3$

图 6.14　接收平台运动时海杂波多普勒频率的空时分布

下面分析相邻距离单元海杂波一阶峰多普勒频率的关系。利用泰勒近似，根据式(6.14)，相邻距离单元 R 和 $R+\Delta R$ 的多普勒频率之差为

$$f_d(\alpha; R+\Delta R, L, \theta_r, \varphi_r)-f_d(\alpha; R, L, \theta_r, \varphi_r)\approx\frac{\partial f_d(\alpha; R, L, \theta_r, \varphi_r)}{\partial R}\Delta R \tag{6.18}$$

为简单起见，忽略除距离以外的其他参数，式(6.18)可写成

$$f_d(R+\Delta R)-f_d(R)\approx\frac{\partial f_d(R)}{\partial R}\Delta R \tag{6.19}$$

根据式(6.14)，可以得到

$$\begin{aligned}\frac{\partial f_d(R)}{\partial R}=&\pm 0.102\sqrt{f_0}\,\frac{1}{2\sqrt{2(1+\cos\beta)}}\xi(R)\\&+\frac{v_r}{\lambda_0}\left[\cos(\alpha-\varphi_r)+\sin(\alpha-\varphi_r)\frac{1}{\tan\beta}\right]\xi(R)\end{aligned} \tag{6.20}$$

式中，$\xi(R)=(1-\cos\beta)\dfrac{2[R-L\cos(\alpha-\theta_r)]}{R^2+L^2-2RL\cos(\alpha-\theta_r)}$。

式(6.19)和式(6.20)比较复杂，可通过计算机仿真直观地对其进行分析。图 6.15 为接收平台运动速度 $v_r=10$ m/s，速度方向 $\varphi_r=40°$，海杂波方位 $\alpha=30°\sim150°$时，不同距离处的相邻距离单元海杂波多普勒频率差。可以看到，相邻距离单元海杂波多普勒频率差异较小，空时分布具有一定的相似性。

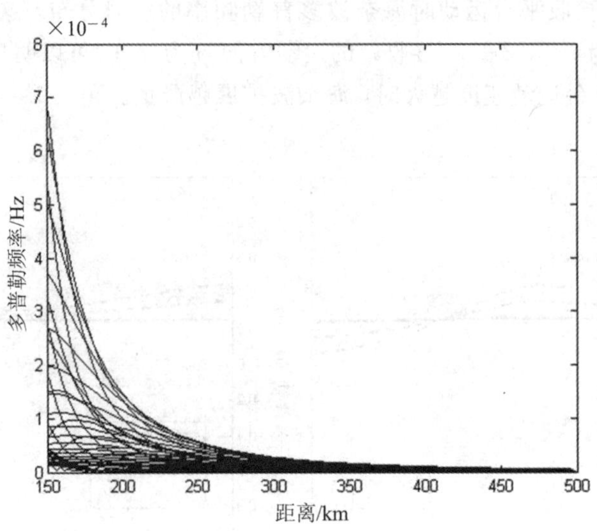

图 6.15 相邻距离单元海杂波多普勒频率差

6.4 空时域海杂波抑制方法

由海杂波空时特性分析可知：接收平台运动时，海杂波一阶多普勒谱因空时耦合而发生扩展，而且由于舰船等低速目标与扩展的海杂波处在相同的多普勒频率区，利用传统的动目标检测(MTD)方法仅在多普勒域鉴别目标显然是不可能的。由于不同方位上(相对发射站)的海杂波多普勒频率不同，因此，可以考虑在空时二维平面进行目标检测。

目前，在空时域抑制海杂波的方法主要有：(1) 利用空时域样本数据进行杂波抑制的方法；(2) 利用空时域谱图在图像层面上进行杂波抑制的方法。

在岸基单站 HFSWR 中，R. Khan 和 M. Poon 等学者将一阶海杂波视为两个慢时变的窄带正弦信号，通过线性预测(LP)滤波器算法或基于奇异值分解(SVD)的 Hankel 降秩矩阵方法[12, 13]估计海杂波信号，进而实现海杂波对消。这两种时域处理方法可以显著提高偏离 Bragg 峰位置的目标信杂比，特别是 Hankel 降秩矩阵方法，如果目标与 Bragg 峰相距很近，该方法能够在抑制 Bragg 峰的同时保留目标信号[13]，因而适应性更强。

在舰载单站地波雷达系统中，谢俊好等人利用正交加权的自适应空域滤波(SAP)[14]以及空时自适应处理(Space-Time Adaptive Processing，STAP)[15, 18]对扩展海杂波进行抑制，效果良好；但空域滤波类算法需要保证相干处理周期内一阶海杂波空时分布的一致性。除这些传统方法外，基于混沌预测的海杂波对消、时频分析等非线性方法也被应用于海杂波背景下的目标检测。

本节以岸-舰双基地高频地波超视距雷达为平台，在分析海杂波分布特性的基础上，介绍两种空时域海杂波抑制方法：第一种为空-时级联处理，介绍发射波束综合后应用 Hankel 降秩矩阵方法抑制海杂波；第二种为时-空级联处理，即在慢时域多普勒积累基础上再进行自适应发射波束综合，最后通过空域滤波抑制海杂波。关于空时二维联合处理，即空时自适应处理(STAP)进行海杂波抑制的方法可以参考文献[19]，这里就不介绍了。

6.4.1 空-时级联处理

空-时级联处理流程如图 6.16 所示。岸-舰双基地地波雷达在对接收信号进行发射信道分离、距离维 FFT(即 FMICW 信号的脉压)等预处理后，得到的采样数据矩阵 $\boldsymbol{X}_{K,M,N}$ 为 $K\times M\times N$ 维，其中 K 表示 K 个发射信道分量，M 表示调频周期数(即慢时间相干处理的调频周期数)，N 表示快时间的距离单元数。空-时级联处理流程如图 6.16 中虚线框，分为两步进行：第一步在空域进行，对雷达回波信号作发射波束综合；第二步在慢时域进行，采用 Hankel 降秩矩阵法对目标所在距离单元的慢时域采样信号作奇异值分解，再抑制海杂波。下面对此进行详细介绍。

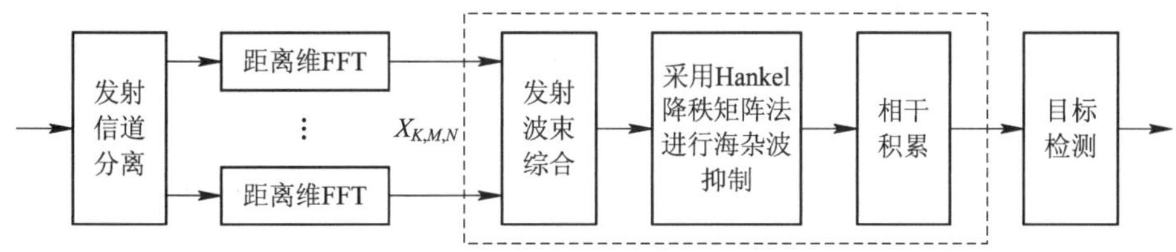

图 6.16　空-时级联处理流程图

第一步——发射波束综合。由于岸-舰双基地高频地波超视距雷达采用多个相互正交波形同时在不同天线发射，在接收端通过对各路发射信号分离，再通过信号处理的方式综合形成发射方向图，并将数据矩阵 $\boldsymbol{X}_{K,M,N}$ 变换到波束域数据矩阵 $\boldsymbol{X}_{K_\theta,M,N}$，$K_\theta$ 为发射波束的个数。

第二步——采用 Hankel 降秩矩阵法进行海杂波抑制。该方法利用慢时间采样 Hankel 矩阵进行奇异值分解，通过对海杂波或目标的多普勒频率的估计与跟踪，确定海杂波对应的奇异值，然后对海杂波进行抑制。针对波束域数据矩阵 $\boldsymbol{X}_{K_\theta,M,N}$ 在每个波位、每个距离单元的杂波，对 $\boldsymbol{X}_{K_\theta,M,N}$ 的第二维慢时域的多个调频周期之间进行抑制。从数据矩阵 $\boldsymbol{X}_{K_\theta,M,N}$ 中提取第 k 个波位、第 n 个距离单元的 M 个调频周期的数据矢量为

$$\boldsymbol{s}_M=[s(1),\ s(2),\ \cdots,\ s(M)]^{\mathrm{T}}=[\boldsymbol{X}_{k,1\sim M,n}]$$

该距离单元的海杂波和目标都可以看作多个慢时变的正弦信号的叠加，慢时变的采样间隔为调频周期。对海杂波而言，正弦信号的频率分别为正、负 Bragg 频率；对目标而言，正弦信号的频率为其多普勒频率。假设采样数据 $\boldsymbol{s}_M$ 包含 r 个(r 为回波信号作特征值分解时大特征值的个数)慢时变的正弦信号分量，则第 m 个调频周期的取样信号 $s(m)$ 为

$$s(m)=A_1\exp(\mathrm{j}\varphi_1(m))+A_2\exp(\mathrm{j}\varphi_2(m))+\cdots+A_r\exp(\mathrm{j}\varphi_r(m)) \tag{6.21}$$

其中各信号分量的瞬时频率可以表示为

$$\omega_i(m)\equiv[\varphi_i(m)-\varphi_i(m-1)],\ i=1,\ 2,\ \cdots,\ r \tag{6.22}$$

利用采样数据 $s(m)$ 构造一个 $(M-L+1)\times L$ 维的 Hankel 矩阵，即

$$\boldsymbol{H}=\begin{bmatrix} s(1) & s(2) & \cdots & s(L) \\ s(2) & s(3) & \cdots & s(L+1) \\ \vdots & \vdots & & \vdots \\ s(M-L+1) & s(M-L+2) & \cdots & s(M) \end{bmatrix} \tag{6.23}$$

通常取 $L=3r$，且 $M\gg L$。地波雷达中相干积累的调频周期数 M 一般有数百个。例如，若该距离单元只有一个目标，海杂波有正、负 Bragg 频率，则 $r=3$，即 3 个频率分量。

采样数据 $s(m)$可以看作是特定的自回归(AR)过程的输出，其对应的状态变量方程为

$$\boldsymbol{x}(k+1)=\boldsymbol{F}(k)\boldsymbol{x}(k),\ s(k)=\boldsymbol{A}\cdot\boldsymbol{x}(k) \tag{6.24}$$

则有

$$\begin{gathered}\boldsymbol{F}(k)=\operatorname{diag}\left[\mathrm{e}^{\mathrm{j}\omega_1(k+1)},\ \mathrm{e}^{\mathrm{j}\omega_2(k+1)},\ \cdots,\ \mathrm{e}^{\mathrm{j}\omega_r(k+1)}\right]\\ \boldsymbol{A}=\left[A_1,\ A_2,\ \cdots,\ A_r\right]\\ \boldsymbol{x}(k)=\left[\mathrm{e}^{\mathrm{j}\varphi_1(k)},\ \mathrm{e}^{\mathrm{j}\varphi_2(k)},\ \cdots,\ \mathrm{e}^{\mathrm{j}\varphi_r(k)}\right]\end{gathered} \tag{6.25}$$

式中，$\boldsymbol{x}(k)$为$r\times1$维的状态向量，$\boldsymbol{F}(k)$为$r\times r$维的状态反馈矩阵，$\boldsymbol{A}$为$1\times r$维的输出向量。$\boldsymbol{F}(k)$的元素取决于信号的频率，其特征值的相位与信号的瞬时频率相对应。

根据式(6.24)，矩阵$\boldsymbol{H}$可重新表示为

$$\boldsymbol{H}=\begin{bmatrix}\boldsymbol{Ax}(1) & \boldsymbol{Ax}(2) & \cdots & \boldsymbol{Ax}(L)\\ \boldsymbol{AF}(1)\boldsymbol{x}(1) & \boldsymbol{AF}(2)\boldsymbol{x}(2) & \cdots & \boldsymbol{AF}(L)\boldsymbol{x}(L)\\ \vdots & \vdots & & \vdots\\ \boldsymbol{Ax}(1)\prod\limits_{k=1}^{N-L+1}\boldsymbol{F}(k) & \boldsymbol{Ax}(2)\prod\limits_{k=1}^{N-L+1}\boldsymbol{F}(k) & \cdots & \boldsymbol{Ax}(L)\prod\limits_{k=1}^{N-L+1}\boldsymbol{F}(k)\end{bmatrix} \tag{6.26}$$

如果在连续L个采样点对应的时间内，信号频率变化缓慢，则矩阵$\boldsymbol{H}$的秩约为r，而且可以认为状态反馈矩阵$\boldsymbol{F}(k)$是不变的，即对于$\boldsymbol{H}$的每一行，信号频率不随时间变化。这时，反馈矩阵$\boldsymbol{F}(k+1)$，…，$\boldsymbol{F}(k+L)$可以用其时间平均值$\boldsymbol{F}(k+d)$，$d=(L+1)/2$来代替。这样，矩阵$\boldsymbol{H}$可以近似写为

$$\boldsymbol{H}=\begin{bmatrix}\boldsymbol{A}\\ \boldsymbol{AF}(d)\\ \vdots\\ \boldsymbol{A}\prod\limits_{k=0}^{N-L}\boldsymbol{F}(k+d)\end{bmatrix}\left[\boldsymbol{x}(1)\quad \boldsymbol{x}(2)\quad \cdots\quad \boldsymbol{x}(L)\right]=\boldsymbol{\Theta X} \tag{6.27}$$

从以上 Hankel 矩阵构造过程可以看出，状态反馈矩阵$\boldsymbol{F}(k)$是估计信号瞬时频率的关键。我们可以通过奇异值分解先估计出矩阵$\boldsymbol{\Theta}$，进而得到$\boldsymbol{F}(k)$的估计值，最后通过$\boldsymbol{F}(k)$估计各慢时变信号的瞬时频率。

因此，针对海杂波所在距离单元，采用 Hankel 降秩矩阵法抑制海杂波的处理过程如下：

(1) 对采样数据矢量$\boldsymbol{s}_M$按式(6.23)构成 Hankel 矩阵$\boldsymbol{H}$。

(2) 对$\boldsymbol{H}$进行奇异值分解(SVD)，即

$$\boldsymbol{H}=\boldsymbol{USV}^{\mathrm{H}} \tag{6.28}$$

式中，$\boldsymbol{S}=\operatorname{diag}[\sigma_1,\ \cdots,\ \sigma_L]$为奇异值矩阵，$\sigma_1$，…，$\sigma_L$为奇异值，$\boldsymbol{U}$、$\boldsymbol{V}$分别为奇异值对应的左奇异矢量和右奇异矢量。一般情况下，r个大奇异值代表了信号的绝大多数功率，而其余的$L-r$个奇异值很小，可忽略不计。因此，矩阵$\boldsymbol{H}$可近似为

$$\boldsymbol{H}\approx\boldsymbol{U}_1\boldsymbol{S}_1\boldsymbol{V}_1^{\mathrm{H}} \tag{6.29}$$

式中，$\boldsymbol{S}_1=\operatorname{diag}[\sigma_1,\ \cdots,\ \sigma_r]$为$r$个大奇异值构成的对角阵，$\boldsymbol{U}_1$、$\boldsymbol{V}_1$分别为$r$列的左奇异矢量和$r\times r$的右奇异矢量。

(3) 根据$\boldsymbol{S}_1$和$\boldsymbol{U}_1$，估计

$$\widetilde{\boldsymbol{\Theta}}=\boldsymbol{U}_1\boldsymbol{S}_1,\ \widetilde{\boldsymbol{X}}=\boldsymbol{V}_1^{\mathrm{H}} \tag{6.30}$$

式中，$\widetilde{\boldsymbol{\Theta}}$ 为 $(M-L+1)\times r$ 维矩阵。

(4) 将 $\widetilde{\boldsymbol{\Theta}}$ 通过滑窗处理，划分为 $M-L-d+1$ 个 d 行的小矩阵，其中第 k 个矩阵 $\widetilde{\boldsymbol{\Theta}}_k$ 由 $\widetilde{\boldsymbol{\Theta}}$ 的第 k 行到第 $k+d-1$ 行构成。

由式(6.27)可得如下关系式

$$\widetilde{\boldsymbol{\Theta}}_k \boldsymbol{F}(d+k-1)=\widetilde{\boldsymbol{\Theta}}_{k+1},\ k=1,\ 2,\ \cdots,\ M-L-d+1 \tag{6.31}$$

进而可得 $\boldsymbol{F}(d+k)$ 的最小二乘解(范数最小)为

$$\boldsymbol{F}(d+k)=\widetilde{\boldsymbol{\Theta}}_k^{+}\widetilde{\boldsymbol{\Theta}}_{k+1} \tag{6.32}$$

式中，$\widetilde{\boldsymbol{\Theta}}_k^{+}$ 为 $\widetilde{\boldsymbol{\Theta}}_k$ 的 Moore-Penrose 广义逆。$\boldsymbol{F}(d+k)$ 特征值的相位角即为 $(d+k+1)$ 时刻的瞬时频率。

(5) 对信号频率进行跟踪，进一步鉴别和确定海杂波对应的奇异值。抑制海杂波时，首先将其对应的奇异值置零，计算新的反馈矩阵 $\boldsymbol{F}'(d+k)$。与上述过程相反，通过下面的迭代处理可以得到新的 $\widetilde{\boldsymbol{\Theta}}$ 估计 $\widetilde{\boldsymbol{\Theta}}'$：

$$\widetilde{\boldsymbol{\Theta}}'_{k+1}=\widetilde{\boldsymbol{\Theta}}_k F'(d+k-1) \tag{6.33}$$

最后，对矩阵 $\boldsymbol{H}'=\widetilde{\boldsymbol{\Theta}}'\widetilde{\boldsymbol{X}}$ 的相应元素作平均，可得到海杂波抑制后的时间采样 $s'(m)$：

$$s'(m)=\frac{1}{m}\sum_{r=1}^{m}\boldsymbol{H}'(r,\ m-r+1) \tag{6.34}$$

再对重构的信号 $s'(m)$ 做 FFT 实现相干积累。下面进行计算机仿真分析。

仿真实验假设系统参数设置如下：中心载频 $f_0=5$ MHz，调频周期 $T_m=0.5$ s，扫频周期数为 256，接收平台方位角 $\theta_r=\pi/2$，运动方向 $\varphi_r=\pi/3$，基线距离 $L=50$ km，发射阵为 16 元均匀线阵。图 6.17(a)和 6.17(b)分别给出了接收平台在静止和运动情况下，发射波束综合之前的海杂波特征谱。其中，图 6.17(a)为平台静止时不同距离单元的海杂波特征谱；图 6.17(b)为平台不同速度时，$R=100$ km 距离单元上海杂波的特征值分布。图 6.18(a)和6.18(b)分别给出 $R=100$ km、$R=150$ km 两个距离单元，波束综合前的单个发射通道和波束综合后的海杂波特征值的比较(波束指向 $\alpha=\pi/2$)。

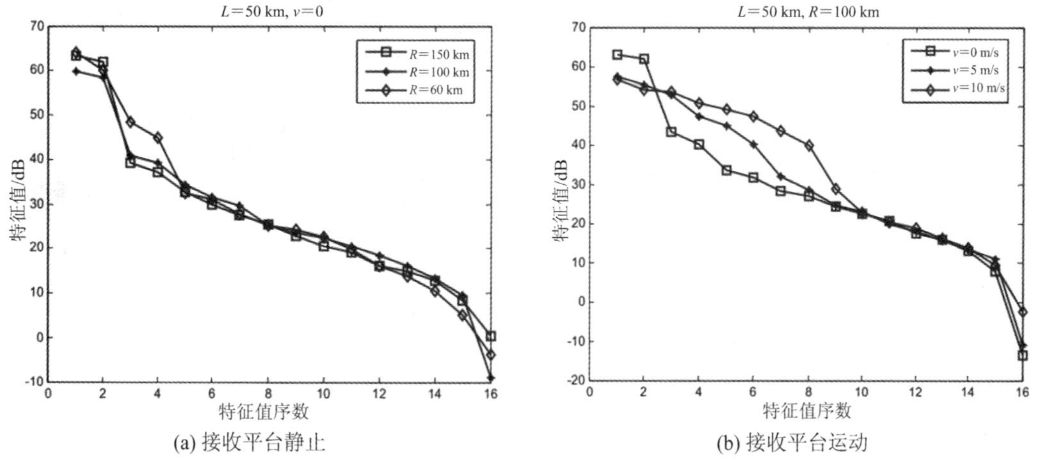

(a) 接收平台静止　(b) 接收平台运动

图 6.17　波束综合前的海杂波特征谱

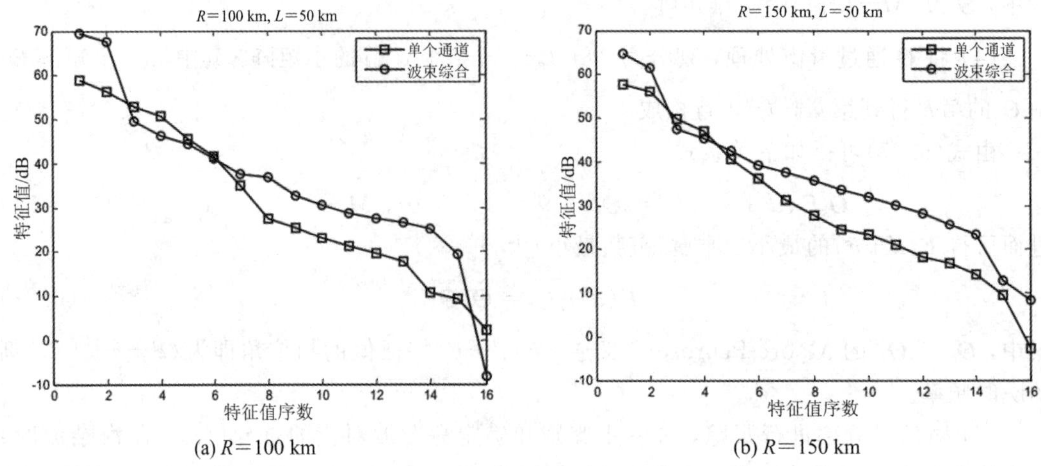

(a) $R=100$ km　　(b) $R=150$ km

图 6.18　平台运动时($v=5$ m/s)的海杂波特征谱

从图 6.17 和图 6.18 可以看出，海杂波的特征值分布与其多普勒的扩展程度紧密相关：接收平台运动速度越大，海杂波展宽越明显，若视其为正弦信号的叠加，则对应的信号个数也越多。接收平台静止时，收发分置对多普勒谱扩展的贡献很小，功率相对集中；而接收平台运动时海杂波功相对分散。

同时，图 6.18 也表明，发射波束综合前海杂波的特征值个数明显多于发射波束综合后，再通过一个仿真实验分析造成这种现象的原因。在图 6.17 和图 6.18 的仿真条件上加入目标，目标参数为：距离 $R=100$ km，方位 $\alpha=90°$，多普勒频率 0.17 Hz，则海杂波的空时分布及目标在空时平面的位置如图 6.19(a)所示。图 6.19(b)为波束综合前、后目标及海杂波的多普勒谱。可见，发射波束综合后，被遮蔽的目标已从海杂波中显露出来。这说明发射波束综合后的海杂波功率相对集中，因此，可以将其视为少数几个正弦信号的叠加，能够采用 Hankel 降秩矩阵法进行海杂波抑制。

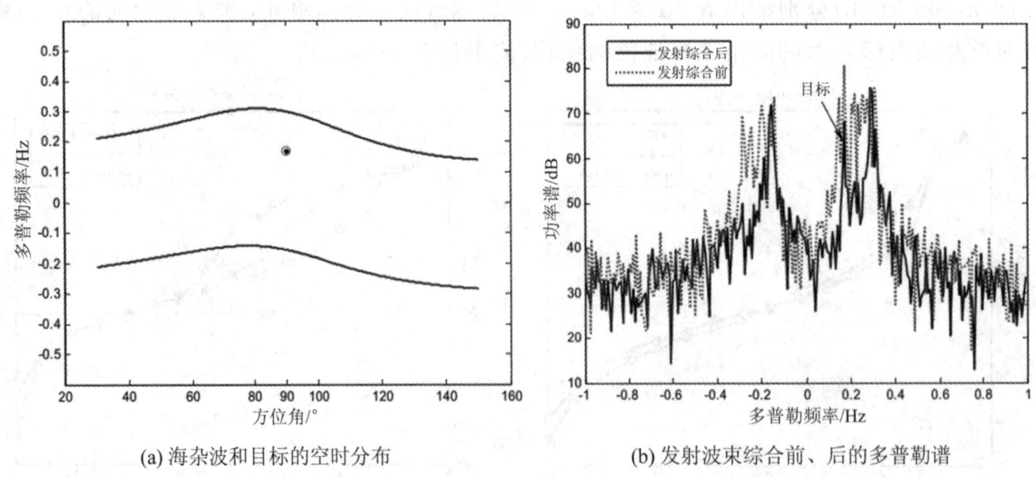

(a) 海杂波和目标的空时分布　　(b) 发射波束综合前、后的多普勒谱

图 6.19　海杂波和目标的空时分布及发射波束综合前、后海杂波的多普勒谱

下面通过仿真实验来验证上述方法的抑制效果。假设目标的多普勒频率在一个相干处理

间隔(CPI)内为恒定值，针对两种目标环境进行仿真：第一种是目标与海杂波能够明显区分开，其系统参数和目标参数与图 6.19 所示相同；第二种是目标与海杂波离得很近，这里设定目标多普勒频率为 0.25 Hz，其余参数不变。假设相干积累后的回波信号杂噪比CNR=30 dB，目标的信杂比 SCR=−6 dB，取 $r=3$，仿真处理结果分别如图 6.20、图6.21 所示。

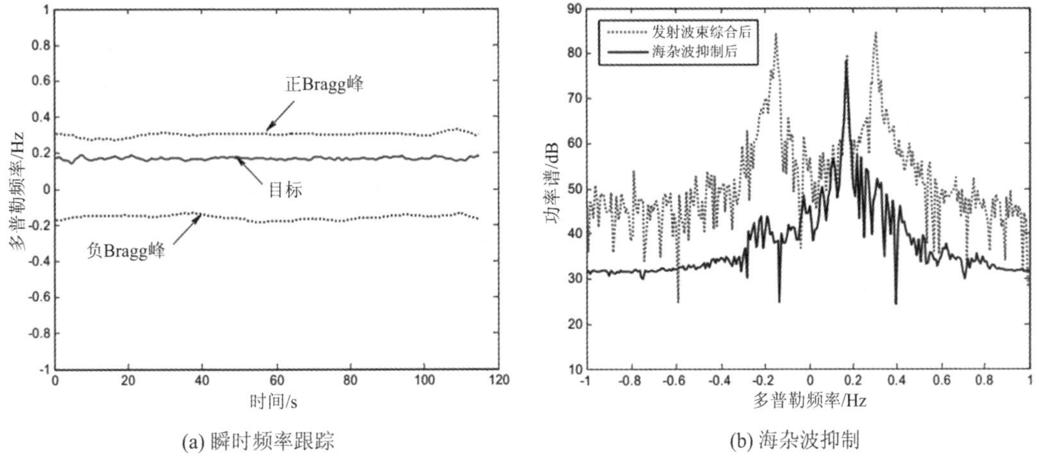

(a) 瞬时频率跟踪　(b) 海杂波抑制

图 6.20　第一种目标设置情况

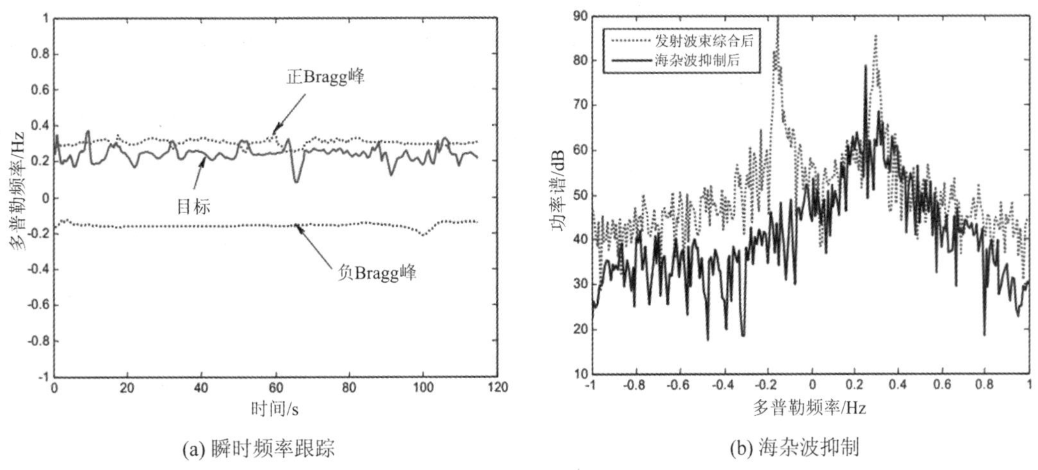

(a) 瞬时频率跟踪　(b) 海杂波抑制

图 6.21　第二种目标设置情况

对比图 6.20(a)与图 6.21(a)可以发现：当目标靠近 Bragg 峰时，其瞬时频率的估计方差变大，而海杂波的估计方差并无明显改变，这一特点可以作为区别海杂波与目标的依据[3]。可以看出，对于两种目标设置情景，Hankel 降秩矩阵方法均可以有效抑制发射波束综合后的海杂波信号。由于该方法可实时跟踪信号的瞬时频率，因此，在目标存在时间调制(即等效有加速度)时也同样有效。

综上分析，先发射波束综合再利用时域 Hankel 降秩矩阵方法的空-时级联处理能够有效抑制海杂波。需要说明的是，为了保证波束综合后的海杂波功率相对集中，发射波束应具有较窄的宽度和较低的旁瓣。显然，前面分析的 MRL 阵列虽然可以满足前一条件，但因旁瓣较高，采用空-时处理对海杂波的抑制效果有限。

6.4.2　时-空级联处理

时-空级联处理方法实际是对目标所在多普勒通道的方向图进行自适应波束综合，通过保证目标所在方向输出功率，降低海杂波方向的输出功率，达到抑制海杂波的目的。如图 6.22 所示，该方法同样也分为两步对海杂波进行抑制：第一步在慢时域进行，对慢时域采样数据 $\boldsymbol{X}_{K,M,N}$ 做 DFT 或 FFT 处理，实现相干积累；第二步在空域进行，对目标所在多普勒通道、所在距离单元的 K 个发射分量对应空域采样进行自适应发射波束综合处理，约束海杂波出现方向的增益。

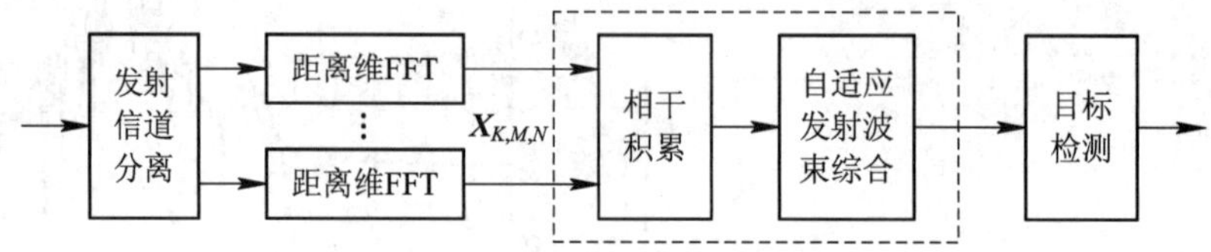

图 6.22　时-空级联处理方法流程图

第一步——相干积累，多普勒通道的获取。高频雷达的距离分辨单元较大，距离分辨单元在 5 km 左右，对于舰船这类海面低速目标而言，目标通过一个距离分辨单元一般需要几分钟的时间，因此，雷达在这几分钟里接收到的回波信号均可放到一个距离单元内进行相干积累，这也使得高频雷达有很高的多普勒分辨率和较多的多普勒通道。

由 6.3.1 节可知，对回波信号作三维预处理(距离、多普勒维 DFT，以及空域的发射波束综合)后，可得到类似图 6.9(b)所示的海杂波角度-多普勒谱和类似图 6.10 所示的距离-多普勒谱。从这些图中可以看出，作多普勒维 DFT 处理后，海杂波的多普勒频率就被集中在几个多普勒通道内，形成多普勒维的“窄带干扰”。而在角度-多普勒谱中，虽然海杂波占据了空域的几乎所有方位，但就单个多普勒通道而言，海杂波只出现在个别方位。这里我们做一个仿真实验，假设雷达系统参数、目标参数与图 6.19 所示的参数相同，只是目标的多普勒频率改为 0.2 Hz。对仿真数据作三维预处理后，图 6.23(a)给出了目标所在距离单元的多普勒谱，图 6.23(b)给出了目标所在距离单元、所在多普勒通道的空间谱。

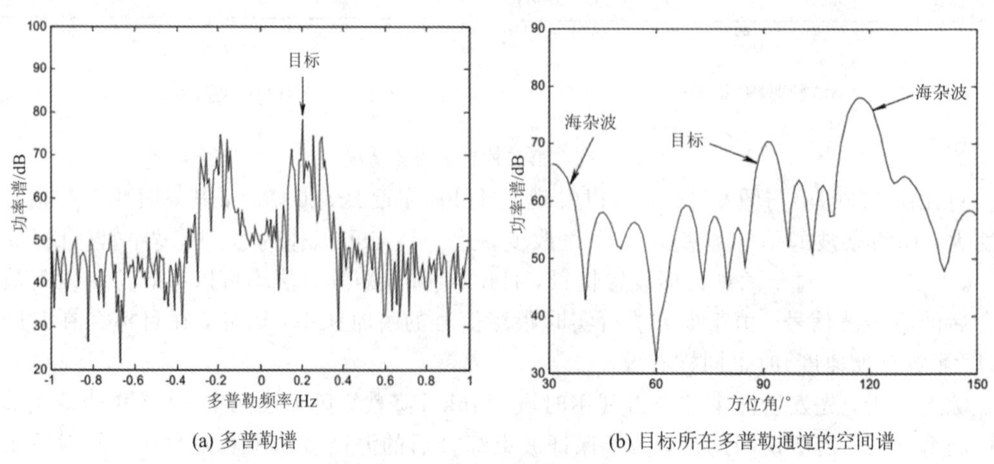

(a) 多普勒谱　　(b) 目标所在多普勒通道的空间谱

图 6.23　目标所在距离单元的多普勒谱和空间谱

图 6.23(a)标记的目标，基本被淹没在海杂波中。如果在角度-多普勒谱中对多普勒频率为 0.2 Hz 所对应的多普勒通道作一个切面，就能得到图 6.23(b)所示目标所在多普勒通道的空间谱，而雷达的高多普勒分辨率保证了空间谱能够准确反映目标与海杂波的真实空域信息。从图 6.23(b)中可以看出，海杂波出现在 40°左右和 120°左右两个方位。因此对于单个多普勒通道而言，海杂波又可以看作是一种“定向干扰”，可以运用自适应波束综合对这些“定向干扰”进行抑制。

第二步——自适应发射波束综合。根据线性约束的最小方差(LCMV)准则，采用两种不同的约束方法对各发射信道分量的目标所在多普勒通道进行自适应发射波束综合以抑制海杂波。

第一种约束方法假设海杂波方位未知，目标方位 θ_t 已知，因此只对目标方向的输出进行如下约束：

$$\begin{cases}\min \boldsymbol{W}^{\mathrm{H}}\boldsymbol{R}_x\boldsymbol{W}\\ \text{s. t. } \boldsymbol{W}^{\mathrm{H}}\boldsymbol{s}(\theta_t)=1\end{cases} \tag{6.35}$$

式中，$\boldsymbol{R}_x$ 为数据协方差矩阵，$\boldsymbol{s}(\theta_t)$ 为目标导向矢量。利用 Lagrange 乘子算法，可得

$$\boldsymbol{W}_{\mathrm{opt}}=\mu\boldsymbol{R}_x^{-1}\boldsymbol{s}(\theta_t) \tag{6.36}$$

式中，$\mu=(\boldsymbol{s}^{\mathrm{H}}(\theta_t)\boldsymbol{R}_x^{-1}\boldsymbol{s}(\theta_t))^{-1}$ 为归一化常数。

第二种约束方法是在已知海杂波出现的方位的情况下，同时对目标和海杂波方向进行约束，使目标输出为 1，海杂波输出为 0。以图 6.22 所示空间谱为例，可作如下约束：

$$\begin{cases}\min \boldsymbol{W}^{\mathrm{H}}\boldsymbol{R}_x\boldsymbol{W}\\ \text{s. t. } \boldsymbol{W}^{\mathrm{H}}\boldsymbol{C}=\boldsymbol{F}\end{cases} \tag{6.37}$$

解得相应的最优权为

$$\boldsymbol{W}_{\mathrm{opt}}=\boldsymbol{R}_x^{-1}\boldsymbol{C}(\boldsymbol{C}^{\mathrm{H}}\boldsymbol{R}_x^{-1}\boldsymbol{C})^{-1}\boldsymbol{F} \tag{6.38}$$

式中，$\boldsymbol{C}=[s(\theta_t)\quad s(\theta_{i1})\quad s(\theta_{i2})]$为由目标(所在方位为 θ_t)和海杂波一阶 Bragg 峰(所在方位为 θ_{i1} 和 θ_{i2})的方位导向矢量组成的导向矩阵，$\boldsymbol{F}=[1\quad 0\quad 0]^{\mathrm{T}}$ 为约束矢量。实际中由于目标方位先验未知，需要在非杂波方向进行搜索，而且为了避免对消目标，求第一种约束方法的最优权时要求估计的协方差矩阵不包含目标信息，也就是杂波的协方差矩阵。

下面先构造导向矢量 $\boldsymbol{s}(\theta)$。由式(4.6)可知，岸-舰双基地高频地波超视距雷达的发射阵列导向矢量可写为

$$\boldsymbol{s}_r(\theta)=\left[\exp\left(-\mathrm{j}2\pi f_1\left(\tau-\frac{d_1\cos\theta}{c}\right)\right),\ \cdots,\ \exp\left(-\mathrm{j}2\pi f_K\left(\tau-\frac{d_K\cos\theta}{c}\right)\right)\right] \tag{6.39}$$

式中，目标回波时延 τ 和各路发射信号载频 f_k 已知，因此可对 $\exp(-\mathrm{j}2\pi f_k\tau)$ 这部分相位差直接补偿，再以第一个发射阵元为参考阵元得到导向矢量 $\boldsymbol{s}(\theta)$的形式，即

$$\boldsymbol{s}(\theta)=[1\quad \exp(\mathrm{j}\delta_2 d\cos\theta)\quad \cdots\quad \exp(\mathrm{j}(K-1)\delta_K d\cdot\cos\theta)]^T \tag{6.40}$$

式中，$\delta_k=2\pi/\lambda_k$，λ_k 为第 k 路发射信号的波长；d 为发射天线之间的间隔。

然后，构造数据协方差矩阵。由 6.3.3 节的分析可知，双基地体制下，海杂波的空时分布在距离上是非平稳的，因而不能利用其他距离单元的样本数据估计检测单元的协方差矩阵，因此我们通过时域滑窗处理获得训练样本对协方差矩阵 $\boldsymbol{R}_x$ 进行估计。

设发射阵元数为 K，则第 k 个发射信号分量分离后的 M 个调频周期内目标所在距离单元的慢时域采样数据可表示为

$$\boldsymbol{x}_k = [x_k(1) \quad x_k(2) \quad \cdots \quad x_k(M)]^{\mathrm{T}} \tag{6.41}$$

对 $\boldsymbol{x}_k$ 作窗长为 P、间隔为 D 的滑窗处理，P 和 D 的选择视预处理时的多普勒分辨率及估计协方差矩阵时的快拍数要求而定，将每次滑窗输出的矢量构造成如下形式的矩阵

$$\tilde{\boldsymbol{x}}_k = \begin{bmatrix} x_k(1) & x_k(D+1) & \cdots & x_k((T-1)D+1) \\ x_k(2) & x_k(D+2) & \cdots & x_k((T-1)D+2) \\ \vdots & \vdots & & \vdots \\ x_k(P) & x_k(D+P) & \cdots & x_k((T-1)D+P) \end{bmatrix} \tag{6.42}$$

式中，T 为滑窗次数，且有 $TD+P=M$。

对矩阵 $\tilde{\boldsymbol{x}}_k$ 的每一列作 DFT 处理，将每一列采样数据从慢时域变换到多普勒域得

$$\tilde{\boldsymbol{X}}_k = \begin{bmatrix} \boldsymbol{X}_k(f_1, 1) & \boldsymbol{X}_k(f_1, 2) & \cdots & \boldsymbol{X}_k(f_1, T) \\ \boldsymbol{X}_k(f_2, 1) & \boldsymbol{X}_k(f_2, 2) & \cdots & \boldsymbol{X}_k(f_2, T) \\ \vdots & \vdots & & \vdots \\ \boldsymbol{X}_k(f_P, 1) & \boldsymbol{X}_k(f_P, 2) & \cdots & \boldsymbol{X}_k(f_P, T) \end{bmatrix} \tag{6.43}$$

对于待处理的某一个多普勒频点 $f_d(d=1, 2, \cdots, P)$，K 个发射通道共得到 $K\times T$ 个数据，将其表示为矩阵，即

$$\tilde{\boldsymbol{X}}(f_d) = \begin{bmatrix} \boldsymbol{X}_1(f_d, 1) & \boldsymbol{X}_1(f_d, 2) & \cdots & \boldsymbol{X}_1(f_d, T) \\ \boldsymbol{X}_2(f_d, 1) & \boldsymbol{X}_2(f_d, 2) & \cdots & \boldsymbol{X}_2(f_d, T) \\ \vdots & \vdots & & \vdots \\ \boldsymbol{X}_K(f_d, 1) & \boldsymbol{X}_K(f_d, 2) & \cdots & \boldsymbol{X}_K(f_d, T) \end{bmatrix} \tag{6.44}$$

则待处理多普勒通道对应的协方差矩阵可估计为

$$\hat{\boldsymbol{R}}_x(f_d) = \frac{1}{T}\tilde{\boldsymbol{X}}(f_d)\tilde{\boldsymbol{X}}^{\mathrm{H}}(f_d) \tag{6.45}$$

将其代入式(6.36)或式(6.38)，就可得到自适应空域滤波的最优权。

下面通过仿真实验来验证上述方法的抑制效果。目标及系统参数设置同图 6.24，海杂波出现在 40°和 120°两个方位中，相干积累后的杂噪比 CNR=30 dB，目标的信杂比 SCR=

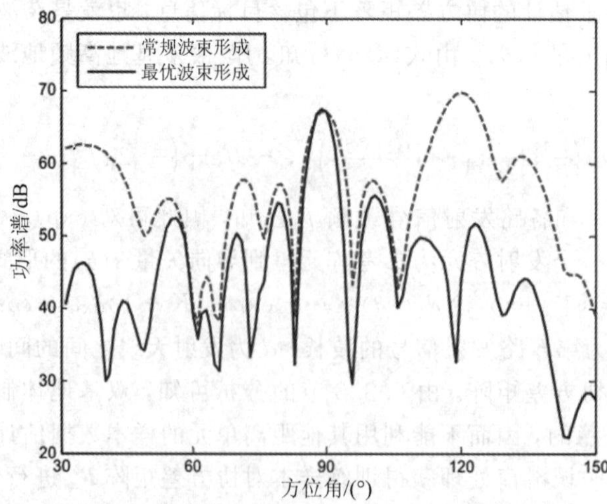

图 6.24 第一种约束方法的自适应发射波束处理结果

−5 dB，样本长度 M=256，窗长 P=128，滑窗间隔 D=4，滑窗次数 T=32。图 6.24 给出了第一种约束方法得到的最优权值的自适应空域滤波的输出结果。图 6.25 为两种约束下的自适应发射波束处理结果。从图中可以看出，第一种约束方法利用剔除目标的干扰协方差矩阵获得最优空间谱的杂波抑制效果要优于第二种约束方法，而且第二种约束方法在约束海杂波方向响应的同时会导致目标空间谱产生畸变，因此，宜采用第一种约束方法进行海杂波处理。

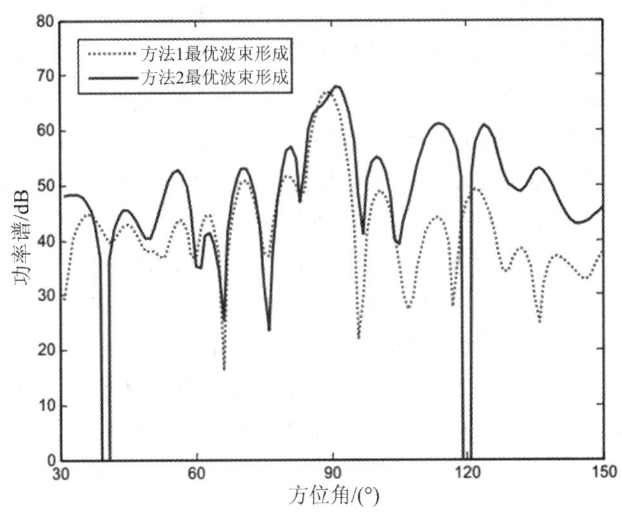

图 6.25　两种约束方法的自适应发射波束处理结果

图 6.26 所示为利用最优权对所有海杂波多普勒通道进行滤波后，目标所在波位的多普勒谱，其中点线表示处理之前单个发射分量的多普勒谱，图 6.26(a)的信杂比为 0 dB，而图 6.26(b)的为−6 dB。可以看出，扩展的海杂波信号得到了明显的抑制，而被“淹没”的目标则显现出来。

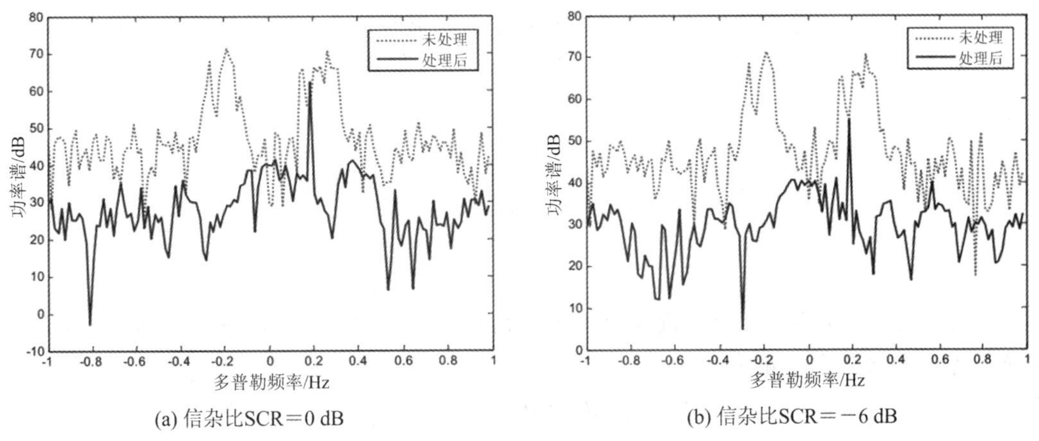

图 6.26　目标方向的多普勒谱

综合以上分析和仿真可知，时-空级联处理方法也可以对海杂波进行有效抑制。

6.5 图像域海杂波抑制方法

图像域海杂波抑制方法是由陈多芳等提出的一种新的结合岸-舰双基地高频地波超视距雷达的海杂波抑制方法[20]，该方法有别于6.4节空时域海杂波抑制方法，虽然该方法也在空时二维平面进行目标检测，但却是针对空时二维谱图进行的图像处理，以达到抑制海杂波的目的。由6.2节分析可知，双基地工作方式以及接收平台运动均会造成岸-舰双基地高频地波超视距雷达海杂波一阶谱的展宽。若目标与扩展的海杂波处在相同的多普勒频率区，则利用传统的动目标检测方法仅在多普勒域鉴别目标的可能性低。由于不同方位(相对发射站)上的海杂波多普勒频率不同，因此，可以考虑在空时二维平面进行目标检测。双基地雷达中，海杂波空时分布随距离变化，难以获得足够多的、与检测距离单元杂波统计特性相同的训练数据，不能直接采用基于数据协方差矩阵的空时二维海杂波抑制方法。海杂波虽然在不同方位和不同距离单元呈现非平稳性，但相邻距离单元的海杂波空时特性具有一定的相似性。若同一方位、相邻距离单元海杂波多普勒频率差异小于一到两个多普勒分辨单元(此处多普勒分辨率取决于计算空时谱所采用的调频周期数)，可采用相邻距离单元回波数据抑制海杂波。因此，图像域海杂波抑制方法首先选取目标所在距离单元及其左右相邻距离单元的采样数据，并计算空时二维谱；再将空时谱转换成灰度图像，对图像分割得到二值图像并进行形态学滤波；然后用相邻距离单元灰度图像和二值图像分别对消检测单元灰度图像和二值图像中的海杂波，最后对残差灰度图像和残差二值图像进行融合。

6.5.1 海杂波的图像域抑制流程

假设 K 个阵元均匀线阵组成雷达发射阵，在接收端对回波信号经过混频、低通滤波和距离脉压(快时间维FFT处理)得到各发射信号分量，等效为 K 个“接收”通道；再进行发射波束综合，对一个CPI内 M 个调频周期的信号进行相干积累时间；再进行图像域海杂波的抑制。该方法的处理流程如图6.27所示。利用相邻距离单元海杂波在空时平面上具有一定的相似性，可以选取目标所在距离单元及其左右相邻距离单元的采样数据作海杂波抑制处理。图6.27中最左边的 $\boldsymbol{X}_l$ 为第 l 个距离单元(即目标所在距离单元)的空时采样数据，其形式如下：

$$\boldsymbol{X}_l=[\boldsymbol{x}_1 \quad \boldsymbol{x}_2 \quad \cdots \quad \boldsymbol{x}_M]^{\mathrm{T}}=\begin{bmatrix} x_{1,1} & x_{1,2} & \cdots & x_{1,N} \\ x_{2,1} & x_{2,2} & \cdots & x_{2,M} \\ \vdots & \vdots & & \vdots \\ x_{K,1} & x_{K,2} & \cdots & x_{K,M} \end{bmatrix} \tag{6.46}$$

首先，第 l 个距离单元的距离为 R_l，方位角用 θ 表示，多普勒频率用 f_d 表示，则等效阵列流型的空域导向矢量为

$$\boldsymbol{w}_s(R_l,\theta)=\left[\exp\left(-\mathrm{j}2\pi f_1\frac{(R_l-d_1\cos\theta)}{c}\right),\cdots,\exp\left(-\mathrm{j}2\pi f_K\frac{(R_l-d_K\cos\theta)}{c}\right)\right]^{\mathrm{T}} \tag{6.47}$$

慢时域导向矢量(回波信号中与多普勒频率相关的相位项)为

$$\boldsymbol{w}_t(f_d)=[1 \quad \exp(\mathrm{j}2\pi f_d T_m) \quad \cdots \quad \exp(\mathrm{j}2\pi f_d(M-1)T_m)]^{\mathrm{T}} \tag{6.48}$$

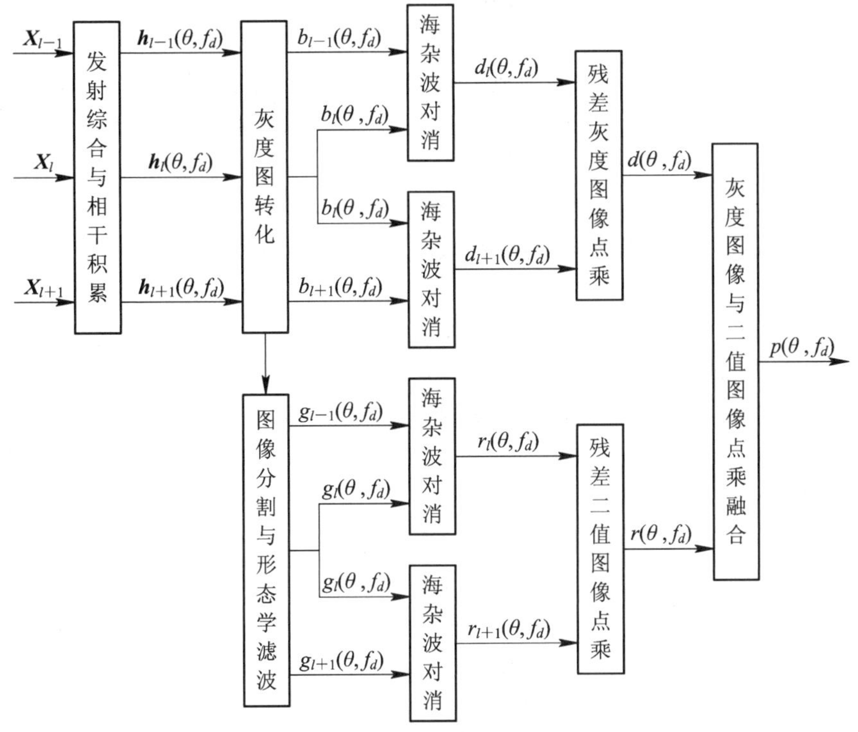

图 6.27　图像域海杂波抑制方法流程图

则第 l 个距离单元的采样数据 $\boldsymbol{X}_l$ 经发射波束综合和多普勒维相干积累后的空时二维谱为

$$\boldsymbol{h}_l(\theta, f_d) = \left| \boldsymbol{w}_s^{\mathrm{H}}(R_l, \theta)\boldsymbol{X}_l \boldsymbol{w}_t^*(f_d) \right| \tag{6.49}$$

式(6.47)中，d_k 为第 k 个阵元与第一个阵元的间隔，且有 $d_k=(k-1)d_0$。d_0 为相邻两阵元间距；T 表示转置；H 表示共轭转置；* 表示共轭。

除目标所在的第 l 个距离单元之外，与其相邻的第 $l-1$ 和 $l+1$ 个距离单元的空时采样数据 $\boldsymbol{X}_{l-1}$ 和 $\boldsymbol{X}_{l+1}$ 也作相同处理，分别得到对应距离单元的空时二维谱 $\boldsymbol{h}_{l-1}(\theta, f_d)$ 和 $\boldsymbol{h}_{l+1}(\theta, f_d)$。

将上述三个距离单元的空时二维谱转化为灰度图像。在灰度图像转化过程中，空时谱的每个元素对应转化为一个像素点，则得到的灰度图像也是 $K\times M$ 维的，分别用 $b_{l-1}(\theta, f_d)$、$b_l(\theta, f_d)$ 和 $b_{l+1}(\theta, f_d)$ 表示。我们首先对相邻两个距离单元的灰度图像进行海杂波对消，可得到对消后的残差灰度图像 $d_l(\theta, f_d)$ 和 $d_{l+1}(\theta, f_d)$，即

$$d_l(\theta, f_d) = \left| b_l(\theta, f_d) - b_{l-1}(\theta, f_d) \right| \tag{6.50}$$

$$d_{l+1}(\theta, f_d) = \left| b_l(\theta, f_d) - b_{l+1}(\theta, f_d) \right| \tag{6.51}$$

上述海杂波对消是采用相邻两距离单元空时灰度图像对应像素点相减并取绝对值的方式实现的。但由于相邻距离单元的噪声和海杂波的空时分布并不完全一样，因此残差灰度图像中仍会留存少量未对消掉的噪声和海杂波，这就需要对两张残差灰度图像进行点乘以进一步抑制噪声和海杂波。点乘后的灰度图像为

$$d(\theta, f_d) = d_l(\theta, f_d) \odot d_{l+1}(\theta, f_d) \tag{6.52}$$

式中，$\odot$ 表示点乘，即两幅图像的对应像素相乘。

其次，分别对灰度图像 $b_{l-1}(\theta, f_d)$、$b_l(\theta, f_d)$和 $b_{l+1}(\theta, f_d)$进行处理得到对应的三张二值图像 $g_l(\theta, f_d)$、$g_{l+1}(\theta, f_d)$和 $g_{l-1}(\theta, f_d)$。灰度图像转化为二值图像是采用图像分割和形态学滤波这两种数字图像处理方法来完成。与灰度图像的处理方法一致，也对相邻两个距离单元的二值图像进行海杂波对消，可得到对消后的残差二值图像 $r_l(\theta, f_d)$和$r_{l+1}(\theta, f_d)$，

$$r_l(\theta, f_d) = |g_l(\theta, f_d) - g_{l-1}(\theta, f_d)| \tag{6.53}$$

$$r_{l+1}(\theta, f_d) = |g_l(\theta, f_d) - g_{l+1}(\theta, f_d)| \tag{6.54}$$

然后，将两张残差二值图像进行点乘以进一步抑制噪声和海杂波，则点乘后的二值图像为

$$r(\theta, f_d) = r_l(\theta, f_d) \odot r_{l+1}(\theta, f_d) \tag{6.55}$$

最后，采用点乘的方式将灰度图像 $d(\theta, f_d)$和残差图像 $r(\theta, f_d)$进行融合，得到目标所在距离单元海杂波抑制后的空时二维图像 $p(\theta, f_d)$，以及沿多普勒维和方位维的输出 $p(f_d)$和 $p(\theta)$，即

$$p(\theta, f_d) = r(\theta, f_d) \odot d(\theta, f_d) \tag{6.56}$$

$$p(f_d) = \sum_{\theta} p(\theta, f_d) \tag{6.57}$$

$$p(\theta) = \sum_{f_d} p(\theta, f_d) \tag{6.58}$$

当有目标存在时，$p(f_d)$和 $p(\theta)$在目标对应的多普勒频率和方位角处较大，据此可判定目标的存在与否，并得到目标多普勒信息和方位信息。

6.5.2 图像分割

图像分割就是把图像分成各具特性的区域，并提取出感兴趣目标的技术和过程。这些区域是互不相交的，每一个区域都满足特定区域的一致性[21,23]。通常，分割是为了进一步对图像进行分析、识别、压缩等，分割的准确性直接影响后续任务的有效性。图像分割是图像处理中的重要问题，也是图像处理中的一个难题。

基于阈值的分割方法是一种应用广泛的图像分割技术，其实质是利用图像中要提取的目标和背景在灰度特性上的差异，把图像看作具有不同灰度级的两类区域的组合[24]。选择一个处于图像灰度级范围内的比较合理的阈值 T_h，然后将图像中每个像素的灰度值都与该阈值进行比较，从而确定图像中的像素点属于目标还是背景区域。它极大地压缩了数据量，并且对图像信息的分析和处理步骤进行了简化。阈值分割法适用于目标与背景灰度对比度较强的情况，其中目标或背景灰度比较单一，而且总能够得到连通且封闭区域的边界。

设原始图像是 $F(x, y)$，按照某种准则在 $F(x, y)$图像中找出一个合适的灰度值作为阈值 T_h，则输出分割后的二值图像 $B(x, y)$可表示为

$$B(x, y) = \begin{cases} 1, & F(x, y) < T_h \\ 0, & F(x, y) > T_h \end{cases} \tag{6.59}$$

另外，还可以将阈值设置为灰度区间范围$[T_{h1}, T_{h2}]$，凡是灰度值在该范围内的像素都变为 1，否则都为 0，即

$$B(x, y) = \begin{cases} 1, & T_{h1} \leqslant F(x, y) \leqslant T_{h2} \\ 0, & \text{其他} \end{cases} \tag{6.60}$$

某些特殊情况下，选择将高于阈值 T_h 的像素保持原灰度值，其他像素都变为 0，则分割后的图像可表示为

$$B(x, y) = \begin{cases} F(x, y), & F(x, y) \geq T_h \\ 0, & \text{其他} \end{cases} \tag{6.61}$$

由以上方法可以看出，确定最优阈值是分割的关键。阈值分割实质是按照某个准则求解最佳阈值的过程。目前的大部分算法都集中在确定阈值的方法上。在各种阈值计算方法中，直方图双峰法、最大类间方差法和基于信息熵原理的最大熵法等是比较成熟的算法。

由于篇幅所限，本书不再对上述三种算法进行介绍，这里只对比运用这三种算法对海杂波空时二维谱图进行分割的结果。

仿真条件假设雷达发射载频 f_0=6.75 MHz，发射阵元数 K=16，基线距离 L=120 km，调频周期 T_m=0.45 s，积累周期数为 M=256，海杂波出现方位 θ=30°～150°，接收站方位 θ_r=30°，速度 v_r=12 m/s，运动方向为 φ_r=45°，目标回波与海杂波同幅度，信噪比分别为 10 dB、20 dB、30 dB，并假设一个相干积累周期内接收平台速度不变。图 6.28 为不同信噪比下海杂波与目标的空时二维谱图。表 6.1 为三种信噪比条件下由上述三种算法计算得到的分割阈值，图 6.29～图 6.31 分别为通过上述三种算法作图像分割处理后的结果，其中黑色区域为目标，白色区域为背景。

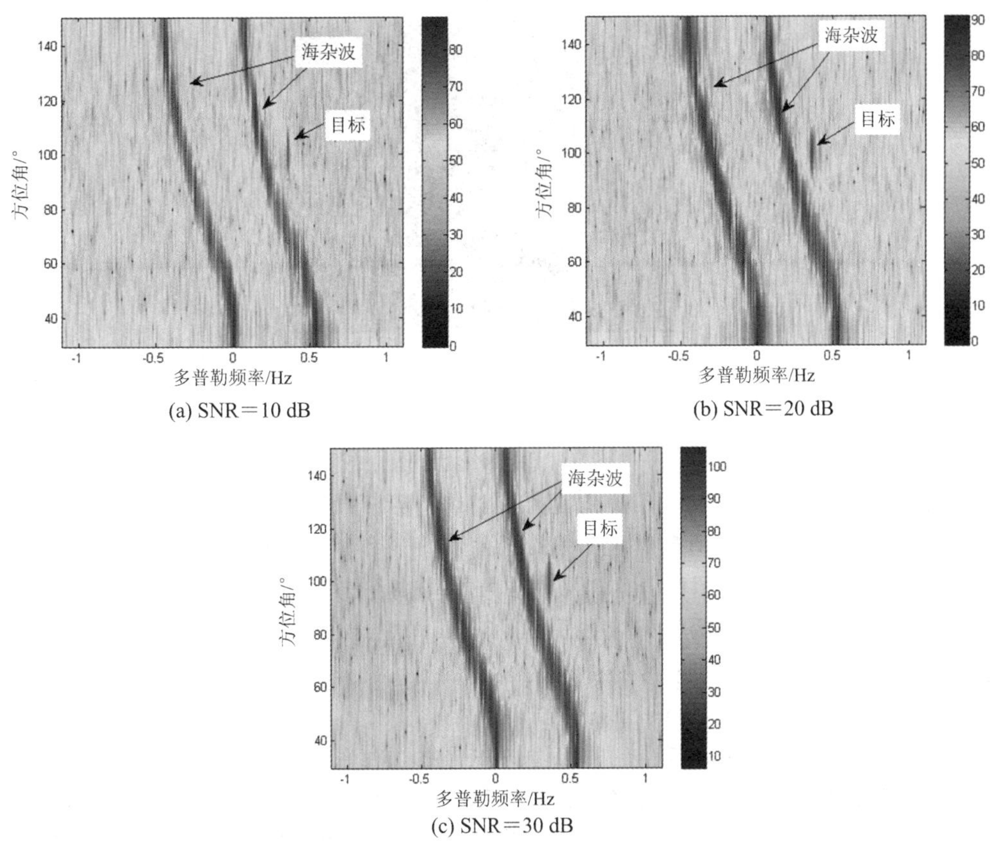

图 6.28　不同信噪比下的海杂波空时二维谱

表 6.1　三种算法计算得到的阈值比较

SNR/dB	灰度范围	直方图双峰法/dB	最大类间方差法/dB	最大熵法/dB
10	11.3 dB～88.2 dB	25.1	52.8	61.8
20	11.6 dB～89.8 dB	31.7	59.6	62.6
30	18.0 dB～102.1 dB	32.6	68.0	74.0

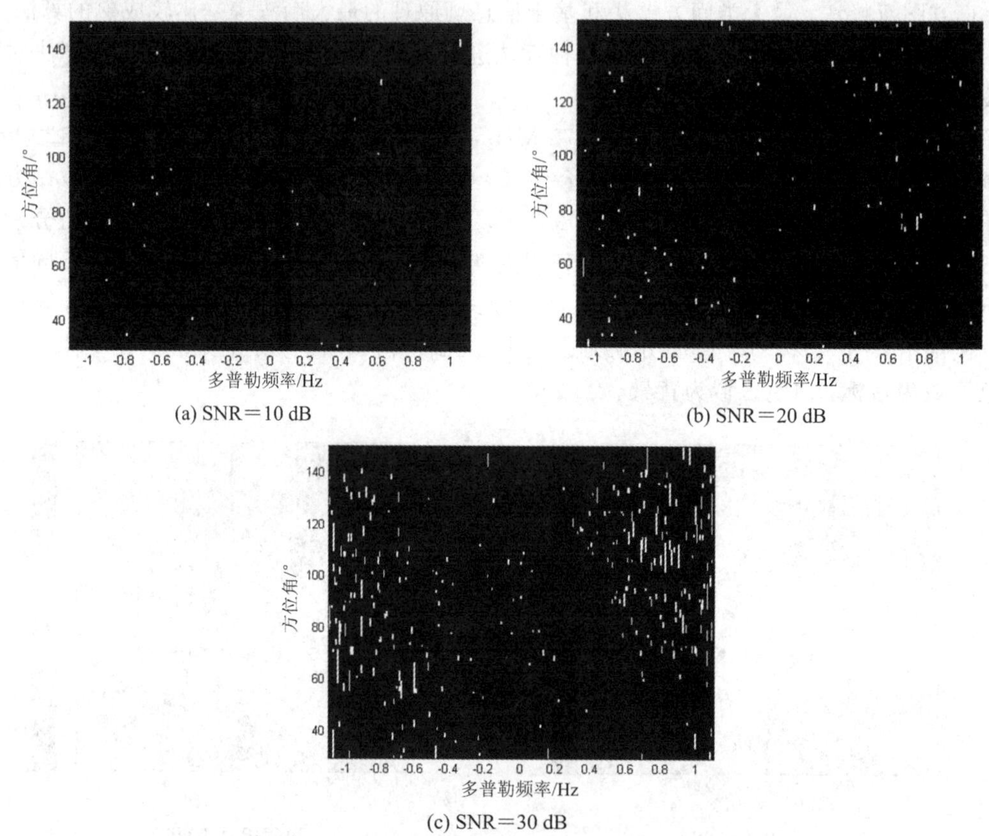

(a) SNR＝10 dB　(b) SNR＝20 dB　(c) SNR＝30 dB

图 6.29　直方图双峰法的分割结果

从表 6.1 给出空时二维谱的分割阈值结果来看，当信噪比分别为 10 dB、20 dB、30 dB 时，直方图双峰法的分割阈值过低，必将图像背景的一部分作为目标，造成分割出的目标过多，严重失真，从而导致图像分割失败。最大类间方差法在低信噪比情况下的分割阈值过低，造成过多背景被划分为目标，从而在图 6.30(a)中出现大量剩余噪声能量，分割效果较差。随着信噪比的提高，即信号和噪声的区分度越大，分割阈值也有所增大，从而使得分割阈值接近海杂波和目标的最小灰度值，分割效果较好，能够将背景和目标较好地分割，分割结果较为理想，但分割得到的二值图中仍然存在较多的随机散落的噪声。最大熵法的处理结果如图 6.31 所示，在低信噪比和高信噪比情况下，分割阈值都较合理地对图像进行了分割，错分概率较小。随着信噪比的提高，分割阈值也有所增大，分割效果较好，能够将背景和目标较好地分割，分割结果较为理想，分割得到的二值图存在随机分布的噪声数量是三种方法中最少的。

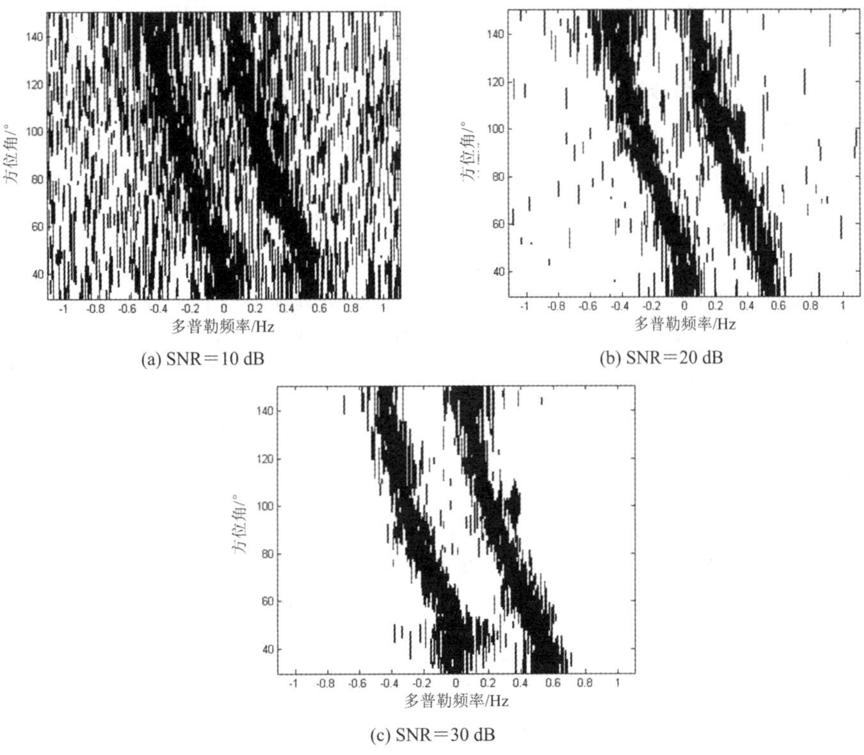

(a) SNR＝10 dB　(b) SNR＝20 dB

(c) SNR＝30 dB

图 6.30　最大类间方差法的分割结果

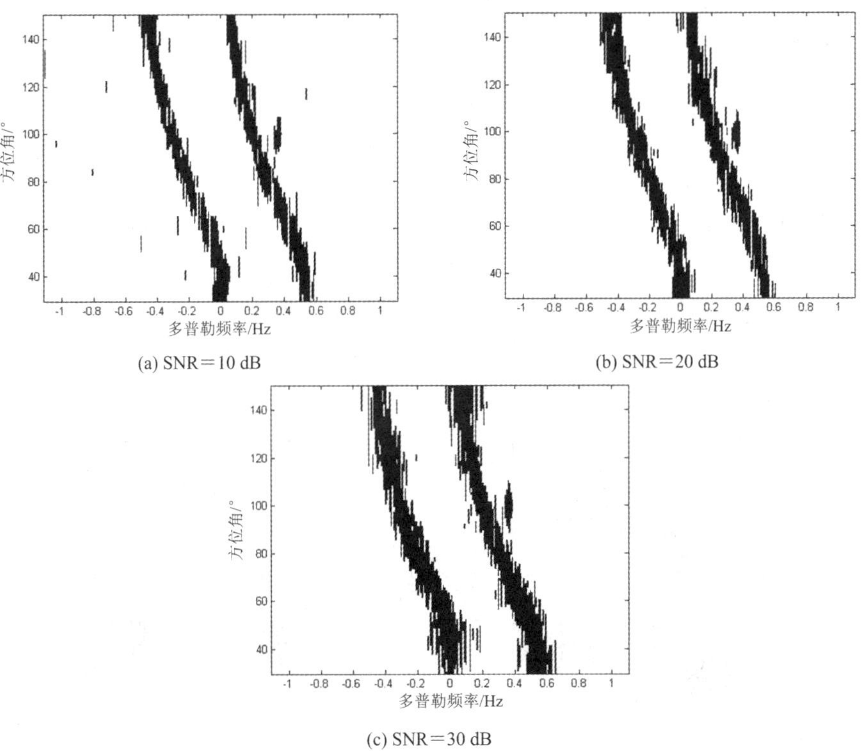

(a) SNR＝10 dB　(b) SNR＝20 dB

(c) SNR＝30 dB

图 6.31　最大熵法的分割结果

由此可知：直方图双峰法不适用于对该模型进行分割，最大类间方差法在低信噪比情况下分割效果较差，最大熵法分割出的二值图像中存在的散落噪声的数量最少，并且在低信噪比情况下，分割效果较好。考虑到相同条件下的分割效果，同时注意到在多种信噪比环境下的适应性，所以采用最大熵法对空时二维谱进行阈值分割，而散落噪声可以通过接下来的形态学滤波滤除。

6.5.3 形态学滤波

形态学是在集合论的基础上发展起来的，能够较好地解决图像压缩、滤波、边沿检测以及匹配等问题[25]。在图像域海杂波抑制方法中，形态学滤波包括结构元素以及腐蚀、膨胀、开运算与闭运算四种基本的形态学运算。

1. 结构元素

数学形态学将二值图像看作集合，并用具有一定形态的结构元素 S 在图像范围内平移，同时结合交、并等基本运算去探测、度量及提取图像中对应的形状，从而对图像进行识别和分析。结构元素 S 是一个在图像上平移且比图像尺寸小的集合，它的选择直接影响形态运算的效果。常用的结构元素有圆盘形、方形、菱形和线形等。

结构元素 S 的选取一般应遵守以下两个原则：

(1) 结构元素 S 在几何上必须比图像简单，并且要有边界。当选择性质相同或相近的结构元素时，应该选择图像某些特征的极限情况。

(2) 结构元素 S 的形状最好具有某种凸性，例如方形、圆形和十字形等。因为用非凸性集合做结构元素 S 得到的有用信息没有凸性的多。

2. 腐蚀运算

定义结构元素 S 腐蚀图像 A，记为 $A\Theta S$：

$$A\Theta S = \{a \mid S_a \subseteq A\} \tag{6.62}$$

式中，$S_a=\{w \mid w=s+a,\ s\in S\}$ 表示结构元素 S 平移一个矢量 a。

腐蚀是一种消除连通域的边界点，使边界向内收缩的处理。腐蚀的结果是使二值图像缩小一圈，即腐蚀是针对图像中的目标像素而言的。

腐蚀运算的示意图如图 6.32 所示，黑色方框代表目标，值为“1”；白色代表背景，值为“0”；“+”号表示原点。其运算过程如下：

(1) 扫描原图，找到第一个像素值为 1 的目标点。

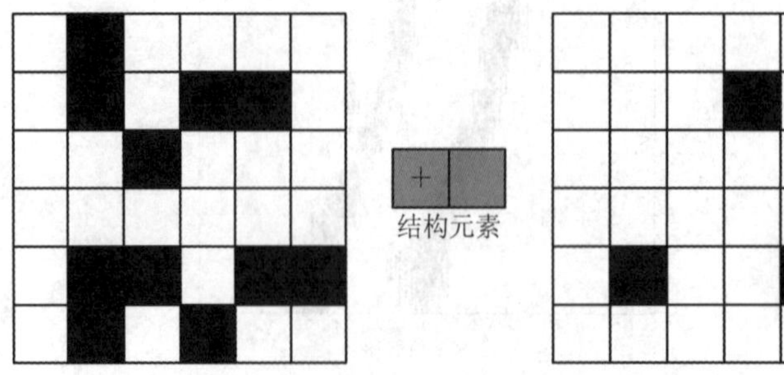

图 6.32　腐蚀运算示意图

(2) 将预先设定好形状以及原点位置的结构元素的原点移到该点。

(3) 判断该结构元素所覆盖的像素值是否全部为 1，即将二者进行与运算：如果所覆盖的像素值全部为 1，则相同位置上的像素值保持为 1；否则腐蚀后图像中的相同位置上的像素值变为 0。

(4) 重复步骤(2)和(3)，直到原图中所有像素处理完成。

为了便于理解，这里假设水平轴为多普勒维，垂直轴为方位维。在腐蚀前，空时二值图像中共有目标点 11 个，结构元素为 1×2 的矩形结构，沿水平方向腐蚀后，目标点个数变为 3。从目标所占有的区域来看，腐蚀的结果是使二值图像缩小一圈。图像画面上边框处不能被结构元素覆盖的部分可以保持原来的值不变，也可以置为背景。

腐蚀处理可以将粘连在一起的不同目标分离，并且可以将小颗粒的噪声去除。

3. 膨胀运算

定义结构元素 S 膨胀图像 A，记为 $A \oplus S$：

$$A \oplus S = \{a \mid (\breve{S})_a \cap A \neq \varnothing\} \tag{6.63}$$

式中，$\breve{S}=\{w \mid w=-s,\ s\in S\}$，$\breve{S}$ 表示一个与 S 关于坐标原点对称的集合，即 $\breve{S}$ 是 S 关于坐标原点的映像。

膨胀是将目标区域的背景点合并到该目标中，使目标边界向外部扩张的处理。膨胀的结果会使二值图像扩大一圈，即膨胀是针对图像中的背景而言的。膨胀运算的示意图如图 6.33 所示。膨胀处理可以将断裂开的目标进行合并，便于对其整体的提取。其运算过程如下：

(1) 扫描原图，找到第一个像素值为 0 的背景点；

(2) 将预先设定好形状以及原点位置的结构元素的原点移到该点；

(3) 判断该结构元素所覆盖的像素值是否存在为 1 的目标点，即将二者进行或运算：如果所覆盖的像素值存在 1 的目标点，则膨胀后图像中的相同位置上的像素值为 1；否则膨胀后图像中的相同位置上的像素值为 0；

(4) 重复步骤(2)和(3)，直到原图中所有像素处理完成。

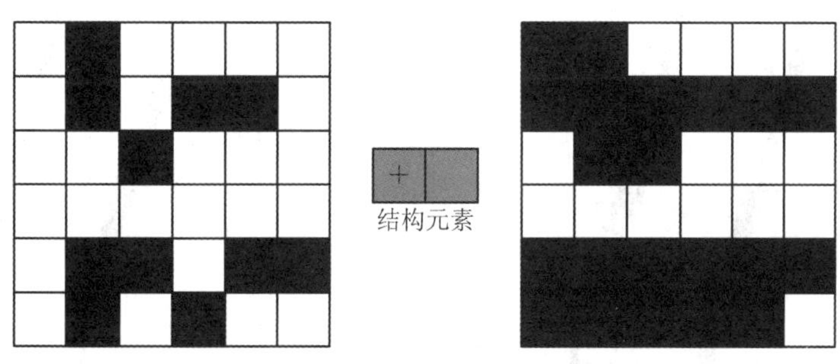

图 6.33　膨胀运算的示意图

在膨胀前，空时二值图像中共有目标点 11 个，结构元素为 1×2 的矩形结构，膨胀后，目标点个数变为 21。从目标所占有的区域而言，膨胀的结果是使二值图像扩大一圈。

膨胀与腐蚀是对偶关系，这两种运算对目标的后续处理有着非常好的作用。但是，腐蚀和膨胀运算的一个缺点是，改变了原目标的大小。为了解决这一问题，考虑到腐蚀与膨胀是一对逆运算，将膨胀与腐蚀运算同时进行，由此便构成了开运算与闭运算。

4. 开运算与闭运算

定义图像 A 关于结构元素 S 的开运算为

$$A \circ S = (A \Theta S) \oplus S \tag{6.64}$$

由式(6.64)可知，开运算是先腐蚀再膨胀，该运算可以平滑边界，去掉尖凸，切断细长搭界。

定义图像 A 关于结构元素 S 的闭运算为

$$A \bullet S = (A \oplus S) \Theta S \tag{6.65}$$

由式(6.65)可知，闭运算则是先膨胀再腐蚀，该运算接合窄的缺口，填充凹处，去掉小洞。

在图像域海杂波抑制方法中，灰度图像经阈值分割转化为二值图像，其空时分布点的局部几何特征差别很大。噪声的空时点随机散布在空时平面上，常常是孤立的点或尺寸较小的串串斑点，目标占若干个像素，海杂波正负部分分别呈连通的片状结构。基于这些几何特征差异，图像域海杂波抑制方法将二值图像先作开运算再作闭运算以去除噪声对应点而尽可能保留海杂波和目标的空时点，进一步提高信噪比。

针对图 6.28(b)所示信噪比为 20 dB 条件下的阈值分割后的图像进行形态学滤波，二值图像大小为 121×256，分别为方位维(121 个波位)和多普勒维(256 个多普勒通道)，图 6.31(b)中海杂波与目标的总像素点数(图中黑色像素点总数)为 2383，目标占据大约 3×17 的像素区域，根据选取原则，结构元素 S 所占像素区域要小于 3×17，同时考虑到要尽量滤除噪声，最终选择 2×8 像素的矩形结构元素。应用开运算滤除图像中区域小于结构元素 S 的独立点或串串斑点，保留聚集面积大于结构元素的空时点，开运算后海杂波与目标的总像素点数为 2078，再应用闭运算填充海杂波和目标信号中小于结构元素 S 的黑洞和裂缝，开、闭运算后的二值图像分别如图 6.34 和图 6.35 所示，闭运算后海杂波与目标的总像素点数为 2225，基本保持不变。

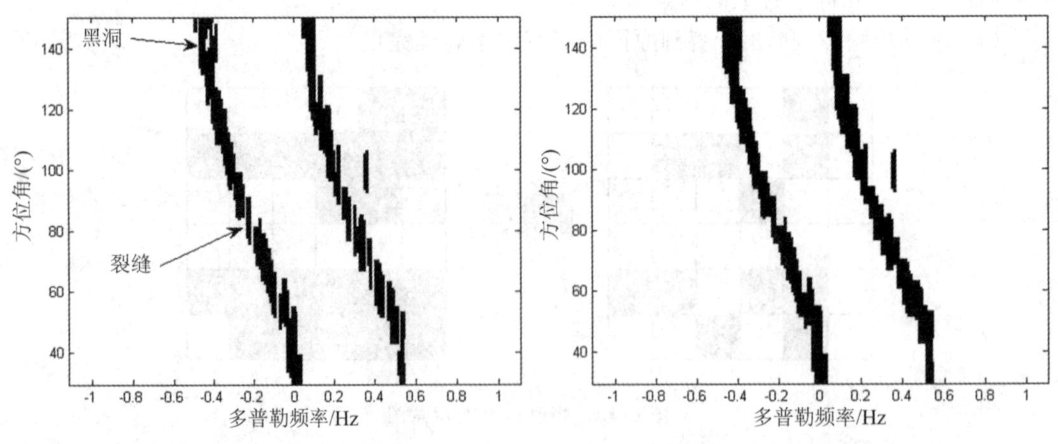

图 6.34 开运算后的二值图像　　图 6.35 闭运算后的二值图像

对于不存在目标的相邻距离单元进行相同的形态学滤波操作，能够使具有很强相干性的海杂波呈现更强的一致性。若这三个相邻距离单元的海杂波分布完全一致，则通过图像对消后，残差图像中只剩下目标。实际上，因为相邻距离单元海杂波分布存在一定的差异性，对利用阈值分割后的二值图像进行形态学滤波，可以使海杂波的分布结构尽可能相似，从而可以用相邻距离单元的海杂波对消目标距离单元的海杂波。

6.5.4　海杂波抑制的计算机仿真

仿真条件：雷达的工作中心频率为 6.75 MHz，调频周期为 0.45 s，调频周期数为 256，发射阵为 16 阵元均匀线阵，基线距离为 120 km，三个距离单元分别位于 250 km、300 km 和 350 km，其中目标距离为 300 km，接收平台方位角为 $\pi/6$，接收平台运动速度为 12 m/s，其运动方向为 $\pi/4$。距离脉压后的回波信号信噪比和杂噪比均为 20 dB，在这种情况下，根据多次实验统计，在有目标时，$p(f_d)$将会存在较大的幅度为 8000 以上的尖峰，$p(\theta)$会出现幅度为 1000 以上的尖峰，无目标时，$p(f_d)$和 $p(\theta)$值均比较小。目标所在距离单元 l 中存在一个目标，目标 1 所在方位为 100°，对应多普勒频率为 0.36 Hz。

仿真过程：(1) 仿真脉压后的海杂波，并在对应位置加入目标，同时加入随机噪声，形成信号 $\boldsymbol{X}_l$；(2) 根据式(6.49)得到如图 6.36 所示的目标所在距离单元及其左右相邻距离

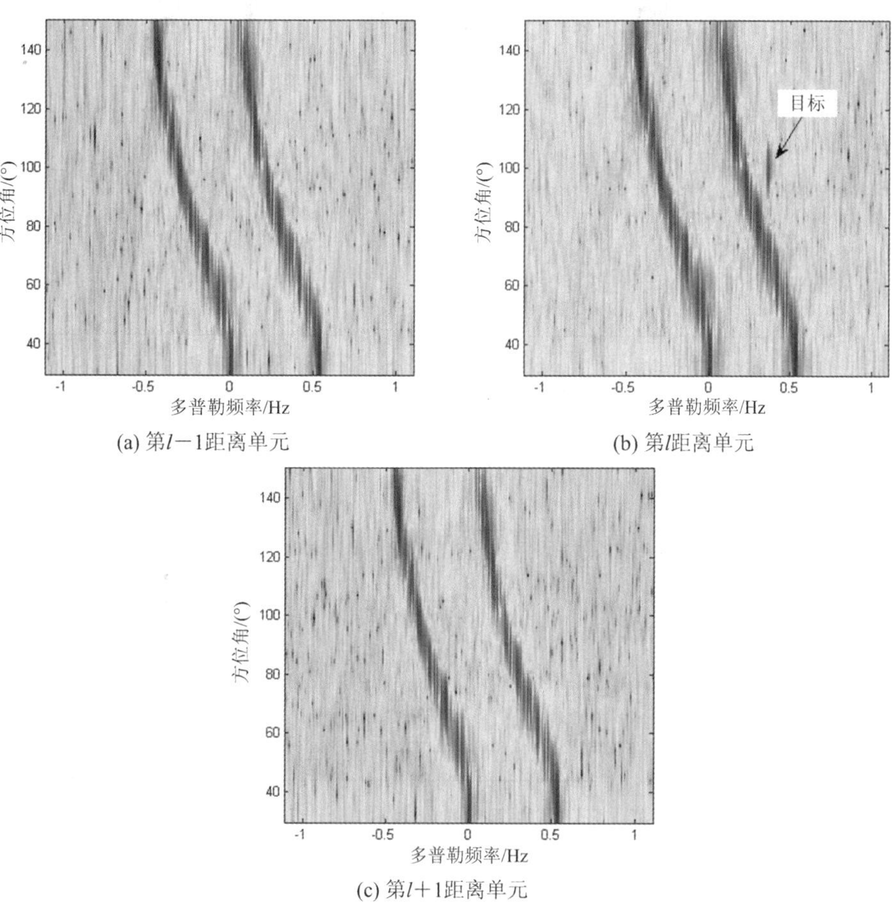

(a) 第$l-1$距离单元　(b) 第l距离单元　(c) 第$l+1$距离单元

图 6.36　第 $l-1$、l、$l+1$ 距离单元的空时图

单元的空时二维谱 $\boldsymbol{h}_l(\theta, f_d)$、$\boldsymbol{h}_{l-1}(\theta, f_d)$和 $\boldsymbol{h}_{l+1}(\theta, f_d)$，在图 6.36 中可看出海杂波连成两片，目标占有若干个像素；(3) 根据最大熵自动阈值分割方法得到阈值，对这三个空时谱进行分割，阈值分别为 63.9 dB、63.6 dB 和 63.5 dB。图 6.37 为经过阈值分割后的二值图像，可以看出信号和背景得到很好的分割，残留少量噪声。利用形态学滤波对二值图像进行先开后闭的运算，使用 2×8 的矩形结构元素，能够将噪声进一步滤除，同时使海杂波具有更强的一致性，为对消海杂波打好基础。图 6.38 所示为经过形态学滤波的三个距离单元。将这三个距离单元进行海杂波对消，可得出对消后的二值图像，如图 6.39 所示，可看到大部分海杂波被对消掉，只剩下少量残余。图 6.40 为海杂波对消后的灰度图像，可看出剩余少量的高能量像素。再将残差图像进行点乘，得到海杂波抑制后的空时图，图 6.41(a)中只剩下目标所在位置的像素，为了打印效果，进行了取反。对多普勒维和方位维进行累加，可以从图 6.41(b)得出目标所在多普勒频率为 0.3559 Hz，从图 6.41(c)中得到方位为 101°，均与目标的真实值一致，这证明图像域海杂波抑制方法能够很好地检测出目标所在方位和多普勒频率。

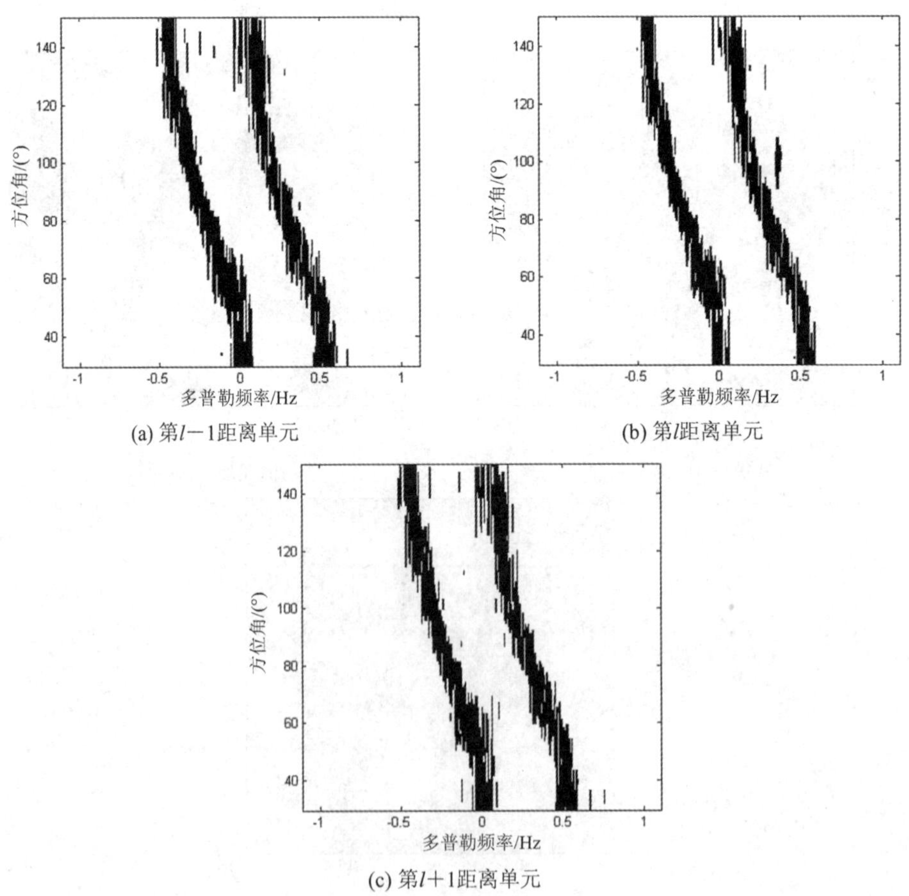

图 6.37　第 $l-1$、l、$l+1$ 距离单元的二值图像

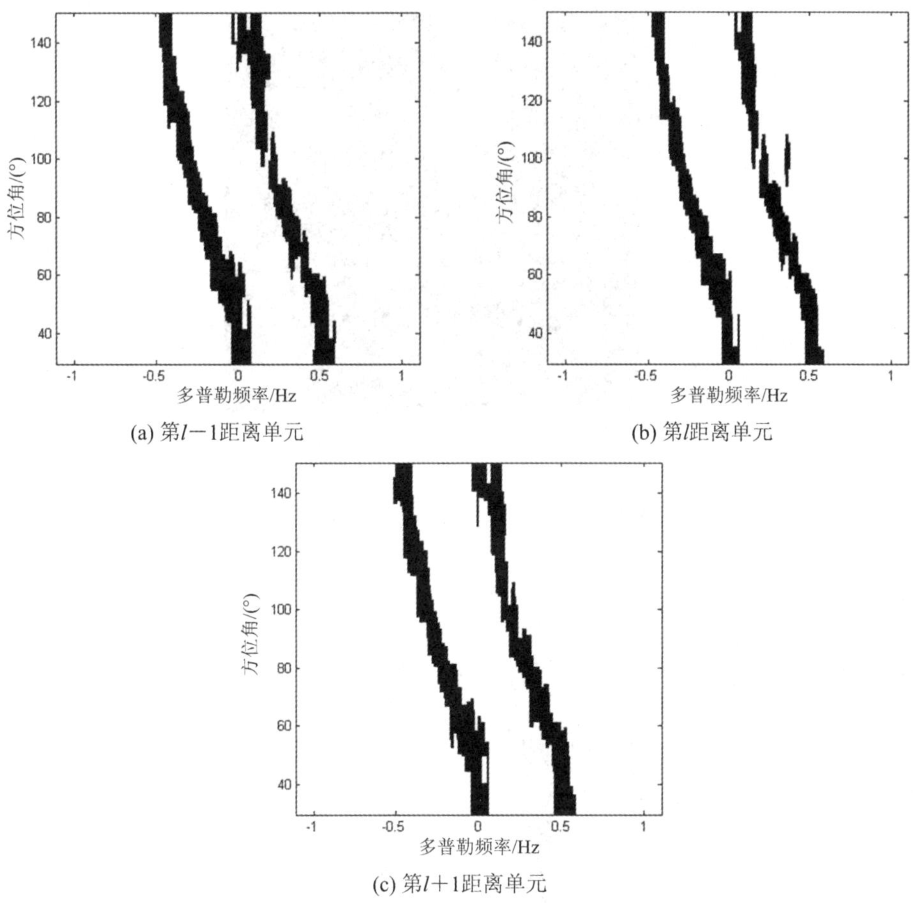

(a) 第$l-1$距离单元　　(b) 第l距离单元

(c) 第$l+1$距离单元

图 6.38　形态学滤波后的第 $l-1$、l、$l+1$ 距离单元的二值图像

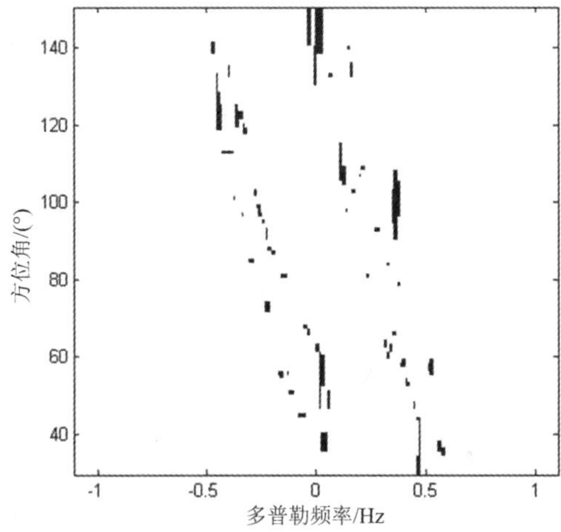

图 6.39　二值图像海杂波对消后图像

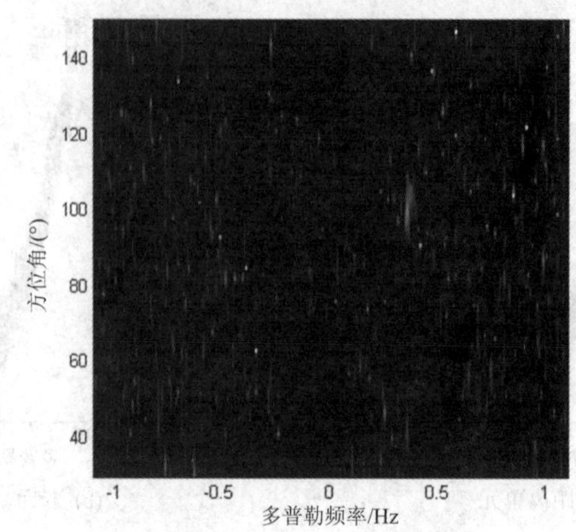

图 6.40　灰度图像海杂波对消后图像

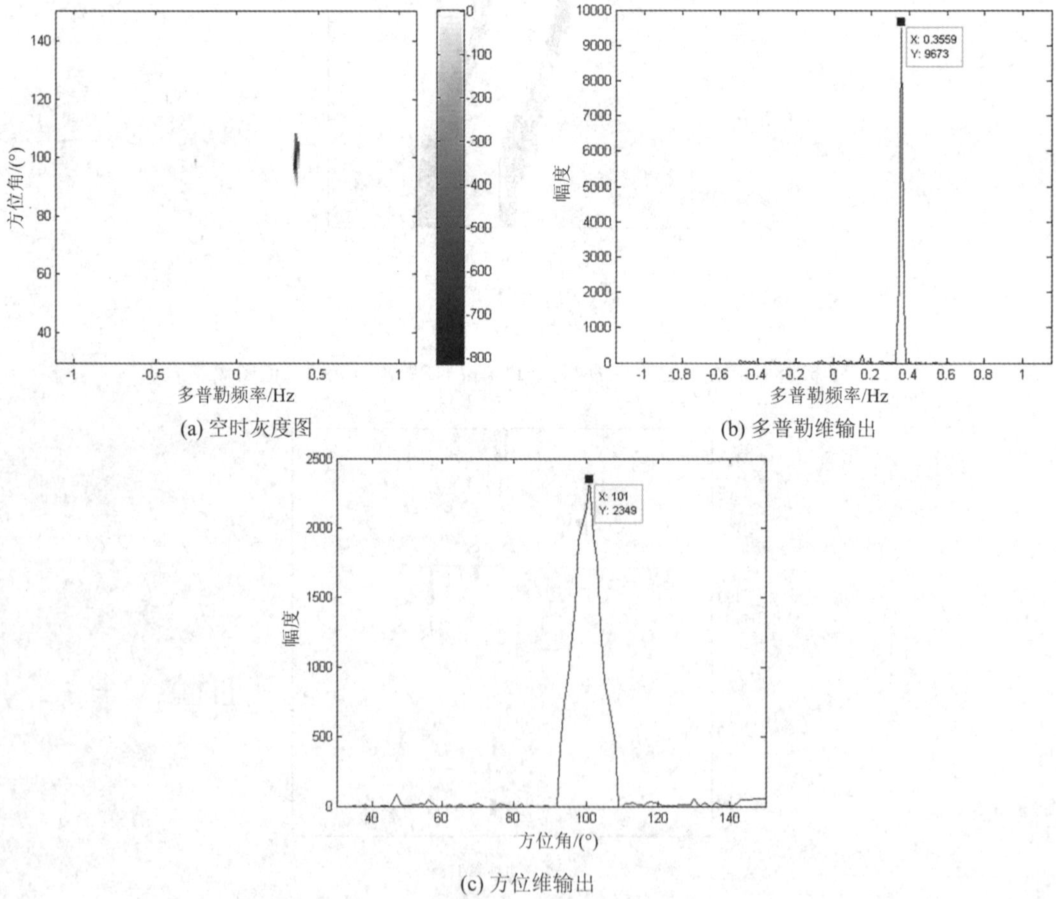

(a) 空时灰度图

(b) 多普勒维输出

(c) 方位维输出

图 6.41　海杂波抑制后目标所在距离单元输出及其主截面

本章小结

本章向读者详细阐述了岸-舰双基地高频地波超视距雷达海杂波的相关内容。6.2 节解释了高频地波雷达海杂波的产生机理，并通过分析高频地波雷达在单基地体制和双基地体制下雷达系统结构之间的不同，揭示了两种雷达体制下海杂波存在的差异；6.3 节首先向读者介绍了高频地波雷达海杂波的统计特性，展示了海杂波的统计模型，并运用该模型对岸-舰双基地高频地波超视距雷达海杂波进行了仿真，之后分别针对单基地体制和双基地体制高频地波雷达海杂波空时特性进行了深入分析；最后在 6.4 节和 6.5 节以岸-舰双基地高频地波超视距雷达为背景，详细介绍了两类基于不同思路的海杂波抑制方法。其中，6.4 节运用传统的空时域处理方法，向读者分别介绍了空-时级联、时-空级联处理抑制海杂波的方法及其抑制效果；6.5 节介绍了运用图像分割和形态学滤波对海杂波进行图像域抑制的方法思路及抑制效果。需要注意的是，图像域海杂波抑制方法的应用前提是假设各种干扰均已经抑制，空时二维谱只包括海杂波和目标回波，目标回波在空时二维平面上与海杂波不重合，且海杂波与目标回波比噪声背景强。

本章参考文献

[1] CROMBIE D D. Doppler Spectrum of Sea Echo at 13.56Mc/s[J]. Nature, 1955, 175: 681 - 682.

[2] BARRICK D E. First-order Theory and Analysis of MFC-IFNHF Scatter from the Sea[J]. IEEE Trans. on AP., 1972, 20(1): 2 - 10.

[3] TYLER G L, FAULKERSON W E, PETERSON A M. Second-Order Scattering from the Sea: Ten-Meter Radar Observations of the Doppler Continuum[J]. Science, 1972, 177: 349 - 351.

[4] 冀振元. 舰载超视距雷达目标与海杂波特性分析与模拟[D]. 哈尔滨工业大学博士论文, 2001.

[5] TRIZNA D, GORDON J. Results of a Bistatic HF Radar Surface Wave Sea Scatter Experiment[C]. IEEE International Geoscience and Remote Sensing Symposium: Toronto, 2002: 1902 - 1904.

[6] 高兴斌, 宗成阁, 袁业术. 高频地波舰载超视距雷达的海杂波对消[J]. 电子学报, 2000, 28(3): 5 - 8.

[7] BARRICK D E, SNIDER J B. The Statistics of HF Sea-echo Doppler Spectra[J]. IEEE Trans. on AP, 1977, 25(1): 19 - 28.

[8] HAYKIN S, PUTHUSSERYPADY S. Chaos, sea Clutter, and Neural Networks[C]. Proc. of the IEEE Radar Conf.: Pacific Grove, 1997: 1224 - 1227.

[9] ZHOU G, DONG H, QUAN T. HF Ground wave radar sea clutter cancellation based on chaotic prediction[C]. Proceedings of ICSP: Beijing, 2004: 2136 - 2139.

[10] CHEN J, TITUS K L, HEBRY L. The Use of Fractals for Modeling EM Waves Scattering from Rough Sea Surface[J]. IEEE Trans. on GRS, 1996, 34(4): 966 - 972.

[11] MARTORELLA M, BERIZZI F, MESE E D. On the Fractal Dimension of Sea Surface Backscattered Signal at Low Grazing Angle[J]. IEEE Trans. On AP, 2004, 52(5): 1193 - 1204.

[12] MARTIN W P, KHAN R H, SON L N. A Singular Value Decomposition (SVD) Based Method for Suppressing Oceanic Clutter in High Frequency Radar[J]. IEEE Trans. on SP, 1993, 41(3): 1421 - 1425.

[13] KHAN R, POWER D, WALSH J. Ocean Clutter Suppression for an HF Ground Wave Radar[C].

IEEE CCECE'97：Saint Johns，1997：512－515.

[14] XIE J，YUAN Y，LIU Y. Suppression of sea clutter with orthogonal weighting for target detection in shipborne HFSWR[J]. IEE Proc.-Radar Sonar and Navig.，2002，149(1)：39－44.

[15] 谢俊好，许荣庆，等. 高频地波舰载超视距雷达中的空时处理[J]. 系统工程与电子技术，1998，20(2)：30－36.

[16] 谢俊好，袁业术，段凤增. 基于时域插值的舰载高频地波雷达空时处理[J]. 哈尔滨工业大学学报，1998，30(6)：89－93.

[17] XIE J，LIU Y. Experimental analysis of sea clutter in shipborne HFSWR[J]. IEEE Proc-Radar，Sonar and Navig.，2001，148(2)：67－71.

[18] XIE J，YUAN Y，LIU Y. Optimum weights of DPCA processing for shipborne HFSWR[C]. Proceeding of ICSP'98：Beijing，1998：1544－1547.

[19] 刘春波. 岸-舰双基地高频地波 SIAR 相关技术研究[D]. 西安电子科技大学博士论文，2008.

[20] 陈多芳，陈伯孝，秦国栋. 岸-舰双基地波超视距雷达图像域海杂波抑制方法[J]. 电子学报，2010，38(2)：387－392.

[21] 韩思奇，王蕾. 图像分割的阈值法综述[J]. 系统工程与电子技术，2002，24(6)：91－94.

[22] LEE S，CHUNG S. A Comparative Performance Study of Several Global Thresholding Techniques for Segmentation[J]. Computer Vision，Graphics，and Image Processing，1990，52：171－190.

[23] PAL N R，PAL S K. A Review on Image Segmentation Techniques[J]. Pattern Recognition，1993，28(9)：1277－1294.

[24] 乔玲玲. 图像分割算法研究及实现[D]. 武汉理工大学硕士论文，2009.

[25] BHATTACHARYA P，ZHU W，QIAN K. Shape recognition method using morphological hit-or-miss transform [J]. Journal of Optical Engineering，1995，34(6)：1718－1725.

第 7 章　地波雷达的电离层杂波及其抑制方法

7.1 引　　言

电离层通常是指海拔 60 km 以上包含等离子体的大气层[1]。对高频天波雷达和远距离短波通信而言，其信号利用电离层对高频电磁波的反(散)射作用完成目标的探测或通信，因此在这种情况下电离层是有用的传播介质。而对高频地波雷达而言，雷达的发射信号主要沿海表面进行传播，完成对舰船和低空目标的探测，但由于实际工作中硬件与发射阵地等原因，地波雷达发射天线在仰角维的波束宽且副瓣高，这使得发射信号部分能量向天空传播，经电离层反射(或散射)到达接收站，成为非期望的回波信号，称为电离层杂波或电离层干扰(由于在电波传播过程中客观存在，因此在本书中统称为电离层杂波)。特别是海拔高度约为 110 km 的突发 E 层(Es 层)的电离层杂波对高频地波雷达的影响最为严重，因此，对高频地波雷达而言，电离层是有害的传播介质。由于电离层的散射作用，以及电离层电子浓度与等离子体随机运动的时变特性，电离层杂波通常在距离和多普勒域均有扩展，经常完全淹没目标，严重降低了高频地波雷达的目标检测性能。

本章首先在 7.2 节介绍电离层杂波的产生机理，然后在 7.3 节向读者介绍电离层杂波的特性，包括电离层杂波的传输特性、统计特性，特别是高频地波雷达在单、双基地体制下，电离层杂波的空域特性差异。7.4 节介绍岸-舰双基地高频地波雷达体制下电离层杂波抑制方法——基于特征子空间的电离层杂波抑制方法。7.5 节介绍基于大型发射阵列的电离层杂波抑制方法。

7.2 电离层杂波的产生机理

7.2.1 电离层结构

高层大气受太阳紫外线及 X 射线辐射离解而成为等离子体，这些等离子体聚集在一起形成了电离层。随着海拔和昼夜的变化，电离层中的电子浓度也发生变化，因此在垂直方向上呈分层结构。通常电离层被划分为 D 层、E 层和 F 层[1]。

D 层出现在海拔 60 km～90 km 处，由多原子离子“团”组成，浓度为 10^2 cm^3 ～$10^4/cm^3$。最大电子密度一般发生在 80 km 处。D 层只出现在白天，因此对短波通信的影响只限于白天。中午的时候 D 层电离程度最高，但其 D 层离子也很容易丢失。D 层只是吸收 300 kHz～30 MHz 的电磁波而不反射它们，因此对高频地波雷达而言并不产生电离层杂波。对短波通信而言，D 层电离化程度越高，对电磁波的吸收能力越强，这也决定了短波等无线电波传播的距离。

E 层又称发电机层，出现在海拔 90 km～140 km 处，由中等浓度的分子离子组成，浓度为 $10^3\ cm^{-3}$～$10^5\ cm^{-3}$。跟 D 层类似，在没有阳光照射的时候，E 层失去离子的速度很快，因此 E 层在白天较强，能够把电磁波反射回地面，晚上则非常弱，无线电信号都能穿透它。此外，E 层最大电子密度发生在 110 km 左右，在这个高度附近区域时常会出现电子浓度非常高的不均匀体，这些不均匀体即为突发 E 层(Es 层)，Es 层厚度为几百米至一二千米，水平延伸通常为 0.1 km～10 km，但有时则会占有半径为 1000km 甚至更大的区域，多半持续存在一小时左右。高频地波雷达的发射信号经 Es 层时会被发射回地面，因此 Es 层是高频地波雷达电离层杂波的主要产生源。

F 层位于海拔 160 km 以上，由氧原子 O^+ 组成，浓度为 $10^5\ cm^{-3}$～$10^6\ cm^{-3}$。白天 F 层又分为 F_1层和 F_2层，分别位于海拔 160 km～220 km 和 220 km～450 km 处，晚上这两层会合到一起。该层是高频天波雷达和远距离短波通信使用的主要反射层。

上述电离层分层结构并非一成不变，只是对电离层状态的理想描述。实际中，电离层在大气层中的活动受纬度、昼夜和季节变化影响，会呈现十分复杂的空间变化。通常电离层在低纬度活动频繁，高纬度较弱；白天活动频繁，夜间较弱；夏季活动频繁，其他季节较弱。以纬度高低为例，图 7.1 为中纬度地区电离层电子浓度剖面图，图 7.2 给出电离层在全球的分布状态[2]，其中赤道地区是电离层活动最剧烈的地区。

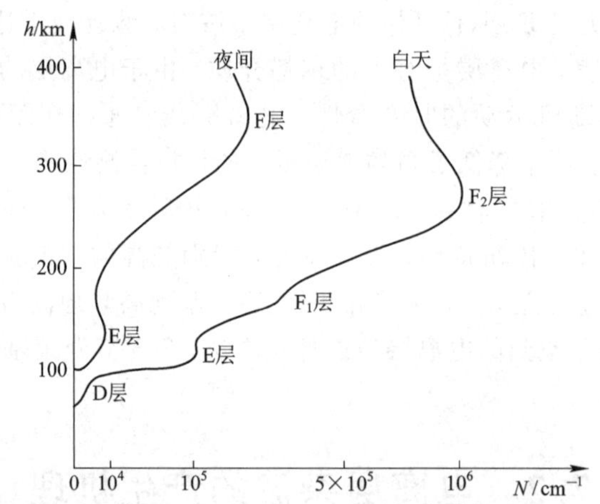

图 7.1　中纬度地区电离层电子浓度剖面

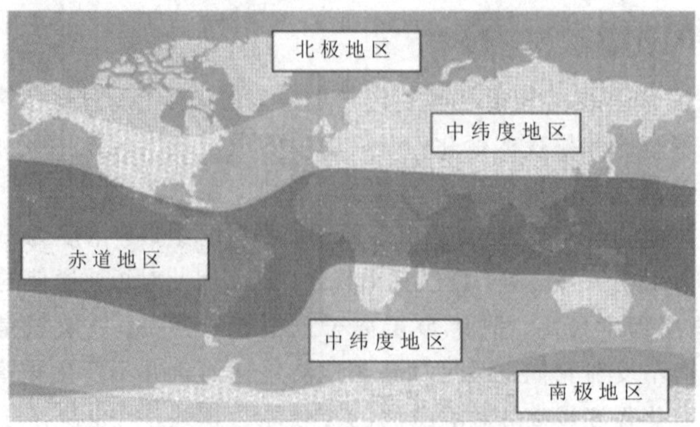

图 7.2　电离层全球分布

7.2.2 电离层杂波的形成

由于高频地波雷达发射天线的非理想性，天线辐射的部分能量没能沿海表面传播而是向天空发射，经过电离层的反射(或散射)后到达接收站，从而形成了电离层杂波。图 7.3 和图 7.4 分别显示了不包含电离层杂波和包含电离层杂波的高频地波雷达距离一多普勒谱(RD)图[2]。其中，包含电离层杂波的谱图检测背景明显高于不包含电离层杂波的谱图，这说明电离层杂波会严重制约高频地波雷达的检测能力。

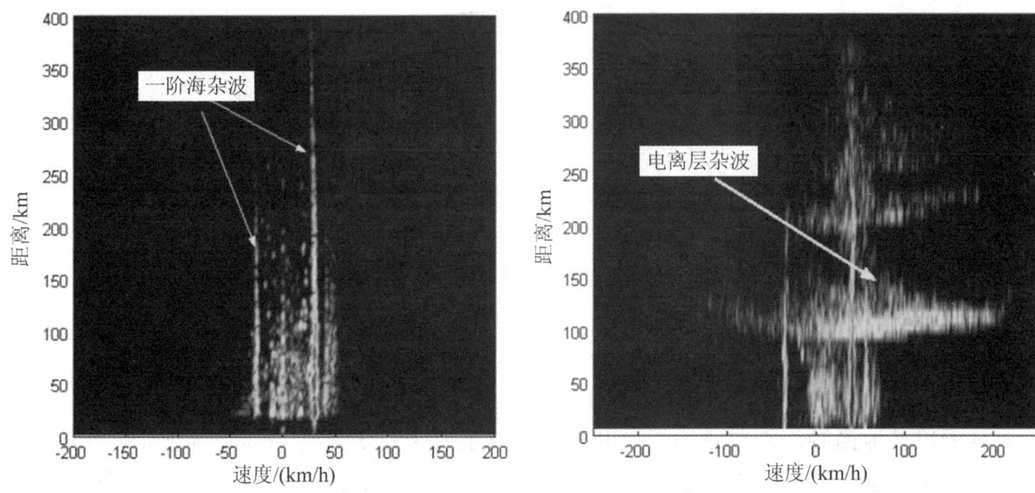

图 7.3　无电离层杂波的 RD 谱　　图 7.4　包含电离层杂波的 RD 谱

不是所有的电磁波经过电离层时都会产生反射(或散射)作用。文献[1]给出了电磁波垂直入射电离层的折射系数 μ 的定义：

$$\mu = 1 - \frac{f_p^2}{f^2} \tag{7.1}$$

$$f_p = \frac{1}{2\pi}\sqrt{\frac{N_e^2}{m\varepsilon_0}} \tag{7.2}$$

式中，f 为垂直入射电磁波的频率，f_p 为等离子体频率，N_e 为电子浓度，m 为电子质量，ε_0 为真空介电常数。当 $f \gg f_p$ 时，μ 趋近于 1，此时入射电磁波会穿透电离层；当 f 与 f_p 相当且 $f > f_p$ 时，入射电磁波才会被电离层反射(或散射)；当 $f = f_p$ 时，$\mu=0$，发生全反射；当 $f < f_p$ 时，$\mu<0$，此时入射电磁波遇到电离层会消散，不能传播。由此可知，只有电磁波频率略大于或等于等离子体频率时才会产生反射(或散射)作用。文献[1]给出了电离层的最大等离子体频率的定义：

$$f_{pm} = \sqrt{80.6N_m} \tag{7.3}$$

式中，N_m 为最大电子浓度。由式(7.3)可知，最大等离子体频率等价于电离层某层可反射(或散射)的电磁波的最大频率，因此通常被称为某层的临界频率。

高频地波雷达电离层杂波的传播路径比较复杂，这是由于电离层的 E 层、Es 层、F 层均具备反射地波雷达信号的能力，信号在电离层中会发生多次反射而形成多跳电离层杂波。同时，经电离层反射到海面的信号也会与目标及海杂波一起沿海表面传播，到达雷达接收站，形成成分更复杂的一种杂波。图 7.5 给出了单基地高频地波雷达电离层杂波的几种主要传播路径。其中，路径 1 是发射信号经过电离层的垂直或后向反射(或散射)最终返回接收站；路径 2 是发射信号经过电离层的前向反射(或散射)到达海上的目标或某个障碍物，最后返回接收站；路径 3 与路径 2 的传播路径正好相反，发射信号先沿海平面到达海上的目标或某个障碍物，然后经过电离层的前向反射(或散射)返回接收站；路径 4 是发射信号经电离层的前向反射(或散射)到达海上目标或障碍物，而后经电离层的反射(或散射)返回到接收站。

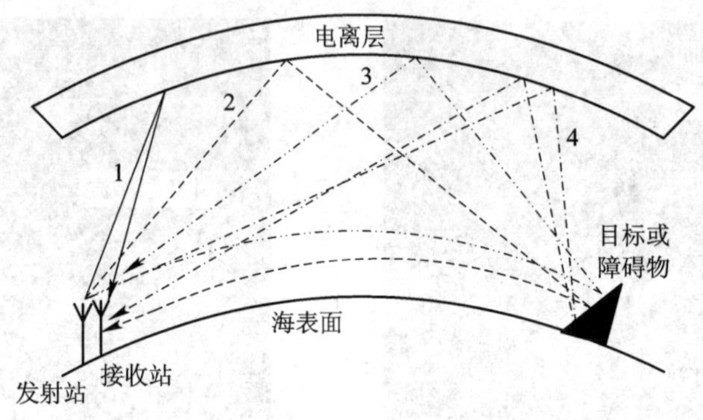

图 7.5　单基地高频地波雷达电离层杂波传播路径示意图

对于单基地高频地波雷达而言，电离层杂波主要来自于雷达高仰角辐射信号的后向反射。而在双基地体制下，电离层杂波是由电离层对雷达发射信号前向反射(或散射)而形成的。图 7.6 给出了双基地高频地波雷达电离层杂波的几种主要传播路径。其中，路径 1 是发射信号经过电离层的多次前向反射(或散射)到达接收站；路径 2 是发射信号经过电离层的单次前向反射(或散射)到达接收站，该路径上的电离层杂波是高频地波雷达电离层杂波的主要成分；路径 3 是发射信号经过电离层后先到达海上的目标或某个障碍物，最后到达接收站；路径 4 是发射信号先沿海表面传播，经海上目标或障碍物使得部分能量向天空传播，最后经电离层的反射(或散射)到达接收站。

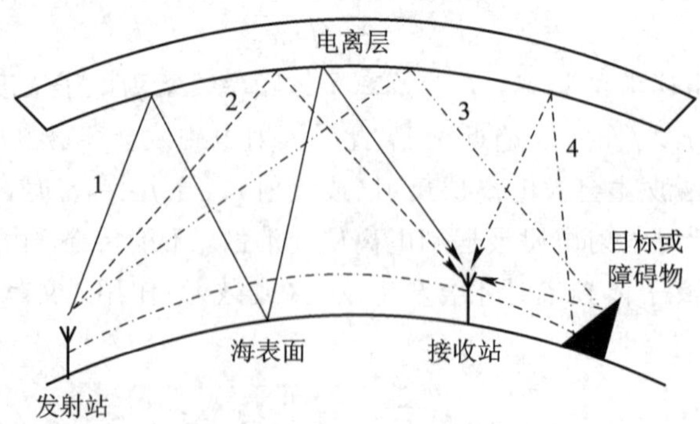

图 7.6　双基地高频地波雷达电离层杂波传播路径示意图

7.2.3　电离层杂波的分类

由电离层的分层结构可知，电离层杂波主要来源于 E 层和 F 层。根据对回波信号距离单元和多普勒单元影响范围大小，电离层杂波可分为镜面反射(或折射)杂波和扩展杂波两种。对于 E 层而言，该电离层杂波又可细分为以下四种：E 层镜面反射杂波、E 层多次反射杂波、突发 Es 层反射杂波和扩展 E 层杂波。对于 F 层而言，该电离层杂波又可细分为以下三种：F 层镜面反射杂波、F 层多次反射杂波和 F 层扩展杂波。图 7.7 为几种常见的电离层杂波 RD 谱[2]。可见，这些电离层杂波在距离-速度平面上差异很大。

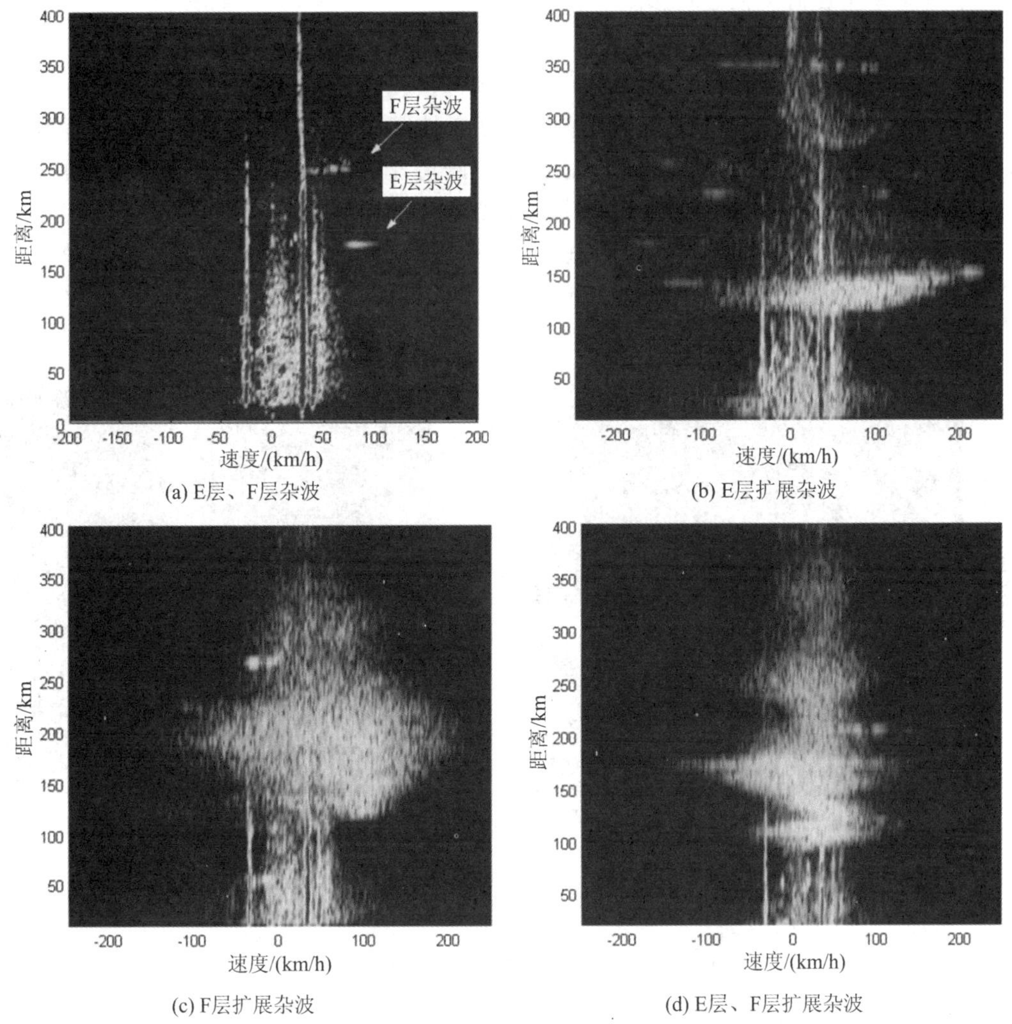

图 7.7　几种常见的电离层杂波的距离-速度谱图

这些电离层杂波有些存在时间较长，有些只存在短短几秒；有些多普勒频移量大，有些多普勒频移较小；有些占据的距离范围大，而有些占据的距离范围却很小。这造成电离层杂波存在形式上的多样性。下一节我们将着重针对电离层的复杂特性作详细阐述。

7.3　高频地波雷达电离层杂波特性

电离层无论是前向扩展还是后向散射而产生的杂波，其产生机理均类似。但由于电离层电子浓度的变化及等离子体不规则漂移等因素，在不同位置、不同时间电离层的散射特征差异比较大。电离层杂波的传输特性可以从时域、距离域、空域和多普勒域等多个维度进行表征。下面介绍电离层杂波的这些特征及其统计特性。

7.3.1 电离层杂波传输特性

1）电离层杂波的多径效应

电离层杂波散射源的尺寸大于雷达的一个分辨单元，或者电磁波经电离层产生多次反射，都会令电磁波以不同的途径和不同的时延到达接收站。具体来说，高频电磁波在传播时，有经过电离层一次反射到达接收站的一次跳跃情况，也有经电离层反射到地面再反射回去，而后再经电离层反射到达接收站的二次跳跃情况。甚至可能有经过三跳、四跳后才到达接收站的情况。也就是说，虽然是同一位置发射的电磁波，但接收站却可以收到由多个不同途径反射而来的同一辐射源的电磁波，这种现象就是电离层杂波的多径效应。图7.8(a)和(b)分别给出了某地波雷达实际电离层杂波的二次多径效应和多次多径效应下的RD谱[2]。

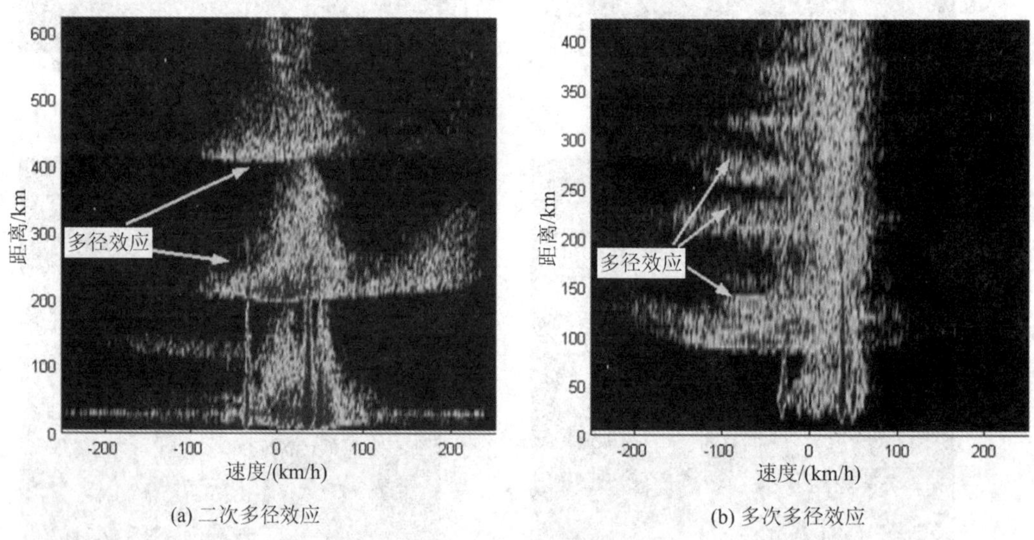

图 7.8 电离层杂波多径效应距离-多普勒谱

2）电离层杂波的多普勒频移特性[1,2]

电离层自身的等离子体漂移导致电离层经常性的快速移动，从而产生多普勒频移。此外，电离层电子浓度时刻变化使得电离层对电磁波的反射高度也随时间变化，进而产生多普勒频移。一般来说，电离层多普勒频移范围大约在 1 Hz～2 Hz，在平静的夜间时电离层不存在多普勒频移，而在日出和日落期间，电离层多普勒频移数值较大。当发生磁暴时，频移最高可达 6 Hz。图 7.9 给出了存在多个杂波的多普勒频移现象[2]。对于岸-舰双基地高频地波雷达而言，当接收平台运动时，电离层杂波多普勒还与接收平台运动速度有关。这部分将在 7.3.3 小节介绍。

3）电离层杂波的相位起伏特性[1,2]

相位起伏是指信号相位随时间的不规则变化。引起电离层杂波相位起伏的原因很多，电离层的散射作用、多径效应、电离层自身的运动和电子浓度变化都会使电离层杂波产生相位的随机起伏，相位随时间的起伏必然会引起频率的起伏，反映到信号中会产生信号频谱扩散，进而导致距离扩散和多普勒频谱扩展。扩展后的电离层杂波会影响几十甚至更多的距离单元，以及最宽可达±5 Hz 的多普勒频率，对舰船目标检测存在严重影响。从图 7.10 的 RD 谱图可以看出电离层杂波频谱扩散现象[2]。

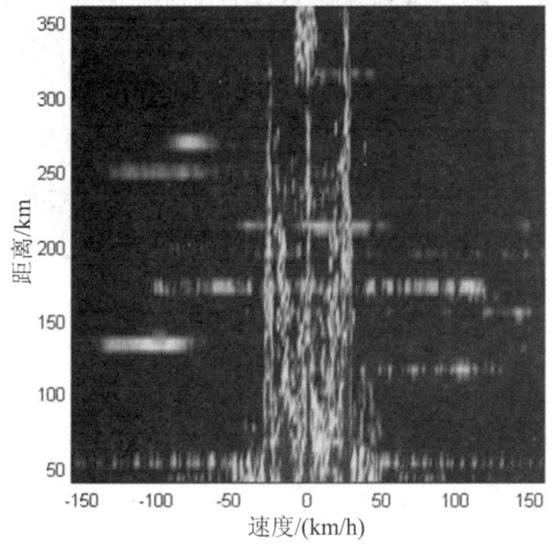

图 7.9　电离层杂波多普勒频移

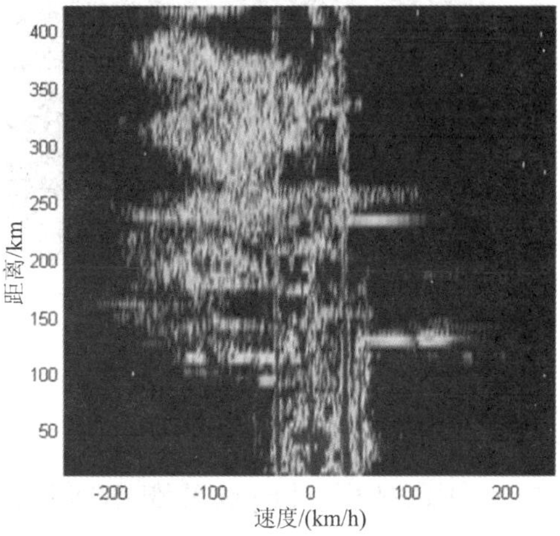

图 7.10　电离层杂波频谱扩散

4）电离层杂波与发射载频相关

电离层对短波电磁波的作用与工作频率是强相关的。这主要是因为电离层中的每一层均具有不同的频率特性。对高频地波雷达而言，电离层的特性会导致雷达在不同的工作载频和不同的时间段里看到不同的电离层杂波分布。这种不同主要反映在两个方面：一个是杂波的分布，另一个是杂波的强度。图 7.11 给出了实际测的不同发射载频下电离层杂波的 RD 谱[2]，发射载频分别为 4.1 MHz、5.3 MHz、8.1 MHz 和 10.3 MHz。从图中可以看出，在不同载频下电离层杂波之间的差异。

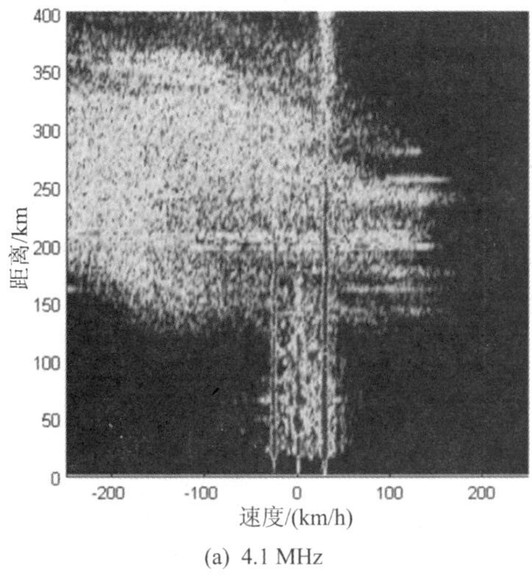

(a) 4.1 MHz

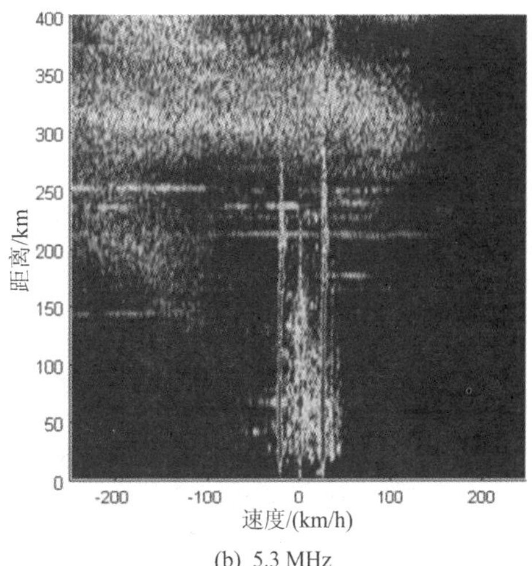

(b) 5.3 MHz

图 7.11　电离层杂波随载频产生的变化

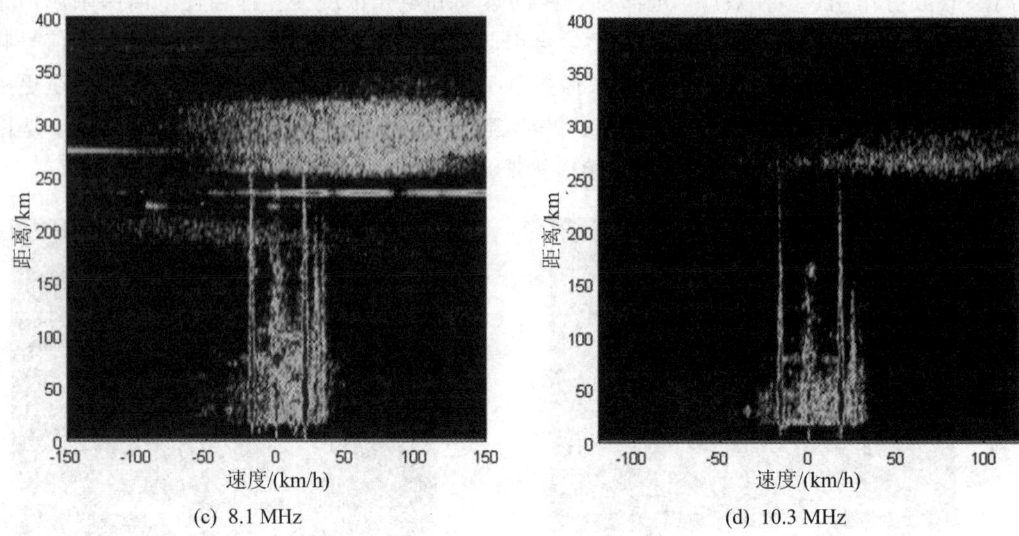

(c) 8.1 MHz　　(d) 10.3 MHz

图 7.11　电离层杂波随载频产生的变化

7.3.2　电离层杂波时域及距离域特性

高频地波雷达对舰船等低速目标的检测需要较长的相干积累时间(通常为 2 min～3 min)，而电离层自身等离子体漂移和电子浓度变化的时间远小于相干积累时间，这使得电离层杂波的平稳时间很短(通常在 300 ms～500 ms 左右)[3,4]，因此对高频地波雷达，电离层杂波在时间上是非平稳的。图 7.12 和图 7.13 的实测数据处理结果分别展示了 50 s 内较稳定的 E 层电离层杂波和海杂波的 I、Q 通道的时域信号[2]。从图 7.13 可以看到海杂波具有明显的单频特性，体现在多普勒域上就是幅度很强的 Bragg 峰，其所占据的多普勒单元很少。而图 7.12 中电离层杂波的起伏较大，体现在多普勒域上就会出现频谱扩散的情况。

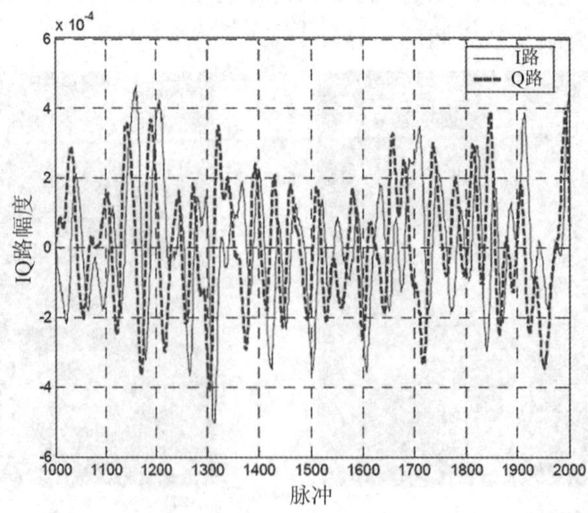

图 7.12　E 层电离层杂波时域信号

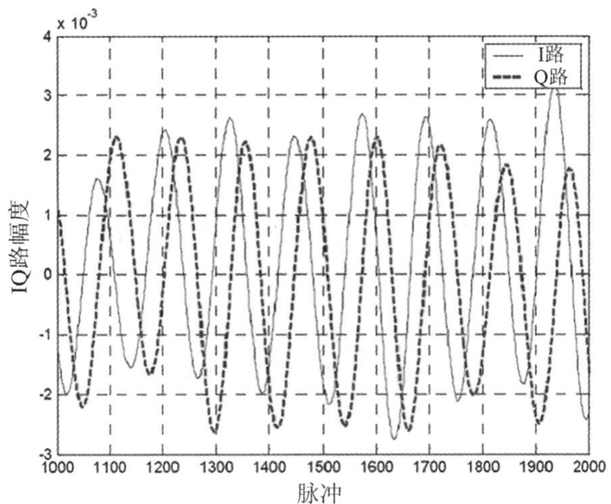

图 7.13　海杂波时域信号

在距离域上，电离层的分层结构使得电离层杂波具有明显的距离特征，即只影响雷达距离-多普勒谱中某个或连续若干个固定的距离单元。为了便于比较，图 7.14 给出了不含电离层杂波的距离特征[2]，图 7.15 给出了不同电离层杂波的距离特征[2]。其中，图 7.15(a)和图 7.15(c)显示 E 层和 F 层杂波分别发生在 130 km 和 250 km 左右，占据较少的距离单元；图 7.15(b)和图 7.15(d)显示 E 层和 F 层扩展杂波分别发生在 120 km～200 km 之间和 200 km 以上，占据较多连续距离单元。对于单基地雷达，电离层杂波的距离分布杂波散射源海拔高度有关[5]。而对于双基地雷达，电离层杂波的距离分布还取决于发射站与接收站的基线长度，这将在下一节介绍。

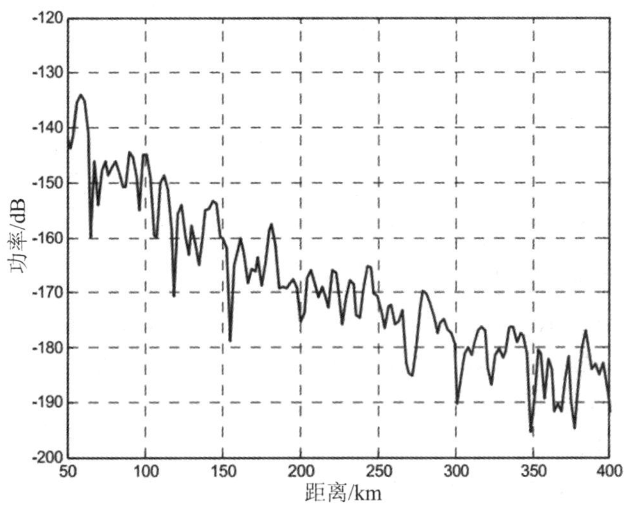

图 7.14　不含电离层杂波的距离特征

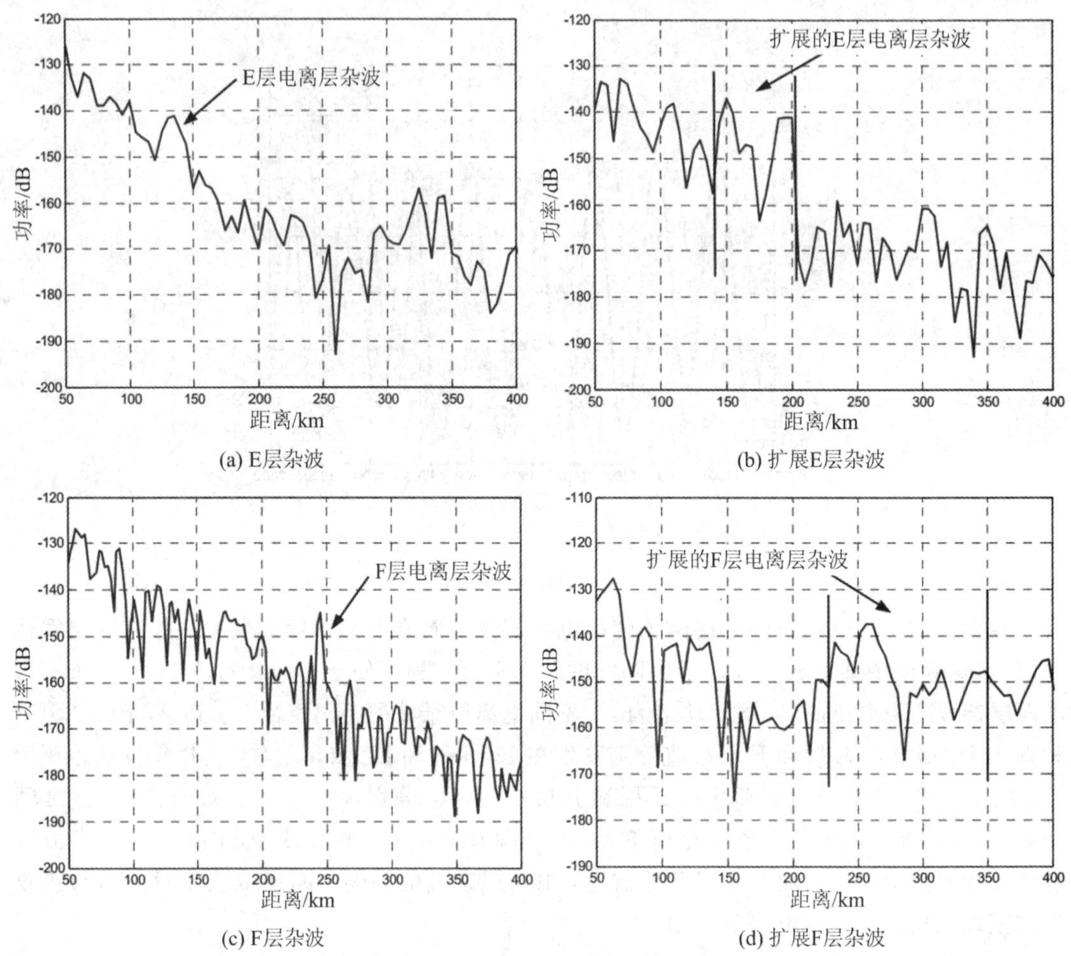

图 7.15　电离层杂波距离域特性

7.3.3　电离层杂波空域特性

高频地波雷达由于单、双基地体制不同，其所表现出来的电离层杂波空域特性也有一定的差异，下面分别介绍两种体制下的杂波空域特性。

1. 单基地高频地波雷达电离层杂波空域特性

文献[2]根据传播方式将图 7.5 中电离层杂波的 4 种不同传播路径大致分为从电离层直接传入接收站和从海面水平传入接收站两类，并对这两类电离层杂波的空域特性从方位维、俯仰维和多相干积累周期的角度作了详细阐述。

1）方位维空域特性

图 7.16 和图 7.17 的实测数据处理结果显示了两类电离层杂波经 MUSIC 处理后的方位谱[2]，从中可以看出，尽管电离层杂波存在复杂的传播模式，但在方位维表现出较强的方向性。

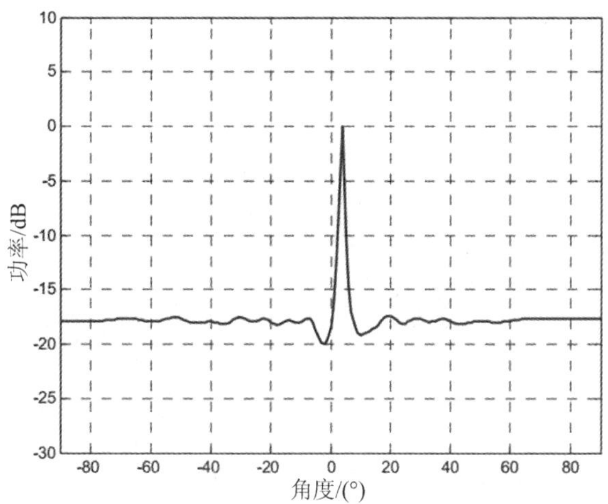

图 7.16　由电离层直接传播的杂波的 MUSIC 谱图

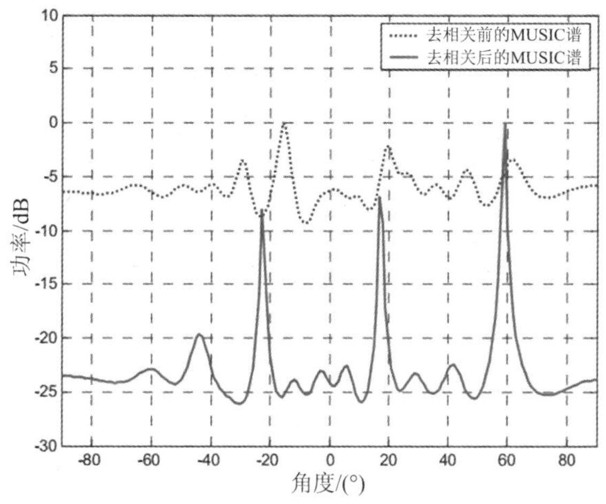

图 7.17　由海面传播的杂波的 MUSIC 谱

图 7.18 给出了多普勒频率相同但距离单元不同的电离层杂波方位谱[2]，从中可以看出，尽管多普勒频率相同，但电磁波在进入接收天线之前经由电离层不同区域的不均匀反射，而每个不均匀体有各自的杂波传播路径和所处方位，因此这些差异造成了杂波出现在不同距离单元和不同的方位。

图 7.19 和图 7.20 给出了相同距离单元而多普勒频率不同时，两类电离层杂波的方位谱[2]。由图 7.19 和图 7.20 可知，由于距离单元相同，尽管杂波强度有所起伏，但不同多普勒频率下的电离层杂波依然具有相似的方向性。造成这种情况的原因是电磁波由同一片电离层散射到接收天线，尽管电离层中电子浓度和运动方式不断发生变化导致多普勒频率不同，但杂波的方位不变。

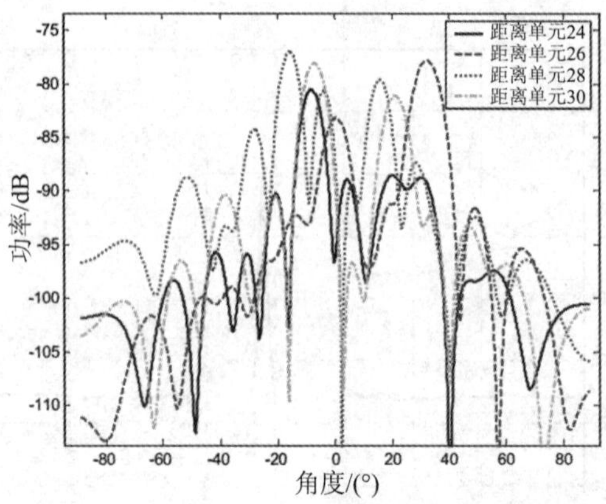

图 7.18　多普勒频率为 0.5 Hz 处各距离单元电离层杂波的方位谱

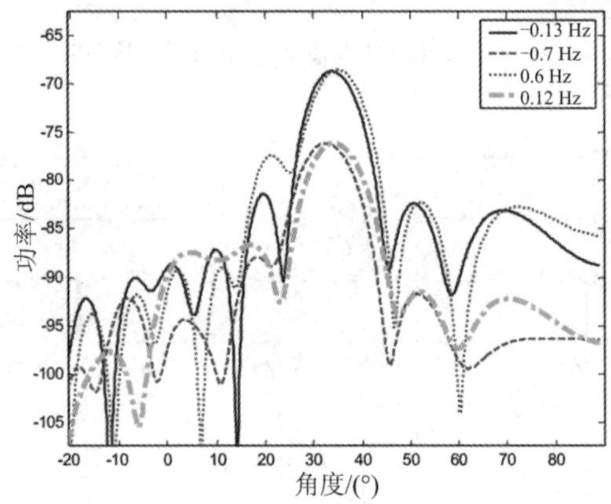

图 7.19　由电离层直接传播的杂波方位谱

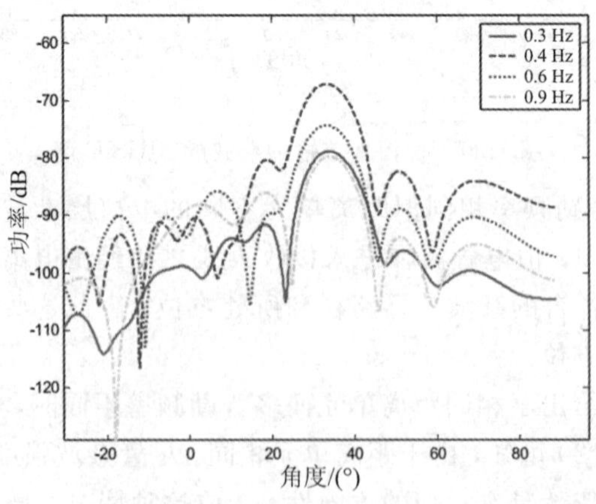

图 7.20　由海面传播的杂波方位谱

2）俯仰维空域特性

为了便于观测电离层杂波俯仰维信息，哈尔滨工业大学建立了 8 根天线组成的等距接收线阵，该线阵与雷达原接收阵列呈 90°[2]。图 7.21 给出了从电离层直接入射到接收站的电离层杂波 MUSIC 谱[2]，图中 90°设为海面方向，0°在接收天线的正上方(即顶空方向)设为垂直方向。因此，在俯仰维由电离层直接传入接收天线的电离层杂波的方向性强。

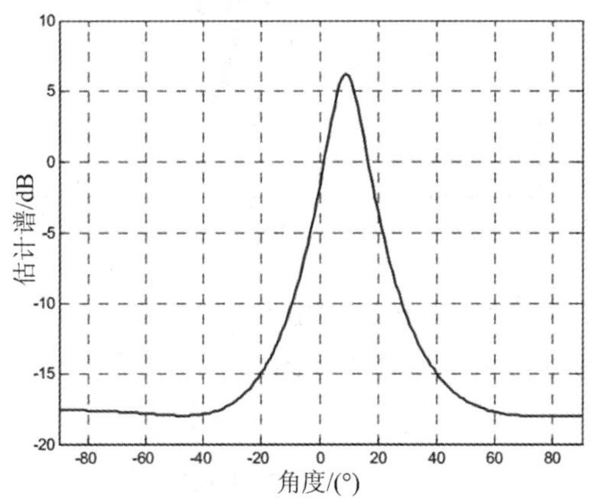

图 7.21　由电离层直接传播的杂波俯仰维 MUSIC 谱

3）电离层杂波的连续性

图 7.22 和图 7.23 分别给出了连续 7 个相干积累间隔(CPI)中第 1、4、7 个 CPI，电离层杂波分别从电离层和海平面传播回雷达接收站经处理后的方位维 MUSIC[2]。从图 7.22 中可以明显看出，从电离层传播回来的杂波方向始终位于－34°左右，长时间内方向基本相同；而图 7.23 中从海平面传播回来的电离层杂波在几个相干积累周期中的方向各不相同，在方向上是非稳定的。造成这种现象的原因主要是：电离层在一段时间内位置相对稳定，当一部分电磁波被电离层直接反射回雷达接收站时就会呈现较强的方向性，而另一部分电磁波被电离层随机散射回海平面，其散射路径是不可预知的，因此从海平面传播回来的电离层杂波在方向上就会呈现杂乱无章的现象。

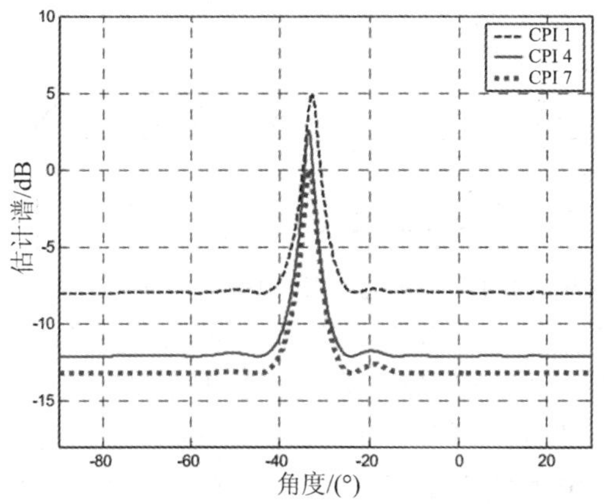

图 7.22　由电离层直接传播的杂波 MUSIC 谱

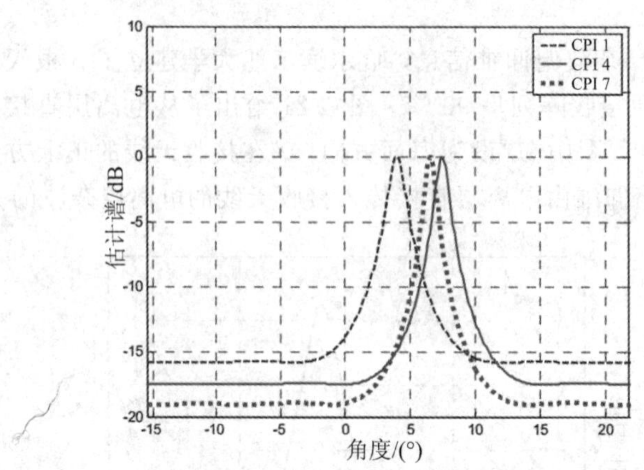

图 7.23　由海面传播的杂波 MUSIC 谱

2. 双基地高频地波雷达电离层杂波空域特性

由上述可知，电离层杂波在单基地体制下反映出来的空域特性是由电离层自身的位置、电子浓度等性质决定的，因此这些空域特性也适用于双基地高频地波雷达。但双基地高频地波雷达采用收发分置的系统结构，其电离层杂波的俯仰、方位等信息与单基地体制下的有一定差异。

根据传播方式，图 7.6 双基地高频地波雷达电离层杂波的 4 种主要传播路径也可以大致分为从电离层直接传入接收站和从海面水平传入接收站两类。其中，从海面传播的电离层杂波通常和海杂波一起传入接收站，雷达和这类电离层杂波的几何关系与海杂波相同，因此本节只分析从电离层直接传入雷达接收站的电离层杂波。图 7.24 给出了双基地工作模式下，从电离层直接传播的电离层杂波与雷达系统的几何关系。

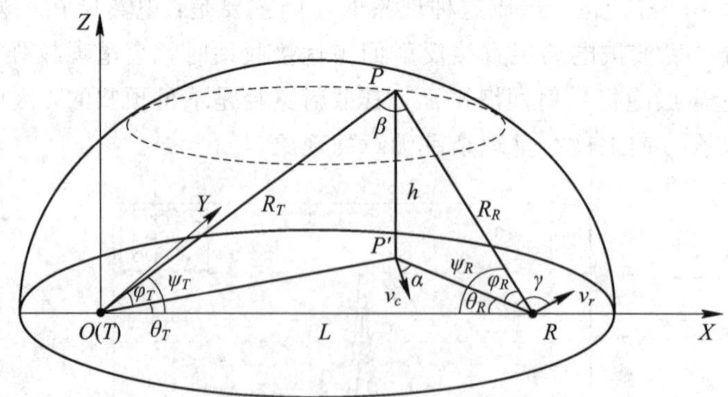

图 7.24　双基地工作模式下电离层杂波与雷达系统的几何关系示意图

图 7.24 中，T 和 R 分别为双基地地波雷达的发射站与接收站，两站之间的基线 $|\mathrm{TR}|=L$，以 T 为坐标原点 O，TR 为 X 轴建立笛卡尔坐标系。由图 7.24 可知，等“距离和”单元可看作是在 XOY 平面上以 T 和 R 为焦点、以 X 轴为旋转轴旋转一周而得到的椭球面。若将电离层近似看作海拔虚高为 h 的平面，则该椭球与电离层平面相交得到虚线椭圆，该椭圆两焦点均投影到 X 轴上，因此虚线椭圆在 XOY 平面上的投影是关于 X 轴对称的，电离层杂波散射源就在虚线椭圆上某一段上或整个椭圆。图 7.24 中 P 点为杂波散射

源，P'点为杂波散射源P点在XOY平面的投影，散射源与发射站之间的距离$|\mathrm{TP}|=R_T$，与接收站之间的距离$|\mathrm{RP}|=R_R$，杂波散射源与接收平台分别以相速v_c和v_r沿与$P'R$夹角分别为α和γ的方向水平运动。P点到发射站T和接收站R的方位角分别为θ_T和θ_R，俯仰角分别为φ_T和φ_R，锥角分别为ψ_T和ψ_R，双基地角为β，三种角度之间的关系如下：

$$\cos\psi_T = \cos\theta_T \cdot \cos\varphi_T \tag{7.4a}$$

$$\cos\psi_R = \cos\theta_R \cdot \cos\varphi_R \tag{7.4b}$$

令$a=(R_R+R_T)/2$，则某等“距离和”单元的椭球可表示为

$$\frac{(x+L/2)^2}{a^2}+\frac{y^2}{b^2}+\frac{z^2}{b^2}=1 \tag{7.5}$$

式中，a、b分别是椭球的长轴和短轴，且$a^2=b^2+(L/2)^2$。海拔虚高为h的虚线椭圆可表示为

$$\frac{(x+L/2)^2}{a_1^2}+\frac{y^2}{b_1^2}=1 \tag{7.6}$$

式中，$a_1^2=a^2(1-h^2/b^2)$，$b_1^2=b^2(1-h^2/b^2)$。

假设雷达的“距离和”分辨单元为 5 km，基线长度$L=200$ km，电离层海拔虚高$h=110$ km，在不考虑锥角正负的情况下，电离层杂波散射源分布区域如图 7.25 所示。

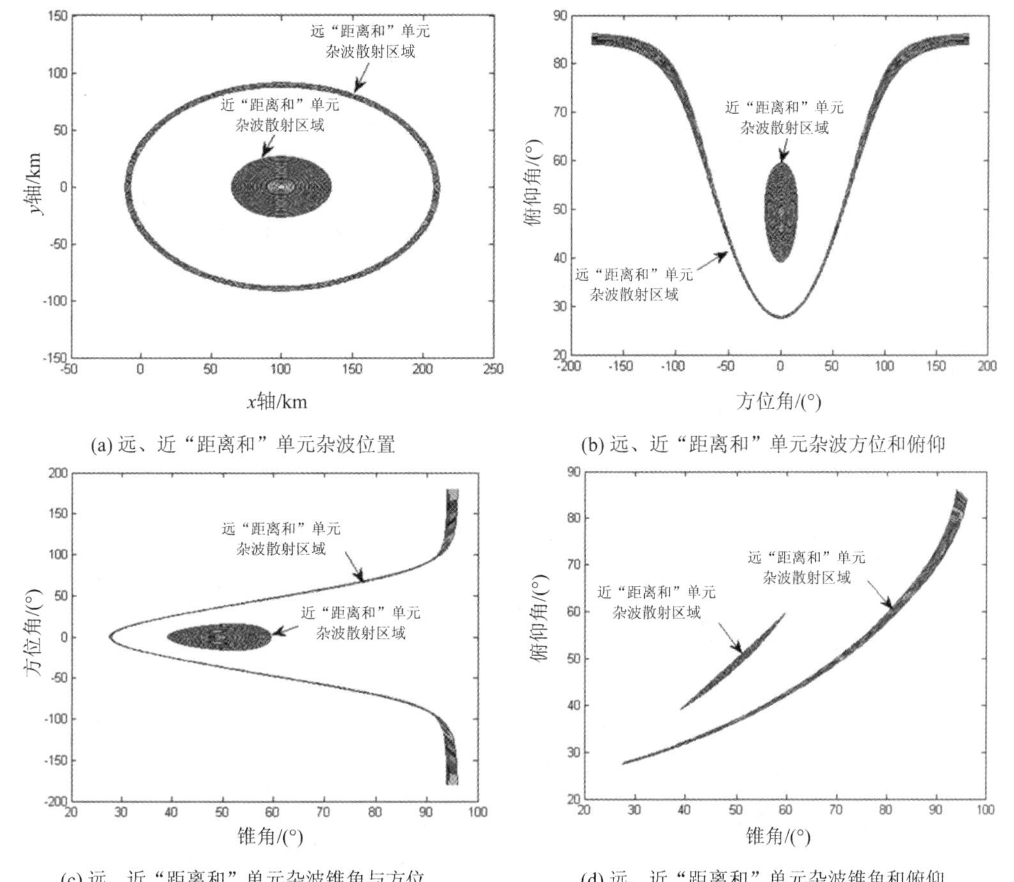

图 7.25　双基地雷达电离层杂波出现位置及空域特性

图 7.25(a)给出了电离层杂波散射源在 297 km～302 km 和 345 km～349 km 两个等“距离和”单元的分布情况。其中，297 km～302 km“距离和”单元与电离层相切，定义为近“距离和”单元，其可能存在的杂波散射源分布于中心椭圆内；345 km～349 km“距离和”单元与电离层相交，定义为远“距离和”单元，其可能存在的杂波散射源分布于椭圆环内。

图 7.25(b)～7.25(d)分别标示了图 7.25(a)中心椭圆和椭圆环内杂波散射源相对于接收站的方位-俯仰、锥角-方位和锥角-俯仰的分布情况。由图 7.25(a)可知，近“距离和”单元杂波散射源分布于图 7.25(a)的中心椭圆内，由于该椭圆长轴小于基线长度的一半，因此杂波散射源干扰的角度比较集中，在图 7.25(d)中受干扰的锥角与俯仰角呈单调递增的关系；远“距离和”单元杂波散射源分布于图 7.25(a)的椭圆环内，由于该椭圆环长轴大于基线长度的一半，因此杂波散射源干扰的角度比较分散，在图 7.25(b)和图 7.25(c)中受干扰的角度分布呈抛物线状，在图 7.25(d)中受干扰的锥角与俯仰角呈单调递增的关系。两“距离和”单元杂波散射源干扰的角度范围如表 7.1 所示。

表 7.1　远、近“距离和”单元杂波所在角度范围

	近“距离和”单元	远“距离和”单元
方位角	−16°～16°	−180°～180°
俯仰角	39°～60°	27°～86°
锥角	39°～60°	27°～96°

7.3.4　电离层杂波多普勒特性

关于电离层杂波的多普勒特性，图 7.26 给出了某单基地地波雷达在不同距离单元电离层杂波的实测数据处理结果[2]。其中，图 7.26(a)不含电离层杂波，从该图中可以清晰的看到两个对称的一阶海杂波 Bragg 峰以及在两波峰之间的目标，除此之外，其他多普勒单元为噪声，功率较低；图 7.26(b)在海杂波 Bragg 峰一侧(左侧，第 150～200 多普勒单元)出现电离层杂波；在图 7.26(c)中，电离层杂波出现的多普勒区域在第 250～280 多普勒单元，存在于两 Bragg 峰之间，即中间零频附近存在电离层杂波；而在图 7.26(d)中，电离层杂波覆盖了较宽的多普勒域，容易淹没目标信号。

造成图 7.26 中杂波特征差异现象的原因是：在实际中电离层的非均匀性及其时变特征，这些运动以多普勒频率的方式表现出来。一方面，电离层不均匀体的电子浓度会随着时间变化，使得电离层对电磁波的反射高度发生波动，进而产生杂波多普勒频移；另一方面，电离层不均匀体还经历着两种运动：一种是散射中心的随机运动，另一种是散射中心沿水平方向有规则地漂移，这两种运动都会产生杂波多普勒频移。其中，因电子浓度变化和散射中心随机运动而产生的多普勒频移，可以近似认为服从高斯分布。

而对于岸－舰双基地高频地波雷达而言，海上接收平台的运动也会产生多普勒频移，进而对电离层杂波的多普勒进行再调制。因此，相对于单基地雷达，双基地雷达的电离层杂波多普勒频率还需要考虑接收平台运动所产生的多普勒频率。

由图 7.24 可知，P 点的杂波散射源以相速 v_c 沿与 OR 夹角为 α 的方向水平漂移，则根据几何关系，杂波散射源沿路径 PR 的多普勒频移为

$$f_{d\_cm} = v_c \lambda_0^{-1} \cdot \cos\alpha \cdot \cos\varphi_R \tag{7.7}$$

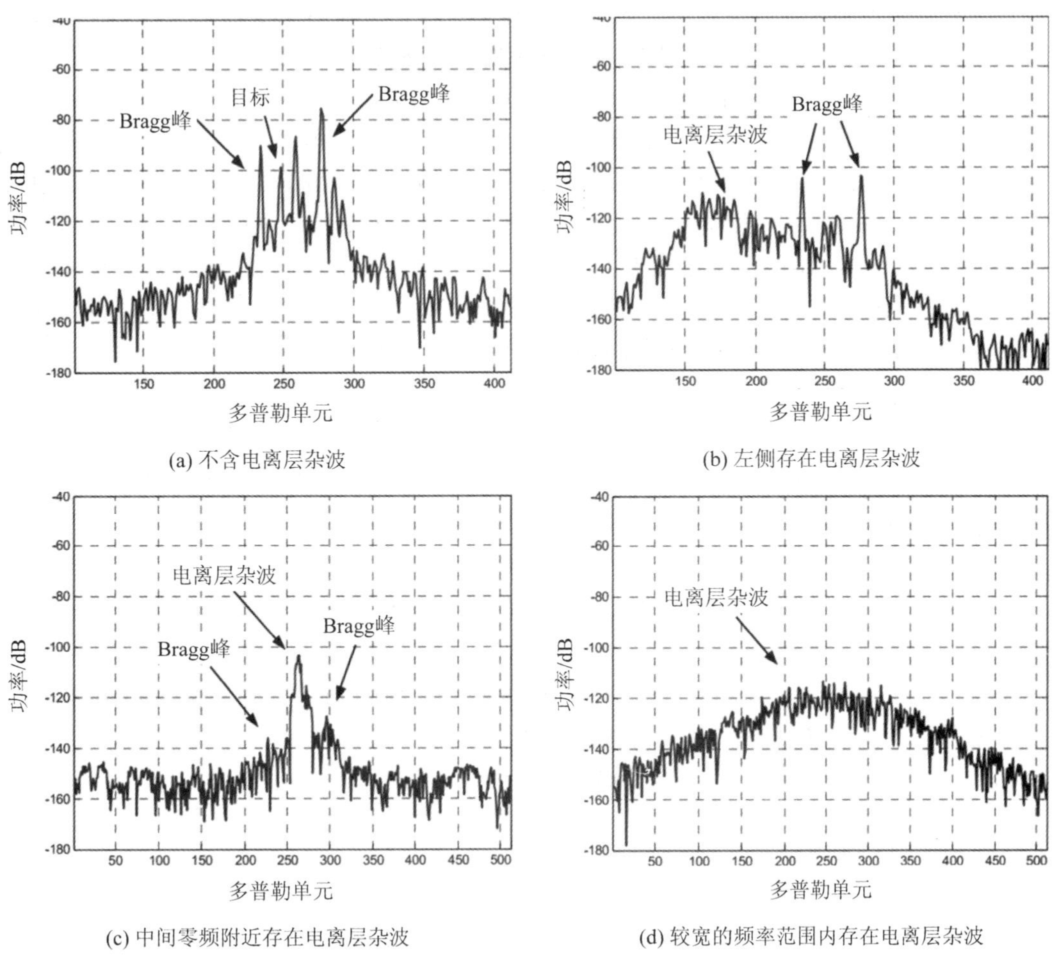

(a) 不含电离层杂波　(b) 左侧存在电离层杂波

(c) 中间零频附近存在电离层杂波　(d) 较宽的频率范围内存在电离层杂波

图 7.26　电离层杂波的多普勒域特性

式中 λ_0 为波长。同理可得到接收平台沿路径 $|PR|$ 的多普勒频移为

$$f_{d\_r} = v_r\lambda_0^{-1} \cdot \cos\gamma \cdot \cos\varphi_R \tag{7.8}$$

因此，由杂波散射源水平漂移和接收平台运动产生的杂波多普勒频移可表示为

$$f_{d\_m} = f_{d\_cm} + f_{d\_r} = v_r\lambda_0^{-1}(\cos\alpha + \cos\gamma)\cos\varphi_R \tag{7.9}$$

7.4　基于特征子空间的电离层杂波抑制方法

在电离层杂波抑制方面，国内外学者也提出了许多不同的杂波抑制方法，包括自适应波束形成[12]、极化滤波[13, 14]、特征子空间[15]、时频分析[16, 17]和多普勒频域滤波等。本节结合岸-舰双基地高频地波雷达的天线结构，介绍利用特征子空间抑制电离层杂波。

实际中，电离层(特别是 Es 层)的镜面杂波对高频地波雷达影响严重，其杂波强度通常要比目标信号大得多，因此本节重点为电离层镜面杂波的抑制方法。这里提到的电离层杂波均指电离层镜面杂波。

岸-舰双基地高频地波雷达实际是 MISO 体制，接收站采用单根接收天线，并架设于舰船和浮标等海上平台。假设岸-舰双基地高频地波雷达的岸基发射部分由 K 元等距线阵组成，在接收平台上，处理机通过对单根接收天线接收的回波信号作通道分离处理(即混频和低通滤波)，得到 K 路发射信号分量对应的回波信号，称为 K 路"接收"信号或 K 路"空域信号"。假设一个调频周期(快时域)内的采样点数为 N，相干积累周期(慢时域)数为 M，则一个相干积累周期内接收到的信号经过发射信道分离、距离维脉压等预处理后的数据维数为 $K\times M\times N$ 维的回波数据块，记为 $\boldsymbol{X}_{K,M,N}$。通过回波数据块计算不同维的相关矩阵，利用特征子空间法抑制电离层杂波。根据构造相关矩阵所用到的回波数据块维数的不同，电离层杂波的抑制方法可分为"快时域"法和"慢时域"法两种。

7.4.1 "快时域"方法

"快时域"方法是针对一个调频周期内的接收信号进行的。选取回波数据块中第 m 个调频周期内所有接收通道和快时域采样点构造采样数据矩阵，即

$$\boldsymbol{X}_{K,m,N}=\begin{bmatrix} x_{K,m,N}(1,1) & x_{K,m,N}(1,2) & \cdots & x_{K,m,N}(1,N) \\ x_{K,m,N}(2,1) & x_{K,m,N}(2,2) & \cdots & x_{K,m,N}(2,N) \\ \vdots & \vdots & & \vdots \\ x_{K,m,N}(K,1) & x_{K,m,N}(K,2) & \cdots & x_{K,m,N}(K,N) \end{bmatrix}_{K\times N} \tag{7.10}$$

采用"快时域"法抑制电离层杂波的过程如下：

(1) 对式(7.10)"快时域"采样数据的相关矩阵的最大似然估计为

$$\bar{\boldsymbol{R}}_{\mathrm{XX}}=\frac{1}{N}\boldsymbol{X}_{K,m,N}\boldsymbol{X}_{K,m,N}^{\mathrm{H}} \tag{7.11}$$

式中，$\bar{\boldsymbol{R}}_{XX}$ 为 $K\times K$ 维。

(2) 对该相关矩阵进行特征值分解，得到 K 个特征值及其相应的特征向量，由于电离层杂波强度大于目标回波信号，因此可以将 K 个特征值由大到小排列，其 P 个大特征值对应"快时域信号"中的电离层杂波分量，利用与这 P 个大特征值相应的特征向量构造杂波相关系数矩阵：

$$\bar{\boldsymbol{R}}_{\mathrm{clutter}}=[\mathrm{v}_1\quad \mathrm{v}_2\quad \cdots\quad \mathrm{v}_P][\mathrm{v}_1\quad \mathrm{v}_2\quad \cdots\quad \mathrm{v}_P]^{\mathrm{H}}=\boldsymbol{V}_P\boldsymbol{V}_P^{\mathrm{H}} \tag{7.12}$$

式中，v_p 为第 p 个大特征值对应的特征向量，$\boldsymbol{V}_P=[\mathrm{v}_1\quad \mathrm{v}_2\quad \cdots\quad \mathrm{v}_P]$为 P 个大特征值对应的特征向量张成的杂波子空间，其余 $K-P$ 个小特征值对应的特征向量张成的子空间为目标-噪声子空间。由空间谱估计理论可知，杂波子空间与目标-噪声子空间是正交的关系。$\bar{\boldsymbol{R}}_{\mathrm{clutter}}$ 实际是杂波子空间对应的投影矩阵。

(3) 根据 $\boldsymbol{V}_P$ 估计电离层杂波信号，即

$$\hat{\boldsymbol{X}}_{K,m,N}=\boldsymbol{V}_P\boldsymbol{V}_P^{\mathrm{H}}\boldsymbol{X}_{K,m,N} \tag{7.13b}$$

(4) 将第 m 个调频周期的"快时域信号"$\boldsymbol{X}_{K,m,N}$ 减去电离层杂波估计值，得到消除电离层杂波的目的，消除杂波后的"快时域信号"$\boldsymbol{X}_{K,m,N}$ 为

$$\boldsymbol{X}_{K,m,N}=\boldsymbol{X}_{K,m,N}-\hat{\boldsymbol{X}}_{K,m,N} \tag{7.13a}$$

对相干积累周期内共 M 个调频周期的"快时域信号"分别作上述处理，然后对回波数据块作距离压缩处理和相干积累处理即可获得消除电离层杂波后的距离-多普勒谱。该方

法在构造相关矩阵时运算量较大，以复数相乘为例，需要做 K^2N 次才能完成相关矩阵的构造，但该方法只需要单个调频周期的采样数据即可。

7.4.2 “慢时域”方法

“慢时域”方法与“快时域”方法类似，但在构造相关矩阵时，“慢时域”方法选取回波数据块中第 n 个快时域采样点对应的所有接收通道和慢时域采样点，被选取的采样数据可表示为

$$\boldsymbol{X}_{K,M,n}=\begin{bmatrix} x_{K,M,n}(1,1) & x_{K,M,n}(1,2) & \cdots & x_{K,M,n}(1,M) \\ x_{K,M,n}(2,1) & x_{K,M,n}(2,2) & \cdots & x_{K,M,n}(2,M) \\ \vdots & \vdots & & \vdots \\ x_{K,M,n}(K,1) & x_{K,M,n}(K,2) & \cdots & x_{K,M,n}(K,M) \end{bmatrix}_{K\times M} \tag{7.14}$$

则第 n 个快时域采样点对应的“慢时域”的相关矩阵的最大似然估计为

$$\bar{\boldsymbol{R}}_{XX}=\frac{1}{M}\boldsymbol{X}_{K,M,n}\boldsymbol{X}_{K,M,n}^{\mathrm{H}} \tag{7.15}$$

式中，$\bar{\boldsymbol{R}}_{XX}$ 为 $K\times K$ 维。对该相关矩阵进行特征值分解，得到 K 个特征值及对应的特征向量。对这 K 个特征值由大到小排列，其 P 个大特征值对应“慢时域信号”中的电离层杂波分量，令这 P 个大特征值相应的特征向量张成杂波子空间 $\boldsymbol{V}_P=[v_1 \quad v_2 \quad \cdots \quad v_P]$，$v_p$ 为第 p 个大特征值对应的特征向量，其余 $K-P$ 个小特征值对应的特征向量张成目标—噪声子空间。构造杂波子空间对应的投影矩阵：

$$\bar{\boldsymbol{R}}_{clutter}=\boldsymbol{V}_P\boldsymbol{V}_P^{\mathrm{H}} \tag{7.16}$$

根据 $\boldsymbol{V}_P$ 估计电离层杂波信号为

$$\hat{\boldsymbol{X}}_{K,M,n}=\bar{\boldsymbol{R}}_{clutter}\boldsymbol{X}_{K,M,n} \tag{7.17}$$

则消除电离层杂波后的“慢时域”信号为

$$\boldsymbol{X}_{K,M,n}=\boldsymbol{X}_{K,M,n}-\hat{\boldsymbol{X}}_{K,M,n} \tag{7.18}$$

对回波数据块中包含电离层杂波的所有距离单元均作上述操作，即可获得消除电离层杂波后的距离-多普勒(RD)谱。

7.4.3 仿真实验结果

假设有两个目标，其等效速度对应的多普勒频率均为 0.2 Hz，距离分别为 300 km 和 350 km。利用 7.3 节的电离层杂波模型仿真电离层镜面折射杂波，电离层杂波主要存在于 340 km ～360 km 范围内，其多普勒频率覆盖－0.3 Hz～0.3 Hz 的范围。输入信噪比 SNR＝－10 dB，信杂比 SCR＝－20 dB。

图 7.27 为未进行电离层杂波抑制的回波信号的距离-多普勒功率谱。由图可知，经脉冲压缩和相干积累后，距离在 350 km 处的目标被电离层杂波完全“淹没”，300 km 处目标的功率与电离层杂波相当。图 7.28 和图 7.29 分别为采用“快时域”方法和“慢时域”方法作电离层杂波抑制后距离维与多普勒维的功率谱。由两图明显可以看出，电离层杂波均被有效抑制，被“淹没”的目标也显示出来了，因此这两种方法均能有效抑制了电离层杂波。

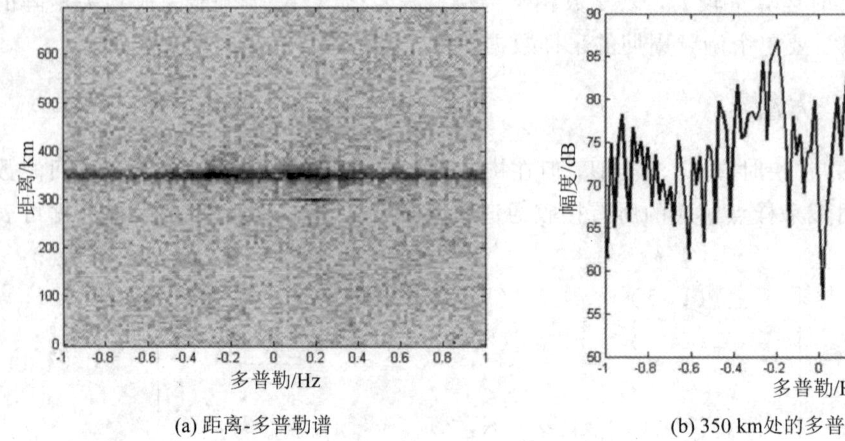

(a) 距离-多普勒谱　　(b) 350 km处的多普勒功率谱

图 7.27　杂波抑制前的回波距离-多普勒谱

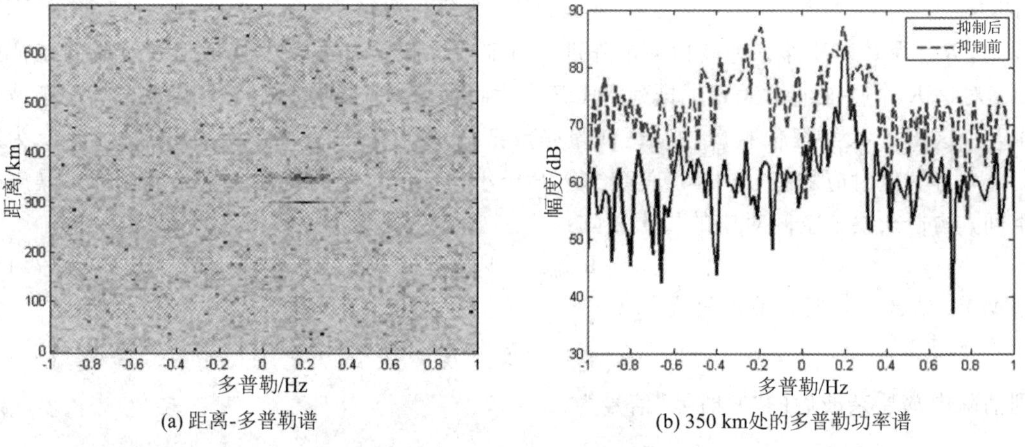

(a) 距离-多普勒谱　　(b) 350 km处的多普勒功率谱

图 7.28　采用“快时域”方法抑制杂波后的回波信号的距离-多普勒谱

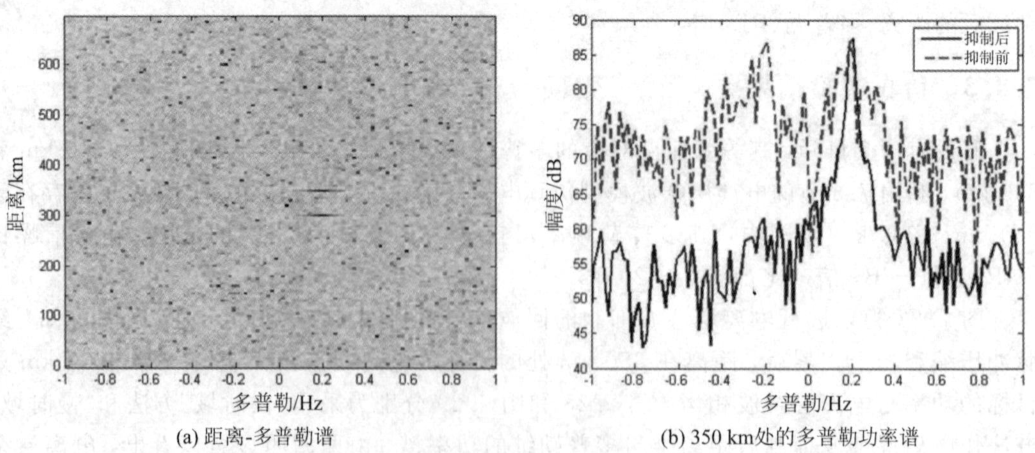

(a) 距离-多普勒谱　　(b) 350 km处的多普勒功率谱

图 7.29　采用“慢时域”方法抑制杂波后的回波信号的距离-多普勒谱

7.5　基于大型发射阵列的电离层杂波抑制方法

针对双基地雷达，电离层干扰表现为镜面反射和前/后向散射。图 7.30 给出了接收站距离发射站 100 km、200 km、300 km 情况下 E 层反射波对应的入射仰角 θ_0 及其波程；前向散射是仰角大于 θ_0 至 80°区间。以接收站距离发射站 200 km 为例，E 层反射波对应的入射仰角 $\theta_0=47°$，波程为 300 km，其波程与单基地在 47°的双程波程相当；前向散射在 47°至 80°区间距离和(R_1+R_2)扩展 30 多千米，单基地后向散射在该区间的距离扩展 40 多公里。至于 E 层干扰表现为后向散射与前向散射的强度目前国内外均未见这方面的报导，还有待进行试验验证。

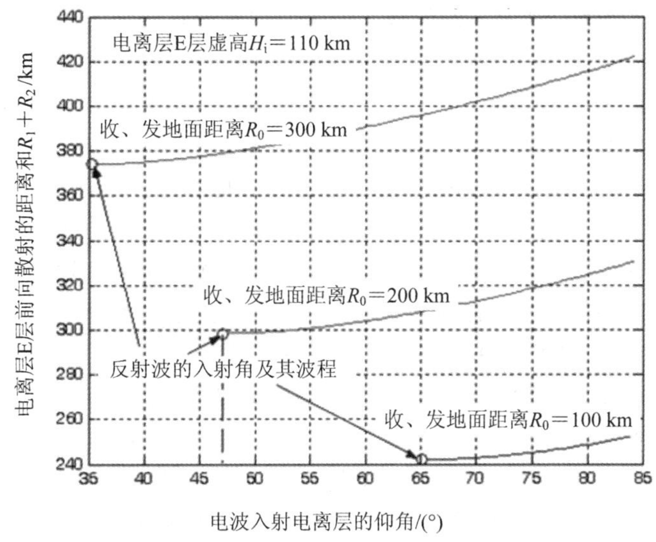

图 7.30　双基地地波雷达的入射仰角与 E 层前向散射距离之间的关系

图 7.31 给出了不同仰角时回波的单跳地面距离 R_0 和传播路径长度(R_1+R_2)之间的关系。从图中可以看出，如果发射站与接收站相距 100 km，就可以有效避免高仰角区(70°～

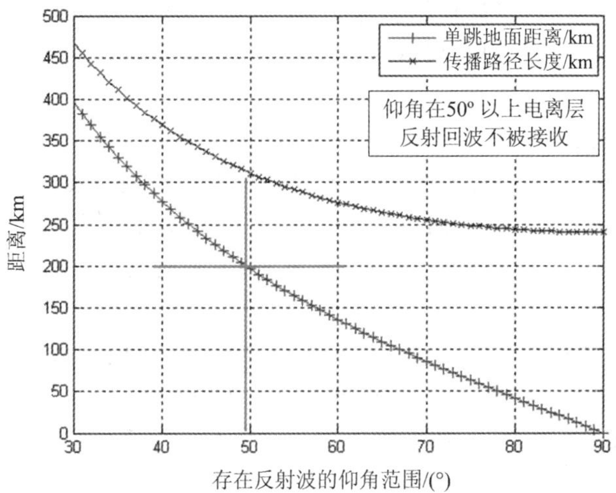

图 7.31　Es 层的单跳地面距离、传播路径长度与仰角关系

90°)反射的电离层干扰进入雷达接收机。如果发射站与接收站相距 200 km，就可以有效避免仰角在 50°以上范围反射的电离层干扰。

通过上面的分析可以看出，与单基地体制相比，岸-舰双基地高频地波雷达中的电离层干扰有以下特点：

(1) 双基地电离层干扰传播对应的距离和比单基地要远，干扰强度有所降低。

(2) 相对于单基地雷达，由于岸-舰双基地高频地波雷达接收站前置，目标对应的距离和变小，而电离层干扰对应的距离和变大，这样原来被干扰“掩盖”的目标就可能“显露”出来。

由于收发分置，沿发射天线垂直顶空附近入射路径的反/散射回波(对单基地雷达即为干扰)不易被接收到，因而，可以有效减小电离层的影响。岸一舰双基地高频地波雷达在对抗电离层干扰方面可以采取以下措施：

(1) 双基地工作。当双基地工作的地波雷达的仰角超过一定范围时，电离层反射的干扰信号不被接收站所接收。

(2) 通过对发射阵优化布阵，改一维线阵为面阵，利用面阵在俯仰维的孔径，在综合发射波束时通过降低高仰角区的副瓣电平，减小电离层干扰的影响。常规地波雷达发射天线采用对数周期天线，在俯仰维方向图近似等效为半波偶极子；接收天线阵为线阵，在俯仰维基本没有可以利用的孔径，因此从高仰角区接收到的电离层干扰较大。若雷达发射采取稀布面阵，则在高仰角区有一定的孔径，因此，在接收站综合发射方向图时在高仰角区可以得到相对于线阵要低一点的副瓣电平。另外，如果发射天线单元较多，在综合发射方向图时，也可以通过综合“置零”技术在高仰角区形成多个“零点”。所以，在这种岸一舰双/多基地地波雷达中可以充分利用空域滤波来减小电离层干扰。

(3) 采取双频或多频同时工作。当雷达同时工作在两个频率时，一个频率受到干扰，另一个频率可能不会受到干扰，两个频率交替工作可减小电离层干扰的概率。另外，如果在脉冲和脉冲之间发射不同的载频，在接收时分别对相同载频的回波信号进行相干积累，也可以反二次电离层干扰，即经过电离层多次反射后的干扰信号。这种方式是从时-频域角度抗电离层干扰。(引俄地波雷达已采用这种措施)

(4) 根据电离层干扰的规律及其在不同传播模式下信号的距离展宽和多普勒展宽的特点，利用雷达信号处理与数据处理相结合的措施，从算法与软件的角度抑制电离层干扰。

综上所述，在岸-舰双基地地波雷达中可以充分利用空域、频域、时域资源来抑制电离层干扰。

下面主要结合发射天线优化布阵情况进行分析。

面阵有多种布阵方式，例如：圆环阵、不规则布阵等。由于雷达发射天线架设在海边，考虑到海边的地形环境，图 7.32 给出了由 16 组天线组成的圆弧阵、三维方向图及其方位、仰角主截面。天线阵地长约 450 m，宽约 100 m。每组天线包括 3 根间隔为 8.5 m 的垂直极化单元天线。

由此可见，采用圆弧阵更好一些。对布阵的优化方案我们将根据阵地的情况进一步研究，以减小垂直维的副瓣电平，从而减小电离层干扰的影响。

国内某地波雷达接收天线采用 32×4 的阵列天线如图 7.33 所示，纵向四排天线之间的间隔为[6.67，10，6.67]m，长约 450 m。天线在仰角维的方向图如图 7.34(a)所示，在仰角维的单边半功率波束宽度约 30°。

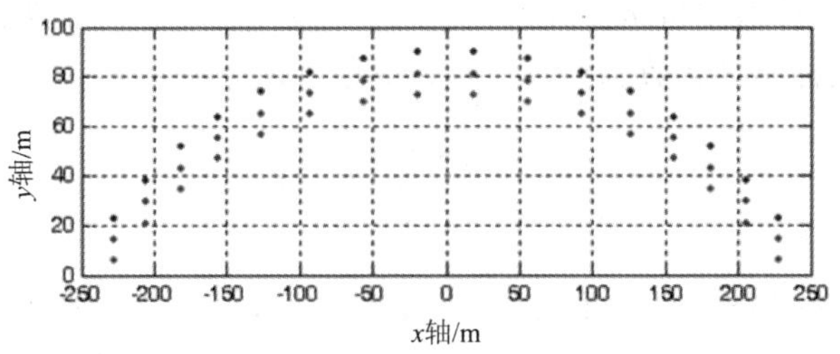

(a) 近似圆弧阵

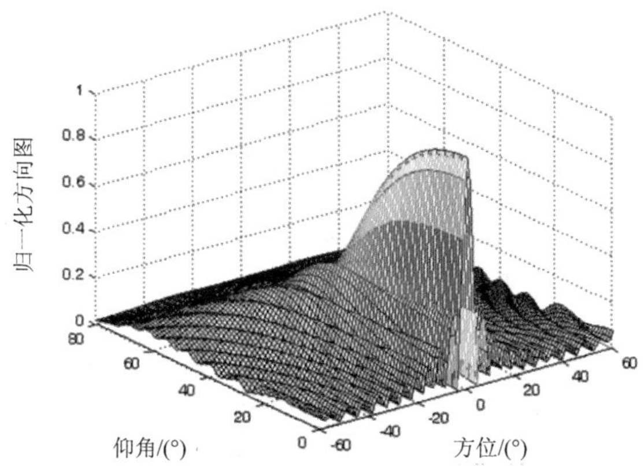

(b) 方位-仰角三维方向图

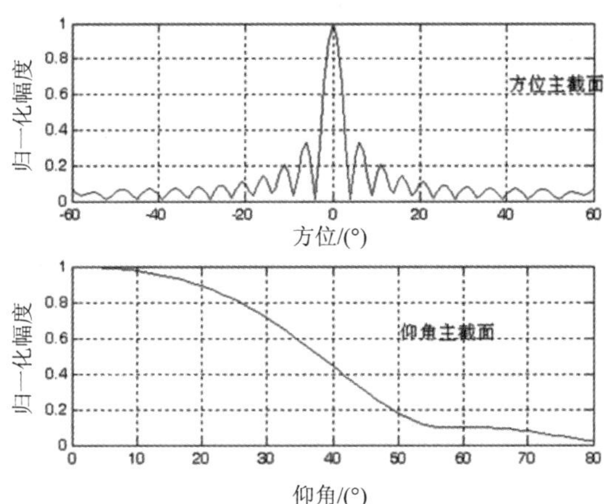

(c) 方向图的方位-仰角主截面

图 7.32　圆弧阵的三维方向图及其方位、仰角主截面

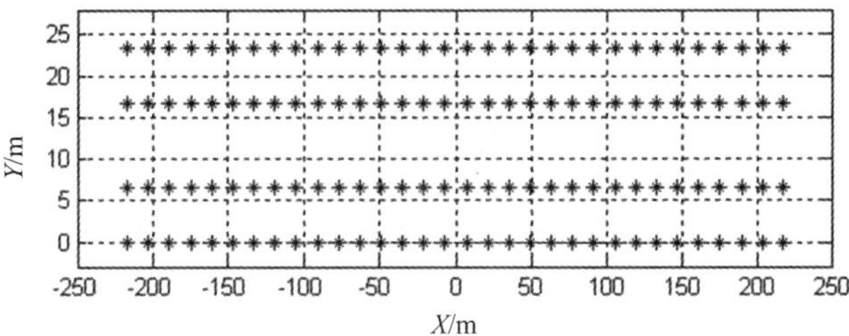

图 7.33　某地波雷达接收天线阵

图 7.34 比较了两种地波雷达在阵列正前方的俯仰维方向图。作为地波雷达，电离层干扰主要关心的是从高仰角区接收到地波。俯仰维相对积分旁瓣电平计算如下：

$$p = \frac{1}{P_a(\theta_0, \varphi_0)} \int_{\varphi_1}^{\varphi_2} P_a(\theta_0, \varphi) \mathrm{d}\varphi$$

式中，$[\varphi_1, \varphi_2]$为积分范围。图 7.35 为仰角$[\varphi_1, \varphi_2]$在 30°～85°范围内的积分副瓣电平，可见，采用圆弧阵的仰角维方向图的积分副瓣电平比图 7.35 线阵的低 10 dB 以上，这有利于降低电离层的干扰。

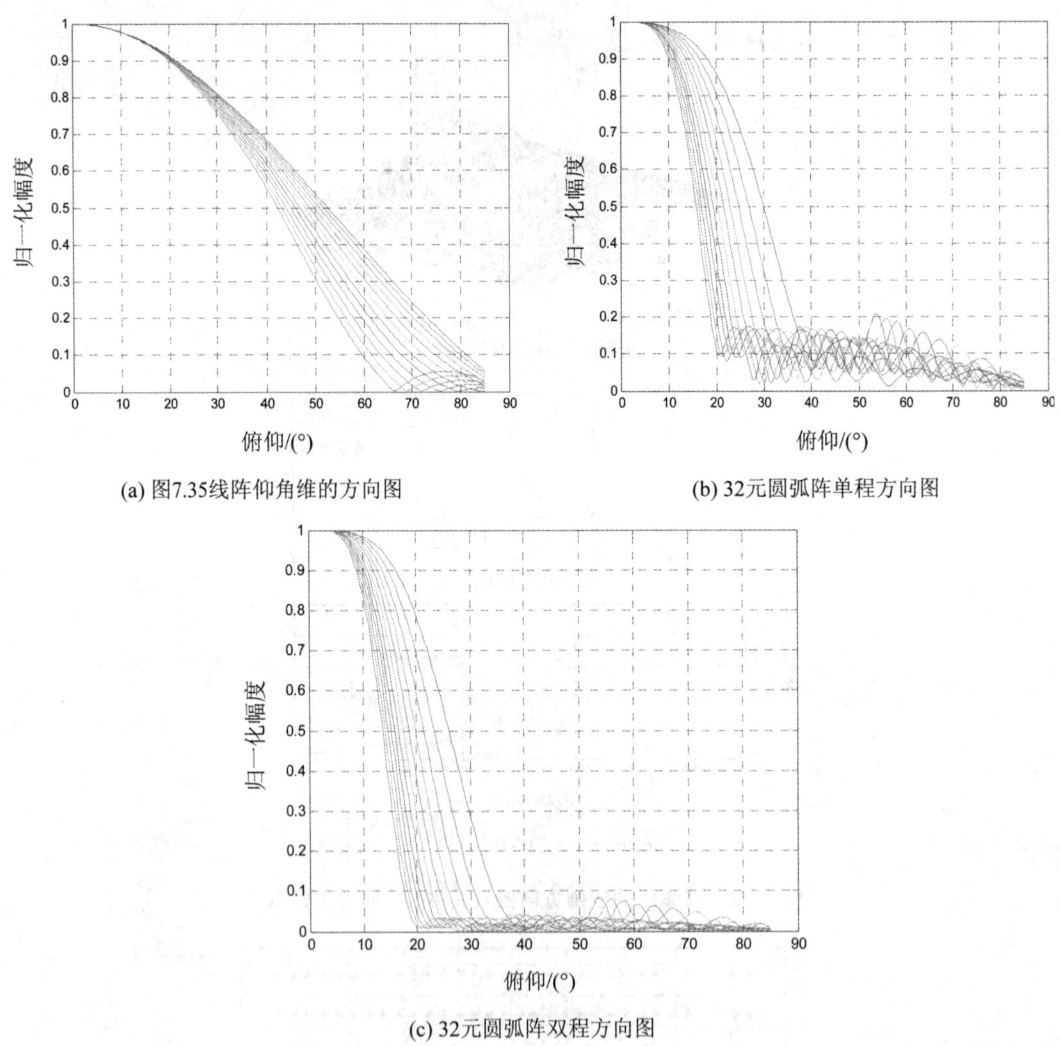

(a) 图7.35线阵仰角维的方向图

(b) 32元圆弧阵单程方向图

(c) 32元圆弧阵双程方向图

图 7.34 两种地波雷达俯仰维方向图比较

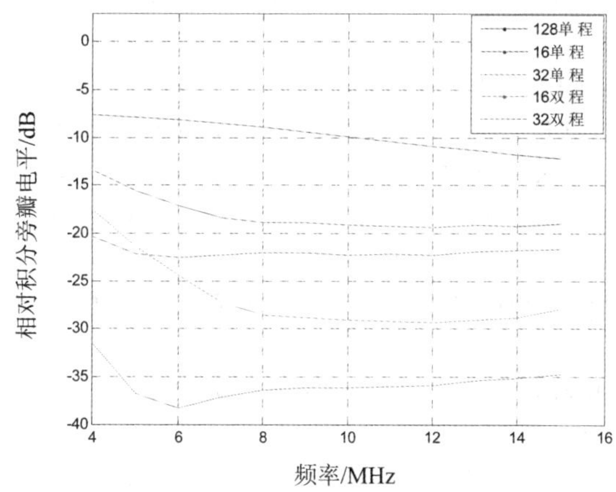

图 7.35　在阵列正前方、不同阵列不同工作频率时的积分旁瓣电平

本 章 小 结

本章对高频地波雷达电离层杂波的相关内容进行了详细阐述。7.2 节解释了高频地波雷达电离层杂波的产生机理，包括电离层的分层结构、高频电磁波传播过程中遇到电离层而形成杂波的原理，以及电离层杂波的分类；7.3 节介绍了高频地波雷达电离层杂波的特性，包括电离层杂波的传输特性、时域特性、距离域特性、空域特性及多普勒域特性，并详细分析了高频地波雷达单、双基地体制空间结构的不同造成的电离层杂波空域特性及多普勒域特性的差异；7.4 节结合岸舰双基地高频地波雷达，介绍了特征子空间法的原理，分别利用"快时域"和"慢时域"信号构造相关矩阵，并通过特征值分解得到电离层杂波子空间及其对应的投影矩阵，然后利用正交投影的方式，将电离层杂波分量从时域信号中抑制掉。7.5 节介绍了基于大型发射阵列的电离层杂波抑制方法。若采用大型阵列天线作为发射阵，可以进一步降低双基地地波雷达仰角维的副瓣电平，从而降低电离层的干扰。

本章参考文献

[1] 熊年禄，唐存琛，李行健. 电离层物理概论[M]. 武汉：武汉大学出版社，1999.

[2] 李雷. 高频地波雷达自适应抗干扰技术研究[D]. 哈尔滨：哈尔滨工业大学，2007.

[3] HUANG L, WEN B Y, WU L M. Ionospheric Interference Mitigation in HFSWR[J]. Chinese Journal of Radio Science, 2007, 22(4): 626 - 630.

[4] SHANG S, ZHANG N, LI Y. Ionospheric Clutter Statistical Properties in HFSWR[J]. Chinese Journal of Radio Science, 2011, 26(3): 521 - 527.

[5] CHAN H C. Characterization of Ionospheric Clutter in HF Surface Wave Radar[R]. Canada: Defense Research Development Canada, 2003.

[6] SEVGI L, PONSFORD A, CHAN H C. An intergrated maritime surveillance system based on high-frequency surface wave radars, part 1: Theoretical background and numerical simulations[J]. IEEE Ant. Prop. Mag., 2001, 43(4): 28 - 42.

[7] SEVGI L, PONSFORD A, CHAN H C. An intergrated maritime surveillance system based on high-

frequency surface wave radars, part 2: Operational status and system performance[J]. IEEE Ant. Prop. Mag., 2001, 43(4): 52 - 63.

[8] ANDERSON R H, KROLIK J L. Track Association for Over the Horizon Radar With a Statistical Ionospheric Model[J]. IEEE Trans. Signal Proc., 2002, 50(11): 2632 - 2643.

[9] YURI I A, NICHOLAS K S, STUART J A. Stochastic-constraints method in nonstationary hot-clutter cancellation-Part I: Fundamentals and supervised training applications[J]. IEEE Trans. Aerospace Electron. Syst., 1998, 34(4): 1271 - 1291.

[10] ZHAO L. A Model for the Ionospheric Clutter in HFSWR Radar[C]. Proc. IEEE ICIII'08. Conf., 2008, 1: 179 - 182.

[11] RAVAN M, ADVE R S. Ionospheric Clutter Model for High Frequency Surface Wave Radar[C]. Proc. IEEE Radar Conf., 2012: 0377 - 0382.

[12] FABRIZIO G A, ABRAMOVICH Y I, et al. Adaptive cancellation of nonstationary interference in HF antenna arrays[J]. IEE Proc. Radar Sonar Navig, 1998, 145(1): 19 - 24.

[13] 张国毅，刘永坦. 高频地波超视距雷达的极化滤波技术研究[J]. 系统工程与电子技术，2000，22(3)：55 - 57.

[14] 杨俊，文必洋，等. 用水平天线消除天波干扰的算法研究[J]. 电波科学学报，2004，19(2)：176 - 181.

[15] 熊新农，柯亨玉，万显荣. 基于特征值分解的高频地波雷达电离层杂波抑制[J]. 电波科学学报，2007，22(6)：937 - 940.

[16] 熊新农，万显荣，柯亨玉，等. 基于小波分析的高频地波雷达电离层杂波抑制[J]. 华中科技大学学报(自然科学版)，2008，36(6)：77 - 80.

[17] 熊新农，万显荣，柯亨玉，等. 基于时频分析的高频地波雷达电离层杂波抑制[J]. 系统工程与电子技术，2008，30(8)：1399 - 1402.

第 8 章　地波雷达的射频干扰及其抑制方法

8.1 引　　言

高频地波雷达的工作频率在 2 MHz～30 MHz 范围内，而在这个频段内存在大量的短波电台和短波通信用户，它们占用了很大范围内的频谱资源，尤其是与雷达工作在相同频带上的短波通信信号，这些信号一旦进入雷达接收端，就会形成射频干扰，对雷达的目标检测性能产生严重影响。

对于高频地波雷达而言，这些来源于短波通信的射频干扰信号包括两类：一类射频干扰信号是可预知的，这类信号主要由雷达站附近的短波电台产生，由于电台的工作时间和信号频率等信息均可事先得知，因此可通过实时选频的方式避开这些干扰；另一类射频干扰信号是不可预知的，这类信号主要包括经电离层传播的远距离短波电台、海上渔船通信和无线电爱好者的私人电台等，其工作时间和信号频率是随机的，且数量众多，导致雷达工作频带拥挤，而难以找到相对“寂静”的工作频带供地波雷达使用。因此，高频地波雷达的回波信号中时常夹杂着强弱不一、数量不等的射频干扰。对地波雷达的射频干扰进行有效的抑制，一直是该领域各国专家、学者的重点研究课题之一。

本章以岸-舰双基地高频地波超视距雷达为背景，详细介绍高频雷达的射频干扰的信号模型、干扰特征及其抑制方法。8.2 节首先介绍射频干扰的信号模型，深入分析射频干扰的相关特性，并对射频干扰及其特性进行仿真，给出实测数据的对比验证及干扰特性分析结果；8.3 节介绍基于特征子空间的时域及距离域的射频干扰抑制方法；8.4 节介绍基于压缩感知的时域剔除法，以抑制射频干扰。

8.2 地波雷达射频干扰及其主要特征

岸-舰双基地高频地波雷达在接收站采用舰载全向小型磁天线来接收回波信号，进入接收机的干扰的强度取决于接收平台周围的电磁环境。当风浪较小时，大量海上船只的通信频繁，形成的射频干扰强度大，而近岸短波电台的发射信号及远处电台经电离层反射的信号形成的干扰信号相对较弱；当海上风浪较大时，船只入港，射频干扰包含的舰船通信信号减少，因而强度较小。所以，地波雷达面临的强射频干扰主要由短波通信信号组成。

8.2.1 射频干扰模型

短波通信的信号调制方式一般分调幅(AM)和调频(FM)两种，其中常用的是调幅信号[1,2]，如双边带调幅(DSB)、单边带调幅(SSB)等，二进制频移键控(FSK)等数字调制也是短波通信中常用的调制方式。图 8.1 为岸-舰双基地高频地波雷达外场试验采集到的接收信号的时频分布结果。从图中可以看出，接收信号除直达波外，还有 4 个射频干扰及其所在的频率单元。这 4 个射频干扰中平行于横轴的三条连续的直线为调幅信号，频点序号在 450 附近的频率跳变信号为 FSK 信号。

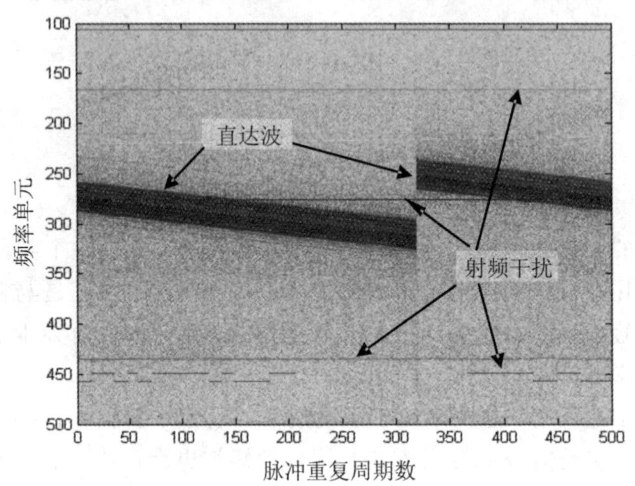

图 8.1　接收信号的时频分布

根据带宽的不同，短波通信信号又可分为宽带通信信号和窄带通信信号。宽带通信信号的带宽比高频地波雷达的工作带宽要大，通常只能通过选频设备对工作频段的频谱占用情况进行实时不间断监测，以自适应选择适合的工作频点；窄带通信信号工作带宽在几十赫兹到数千赫兹之间，比高频地波雷达的工作带宽要小得多，其干扰抑制方法种类较多。本章主要介绍窄带通信信号产生的射频干扰的抑制方法。

对于不同调制方式的窄带射频干扰，由于包络调制随机，因此干扰成分中起作用的主要是干扰信号的载频，则窄带射频干扰的信号模型可描述为

$$i(t)=\sum_{k=1}^{K}a_k(t)\exp(\mathrm{j}2\pi f_{ik}t) \tag{8.1}$$

式中，$a_k(t)$为第k个干扰的复包络，一般为慢时变随机变量；f_{ik}为第k个干扰的载频，K为干扰个数。如无特别说明，本章所提射频干扰均为窄带射频干扰。

8.2.2　射频干扰特性分析

本小节将从时域、距离域、多普勒域以及空域对射频干扰特性进行详细分析。首先分析射频干扰的时域特性。假设f_0为雷达发射信号的中心载频，μ为调频斜率，$\Delta f_n(n=1,2,\cdots,N)$为第$n$个发射天线的发射信号载频与中心载频的频差。那么，接收平台对回波信号混频后可分离出N路发射信号分量对应的接收通道(实际上是一个接收通道，而通过不同频率的混频、滤波得到的多个发射信号分量分别对应的接收通道，本章简称为“多路接收通道”)，其中分离第n路发射信号混频所用的参考信号为

$$s_{n\_\mathrm{dechrip}}(t)=\exp(\mathrm{j}2\pi(f_nt-0.5\mu t^2)),\ 0\leqslant t\leqslant T_m \tag{8.2}$$

式中，$f_n=f_0+\Delta f_n$为第n个发射天线的发射信号载频，T_m为调频周期。

对回波信号中第k个射频干扰而言，在第m个调频周期经混频后第n路接收通道的干

扰信号可表示为

$$i_{k\_\text{dechrip}}(t, m)=i_k(t)s_{n\_\text{dechrip}}^*(t)=a_k(t+mT_m)\exp[\text{j}2\pi(f_{ik}-f_n)t+\text{j}\pi\mu t^2] \quad (8.3)$$

假设低通滤波器的时域响应为 $h(t)$，带宽为 B_{LPF}，则射频干扰经低通滤波器后输出的时域信号为

$$\begin{aligned}i_{k\_\text{LPF}}(t, m)&=h(t)*i_{k\_\text{dechrip}}(t, m)=\int_{-\infty}^{\infty}h(\tau)i_{k\_\text{dechrip}}(t-\tau, m)\text{d}\tau\\&=\exp(\text{j}2\pi f_{ik}mT_m)\cdot\exp[\text{j}2\pi(f_{ik}-f_n)t+\text{j}\pi\mu t^2]\\&\quad\cdot\int_{-\infty}^{\infty}h(\tau)a_k(t-\tau+mT_m)\exp[\text{j}2\pi(f_n-f_{ik})\tau+\text{j}\pi\mu(\tau^2-2\tau t)]\text{d}\tau\end{aligned} \quad (8.4)$$

式中，“$*$”表示线性卷积。图 8.2 给出了在一个调频周期 T_m 内，射频干扰经混频、低通滤波后的时频变换过程示意图。图中 $f_1\sim f_N$ 组成的实线簇表示 N 路混频参考信号的频率，f_{ik} 表示第 k 个射频干扰在混频之前的载频，虚线簇表示第 k 个射频干扰经 N 路参考信号混频之后在各路“接收通道”(实际上是一个接收通道，它经过频率变换得到的多个等效接收通道)的载频。

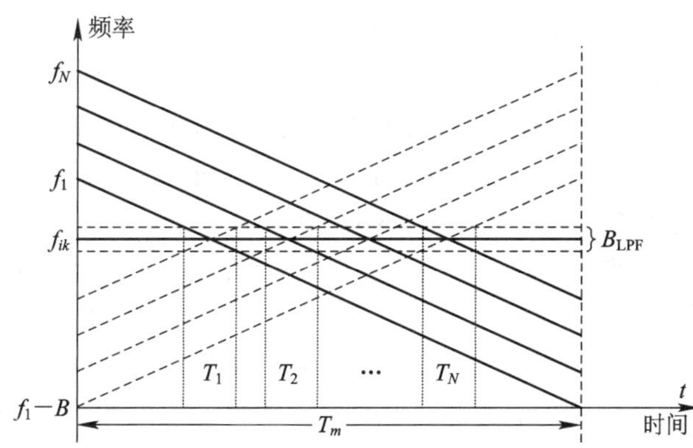

图 8.2　射频干扰的时频变换过程示意图

根据图 8.2 和式(8.3)～(8.4)可知：

(1) 射频干扰经混频之后由原来的单频信号变换为线性调频信号，其干扰的频带展宽，调频斜率与混频参考信号相反，且被分离为 N 路信号，存在于各发射信号分量对应的接收通道，第 n 路接收通道的干扰信号载频为 $f_{ik}-f_n$；

(2) 由于低通滤波器具有一定的频带宽度，当射频干扰经过低通滤波时，会有部分频率被保留下来，对应到时域就变为干扰，且只存在于某段时间区间内的采样数据中。

(3) 对于第 k 个射频干扰而言，混频后由于接收通道的不同，且干扰的载频存在差异，因此低通滤波输出后干扰对应的时间区间也不同。以此类推，对于同一个接收通道而言，载频不同的射频干扰经低通滤波输出后对应的时间区间也不同。

(4) 射频干扰在某一接收通道出现的时间区间的长短由滤波器带宽和调频斜率共同决定，滤波器带宽越宽，调频斜率越小，干扰时间区间越长，反之则越短。

由图 8.2 可知，单频干扰占用的时间区间可表示为

$$T_n=\mu^{-1}[(f_n-f_{ik})-B_{\text{LPF}}, (f_n-f_{ik})+B_{\text{LPF}}],\ n=1, 2, \cdots, N \quad (8.5)$$

综合上述时频特性分析，低通滤波输出的时域干扰信号可以近似表示为

$$i_{k\_\text{LPF}}(t, m)=a_k'(t)\exp(\text{j}2\pi f_{ik}mT_m)\exp(\text{j}\pi\mu t^2)=s_k(t)\exp(\text{j}2\pi f_{ik}mT_m) \quad (8.6)$$

式中，$s_k(t)=a_k'(t)\exp(\mathrm{j}\pi\mu t^2)$，$a_k'(t)$为低通滤波器调制后的干扰复包络。该射频干扰在距离域、多普勒域、空域的特性如下：

(1) 射频干扰在距离域的特性。假设 $H(f)$为低通滤波器的频率响应，根据图 8.2 的信号变换过程，对式(8.4)的时域干扰信号作距离维压缩处理(即快时间维的傅里叶变换)：

$$\begin{aligned} I_k(f,\ m) &= H(f)\cdot \mathrm{FT}[i_{k\_\mathrm{dechrip}}(t,\ m)] \\ &= H(f)\cdot \exp(\mathrm{j}2\pi f_{ik} m T_m)\cdot \Phi(f,\ f_{ik},\ f_n) \end{aligned} \tag{8.7a}$$

$$\Phi(f,\ f_{ik},\ f_n)=\int_0^{T_m} a_k(t+mT_m)\cdot \exp[\mathrm{j}2\pi(f_{ik}-f_n-f)t+\mathrm{j}\pi\mu t^2]\mathrm{d}t \tag{8.7b}$$

由于射频干扰混频后的带宽远大于低通滤波器的带宽，因此变换到距离域后射频干扰不仅会出现在所有正距离单元，还会出现在“负距离单元”(对应频谱的负频率部分)，且干扰的强度会随距离变化产生起伏。同一接收通道的不同干扰强度的起伏是不同的，不同接收通道的同一干扰强度的起伏也是不同的。

(2) 射频干扰的多普勒特性。射频干扰本身没有多普勒频率，但干扰信号经过混频、低通滤波后产生了以干扰频率为自变量的相位项，如式(8.6)，对式(8.7)的干扰信号作相干积累(慢时间维傅里叶变换)，就得到了射频干扰的“等效”多普勒频率(不是速度引起的多普勒频率)。由式(8.7)可知，射频干扰的多普勒频率由干扰本身的载频 f_{ik}决定。对于同一干扰而言，其载频 f_{ik}不会因接收通道的不同而改变，因此干扰在不同的接收通道的多普勒频率是相同的，但一般情况下，不同干扰占有的多普勒单元不同。此外，射频干扰实际上都有一定的带宽，通常会影响一定范围的多普勒单元。

(3) 射频干扰的空域特性。射频干扰通常都具有很强的方向性，对于接收端为阵列天线的常规高频地波雷达，可用空域或空时自适应处理的方法对方向性射频干扰进行抑制。但在岸一舰双基地高频地波超视距雷达中，接收站为单根全向天线，综合得到的发射空域信息均是相对于岸基发射阵列的，因此只有自源干扰具有方向性，而射频干扰是独立于发射信号的外源干扰，相对发射通道不包含任何与其方向有关的相位信息。因此，对于岸-舰双基地高频地波超视距雷达的单根接收天线而言，干扰的空域信息是无法提取的，即射频干扰可以说是无“方向性”的。

综上所述，岸-舰双基地高频地波雷达的射频干扰特性概括如下：

(1) 时域特性：干扰经混频和低通滤波后变为线性调频信号，且单个干扰一般只影响调频周期内连续的少量时间单元，具有短时性。干扰出现的时间单元由干扰载频和混频参考信号的载频共同决定，出现的时间单元的数量除上述两个载频之外，还受低通滤波器的带宽 B_{LPF}的影响。

(2) 距离域特性：干扰会占据所有的正距离单元(其中包括检测距离单元)和负距离单元，干扰强度随距离单元和接收通道起伏变化。

(3) 多普勒特性：干扰在多普勒域的分布由干扰频率决定，不会因接收通道的不同而发生变化，载频不同的干扰占有的多普勒单元不同。

(4) 空域特性：在单基地工作模式下，接收端为线性阵列天线，因此射频干扰具有明显的方向性；在双基地工作模式下，由于接收天线为单根，信号处理时干扰的空域信息无法提取，因此干扰无“方向性”。

8.2.3 射频干扰仿真与实测数据处理

本小节分别对射频干扰进行仿真和实测数据分析处理。

1. 射频干扰特性仿真实验

岸-舰双基地高频地波雷达的仿真参数设置如下：发射阵元数 $N=16$，雷达工作中心频率 $f_0=6.75$ MHz，载频间隔 $\Delta f=1$ kHz，调频带宽 $B=60$ kHz，调频周期 $T_m=0.45$ s，低通滤波器带宽 $B_{\mathrm{LPF}}=200$ Hz，一个相干处理周期(CPI)包括 $M=128$ 个调频周期。假设有两个射频干扰，载频分别为 $f_1=6.725173$ MHz 和 $f_2=6.735137$ MHz。图 8.3 为单个调频周期内两射频干扰经低通滤波后在第 1 个信道分量的时域输出。由图可知，经混频和低通滤波处理后，两个射频干扰只影响到调频周期内的部分时间单元，且由于两干扰的载频不同，所在的时间区间也不相同，且载频大的射频干扰的出现时间比载频小的要早。

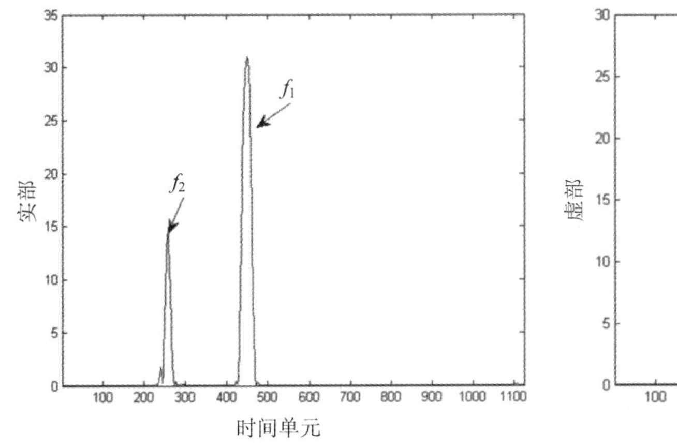

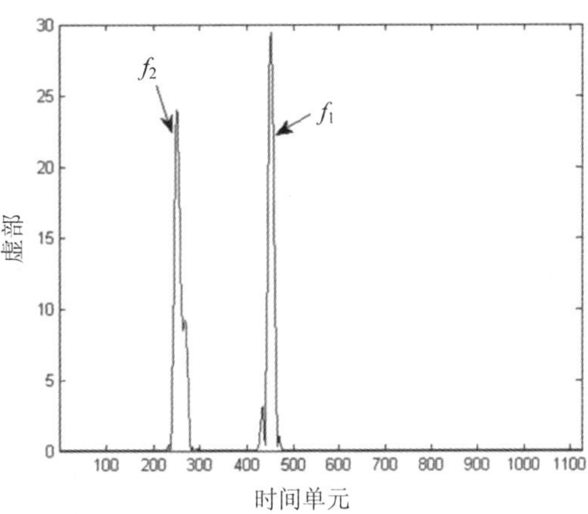

图 8.3　低通滤波输出的时域干扰(第 1 通道)

图 8.4 为两射频干扰分别在第 1、5、9、13 信道分量的时域输出。由图 8.4 可知，由于

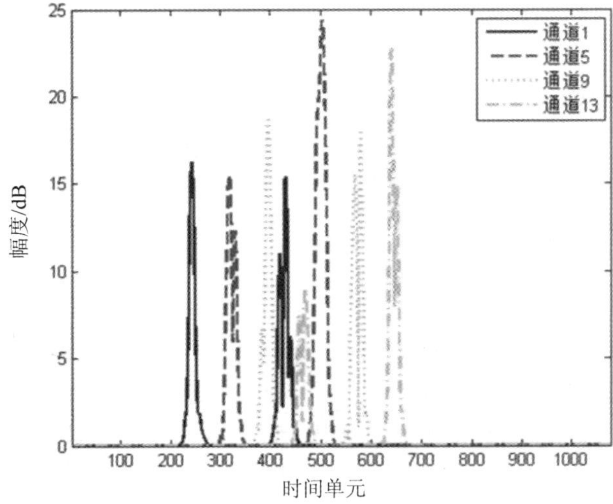

图 8.4　不同个接收通道的时域干扰

各接收通道的混频参考信号载频不同，因此两射频干扰出现的时间区间也随之变化，与理论一致。图 8.5 为两射频干扰在第 1 接收通道第 11 距离单元的多普勒谱，干扰出现的多普勒单元由干扰的载频决定。

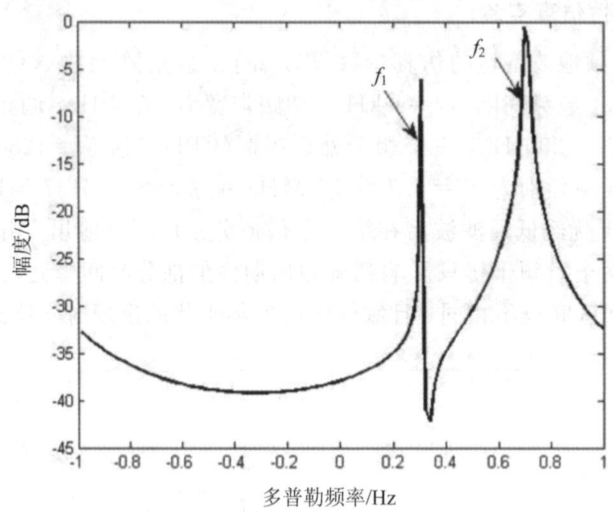

图 8.5 两射频干扰的多普勒谱

图 8.6 给出了两个射频干扰在不同信道分量的时域特性和距离－多普勒分布情况。由图 8.6(a)、8.6(c)、8.6(e)可知，干扰出现的时间区间随信道的不同而产生变化，但同一个信道内，干扰出现的时间区间不随调频周期变化。由图 8.6(b)、8.6(d)和 8.6(f)可知，两干扰占据了不同的多普勒单元，干扰多普勒谱不随接收通道的不同而变化，同时干扰占据了几乎所有可检测的距离单元，且两干扰的幅度随距离单元的不同而产生变化。

2. 实测数据结果

雷达部分工作参数如下：发射阵元数 $N=8$，雷达工作中心频率 $f_0=6.75$ MHz，载频间隔 $\Delta f=3.75$ kHz，调频带宽 $B=60$ kHz，调频周期 $T_m=0.5$ s。对外场采集数据进行处理，低通滤波器带宽 $B_{\mathrm{LPF}}=160$ Hz，一个相干处理周期包括 $M=256$ 个调频周期，岸-舰双基地高频地波雷达实测数据的处理结果分别如图 8.7～图 8.9 所示。

图 8.7 为一个调频周期采样信号的谱图，显然，在雷达工作频带内同时存在多个窄带射频干扰。由该图还可以看出，部分干扰信号强度和直达波信号相当，甚至强于直达波，这些信号可对雷达形成明显的干扰。

图 8.8 为低通滤波输出的 2 个信道的时域干扰信号及其在一个相干处理周期内的幅度。从图中可以看出，在所有通道中都出现了两个强干扰，而两个较弱的干扰则存在于部分通道中。除了具有和前面仿真相同的特点外，两个强干扰占据的时间单元数相对较多，这是由调频率、滤波器带宽及干扰频率的组成共同决定的。干扰的幅度调制使其占有一定的频带宽度，也正是这一原因导致了干扰在多普勒域的扩展。如图 8.9 所示，两个强干扰占据了几乎所有的距离单元，具有扩展的多普勒谱，其多普勒频率与通道无关，但同一通道中两个干扰占有的多普勒单元不同，强度随距离单元起伏。

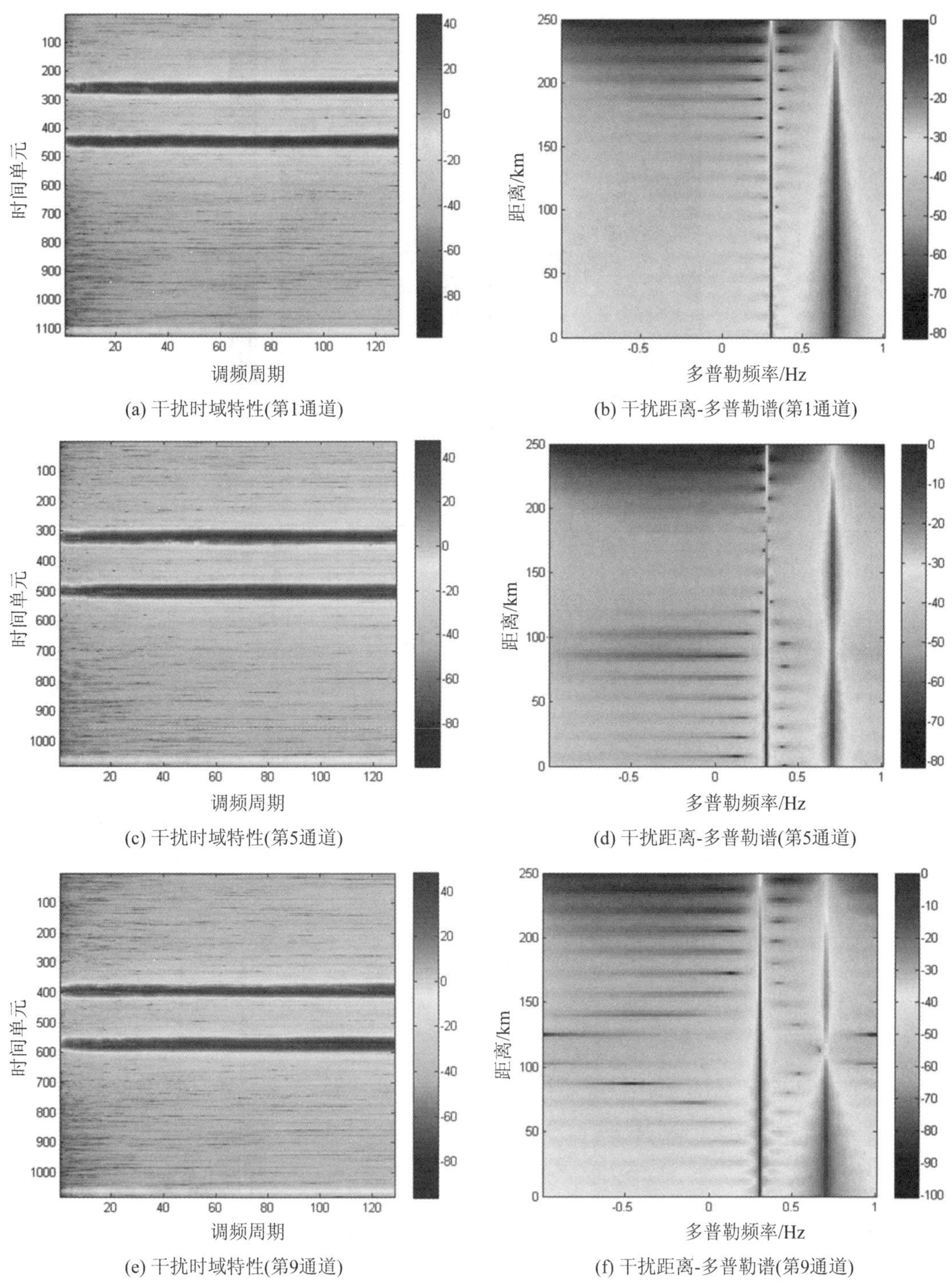

(a) 干扰时域特性(第1通道)　(b) 干扰距离-多普勒谱(第1通道)

(c) 干扰时域特性(第5通道)　(d) 干扰距离-多普勒谱(第5通道)

(e) 干扰时域特性(第9通道)　(f) 干扰距离-多普勒谱(第9通道)

图 8.6　两射频干扰在不同信道的干扰特性

仿真与实测数据的处理结果的一致性，也验证了 8.2 节对射频干扰特性的理论分析结果。

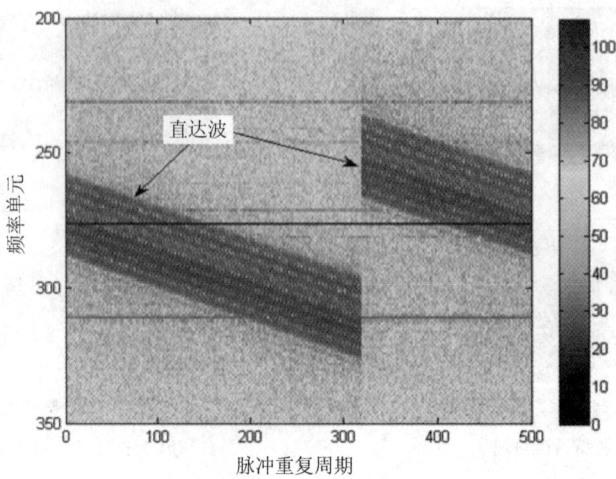

图 8.7　实测信号谱图

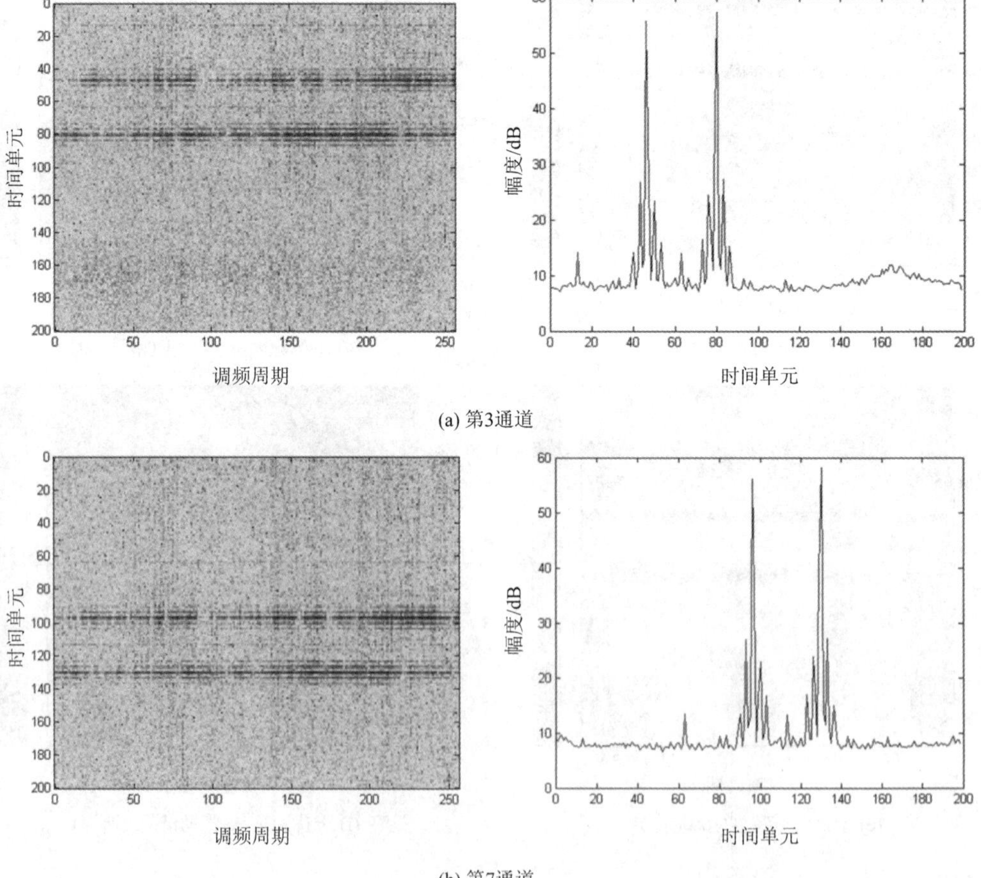

图 8.8　干扰的时域特征

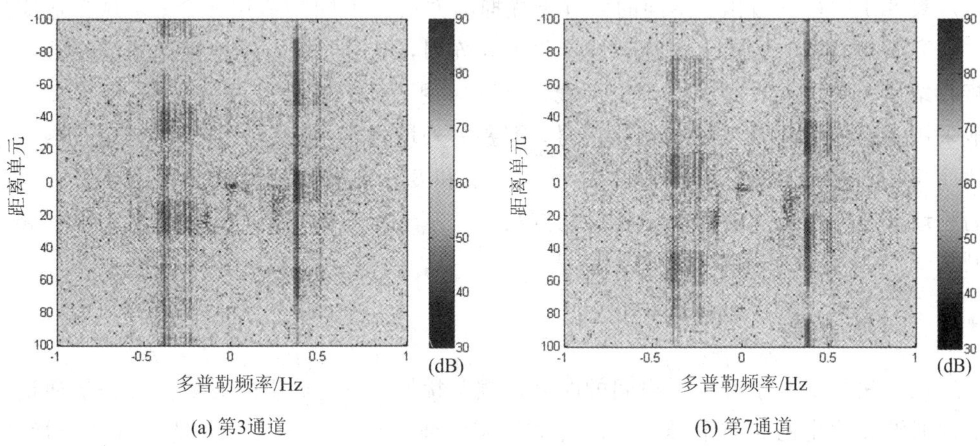

图 8.9　干扰的距离-多普勒分布

8.3　基于特征子空间的时域及距离域射频干扰抑制法

根据射频干扰的特性，国内外学者提出了一系列射频干扰抑制方法。表 8.1 比较了部分比较经典的射频干扰抑制方法及其适用场合。

表 8.1　经典的射频干扰抑制方法

方法名称	方法原理或特点	适用场合
空域自适应滤波法	该方法通过保持目标方向增益，并对干扰方向自适应地形成凹口实现干扰抑制，干扰协方差矩阵由远距离单元不包含海表面回波和目标的空域样本组成，保证了射频干扰抑制的同时又不会影响对目标信号的接收与检测	接收阵元数较多的大型天线阵列，适用于岸基高频雷达
旁瓣相消法	该方法通过采用若干个辅助天线，利用主天线和辅助天线接收的干扰信号相关特性而进行权值计算，实现主天线中干扰的相消抑制	高频雷达需架设辅助接收天线，工程实现困难
极化滤波法	该方法利用射频干扰信号与回波信号极化域的差异提取干扰参考信号，通过极化滤波消除射频干扰	需增设水平极化天线及其接收通道，效果还有待验证
特征子空间法	该方法利用不包含杂波与目标的参考单元回波样本估计射频干扰协方差矩阵，对其进行特征值分解，并根据干扰功率的强弱，对特征矢量分类与特征子空间的估计，将待检单元回波向干扰的正交投影空间进行投影，从而实现干扰抑制	射频干扰强度需明显大于目标回波强度
时域剔除法	该方法针对回波信号经低通滤波后，目标能量分布在整个调频周期上，而射频干扰能量只分布在调频周期的部分时间段中这一特点，将被“污染”的时间段的采样数据剔除，实现干扰抑制	要求雷达工作时的射频干扰较少较弱(比如白天)

从表 8.1 中可以看出，不同的射频干扰抑制方法有不同的适用场合。空域自适应滤波法[3]和旁瓣相消法[4]均要求雷达架设接收天线阵列，但岸－舰双基地高频地波超视距雷达的接收站仅为架设在舰船上的单根天线，难以应用。对于极化滤波法[5,6]，由于高频雷达一般采用垂直极化天线发射与接收信号，需要另外增设水平极化天线，对于岸－舰双基地雷达而言，不利于工程实现。因此，本章 8.3 节和 8.4 节分别介绍两种适用于岸－舰双基地高频地波超视距雷达的射频干扰抑制方法——基于特征子空间的时域及距离域射频干扰抑制法[11]和基于压缩感知的时域剔除法[12]。

8.3.1 时域方法

时域方法是指基于特征子空间的时域射频干扰抑制法。这里的时域信号是指通道分离即低通滤波器输出的时域采样。该方法又分为两种实现路径：第一种是快时域干扰抑制，实现时取一个调频周期内的所有采样点作处理；第二种是慢时域干扰抑制，以单路接收通道为例，利用多个调频周期的采样点，且取每个调频周期相同时段内的采样点进行处理。

1. 快时域干扰抑制

根据式(8.6)，在一个调频周期内取任意时刻 t_m、t_l 采样的干扰信号的相关系数为

$$\varphi_{lm} = E[i_{k\_\mathrm{LPF}}^{*}(t_m)i_{k\_\mathrm{LPF}}(t_l)] = \exp[\mathrm{j}\pi\mu(t_l^2 - t_m^2)]\cdot \varphi(a_k') \tag{8.8}$$

式中，$\varphi(a_k')=E[a_k'^{*}(t_m)a_k'(t_l)]$。可见不同采样点间的相关系数取决于干扰信号的包络相关性。对于同一个干扰，不同采样点间存在较强的相关性；而对于独立的两个不同干扰，其包络不相关，所以其相关系数为 0。根据这一特点，可以利用不同采样点之间的相关性构造权系数，估计出某采样时刻的干扰信号，从而消去干扰。

假设对发射信号分离后第 n 路“接收通道”、第 m 个调频周期在 t_1、t_2、…、t_L时刻的快时域采样数据矢量为：

$$\boldsymbol{x}_{n,\,m} = [x(t_1,\,m)\quad x(t_2,\,m)\quad \cdots\quad x(t_L,\,m)]^{\mathrm{T}} \tag{8.9}$$

式中，L 为一个调频周期内总采样点数。为方便起见，将 $\boldsymbol{x}_{n,\,m}$记为 $\boldsymbol{x}_m$。

因此，M 个相干处理调频周期的采样信号的相关矩阵的最大似然估计为

$$\hat{\boldsymbol{R}}_x = \frac{1}{M}\sum_{m=1}^{M}\boldsymbol{x}_m\boldsymbol{x}_m^{\mathrm{H}} \tag{8.10}$$

对该相关矩阵进行特征值分解，其主特征值个数 K 即为较强的干扰个数。为了避免消去目标等有用信号，干扰的相关系数矩阵由对应的特征向量构造：

$$\boldsymbol{R}_x = [\boldsymbol{v}_1,\,\cdots,\,\boldsymbol{v}_K][\boldsymbol{v}_1,\,\cdots,\,\boldsymbol{v}_K]^{\mathrm{H}} \tag{8.11}$$

式中，$\boldsymbol{v}_1$，…，$\boldsymbol{v}_K$ 为 K 个主特征值对应的特征向量。

第 l 个时域采样上的干扰估计权矢量即为干扰相关系数矩阵的第 l 列元素，记为 $\boldsymbol{w}_l=\boldsymbol{R}_x(:,l)$，则消去干扰后的第 l 个时域采样为

$$\widetilde{x}(t_l,\,m) = x(t_l,\,m) - \boldsymbol{w}_l^{\mathrm{T}}\cdot\boldsymbol{x}_m \tag{8.12}$$

实际处理时，可以根据干扰出现的时间区间及其相关系数，确定合适的相关矩阵维数，以尽量减少特征分解带来的计算代价。

快时域方法的具体步骤总结如下：

(1) 通过混频、通道分离等处理过程，获得 M 个调频周期的快时域采样；

(2) 通过非相干积累，估计干扰所在时间单元，按式(8.10)分别估计干扰的相关矩阵；

(3) 对相关矩阵进行特征值分解，按式(8.11)构造权矢量；

(4) 利用权矢量估计干扰并消去干扰；

(5) 对于每个接收通道，执行步骤(2)～(4)，完成干扰抑制。

2. 慢时域干扰抑制

对所有 M 个调频周期的第 t 个时刻的采样(慢时域采样)信号 $\boldsymbol{x}_n(t)$，第 n 个等效接收通道(共有 N 个接收通道)干扰的协方差矩阵为

$$\begin{aligned}\boldsymbol{R}_x &= E[\boldsymbol{x}_n(t)\boldsymbol{x}_n^{\mathrm{H}}(t)] \\ &= \boldsymbol{D}(f_{ik})E[s_k(t)s_k^{\mathrm{H}}(t)]\boldsymbol{D}^{\mathrm{H}}(f_{ik})\end{aligned} \tag{8.13}$$

式中，$\boldsymbol{x}_n(t)=[x_n(t, 1) \quad x_n(t, 2) \quad \cdots \quad x_n(t, M)]^{\mathrm{T}}$，$s_k(t)=a_k'(t)\exp(\mathrm{j}\pi\mu t^2)$，

$$\boldsymbol{D}(f_{ik})=[1 \quad \exp(\mathrm{j}2\pi f_{ik}\cdot T_m) \quad \cdots \quad \exp(\mathrm{j}2\pi f_{ik}(M-1)T_m)]^{\mathrm{T}} \tag{8.14}$$

从式(8.14)可以看出，该协方差矩阵对应的特征信息为干扰的载频，因此，只要来源于同一干扰，即使在不同的接收通道内，干扰协方差矩阵所包含的特征信息也是相同的。所以，在估计干扰协方差矩阵时可以采用两种方法：第一种是只利用某一个通道的采样进行估计，当干扰较多或者多数时间单元均被干扰污染时，该方法估计的干扰协方差矩阵较为准确；第二种是同时利用所有通道的采样数据进行估计，该方法适用于射频干扰相对较弱、要求样本数量较多的情况。这样，利用干扰的特征信息构造出干扰的特征子空间，通过正交投影就可以消除干扰。

干扰协方差矩阵的最大似然估计为

$$\hat{\boldsymbol{R}}_x = \frac{1}{T}\sum_{t=1}^{T}\boldsymbol{x}_n(t)\boldsymbol{x}_n^{\mathrm{H}}(t),\ n\in 1, 2, \cdots, N \tag{8.15}$$

或者

$$\hat{\boldsymbol{R}}_x = \frac{1}{N}\frac{1}{T}\sum_{n=1}^{N}\sum_{t=1}^{T}\boldsymbol{x}_n(t)\boldsymbol{x}_n^{\mathrm{H}}(t) \tag{8.16}$$

式中，T 为用于估计协方差矩阵的采样点数。

当干扰数较少且在一个调频周期污染的采样点数较少时，可以用信号幅度大的时间单元选用任意一种方法来估计协方差矩阵。

干扰子空间对应的投影矩阵为

$$\boldsymbol{P}_m = \boldsymbol{V}\boldsymbol{V}^{\mathrm{H}},\ \boldsymbol{V} = [\boldsymbol{V}_1,\ \cdots,\ \boldsymbol{V}_K] \tag{8.17}$$

式中，$\boldsymbol{V}_k$，$k=1, 2, \cdots, K$ 为干扰协方差矩阵的第 k 个主特征值对应的特征向量，则对慢时间采样矢量 $\boldsymbol{x}_n(t)$，消除干扰后的采样矢量为

$$\boldsymbol{y}_n(t)=(\boldsymbol{I}-\boldsymbol{P}_m)\boldsymbol{x}_n(t)=\boldsymbol{x}_n(t)-\boldsymbol{P}_m\boldsymbol{x}_n(t) \tag{8.18}$$

式中，$\boldsymbol{I}$ 为单位矩阵。

慢时域方法的操作步骤总结如下：

(1) 处理得到 M 个调频周期的慢时域采样；通过非相干积累，估计干扰所在时间单元；

(2) 根据干扰的时域分布，按式(8.15)或式(8.16)估计干扰的协方差矩阵；

(3) 对协方差矩阵进行特征值分解，按式(8.17)构造干扰子空间的投影矩阵；

(4) 对所有待处理的时间单元，按式(8.18)的正交投影方法来对消干扰。

综上所述，快时域采样方法利用不同采样时刻干扰的相关性来估计干扰信号，由于不同“接收通道”的同一干扰出现的时刻不同，干扰的相关系数不同，需分别计算；而慢时域采样方法则基于干扰的特征信息，通过正交投影来对消干扰，不同“接收通道”的干扰具有相同的特征信息，因此对所有通道只需要估计一个协方差矩阵。

两种方法的优缺点：由于干扰强度大，其能量相对集中在较少的时间单元上，通常相关处理的周期数较大，利用快时域方法时相关矩阵的维数要小于慢时域方法，但所有的待处理单元必须参与相关矩阵估计；慢时域方法协方差矩阵维数大，但只需估计一次协方差矩阵，只需要较少的样本数，并且可将相干处理周期进行分段处理，进一步降低矩阵分解的运算量。

8.3.2 距离域方法

在 8.2.2 小节对射频干扰距离域特性进行分析时已指出：变换到距离域的射频干扰占据所有的距离单元，包括负距离单元，而目标等有用信号只存在于正距离单元。而基于特征子空间的距离域射频干扰抑制法正是利用这一特性实现干扰抑制的。该方法主要利用距离域采样经过距离变换(DFT)后的采样数据来抑制射频干扰。与时域方法类似，射频干扰在距离域的抑制方法也可分为两种：快距离域和慢距离域的抑制方法。

射频干扰的带宽通常只有几千赫兹，远小于信号调制带宽，因而所有距离单元上的干扰都是相关的[11]，而不同距离上的目标和海杂波是不相关的，根据这一特点，可以利用快距离单元采样(即一个调频周期内的时域采样经距离变换后的数据)来构造权系数，对不同的距离单元上的干扰进行估计，进而消去干扰。这就是射频干扰在快距离域的抑制方法。

岸-舰双基地地波雷达接收信号经过发射信道分离、距离维傅氏变换后，对某个发射分量而言，假设在第 m 个调频周期的 L 个距离单元上快距离域采样组成的信号矢量为 $\boldsymbol{X}_L$，$\boldsymbol{X}_L=[x_1, x_2, \cdots, x_L]^{\mathrm{T}}$，则其相关矩阵估计为

$$\hat{\boldsymbol{R}}_X = \frac{1}{L}\boldsymbol{X}_L\boldsymbol{X}_L^{\mathrm{H}} \tag{8.19}$$

假设存在 I 个较强的射频干扰，对该相关矩阵进行特征值分解，则其大特征值个数 I 即为较强的干扰个数，I 个大特征值对应的特征向量为 $\boldsymbol{v}_1, \cdots, \boldsymbol{v}_I$。干扰的相关系数矩阵可构造为

$$\boldsymbol{C}_X = [\boldsymbol{v}_1, \cdots, \boldsymbol{v}_I][\boldsymbol{v}_1, \cdots, \boldsymbol{v}_I]^{\mathrm{H}} \tag{8.20}$$

则信号矢量 $\boldsymbol{X}_L$经射频干扰对消后的信号为

$$\boldsymbol{Y}_L = \boldsymbol{X}_L - \boldsymbol{C}_X\boldsymbol{X}_L \tag{8.21}$$

射频干扰在慢距离域的抑制方法与在快距离域的抑制方法类似，它也是对多个调频周期的采样数据进行距离变换后，取 M 个调频周期内所有距离单元构成慢距离域的数据矩阵，再对该数据矩阵进行特征值分解，并利用干扰的大特征值对应的特征向量构造干扰的相关系数矩阵，最后进行射频干扰的抑制。由于同一干扰在不同通道具有相同的多普勒特征，因此所有通道的干扰统计特性可以用同一个干扰协方差矩阵来表示。

8.3.3　实测数据处理

为了验证上述射频干扰抑制算法的有效性，现采用上述算法对第 9 章介绍的雷达实测数据(1011.dat)进行处理。

图 8.10 为干扰抑制前的距离-多普勒谱的等高线图，可见两个强射频干扰在所有距离单元都存在。图 8.11 为采用式(8.15)的慢时域方法计算回波信号的协方差矩阵的特征谱，图中两个最大特征值分别对应两个强干扰。图 8.12 为利用快时域方法、慢时域方法抑制射频干扰的处理结果，图中虚线、实线分别表示干扰抑制前、后的多普勒谱(信号为图 8.10 的第 18 个距离单元)。图 8.13 为在快距离域(方法 1)和慢距离域(方法 2)的射频干扰抑制结果。图 8.14 给出了射频干扰抑制后的距离-多普勒分布，与图 8.10 比较，正负距离单元的射频干扰得到了抑制，而正距离单元的非干扰信号得到了保留。

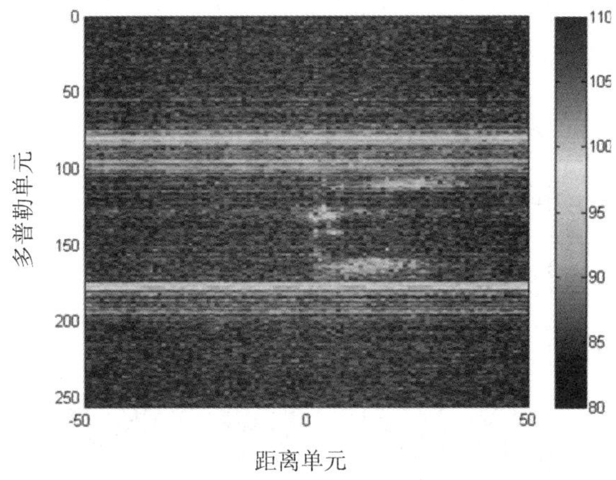

图 8.10　干扰抑制前的距离-多普勒谱的等高线图

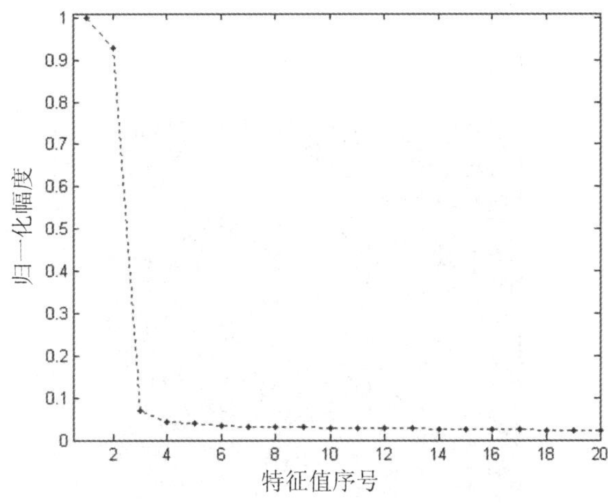

图 8.11　干扰的时域协方差矩阵的特征谱

由此可见，不管是在时域还是在距离域，上述射频干扰抑制算法都是行之有效的。

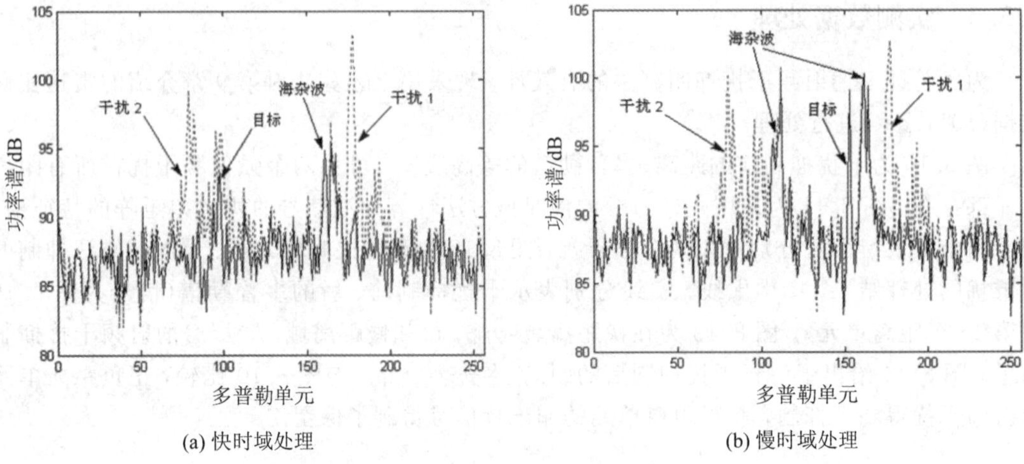

(a) 快时域处理　　(b) 慢时域处理

图 8.12　射频干扰在时域抑制的处理结果

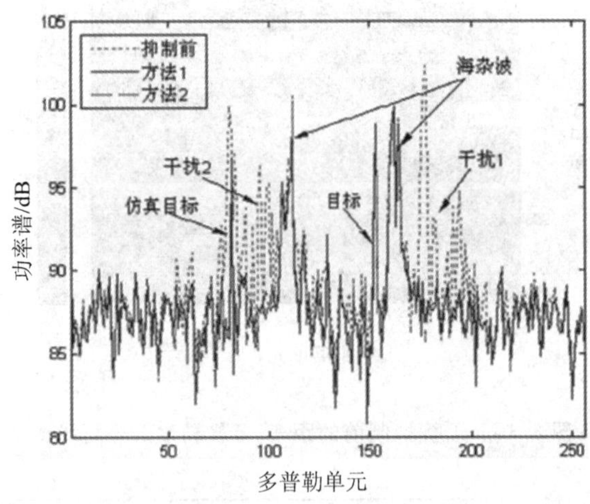

图 8.13　射频干扰在距离域的抑制结果

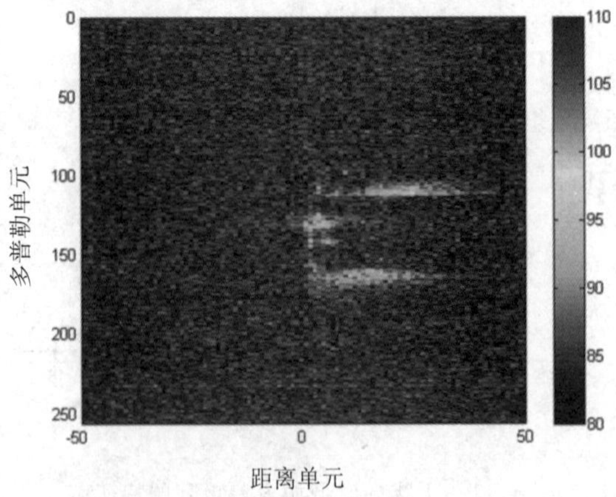

图 8.14　干扰抑制后的距离-多普勒谱的等高线图

8.4　基于压缩感知的射频干扰时域剔除法

8.4.1　传统时域剔除法

由 8.2 节可知，单个射频干扰经 LFMCW 信号混频和低通滤波后，在快时域具有短时性，文献[10]研究了基于时频分析的时域剔除法，也就是传统时域剔除法。该方法首先利用时频分析的方法确定干扰所在时间区间，具体做法是对一个调频周期内的瞬时信号进行时频分析，获得信号的能量分布，再通过设定检测阈值，判定射频干扰存在的时间区间(对于高频地波雷达而言，对射频干扰混频和低通滤波即可获得干扰所在时间区间)；然后将干扰时间区间的数据置零，同时利用该区间两边的无干扰信号数据对区间内作插值处理，具体做法是利用线性自回归(AR)模型对无干扰目标信号建模，对干扰区间进行内插(或外推)。为了保证干扰区间内插值的准确性，利用前-后向预测 LMS 算法(FBLP-LMS)和无干扰的信号进行插值。

传统时域剔除法能够较为有效地抑制射频干扰，但仍存在一些缺陷。首先是检测阈值的设定，阈值设定过高，干扰存在"泄漏"不能完全被抑制，如果用存在干扰的数据进行内插(或外推)，则会导致期望信号损失；阈值设定过低，则需要插值的时间区间过长，而插值算法的预测能力有限，这会降低插值准确性，亦会导致期望信号损失。其次是传统时域剔除法的应用范围，该方法只能用于白天射频干扰较少的情况，该情况下干扰的时间区间通常很短，插值算法能够有效地对干扰区间准确插值；夜间时，无线电台和通信系统等非常活跃，使得射频干扰非常密集，干扰出现的时间区间过长，经常占据调频周期的大部分。此时由于无干扰数据过少，插值算法不能准确对干扰时间区间插值，进而导致传统时域剔除法完全失效。

针对传统时域剔除法的缺陷，利用压缩感知(Compressed Sensing，CS)理论[13-15]只需少量观测数据即可高概率恢复原始信息这一特点，基于压缩感知的射频干扰时域剔除法被提出来了。

8.4.2　压缩感知(CS)理论介绍

CS 理论于 2006 年由 Donoho、Candès、Romberg 和 Tao 提出[13-16]。该理论利用了信号的稀疏性，是一种全新的信号采集、优化重构稀疏信号处理方法。如果信号或数据在某个表征域(例如时域或频域)是稀疏的或可压缩的，就可利用少量的观测数据，通过求解一个非线性最优化问题恢复其完整信息，其中观测数据的采样率可以远低于香农-奈奎斯特(Shannon-Nyquist)采样定理所要求的采样率。CS 理论提出的初衷是应用于数字图像的压缩存储和恢复处理，但由于其具有突出的特点，CS 理论已应用于医学图像、信息论、天文学、无线通信等领域。在雷达信号处理中，CS 理论已应用于雷达成像、目标的超分辨处理等。

现有文献解释 CS 理论时均用到大量专业性较强的数学术语，使读者不易理解。本书从线性代数的角度出发，通过对线性方程组的性质分析来解释 CS 理论的基本原理。首先构造一个 N 元非齐次线性方程组：

$$\begin{cases} \psi_{11}s_1 + \psi_{12}s_2 + \cdots + \psi_{1N}s_N = x_1 \\ \psi_{21}s_1 + \psi_{22}s_2 + \cdots + \psi_{2N}s_N = x_2 \\ \cdots \\ \psi_{N1}s_1 + \psi_{N2}s_2 + \cdots + \psi_{NN}s_N = x_N \end{cases} \tag{8.22}$$

式中，ψ_{ij} 为第 i 个方程未知数 s_j 对应的系数。由线性代数关于线性方程组的性质可知：只有当方程组各线性方程均线性无关时，方程组才有唯一解，一旦有任意两个方程线性相关，方程组的解会有无穷多个。但该性质并非适用于任何场合，如果方程组中非零未知数的个数为 $K \ll N$，那么方程组中各方程等号左边除了那 K 个非零未知数所对应的项，其他项都是零，因此 N 元方程实际变成了 K 元方程，只需要选择其中 K 个线性无关方程，或通过线性变换重新构造 $M(K<M\ll N)$ 个线性无关方程，并组成式(8.23)的新方程组，即可求得 N 个未知变量的唯一解。

$$\begin{cases} \theta_{11}s_1 + \theta_{12}s_2 + \cdots + \theta_{1N}s_N = y_1 \\ \theta_{21}s_1 + \theta_{22}s_2 + \cdots + \theta_{2N}s_N = y_2 \\ \cdots \\ \theta_{M1}s_1 + \theta_{M2}s_2 + \cdots + \theta_{MN}s_N = y_M \end{cases} \tag{8.23}$$

式中，θ_{ij} 为经线性变换之后第 i 个方程未知数 s_j 对应的新系数。如何对线性方程组即式(8.22)进行线性变换以得到线性方程组即式即式(8.23)，以及如何由线性方程组即式(8.23)反推回线性方程组即式(8.22)，就是 CS 理论所要解决的问题。

当 CS 理论应用于图像或信号处理时，上述纯数学解释便被赋予了实际意义。将线性方程组即式(8.22)写成矩阵形式：

$$\boldsymbol{x} = \boldsymbol{\Psi s} \tag{8.24}$$

式中，$\boldsymbol{x}=[x_1 \quad x_2 \quad \cdots \quad x_N]^{\mathrm{T}}$ 为 $N\times 1$ 维列向量，$\boldsymbol{s}=[s_1 \quad s_2 \quad \cdots \quad s_N]^{\mathrm{T}}$ 为未知变量构成的 $N\times 1$ 维列向量，$\boldsymbol{\Psi}$ 为 $N\times N$ 维系数矩阵。由于向量 $\boldsymbol{s}$ 只有 K 个非零元素，因此称信号 $\boldsymbol{x}$ 为 K 稀疏的，而 $\boldsymbol{\Psi}$ 则为 $\boldsymbol{x}$ 的稀疏表征域，又称为 $\boldsymbol{x}$ 的基矩阵(或称为字典矩阵)。

同理，线性方程组(8.23)的矩阵形式如下：

$$\boldsymbol{y} = \boldsymbol{\Phi} x = \boldsymbol{\Phi\Psi s} = \boldsymbol{\Theta s} \tag{8.25}$$

式中，$\boldsymbol{y}=[y_1 \quad y_2 \quad \cdots \quad y_M]^{\mathrm{T}}$ 为$M\times 1$ 维列向量，$\boldsymbol{\Theta}=\boldsymbol{\Phi\Psi}$ 为$M\times N$ 维系数矩阵，$\boldsymbol{\Phi}$ 为 $M\times N$ 维变换矩阵。在信号处理中，$\boldsymbol{y}$ 表示 $M\times 1$ 维的目标信号观测数据，$\boldsymbol{\Phi}$ 为 $M\times N$ 维的观测矩阵。

由式(8.24)和式(8.25)可知，由原 $N\times 1$ 维采样数据 $\boldsymbol{x}$ 变换为 $M\times 1$ 维观测数据 $\boldsymbol{y}$ 的过程就是压缩采样，反之就是信息重构。此时，式(8.25)可描述为求解一个凸优化问题，即

$$\min \|\boldsymbol{s}\|_0, \ \text{s.t.} \ \boldsymbol{y} = \boldsymbol{\Theta s} \tag{8.26}$$

但式(8.26)为 l_0 范数求解，是一个 NP 难问题。Donoho 和 Candes 指出当矩阵 $\boldsymbol{\Theta}$ 满足一定的约束条件时，式(8.26)的 l_0 范数求解可以转化为 l_1 范数求解，即

$$\min \|\boldsymbol{s}\|_1, \ s.t. \ \boldsymbol{y} = \boldsymbol{\Theta s} \tag{8.27}$$

综上所述，基于 CS 理论的信号压缩采样以及信息重构过程如图 8.15 所示。由图 8.15 可知，CS 理论实现压缩采样及信息重构由三步构成：第一步是寻找待处理数据的稀疏表示，即构造合适的基矩阵 $\boldsymbol{\Psi}$；第二步是压缩采样，即选择合适的观测矩阵 $\boldsymbol{\Phi}$，使得式

(8.26)在 $\boldsymbol{\Theta}=\boldsymbol{\Phi\Psi}$ 满足一定约束条件下转化为式(8.27)；第三步是选用合适的重构算法，实现对待处理数据中目标信息的完整恢复。

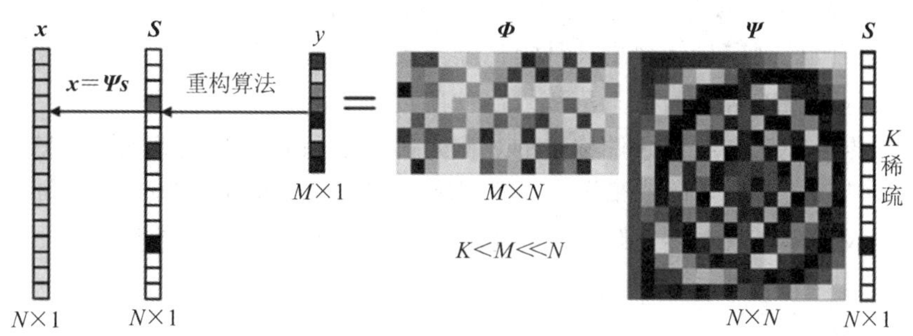

图 8.15　信号压缩采样与信息重构过程

1. 稀疏表示

CS 理论对“稀疏”的数学定义[5]如下：采样数据 $\boldsymbol{x}$ 在正交基 $\boldsymbol{\Psi}$ 下的变换系数向量为 $\boldsymbol{s}=\boldsymbol{\Psi}^{\mathrm{T}}\boldsymbol{x}$，假设存在 $0<p<2$ 和 $R>0$ 使得系数向量 $\boldsymbol{s}$ 满足：

$$\|\boldsymbol{s}\|_p=\left(\sum_i |s_i|^p\right)^{1/p}\leqslant R \tag{8.28}$$

则说明系数向量 $\boldsymbol{s}$ 在某个表征域内是稀疏的。换句话说，式(8.24)要求系数向量 $\boldsymbol{s}$ 中的非零元素个数 K 远小于向量维数 N，即 $K\ll N$。不同的正交基 $\boldsymbol{\Psi}$，使得采样数据 $\boldsymbol{x}$ 对应不同的系数向量 $\boldsymbol{s}$。合理的构造 $\boldsymbol{\Psi}$，就可使 $\boldsymbol{s}$ 中的非零元素个数尽可能减少，这有利于提高 $\boldsymbol{x}$ 的恢复速度和准确性。

对于雷达信号处理而言，不同条件下给定的采样数据在不同的表征域具有不同的稀疏表示。例如，相比于窄带雷达一个调频周期内的所有快时间维采样点而言，其目标个数有限，而且目标的距离信息包含在快时间维采样数据中，因此可以说快时间维的采样数据在距离域是稀疏的；又如，高频地波雷达的相干积累时间长，因此慢时间维的采样数据量较其他雷达要大，而目标个数比慢时间维的采样数据量要小得多，且其多普勒信息包含在这些慢时间维的采样数据中，因此可以说慢时间维的采样数据在多普勒域是稀疏的。由此可以看出，如果想要得到目标的某个信息，则需要找到该信息所在的稀疏表征域，再构造相应的基矩阵 $\boldsymbol{\Psi}$。

2. 压缩采样

压缩采样的过程实际是由 $M\times N$ 维的观测矩阵 $\boldsymbol{\Phi}$ 实现的，通过 $\boldsymbol{\Phi}$ 对采样数据 $\boldsymbol{x}$ 的左乘使得原 $N\times 1$ 维的 $\boldsymbol{x}$ 降为 $M\times 1$ 的观测数据 $\boldsymbol{y}$。如何构造观测矩阵 $\boldsymbol{\Phi}$，使得 CS 理论保证能从观测数据 $\boldsymbol{y}$ 准确重构出 $\boldsymbol{x}$ 或者其对应的系数向量 $\boldsymbol{s}$，这是需要解决的关键问题。

CS 理论指出，从式(8.26)到式(8.27)的转化约束条件，要求 $\boldsymbol{\Theta}$ 满足等距容限特性(Restricted Isometry Property，RIP)[6]，即

$$(1-\delta_K)\|\boldsymbol{s}\|_2^2\leqslant\|\boldsymbol{\Theta s}\|_2^2\leqslant(1+\delta_K)\|\boldsymbol{s}\|_2^2,\ 0<\delta_K<1 \tag{8.29}$$

式(8.29)等同于要求 $\boldsymbol{\Phi}$ 和 $\boldsymbol{\Psi}$ 满足不相干特性，即 $\boldsymbol{\Phi}$ 不能用 $\boldsymbol{\Psi}$ 稀疏表示。另外，CS 理论对观测数据维数 M 也有限制条件，已经证明，只有当 M、K 和 N 满足 $M\geqslant O(K\cdot\log N)$，才能保证 CS 理论趋近于概率 1 地恢复原采样数据信息[6]。

如何构造观测矩阵 $\boldsymbol{\Phi}$ 才能使其与 $\boldsymbol{\Psi}$ 不相干呢？CS 理论通过三个约束条件[15]从定性和定量的角度给出了 $\boldsymbol{\Phi}$ 需要满足的特征。这三个约束条件如下：

(1) 观测矩阵 $\boldsymbol{\Phi}$ 的列向量必须满足一定程度的线性独立性；

(2) 观测矩阵的列向量体现出某种类似噪声的独立随机性；

(3) 满足稀疏度的解是满足 l_1 范数最小的向量。

目前，根据上述三个约束条件构造的观测矩阵主要有：高斯随机观测矩阵、贝努利观测矩阵、傅里叶随机观测矩阵、部分正交观测矩阵、部分哈达玛观测矩阵、Toeplitz 与循环观测矩阵，以及稀疏随机观测矩阵等。上述这些矩阵的特点这里不再赘述，如何选择观测矩阵需要根据实际情况来定。

3. 重构算法

常用的重构算法大致可以分为两大类：一类是凸优化算法，另一类是贪婪算法。

(1) 凸优化算法：这类算法通过将非凸问题转换为凸问题求解找到了信号的逼近。其代表算法有基追踪算法(Basis Pursuit，BP)[7]、内点法[18]、梯度投影方法[19]和迭代阈值法[20]等。这类算法的优点在于信息重构的精度高，缺点是运算量大。

(2) 贪婪算法：这类算法是通过每次迭代时选择一个局部最优解来逐步逼近原始信号。其代表算法有匹配追踪算法(Matching Pursuit，MP)[21]、正交匹配追踪算法(Orthogonal Matching Pursuit，OMP)[22]、分步正交匹配追踪算法(Stagewise OMP，StOMP)[23]、正则化匹配追踪算法(Regularized OMP，ROMP)[22]和压缩采样匹配追踪算法(Compressive Sampling Matching Pursuit，CoSaMP)[23]等。这类算法的优点在于运算量小，运算效率高，但其信息重构的精度低于凸优化算法。

8.4.3 基于压缩感知的时域剔除法

由 8.4.2 小节可知，当信号或数据在某个表征域(例如时域或频域)具有稀疏性时，基于 CS 理论的信号处理方法就可以利用少量的观测数据，以远低于香农-奈奎斯特(Shannon-Nyquist)采样定理所要求的采样率高概率、高精度地恢复期望信息。这一特点使得干扰的检测阈值可以尽量降低，以保证观测数据“干净”，而且基于 CS 理论的信号处理方法不受干扰时间区间过长的影响，优于插值算法。因此，在干扰密集的情况下，基于压缩感知的时域剔除法仍能保证良好的抑制效果，优于时域剔除法，且较时域剔除法能更精确地获取目标的相关信息。

基于压缩感知的时域剔除法同样利用射频干扰的时域特性进行干扰的抑制。低通滤波后第 m 个调频周期、第 n 路发射信号分量对应的时域接收信号可表示为

$$x_n(t,m)=r_n(t,m)+i_{k\_\mathrm{LPF}}(t,m)+n(t,m),\ m=1,2,\cdots,M \tag{8.30a}$$

$$r_n(t,m)=\exp[\mathrm{j}2\pi(-f_n\tau_n+\mu\tau_n t-0.5\mu\tau_n^2)]\cdot\exp(\mathrm{j}2\pi f_{dn}mT_m) \tag{8.30b}$$

式中，$r_n(t,m)$ 为第 n 路发射信号分量对应的目标回波信号；$t=[t_1,t_2,\cdots,t_L]$ 为 L 个快时间维采样点，且有 $\tau_n\leqslant t_l\leqslant\tau_n+T_m$；$f_n$ 为接收通道对应的第 n 个发射信号载频；$\tau_n=R_n/c$ 为第 n 路发射信号经目标到达接收天线的时延，R_n 为对应的“距离和”；$f_{dn}=2f_nv/c$ 表示目标等效速度为 v 时第 n 个载频对应的多普勒频率；$n(t,m)$ 为高斯白噪声。

由式(8.30)可知，M 个调频周期、L 个快拍的时域信号 $x_n(t,m)$ 构成的采样数据矩阵

$\boldsymbol{x}_n=\{x_n(t, m)\mid t=t_1, t_2, \cdots, t_L; m=1\sim M\}$为 $L\times M$ 维，矩阵的每列为快时间维采样点，每行为慢时间维采样点。由射频干扰时域特性可知，低通滤波后的单个射频干扰信号 $i_{k_LPF}(t, m)$只会存在于少部分快时间维采样点中，对应于 $x_n(t, m)$中的几行。由于快时间维采样点数依然远大于待检测的舰船目标个数，当把这些被“污染”的几行采样点剔除后，剩余“干净”的采样点的个数依然远大于舰船目标的个数，满足稀疏性，即舰船目标相对于“干净”的采样点而言是稀疏的。由于 $x_n(t, m)$中快时间项 $\exp(\mathrm{j}2\pi\mu\tau_n t)$包含舰船目标的距离信息，因此可以考虑利用压缩感知理论直接从“干净”的快时间维采样点中恢复这些距离信息。

同时，高频地波雷达的相干积累周期数较多(通常为几百个)，远远大于舰船目标个数，因此舰船目标相对于慢时间维的采样点而言也是稀疏的。又由于 $x_n(t, m)$中慢时间项 $\exp(\mathrm{j}2\pi f_{dn} m T_m)$包含舰船目标的速度信息，因此可以考虑利用压缩感知理论直接从“干净”的慢时间维采样点中恢复这些速度信息。

由此可知，通过对 $x_n(t, m)$中被“污染”的采样点进行剔除，再对“干净”的采样点从快时间维和慢时间维进行压缩感知重构处理，即可获得目标的距离信息和速度信息，同时抑制射频干扰。基于 CS 的射频干扰抑制流程如图 8.16 所示。

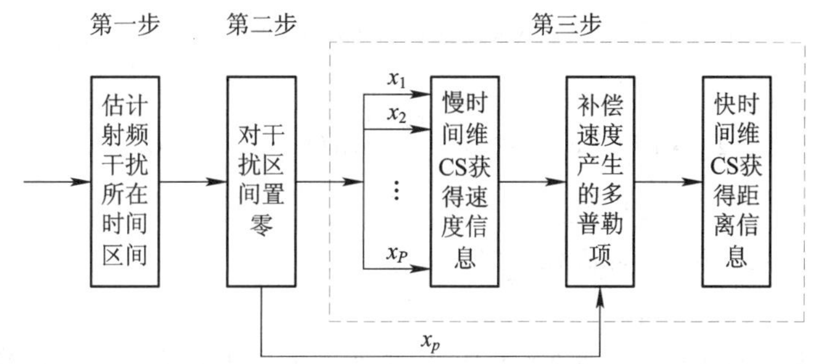

图 8.16　基于 CS 的射频干扰抑制流程

由图 8.16 可知，基于 CS 的射频干扰抑制流程可分为三步执行：

第一步，估计调频周期内第 n 路“接收通道”的射频干扰所在的时间采样区间。可参照文献[7]中介绍的射频干扰快时域抑制方法，获得 M 个调频周期的快时间采样数据 $\boldsymbol{x}_n(t, m)$，通过非相干积累，估计射频干扰所在时间单元，即找出数据矩阵 $\boldsymbol{x}_n(t, m)$中被“污染”的那些行。

第二步，将射频干扰所在时间区间的采样数据剔除。假设 $\boldsymbol{x}_n(t, m)$中被“污染”的行数为 P，则剔除之后原 $L\times M$ 维采样数据矩阵 $\boldsymbol{x}_n$ 变为$(L-P)\times M$ 维“干净”的采样数据矩阵$\hat{\boldsymbol{x}}_n$。

第三步，从$\hat{\boldsymbol{x}}_n$ 的某行(或某列)中随机选取少量采样点作为观测数据，应用 CS 理论对观测数据进行处理，获取目标的速度(或距离)信息。这又可分为三部分，首先在慢时间维用 CS 处理获得目标的速度信息；再利用速度信息对每个调频周期的接收信号作多普勒项的补偿，使信号中只包含目标距离信号相关项；最后在快时间维对接收信号作 CS 处理获得目标的距离信息。

通过基于压缩感知的射频干扰抑制方法得到射频干扰抑制后的 RD 谱，由此提取目标的速度信息与距离信息。下面对该方法流程第三步中目标的速度信息和距离信息的获取作详细的说明。

8.4.4　速度信息获取

为了获取目标的速度信息，首先要寻找采样数据矩阵$\hat{\boldsymbol{x}}_n$的稀疏表示。取采样数据矩阵$\hat{\boldsymbol{x}}_n$的第l行记为$\hat{\boldsymbol{x}}_{n,l}$，其维数为$M\times 1$，根据式(8.30a)，$\hat{\boldsymbol{x}}_{n,l}$中的元素为

$$\hat{x}_{n,l}(m)=\exp[\mathrm{j}2\pi(-f_n\tau_n+\mu\tau_n t_l-0.5\mu\tau_n^2)]\cdot\exp(\mathrm{j}2\pi f_{dn}mT_m),\ m=1\sim M \tag{8.31}$$

式中，t_l表示第t_l时刻。由8.4.3小节可知，舰船目标个数相对于调频周期数M是稀疏的。假设在感兴趣的多普勒频率范围内搜索目标的个数为N_s，多普勒频率分别为$[\tilde{f}_{d,1},\tilde{f}_{d,2},\cdots,\tilde{f}_{d,N_s}]$，$M$个调频周期对应的相位项为$\exp(\mathrm{j}2\pi\tilde{f}_{d,n}mT_m)$，$(m=1\sim M)$，则可构造目标速度信息的基矩阵$\boldsymbol{\Psi}_v$为

$$\boldsymbol{\Psi}_v=\begin{bmatrix}\exp(\mathrm{j}2\pi\tilde{f}_{d,1}T_m\cdot 1) & \exp(\mathrm{j}2\pi\tilde{f}_{d,2}T_m\cdot 1) & \cdots & \exp(\mathrm{j}2\pi\tilde{f}_{d,N_s}T_m\cdot 1)\\ \exp(\mathrm{j}2\pi\tilde{f}_{d,1}T_m\cdot 2) & \exp(\mathrm{j}2\pi\tilde{f}_{d,2}T_m\cdot 2) & \cdots & \exp(\mathrm{j}2\pi\tilde{f}_{d,N_s}T_m\cdot 2)\\ \vdots & \vdots & & \vdots\\ \exp(\mathrm{j}2\pi\tilde{f}_{d,1}T_m\cdot M) & \exp(\mathrm{j}2\pi\tilde{f}_{d,2}T_m\cdot M) & \cdots & \exp(\mathrm{j}2\pi\tilde{f}_{d,N_s}T_m\cdot M)\end{bmatrix}_{M\times N_s} \tag{8.32}$$

根据CS理论及式(8.24)和式(8.32)，构造

$$\tilde{\boldsymbol{x}}_{n,l}=\boldsymbol{\Psi}_v\cdot\boldsymbol{s}_v \tag{8.33}$$

式中，$\boldsymbol{s}_v$为$N_s\times 1$维的稀疏系数向量。$\boldsymbol{s}_v$中N_s个元素的值不代表任何实际意义。$\boldsymbol{s}_v$在信息重构过程中与$\boldsymbol{\Psi}_v$共同承担拟合观测数据$\hat{\boldsymbol{x}}_{n,l}$相位的作用。根据构造的基矩阵$\boldsymbol{\Psi}_v$，对$\hat{\boldsymbol{x}}_{n,l}$进行压缩采样，由于$\hat{\boldsymbol{x}}_{n,l}$的元素(即慢时间维的采样点)个数较多(通常在几百个)，因此可采用“直接采样法”，从$\hat{\boldsymbol{x}}_{n,l}$内随机选取$M_s$个元素($M_s\leqslant M$)构成观测数据$\hat{\boldsymbol{y}}_{n,l}$，选择重构算法对观测数据$\hat{\boldsymbol{y}}_{n,l}$进行处理，即不断调整$s_v$中的各元素值，使得$\boldsymbol{\Psi}_v\cdot\boldsymbol{s}_v$与$\tilde{\boldsymbol{y}}_{n,l}$中各数据元素的相位拟合。调整过程中，$\boldsymbol{s}_v$中所有数据元素按照零值和非零值划分成两类，其中非零元素的模值大小表示与观测数据相位拟合度的高低。调整完成后，还需要用$\boldsymbol{s}_v$中模值最大的数据元素对$\boldsymbol{s}_v$进行归一化处理。最后，通过$\boldsymbol{s}_v$确定目标信息，此时$\boldsymbol{s}_v$扮演着刻度尺的角色。以单目标为例，非零元素中模值最大的数据元素与观测数据相位拟合度最高。我们假设该元素在s_v中所对应的位序为n_s，则说明在基矩阵$\boldsymbol{\Psi}_v$中第n_s列对应的频率$\tilde{f}_{d,n_s}$即为目标的多普勒频率f_{dn}，再根据$f_{dn}=2f_n v/c$即可获得目标的速度信息。如果是两个目标，就取$\boldsymbol{s}_v$中模值最大的两个数据元素的位序，以此类推。由于实际情况下，我们不知道目标个数，因此在多目标情况下需要对s_v中非零元素的模值设置阈值，超过这个阈值的元素有多少个，即认为有多少个目标(单目标情况下，一定有一个非零元素的模值超过阈值)。关于阈值的设定可查阅CS理论相关资料。

8.4.5　距离信息获取

与目标的速度信息获取类似，首先要寻找采样数据矩阵 $\hat{\boldsymbol{x}}_n(t, m)$的稀疏表示。取采样数据矩阵$\hat{\boldsymbol{x}}_n$ 的第 m 列记为$\tilde{\boldsymbol{x}}_{n,m}$，其维数为$(L-P)\times 1$，$\tilde{\boldsymbol{x}}_{n,m}$中的元素为

$$\tilde{x}_{n,m}(t)=\exp[\mathrm{j}2\pi(-f_n\tau_n+\mu\tau_n t-0.5\mu\tau_n^2)]\cdot\exp(\mathrm{j}2\pi f_{dn}mT_m) \tag{8.34}$$

式中，m 表示第 m 个调频周期。由 8.4.3 小节可知，舰船目标个数相对于$\tilde{\boldsymbol{x}}_{n,m}$的维数$(L-P)$是稀疏的。假设在感兴趣的时延范围内搜索目标的个数为 N_r，需要估计的时延对应的频率为 $f_{\tau,n}=\mu\tau_n$（$n=1\sim N_r$），包含舰船目标距离信息的快时间项为 $\exp(\mathrm{j}2\pi f_{\tau,n}t)=\exp(\mathrm{j}2\pi\mu\tau_n t)$，则可构造基矩阵 $\boldsymbol{\Psi}_r$ 为

$$\boldsymbol{\Psi}_r=\begin{bmatrix}\exp(\mathrm{j}2\pi f_{\tau,1}t_1) & \exp(\mathrm{j}2\pi f_{\tau,2}t_1) & \cdots & \exp(\mathrm{j}2\pi f_{\tau,N_r}t_1)\\ \exp(\mathrm{j}2\pi f_{\tau,1}t_2) & \exp(\mathrm{j}2\pi f_{\tau,2}t_2) & \cdots & \exp(\mathrm{j}2\pi f_{\tau,N_r}t_2)\\ \vdots & \vdots & & \vdots\\ \exp(\mathrm{j}2\pi f_{\tau,1}t_{L-P}) & \exp(\mathrm{j}2\pi f_{\tau,2}t_{L-P}) & \cdots & \exp(\mathrm{j}2\pi f_{\tau,N_r}t_{L-P})\end{bmatrix}_{(L-P)\times N_r} \tag{8.35}$$

根据式(8.24)和基矩阵，重构

$$\tilde{\boldsymbol{x}}_{n,m}=\boldsymbol{\Psi}_r\cdot\boldsymbol{s}_r \tag{8.36}$$

式中，$\boldsymbol{s}_r$ 表示 $N_r\times 1$ 维的稀疏系数向量，其在目标的距离信息重构中的作用与式(8.33)的$\boldsymbol{s}_v$在目标的多普勒信息重构中的作用相同。根据构造的基矩阵 $\boldsymbol{\Psi}_r$，对$\tilde{\boldsymbol{x}}_{n,m}$进行压缩采样，由于$\tilde{\boldsymbol{x}}_{n,m}$中的元素(即快时间维的采样点)个数较多(采样点个数由雷达系统的采样频率所决定)，因此本章同样采用“直接采样法”从$\tilde{\boldsymbol{x}}_{n,m}$内随机选取 M_r 个元素($M_r\leqslant(L-P)$)构成观测数据$\tilde{\boldsymbol{y}}_{n,m}$，选择重构算法对观测数据$\tilde{\boldsymbol{y}}_{n,m}$进行处理，获得 $f_{\tau,n}$，再根据 $f_{\tau,n}=\mu\tau_n$ 和 $\tau_n=R_n/c$ 即可获得目标的距离信息。

8.4.6　仿真实验结果

仿真参数设置如下：发射阵元数 $N=16$，雷达工作中心载频 $f_0=6.75$ MHz，载频间隔 $\Delta f=1$ kHz，调频带宽 $B=60$ kHz，调频周期 $T_m=0.45$ s，相干积累周期数为 128。

首先，对射频干扰稀少和密集两种情况分别进行仿真。干扰稀少的情况可设回波信号中存在两个单频干扰，载频分别为 6.745 173 MHz 和 6.735 137 MHz，信噪比为 10 dB，信干比为−50 dB，图 8.17(a)为两个单频干扰经混频和低通滤波后的时域分布特性。从图中可以看到，在一个调频周期内，两个单频干扰出现的时间区间(即被污染的采样点编号)分别为[242～276]采样点和[60～97]采样点，与式(8.5)计算的理论结果一致。干扰密集的情况可设回波信号中存在 12 个射频干扰，载频在 6.715 177 MHz～6.748 386 MHz 之间，间隔为 3019 Hz。图 8.17(b)为这些干扰经混频和低通滤波后的时域分布特性，从图中可以看到这些干扰几乎占据了大半的时间单元。

图 8.17(c)～8.17(d)为这两种射频干扰的距离-多普勒谱。从图中可以看到，射频干扰占据所有距离单元和部分多普勒单元，严重影响了目标检测与参数估计，特别在干扰密集时目标几乎分辨不出来。

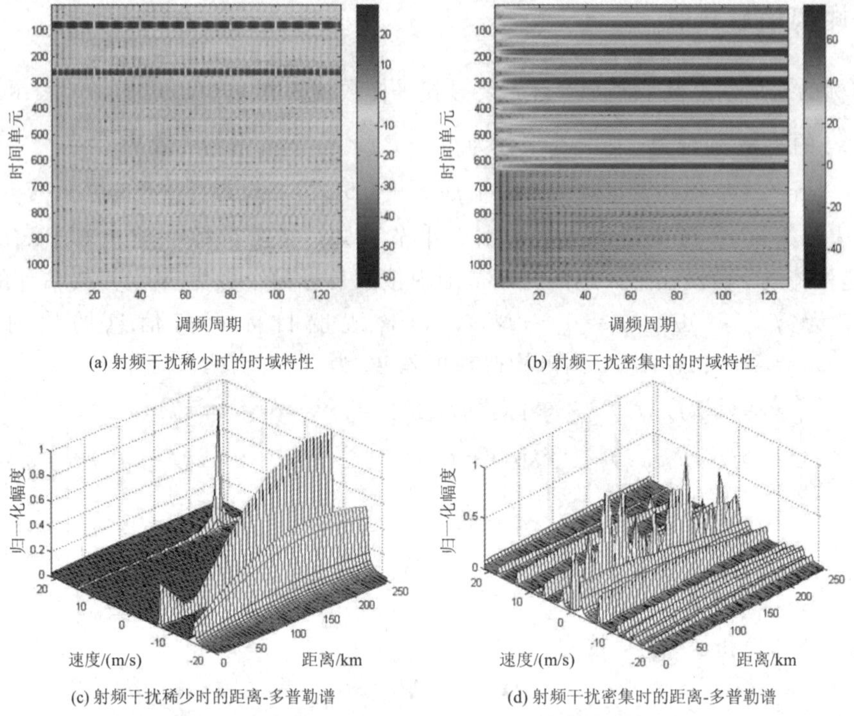

(a) 射频干扰稀少时的时域特性

(b) 射频干扰密集时的时域特性

(c) 射频干扰稀少时的距离-多普勒谱

(d) 射频干扰密集时的距离-多普勒谱

图 8.17 射频干扰特性

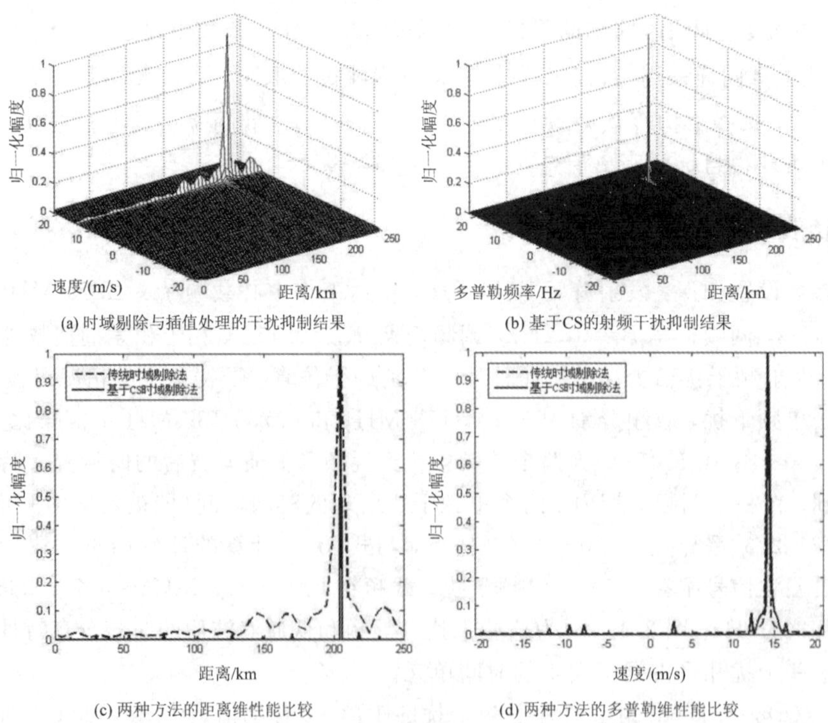

(a) 时域剔除与插值处理的干扰抑制结果

(b) 基于CS的射频干扰抑制结果

(c) 两种方法的距离维性能比较

(d) 两种方法的多普勒维性能比较

图 8.18 射频干扰稀少时的干扰抑制结果

利用时域剔除与插值处理和基于 CS 的时域剔除法分别对上述两种干扰进行抑制。对于稀少的回波信号处理，可根据 CS 理论从图 8.17(c)无射频干扰的快时间单元(纵轴)和慢时间单元(横轴)中各随机选取 96 个采样数据和 64 个采样数据分别用于目标距离参数和速度参数的估计。仿真结果如图 8.18 所示，从图中可以看出无论是距离维还是多普勒维，基于 CS 的时域剔除方法都优于传统时域剔除法。

对于干扰密集的情况，由于射频干扰占据了大部分的时间单元，因此插值处理失效，时域剔除法对回波信号干扰区间的数据作置零处理。仿真结果如图 8.19(a)所示，可以看出即使在干扰密集的情况下，CS 方法仍能保持与干扰较少情况下相同的参数估计性能，而传统时域剔除法由于置零的时间区间过长，使得图 8.19(c)中距离维的主瓣展宽，旁瓣明显，性能下降。

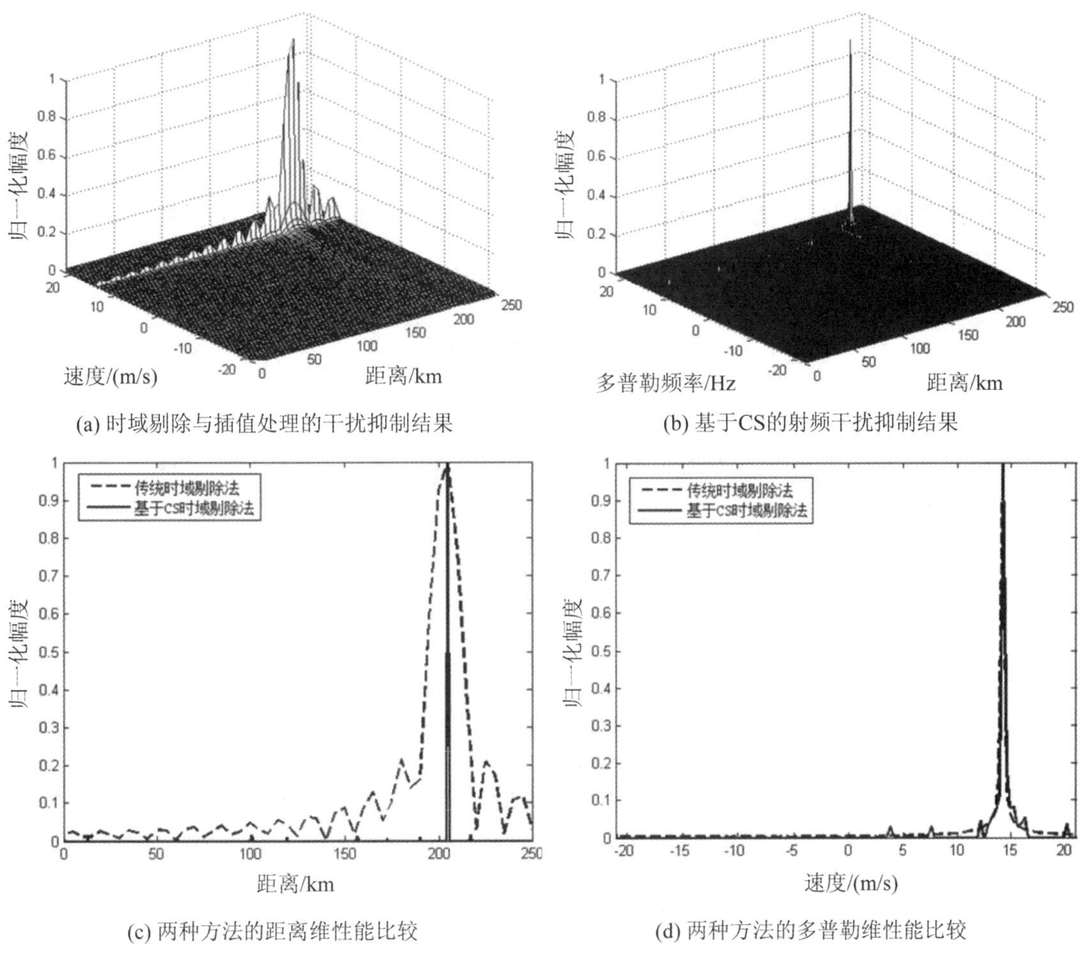

(a) 时域剔除与插值处理的干扰抑制结果　(b) 基于CS的射频干扰抑制结果

(c) 两种方法的距离维性能比较　(d) 两种方法的多普勒维性能比较

图 8.19　射频干扰密集时的干扰抑制结果

通过仿真实验可知，基于 CS 的时域剔除法在射频干扰较少和较密集两种情况下都能够有效地抑制射频干扰，并实现对目标距离参数的准确估计，优于传统时域剔除法。

本章小结

本章对岸-舰双基地高频地波超视距雷达射频干扰的相关内容进行了详细介绍。在8.2节对岸-舰双基地高频地波超视距雷达射频干扰在时域、距离域、多普勒域和空域的特性进行了深入分析，给出了干扰特征的仿真及实测数据分析结果。本章详细介绍了在岸-舰双基地高频地波超视距雷达体制下的几种射频干扰抑制方法：

(1) 基于特征子空间的时域及距离域射频干扰抑制法，该方法利用信号特征子空间在快慢时域以及距离域分别对射频干扰进行抑制，并通过实测数据进行了方法有效性的验证；

(2) 基于压缩感知的时域剔除法，该方法通过选取少量无干扰时间单元的采样数据作为观测数据，应用CS理论在抑制射频干扰的同时，估计目标的距离参数和速度参数。

对于任何类型的射频干扰而言，只要调频周期内存在少量“干净”的快时域采样数据，基于压缩感知的时域剔除法均能够实现干扰的抑制，相较于传统时域剔除法，它具有全天候的抑制优势，仿真实验证明了该方法的有效性。

高频地波雷达面临的射频干扰的信号形式多种多样，本章所讨论的主要是单载频窄带射频干扰，对宽带射频干扰的抑制还有待研究。

本章参考文献

[1] 沈琪琪，朱德生. 短波通信[M]. 西安：西安电子科技大学出版社，1989.

[2] 杨小牛，楼才义，徐建良. 软件无线电原理与应用[M]. 北京：电子工业出版社，2006.

[3] 苏洪涛，保铮，张守宏. 自适应地波超视距雷达高频通信干扰抑制[J]. 电波科学学报，2003，18(3)：270-274.

[4] FABRIZIO G A, ABRAMOVICH Y I, ANDERSON S J, et al. Adaptive cancellation of nonstationary interference in HF antenna array[J]. IEEE Proc. - Radar, Sonar Navig., 1998, 145(1): 19-24.

[5] LEONG H. Adaptive Nulling of Skywave Interference using Horizontal Dipole Antennas in a Coastal Surveillance Surface Wave Radar System[C]. Proc. of IEEE Radar Conference'1997: 26-30.

[6] 张国毅，刘永坦. 高频地波雷达多干扰的极化抑制[J]. 电子学报，2001，29(9)：1206-1209.

[7] 刘春波. 岸-舰双基地高频地波雷达SIAR相关技术研究[D]. 西安电子科技大学博士论文，2008.

[8] ZHOU H, WEN B Y, WU S. Dense radio frequency interference suppression in HF radar[J]. IEEE Signal Processing letters, 2005, 12(5): 361-364.

[9] 张雅斌，陈伯孝，张守宏. 舰载无源综合脉冲孔径雷达射频干扰抑制[J]. 西安电子科技大学学报，2007，34(4)：514-517.

[10] 周浩，文必洋，吴世才，等. 应用时频分析进行射频干扰抑制[J]. 电子学报，2007，32(9)：1546-1548.

[11] 王赞. 分布式双基地波雷达射频干扰与杂波等问题研究[D]. 西安电子科技大学博士论文，2014.

[12] CANDÈS E J. Compressive sampling [C]. Proceedings of the International Congress of Mathematicians: Madrid, 2006: 1433-1452.

[13] CANDÈS E J, TAO T. Near-optimal signal recovery from random projections: Universal encoding

strategies? [J]. IEEE Trans. on Information Theory, 2006, 52(12): 5406 - 5425.

[14] DONOHO D L. Compressed sensing[J]. IEEE Trans. on Information Theory, 2006, 52(4): 1289 - 1306.

[15] CHEN S S, DONOHO D L, SAUNDERS M A. Atomic decomposition by basis pursuit[J]. SIAM journal on scientific computing, 1998, 20(1): 33 - 61.

[16] CANDÈS E J. The restricted isometry property and its implications for compressed sensing[J]. Comptes Rendus Mathematique, 2008, 346(9): 589 - 592.

[17] KIM S J, KOH K, LUSTIG M, et al. A method for large-scale regularized least-squares[J]. IEEE Journal of Selected Topics in Signal Processing, 2007, 4(1): 606 - 617.

[18] FIGUEIREDO M A T, NOWAK R D, WRIGHT S J. Gradient projection for sparse reconstruction: Application to compressed sensing and other inverse problems [J]. Selected Topics in Signal Processing, IEEE Journal of, 2007, 1(4): 586 - 597.

[19] DAUBECHIES I, DEFRISE M, DE M C. An iterative thresholding algorithm for linear invers Algorithmic linear dimension e problems with a sparsity constraint[J]. Communications on pure and applied mathematics, 2004, 57(11): 1413 - 1457.

[20] MALLAT S, ZHANG Z. Matching pursuit with time-frequency dictionaries[J]. IEEE Trans. on Signal Processing, 1993, 41(12): 3397 - 3415.

[21] TROPP J, GILBERT A C. Signal recovery from random measurements via orthogonal matching pursuit[J]. IEEE Trans. on Information Theory, 2007, 53(12): 4655 - 4666.

[22] DONOHO D L, DRORI I, TSAIG Y, et al. Sparse solution of underdetermined linear equations by stagewise orthogonal matching pursuit[D]. Department of Statistics, Stanford University, 2006.

[23] NEEDELL D, TROPP J A. CoSaMP: Iterative signal recovery from incomplete and inaccurate samples[J]. Applied and Computational Harmonic Analysis, 2009, 26: 301 - 321.

第 9 章　岸-舰双基地地波雷达试验系统

9.1 引　言

双基地雷达具有良好的“四抗”性能，即抗反辐射导弹、抗有源定向干扰、抗隐身和抗低空突防。我们提出岸-舰双基地地波超视距雷达体制，其目的是为了在小型舰船上实现“无源”超视距的探测与定位，也有利于我国海监巡逻船只实现对我国广大 EEZ 区域的超视距监视、监测。该雷达结合双基地和综合脉冲孔径技术，发射站采用阵列天线，架设在海边，各发射天线同时辐射不同载频信号以保证对一定空域的各向同性照射；接收系统安装在舰船上，最少可采用单根小型化的磁天线接收，从而减少舰船上的雷达设备，使接收站可置于小型舰船上。接收站可以有任意多个，从而可以扩展成多基地雷达。接收站灵活机动，具有机动作战能力。

岸-舰双基地地波超视距雷达在运动平台上接收，与现有岸基地波超视距雷达相比，存在许多不同之处。特别是运动平台上的双基地同步、对发射阵列的校准、发射方向图的综合等关键理论和技术问题，为此我们研制了原理性试验系统，并开展了试验与验证。因此，本章针对岸-舰双基地地波超视距雷达试验系统，在第 9.2 节介绍试验系统的组成及其特点，在第 9.3 节介绍试验系统的数字频率源，在第 9.4 节介绍发射天线阵，在第 9.5 节、9.6 节分别介绍发射机和接收机的设计及其性能，最后给出试验结果。

9.2　岸-舰双基地地波超视距雷达试验系统组成及特点

9.2.1　试验系统组成

岸-舰双基地地波超视距雷达的发射天线阵沿海岸架设，接收系统安装在舰船上，其工作方式如图 9.1 所示。该雷达试验系统可分为发射分系统和接收分系统两部分[1]，其组成框图分别如图 9.2 和图 9.3 所示。其中，发射分系统主要包括时钟与定时电路、环境分析与频率选择电路、激励源、发射机、发射天线阵等。发射天线阵采用 8 组三元八木天线组成孔径约 320 米的天线阵列。多个独立的激励源在同一时钟驱动下产生不同参数的射频激励信号，并分别送给各自的发射机功率放大器，经功率放大后馈送到各个发射天线。接收分系统包括一个用于接收的小型化的磁天线、数字频综、接收机、环境干扰侦察与时通处理机、对海处理机、对空处理机、接收站定位系统等。这里数字频综采用与发射站相同型号、相同批次的时钟基准，为 ADC 提供高稳定性的采样时钟。时通处理机主要用于从直达波中提取时间和频率同步信息，以得到发射参考信号。对海处理机完成在海杂波背景下对海面目标的超视距检测与定位。对空处理机完成对空中飞行目标的检测与定位。接收站定位系统用于获取接收平台自身的位置信息，并结合测量得到的目标位置信息，再通过坐标变换获得目标的大地坐标信息。

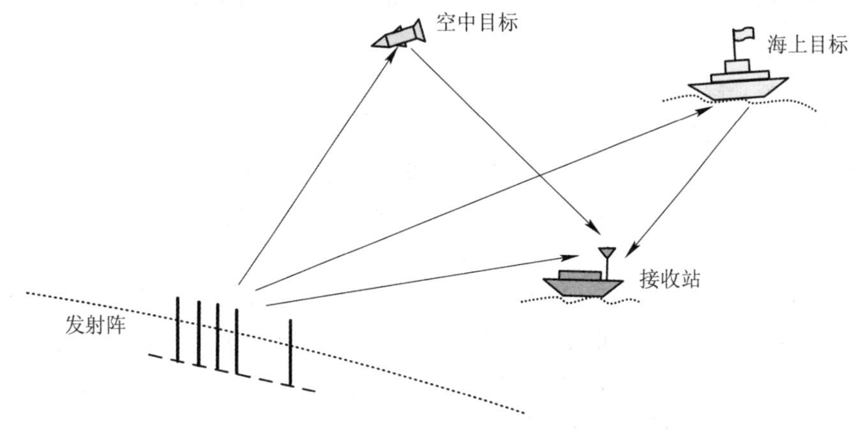

图 9.1　雷达系统工作示意图

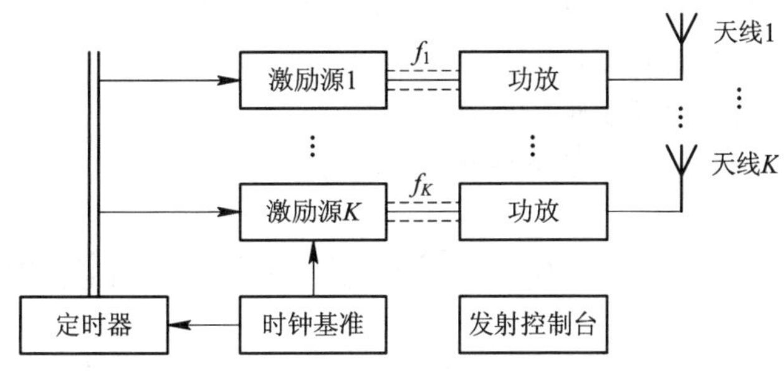

图 9.2　发射分系统组成框图

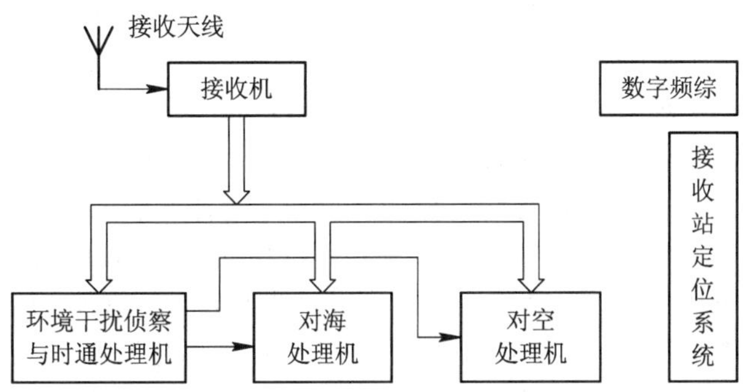

图 9.3　接收分系统组成框图

9.2.2　系统特点

由于接收站不发射信号，因此对接收站而言，岸-舰双基地地波超视距雷达不仅具有常规双基地雷达的抗有源定向干扰、抗反辐射导弹(ARM)的能力，而且由于其发射和接收都没有方向性，不需要波束追赶，即不需要像常规双基地雷达那样的空间同步。该雷达的主要特点和优势表现如下[1]：

(1) 高频段电磁波对隐身目标的谐振效应使得目标 RCS 大大增强，从而具有反隐身能力；而反辐射导弹受天线尺寸限制，难以捕获和跟踪雷达的发射信号。

(2) 采用阵列发射正交信号，在功率意义上讲不形成发射方向图，但可以在接收端通过综合处理得到发射方向图。

(3) 集监视和跟踪于一体，可以同时监视全空域或限定的某一区域(单组发射天线方向图覆盖的区域)，适合于多目标环境下的检测与跟踪。

(4) 发射和接收均无方向性，不存在物理聚焦和扫描的概念，可对全空间进行监视，相干积累时间理论上只受系统相干性和目标运动的限制。因此，可实现长时间相干积累，多普勒分辨率高。

(5) 接收站不发射信号，不仅减少了对舰载无线电设备的干扰和供电需求，而且抗有源定向干扰能力强；接收最少可采用一根天线，可置于小型舰艇上，使接收平台具备机动作战能力和“无源”超视距探测能力。当然，若接收站安装在大型舰船上，则可以安装多个接收天线，以提高雷达的作用距离和对目标的定位性能。

(6) 具有实现载舰“近海自定位”的潜力。通过对来自发射站的直达波信号进行综合处理，可以得到接收站相对于发射站的方位。因此，如果有两个或多个发射站，且发射站位置已知，就能对接收站进行自定位。

总而言之，该雷达可以超视距发现海面和低空目标，提供早期预警，有利于提高海面舰艇的生存能力，增强舰船特别是小型舰船的机动作战能力。

9.3 高频地波雷达数字频综的设计

频率源是各种电子设备的基础，是决定电子系统性能的关键设备。随着现代军事、国防及无线通信事业的高速发展，雷达、制导武器、电子对抗、电子测量仪器和移动通信等电子系统都对频率源提出了越来越高的要求。越来越多的收发分置及收发共用的电子设备应用在雷达、通信和导航定位等领域，这对频率源的稳定性要求也越来越高。

频率源最常用的实现方法是采用频率合成技术，也可称为频率综合技术，简称频综。早期的频率源使用多个不同频段的晶振混频，或利用模拟开关切换不同的调制信号，再与本振信号混频，以达到输出不同类型信号的目的[2]。这种方法的缺点是实现电路比较复杂，同时模拟器件易产生温漂、稳定度差。锁相环(Phase-Locked Loops，PLL)技术的发展催生了第二代频率合成技术，频率源的频带宽度和频点数大大增加。PLL 采用鉴相器、环路滤波器、压控振荡器(Voltage Controlled Oscillator，VCO)等器件实现。因为 PLL 的锁定时间决定于环路滤波器的跟踪带宽，因此很难兼顾调制速度、频率分辨率和对相位噪声的要求。直接数字频率合成(Direct Digital Frequency Synthesizer，DDS)技术的出现，标志着频率合成技术迈进了第三代[3，4]。DDS 技术是利用数字方式累加相位，再以相位累加结果来查询正弦函数表得到正弦波的离散数字序列，最后经数模(Digital/Analog，D/A)变换形成模拟正弦波的频率合成方法。DDS 在相位噪声、频率转换时间、频率和相位分辨率、相位连续性、正交输出以及集成化程度等一系列性能指标上均远远超过了传统频率合成技术所能达到的水平，为电子系统提供了优于模拟信号源的性能。

多载频频率源为高频地波雷达提供多个载频信号。在该地波雷达试验系统中采用多载频的线性调频中断连续波(LFMICW),该雷达采用多载频数字频率源产生的8组不同载频LFMICW[4]。

数字频率源的实现方法主要有三种:

(1) 低噪声高分辨率直接数字频率合成器的设计,采用数控振荡器、电平转换器、数模(D/A)变换器、低通滤波器及单片机控制电路等组成,可以达到良好的频谱性能[5]。但该方法使用的分离元件较多,性能的一致性难以保证,不适合在多载频情况下使用。

(2) 采用计算机总线控制的直接数字合成频率源。该方法虽然降低了成本,且可通过计算机直接控制,但是由于没有滤波器,信噪比有限,且I/O读写速度有限,限制了频率和相位切换的速度,关键是不利于多载频的扩展。

(3) 基于DDS技术的射频信号产生器,它是一种基于DDS技术的数字化频率综合器的实现方案。通过控制DDS的幅度和相位,可以产生各种需求的射频激励信号。

第三种方法具有较好的扩展能力,适应性强,可以产生复杂多变的调制信号。特别是地波雷达的工作频率低,DDS可以直接产生特定需求的射频激励信号,例如调频中断连续波、互补码信号等,或直接产生不同载频的射频激励信号,并提供给多台发射机。

频率源的稳定性分为长期频率稳定度和短期频率稳定度[6]。长期频率稳定度是描述长时间内发生频率变化的因果效应的,一般与时钟源的老化及环境变化有关,它是一种慢变化过程,通常也叫做频率漂移,其变化曲线是可以估计的。短期频率稳定度主要体现为随机效应,在频域上一般用相位噪声描述,研究频率源的相位噪声对分析雷达的改善因子[7]和系统的检测性能有很大意义。特别是在双/多基地的地波雷达、米波雷达中,使用载波频率较低,而且要进行长时间(数百秒级)的相干积累,对高稳定性频率源的稳定性测量也不仅仅体现为短期稳定性,而是数分钟甚至数小时的中短期频率稳定度。因此,对高稳定性频率源的测量已经不能再用传统的频谱仪方法进行测量,因为频谱仪方法的测量带宽、噪声基底、扫描时间均难以达到高稳定性频率源的测量要求。

普通晶振的稳定度一般为10^{-5}~10^{-7},一般的测试仪表采用温补晶振作为其时钟基准,其稳定度一般低于10^{-10}。本书所指的高稳定性频率源是采用高稳定恒温晶振或原子钟作为时钟基准,秒稳定度优于10^{-10}的频率源。对于高稳定性频率源中短期稳定性的研究,主要体现在其低接近载波[10]的相位噪声段,尤其是对于地波、米波雷达及高精度通信设备,要求分析偏离载波低于1Hz的相位噪声[4]。此外,美国科学家在毫米波段也提出了对10Hz甚至1Hz以下的超低接近载波相位噪声的要求[12]。对于这些高精度相位噪声的分析和测量,用普通频率源的分析方法显然是不可行的。因此,本节介绍岸-舰双基地地波雷达试验系统的DDS基本原理,以及多载频数字频率源的设计要求和设计方法;利用多片直接数字频率合成器在高稳定性时钟源的作用下设计多载频高稳定性数字频率源;利用该数字频率源设计并产生线性调频中断连续波的射频激励信号,其各路信号的频率、初相及有关调制参数可以灵活控制。

9.3.1 DDS的基本原理

DDS的基本原理是以数控振荡器的方式产生频率、相位可控制的正弦波。电路一般包括参考基准时钟、相位累加器、幅度/相位转换电路、D/A转换器和低通滤波器(LPF)[4],如图9.4所示。相位累加器由N位加法器(简称加法器)与N位累加寄存器(简称累加寄存器)级联构成。每来一个时钟脉冲CP，加法器将频率控制字K与累加寄存器输出的相位数据相加，并把相加后的结果送至累加寄存器的数据输入端。累加寄存器将加法器在上一个时钟脉冲作用后所产生的新相位数据反馈到加法器的输入端，以使加法器在下一个时钟脉冲的作用下继续与频率控制字相加。这样，相位累加器在时钟作用下就会不断对频率控制字进行线性相位累加。由此可以看出，相位累加器在每一个时钟脉冲输入时，都把频率控制字累加一次，相位累加器输出的数据就是合成信号的相位，相位累加器的溢出频率就是DDS输出的信号频率。用相位累加器输出的相位码L作为波形存储器(ROM)的相位取样地址，这样就可以把存储在波形存储器内的波形抽样值(二进制编码)经查找表查出，完成相位到幅值的转换。波形存储器的输出送到数模(D/A)转换器，D/A转换器再将数字量形式的波形幅值转换成所要求信号的模拟量的形式。低通滤波器(LPF)用于降低D/A转换器的量化噪声，以便输出频谱纯度高的射频激励信号。

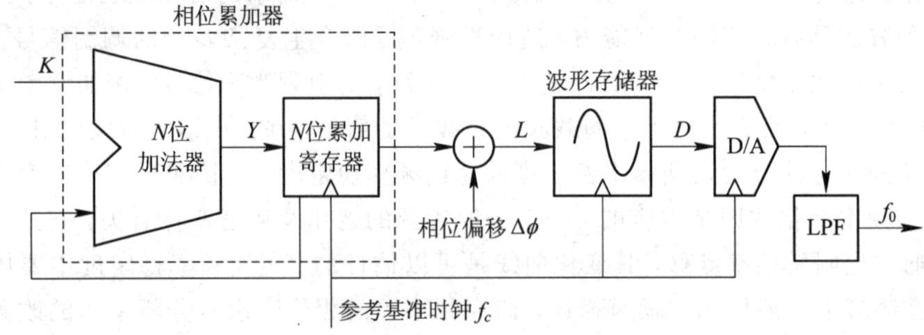

图 9.4　DDS的基本原理图

图9.4中，K为频率控制字，f_c为时钟频率，N为相位累加器的位数，L为ROM的寻址位数，D为输出信号幅值的位数。下面以DDS产生正弦波为例来进一步说明其工作原理。相位累加器在每一个时钟沿与频率控制字K累加一次，当累加器大于2^N时，相位累加器相当于做一次模余运算。正弦查找表ROM在每一个时钟周期内，根据送给ROM的地址(相位累加器的前L位相位值)取出ROM中已存储的与该地址相对应的正弦幅值，最后将该值送给DAC和LPF以实现量化幅值到正弦信号间的转换。由此可得到，输出频率与时钟频率之间的关系为

$$f_0 = \frac{K \cdot f_c}{2^N} \tag{9.1}$$

DDS的最小频率分辨率为$f_c/2^N$，最小相位分辨率为$2\pi/2^L$。

DDS在相对带宽、频率转换时间、频率和相位分辨率、相位连续性、正交输出以及集成化程度等一系列性能指标方面均远远超过了传统频率合成技术所能达到的水平，为雷达、通信、电子战等许多无线电系统提供了优于模拟信号源的性能。在实际的DDS电路中，为了达到足够高的频率分辨率，通常将相位累加器的位数取得较大，如取$N=32$、48等。但受体积和成本限制，即使采用先进的存储压缩办法，因为ROM的容量有限，还是会引入了相位舍位误差。在存储波形的二进制数据时也不能用无限的代码精确表示。这里又存在幅度量化误差。另外，DAC的有限分辨率也会引起误差。所以这些误差不可避免地会导致许多杂散分量的出现。现在高性能DDS中一般采用16位的数模转换器(DAC)，以降低其杂散分量。

9.3.2 DDS 的特点

新一代直接数字频率合成器(DDS)采用全数字的方式实现频率合成，与传统的频率合成技术相比，具有以下特点[17]：

(1) 频率转换快。直接数字频率合成是一个开环系统，无任何反馈环节，其频率转换时间主要由频率控制字状态改变所需的时间及各电路的延时时间所决定，转换时间很短，可达纳秒级。

(2) 频率分辨率高、频点数多。DDS 输出频率的分辨率和频点数随相位累加器的位数的增长而呈指数增长。从理论上讲，只要相位累加器的字长 N 足够大，就可以得到足够高的频率分辨率。例如，AD9854 的相位累加器的字长为 48 位，在采用 300 MHz 的基准时钟工作时，其频率分辨率可达1.066×10^{-6} Hz，这是传统频率合成技术难以企及的。

(3) 频率捷变时相位保持连续。DDS 在改变频率时只需改变频率控制字(即累加器累加步长)，而不需改变原有的累加值，故改变频率时相位是连续的，这就是 DDS 频率捷变时的相位连续性。在许多应用系统中，如调频通信系统，都要求在频率捷变过程中保证信号相位的连续，以避免相位信息丢失和出现离散频率分量。在设计实现地波雷达频率源时，相位的连续性也非常重要。

(4) 输出波形的灵活性强。由于 DDS 采用全数字结构，本身又是一个相位控制系统，因此只要在 DDS 内部加上相应控制，如调频(FM)控制、调相(PM)控制和调幅(AM)控制，就可以方便灵活地实现数字调频、调相和调幅功能，产生 FSK、PSK、ASK 和 MSK 等多种信号。另外，只要在 DDS 的波形存储器中存放不同的波形数据，就可以实现各种波形输出，如三角波、锯齿波和矩形波，甚至是任意的波形。当 DDS 的波形存储器分别存放正弦和余弦函数表时，即可得到正交的两路输出。正是这种灵活性，使得通过设计特定时序来控制 DDS 芯片可以产生 LFMICW 信号。

(5) 其他优点。DDS 中几乎所有部件都属于数字电路，易于集成，功耗低、体积小、重量轻、可靠性高，且易于程控，使用相当灵活，性价比高。

但 DDS 也存在一定的局限性，主要表现在以下两个方面：

(1) 输出频带范围有限。由于 DDS 内部 DAC 和波形存储器(ROM)的工作速度限制，使得 DDS 输出的最高频率有限。目前市场上采用 CMOS、TTL 工艺制作的 DDS 芯片的工作频率一般在几十兆赫兹至几百兆赫兹左右。采用 GaAs 工艺制作的 DDS 芯片的工作频率可达 3 GHz 左右。

(2) 输出杂散大。由于 DDS 采用全数字结构，不可避免地引入了杂散。其来源主要有三个：相位累加器相位舍位误差造成的杂散、由存储器有限字长引起幅度量化误差所造成的杂散和 DAC 非理想特性造成的杂散。

9.3.3 多载频数字频率源的设计与实现

多载频数字频率源的设计方案有两种：一种是自行设计的基于现场可编程门阵列(FPGA)芯片的解决方案。利用 FPGA 可以根据需要方便地实现各种比较复杂的调频、调相和调幅功能，控制方式灵活多变，具有良好的实用性。但就合成信号质量而言，由于 FPGA 的内部电路并不能按照 DDS 的特定工艺来制作，所以采用这种方法设计频率源还是难以达到专用DDS芯片的水平。另一种是采用高性能DDS的解决方案。随着近十几年超高速数字电路和超大规模集成电路的发展以及对DDS的深入研究，许多采用特定的集成工艺制作的专用DDS芯片被制造出来了，比如AD公司的AD9854、AD9958等系列DDS产品，它们的内部数字信号抖动很小，可以输出高质量的模拟信号，其最高工作频率已达到锁相频率合成器的水平。随着这种频率合成技术的发展，采用DDS芯片设计的频率源已广泛应用于通信、导航、雷达、遥控遥测、电子对抗以及仪器仪表等领域。

岸-舰双基地地波超视距雷达试验系统的发射站需要在同一时钟基准下同时产生多个不同载频、相位、带宽、幅度的调频中断连续波信号，为每路发射天线分别提供射频激励信号。因此，该雷达试验系统的数字频率源采用8个DDS芯片分别产生8组射频激励信号，并分别送给8路发射机进行功率放大。下面介绍该雷达多载频数字频率源的设计过程。

1. 多载频频率源的硬件设计

多载频数字频率源的基本工作原理是：计算机通过串口发送雷达发射信号参数给FPGA，由FPGA处理后控制8路单独的DDS频率源输出，并使各输出信号之间满足一定的频率和相位关系，再将输出信号经过滤波放大后送给发射天线。其硬件组成部分包括计算机接口电路、时钟及驱动电路、FPGA单元、DDS子系统四部分。其组成框图如图9.5所示。其主要特点是采用一片FPGA单元控制多个相同的DDS子系统，每个DDS子系统都包括

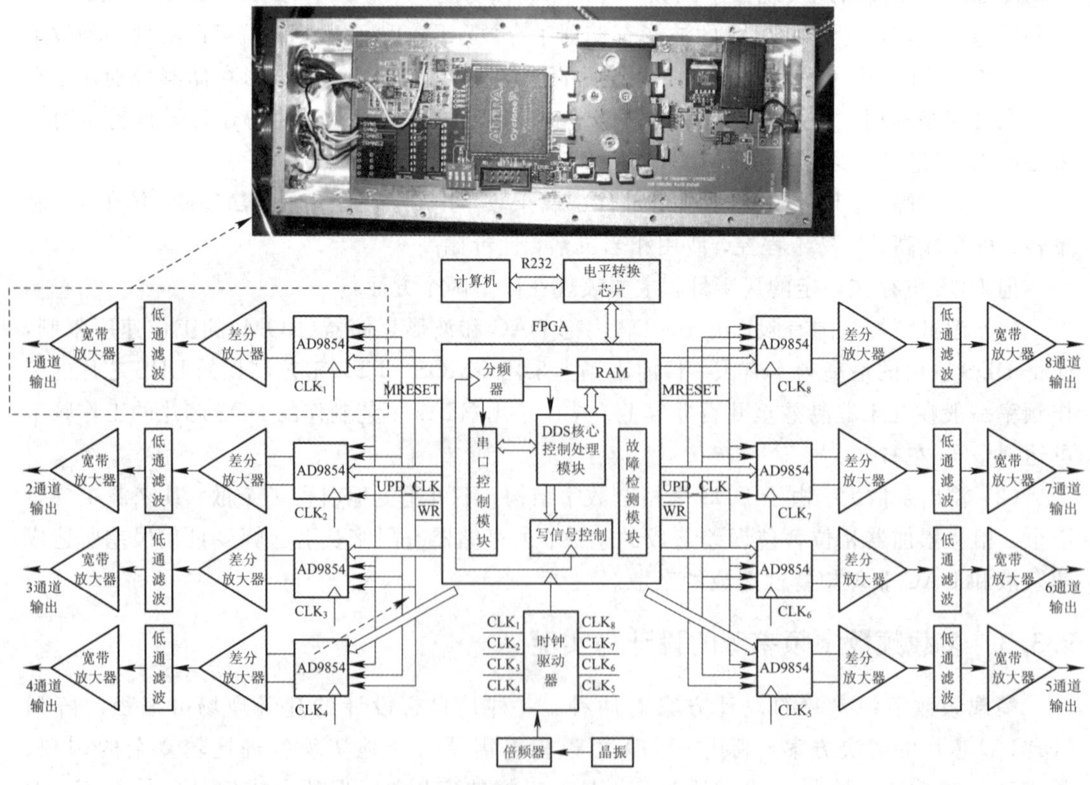

图9.5　地波雷达多载频数字频率源的组成框图

DDS(AD9854)、放大器、滤波器、FPGA 等，构成一个独立的数字频率源通道，用于输出射频激励信号。其中，FPGA 根据时钟基准和时空信号产生 DDS 需要的时空信号，以实现对 DDS 产生信号参数的控制。

FPGA 控制单元包括串口控制模块、DDS 核心控制处理模块、故障检测模块等。串口控制模块用于与计算机进行数据交换，即将计算机接收的控制指令传输给 DDS 核心控制处理模块处理，将指令变成相应的时序使 DDS 子系统按照指定的参数输出波形；同时将 DDS 子系统工作的状态信息回馈给计算机。DDS 核心控制处理模块用于对 DDS 子系统产生时序控制信号，即从计算机接口模块获得系统的各项参数，以控制 DDS 子系统输出波形的各项参数满足系统要求。故障检测模块用于对 DDS 子系统反馈回来的信号进行分析，以实时检测当前的模块是否处于正常工作状态。

时钟模块：频率源的指标要求系统的秒短期稳定度能达到 10^{-12} 以上。因为系统的稳定度直接决定于给系统提供时钟信号的时钟模块，所以必须提高时钟模块的稳定度。普通晶振的稳定度大概在 10^{-5}～10^{-7} 范围内，根本达不到系统的要求。而目前在市场上可以提供如此高稳时钟的只有高稳定恒温晶振和原子钟，经过对比分析，原子钟一般侧重于提高其长稳定度和老化度，而高稳定恒温晶振则注重于提高短稳特性，且原子钟的价格比高稳定恒温晶振高得多。所以本书最终采用高稳定恒温晶振作为时钟源。

低通滤波器模块：由于输出频率在 6 MHz～8 MHz 之间，考虑到在滤除谐波分量的同时要尽可能减少相位的不连续性，因此设计了一个带宽为 8.5 MHz 的 11 阶契比雪夫无源低通滤波器，如图 9.6 所示。

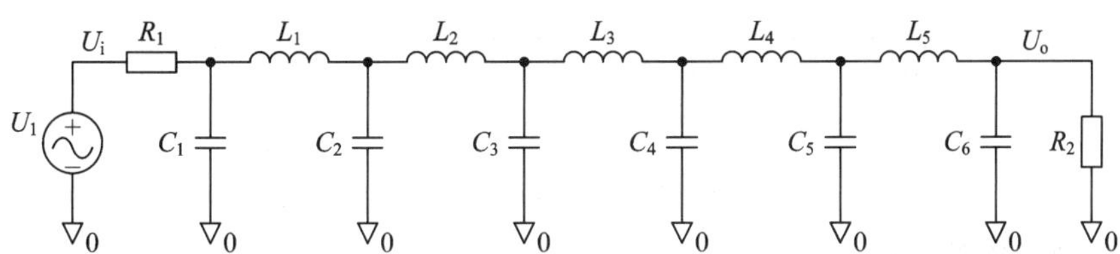

图 9.6　滤波器的组成

假设图中各电感、各电容的值分别相等，即 $L_i=L$ $(i=1\sim5)$，$C_i=C$ $(i=1\sim6)$，且 $R_1=R_2=R$，则该滤波器的传递函数为

$$H(S)=\frac{1}{\sum_{i=0}^{11}b_iS^i} \tag{9.2}$$

式中，$b_{11}=L^5C^6R$，$b_{10}=2L^5C^5$，$b_9=10L^4C^5R+\frac{L^5C^4}{R}$，$b_8=18L^4C^4R$，$b_7=37L^3C^4R+\frac{8L^4C^3}{R}$，$b_6=58L^3C^3$，$b_5=61L^2C^3R+\frac{22L^3C^2}{R}$，$b_4=79L^2C^2$，$b_3=41LC^2R+\frac{24L^2C}{R}$，$b_2=14LC$，$b_1=7CR+\frac{8L}{R}$，$b_0=\frac{8}{R}-5$。

图 9.7 为 12 MHz 低通滤波器的电路图，通带带宽为 12 MHz。图 9.8 为该低通滤波器的幅频特性仿真结果。从图 9.8 中可以看出，滤波器在二倍频程处的谐波分量低于－70 dB。

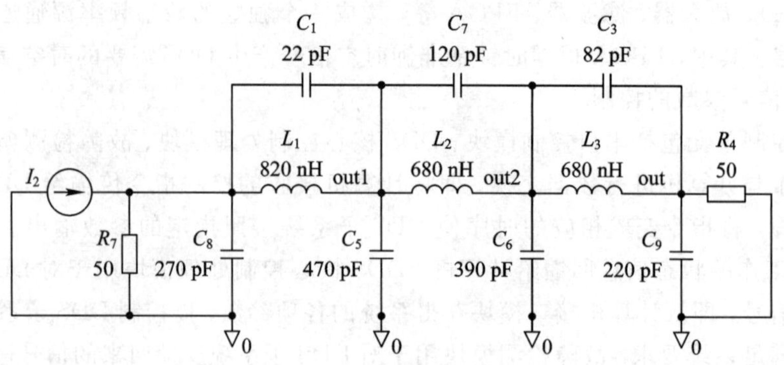

图 9.7　12 MHz 低通滤波器电路图

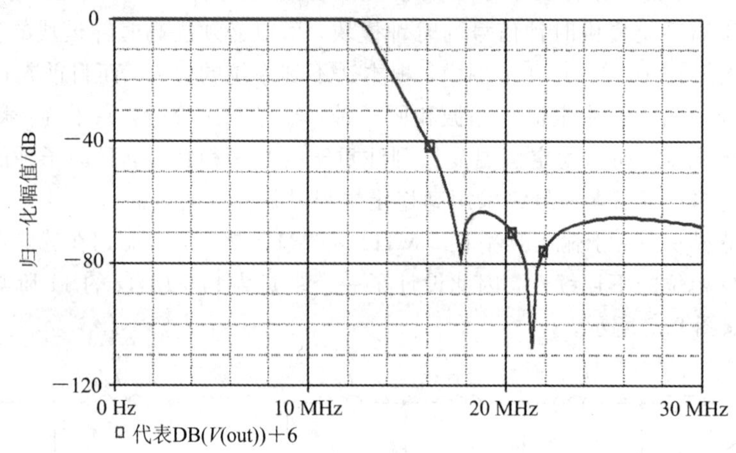

图 9.8　12 MHz 低通滤波器的幅频特性仿真结果

2. 频率源的固件设计

固件(Firmware)通常是指烧录固定在上位机中的软件程序。此处，固件是指给 FPGA 的配置程序，其工作流程如图 9.9 所示。频率源产生 LFMICW 的固件工作流程如下：

(1) 复位 DDS 芯片。

(2) 清空相位累加寄存器，在 CLR ACC2 位上产生一个正脉冲。

(3) 选择 Chirp 模式，设置 MODE=011。

(4) 设置调频斜率：

$$调频斜率=\frac{步进频率寄存器的值}{步进时间寄存器的值}$$

$$步进频率寄存器的值=\frac{步进频率\times 2^{48}}{\text{DDS 工作时钟频率}}$$

$$步进时间寄存器的值=步进时间\times \text{DDS 工作时钟频率}$$

(5) 设置起始频率和初相：

$$频率控制字寄存器的值=\frac{起始频率\times 2^{48}}{\text{DDS 工作时钟频率}}$$

$$初相控制寄存器的值=\frac{初相\times 2^{14}}{2\pi}$$

(6) 判断输出信号是否满一个调制周期，如果是，清空累加寄存器。

(7) 判断是否到工作期(工作期＝脉冲重复周期×工作比)，如果不是，继续循环判断。

(8) 设置幅度寄存器，将设定好的幅度值写入幅度寄存器。

(9) 判断是否到休止期(休止期＝脉冲重复周期×(100％－工作比))，若是，清空幅度寄存器，返回步骤(6)继续循环；否则，继续循环判断。

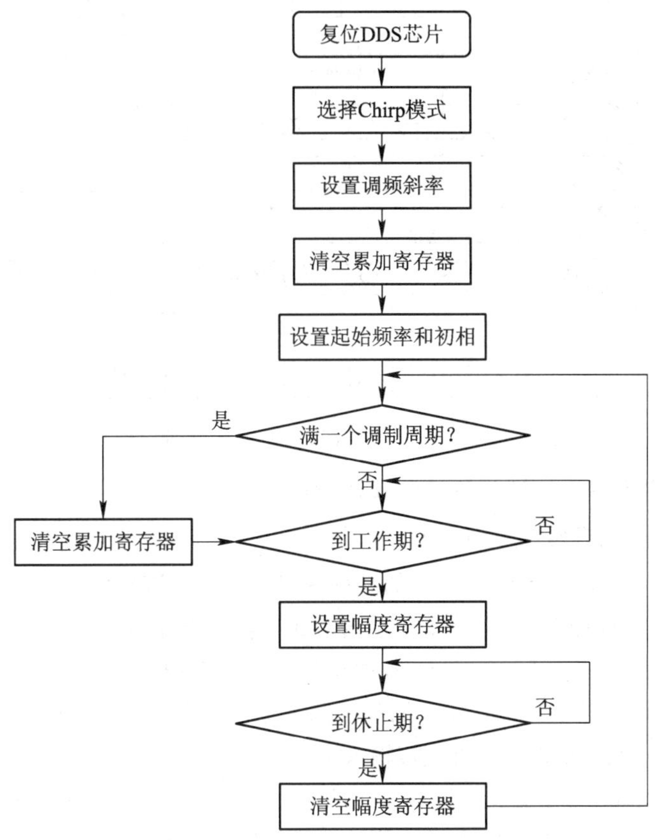

图 9.9　频率源产生 LFMICW 的固件流程图

根据 DDS 产生 LFMICW 的时序要求，频率源中 FPGA 产生 DDS 的控制时序，并给 DDS 内部的寄存器发送命令字。图 9.10 给出了 LFMICW 信号的时序图，其中 T_e 为发射脉冲宽度，T_r 为脉冲重复周期，T_m 为频率调制周期，f_0 为载频，μ 为调频斜率，ϕ_0 为初相，B_μ 为调频带宽。MODE 是 AD9854 的工作模式控制位，产生 LFMICW 要求 MODE＝"011"；FTW1 是 AD9854 的频率控制字寄存器，用来控制 LFMICW 的起始频率；DFW 是 AD9854 的步进频率控制字寄存器，用来控制 LFMICW 在单位步进时间内的步进频率；RAMP RATE 是 AD9854 的步进时间寄存器，它与 DFW 共同决定了 LFMICW 的调频斜率；SHAPE MULTI 是 AD9854 的幅度寄存器，通过设置它控制 LFMICW 的休止期和工作期；CLR ACC2 是 AD9854 的清空累加寄存器位，通过设置它决定是否清空累加寄存器；UPD CLK 是 FPGA 单元用来控制 AD9854 更新其寄存器值的时钟，在 UPD CLK 上升沿更新 AD9854 的寄存器值。

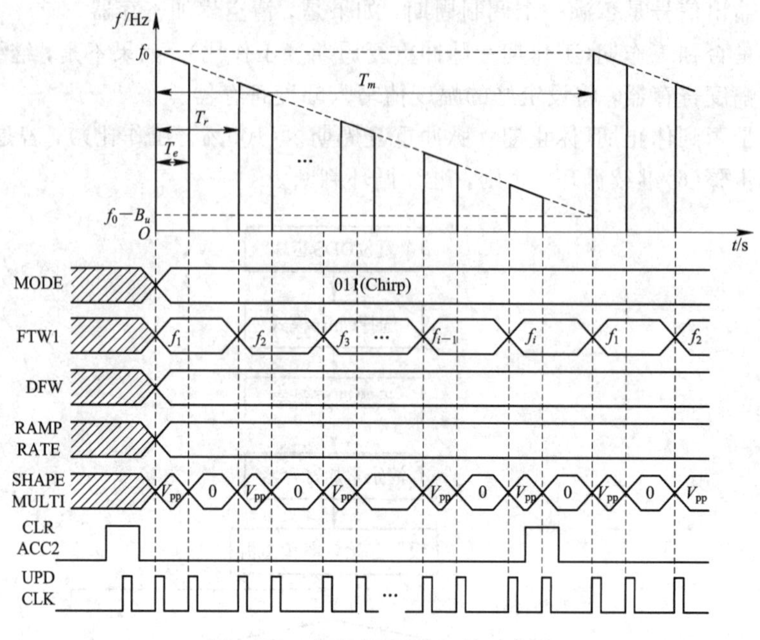

图 9.10　产生 LFMICW 的时序图

3. 多载频数字频率源的计算机控制软件设计

雷达频率源系统的计算机软件部分采用 VC＋＋编写，软件系统包括雷达频率源系统的所有上位机控制参数。对于产生所需的频率源激励信号，该软件的常规操作流程如下：

启动软件，系统按照默认设置弹出系统界面。默认设置的串口为 COM1，波特率为 9600 b/s，DDS 系统频率为 300 MHz，各通道的起始频率均为 6 MHz，初始相位为零度。

用户按照需要设置各项参数，其中幅度控制采用滚动条控制，其他参数均可直接输入。为了减少修改各通道载频的时间，可直接输入中心频率和载频间隔，软件即可自动计算出各通道的载频频率。此外，为了方便改变各个天线阵元所发射的载频顺序，可通过更改频率号来实现。经过设置后的界面如图 9.11 所示。图中“初始相位”用来调整各路发射信号的初始相位。

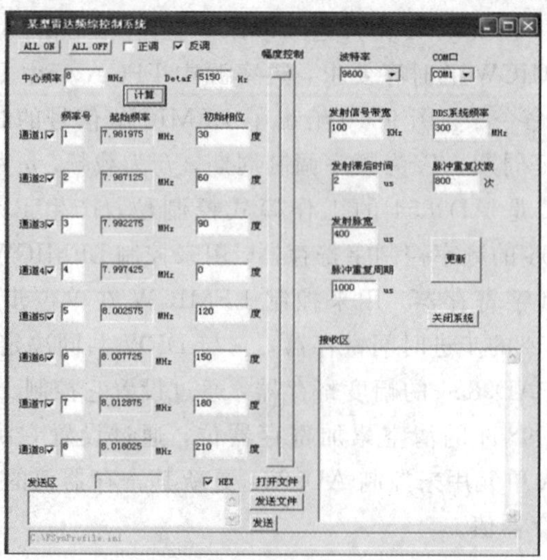

图 9.11　雷达频率源控制系统计算机软件界面

点击"更新"按钮，即可将设置的参数通过串口发送给频率源系统板，FPGA 就会根据接收到的参数控制 DDS 芯片产生所需信号。

4. 频率源产生 LFMICW 的控制流程

在该软件与频率源系统板的联调过程中，没有发现误码传输情况，通过该软件可以方便地控制频率源系统板的各个通道按照指定参数输出 LFMICW 信号。

(1) 用户可以通过计算机的控制界面来设置 LFMICW 的波形参数。该波形参数包括各路信号的起始频率、初始相位、幅度、调频斜率、工作比、脉冲重复周期、调制周期等。

(2) 传送参数，即由计算机接口电路将波形参数传送给 FPGA 单元。

(3) 接收、处理和保存参数，即由 FPGA 单元的计算机接口控制模块负责接收参数并将其处理后保存。

(4) FPGA 单元根据保存的参数按照图 9.12 所示的过程产生如图 9.10 所示的控制时序，控制多个 DDS 芯片产生多路 LFMICW 信号，并经过信号调理电路滤波、放大后输出到各个发射天线。

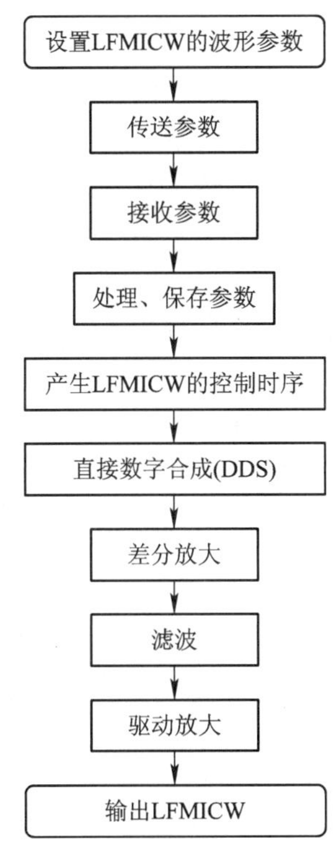

图 9.12　产生 LFMICW 的控制流程图

5. 分布式多载频数字频率源的设计

集中式多载频数字频率源是将多个数字频率源集中在发射控制室，由多个 DDS 芯片同时产生不同载频的射频激励信号，输出经过数百米的长线传输至各天线附近的发射机。尽管传输射频信号时采用屏蔽电缆，但由于在开放场进行传输，数百瓦的发射功率还是会产生互耦影响，使射频激励信号产生拖尾现象，如图 9.13 所示(下边图形是上边图形的局部放大)，而且这只是其中的一路射频激励信号。拖尾现象会导致雷达系统无法正常工作。

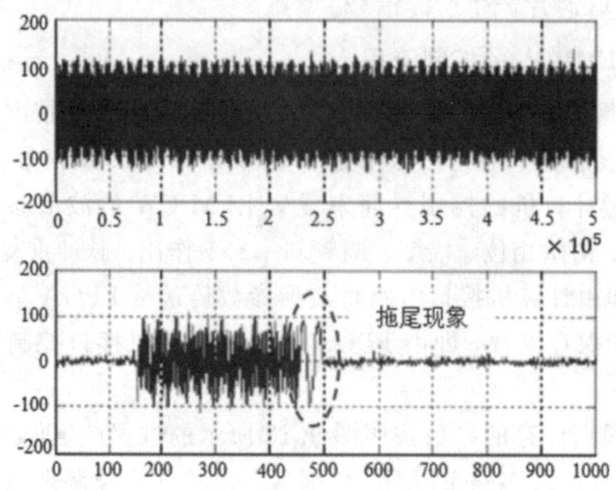

图 9.13　集中式频率源受干扰下的波形

为了克服这种现象，我们将集中式多载频数字频率源改为分布式多载频数字频率源。分布式多载频数字频率源是将各路 DDS 及其射频激励信号产生模块放到各个发射机箱内，如图9.14 所示。主控计算机将各个数字频率的控制信号和命令字利用一对屏蔽双绞线以数字通信的方式传输到发射机箱，并且回传各路发射机的工作状态。在数据传输过程中，各路频率源的载频频率、初始相位、调频斜率、发射脉宽、脉冲重复周期、重复脉冲个数、信号幅度及发射延迟时间等参数均按照串口传输协议传送给各个发射机箱分系统。这种方式可以解决在实际外场试验中多路大功率信号的强电磁干扰问题[17]。

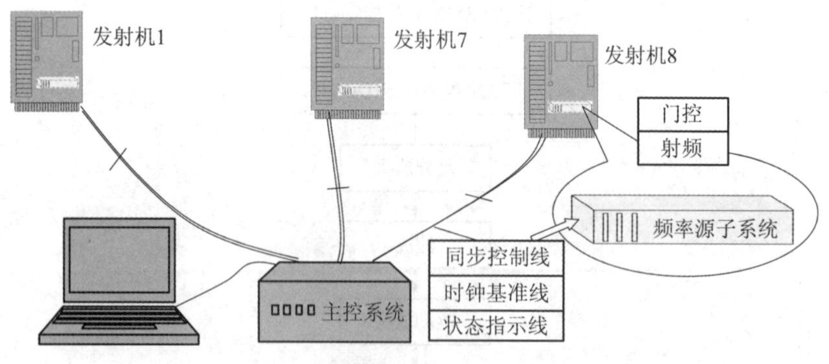

图 9.14　分布式多载频数字频率源示意图

图 9.14 中分布式多载频数字频率源与集中式多载频数字频率源的区别在于，分布式多载频数字频率源子系统放置在每个发射机的机箱里面，频率源子系统与发射机之间传输的射频电缆非常短，而主控系统与子系统之间只有两对低频差分数字线和一根单频时钟线，因此受电磁干扰的影响大大降低。图 9.15 给出了采用分布式多载频数字频率源后的实测数据波形(下边图形是上边图形的局部放大)，从图中可以看出，信号的波形得到很大改善，克服了图 9.13 中的拖尾现象。

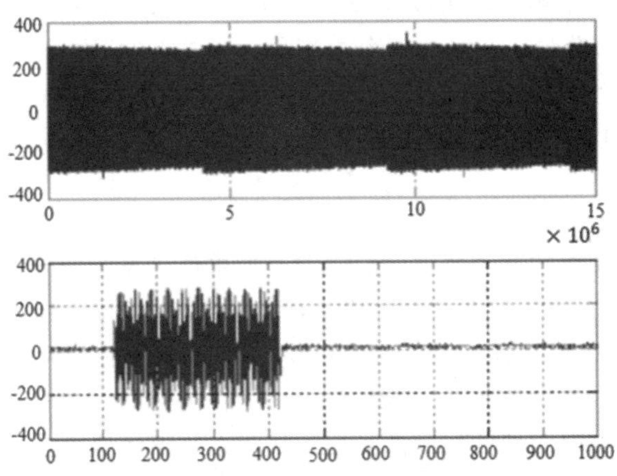

图 9.15　分布式多载频数字频率源产生的射频激励信号

9.3.4　高稳定性数字频率源的性能分析

本节针对高稳定性(数字)频率源，建立高稳定性频率源的信号模型，并介绍一种基于中频采样的高稳定性频率源的低接近载波相位噪声的测量方法。该方法先通过中频采样和信号预处理得出频率源的相位起伏值，然后采用匹配滤波精确搜索，并补偿高稳定性频率源输出信号的一阶频差和二阶频差，再计算高稳定性频率源的中短期频率稳定度和低接近载波相位噪声。然后，基于实际设计的雷达高稳定性数字频率源的实测数据给出分析结果。

1. 相位噪声简介

相位噪声是评价频率源的重要指标，是限制雷达性能的主要因素。相位噪声是频率稳定度的频域表示，一般分析短期稳定度采用频域表示，它可以看成是各种类型的随机噪声信号对相位的调制作用。相位噪声在时域很难通过波形观察到，它相对于没有相位噪声的纯正弦信号表现为零交叉的变化，如图 9.16 所示。相位噪声是由于低频信号(比载波频率低得多)的混合而产生的，所以在时域要经过许多周期载波之后才能观察到零交叉的变化。从频域表现来看，带有相位噪声的频谱不再是一根离散的谱线，而是有一定的宽度的。相位噪声表现为噪声边带连续地分布在载波频率的两边分量上。

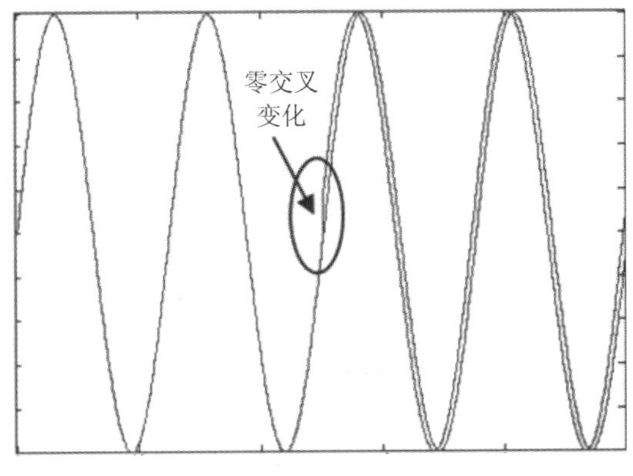

图 9.16　零交叉变化示意图

信号相位噪声的频率响应曲线以载波频率 f_0 为中心对称，是双边带的。为了研究方便，通常只取一个边带分量，并把这一个边带称为单边带(SSB)相位噪声，用符号 $L(f_m)$ 表示。其具体的定义为偏离载波频率 f_m(单位为 Hz)，在 1 Hz 带宽内一个相位调制边带的功率 P_{SSB} 与总的信号功率 P_s 之比[61]，即

$$L(f_m) = \frac{P_{SSB}}{P_s} \tag{9.3}$$

通常用偏离中心频率的某个频率(如 1 kHz)处单位带宽内的噪声功率与信号总功率的比值来表示，以 dBc/Hz@kHz 为单位。例如，某时钟基准的输出时钟频率为 10 MHz，相位噪声为－100 dBc/Hz@1 Hz、－165 dBc/Hz@1 kHz，分别表示偏离载频(10 MHz)的频率为 1 Hz、1 kHz 处的相位噪声为－100 dBc/Hz、－165 dBc/Hz。

相位噪声的存在会引起载波频谱的扩展，其频率范围从偏离载波小于 1 赫兹一直延伸到几兆赫兹。从偏离载波的远近可大致将相位噪声分为以下三类[2]：

(1) 低接近载波相位噪声。可理解为偏离载波 3 kHz 范围内的噪声，这个范围内的相位噪声对高质量的本机振荡器、测试用信号源等应用非常重要，特别是在各种双/多基地雷达中均需要采用高稳定性频率源。

(2) 接近载波相位噪声。可理解为偏离载波 5 kHz 范围内的噪声。

(3) 远离载波相位噪声。可理解为偏离载波 5 kHz 以上范围内的噪声。

由于地波雷达需要对百秒量级时间内接收信号进行相干积累，所以，对于高稳定性频率源，对其低接近载波相位噪声的测试是非常必要的。

2. 相位噪声的传统分析方法

传统的相位噪声测试方法主要有：直接频谱仪法、鉴相法、交叉相关 PLL 法。下面对它们分别进行简单介绍。

1) *直接频谱仪法*

用频谱仪直接测量频率源的相位噪声是一种比较简单且直观的测试方法，可以快速地得到大的频率偏移范围内的相位噪声。另外，使用频谱仪直接测量相位噪声还有如下优点：① 可以同时获得信号的其他性能，如谐波性能、杂散性能等；② 可以直接显示相位噪声。频谱仪测量相位噪声的主要限制是它的噪声基底，一般的频谱仪均没有足够低的噪声基底，所以它不适用于低相位噪声、高稳定性频率源的相位噪声测量。对于超低相位噪声的高稳定性频率源往往需要连续采集数分钟甚至数小时的数据才能进行分析，但由于频谱仪使用数字滤波，扫描时间很长，无法进行连续采集，也无法消除二阶频差的影响，因此对高稳定性频率源的测量会存在很大误差。

2) *鉴相法*

鉴相法通过将被测源与参考源混频，下变频到基带再进行放大后，用频谱仪直接观察获得。其原理框图如图 9.17 所示。

假设被测源和参考源的输出信号分别为

$$s_U(t) = A_U \sin(2\pi f_U t + \Delta\varphi(t)) \tag{9.4}$$

$$s_R(t) = A_R \cos(2\pi f_R t) \tag{9.5}$$

式中，f_U、f_R 分别为被测源和参考源的频率，$\Delta\varphi(t)$ 为被测源与参考源的相位差函数。混频后的输出信号为

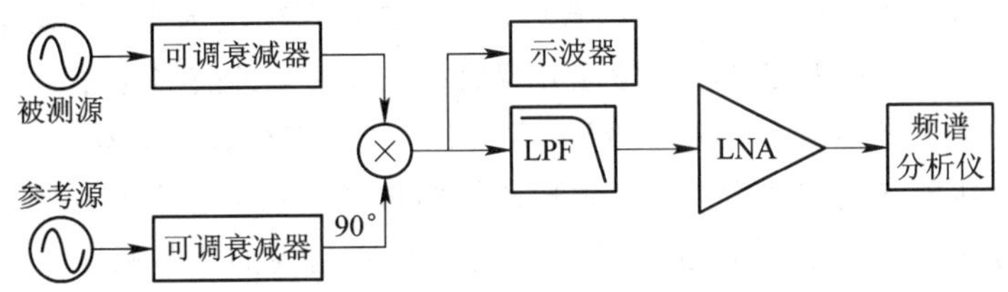

图 9.17　鉴相法测相位噪声框图

$$s_{RU}(t)=A_{RU}\{\sin[2\pi(f_U+f_R)t+\Delta\varphi(t)]+\sin[2\pi(f_U-f_R)t+\Delta\varphi(t)]\} \tag{9.6}$$

经过低通滤波器(LPF)后，得到

$$s_{\mathrm{LPF}}(t)=A_{\mathrm{LPF}}\sin[2\pi(f_U-f_R)t+\Delta\varphi(t)] \tag{9.7}$$

这种方法要求参考源与被测源的频率相差不大，才可以通过频谱仪测量出在差频 $|f_U-f_R|$ 谱线附近的相位噪声 $\Delta\varphi(t)$。

与直接频谱仪法相比，这种方法的优点是可以采用高性能的参考源获得较小偏移的相位噪声，但由于混频器、放大器等都会引入外加的噪声，而且参考源和频谱仪自身的时钟基准是非相参的，都会恶化甚至掩盖被测源的相位噪声，导致测量存在较大偏差。另外，该方法还需用到频谱仪，因此也存在无法连续采集数据的缺点。

3) 交叉相关 PLL 法

交叉相关 PLL 法方法是罗德与施瓦茨(Rohde & Schwarz，R&S)公司目前高端相位噪声测量仪表所采用的一种相位噪声测量方法[6]，其原理框图如图 9.18 所示。这种方法可以获得最小偏移到 1 Hz 的相位噪声。

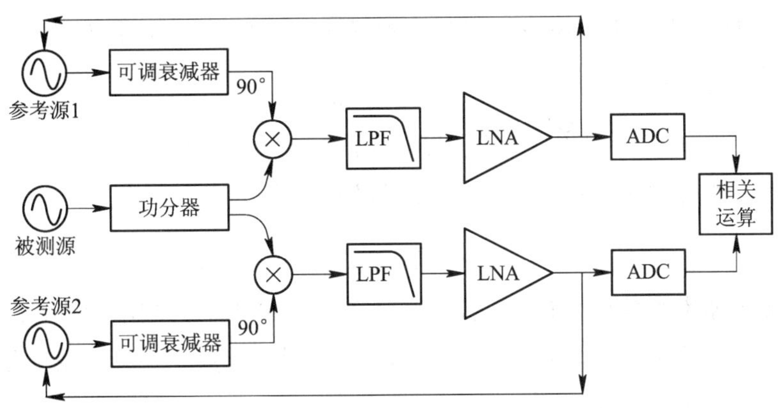

图 9.18　交叉相关 PLL 法原理框图

假定参考源 1 和参考源 2 均是理想频率源，每次测量所得到的被测源的相位噪声为 A_i，被测源和参考源 1 混频所产生的其他噪声为 N_{1i}，被测源和参考源 2 混频所产生的其他噪声为 N_{2i}，且 A_i、N_{1i} 和 N_{2i} 相互独立。利用两个参考源分别对被测源的相位噪声进行 N 次测量，则总的相位噪声为

$$\begin{aligned} L(f) &\sim \left|\frac{1}{N}\sum_{i=1}^{N}(A_i+N_{1i})(A_i+N_{2i})^*\right| \\ &= \left|\frac{1}{N}\sum_{i=1}^{N}A_i^2+\frac{1}{N}\sum_{i=1}^{N}A_iN_{2i}^*+\frac{1}{N}\sum_{i=1}^{N}A_i^*N_{1i}+\frac{1}{N}\sum_{i=1}^{N}N_{1i}N_{2i}^*\right| \end{aligned} \tag{9.8}$$

因为 A_i、N_{1i} 和 N_{2i} 相互正交，所以式(9.8)中的后三项均为零，只剩下单纯的相位噪声项。可以看出，这种方法是可以清楚地分辨出相位噪声，且前端经过鉴频后仅剩下噪声，所以使用低噪声放大器(LNA，Low Noise Amplifier)能获得较大的动态范围。但是，这种方法的缺点是，其校准过程非常复杂，能测量的偏移范围有限，无法像频谱仪那样测量其他频谱参数。另外，R&S 公司目前最高端的仪表所能测到的相位噪声的最低频率偏移不能低于 1 Hz，且价格相当昂贵。

3. 高稳定性频率源相位噪声的信号模型

相位噪声是频率源短期频率稳定度的频域表示，即频率的短期稳定性。在时域中，考虑到实际测量的可行性和方差的收敛性，通常用阿伦方差[2]来表征相位噪声的时域特征。阿伦方差表示偏离载波的相对频率起伏方差的集合平均。相对频率起伏为

$$y(t)=\frac{\Delta f(t)}{f_0} \tag{9.9}$$

式中，$\Delta f(t)$ 表示载波的频率起伏值，f_0 为载波频率。在抽样间隔时间 τ 内，所测的第 t_k 时刻开始抽样的平均相对频率起伏为

$$\overline{y_k}=\frac{1}{\tau}\int_{t_k}^{t_k+\tau} y(t)\,\mathrm{d}t \tag{9.10}$$

一般用 $\sigma_y^2(2,\tau,\tau)$ 来表示两次无间隙抽样的阿伦方差[18]，即

$$\sigma_y^2(\tau)=\sigma_y^2(2,\tau,\tau)=\frac{1}{2}\langle(\overline{y_{k+1}}-\overline{y_k})^2\rangle \tag{9.11}$$

式中，“<>”表示对所有可能的 k 对应的取值求时间平均。为了更精确地估计出频率源的阿伦方差 $\sigma_y^2(\tau)$，一般要求连续抽取 M 段有限数据。由这些数据计算可得到频率稳定度的阿伦方差，可表示为

$$\sigma_y^2(M,\tau)=\frac{1}{2(M-1)}\sum_{k=1}^{M-1}(\overline{y_{k+1}}-\overline{y_k})^2 \tag{9.12}$$

针对高稳定性频率源，输出信号的频率可以表示为

$$f(t)=f_0+\Delta f+\mu_1 t+\frac{1}{2!}\mu_2 t^2+\cdots+\frac{1}{N!}\mu_N t^N+\cdots \tag{9.13}$$

式中，f_0 为频率源的理想输出频率；Δf 为频率源实际输出信号频率与理想输出频率之间的一阶频率偏差，工程中主要受频率源的频率分辨率限制；μ_1 为二阶频率偏差的系数，$\mu_1 t$ 表示频率随时间 t 的二阶偏差；μ_N 为 $N+1$ 阶频率偏差的系数，$\frac{1}{N!}\mu_N t^N$ 表示频率随时间 t 的 $N+1$ 阶偏差。这些偏差项主要受频率源的时钟源和放大器等电路的非线性特性影响。

在分析高稳定性频率源的相位噪声时，主要研究其低接近载波相位噪声。低接近载波相位噪声采集时间相对较长，往往要受频率源的中长期频率稳定度的影响，包括温度漂移、老化漂移等缓变量。此外，在实际应用上很难保证频率源系统的开机时间足够长(一般为 30 天后)，因此还存在相当长的启动稳定过程。在测量低接近载波相位噪声时，测量时间一般为数分钟到数小时，而在这段时间内长期稳定度的影响基本可以认为是随时间线性变化的，主要体现在二阶频差 μ_1 项上，所以只要补偿 μ_1 偏差项，便可以精确估计出高稳定性频率源的相位噪声。因此，高稳定性频率源输出信号的频率可近似表示为

$$f(t)=f_0+\Delta f+\mu_1 t+\frac{1}{2\pi}\cdot\frac{\mathrm{d}[\Delta\varphi(t)]}{\mathrm{d}t} \tag{9.14}$$

式中，$\Delta\varphi(t)$为瞬时相位起伏，也就是通常所说的相位噪声，简称相噪。可以看出，相噪的存在会引起载波频谱的扩展。

一般频率源的输出信号模型可写成

$$s(t)=[V_0+\varepsilon(t)]\cos\left[\int_0^{2\pi} f(t)\mathrm{d}t+\phi_0\right]+n(t) \tag{9.15}$$

式中，$\varepsilon(t)$为瞬时幅度起伏，ϕ_0 为初始相位，$n(t)$为噪声干扰。通常 $\varepsilon(t)\ll V_0$，它不直接影响频率和相位起伏，一般可以忽略不计。

考虑噪声过程 $n(t)$是窄带随机过程，可写成

$$n(t)=n_1(t)\cos 2\pi f_0 t+n_2(t)\sin 2\pi f_0 t \tag{9.16}$$

式中，$n_1(t)$和 $n_2(t)$是相互独立的高斯噪声过程，且频谱密度均为 $N_0/2$。由式(9.14)、式(9.15)、式(9.16)进行推导，可得到高稳定性频率源的输出信号模型为

$$s(t)=V_0\cos\left[2\pi\left(f_0 t+\Delta f t+\frac{1}{2}\mu_1 t^2\right)+\Delta\phi(t)+\varphi_0\right]+n_1(t)\cos 2\pi f_0 t+n_2(t)\sin 2\pi f_0 t \tag{9.17}$$

4. 高稳定性频率源低接近载波相位噪声的测量方法

由于被测频率源的频率一般都比较高，对其进行直接测量需要很高的采样率，且数据量很大、处理难度大，高速采集设备价格较昂贵，而对于高稳定性频率源的测量，我们只对载频附近的边带感兴趣，考虑的信号带宽很窄。所以，针对高稳定性频率源，我们提出的精确测量其相位噪声的方法如图 9.19 所示[16]。这是一种间接的测量方法，即采用中频正交采样的方法先将被测源信号数字下变频到基带，再通过信号处理，分析计算得到相噪的测量值。需要说明的是，必须考虑 AD 转换器(ADC)的模拟带宽、转换精度、信噪比的影响。当被测源的输出载波频率超过 ADC 的输入频率范围时，要先将被测源与高稳定的本振源进行模拟混频，下变频到中频 ADC 的输入频率范围内，再使用该中频正交采样方法进行处理、计算。

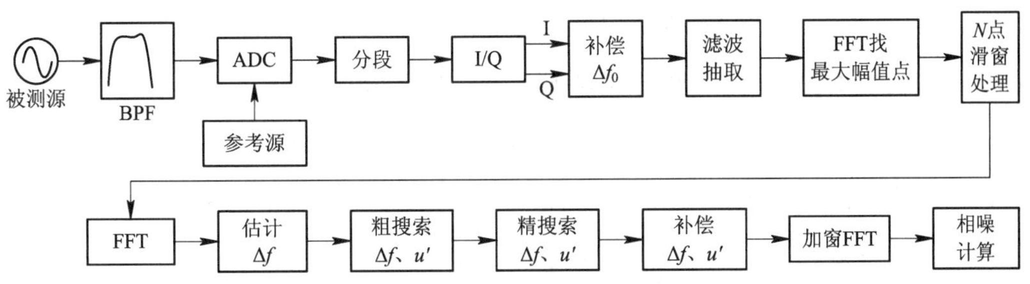

图 9.19　高稳定性频率源的相噪测量框图

该方法的具体测量过程如下：

(1) 将被测源信号先经过抗混叠带通滤波器，滤波器带宽远小于 $f_s/2$，以滤除载波信号附近边带以外的杂波干扰，防止频谱发生混叠。

(2) 经过 ADC 采集变换为数字信号。为了防止频谱混叠，频率源的输出载波频率必须满足 ADC 的模拟带宽，对于具体的 ADC 会有相应的输入频率要求。可采用稳定度远远高

于被测源或与被测源稳定度相当的频率基准作为参考源，以作为 A/D 转换的采集时钟。需要指出的是，若采用与被测源稳定度相同的频率基准作为参考源，则测量结果需要加 −3 dB 校正[18]。

(3) 对采集到的数据进行分段，分别为(1, 2, …, k, …, M)段，假设参考源与被测源数字混频后得到的基带信号的频率偏差为 Δf_0，A/D 采样率为 f_s，则每个分段对应的时间间隔 τ 应满足以下条件：

❖ 段内包含的基带信号的周期数应为整数，即 $\tau\times\Delta f_0$ = 整数

❖ 段内包含的采样时钟的周期数应为整数，即 $\tau\times f_s$ = 整数

针对单边带相位噪声，该方法能观测到相位噪声的最大偏离载波频率 $f_{m\max}$ 满足

$$f_{m\max} = \frac{f_{\text{seg}}}{2} = \frac{1}{2\tau} \tag{9.18}$$

式中，$f_{\text{seg}} = 1/\tau$，为分段的重复频率。测量得到的相位噪声谱的谱分辨率为

$$\Delta F = \frac{1}{M} f_{\text{seg}} = \frac{1}{M\cdot\tau} \tag{9.19}$$

例如，当 $\Delta f_0 = 1.875$ kHz，$f_s = 1$ MHz 时，满足以上两个条件的 τ 的最小取值为 1.6 ms，τ 的取值范围为 1.6 ms 的所有整数倍取值。若取 $\tau = 1.6\times 50 = 80$ ms，$M = 512$，则可观测到相噪的最大偏离载波频率为 $f_{m\max} = 6.25$ Hz，即在该情况下能观测到偏离载波(0～6.25 Hz)区域内的相位噪声，谱分辨率 $\Delta F\approx 24$ mHz。

(4) 分别对 k 段内数据做正交下变频处理，由式(9.17)可得到基带信号为

$$\begin{aligned}\overline{f_{1k}(t)} = {} & V_{1k}\exp\mathrm{j}\{[2\pi(\Delta f_0 + \Delta f)t + \pi\mu' t^2] + \Delta\varphi_{1k}(t) + \Delta\phi_0\} + n_{1k}(t)\exp\mathrm{j}2\pi\Delta f_0 t \\ & + n_{2k}(t)\exp\mathrm{j}\left(\frac{\pi}{2} - 2\pi\Delta f_0 t\right)\end{aligned} \tag{9.20}$$

式中，Δf_0 为参考源与被测源数字混频后得到的基带频率偏差，Δf 为参考源与被测源之间的一阶频率偏差，μ' 是二阶频差的调频斜率。这里所指的二阶频差是指由频率源非线性特性所造成的参考源和被测源之间的二阶频率偏差。$\Delta\varphi_{1k}(t)$ 为参考源与被测源的瞬间相位起伏，$\Delta\varphi_0$ 为参考源与被测源的初始相位差。$n_{1k}(t)$ 和 $n_{2k}(t)$ 是独立的高斯噪声过程，其频谱密度均为 $N_0/2$。因为 $\Delta\varphi_0$ 是固定值，Δft、$\frac{1}{2}\mu' t^2$ 和 $\Delta\varphi_{1k}(t)$ 相对于数据的分段均是缓变的，在段内均体现为相位变化，所以在此用 $\Delta\varphi'_{1k}$ 表示，即

$$\Delta\varphi'_{1k} = 2\left(\Delta ft + \frac{1}{2}\mu' t^2\right) + \Delta\varphi_{1k}(t) + \Delta\varphi_0 \tag{9.21}$$

将式(9.21)代入式(9.20)，可得

$$\overline{f_{1k}(t)} = V_{1k}\exp\mathrm{j}(2\pi\Delta f_0 t + \Delta\varphi'_{1k}) + n_{1k}(t)\exp(\mathrm{j}2\pi\Delta f_0 t) + n_{2k}(t)\exp\left[\mathrm{j}\left(\frac{\pi}{2} - 2\pi\Delta f_0 t\right)\right] \tag{9.22}$$

(5) 对基带信号的频率进行补偿，去除剩余频差 Δf_0 的影响，得

$$\overline{f_{2k}(t)} = \overline{f_{1k}(t)}\exp(-\mathrm{j}2\pi\Delta f_0 t) = V_{1k}\exp(\mathrm{j}\Delta\varphi'_{1k}) + n_{1k}(t) + n_{2k}(t)\cdot\mathrm{j}\cdot\exp(-\mathrm{j}4\pi\Delta f_0 t) \tag{9.23}$$

(6) 因为仅需对零频附近的信号进行分析，所以可对数据做进一步滤波抽取，要求滤波器带宽 $B' > 2f_{m\max}$，抽取后的等效采样频率大于 $2B'$。对抽取后的数据作 FFT 分析得

$$\overline{F_{2k}(f)} = \mathrm{FT}(\overline{f_{2k}(t)}) = V_{1k}\delta(2\pi f)\exp(\mathrm{j}\Delta\varphi_{1k}') + N_0 \tag{9.24}$$

由此可得类似“脉冲压缩”的处理效果，最大幅值点对应的相位即为该段内的相位 $\Delta\varphi_{1k}'$，找出最大幅值点作为每个段的样本并存储。

(7) 通过滑窗处理得到 N 个连续分段数据的最大幅值点，通过 FFT 粗测 Δf，再采用匹配滤波法精确搜索出 Δf 和 μ'，即可补偿掉一阶频差和二阶频差，并根据式(9.24)可得到相位起伏即频率稳定度 $\Delta\varphi_{1k}(t)$。最后，通过加窗并作 FFT 分析，即可计算得到相位噪声。

频谱仪实现频谱分析是通过扫频实现的，即采用窄带数字滤波器依次扫描整个频带，得出各个频点的功率。在中频测量法中，加窗 FFT 等同于频谱仪扫频方法，所以 FFT 的梳状滤波器带宽等效为频谱仪扫频的分辨带宽，也就是系统的测量带宽，记为 B_m，

$$B_m = \eta \cdot \frac{2f_{m\max}}{M} \tag{9.25}$$

式中，η 根据所选窗函数选取[19]。若选用契比雪夫窗，则 η 取 2。

采用中频法测相噪的优点是：(1) 采用数字下变频，对被测源的频率范围无严格限制；(2) 采用加窗 FFT 方法，可以设置足够低的噪声基底和测量带宽；(3) 处理过程除 A/DC 的量化噪声[17]外，只与被测源和参考源的相噪有关，而数字信号处理过程均不会带来外加的噪声。因此，这种方法可以对长时间的数据进行分析，精确计算出被测高稳定性频率源的相噪。

9.3.5　高稳定性数字频率源的测试结果

下面给出地波雷达试验系统的高稳定性数字频率源的中短期频率稳定度和相噪测试结果。其中，参考源与被测源的时钟源均为恒温晶振 OCXO8789(输出标准频率 10 MHz)，短期稳定度小于 10^{-12}@1s，长期稳定度为 10^{-10}@1 天，相噪指标小于 −100dBc/Hz@1 Hz[10]。设置频率源的工作频率为 6.75MHz，该雷达数字频率源的单路信号产生示意图如图 9.20 所示。其中，恒温晶振为 DDS 模块提供高稳定时钟，FPGA 控制 DDS 模块产生单频信号，经过带通滤波后再送给高速 ADC 进行采集。采用的 ADC 为 AD9244，其转换速率为 40MSPS，模拟带宽为 750 MHz。AD9244 是一种高速低噪声 14 位 ADC，它对频率源的相位噪声影响可忽略不计。因此，该频率源的相位噪声主要决定于图 9.20 中的虚线框部分。

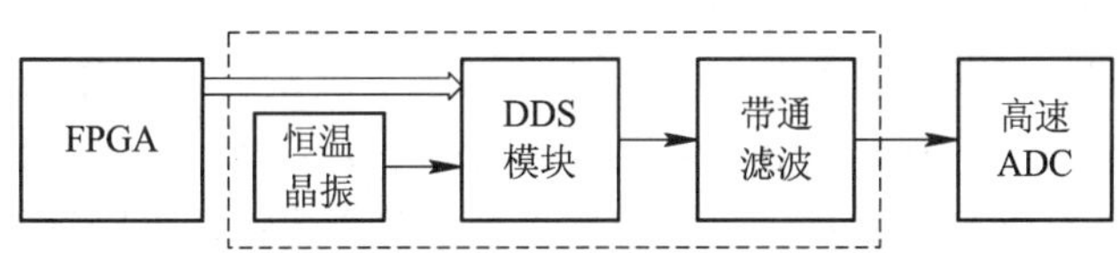

图 9.20　地波雷达数字频率源的单路信号产生示意图

下边处理的数据为频率源开机一小时后，采用高速采集器连续采集 204.8 s 的数据。对采样数据进行谱分析，得到该数字频率源的相位噪声，如图 9.21 所示。从图 9.21 中可见，在偏离载波 1 Hz 处的噪声功率(相对于信号功率 P_s)为 $P_m = -115.1$dBc，处理带宽 $B_m = 10$ mHz，则其偏离载波 1 Hz 处的相位噪声[2,4]为

$$L(f_m=1\ \text{Hz})=P_m-P_s-10\log\left(\frac{B_m}{B_M}\right)+C_m-3$$
$$=-115.1-10\log(10^{-2})+2.5-3$$
$$=-95.6\ (\text{dBc/Hz}) \quad (9.26)$$

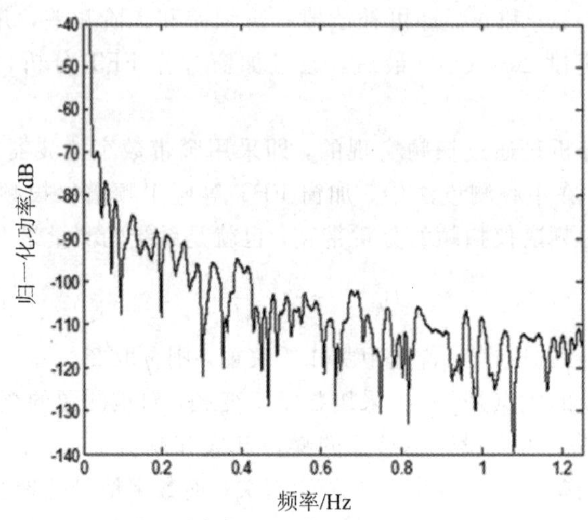

图 9.21 数字频率源的相位噪声(@1 Hz)

式中，B_M为等效 1 Hz 噪声带宽；C_m为测量系统校正误差，取 2.5 dB；对于对等源，测量结果加－3 dB 校正。可以看出，该测量结果要比恒温晶振(载波为 10 MHz)的相噪指标(－100 dBc/Hz @1Hz)稍差一点，这主要是由于数字频率源经过锁相环、放大和 A/D 采集等处理过程，带来了一定的相噪恶化。若考虑该恶化量，这种方法所测量对低接近载波相噪的测量结果还是与实际相一致的，这表明这种方法是有效的。

9.4 发射天线阵

地波雷达的波长较长，为了实现几个倍频程的频率范围的覆盖，发射天线大多采用大型对数周期天线。但是，高频对数周期天线的造价成本高，在岸-舰双基地地波雷达试验系统中为了降低成本，只进行原理性验证试验，所以采用了窄带工作的三元八木天线。因此，本节只介绍发射用的三元八木天线阵列。

图 9.22 所示为岸-舰双基地地波超视距雷达试验系统发射天线阵列的照片，阵列为均匀线阵，由 8 个阵元构成，每个阵元均采用垂直极化三元八木(Yagi-Uda)天线。三元八木天线包括引向振子、有源振子以及反射振子三部分。雷达试验系统发射 LFMICW 信号，且每个阵元工作载频各不相同且相互正交，以实现大角度范围监测。本书中所用实测数据均来自此雷达试验系统。发射阵地在青岛市黄岛经济开发区银沙滩。

图 9.23 给出了该三元八木天线 H 面和 E 面的方向图，频率为 7 MHz。可见，当仰角大于 60°时，天线增益才低于－10 dB。表 9.1 给出了天线驻波比在外场的测试结果。可见，频率在 6.5 MHz～7 MHz 范围内，其驻波比均小于 2。

图 9.22　岸-舰双基地地波超视距雷达试验系统发射天线阵

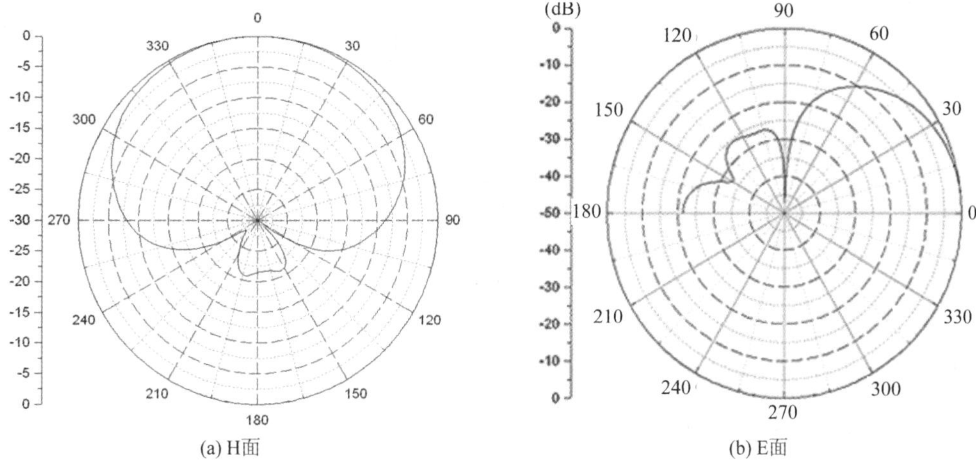

图 9.23　三元八木天线 H 面和 E 面的方向图(f=7 MHz)

表 9.1　天线驻波比在外场的测试结果

频率 f/MHz)	天线							
	1#	2#	3#	4#	5#	6#	7#	8#
6.5	1.27	1.65	1.76	1.78	1.43	2.1	1.66	1.42
6.6	1.18	1.65	1.82	1.66	1.41	1.9	1.53	1.40
6.7	1.12	1.64	1.80	1.55	1.42	1.64	1.25	1.35
6.75	1.10	1.63	1.77	1.50	1.43	1.49	1.25	1.32
6.8	1.08	1.60	1.72	1.46	1.43	1.37	1.22	1.25
6.9	1.06	1.57	1.68	1.40	1.44	1.19	1.17	1.2
7.0	1.08	1.5	1.61	1.42	1.51	1.28	1.33	1.2

另外，从图 9.23(b) 可以看出，E 面的方向图为宽波束，仰角为 60°方向的归一化增益为－10 dB。为了降低仰角维的波束宽度，可以将三元八木天线改为全有源发射的数字阵列天线，如图 9.24 所示，每根天线带一台发射机。雷达工作时，由三根天线组成的数字有源相控天线单元工作频率相同，通过调整 DDS 的初相使得在空间同相相加；而不同天线单元之间发射不同载频的信号，由数字频率源产生的多个激励信号，分别经固态发射机功率放大后，再分别送给各天线阵元。这样既可以降低仰角维的波束宽度，也有利于降低仰角维的副瓣电平，减少电离层的干扰，也适合于雷达宽带工作。仿真结果见第 7 章。

图 9.24　全有源发射数字阵列天线示意图

9.5　发射机分系统

9.5.1　地波超视距雷达发射机的组成

近十几年来，固态微波功率器件向高频率方向发展，推动了雷达固态发射技术进步。与传统发射机相比，固态发射机具有寿命长、成本低、MTI 改善因子好、操作简单安全、性能稳定、可靠性高等优点，因此，现代雷达基本采用全固态发射机。地波雷达的工作频率低，很多民用设备也采用此频段。该频段的晶体管放大器技术成熟，故在岸-舰双基地地波超视距雷达试验系统中也采用全固态发射机。

岸-舰双基地地波超视距雷达发射分系统包括数字频率源、发射机、发射天线阵、环境干扰侦察等，如图 9.25 所示[14]。

该雷达发射机分系统采用 8 路高频固态发射机，分别由全数字化频率源提供射频激励信号，并在发射机处进行功率放大。发射综合控制计算机通过计算机串口(RS－232)将雷达发射信号的工作参数(包括工作频率、初始相位、调频率、发射脉宽、工作比、脉冲重复周期等)发送给 FPGA，利用恒温晶振产生的 10 MHz 时钟作为基准信号，该数字频综由 FPGA 控制 8 路独立的 DDS 芯片 AD9854 产生射频激励信号，再将输出信号送至固态发射机，并经过滤波放大后送给发射天线。

该雷达发射机系统采用分布式结构，用 8 路 600 W 发射机分别将信号馈送给 8 个天线

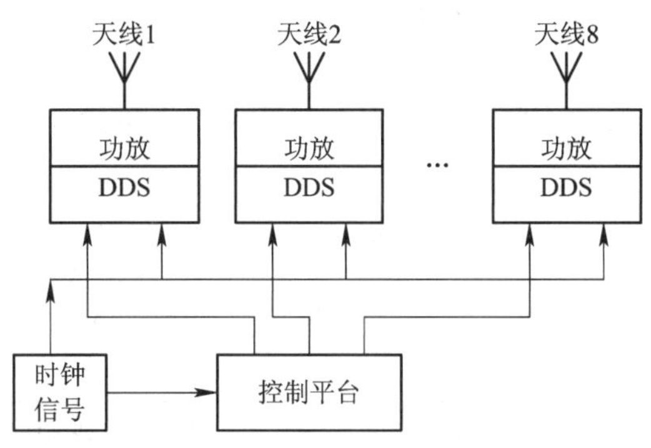

图 9.25　发射分系统组成

单元同时辐射出去。每路发射机的功能都是将每路频综送来的 5.5 dBm 射频激励信号，经 600 W 功放模块进行功率放大，再经天线向空间辐射电磁波。各固态发射机的组成框图如图 9.26 所示。多路输出开关电源组件给功放模块和风机供电；散热系统采用强制风冷，确保发射机有一个良好的工作环境；大功率耦合器耦合出部分功率的正向信号和反射信号送入故障检测(BITE)系统中。BITE 模块检测发射机的输出功率、模块温度、驻波、工作电压等工作状态，并给出正确的控制信号，在发射机发生故障时切断功放模块电源，起到保护发射机的作用。

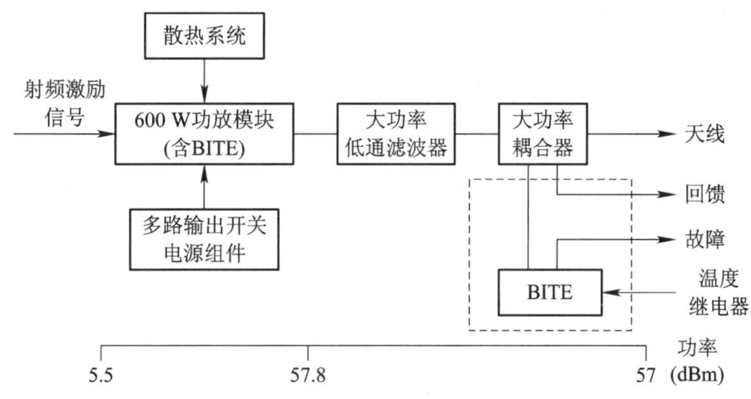

图 9.26　固态发射机的组成框图

9.5.2　600 W 功放模块的设计

固态功放模块是固态发射机的核心部件，因此对固态功放模块的优化设计直接关系到发射机性能的好坏。与双极性功率管相比，功率场效应晶体管(MOSFET)具有增益高、电路简单、噪声低、抗负载失配能力强、没有二次击穿、热保护、可靠性高等优点，所以这里选用 MOSFET 作为功放管。该功放模块要求把输入的 5.5 dBm 的射频激励信号放大到 600 W，总增益为 52.8 dB，需要采用多级放大。这里采用三级放大器级联：第一级放大器选用中国电子科技集团公司第 13 研究所生产的高频集成宽带放大器 HE315，将 5.5 dBm 的射频信号放大到 360 mW，经低通滤波后，推动第二级功率管；第二级功放管选用 M/A-COM 公司的 MRF148 A，使信号放大到 18 W，再经滤波及适当衰减后推动末(第三)级功放管；第三级功放管为 MRF154，将信号最终放大为 600 W。考虑到第三级功放管后低通滤波器和耦合器的插入损耗，发射机最后输出功率确定为 580 W 左右。该功放模块的基本组成如图 9.27 所示[14]。为了使后级放大器不影响前级和最大功率传输，在各级放大器之间都增加了良好的匹配器。

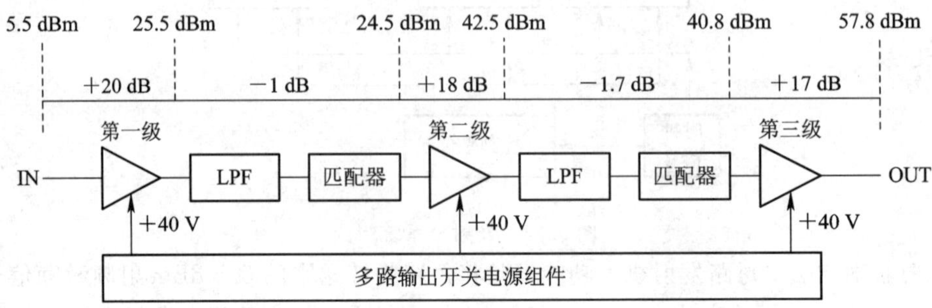

图 9.27　600 W 功放模块图

该发射机功放模块的主要技术要求如下：

(1) 信号形式：线性调频中断连续波信号(LFMICW)；工作频率在 6 MHz 至 8 MHz 内可随意调频；最大瞬时带宽为 100 kHz；工作比为 30%～40 %。

(2) 输出峰值功率大于 500 W；脉冲前后沿小于 3 μs；脉冲顶降小于 12%；输入阻抗为 50 Ω；输出阻抗为 50 Ω；驻波比小于 1.6。

(3) 输出频谱特性：主副瓣比大于或等于 12 dB(单载频宽脉冲信号)；主杂波比大于或等于 55 dB(不包括谐波分量)；最大谐波小于或等于−60 dBc；输出边带分量小于−90 dBc。

1. 前级放大器设计

第一级(前级)放大器选用中国电子科技集团公司第 13 研究所生产的高频集成宽带放大器 HE315。这是一款高性能的宽带放大器，采用厚膜电路结构，电性能稳定可靠。其典型输出 IP_3 为 35 dBm，动态范围大，1 dB 压缩点为 27 dBm。最大输入功率为 15 dBm，最高储存温度为+125℃。其主要性能参数如表 9.2 所示。

表 9.2　HE315 主要性能参数表

性能参数	符号	规范值	典型值	单位
工作频率	$f_L \sim f_H$	3～50	1～50	MHz
小信号功率增益	G_{ps}	17.0	20.0	dB
增益平坦度	ΔG_{ps}	±0.5	±0.2	dB
噪声系数	F_n	6.0	4.5	dB
输入驻波比	$VSWR_i$	2∶1	1.5∶1	—
输出驻波比	$VSWR_o$	2∶1	1.5∶1	—
线性输出功率	$P_{1\,dB}$	27.0	—	dBm
工作电流	I_{CC}	—	180	mA

利用 HE315 设计第一级放大器，其电路原理图如图 9.28 所示。

第二级功放电路选用 M/A-COM 公司的 MRF148A，其主要性能参数如表 9.3 所示。

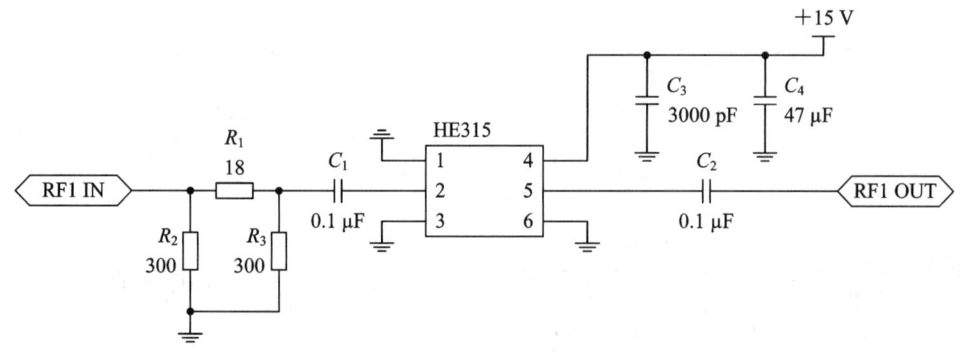

图 9.28　第一级功放电路原理图

表 9.3　MRF148A 主要性能参数表

极限参数	符号	极限值	单位
工作频率	$f_L \sim f_H$	2～175	MHz
功率增益(30 MHz)	G_{ps}	18	dB
输出功率	P	30	W
工作效率	η	40	%
漏-源极间电压	V_{DSS}	120	V
漏-栅极间电压	V_{DGO}	120	V
栅-源极间电压	V_{GS}	±40	V
漏极电流(连续)	I_D	6	A
器件总功耗(T_c=25℃)	P_D	115	W
储存温度范围	T_{stg}	−65～150	℃
节点工作温度	T_J	200	℃
热阻	$R_{\theta JC}$	1.52	℃/W

第二级功放电路采用负反馈放大器形式，在漏极和栅极之间加入负反馈，以压低低频端的增益，改善放大器的输入输出匹配。其电路原理图如图 9.29 所示。阻抗变换器 T_1 及由 C_1、C_2、R_1 组成的 π 型网络共同构成功放管的输入匹配网络，输出匹配由阻抗变换器 T_2 完成，通过电阻 R_4 和电容 C_5 在功放管漏极和栅极之间引入负反馈。图中电阻默认单位为 Ω。此电路原理简单，具有频带宽、线性好、工作稳定的特点，且频带内能获得较低的 VSWR、良好的增益平坦性。

2. 600 W 末级功放电路设计

要输出 600 W 的功率，功率管的选定尤为重要。采用射频功率场效应晶体管(MOSFET)做功率放大器件，具有增益高、电路简单、噪声低、抗负载失配能力强、没有二次击穿、自我热保护好、可靠性高等优点。在高频段，单管功率为 600 W 的功率管有 M/A－COM 公司的两款功率场效应功率管 MRF154 和 MRF157，考虑到功率增益，选用 MRF154 作末级功放管。表 9.4 给出了 MRF154 的主要性能参数。

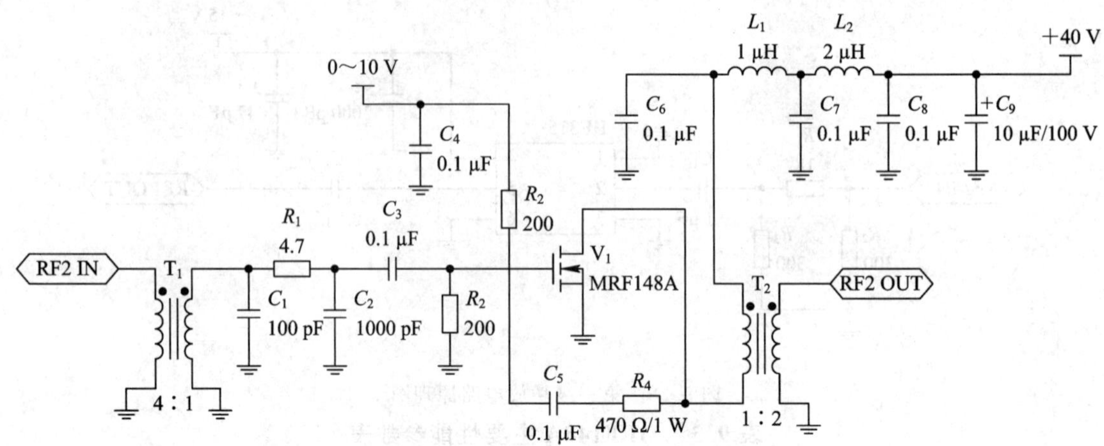

图 9.29 第二功放电路原理图

表 9.4 MRF154 性能参数表

性能参数	符号	典型值	单位
工作频率	$f_L \sim f_H$	2～170	MHz
功率增益	G_{ps}	17	dB
输出功率	P	600	W
工作效率	η	45	%
极限参量	符号	极限值	单位
漏-源极间电压	V_{DSS}	125	V
漏-栅极间电压	V_{DGO}	125	V
栅-源极间电压	V_{GS}	±40	V
漏极电流(连续)	I_D	60	A
器件总功耗(T_c=25℃)	P_D	1350	W
储存温度范围	T_{stg}	−65～150	℃
节点工作温度	T_J	200	℃
热阻	$R_{\theta JC}$	0.13	℃/W

图 9.30 是用一片 MRF154 产生 600 W 功率的优化功放电路原理图[9]。图中 C_1、C_2、L_1 构成 T 型输入匹配网络，能与功率管进行良好的阻抗匹配，并且可以过滤其前级产生的带外信号。为了降低脉冲顶降，在电源上要有高性能储能电容，所以 C_9 选用耐压 100 V 的 10 μF 电解电容。C_6 是用四个 1000 pF 电容并联组成，选用耐高压的云母电容。C_4、C_5、C_7、C_8 均是瓷片滤波电容，L_3、L_4 是两个扼流电感，目的是防止射频信号干扰电源。C_3 的作用是隔直流通交流。输出匹配网络采用变压器进行阻抗匹配，变压器 T 的阻抗变换比为 1∶25，可以使输出达到最佳匹配。同时，为了防止电磁干扰，变压器被安装在一个封闭的金属盒里。

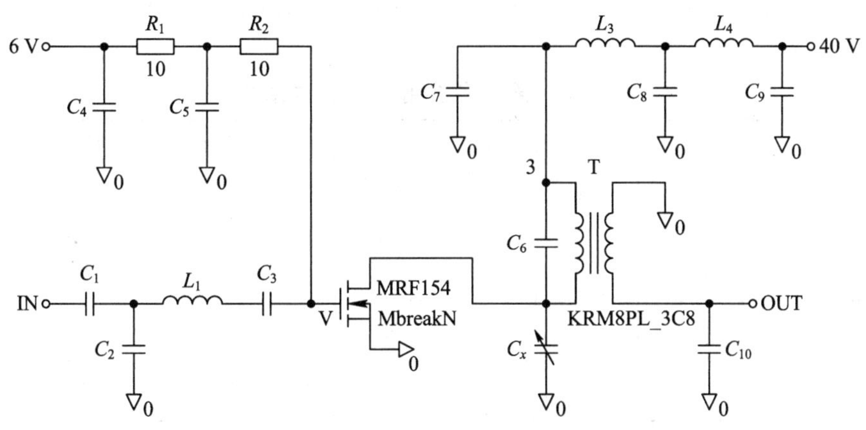

图 9.30　末级 600 W 功放电路原理图

设计电路时要保证信号在所需频率范围内有良好的幅频特性，利用 PSpice 软件对 600 W 末级功放电路进行仿真，图 9.31 给出了电路的性能仿真图。图 9.31(a) 为输出功率的幅频特性图，由该图可以看出在工作频带内，输出功率的幅度比较平坦，功率在 600 W 左右，能抑制其带外谐波信号。图 9.31(b) 是末级功放电路的功率增益特性图，由于匹配电路有一定的损耗，使功率增益达不到 17 dB；但在工作频带内，功率增益为 16.1 dB～16.6 dB，满足设计要求。

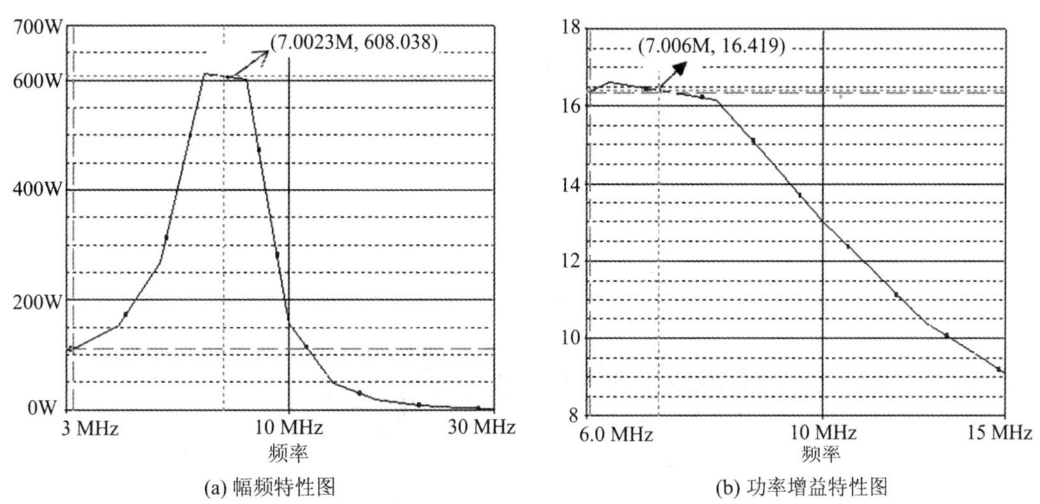

图 9.31　600 W 末级功放电路的性能仿真

关于发射机的过压保护、过温保护、热设计等这里就不一一介绍了。

9.5.3　发射机性能指标测试

1. 发射机的性能指标及测试结果

根据该雷达试验系统技术参数，要求固态发射机在工作频率 6.5 MHz～7.5 MHz 的性能指标：输出峰值功率大于等于 500 W，脉冲前后沿小于等于 3 μs，脉冲顶降小于等于 12%，输出频谱主副瓣比大于等于 12 dB(单载频宽脉冲信号)，主杂波比大于等于 55 dB

(不包括谐波分量)，MTI 改善因子大于等于 55 dB，最大谐波小于等于－40 dBc。表 9.5 给出某一台发射机的测试结果。

表 9.5 某一台发射机的测试结果

频率 /MHz	P_{out} /W	η	脉冲顶降	脉冲前沿 /μs	脉冲后沿 /μs	输出主副瓣比 /dB	输出主杂波比 /dB	改善因子 /dB	二次谐波 /dB
6.5	560	49%	7.9%	0.6	0.2	12	56	55	－41
6.7	600	50%	8%	0.7	0.2	12	57	56	－40
7.0	620	51%	8.1%	0.7	0.3	13	56	55	－41
7.2	600	51%	7.6%	0.6	0.3	13	56	56	－42
7.5	618	50%	8.5%	0.5	0.3	12	57	55	－41

图 9.32 给出了用频谱仪测试某一台发射机输出信号的频谱图，其输出信号经过 30 dB 衰减，是频率为 7 MHz 时的单频信号。其中，横坐标为频率，中心频率设置为 7 MHz，每一格为 1 MHz。纵坐标为频谱幅度(dB)，可见信噪比达 77 dB，满足信号频谱特性要求。

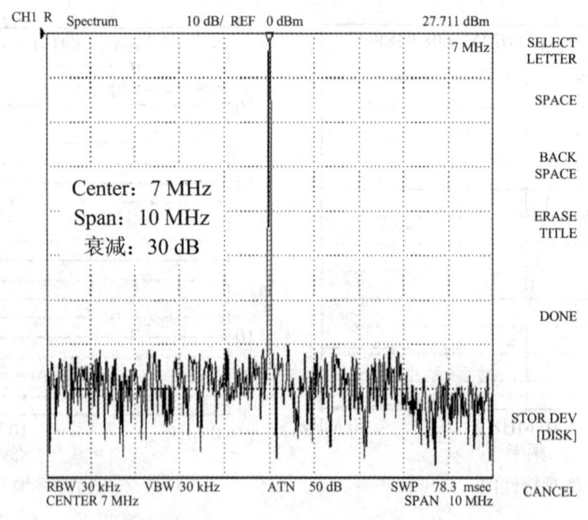

图 9.32 发射机输出信号的频谱图

2. 固态发射机相位噪声的测量

为了测量低接近载波的相位噪声，采用图 9.19 所示的相位噪声测量方法。将发射机输出信号经过 50dB 衰减器，再经 A/D 变换器进行采集。发射机相位噪声测量框图如图 9.33 所示。图 9.33 中时钟信号是由两个低噪声恒温晶振提供，分别送至数字频率源(DDS)和信号采集板，即进行异步采集两路信号：数字频率源输出(发射机输入信号)和发射机输出信号经过衰减后，经 A/D 变换器进行采集，再进行分析与处理。

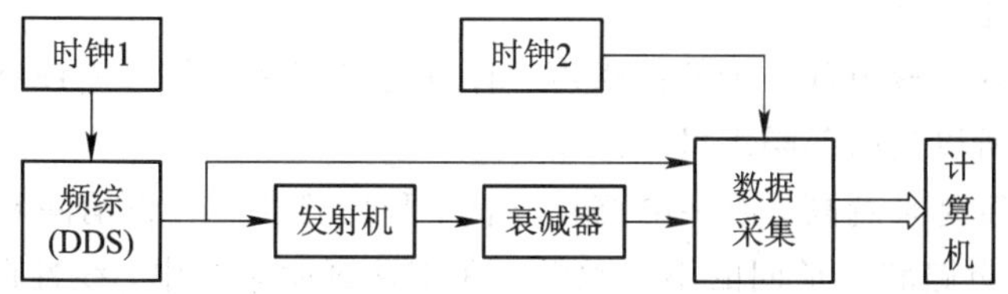

图 9.33　发射机相位噪声测量框图

为了观察一段时间内信号的相位噪声，采集信号数据时间为 200 s，每个周期为 24 ms，共 8192 个周期。相位噪声分析时，对发射机输入信号和输出信号分别进行中频正交采集、FFT 等处理，得到信号在偏离载频 1 Hz 范围内的噪声频谱，如图 9.34 所示。

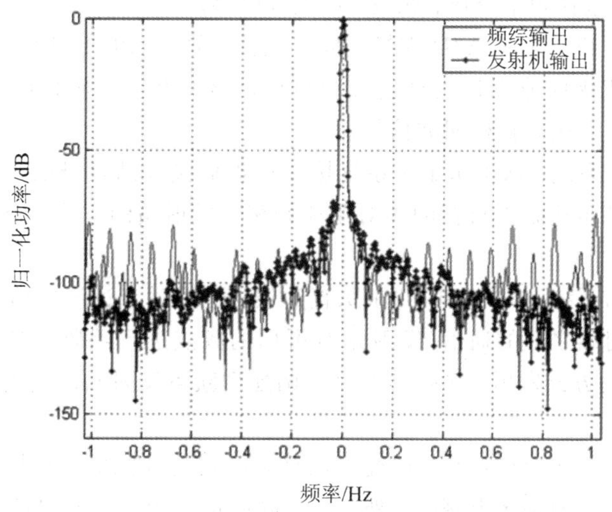

图 9.34　发射机输入(频综输出)信号和输出信号的频谱对比

从图中可以看出，发射机的输出相位噪声相对于输入相位噪声不仅没有恶化，还有所改善，这主要是功率放大模块里面的滤波器和负反馈作用的结果。由于频谱图经过归一化处理，所以发射机的输入相位噪声在 1 Hz 左右的信噪比为－100 dB(平均值)，输出相位信噪比为－115 dB(平均值)。因此，发射机的输出相位噪声为－92.5 dBc。

9.6　接收分系统

1. 接收分系统的特点

工作在高频波段的岸-舰双基地地波雷达，由于其特定的工作环境和工作频率，其接收系统具有以下特点[1]：

(1) 短波干扰强，电磁环境十分复杂，既易受有源干扰的影响，又易受到无源干扰的影响。这就要求接收机具有较好的选择性，以及良好的高频部分线性指标，以使得互调干扰和交调干扰尽量小。

(2) 接收机的动态范围要大。这是由于到达接收机输入端的海杂波和雷达目标回波信号之间的幅度差别太大，接收机应保证其输入信号的动态范围。一般要求雷达接收机的动态范围在 80 dB 以上。

(3) 接收机的内部噪声远小于外部噪声，有效的目标回波信号淹没在很强的杂波和噪声及各种干扰中，所以其内部噪声可以忽略。

(4) 数字化程度越来越高。数字电路精度高、稳定性强，可以消除和抑制由模拟电路引起的各种失真及电路和信道间的不一致性。在雷达试验系统中，线性调频中断连续波的产生、中频正交相干检波，都是用数字电路来实现的。

2. 接收分系统的组成

接收分系统主要包括如下组成部分：

(1) 接收天线：一根，高 2 m～3 m。

(2) 接收前端：包括频率分选、滤波、放大等电路。

(3) 数字化接收机：完成 A/D 变换、数字混频、数字滤波等处理。由于直达波较强，因此采用两级接收机级联分别接收直达波和目标回波。第一级接收机用于接收直达波信号；第二级接收机用于接收目标回波信号。

(4) 接收站定位系统：从卫星定位系统接收机提取接收站自身的位置信息，以便根据发射站的位置，以及雷达获得目标的相对距离和相对发射站的方位，经坐标转换获得目标的大地坐标位置。

(5) 同步与通信系统：实时接收并跟踪直达波，通过对直达波的信号处理完成时间与频率的同步，与发射站之间的通信(发射站对可用的频点进行编码，在调频的休止期通过伪码调制(即扩频)的方式发射，接收站通过解调处理获得发射站广播的工作频率，并不需要另加通信设备)。

(6) 接收站环境干扰分析：由于环境干扰是影响雷达性能的重要因素，干扰抑制非常重要，故应有性能优良的预选电路。另外，在高放后接一干扰抑制电路以剔除或抑制一些强脉冲干扰信号，然后经 A/D 变换成数字信号。由于直达波信号较强(信干噪比达 30 dB～90 dB)，而目标的回波信号较弱，因此，对直达波信号专门采用一路接收机较为合适。直达波信号易于检测和分离(在时域完成)，并经分析处理而产生同步脉冲信号。另外，接收站在一定频带内(工作频带)完成干扰的频谱分析功能，还要发送给发射站以供发射频率选择功能用。

(7) 信号处理与信息处理：接收信号在带通滤波基础上进行各路发射信号分量的分离，然后再根据各天线发射参数生成波束形成的“权系数”而完成发射波束形成。由于发射站等效为宽波束发射，故可以同时形成多个波束而产生“堆积”波束，然后在所有波位同时进行长时间相干积累、干扰抑制、检测等处理。信息处理完成航迹关联、航迹滤波、坐标变换等处理。

(8) 数据录取与脱机处理：包括数据录取设备(主要为分析处理提供实测数据)、对采集信号的脱机处理(完成干扰处理、各种信号处理、目标检测、目标跟踪、数据处理以形成目标的航迹等)。

接收站设备如图 9.35 所示，包括接收天线、接收机、信号处理计算机、数据采集和大容量存储设备等。

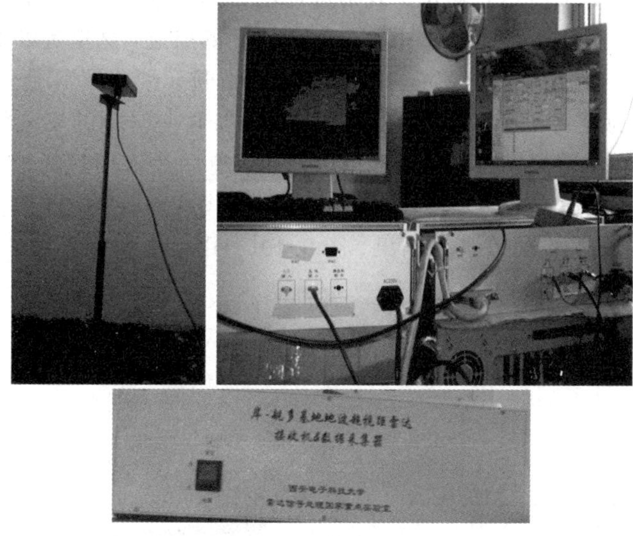

图 9.35　接收站设备

9.7　试 验 结 果

9.7.1　在固定接收站的试验结果

将该雷达试验系统的接收站架设在灵山岛。2005 年 8 月 16 日采集约一小时的数据，并对数据进行分析处理。图 9.36～图 9.40 是一组外场试验的处理结果。图 9.36(a)和图 9.36(b)分别为在某一时刻两级接收机输出经 A/D 采样的原始信号，可见第二级接收机的

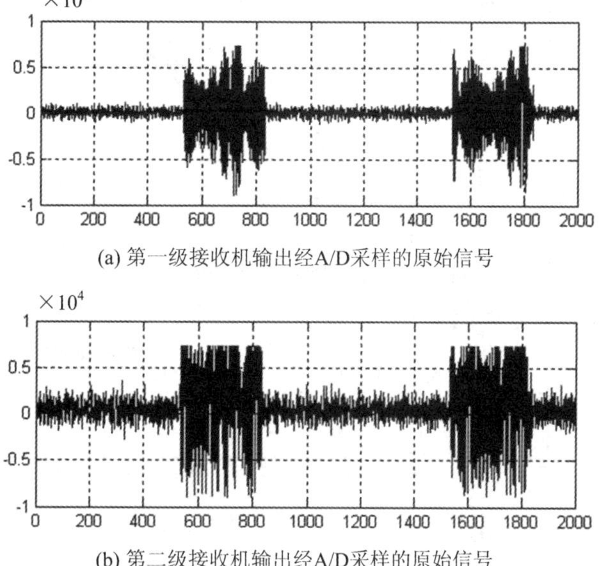

(a) 第一级接收机输出经A/D采样的原始信号

(b) 第二级接收机输出经A/D采样的原始信号

图 9.36　A/D 采样的原始信号

直达波已经饱和。图 9.37 所示是对每个发射脉冲的直达波进行频谱分析，并由此确定调频脉冲的起点。图 9.38 给出了这批数据中两个海面目标的航迹，这里是以发射站天线中心为坐标原点的大地坐标系，图中只保留了两个目标的点迹，剔除了其他点迹和虚警点。图 9.39 为这两个目标的距离和速度航迹图。图 9.40 为在某一时刻的实测数据处理结果，其中图 9.40(a)为距离-多普勒三维图，由此可以看出，有两个海面目标；图 9.40(b)给出了这两个目标所在多普勒通道的距离维输出信号；图 9.40(c)分别给出了这两个目标所在多普勒通道、所在距离的方向综合处理结果，图 9.40(c)中横坐标表示相对于发射站的方位。

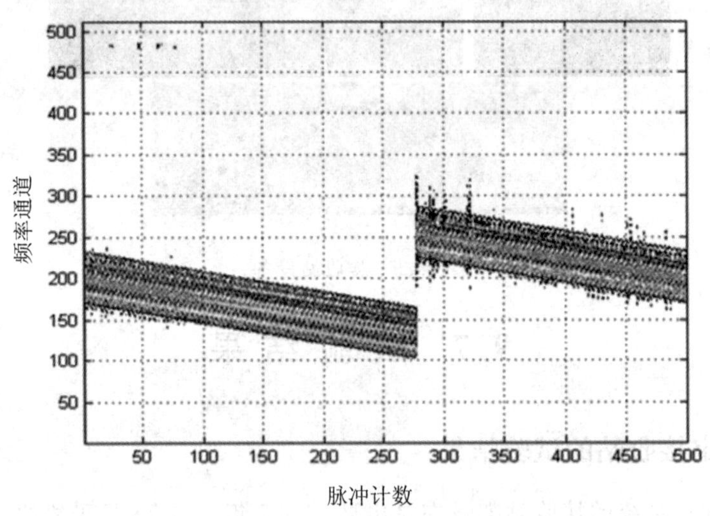

图 9.37　利用直达波信号找调制周期的起点

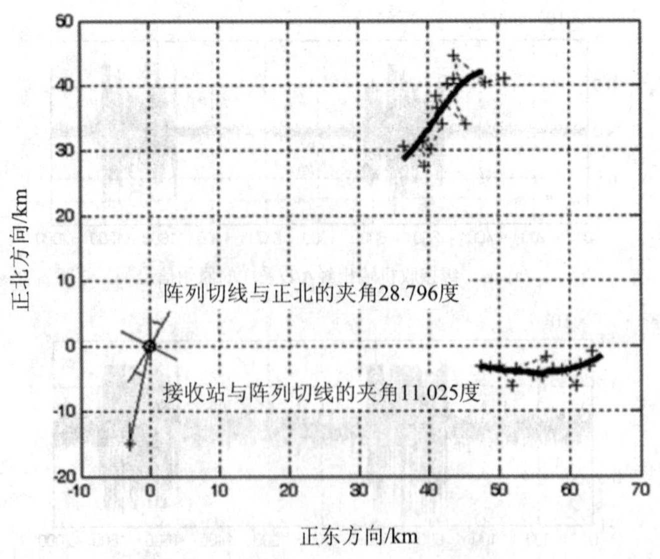

图 9.38　两个海面目标的航迹

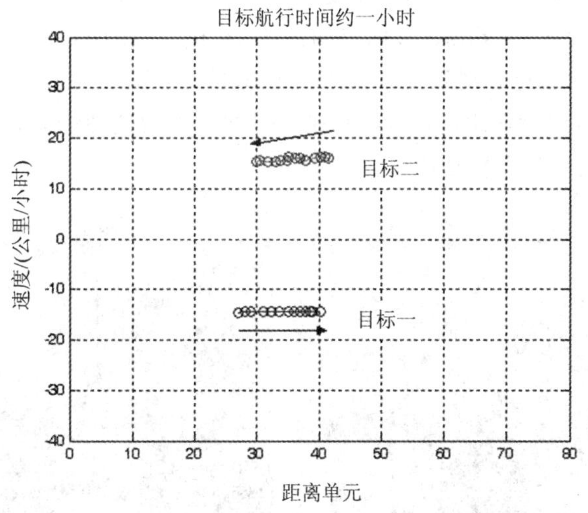

图 9.39　两目标所在距离单元及其速度

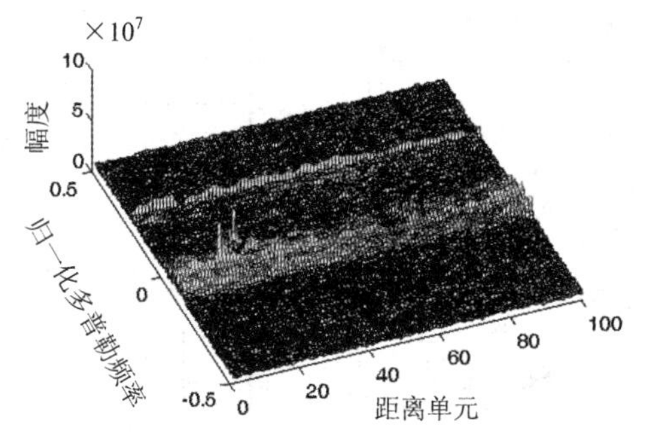

(a) 距离-多普勒三维图

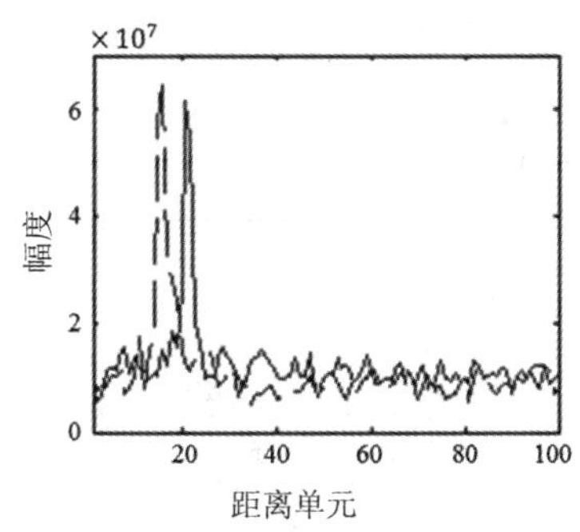

(b) 目标所在多普勒通道的距离维输出信号

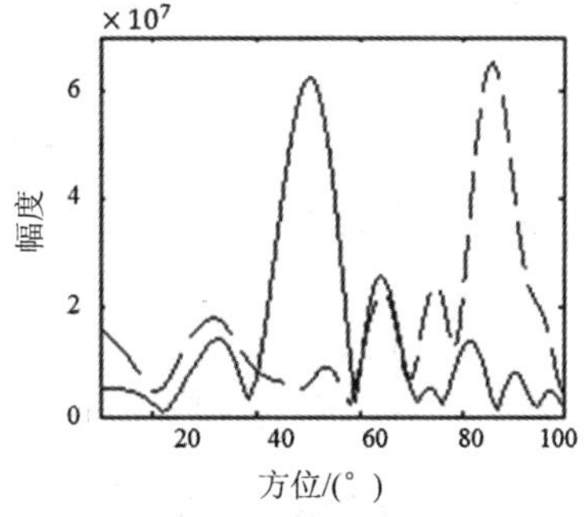

(c) 目标相对于发射站的方向

图 9.40　实测数据的处理结果

9.7.2　在船上接收的试验结果

将接收设备架设在一艘海上巡逻船上，如图 9.41 所示，然后在青岛附近出海进行外场试验，利用卫星定位设备记录该巡逻船的航行路线。通过对实测数据的处理，得到图 9.42 所示目标航迹。图 9.42(a)和图 9.42(b)分别给出了 2006 年 7 月 30 日在不同时间的两个目标的航迹，其中左图为大地极坐标系，以发射站为中心；右图为目标的距离-速度航迹图，目标一的航迹持续时间约 40 min，目标二的约为 30 min。说明：为了图形清晰，这里只保留了这两个批次目标的航迹，剔除了其他点迹和虚警点。图 9.43(a)～图 9.43(d)分别给出了某目标在 4 个不同时刻所在距离单元、所在多普勒通道的处理结果，其中左图的横坐标为距离单元，右图的横坐标为多普勒通道。

图 9.41 试验用船和接收天线

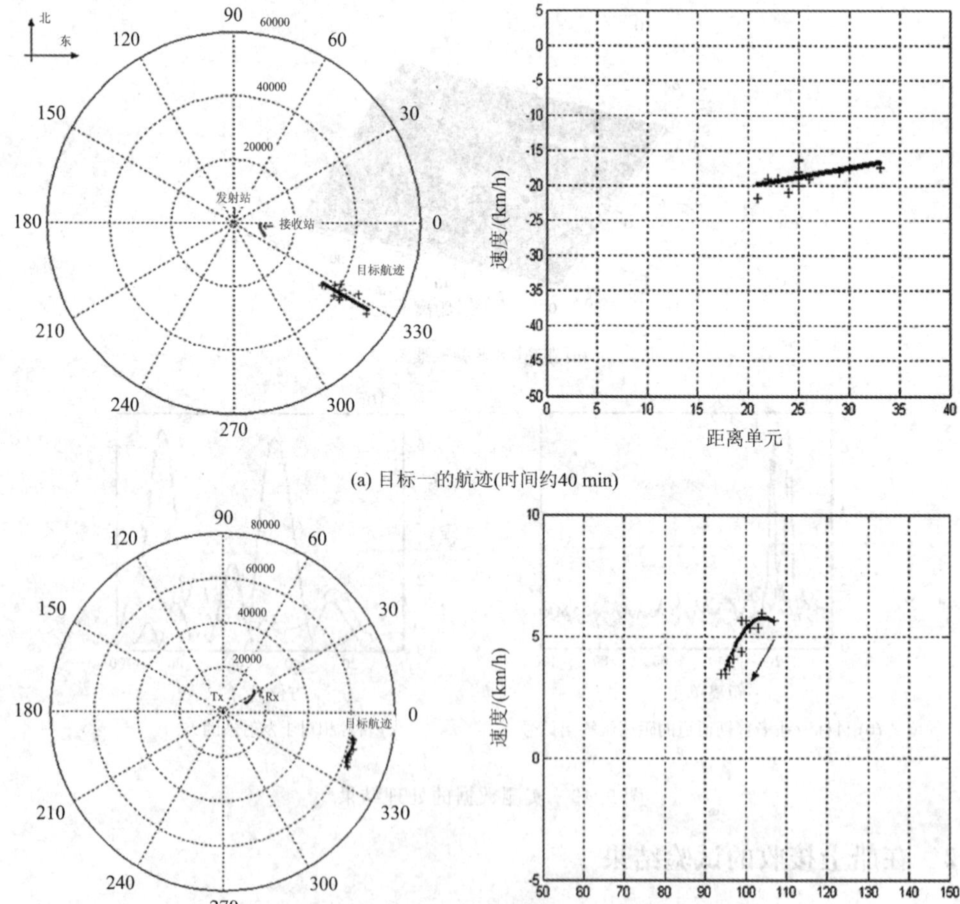

(a) 目标一的航迹(时间约40 min)

(b) 目标二的航迹(时间约30 min)

图 9.42 目标航迹

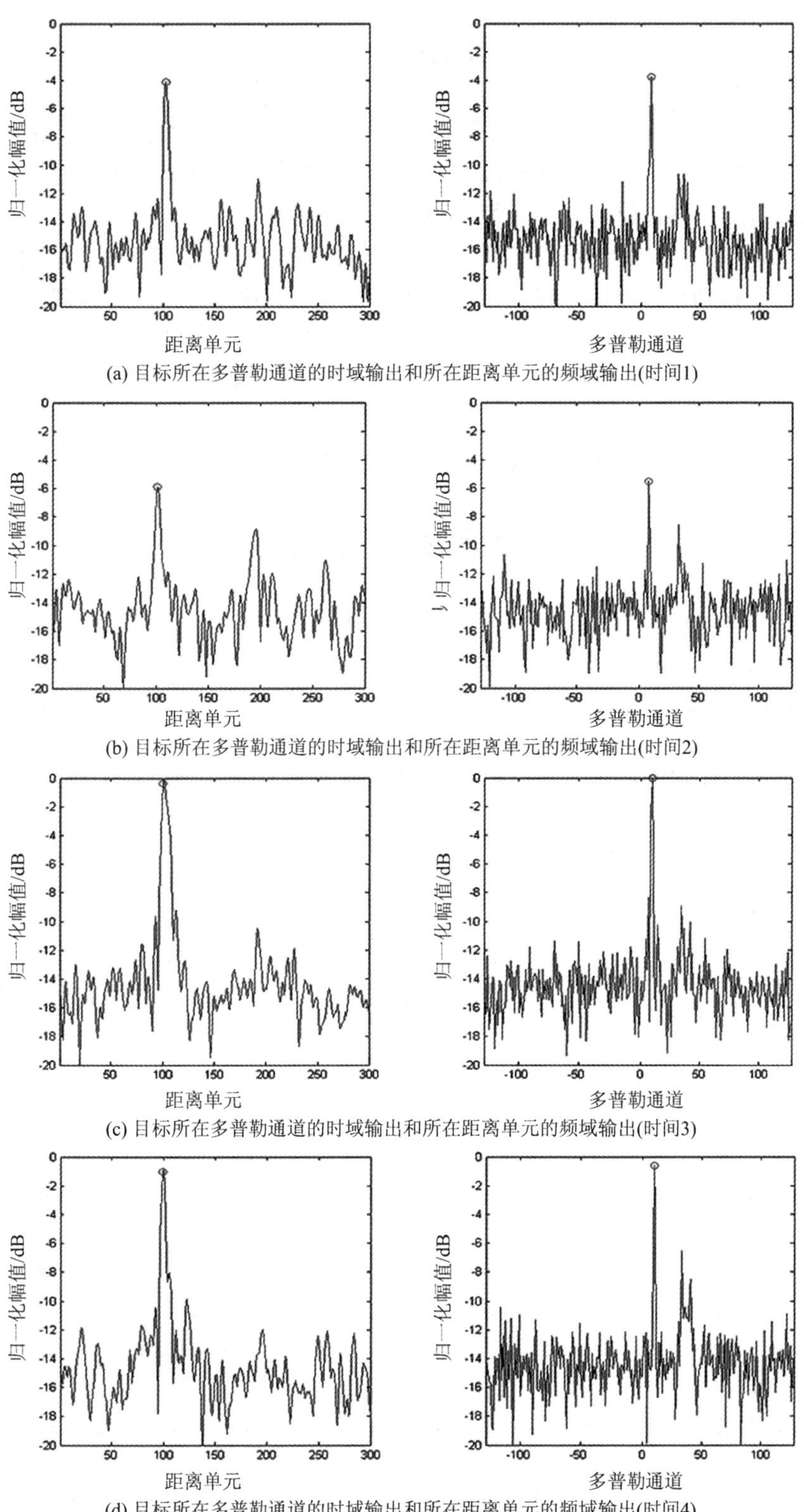

(a) 目标所在多普勒通道的时域输出和所在距离单元的频域输出(时间1)

(b) 目标所在多普勒通道的时域输出和所在距离单元的频域输出(时间2)

(c) 目标所在多普勒通道的时域输出和所在距离单元的频域输出(时间3)

(d) 目标所在多普勒通道的时域输出和所在距离单元的频域输出(时间4)

图 9.43　某目标在不同时刻所在距离单元、所在多普勒通道的处理结果

本章小结

本章介绍了岸-舰双基地地波超视距雷达试验系统的设计方案，讲述了试验系统的高稳定数字频率源、发射天线阵、发射机、接收机等的设计过程及其性能，最后给出了该雷达的外场试验结果。通过该雷达原理性试验系统的外场试验，可知[1,14]：

（1）这种岸-舰双基地地波超视距雷达体制是可行的，关键技术问题可以得到解决；

（2）验证了运动平台上的双基地雷达在接收站利用直达波进行同步处理的方法；

（3）验证了单接收天线利用直达波对发射信号初相的标定方法；

（4）验证了在舰船上利用单个无方向性的接收天线，对目标进行探测和定位的处理方法。

这些设计或测试方法在其他类型雷达设计过程中亦可以借鉴。

本章参考文献

[1] 陈伯孝，等. 岸-舰双基地地波雷达关键技术研究报告[R]. 2005.

[2] 白居宪. 低噪声频率合成[M]. 西安：西安交通大学出版社，1995.

[3] 蒋平虎，张琳. 雷达改善因子与相位噪声及阿伦方差之间的关系[J]. 宇航计测技术，2003，23(1)：51 - 57.

[4] 陈伯孝，李锋林，张守宏. 地波综合脉冲孔径雷达的数字频率源设计[J]. 系统工程与电子技术，2006(6)：30 - 32.

[5] DICK G J，WANG R T. Stability and Phase Noise Tests of Two Cryo－Cooled Sapphire Oscillators [J]. IEEE Transactions On Ultrasonics，Ferroelectrics，and Frequency Control，2000，47(5)：1098 - 1101.

[6] 2006 年 R&S 公司射频与微波巡回展示会讲义[R]. ROHDE&SCHWARZ，2006：18 - 20.

[7] 张贵福，王凌，唐高弟. 数字化频率综合器的相位噪声分析与估算[J]. 信息与电子工程，2003，1(4)：277 - 280.

[8] CMOS 300 MSPS Quadrature Complete-DDS-AD9854 Datasheet. Analog Devices Inc，2000.

[9] 周进青. 某地波雷达天线和发射机的方案设计与测试[D]. 西安电子科技大学硕士论文，2006.

[10] OCXO 8788/8789 Oven Controlled Crystal Oscillator. OSCILLOQUARTZ，2003.

[11] 陈伯孝，等. 舰载无源综合脉冲/孔径雷达及其若干关键问题[J]. 电子学报，2003，31(12)：29 - 33.

[12] 黄红云. 岸-舰双(多)基地雷达的信号处理及其同步技术[D]. 西安电子科技大学硕士论文，2006.

[13] CHEN B X，CHEN D F，ZHANG S H. Experimental system and experimental results for coast-ship bi/multistatic ground-wave over-the-horizon radar[C]. 2006 CIE International Conference on Radar IEEE，36 - 40.

[14] 陈伯孝. GF 报告：岸-舰双基地综合脉冲孔径地波雷达试验报告[R]. 雷达信号处理重点实验室，2008.

[15] CHEN B X，WU J Q. Synthetic Impulse and Aperture Radar：A Novel Multi-Frequency MIMO Radar[M]. John Wiley & Sons Singapore PTE，LTD，2014.

[16] 李锋林，陈伯孝，张守宏. 一种高稳定性频率源的低接近载波相位噪声的测量方法[J]. 电子学报，

2008，36(3)：594 - 598.

[17]　李锋林.多载频高稳定性数字频率源的设计与应用[D]. 西安电子科技大学硕士论文，2007.

[18]　WALLS F L, DAVID W A. Measurements of frequency stability[J]. Proceedings of the IEEE. January 1986，74(1). 162 - 168.

[19]　EMMANUEL C I, BARRIE W J. 数字信号处理实践方法[M]. 2 版. 罗鹏飞，等译. 北京：电子工业出版社，2004，94：260 - 268.

缩略语对照表

缩略语	英 文 全 称	中文对照
ADC	Analog-to-Digital Converter	模数变换器
ARM	Anti Radiation Missile	反辐射导弹
BPF	Band-Pass Filter	带通滤波器
CMF	Covariance Matrix Fitting	数据协方差矩阵拟合
CPI	Coherent Processing Interval	相干处理间隔
CRB	Cramer-Rao Bound	克拉美罗界
CRWG	Curvilinear Rao-Wilton-Glisson Basis Function	CRWG 基函数
CS	Compressed Sensing	压缩感知
CSF	Channel Separation Filter	通道分离滤波器
DAC	Digital-to-Analog Converter	数模变换器
DBF	Digital Beam Forming	数字波束形成
DDS	Direct Digital Frequency Synthesizer	直接数字频率合成
DFT	Discrete Fourier Transform	离散傅里叶变换
DS	Discontinuous Spectrum	非连续谱
EEZ	Exclusive Economic Zone	专属经济区
FFT	Fast Fourier Transform	快速傅里叶变换
FMCW	Frequency Modulated Continuous Wave	调频连续波
FMICW	Frequency Modulated Interrupted Continuous Wave	调频中断连续波
FPGA	Field Programmable Gate Array	现场可编程门阵列
FT	Fourier Transform	傅里叶变换
GA	Genetic Algorithm	遗传算法
GDOP	Geometrical Dilution of Precision	误差的几何分布
GPS	Global Positioning System	全球定位系统
HFSWR	High Frequency Surface(Ground) Wave Radar	高频地波雷达
IDFT	Inverse Discrete Fourier Transform	逆离散傅里叶变换
IFFT	Inverse Fast Fourier Transform	逆快速傅里叶变换
ITU	International Telecommunication Union	国际电信联盟
LCMV	Linearly Constrained Minimum Variance	线性约束最小方差
LFMCW	Linear Frequency Modulated Continuous Wave	线性调频连续波
LFMICW	Linear Frequency Modulated Interrupted Continuous Wave	线性调频中断连续波

续表

缩略语	英文全称	中文对照
LNA	Low Noise Amplifier	低噪声放大器
LPF	Low Pass Filter	低通滤波器
MIMO	Multiple Input Multiple Output	多输入多输出
MISO	Multiple Input Single Output	多输入单输出
MLS	Maximum Length Sequence	最大长度序列
MNE	Minimum Norm Eigencanceler	最小范数特征相消器
MTD	Moving Target Detection	动目标检测
MTI	Moving Target Indicator	动目标显示
LFM	Linear Frequency Modulated	线性调频
OFDM	Orthogonal Frequency Division Multiplexing	正交频分复用
OFR	Occupied Frequency Ratio	频带占用比
PLL	Phase-Locked Loops	锁相环
PSL	Peak Sidelobe Level	峰值旁瓣电平
RCS	Radar Cross Section	雷达(散射)截面积
ROM	Read-Only Memory	存储器
RWG	Rao-Wilton-Glisson Basis Function	RWG 基函数
SAP	Spatial Adaptive Processing	自适应空域滤波
SCNR	Signal-to-Clutter-Noise Ratio	信干噪比
SF	Subspace Fitting	子空间拟合
SIAR	Synthetic Impulse and Aperture Radar	综合脉冲与孔径雷达
SNR	Signal-to-Noise Ratio	信噪比
SS	Sparse Spectrum	稀疏谱
SSB	Single Side Band	单边带
STAP	Space-Time Adaptive Processing,	空时自适应处理
SVD	Singular Value Decomposition	奇异值分解
SWG	Schaubert-Wilton-Glisson Basis Function	SWG 基函数
TBC	Triangle Bary Center method	三角形几何重心法
TWM	Three-points Weighted Mean method	三点加权平均法
VCO	Voltage-Controlled Oscillator	压控振荡器
VSWR	Voltage Standing Wave Ratio	驻波比

续表

缩略语	英文全称	中文名称
LNA	Low Noise Amplifier	低噪声放大器
LPF	Low Pass Filter	低通滤波器
MIMO	Multiple Input Multiple Output	多输入多输出
MISO	Multiple Input Single Output	多输入单输出
MLS	Maximum Length Sequence	最大长度序列
MNE	Minimum Norm Eigenmodel	[illegible]
MTD	Moving Target Detection	动目标检测
MTI	Moving Target Indication	动目标显示
NLFM	Nonlinear Frequency Modulated	非线性调频
OFDM	Orthogonal Frequency Division Multiplexing	正交频分复用
OFR	Occupied Frequency Range	[illegible]
PLL	Phase Locked Loop	锁相环
PSL	Peak Sidelobe Level	峰值旁瓣电平
RCS	Radar Cross Section	雷达散射截面
ROM	Read Only Memory	只读存储器
RWG	Rao-Wilton-Glisson Basis Function	RWG基函数
SAP	Spatial Adaptive Processing	空域自适应处理
SCNR	Signal to Clutter plus Noise Ratio	信杂噪比
SF	Subspace Fitting	子空间拟合
SIAR	Synthetic Impulse and Aperture Radar	综合脉冲孔径雷达
SNR	Signal to Noise Ratio	信噪比
SS	Spread Spectrum	扩频
SSB	Single Side Band	单边带
STAP	Space Time Adaptive Processing	空时自适应处理
SVD	Singular Value Decomposition	奇异值分解
SWG	Schaubert-Wilton-Glisson Basis Function	SWG基函数
TRC	Triangle Ray Casting method	[illegible]
TWM	Three-point Weighted Method	三点加权法
VCO	Voltage Controlled Oscillator	压控振荡器
VSWR	Voltage Standing Wave Ratio	驻波比